心理学
一本全

邢群麟　达夫　薄同娇 / 编著

中国华侨出版社

北　京

图书在版编目（CIP）数据

心理学一本全 / 邢群麟, 达夫, 薄同娇编著. — 北京: 中国华侨出版社, 2017.12

ISBN 978-7-5113-7308-3

Ⅰ.①心… Ⅱ.①邢… ②达… ③薄… Ⅲ.①心理学—通俗读物 Ⅳ.① B84-49

中国版本图书馆 CIP 数据核字（2017）第 310045 号

心理学一本全

编　著：邢群麟　达　夫　薄同娇
出 版 人：刘凤珍
责任编辑：兰　芷
封面设计：李艾红
版式设计：王明贵
文字编辑：张爱萍
美术编辑：杨玉萍
经　销：新华书店
开　本：889mm×1194mm　1/32　印张：22　字数：750 千字
印　刷：北京市松源印刷有限公司
版　次：2018 年 1 月第 1 版　2018 年 1 月第 1 次印刷
书　号：ISBN 978-7-5113-7308-3
定　价：39.80 元

中国华侨出版社　北京市朝阳区静安里 26 号通成达大厦 3 层　邮编：100028
法律顾问：陈鹰律师事务所
发 行 部：（010）58815874　　传真：（010）58815857
网　址：www.oveaschin.com
E-mail：oveaschin@sina.com

如果发现印装质量问题，影响阅读，请与印刷厂联系调换。

前言

　　心理学是一门探索心灵奥秘、揭示人类自身心理活动规律的科学，它的研究及应用范围涉及与人类相关的各个领域，如教育、医疗、军事、司法等，对人的生活有着深远的影响。对于个体而言，企业管理、工作学习、人际关系、恋爱婚姻等都需要了解人的心理，都离不开心理学。可以说，心理学与我们的生存乃至发展息息相关。

　　生存要懂心理学。随着心理学的逐步发展，人们逐渐认识到心理学的应用范围越来越广，对人类生活所起的作用越来越大。首先，人类的健康与心理学密切相关。随着经济的飞速发展、社会的不断进步，人们的物质生活越来越丰富，但随之而来的是人们精神层面的匮乏。人们所面临的心理问题越来越多，诸如人际关系、夫妻关系、父母与子女之间的关系以及抑郁、焦虑、恐慌、嫉妒、自私、自卑、自闭等心理问题日益凸显，因心理问题而导致的厌世、自杀的比率日益增大，人们的心理健康受到前所未有的挑战。此外，在医疗康复过程中，心理学也发挥着重要的引导和促进作用。

　　发展要懂心理学。中国古代兵法强调："用兵之道，攻心为上，攻城为下，心战为上，兵战为下。"若想在竞争激烈、复杂的社会中占有一席之地，除了必备的基本技能，掌握一定的心理学知识，也是成功的必备要素之一。掌握了心理学知识，就能更好地了解自己、读懂他人、认识社会，生活中的各种疑难问题也会迎刃而解；学好心理学，可以让自己在社交、爱情、职场、生活等诸多方面占据优势，游刃有余。

心理学被确立为一门学科，还只是100多年以前的事情。但这门年轻的学科如今已枝繁叶茂，目前，心理学已经在许多领域形成了分支学科，如基础研究领域包括发展心理学、认知心理学、变态心理学等；应用研究领域包括健康心理学、教育心理学等。面对体系如此庞大复杂的学科，想要系统地对其进行了解将是一项耗时耗力的浩大工程。为了让读者以最轻松、最高效、最简明的方式快速读懂心理学，我们推出了这本《心理学一本全》。

全书秉承"一本通"的编写思路，将心理学知识与实际应用结合起来，内容全面，系统性强，语言精练，化繁复为简约，化晦涩为明了，化深奥为通俗，集科学性、知识性与实用性于一体，让你一本书读通心理学。

《心理学一本全》分为三篇，分别为"心理学的产生与发展""生活中的心理学"和"心理障碍与心理治疗"，内容全面，实用性强。第一篇从心理学的基本知识讲起，全面介绍了心理学的历史，心理学的主要流派、代表人物及其重要理论和思想观点，再现了心理学的发展历程；第二篇着眼于生活中的心理学，介绍了心理学在生活中方方面面的实际应用技巧，涉及教育心理学、学习心理学、人际关系心理学、职场心理学、犯罪心理学、管理心理学、营销心理学、投资心理学、婚姻心理学等方面；第三篇以心理健康为主，介绍了心理健康的基本知识，教你了解并认识心理咨询和心理治疗，学会应对常见的嫉妒、猜疑、自闭等心理问题，了解常见的人格障碍和异常行为，及如何正确调适儿童期、青少年期、中年期和老年期所面对的各种心理问题。

阅读本书，你将可以轻松掌握心理学，系统而全面地了解和应用心理学知识及技巧，轻松解决生活中出现的各种问题，从而拥有健康的身体、和谐的家庭、满意的工作、和谐的人际关系、完美的心态和幸福的生活，让你充满智慧，成就梦想，改变生活。

目录

第一篇

心理学的产生与发展

第二篇

生活中的心理学

第三篇

心理障碍与心理治疗

第一篇

心理学的产生与发展

第一章
什么是心理学

心理学是什么

说起"心理学",很多人会感觉神秘莫测。人们甚至会想起许多所谓诡异的东西来试图勾勒心理学的大概模样:魔术?意念控制?乾坤大挪移?黑洞……

心理学对许多人来说,的确是一门神秘的学问,觉得看不见、摸不着,离自己的生活很遥远。实际上,这些都是人们的误解。心理和心理现象是所有人每时每刻都在体验着的,是人类生活和生存固有的。可以说,复杂的心理活动正是人区别于动物的一个本质。

心理学"Psychology"一词源于古希腊语,意即"灵魂之科学"。心理学的历史虽然最早可以追溯到古希腊时代,但心理学作为一个专门的术语出现却是在1502年。有一个塞尔维亚人叫马如利克,在这一年首次用"Psychologia"一词发表了一篇讲述大众心理的文章。此后过了70年,一位名为歌克的德国人又用这个词出版了《人性的提高,这就是心理学》一书,这也是人类历史上最早记载的以"心理学"这一术语发表的书。

在希腊文中,"灵魂"也有呼吸的意思。古希腊人认为人的生命依靠呼吸,呼吸一旦停止,生命也就完结。随着心理探索的发展,心理学的研究对象由灵魂改为心灵,心理学也就变成了心灵哲学。在中国，人们习惯认为思想和感情来源于"心"，又把条理和规则叫作"理"，所以用"心理"来总称心思、思想、感情，等等，而心理学则是关于心思、思想、感情等规律的学问，是研究人的心理活动及其发生、发展规律的科学。心理学与我们的生活密切相关，这是因为，人的任何活动都伴随着心理现象。通常说的感觉、知觉、记忆、思维、想象、情感、意志以及个性等都是心理现象，也称心理活动。

心理学是一门既古老又年轻的学科。人类探索自己的心理现象，已有2000多年的历史，所以说它古老。说它年轻，是因为心理学最初并不是一门独立的学科，而是包含在哲学中，直到19世纪70年代末，心理学才从哲学中分离出来，成为一门独立的专门研究心理现象的科学。尽管年轻，但科学的心理学有着巨大的生命力，它已越来越广泛地渗透于人们生活实践的各个方面。

可以说我们每一个人都是一个业余心理学家。当你才三四岁的时候，已经会揣摩别人的心思了，你懂得怎样把玩具藏起来让其他小朋友找不到，你甚至还会略施小计，提供错误的线索误导他们。妈妈生气的时候，你能从她的神情和语气上判断出来，而乖乖地停止胡闹；一旦发现妈妈雨过天晴，你就又提出你的小要求了。作为父母，则知道如何正确地实施奖惩以纠正你的不良行为，使你养成良好的习惯。所有上述这些现象都是基于对他人心理的观察和推论。也就是说，每个正常的人都能对他人在日常生活中的感情、思维和行为进行一定程度的推测。这就是心理学和心理学家所努力研究和解释的内容之一。

心理学是研究心理现象的科学。心理学研究心理现象，就是要揭示心理现象发生、发展的客观规律，用以指导人们的实践活动。

人们在工作、学习、生活中与周围事物相互作用，必然有这样那样的主观活动和行为表现，这就是人的心理活动，或简称为心理。具体地说，外界事物或体内的变化作用于人的机体或感官，经过神经系统和大脑的信息加工，人就产生了对事物的感觉和知觉、记忆和表象，进而进行分析和思考。人在实践中同客观事物打交道时，总会对它们产生某种态度，形成各种情绪。人在生活实践中还要通过行动去处理和变革周围的事物，这就表现为意志活动。以上所说的感觉、知觉、思维、情绪、意志等都是人的心理活动。心理活动是人们在生活实践中由客观事物引起、在头脑中产生的主观活动。心理活动是一种不断变化的动态过程，可称为心理过程。人在认识和改造客观世界的过程中，各自都具有不同于他人的特点，各人的心理过程都表现出或大或小的差异。这种差异既与各人的先天素质有关，也与他们的生活经验和学习有关。这就是所说的人格或个性。心理过程和人格都是心理学研究的重要对象。心理学还研究人的个体的和社会的、正常的和异常的行为表现。动物心理学研究动物的行为，这不仅是为了认识动物心理活动本身，也有助于对人类心理活动的了解。在高度发展的人类社会，人的心理获得了充分的发展，使人类攀登上动物进化阶梯的顶峰。心理学是人类为了认识自己而研究自己的一门基础科学。

自人类文明发展以来，就已经开始了对人的心理的探讨与研究。中国古代哲学、医学、教育和文艺理论等许多著作中，有着丰富的心理学思想。但心理学成为一门独立的科学还是19世纪的事。今天，心理学已是具有100多个分支学科的庞大科学体系了，诸如普通心理学、社会心理学、教育心理学、发展心理学、法律心理学、管理心理学、商业心理学、经济心理学、消费心理学、咨询心理学……都是心理学庞大科学体系中的成员，而且随着人类社会实践活动的发展，心理学的分支学科还会继续增加。

消除对心理学的误解

在日常生活中，当提到心理学时，一般人总觉得有些神秘。所谓"画龙画虎难画骨，知人知面不知心"，而心理学却能把大家认为不可知的"心"都知道了，这其中一定有特殊的门道，有奥妙诀窍。有的人因此会认为心理学是一门了不起的"测心术"，更多的人则可能是半信半疑。

在日常生活中，人们对心理学还存在着这样或那样的误解。

误解1：心理学家知道我在想什么

现代心理学是一门研究人类心理活动的科学，但一般人对它却常有很大的误解。"你是学心理学的，那你说说我现在在想什么？"当有人得知某人是心理学专业的时候，他们常常会好奇地提出这样的疑问。

其实心理活动并不仅仅是指人当下的所思所想，它包含更丰富的内容。而心理学家也无法一眼看穿你的内心。

大多数人都对心理学存有这样的误解，认为心理学家能够看透自己的心，知道自己的内心活动，认为"研究心理"就是揣摩别人的所思所想。

对心理学家的正确理解应该是：

心理活动并不只是人在某种情境下的所思所想，它具有广泛的含义，包括人的感觉、知觉、记忆、思维、情绪和意志等。心理学家的工作就是要探索这些心理活动的规律，即它们如何产生、发展，受哪些因素影响以及相互间有什么联系等。心理学家通常是根据人的外显行为和情绪表现等来研究人的心理，也许他们可以根据你的外在特征或测验结果来推测你的内心世界，但再高明的心理学家也不可能具有所谓的"知心术"——一眼就能看穿你的内心。

误解2：心理学家会催眠

很多人对催眠术有浓厚的兴趣，因为觉得它很玄妙。提起催眠术，人们又往往想起心理学家。原因之一可能是弗洛伊德的误导。弗洛伊德是著名的心理学家，既然他使用催眠术，那么心理学家应该都会催眠术。另外，这种误解可能是缘于几部颇有知名度的"心理电影"的误导，例如国内的电影《双雄》中黎明饰演的 Jack，他能在不知不觉中将人催眠，并替他办事。因而人们就认为心理学家能催眠。其实，这些影片描述的和心理学家使用催眠术的实际情况相差甚远，纯粹是艺术虚构或商业炒作。

对上述观点的正确理解是：

催眠术只是心理治疗的一种方法。催眠术源自 18 世纪的麦斯麦术。19 世纪，英国医生布雷德研究得出，令患者凝视发光物体会诱导其进入催眠状态。他认为麦斯麦术所引起的昏睡是神经性睡眠，因此另创了"催眠术"一词。但催眠的内在机制至今尚未完全搞清楚。催眠术的方法多种多样，但最常用的方法是：要求人彻底放松，把注意力集中在诸如晃动的钟摆和闪烁的灯光等某个小东西上，引导人们将注意力集中在想象中的星空等，然后诱导其进入昏睡状态。催眠前要先测定被催眠者的暗示性，暗示性高的人容易被催眠，能进入深度睡眠状态，此类人的催眠治疗效果较好。在催眠状态下，人会按照治疗师的暗示行事，可能会有不良副作用，因此应该由经验丰富的催眠师来实施。

催眠术并非所有心理学家必然会的"招牌本领"。它只是精神分析心理学家在心理治疗中使用的方法之一。实际上，大多数心理学家的工作是不涉及催眠术的。他们更倾向于运用实验和行为观察等更为严谨的科学研究方法。

在国外，催眠术常用于帮助审讯嫌犯，以期使嫌犯在催眠状态下不由自主地坦白情况。现在，很多司法心理学家认为催眠状态下的问讯有诱导之嫌，很可能使嫌犯按着催眠师的暗示给出所希望的但并不公正的回答，所以对此持反对态度。

误解 3：心理学家的研究对象是非正常的人

很多人都说他们走进心理咨询室是需要很大勇气的，可能还有过思想斗争："去还是不去？人家会不会认为我是神经病？朋友知道了会怎么看我……"这在一定程度上反映了很多人对心理学的看法:去心理咨询的人都是"心理有问题"的人,心理有问题就是变态,心理学家只研究变态的人,所以与心理学有关系的非专业人士都不正常。

之所以会有如此看法,一方面和我们的文化传统有关,中国人比较内敛,有了心理困扰倾向于自己调节,如果放了台面上,就会被认为是很严重的精神问题;另一方面,为了满足人们猎奇的心理,媒体在表现与心理学有关的题材时喜欢选择变态心理,认为这样更具有炒作价值。很多人是从电视、电影、报纸和杂志上认识心理学的,这很容易形成片面的误解,认为心理学只关注变态的人。尤其是一些所谓"心理电影",为观众展现了心理失常中最异常的画面,也为心理学打上了带有偏见的烙印。

对上述观点的正确理解应该是:

大多数心理学研究都是针对正常人的。有些人把心理学家和精神病学家混淆了。精神病学是医学的一个分支,精神病学家主要从事精神疾病和心理问题的治疗,他们的工作对象是所谓"变态"的人,即心理失常的人。精神科医生和其他医生一样,在治疗精神疾病时可以使用药物,他们还必须要接受心理学的专业培训。与精神病学家不同,虽然临床心理学家也关注病人,但他们不能使用药物,除此之外,大多数心理学研究都探讨正常人心理现象,如儿童情绪的发展、性别差异、智力、老年人心理、跨文化的比较,等等。

误解 4:心理学 = 心理咨询

作为一个新兴的行业,心理咨询蓬勃发展,越来越火。各种各样的心理门诊、心理咨询中心、心理咨询热线等不断涌现,通过不同的渠道冲击着人们的视听。再加上心理咨询师资格考试制度的实施,使心理学的社会影响力得到了极大的提高。这些动向使很多人一听到心理学就想起心理咨询,以至于使它成了心理学的代名词。另外，对大多数人来说，倾向于从实际应用的角度去认识这门学科。而心理学最为广泛的应用就是心理咨询或心理治疗，较之其他心理学知识更为大家所熟知，所以很多人将心理咨询等同于心理学。这是一种误解，正确的观点是：

心理咨询只是心理学的一个应用分支。心理咨询的目的，是为了帮助人们认识和应对生活中的各种困扰，更幸福地生活。心理咨询的对象可能是一个人，也可能是一对夫妇、一个家庭或一个群体。通常，心理咨询是面向正常人的，咨询者虽然有各种心理困扰，但并不存在严重的心理障碍。如果是严重的精神疾病，那就要交给临床心理学家或精神病学家来处理了。

在发达国家，人们的工作、生活压力较大，因此心理咨询机构繁多。如日本的心理咨询机构，经常为人们所称道。当在工作、生活中面临巨大的压力时，就可以到自己的心理医生那里去宣泄，比如心理医生提供一些设施，随便让顾客进行摔、砸等破坏性行为以充分发泄。当然顾客必须支付价格不等的咨询费用。

在国内，目前的心理咨询机构多分布在一些高校、医院等地方，也有一些专门的咨询中心。这是一个专业性很强、责任重大的职业。从事这项工作的人必须有专业知识背景，足够的实际技能培训，以及良好的职业道德。

误解 5：心理学知识 = 一般常识

有不少人对心理学家所做的事情不屑一顾，认为他们花很长时间而得到的研究结果只不过是一些人尽皆知的常识。我们认为这样的评价是不公正的。心理学知识不是一般常识，它所研究的范围远远超出了一般常识所能回答的问题。

下面是摘自《心理学与你》一书中的几个"常识性"问题，你不妨试着回答一下，看看心理学知识与一般常识是否有区别。

·做梦用多长时间?

在莎士比亚的《仲夏夜之梦》里,莱桑德尔说真正的爱情是"简单"又"短暂"的,像做梦一样。梦真的是来去一瞬间吗?你认为做一个梦所用的时间是:

（1）一秒钟的几分之一;

（2）几秒钟;

（3）一两分钟;

（4）若干分钟;

（5）几个小时。

·你隔多长时间做一次梦?

（1）难得或从不做梦;

（2）大约每隔几夜一次;

（3）大约每夜一次;

（4）每夜做好几次。

·牛奶一样多吗?

5岁的瑶瑶看到妈妈在厨房里忙,便走了进去。在厨房的桌子上放着完全相同的两瓶牛奶。她看到妈妈打开其中一瓶,把里面的牛奶倒进一个大玻璃坛子里。她的眼睛滴溜溜地转,目光从那只仍装满牛奶的瓶子转回到坛子。这时妈妈突然记起她在一本心理学书上读到的情况,便问:"瑶瑶,是瓶子里的牛奶多呢,还是坛子里的牛奶多?"瑶瑶的回答可能是:

（1）瓶子里的多;

（2）坛子里的多;

（3）一样多。

·天生的盲人恢复视力以后会怎么样?

现在,运用外科手术使那些天生的盲人恢复视力已不是什么奇迹。在拆除绷带的头几天里,你认为这样的人:

（1）什么也看不见；

（2）看到的只是一片模糊；

（3）只看到一些模糊不清的影子在晃动；

（4）不用触摸就能认出熟悉的东西；

（5）只有在触摸一下并看一看后才能认清东西；

（6）看到的一切东西全都上下颠倒。

·哪一种决定风险大？

一群朋友准备把一些钱作为共同资金在赛马会上花掉。在每次比赛前他们都分别写出赌注的意见。然后集中商讨，做出全组决定。在每项比赛上，最慎重的决定是一点赌金也不押，较为冒险的决定是在最有可能获胜的马上押少量的赌金，而非常冒险的决定是在不大可能获胜的马上押大量的赌金。与个人意见的平均情况相比，全组的决定可能：

（1）更慎重；

（2）更冒险；

（3）既不更慎重也不更冒险。

下面是心理学的回答：

·做一个梦要用若干分钟，而且每个人每天夜里都会做6～8个梦。

你可能觉得自己没做什么梦或梦没那么多，这是因为你忘了或只记住了醒来之前的那个梦里的片段情景。研究梦的心理学家把微小的电极贴在正在睡觉的人的头上，记录下脑电波，可以揭示出睡梦期间脑电活动的特有模式。做梦与这种脑电波是同时发生的（睡觉的人在出现这种脑电活动时被叫醒，报告说他们正在做梦），并且眼球在眼皮下快速眼动，男性还会伴有阴茎勃起。在梦中发生的事情似乎和现实生活中发生的同样事情持续相等的时间。研究已经表明做梦具有普遍性，这些答案只靠内省报告是得不到的。

· 瑶瑶很可能会认为瓶子里的牛奶比坛子里的多。

一般来讲，7 岁左右的儿童才能明白同一瓶液体不管倒到什么地方体积都是不变的。瑶瑶只有 5 岁，如果她只是一般的小孩，当她看见瓶子里的牛奶比坛子里的牛奶液面高很多，她会认为是瓶子里的牛奶较多。

· 先天失明的人治愈后不用触摸就能认清所熟悉的东西。

这个问题在 17 世纪就曾经讨论过，可是直到 20 世纪 60 ~ 70 年代心理学家做了仔细的研究后才令人满意地解决了。对许多先天失明而恢复了视力的人的研究也证实了这一结论。

· 全组决定很可能比个人决定的平均情况更冒险一些。

这是一个集体极化现象的例子。虽然这种现象具有强烈的反直观性，但是它在课堂教学示范中很容易被展现出来。集体极化的一种特殊实例叫作冒险转移，对此有两种假设：一种是说在全组讨论中，大多数组员会发现其他人的决定比自己的决定更冒险。因为一般人赞赏冒险精神，这时比较慎重的人就会改变自己的决定。另一种假设是说比较冒险的意见在小组讨论当中更容易倾吐出来，其他的人此时容易被说服。

误解 6：心理学就是解梦

这种误解的产生同样和弗洛伊德分不开。对于多数了解心理学的人来说，解梦是弗洛伊德的理论中最吸引人的部分。这是因为人们总是喜欢挖掘自己和别人内心深处的秘密，而梦被当作是透视内心世界的一扇天窗。由于弗洛伊德的心理学家的"代表性"，许多人把弗洛伊德的理论等同于梦的分析，进而使解梦成为心理学的代名词。好莱坞的电影与此也是脱不了干系的，例如《最后分析》是很多人对心理学的最初了解的来源。《爱德华大夫》

是好莱坞第一部涉及精神分析的作品，票房成绩斐然，使精神分析题材开始在电影中盛行。这部影片的一个中心内容就是解梦，其中有一句经典台词，也是许多人以为的心理学家的口头禅："晚安。做个好梦，明天拿出来分析一下。"

纠正解梦只是精神分析心理学家所使用的心理治疗技术之一，仅仅是心理学热带雨林中的一株树木而已，怎么能等同于整个雨林呢？

心理学有哪些研究方法

心理学研究的方法主要有观察法、测验法、实验法、调查法和个案法等，这些方法都属于科学性方法，具有一致的基本过程，即根据所要解决的问题提出假设，进行研究设计；采用恰当的方法技术搜集资料；按照一定的程序进行结果的统计处理；最终进行理论分析，得出结论。

观察法

观察法是指在自然情境中对人的行为进行有目的、有计划的系统观察并记录，然后对所做的记录进行分析，以期发现心理活动变化和发展的规律的方法。所谓自然情境指的是被观察者不知道自己的行为正在受到观察。观察法一般适用于下面的条件：对所研究的对象出于多种原因无法进行控制的情况，以及研究对象在控制条件下会发生质的改变，或由于道德伦理等因素不应该对之进行控制的那些行为。观察法的成功取决于观察的目的与任务、观察和记录的手段以及观察者的毅力和态度。观察法是对被观察者的行为进行直接的了解，因而能收集到第一手资料。由于观察法是在自然条件下进行的，不为被观察者所知，他们的行为和心理活动较少或没有受到"环境的干扰"。因此，应用这种方法有可能了解到现象的真实状况。

观察法的缺陷是：

（1）在自然条件下，事件很难按严格相同的方式重复出现，因此，对某种现象难以进行重复观察，而观察的结果也难以进行检验和证实。

（2）在自然条件下，影响某种心理活动的因素是多方面的，因此，用观察法得到的结果，往往难以进行精确的分析。

（3）由于对条件未加控制，观察时可能出现不需要研究的现象，而要研究的现象却没有出现。

（4）观察容易"各取所需"，即观察的结果容易受到观察者本人的兴趣、愿望、知识经验和观察技能的影响。

根据观察时情境的人为性，可以将观察分为自然观察和控制观察。前者是在自然情境中对被观察者的行为直接进行的观察，后者则是在预先设置的情境中进行观察。

根据观察时观察者与被观察者之间的关系，则可以将观察分为非参与观察和参与观察。前者是观察者不参加被观察者的活动，不以被观察者团体中的一个成员而出现；后者是观察者成为被观察者活动中一个正式的成员，但其双重身份一般不为其他参与者所知晓。

根据观察要求的不同，又可以将观察法分为非系统观察和系统观察。前者是日常生活中人们常用的一种方法，可以激发做进一步的系统研究；后者则是有目的、有计划地收集观察资料的过程。

为了避免观察的主观性和片面性，使观察时能够获得正确的资料，在使用观察法时应注意以下几点：

（1）观察必须要有明确的研究目的，对拟观察的行为特征要加以明确界定，做好计划，按计划进行观察。

（2）观察必须是系统的，而不是零星、偶然的。

（3）必须随时如实地做好记录。严格地把"传闻"与"事实""描述"与"解释"区分开来。如果能用录音机、录像机做记录，效果更好。

（4）应在被观察者处于自然状态的情况下进行观察。

测验法

测验法是指使用特定的量表为工具，对个体的心理特征进行间接了解，并做出量化结论的研究方法。使用测验法，第一，可以了解个体或团体的心理特征，如用智力量表测量儿童的智力水平，用人格量表了解人各不相同的心理特征；第二，可以探讨心理特征与外界因素的关系，如考察智力与学习成绩是否相关，性格内向是否影响社会交往；第三，可以比较不同个体或团体之间的心理差异。

测验的种类很多。按一次测量的人数，可把测验分为个别测验（一次测一人）和团体测验（一次同时测多人）。按测验的目的，又可把测验分为智力测验、特殊能力测验（性向测验）和人格测验等。

用标准化的量表来测量心理特征时应注意以下几点：

（1）选用的测量工具应适合研究目的的需要。

（2）主持测验的人应具备使用测验的基本条件，如口齿清楚、态度平和，了解测验的实施程序和指导语，有严格控制时间的能力，并严格按测量手册上载明的实施程序进行测验等。

（3）应严格按测验手册上载明的方法记分和处理结果。

（4）测验分数的解释应有一定的依据，不能随意解释。

实施测验时要注意两个基本要求：即测验的信度和效度。信度是指一个测验的可靠程度。效度是指一个测验有效地测量了所需要的心理品质。它可以通过对行为的预测来表示。

为了保证心理测验的信度与效度，一方面要对某种心理品质进行深入的研究。如我们对智力或性格的了解越深入，那么相应的量表就会越完善。另一方面，在编制心理量表时要注意严谨性和科学性。只有按科学程序严谨地编制出来的心理量表，才可能有效而可靠地测量出人们的心理品质。

实验法

在控制条件下对某种行为或者心理现象进行观察的方法称为实验法。在实验法中,研究者可以积极地利用仪器设备干预被试者的心理活动,人为地创设出一些条件,使得被试者做出某些行为,并且这些行为是可以重复出现的。这是实验法与观察法的不同之处。

研究者在进行实验研究时,必须考虑到三类变量:

（1）自变量。即实验者控制的刺激条件或实验条件。

（2）因变量,即反应变量。

它是实验者所要测定和研究的行为和心理活动,是实验者要研究的真正对象。

（3）控制变量。

即实验中除自变量外其他可能影响实验结果的变量。为了避免这些变量对实验结果产生影响,需要设法予以控制。总之,采用实验法研究个体行为时,主要目的是在控制的情境下考察自变量和因变量之间的内在关系。因此,实验法不但能揭示问题"是什么",而且还能进一步探求问题的根源"为什么"。

用实验法研究心理学问题必须设立实验组和控制组,并使这两个组在机体变量方面大致相同,控制实验条件大致相同,然后对实验组施加实验变量的影响,对控制则不施加影响,考察并比较这两组的反应是否不同,以确定实验变量的效应。

实验法可分为实验室实验和自然实验。实验室实验是借助专门的实验设备,在对实验条件严加控制的情况下进行的。例如,我们在实验室中安排三种不同的照明条件（由弱到强）,让被试分别在不同照明条件下,对一个短暂出现的信号做出按键反应,通过仪器记录被试每次的反应时间。这样就可以了解照明对反应时的不同影响。由于对实验条件进行了严格控制,运用这种方法有助于发现事件的因果联系,并允许人们对实验的结果进行反复验证。实验室实验的缺点是由主试严格控制实验条件，使实验情境带有极大的人为性质。被试处在这样的情境中，又意识到自己正在接受实验，就有可能干扰实验结果的客观性质，并影响到将实验结果应用于日常生活中。

自然实验也叫现场实验，在某种程度上克服了实验室实验的缺点。自然实验虽然也对实验条件进行适当的控制，但它是在人们正常学习和工作的情境中进行的。例如，在教学条件下，由教师向两组学生传授相同的材料。其中甲组学生在学习以后完全休息，而乙组学生继续进行另外的工作。一小时后，再比较他们的回忆成绩。结果甲组学生比乙组学生成绩好。这说明学习后适当休息有助于知识的保持。由于实验是在正常的情境中进行的，因此，自然实验的结果比较合乎实际。但是，在自然实验中，由于条件的控制不够严格，因而难以得到精确的实验结果。

调查法

调查法是以提问题的方式，要求被调查者就某个或某些问题做出回答的方法。调查法可以用来探讨被调查者的机体变量（如性别、年龄、教育程度、职业、经济状况等）、反应变量（即他对问题的理解、态度、期望、信念、行为等）以及它们之间的相互关系。根据研究的需要，可以向被调查者本人做调查，也可以向熟悉被调查者的人做调查。

调查法可分为问卷法和谈话法两种方式。问卷法是指采用预先拟定好的问题表，由被试自行填写来搜集资料进行研究的方法。问卷法可以同时搜集许多人对同类问题的资料，比较节省人力和物力。问卷的发放可以通过邮寄的方式进行。这种方法的潜在问题是：问卷回收率可能会影响结果的准确性；被调查者有时可能不认真合作，而使问卷的真实性受到影响。谈话法是指研究者根据预先拟定好的问题向被调查者提出，在面对面的一问一答中搜集资料，然后对群体的心理特点及心理状态进行分析和推测。谈话法一般不需要特殊的条件和设备，比较容易掌握。但是由于访谈对象有限，加上被试可能受主观和客观因素的影响，有可能会影响到资料的真实性。

个案法

个案法是收集单个被试各方面的资料以分析其心理特征的方法。通常收集的资料包括个人的生活史、家庭关系、生活环境和人际关系等特点的资料。根据需要，也常对被试做智力和人格测验，从熟悉被试的亲近者那里了解情况，或从被试的书信、日记、自传或他人为被试写的资料（如传记、病历）等进行分析。

个案法要求对某个人进行深入而详尽的观察与研究，以便发现影响某种行为和心理现象的原因。例如，通过个案分析，可以了解电视台的不同节目对个体行为的影响，也可以了解家庭破裂对儿童心理发展的影响，等等。个案法有时和其他方法（如观察法、传记法、测验法等）配合使用，这样可以收集更丰富的个人资料。用个案法研究儿童的心理发展，在现代心理学中曾起了重要的作用。

个案法的优点是，能加深对特定个人的了解，以便发现影响某种行为和心理现象的原因。个案法的缺点是，所收集到的资料往往缺乏可靠性，而研究的结果也可能只适合于个别情况。因此，一般说来，个案法常用于提出理论或假说，要进一步检验理论或假设，则有赖于其他方法。

心理学的研究方法远不止上述的几种，同时，上述几种研究方法都有各自的优点，但也有各自的不足之处。人的心理活动是非常复杂的，因此，研究人的心理现象不能只采用一种方法，应该根据研究的需要，灵活地选用几种方法，使之共同发挥作用，以便相互补充，使研究收到更好的效果。

心理学与生活密切相关

心理学是研究心理现象的科学，那么，心理学与生活到底有无关联，有什么样的关联呢？日常生活中，我们每做一件事，每说一句话，都受到一定的心理状态和心理活动的影响和制约，尽管有时候我们觉察不到。说一个人发脾气、闹情绪，这就是一种心理活动；说一个人洋洋得意、意气风发，这也是一种心理状态；说一个人品行不好、思想消极，这其实就是在作心理学研究了。心理学能够指导我们的生活，越是复杂的生活，越要懂得心理学的道理才行。懂得运用心理学管理自己，我们的生活才会幸福，才会有意义，我们的学习、工作才会有所成，我们和他人才会友好地相处。

人的心理和人的生活是相互影响的。人一降生，就是带着心理能量的，虽然这种能量是潜在的和不成形的。同时，一定的生活环境也会将这个刚出生的小家伙一下子包围起来。生活环境的差异对人的早期的心理发展有着深远的、导向性的影响。如果一个人出生在一个暴力家庭，他的心理就会发展不健全，可能会成为一个性格古怪、情绪反常、十分叛逆的人，他可能早早辍学，不愿回家，讨厌家庭，讨厌社会，甚至走上犯罪的道路。同一个人，如果出生在一个和睦幸福的家庭，他的心理就会健康地发展，自小懂得关爱和帮助别人，懂得尊敬长者，懂得好好学习，珍惜家庭的温暖，他将来会有一个幸福的人生。不同的生活环境造就人不同的心理，有不同心理特征的人会选择不同的生活道路。因而，我们可以说心理学与生活互相影响。

在生活中，心理学有着极其广阔的应用范围。例如，领导者和管理者学习和掌握劳动心理学和管理心理学知识，有助于企业管理的合理化，改善劳动者的心理状态和人际关系，加速掌握生产技术，促进生产技术革新，不断提高劳动生产率。教师掌握了有关的教育心理学知识，就能够根据人的认识活动过程的特点和规律，培养学生的观察力，指导学生有效地进行学习和牢记已学的知识、技能，帮助学生正确理解和掌握概念和教学内容，培养学生分析问题和解决问题的能力；还可以根据心理学的有关理论培养学生，使其具有高尚的情操、坚强的意志、共产主义的信念、远大的理想以及优良的性格特征等。这对进行教育改革、提高教学质量、实现教育工作的科学化都具有极其重要的现实意义。医学心理学知识有助于医护人员正确了解心理因素在疾病中的作用，开展心理咨询和心理治疗工作，不断增进人们的心身健康。另外，心理学知识对个人自我教育也有重要作用，它有助于自己分析和了解自身的心理特点，从而使人做到自觉地、正确地组织和调整自己的学习和各项有益于心身的活动，克服消极心理，发展积极的心理品质。

心理学在各领域中的应用

目前，心理学在人类生活中所起的作用越来越大，应用的范围也越来越广，心理学在工业、商业、教育、医疗、军事等领域得到广泛的应用，并且形成了许多分支学科。

工业与组织心理学

工业与组织心理学主要在工业、企业和组织机构里发挥作用，包括：在厂房设备安装、产品质量设计方面考虑到人的因素，可以更有利于促进生产，提高效率；在人事部门中知人善任是人才选拔、人员安置、人力资源合理利用等一切工作的基础；在企业中调动员工的积极性，协调关系，创造良好的企业形象等，都离不开心理学规律的应用。

教育与学校心理学

教育心理学是心理学的一个重要领域。作为教育科学的基础，其工作在于研究教与学过程中的心理规律，以提高教育、教学水平，改进师资培训和学业考试，并推动因材施教，培养学生健全的人格和创造力，等等。学校心理学家通常在中小学工作，对在学校中学习困难、适应困难或某种问题行为的学生进行诊断和辅导，并协助家长和教师解决与学校有关的问题。

商业心理学

商业心理学主要研究商业活动中人的心理活动的特点和规律，并运用心理学的原理和方法解决商业中有关人的一些问题。商业心理学包括广告心理学、消费心理学等。

广告心理学研究如何把产品信息传达给群众，以更好地引起消费者的购买行为。消费心理学则以社会大众的消费行为为研究对象，考察消费动机、购买行为以及影响和促进消费行为的各种因素。

医学心理学

医学心理学是关于健康和疾病问题的心理学，主要研究心理因素在治病和维护健康方面的作用，以及医护人员和病人在医疗过程中的心理活动和行为特点。

医学心理学还研究精神药物的作用、心理治疗的方法、病人的康复过程等问题。医学心理学家也从事一些心理卫生和心理咨询工作，帮助人们促进身心健康。

法律心理学

法律心理学主要研究人们在司法活动中的心理活动和规律。根据研究内容的差异，法律心理学又可分为犯罪心理学、审判心理学、侦察心理学、司法鉴定心理学等。

犯罪心理学主要研究犯人作案的动机、对罪犯的有效教育改造等问题；审判心理学主要分析犯人供词和证人证词的可靠性问题；侦察心理学研究案件侦破过程中所应遵循的心理规律；司法鉴定心理学主要的目的是运用临床精神病学知识，对疑似精神病人的被告及其他诉讼当事人进行心理鉴定，为确定其法律责任提供科学的依据。

军事心理学

　　军事心理学主要研究在军事活动中人的心理问题，包括军事人员的选拔和分类、军事技能和武器的学习掌握过程、适合军事活动的个性心理特征、心理战术、宣传和反宣传等。军事心理学上，军事组织就是一个小社会，其中的社会过程和关系，比如军官和士兵的关系、战争时群体内部情绪、军队士气的作用等，都是需要研究的问题。根据兵种的特点，军事心理学可分为航海心理学、航天与航空心理学。航海心理学主要研究军事人员在长期离开陆地情况下的心理特点，舰艇操纵和海上战斗时的特殊心理学问题。世界各国的军事心理学研究成果都保密，除非已经失去了军事价值，否则不会公开发表。

第二章
哲学心理学的产生发展

哲学王、武士和劳动者

柏拉图出身于古希腊奴隶主贵族世家，是苏格拉底的学生。年轻时是个摔跤手，体姿强健，相貌严肃而文雅。他喜欢以诗剧的形式创作，这为他后来以文学形式撰写著作奠定基础。柏拉图一生可分为28年学习、12年游历和40年的学园讲学生活三大阶段。学习期间，接受唯心论者苏格拉底的8年教育是他一生中最重要的阶段。在这期间他将老师的抽象概念高于一切的观点，加以继承发展而形成自己的理念论。他认为理念世界是唯一真实的、第一性的，它先于物质世界存在。游历期间，柏拉图在意大利南部吸收了毕达哥拉斯关于数是一切存在物始基的唯心论思想。在那里他试图建立理想国失败后，曾被当作奴隶出卖。幸亏被友人赎回，才得以回到雅典。32岁开始，柏拉图在雅典的世袭领地——一个小公园里办校讲学和写作，历史上称之为雅典学园。他的著作经常用苏格拉底和别人谈话的形式发表，其中最著名的有《理想国》等。

在心理学上，柏拉图把灵魂看作来自天国的理念世界，灵魂进入人体后即支配身体活动；人体死亡，灵魂又回到理念世界。所以他和毕达哥拉斯一样，认为灵魂是永生不死、轮回转世的。灵魂进入人体后，肉体的欲望成为灵魂的牢狱，使灵魂忘记了理念世界的知识。灵魂通过感觉经验引起对理念世界的回忆，唤起理念世界的知识影子，重新回忆起理念。例如，一个人走到陌生地时有一种熟悉感，就是灵魂对生前世界的回忆。历史上称之为柏拉图的理念回忆说。柏拉图在《理想国》中把人（奴隶除外）分成三种等级，即哲学王、武士和劳动者。和人的等级相应，在心理分类上也是三个等级：最高级是理性，在头部，相当于哲学王的灵魂；勇气意志在胸部，相当于武士的灵魂；最下者是肉欲，在横膈膜之下，相当于劳动者的情欲。理性命令意志，管辖情欲，相当于哲学王命令武士，统治人民。正直、健康的人就是能按灵魂等级各司其位，安分共事的人。这是欧洲史上最早的知、情、意心理现象的三分法。在联想记忆方面，他也通过比喻做了解释。例如，一个人从看到七弦琴而想起琴的主人；看见一张肖像画，想起画上的本人。他说："所有这些例子，都可以说明回忆可以由相似的东西所引起，同时也可以由不相似的东西所引起。"后人认为，这是关于联想的接近律和相似律的最初描绘。当代的英国心理学家 M. 艾森克在他的《心理学——一条整合的途径》（2001年）中提到联想规律时说："柏拉图以前也曾提到，接近性和相似性是决定思维模式的重要因素，但直到亚里士多德才发展了这种想法。"

割与斧，灵魂整体论

亚里士多德，柏拉图的学生，马其顿王国全盛时期国王亚历山大幼年的宫廷教师，杰出的思想家和哲学家。亚里士多德利用自身所处的这些优越条件系统地搜集和整理了大量的文献资料，著书立说，形成他自己的理论体系。他著的《论灵魂》就是欧洲史上第一本关于心理学的专著。他采用了当时的生物学知识来解释心理现象，比较系统地讨论了心理现象的各个方面。

亚里士多德反对柏拉图的理念论。他认为理念世界是虚构的，它和现实世界矛盾，现实世界才是真实的。灵魂是形式，身体是质料，两者是统一不可分割的。它们之间的关系犹如"割"之于"斧"；没有"斧"，"割"也不存在。不过，他把灵魂看作是生命的本质，身体只是灵魂的工具，只有灵魂才能使身体的动作得以实现。这样，在身心关系上，他是灵魂形式决定身体质料的唯心论者。

在心理分类上，亚里士多德反对柏拉图的知、情、意三分法，强调灵魂是整体的，不能分为部分。他按生物的不同等级加以划分，提出植物具有营养和消化的灵魂，动物具有感觉灵魂，人具有理性灵魂。高级灵魂包含所有低级灵魂，人是最高级的，因此同时具有三种灵魂。它们在人体中是统一不可分割地起作用的。此外，他还按灵魂的功能进行分类，提出人的灵魂有两种功能：理性的和非理性的。非理性的功能是被动的，与肉体同生死；灵魂的理性功能是主动的，肉体死亡，灵魂复归于纯粹形式。这样，亚里士多德又一次回到他的形式决定质料的唯心论观点上来。

在感觉心理上，亚里士多德有许多建树。首先，他把感觉看作动物生存的必要手段，提出感觉的第一特征是辨别力。例如，视觉能辨别黑与白，味觉能辨别甜和苦。动物有了这种天赋的感觉能力，才能在一定距离内知觉对象，做出趋避的动作，以保持生存和繁殖种族。其次，他承认，外部物体的作用是引起感觉的原因，没有外部事物的作用，感觉就不能产生，物体是先于感觉存在的。再次，感觉过程产生的印象是真实的，不会犯错误。他把外物作用于感官产生的感觉印象或痕迹，比之于金戒指印在蜡块上的印纹一样，是真实的。最后，他把感觉分为特殊感觉和共同感觉。特殊感觉包括视觉、听觉、嗅觉、味觉和触觉5种。每种感觉都有特殊的对象：视的对象是颜色，听觉的对象是声音，嗅觉的对象是气味等。每一种感觉和对象之间都有自己的媒介物：透明是视觉的媒介物，空气是听觉的媒介物，身体是触觉的媒介物等。他对各种感觉都给予了一定的生物学意义的描述。触觉是最原始的感觉，是生物是否活着的标记。味觉具有营养作用，听觉、视觉、嗅觉都是距离感觉。它们的存在，不是为了动物的生存，而是为了动物更好地生存。感觉所接受的对象是有一定范围的：声音过小了固然听不见，过大也是听不见的。感觉和两种物体相互作用的比率有关：比率适当就感到愉快；不适当就感到痛苦或者有害。感觉的程度是相对的。例如，尝过强烈味道的味觉器官（舌），就不能辨别轻微的味觉；受过强烈响声刺激的耳朵就会暂时变聋；一只手接触到比手硬的物体就觉得硬，接触比手软的物体就觉得软。

在解释了特殊器官的感觉后，亚里士多德还对共同感觉加以说明。其实，他的共同感觉就是知觉。例如，他认为共同感觉执行着想象和记忆的功能，指的也是知觉。

亚里士多德把记忆看作是感官知觉留下的意象的再生或重新活跃。他认为记忆有两种特性：①记忆的对象是过去的东西，一切记忆都会有逝去的时间。凡是能知觉时间的动物都有记忆。②记忆对象总是和当前的知觉对象有关的东西相联系：一个人看到一张画，当他从这张画本身而不是从与画有关的东西——相似的东西进行联想时，这就是思维。当他把这张画作为与某物相似的东西或作为肖像时，那么，那个被作为肖像想起人物来的过程就是记忆。因此，记忆过程常和思维过程交错在一起。例如，想要记起一件事情却记不起来时，如果改变观点就能突然记起。他以为，这是把有关的相似的东西同要求的东西联系起来了。他还指出，记忆也常和想象相混淆：神经错乱的人，常常把纯粹的幻想当作记忆的事实，这就是因为把不相似的东西当作相似的东西看了。在他看来，记忆和回忆不同。记忆是被动的再生，是人和动物共有的。回忆是主动的，要求有思维的推理起作用，所以只有人类才有。关于记忆的条件，他总结出三条规律：①联想有助于回忆，如相似的、相反的和邻近的事物都有助于想起要回忆的东西。②情绪对回忆有积极作用，也有消极作用。情绪激动时会妨碍记忆。因为激动会失去意志的控制，使回忆不能按照要回忆的方向进行；相反地，愉快的情绪会增加人的记忆效果。③组织得好的材料，比组织得不好的材料更有利于记忆。

亚里士多德还说到情感、欲望、需要、动作和意志等心理现象。他以为欲望是心理运动的资源，例如，滋味本属于营养性质的，但气味常常和一定食物的性质相联系，即和动物所需要的食欲相联系。动物需要这种食物时，它的气味就使动物产生适意之感，从而迫使动物行动。他还描述了动作的产生过程：首先，动物的缺乏之感引起对所缺乏事物的需要，然后产生需要的意象，意象引起追求的欲望，迫使动物做出动作。不过，他认为，像饥渴欲望得到满足的行动是本能动作，而高级行动则有理性思维参加，是意志行动。

总之，亚里士多德是古代欧洲史上对心理现象做出最为全面系统描述的第一个人。他的著作不仅有历史意义，而且还有现实意义。美国某大学一位教授让学生阅读亚里士多德《论灵魂》的某些章节后，有学生询问，这是哪个大学教授的著作。当教授哈哈大笑地回答，它是2300多年前的哲学家的著作时，学生们都惊讶地赞叹不已！

体液——气质

希波克利特是西方的医学始祖。他从医学实践出发，认为医学判断的出发点是身体本身。人体各部分联系起来的统一整体影响各个部分，各个部分也影响整体。身体的任一部分哪怕是最小部分的感觉，也有一定作用，因为各部分是互相联系着的。他很注意地理环境、气候、季节和生活方式同人的身心健康的关系。

希波克利特对心理学的最大贡献是两件事：首先，他著有《论圣病》一书。"圣病"是当时人们对癫痫病的称呼，认为这种病与神有关，或说是魔鬼附身。希波克利特在书中指出，病因在脑，不在神。他解释说，脑是知识的场所，由于脑，我们才能思维、理解、看见、听见，知道丑和美、恶和善、适意不适意。也是由于我们的脑才变得疯狂，发谵妄，为害怕和震惊所侵袭。当时人们都认为心理活动在心脏，如亚里士多德就是这样说的。希波克利特则认为在脑，这是由他的医学经验所得到的结论。

他还著有《论人的本性》一书。书中提出人体中有四种不同的体液，它们来自不同的器官：脑有黏液，有冷的性质；肝有黄胆汁，有热的性质；胃有黑胆汁，有渐温的性质；血液出于心脏，性质干燥。由于这四种液体结合的比例不同，所以构成人的不同体质。体内的某种体液过多或过少，或者比例不适当，人都会感到痛苦。后来，希波克利特的四体液说，被古罗马时期的医生加伦继承发展为气质学说。

加伦，古罗马时期的名医和自然科学家，对解剖生理学有很大贡献。他通过活体解剖和对神经系统的研究，发现肌肉中的神经分支，在脊椎的实验中看到脊椎的部分和动作有关。在观察神经和感觉有病的人时发现神经由感官传到脑，因而断定心灵位于脑，指出脑、脊髓和神经分支形成系统是感觉和动作之间互相联系的生理基础。

加伦的最大贡献是把希波克利特四体液说和人的气质联系起来，指出气质类型的各种表现。他发现：多血质的人，血液最多，这种人的行动表现为热心、活泼；黏液质的人痰液多，这种人的心理表现为，冷静、善于思考和计算；神经质的人，黑胆汁多，有毅力，但表现出悲观；胆汁质的人，黄胆汁多，易发怒，动作激烈。到目前为止，心理学教科书中还经常提到这一气质学说。

我思，故我在

古希腊、罗马灭亡后，欧洲进入中世纪。中世纪宗教统治一切，出现了为神学服务的官能心理学。到了17世纪笛卡儿提出了身心交感论，提倡人的理性思维，反对神学教条。

笛卡儿生活在西欧资产阶级早期革命时代，当时，荷兰在16世纪60年代、英国在17世纪40年代的资产阶级革命已取得成功。笛卡儿所在的法国，却仍处于封建君主制的盛期。作为资产阶级的先进人物，为了避免遭到迫害，他长期侨居荷兰等国著书立说，对推动人们的思想解放具有划时代的意义。

笛卡儿出身于法国的次等贵族家庭，父亲是法官。1604~1612年间他在耶稣教会学校学习，喜欢人文主义和数学，反对教会的教条和权威。由于身体羸弱，校长准许他可以不参加每天早晨的祈祷。他就利用这段时间躺在床上思考问题，从此养成他的终身习惯，并且在这种时候进行很好的创造性思维。为了取得人生经验，1617~1619年间他在军队服役。以后，又变卖了贵族的世袭领地，周游欧洲各国长达9年。在这期间，他曾两次回到巴黎想研究数学，均因不得安宁未能遂愿。1629年开始，他侨居荷兰长达20年。为了避免干扰，在这20年间他曾住过13个不同的城镇和20处不同的房子。除了最亲密的少数亲友外，他的住址一概保密。笛卡儿的一些重要著作就是在这样的情况下写成的。但是，他的著作被说成是无神论的，他本人也因此受到教会的迫害，于1649年被迫迁居到瑞典。到了瑞典之后，瑞典的皇后慕名请他讲哲学，约定每周讲课三次，每次在早晨5点左右开讲，这就破坏了他每天晚起床的习惯。皇后又不是一位好学生，加上冬天早晨在寒冷的图书馆里授课，笛卡儿坚持了4个月后，终于患上肺炎，于1650年2月11日病死在瑞典首都斯德哥尔摩。

笛卡儿在心理学思想上的最重要贡献是：站在反对神学权威的立场上，采用理性怀疑的方法，以摆脱宗教教条的束缚来提高人的地位，使人们从传统的封建迷信思想中得到解放。例如，他说，每个人生来就具有判断和辨别真理的能力，只因儿童期的欲望或受教师支配接受了虚伪的东西，因此，必须对这一切持怀疑和审查的态度，以求得到明白、清晰的观念。经过怀疑审查后，他发现有一个东西是不能怀疑的，这就是"我在怀疑"。怀疑就是思想，"我思，故我在"。这是他通过怀疑得到的第一条原则。他说："我思想多久，就存在多久……严格地说，我只是一个在思想的东西，也就是说，我只是一个心灵，或灵魂，一个理智或一种理性的实体。"可见，笛卡儿是通过理性怀疑，提高自我，即人的地位的，以达到反宗教权威的目的。他同时把理性怀疑作为衡量真理的标准和原则。传统上，神学的教条、权威被看作是真理的标准。笛卡儿起用了人自己的理性思维作为衡量真理的标准，从根本上改变了人们的思维方式，使哲学心理学从只考虑心理或灵魂的实体是什么的传统思想，转变为考虑心理、心灵或知识是怎样起源的问题。其实，笛卡儿的理性思维是一种天赋能力，它来自柏拉图的理念世界。然而，他用柏拉图的理念来反对神学上帝，却是一大进步。当然，过分强调理性的天赋和天赋观念具有片面性，但是，从此使心理学从哲学的本体论转向认识论，却起到了一种推陈出新的作用。正因为先有笛卡儿的理性思维取代了神学教条，才使心理学能以研究人、自我和人的理性思维为对象。也正因为笛卡儿强调理性认识，才为以后洛克的感觉经验论的提出扫清道路。

那么，笛卡儿是怎样从哲学的本体论过渡到认识论的呢？在发现自我作为第一原则之后，笛卡儿通过理性思维承认了上帝和物质的存在，而上帝是创造一切的，这就将自我和物质对立起来。而人是物质和自我、灵魂的统一体，这两者是如何统一的呢？他使用了二元论的相互作用来解决，这就是他的身心交感论和身心搅混论。

首先，他把人体看作是一架自动机，按自然规律起作用。他指出，身体的运动，取决于心的热力所引起的"动物精神"在中空的神经管内来回流动，当它流到大脑的松果体时，灵魂就在这里和身体动作发生交互或交感作用。在笛卡儿看来，灵魂是单一的整体，它依整体性进行活动，只能在身体的单一器官中和外来影响发生交互作用。松果体就是脑中唯一的单一器官，所以，灵魂只能在这里和来自各器官的感觉印象发生交感作用。灵魂好比舵手坐在船头观察船的运行，并指挥其航向一样，这就由他的身心交感引申出身心搅混论。

关于身心搅混论，他认为，灵魂或自我不但在松果体和来自身体的动作发生交感，而且和整个身体"紧密地联结在一起，高度地混搅在一起，因而我和它组成了一个单一的整体"。因为要不是这样，我的身体受伤，需要喝水和吃东西，就只能靠思想去认识，而不是感觉到的。为了说明这个理论，他把神经比作一条绳子。

假定绳子上有 A、B、C、D 各点，只要拉动其中的一点，其他各点也会活动起来。他说："同样情形，当我觉得脚上痛的时候，物理学告诉我，这个感觉是通过分布在脚上的神经传来的。这些神经就像绳子一样，从脚上一直通到脑子里，当它们在脚上被牵动的时候，也同时带动了脑子里神经归总的地方，并在那里激起一种运动，自然规定了这种运动使心灵产生疼痛的感觉，就好像疼痛是在脚上似的。"

应该指出，笛卡儿提出身心交感论批判神学教条，解放了人的思想。后来的心理学家洛克则批判笛卡儿的天赋观念，提出心灵白板论的感觉经验论，他们共同推动了哲学心理学思想的发展。

心灵白板论

洛克是近代英国经验主义心理学的创建者和联想主义的倡导者。他出身于乡村律师家庭，父亲是个清教徒，曾参加国会派反对王党的革命活动。1652 年 20 岁的洛克进入牛津大学学习，先后获得学士、硕士学位。后来，他还学过医学，但未结业，于 1666 年放弃了学医。1667 年他结识了自由主义政治家沙甫茨伯利伯爵，曾担任伯爵的秘书和家庭教师多年。伯爵是辉格党的领袖。1684 年复辟的斯图亚特王朝怀疑伯爵搞政治阴谋活动，洛克受到牵连，他们一起逃到荷兰。1688年"光荣革命"胜利，1689年他们回到英国，洛克在君主立宪的新政府中担任要职，但他代表了一种妥协的力量。在科学界，他和波义耳、牛顿等人都很友好，洛克自己在医学上也偶尔进行实验。在心理学上，他的最大功绩是批判了笛卡儿的天赋观念，开创了感觉经验论的心理学思想理论。

洛克逐条批判了笛卡儿的天赋观念。他指出，有人说，上帝这个观念是人人天生固有，不学自会的；其实有些部落的人就没有上帝的观念。有人说，善与恶的判断也是良心固有的；其实是小时候教育感化的结果。即使是全世界的人都有某一观念，如火的观念，也不能作为天赋的固有观念。有人认为，那种不证自明的观念或原则是天赋固有的；其实，这是一种先入之见、人云亦云的东西，他并未好好地论证过。其实，所谓的理性直观、不证自明的观念，是早已在他心灵中留下的经验，过去没有认真地去认识它，现在才认识到了。例如，"同一物不可能既存在又不存在"，这条原则以及数学公理就是这种情况。他争辩说，如果由于理性认识而明白的数学公理是天赋的，那么由这些公理推论出来的定理、定则也就都是天赋观念了。所以，一切观念，甚至像上帝、数学公理等所谓不学自会、不证自明的天赋观念，都是由于成人不知道自己在什么时候学会的，并不是真正天赋固有的。恰恰相反，人的心灵，最初好像一张白纸，或一块白板，没有任何观念。那些无限多的美妙图画和全部知识观念都来自感觉经验，是后天获得的。

洛克阐明他的感觉经验论的主要观点之后，随即提出简单观念的两个来源，即外部感觉和内部反省，并对此加以论证：前者如色、香、味、形状、大小和数目等；后者如知觉、思维、意志等。指出一切复杂的观念都是这些简单观念的联合或联想。

以上这些思想，就形成了洛克感觉经验及其联想心理学的理论基础，并为今后英国的联想主义心理学开辟了一条研究途径。1690年出版的洛克《人类悟性论》阐述了上述观点，这本书也就成为具有历史意义的世界名著。但是，洛克的著作中没有说到心灵和人脑、主体和客体的关系问题，因而在感觉的真实性上留下许多遗憾。例如，他说，来自外部感觉的形状、大小和数目等是物体第一性质的观念，它们是符合客观事实的，是真实的；而关于色、香、味等感觉是第二性质的观念，它们不是物体的肖像。后面这些观念是上帝把它们同一些并无相似之处的运动联系在一起，就像"把刀片割我们肉的运动与同它毫无相似之处的痛苦的观念联系在一起一样"。

洛克把色、香、味和痛这些感觉观念说成是主观的，它们不是客观物体性质的反映，是不真实的，是感觉的第二性质。在这里，洛克把哲学上的认识论和心理学上的认知过程混淆了。从心理学上说，人们认识客观物体时必须有人的主体成分参与其中。例如，光是一种电磁波，在自然界并无颜色，是由于进入人眼的视觉器官而产生颜色的，只要经过科学的分析就会知道是怎么一回事。但是，在洛克那个时代，科学还达不到那样的认识水平，洛克则用认识论的观点去观察评议，因而怎么也说不清楚。这就引起了德国莱布尼茨的批评反对。

单子论

莱布尼茨是德国古典哲学的先驱，是近代德国理性心理学的始祖。他生活在德国资本主义萌芽时期。资本主义萌芽时期的资产阶级力量十分软弱，无力提出自己独立的政治主张，只能依靠封建制下王宫贵族的"开明专制"发展资本主义和推动自然科学。这些情况影响着具有先进思想的莱布尼茨，使他成为近代德国唯心主义哲学心理学思想的始祖。他的父亲是莱比锡大学教授，莱布尼茨自己就在该大学学习过。他和洛克有交往。他曾应聘于俄国，担任彼得大帝的顾问，为俄国创办科学院。回国以后，创办了柏林科学院，任第一任院长。他精通哲学和科学，极力提倡工业技术的革新，发明了微积分和计算器。在学术思想上对德国各种唯心主义流派的影响都很大。他推崇柏拉图，是个客观唯心论者，认为世界的实体是精神，他把它叫作"单子"。物质只是单子的外部表现。单子是主体的活力，由于内部原因不断活动着，力求自身发展和日趋完善。人体中的最高单子是灵魂，领导其他单子，就像上帝支配其他单子一样。单子的数目不增不减，所以是不变的。

在心理学思想上，莱布尼茨和笛卡儿一样，是唯理论者，承认有天赋观念，反对洛克的感觉经验论，提出单子论学说。他认为，可靠的、普遍必然的知识是来自理性的知识。洛克说，凡是存在于理性中的，无不已先存在于感觉中。莱布尼茨则说，应该补充一句，"理智本身除外"。洛克把心灵比作白板，经验可以在上面任意涂画。莱布尼茨则把心灵看作具有纹理的大理石，雕刻家只能根据大理石（心灵）的原有纹理加工，实际上这是一种心灵先验论者的观点。

在身心关系上，莱布尼茨把心灵看作一种单子，按它自身固有的内部规律活动。它由本身的原因推动着活动的单子自身连续地发展变化。它的发展变化是由低级变向高级的，不同发展阶段的单子活动具有不同的观念，单子越高级，观念就越明晰。他反对笛卡儿的身心交感论，提出了自己的"预定和谐"说。这个学说认为，各个单子之间是互不影响的，作为身心之间的单子没有因果关系，它们按各自的内部规律活动。例如，人在愤怒时摩拳擦掌，欢乐时喜笑颜开，表面看来，似乎身心的活动互相影响，实际上，这是身心两方面同时产生的活动。这种同时产生、同时进行的活动是上帝预先安排好的，正如两只构造同样精致的钟表，它们同时开动，总是走着同一时间，但都只按自己的内部规律运动着。他说："灵魂遵守自己的规律，形体也遵守它自己的规律，它们的会合一致，是由于一切实体（即单子）之间的预定的和谐。"这就是他的"预定和谐"的身心平行论的基本观点。这个理论对近现代西方心理学思想影响很大。

莱布尼茨从单子论观点提出知觉—统觉学说和无意识的思想。他认为，单子有一种特性，叫作觉性或知觉。这种有觉性的单子，因等级不同表现出观念明晰度上的差异，而有微觉、知觉和统觉之分。人的观念比无生物、植物和动物的观念明白、清晰，就因为人的单子等级高。人最明白的观念是统觉观念，它是真的、自觉的观念，而模糊的观念是靠不住的。明白的观念能促进动作的趋向，对于活动也越有利。这样，他已把观念的明晰性和单子的主动性联系起来，认为主动性越大，观念就越明晰。统觉极明白是由于主动性大，所以，统觉含有自我意识。相反，那些明白性等于零的或者极小的微觉，几乎不能被意识到，这就是无意识的。这种无意识的微觉在人的个性和性格形成中起重要作用，因为不知不觉中形成的个性习惯对性格影响是很大的。明白的意识也就是由这些微觉积聚起来的，犹如海浪击岸，声大如雷，是由我们听不到的每滴水声积聚起来的。

由于笛卡儿、洛克和莱布尼茨三人的思想交锋，推动了西方近代心理学思想的大解放，促进了英、法、德各国的传统思想之间的相互吸收和论战。争论的结果是形成了一种英国感觉经验的联想心理学思想。下面提到的贝克莱则是从主观的经验论方面发展心理学思想的。

存在就是被感知

英国资产阶级革命在 1688 年胜利建立君主立宪体制后，促进了生产和经济的发展。到了 18 世纪 30 年代，开始产业革命，随后英国进入资本主义工业化时期，贝克莱就是这个时期在宗教和学术思想上的资产阶级的代表人物。

贝克莱是近代联想主义心理学体系的创建者和第一个生理学家。他出身于爱尔兰贵族的亲属家庭。15 岁时他进都柏林三一学院学习，先后获得学士、硕士学位，1724 年被任命为这一地区的副主教。不久，他去北美传教，并先后周游法国和意大利。1734 ～ 1752 年他升任为爱尔兰主教。1753 年于牛津逝世。

贝克莱是利用洛克在感觉观念上的问题，为他的宗教服务的。我们已知道，洛克把广袤、形状、运动和数目等感觉观念看作是物体的第一性质，是对事物的真实的反映；而色、香、味，这些第二性质的感觉观念是物体微粒运动引起感觉能力产生的，是主观的，不是客观物体的真实反映或肖像。贝克莱就利用洛克的这些论点，更进一步认为，不仅物体的第二性质的观念是主观的，就是它的第一性质的观念也是主观的。例如同一物体，在远处看时显得小，近看则大些，这是以人体的位置为转移的。因此，物体的广袤、形状和大小也以主体为转移，也是主观的。每一物体有许多属性，它们总是一起被人们感知到的。他说："我看见这个樱桃，我触到它，我尝到它……它是实在的。你如果去掉柔软、湿润、红色、涩味等感觉，你就是消灭樱桃……"

贝克莱引文中所说的意思是，柔软、湿润、红色和涩味这些物体的第二性质，总是同樱桃的形状这个第一性质一起被感知到的；如果去掉了樱桃的第二性质：色、香、味等感觉观念，那么，它的第一性质的感觉观念，即形状也就一起被去掉了，因而你就消灭了樱桃。于是，他得出结论说：物体就是感觉的集合或结合，"存在就是被感知"，这是一种主观唯心论的结论。这个结论的意思是，世界的一切，即万事万物都是由于我的感知才存在着，如果没有我的感知，那么，世界就不存在了。因此，有人挖苦地问他，那么，你还未出生前，你的父亲，父亲的父亲，是否存在，由此推理，贝克莱的"存在就是被感知"是一种无父无母的赤裸裸的主观唯心论。

贝克莱还用他的上述观点，去解释空间知觉。他问道：我们视网膜上的印象只有两个维度，即平面的。但是我们能经验到第三度，即深度，这是什么原因呢？他解释说，这是过去经验的作用，是因为过去在看物时，视觉印象和触觉以及眼睛看物时的运动觉之间的经验是结合在一起的。例如，当我看一个较近的物体时，我的两眼瞳孔彼此向内移动或做辐合运动；物体较远则辐合消失。因而深度知觉是一种经验，是几种感觉的集合。在这里，应该指出，心理学和认识论存在着微妙的差异。当贝克莱用眼球运动来解释深度知觉时，他说明了深度知觉的生理机制，这是科学的，从心理学来说，是正确的。只是，贝克莱的用心不在此。他是用深度知觉的正确经验为他的宗教辩护。因为他就是用深度知觉是几种感觉的集合，来论证"存在就是被感知"这个主观唯心论命题的。由此可见，在研究心理学时必须注意到它和认识论的界限，否则就会被别有用心的人所利用。贝克莱这样，休谟也是如此。

心理现象学

休谟是欧洲近代史上心理现象论的祖师爷，是近代英国经验主义和联想主义心理学的重要代表。他出生在苏格兰爱丁堡的一个贵族家庭，年轻时，曾在爱丁堡大学学习法律和哲学，1747年成为军法官。从1765年开始任英国驻巴黎大使馆秘书，以后为代理公使和英国副国务大臣等重要职务。1769年他回到爱丁堡，1776年逝世于爱丁堡。

我们已知道，贝克莱宣扬"存在就是被感知"，还是承认"存在"的。休谟则说："我只知道我的感知，至于世界上是否有物体存在，我表示怀疑，那是无法知道的。"休谟的心理学思想虽然是在只承认感知的观点上来解释心理现象，却为心理现象的研究提出了一些有用的事实。

首先，休谟从感知出发，对观念和感觉印象进行了区分。过去，洛克讨论观念的联合或联想时，常常将观念和感觉印象混淆起来。休谟认为观念和感觉印象是两种心理现象，他说：

所谓"印象"，我指的是一切比较生动的知觉，就是指我们听见、看见、触到、爱好、厌恶或欲求时的知觉而言。印象和观念不同，观念是比较不生动的知觉，我们是在回想或反省上述各种感觉或运动的时候才觉察到这种观念的。

这是说，在休谟看来，印象是有力、生动的感知觉；观念则是微弱、不生动的感知觉。当然，他说的是心理事实，无可非议。只是他仅仅从心理现象上进行分析，却未涉及这些心理现象的生理机制以及它们与客观事物的关系。

休谟对观念和印象的关系进行解释后，接着即以它来说明他提出的联想心理规律是如何形成的。他先指出，简单观念是印象的摹本，它们两者是类似的，但复杂的观念必须经过加工改造，它和任何印象就都不相似了。不过，任何复杂观念也可以还原分析为和简单观念相似的印象摹本。他论证说："当我们分析思想或观念的时候，不管它多么复杂或崇高，我们总是发现这些观念可以分解为简单的观念，而这些简单的观念就是以前曾经有过的感觉或感情的摹本。即使有些观念乍看起来似乎与这个来源相去甚远。但是经过比较详细的考察之后，我们仍然发现是从那个来源引申出来的……我们不论把这种研究进行到什么地步，都会见到所考察的每个观念，都是与它相类似的印象的摹本。"

在进一步解释了观念和印象的复杂关系之后，休谟就对众多的观念进行分类。我们已知道，洛克根据他的感觉经验论，将观念分为来自外部的感觉观念，和来自内部的反省观念。休谟否认客观存在，把观念分为记忆观念和想象观念。他指出，前者的观念活跃、明确；后者的观念微弱、模糊，但比较自由，可以上下古今想入非非。接着，他就按洛克提出的联想概念加以研究。他认为，联想作用可从两种含义来理解：一是由若干简单观念联合成复杂的观念。例如，橘子是红色、甜味、圆形等简单观念联合成的。二是由各个观念之间的吸力引起的动作联合。他说，联想就是这种吸力的作用。由于各个观念之间有这种吸力才能将诸多的观念联合成复杂观念。但这种吸力是柔和的，它不是必然的联合，即联想，因为联想有自己的规律。于是他对传统的联想规律阐明了自己的观点。自亚里士多德以来，传统上有三种联想规律，即相近律、相似律和对比律。休谟则提出相似律、时空上的接近律和因果律。可是，他把因果律说成是习惯。在他看来，原因和结果在时间和空间上总是相接近的。原因总是习惯地在结果之前出现，原因与结果有一种必然联系。心灵则为习惯所影响，在某一事件发生之后，就期待继它之后所发生的事件，并且相信后一事件是会存在的。因此，我们心中所感觉到的这种联系，我们的想象从一个对象进而到经常伴随的对象，就是这种习惯性的推移。他说，这也就是我们据以形成的"能力"观念或"必然联系"观念的那种感觉印象，事情就只能是如此，没有别的什么了。贝克莱和休谟都是哲学家，下面提到的哈特莱则是一名医生和唯物论者。

联想，神经波动

哈特莱是世界心理学史上第一个生理心理学家和联想主义者。他生于牧师家庭，少年时准备继承父亲的牧师职务。由于受了当时进步思想的影响，他不愿在教会规定的"36条条款"上签字，放弃当牧师的念头改学医学，并以终身行医为生。

哈特莱是休谟的同时代人，但他从小爱好自然科学，在牛津大学学习时就读过洛克和牛顿的著作，并在课余时间研究心理学。他的心理学思想主要来自医学的实践经验和自然科学。由于时代的限制，他还是信教的，具有自然神论的二元论思想。例如，他认为，大脑中的波动和观念活动是两两平行的，不过，他用生理学知识对观念的联想做出了正确的解释。他以牛顿的物质振动学说为依据，以为神经是充满物质粒子的中实线体，每条神经的物质微粒受外界物质的作用时，便在神经内部发生振动或波动，并沿着神经传导到大脑乃至肌肉。但是，外界引起神经和大脑的波动是不同的：大脑内的波动比神经波动微弱，他称之为微振。由于大脑中的这种波动，在心理上便相应地出现观念，而神经上的波动则出现感觉和运动。这就是哈特莱的身心平行论。接着，他指出，当外界作用停止后，大脑内的微振会保留下来，只是留下的后象将越来越微弱。微振也可以转化为较大的振动，例如，梦中的观念强烈、鲜明，就是原来的微振变成较大的振动时出现的。记忆是过去感觉留下的影响，现在又引起的微振。他认为，一切心理经验都来自感觉，不同意有来自反省的简单观念。

在联想的形成上这一问题洛克曾经说过，有些观念的联想是人为地结合起来的。例如，黑暗和魔鬼的联想是大人用来吓唬儿童造成的，以致影响很深不易去掉。休谟认为，联想是一种不可知的自然力量的作用，它是一种习惯。哈特莱则从生理学方面做出解释，把联想看作是过去的外界客体相继作用在经验中的重现。如果感觉 A，在同一时间内和不同的感觉 B、C、D，一次又一次地结合，那么，感觉 A，最后就能引起和它结合在一起过的感觉 B、C、D 的观念。同样，一个身体的运动可引起先前和它联合过的观念；或者一个感觉或观念也可唤起和它们重复过的运动。运动和运动的联合形成技能习惯；运动和观念的联合形成意志行动等。这样就形成了比较系统的联想心理学，而且是用生理学的神经波动学说来解释的。因而，历史上将哈特莱说成是第一位生理心理学家和联想主义心理学家。

由上可知，自洛克开始，接着是贝克莱、休谟和哈特莱等形成英国的感觉经验心理学。到了 18 世纪末感觉经验心理学已成为近代欧洲心理学思想的主流。至于其他国家如法国、德国的心理学思想怎样，下面从德国先验论者康德的故事讲起。

心灵不可知

康德是德国古典哲学的创始人。他生活在新兴资产阶级尚处在动摇保守时期的德国。当时的德国资产阶级，一方面为英法工商业与自然科学的发达进步所吸引；另一方面，由于法国大革命时期执政党的过激行动也使他们后退保守了。康德就是这种调和折中思想的典型代表。康德一生从未出过远门，过着单身汉的生活。为了保护他那脆弱的身体健康，他的生活习惯十分有规律。每天从早到晚的生活起居都安排得井井有条，一丝不苟。据说，每天下午3点半，他准时在一条街上散步一个小时，不管天气如何。有一天，他没有准时去散步，街道两旁的住户都耽误了做晚饭。因为这些住户平时总是等他来散步后才开始准备做饭的。

康德一生可以1770年为界，此前的康德主要研究自然科学，提出了天体形成的星云说和潮汐成因的理论。1770年以后，受休谟怀疑论的影响，他提出了批判哲学，先后出版了《纯粹理性批判》（1781年）、《实践理性批判》（1788年）、《判断力批判》（1790年）。这三本哲学著作对心理学的思想影响很大：第一本书讲认识论，涉及认知心理；第二本讲伦理学，相当于道德、意志；第三本讲美术，与情感有关。它们的内容恰好相当于心理学的知、情、意过程，而且是彼此孤立的。在历史上又和柏拉图的知、情、意三分法一致，因而影响极大。以后，冯特的心理学就是按这种三分法划分心理过程类别的。

康德认为，人的认识包括两种成分，一种是感性的，另一种是悟性的。感性材料通过人的感官所获得的只是一些混乱零碎的现象，只有通过悟性加工、整理才能系统化为有条理的理论知识。而悟性认识则是一种先验形式，是先天固有地存在于人心中的。它们和外物的经验内容无关，却是认识外物的必然形式。他还认为，无论感性认识，还是理性认识都不能认识"物自体"。物自体客观地存在于世界上，不依人的意志存在；人的认识能力达不到，只能从理性上信仰它的存在。这就是康德的"物自体"不可知的理论。从这一理论出发，他断定，人心也是物自体，是人类不能认识的，只能认识一些心的现象。心灵既不能用数量表示，也不能进行实验。由此可见，在心理学上康德留下的是一些消极的影响。不过，物极必反，他的这些消极言论，反而激起后人的研究。以后的历史表明康德设下的这两个禁区先后都被攻破了。

意识阈与统觉团

后起的德国经过 18 世纪的缓慢发展，到了 19 世纪 20 年代中期开始加快发展步伐，从此德国的资产阶级力量日益强大，加快了社会变革和统一德国的要求。50 年代德国各大学竞相建立实验室，出现了科学实验蔚然成风的局面。海尔巴特就是其中的杰出人物之一。他在研究教育心理和创办实验学校上获得巨大成就，从而推动了心理学的发展。

海尔巴特出生在封建官僚家庭，后来在瑞士当家庭教师时结识了当时著名的教育家裴斯太洛齐，引起了研究教育的兴趣。1809 年他在接受康德的大学教授讲座时，创办了一所师范专科学校，以此作为教育实验的场所。

在哲学上，他受莱布尼茨的思想影响，把单子叫作"实子"。他认为实子是精神的，是一种"力的中心"。它单一不变，也不会消灭，它们经常在相互作用和相互斗争中活动着。灵魂也是一种实子，当它受到别的实子干扰时，因发出反作用而产生表象和观念。他认为，人的精神生活就是这些表象或观念的活动。

以上述理论为根据，在心理学上，他认为，意识内容是由各种不同的观念组成的，它们是灵魂实子活动的现象，即观念。灵魂本身是不可知的，因为意识中的观念随时进行着互相吸引、联结、排斥或抑制的活动，因而发生引力和斥力。意识中的观念如果彼此互相和谐，则互相聚拢或联结、结合；不和谐则互相排斥。人的意识不能同时注意两个观念，除非这两个观念因和谐而形成了一个复杂观念。当一个观念占据意识中心时，同它不和谐的观念就受到排斥，被迫退居到意识阈之下或进入无意识。不过，被压抑的观念仍在意识阈下继续活动着，一旦遇到意识中心的观念同它和谐便被吸收进入意识阈。所以，观念一旦形成是永远不会完全遗忘和消灭的。他还提出，许多和谐的观念能形成一个强而有力的"统觉团"。它吸收和谐的材料，拒绝不和谐的材料。统觉团越丰富、越系统，就越能吸收新的观念，使新观念越加明白地被理解。通过以上这些解释，海尔巴特就把德国莱布尼茨传统的心理动力思想和英国的联想主义思想融合为一体，形成意识经验心理学。1816年他著有《心理学教科书》，1824～1825年又著《作为根据经验、形而上学和数学的科学之心理学》。这两本书表明他已将历史上发展起来的心理学思想加以整合和系统化，并试图创建科学的心理学，只是由于他的研究方法有问题而失败了。但是他的思想为以后的冯特和弗洛伊德从不同的方面所继承和发展。

海尔巴特将上述的思想应用于教育实验，提出儿童必须具有规律性的系统知识，否则，儿童的心智活动会陷入紊乱。他以为，知觉、再现和统觉是主要的心理过程，教育工作要使学生有清晰的知觉、正确的再现和完满的统觉。这是教师必须懂得的心理过程的规律。他把教学过程分为四个步骤：清楚、比较、系统和哲学的方法与应用。他认为，教育的目的在于发展个人的道德。要保证达到这一目的，必须经过训练、锻炼和教导。训练有两个任务：消极方面，要抑制儿童的任性和野性；积极方面，要注意儿童在智慧、道德和精神方面的发展。他指出，锻炼的作用要求指导儿童注意他的对象和巩固所学的结果。在教导的作用上，他不仅要求儿童获得技能技巧，而且要求他们学会观察事物及其关系，并能获得认识事物原理的能力和鉴别美术及道德方面的好坏的能力。

第三章
科学心理学的创建

有趣的颅相学

大脑机能和心理的关系问题，早在古希腊—罗马时期就已提出，例如希波克利特和加伦都认为心理、智慧的部位在脑。17世纪笛卡儿认为有一种"动物精神"沿着中空的神经管流动到脑子，通过脑中的松果体和灵魂交感，然后发出动作。这就是笛卡儿的"反射思想"。18世纪哈特莱提出受刺激的神经波动，沿着中枢的神经引起大脑振动而产生感觉和感觉痕迹的记忆等。这些都属于大脑神经机能和心理有关的心理学思想。

1776年，阿斯特鲁克将上述思想加以归纳，概括为反射概念。他把反射分为：感觉神经、中枢神经低级部位和运动神经三个部分，指出随意动作和反射动作的区别。约在1809年前后，意大利医生洛兰图提出神经系统分工的假设，但他把感觉看作是延髓的机能，认为大脑活动是纤维的活动。1811年英国人柏尔和1822年法国人马戎第相继发现，通过脊髓前根的是运动神经，后根是感觉神经。这是他们各自提出的神经机能的两分法，后人称之为柏尔—马戎第法则。19世纪30年代"生理学之父"约翰·缪勒把反射概念引进生理学，认为反射动作也通过大脑，只是在大脑里不起什么作用。约在19世纪20年代有了显微镜以及化学硬化切片和染色等新技术的应用之后，人们发现了脑组织由白质与灰质、神经纤维的网状结构和突触等组成，从而提出了神经元学说和大脑机能分区学说等。1824年夫卢龙用局部割除法发现延髓是生命器官，小脑调节身体运动，心理活动的机能是在脑叶，为此他提出大脑机能的统一说，反对大脑机能分区说。

关于大脑机能的分区说，早在18世纪末，颅相学者加尔及其学生施普茨海姆曾宣扬脑的各部位皮质都有特殊机能，可按头颅的形状将脑的心理机能分为35区。他们宣称，观察一个人头颅的形状就可以断定他的心理品质和道德面貌。例如，额突，被认为是贪得"8"的符号，扒手多数是额突的等。当时科学家并不承认这种怪论，但其对大脑机能定位的思想影响很大。1861年法人布罗卡发现脑的第三个前额基部是言语中枢。那时有个失语症患者前来住院治疗，经过检查，发现他的发音器官正常，但不能说话。5天以后患者死去。布罗卡当天解剖尸体发现，在其左脑第三前额基部有一内伤。于是，他提出和夫卢龙相反的意见，认为脑是由相当于心理机能的各部分组成的。可见，大脑机能统一说和分区说的争论早已有之，并随着科技进步日益深化。

感官生理心理

德国人弗里舒和希齐戚于1870年第一次用生理学方法，即用电刺激完整的脑，发现了运动中枢。从此，这样的实验风行一时。1881年门克发现后脑叶为视觉中枢；1900年以后有人发现触觉中枢在运动区后面，但在皮质上有一大块区域不能由刺激引起运动反应，因而激起了科学家的极大兴趣。当时人们纷纷议论，认为那是感觉区并对此进行了研究，这就产生了感官生理心理学。

关于感官生理心理学的研究也有许多成就：

视觉方面，知道了视网膜上有棒状细胞和锥状细胞，光的反映在网膜中心和边缘是不同的。发现了盲点、色盲、色混合、视后象等视觉机能。

听觉方面，知道了耳朵的某些构造，只是它们的作用还不太清楚。但已测定音波的频率，提出了听觉共鸣说。

在皮肤感觉方面，知道了压觉、温觉和冷觉等，只是很少研究它们的解剖生理。在皮肤触觉上进行了测量，推动了心理物理学的研究。

其他如味觉和嗅觉则刚刚开始研究。当时发现味蕾和鼻黏膜是这两种感觉的器官，对它们的刺激物也进行了分类研究。

总之，在心理科学成立的前夕，人们在大脑神经机能和感官生理心理都为它做了一定的准备。其中做出特殊贡献的有约翰内斯·缪勒和黑姆霍茨等。

感官神经特殊能力

约翰内斯·缪勒出生于一个皮鞋匠家庭，原来学习医学，后来成为德国波恩大学和柏林大学的生理学教授。他是科学生理学的奠基人，生理学史上称他为"生理学之父"。1838年他在《人类生理学手册》中除了详细阐述了著名的感官神经特殊能力说外，还讨论了反射动作、语言、感觉、联想、记忆、想象和思维等心理问题，因而有"生理学的心理学家"之称。

关于感官神经特殊能力的说法，他提出的十条原则，可归纳为三点基本思想：①每一感官都有和它相适应的刺激，一定的刺激引起一定感官的特殊感觉，彼此不能互相替代；②同一刺激作用于不同的感官引起不同的感觉；③不同的刺激作用于同一感官引起同一感觉。以上事实是正确的，但他对这些事实的解释是错误的。他认为，外物对感官的作用，并不决定感觉的性质；决定感觉性质的是由外界作用所引起的神经状态或性质的表现。因为外物作用所引起的是神经的物理、化学变化，这种变化引起各种感官神经的特殊能力。感觉就是对这种特殊能力的感觉，而不是任何其他东西。他说："我们感官知觉的直接对象，只是在神经内引起而被神经自身或感觉中枢认为的特殊状态。可是，各个感官的神经是物质，也具有普通占据空间的物质特性，能震动，并可以由化学的作用或热和电的作用而变化。所以这些神经能够利用外部原因在它们的内部所发生的那些变化，使感觉中枢不仅知道神经自身的状态，而且知道外物的特性和状态的变化。各种感官由这样得来的关于外物的知识，每个感官不同，与它的神经性质或能力有一种关系。"

　　显然，在约翰内斯·缪勒的心中存在一种不可理解的谜，那就是外界的物质作用与感官神经的物质变化怎样使感官产生感觉的呢？物质的东西只能引起物理化学的变化，这种变化是不会产生心理现象的。所谓感觉只能是神经本身所固有的。这种固有的精神的东西，他称为神经的特殊能力。其实，这是当年洛克留下的问题。洛克认为色、香、味和痛觉等第二性质的感觉观念是主观的，它们不是客观现实的反映。比如刀割肌肉引起的疼痛，是上帝安排的等。如今，约翰内斯·缪勒用感官神经的特殊能力说来解释，似乎比洛克的解释有所加深。不过，他用唯能论，即用一种唯心论的精神能量来解释，当然也是错误的。可是，他的学生黑姆霍茨却用这一学说来解释颜色和声音的成因。

彩色与感觉色素

　　黑姆霍茨是缪勒的学生和缪勒在柏林大学教授讲座的直接继承人。黑姆霍茨把缪勒的感官神经特殊能力说，比作牛顿发现的万有引力定理那样具有同等的科学价值，并在许多方面发展了缪勒的见解。黑姆霍茨出身于中学教师家庭，自幼爱好物理学和数学，年轻时在柏林一个医科专业学校学习医学。1842 年获得博士学位后，当过 7 年军医，但他的兴趣在研究物理学，并在物理学、生理学和心理学上做出巨大贡献。1847 年他发表了关于能量转化的论文，1850 年测定神经传导速度和反应时间等。在心理学上，他的主要贡献是关于感觉心理学方面的。他承认感觉是由客观事物引起的并能正确地反映这些事物的属性，但他认为客观事物千变万化，我们感觉到的仅仅是事物的现象，是外物的符号或象征，不能认识外物的真正性质。显然，这是错误的。

1866年他在《生理光学手册》中按缪勒的感官神经特殊能力说提出了颜色知觉的三色说。他认为，视网膜内有三种不同的神经纤维，它们分别具有感受和红色、绿色、紫色的波长相应的感光色素。这些色素感光之后，使不同的神经细胞产生神经冲动，这些冲动再传到大脑皮质的视觉中枢，于是分别引起红色、绿色或者紫色的感觉。当复杂的光波以不同强度的比例作用于视网膜时，便根据色混合原则产生不同的彩色感；当各波长相等时，则产生白色或无彩色感觉。后来有人发现在人的视网膜中央凹部附近有三种不同的视锥细胞：一种对一定波长的红光吸收最多，称为感红视锥细胞；一种对绿色吸收最多，称为感绿视锥细胞；一种对紫光吸收最多，称为感紫视锥细胞。这些发现是对黑姆霍茨的视觉三色说最有力的支持。

1863年黑姆霍茨在《乐音感觉论》一书中阐述了他的听觉共鸣说。他认为，感受声音的生理机制在内耳的基底膜，它是感受声波的机构。基底膜上有长短不同的神经纤维1.8万至2万条，它们由短到长排列成序。每一条纤维只对一个特殊的声波振动发生作用，当内耳的三块听骨传导一定振动至耳蜗的外淋巴结体时，基底膜便产生一定的共鸣，从而产生高低不同的声音感觉。这就是他所说的听觉共鸣说。现在，这个学说仍然在应用。

应该指出，黑姆霍茨的三色说和听觉共鸣说都是约翰内斯·缪勒神经特殊能力说的具体应用，这是随着科学进步对感觉的主观性解释深入到神经纤维所得，是前无古人的。它仍存在着争论，至今也无定论。此外，在讨论知觉的时候，黑姆霍茨曾提出"无意识推论"这一术语。他认为，在知觉中有许多不能直接经验到的东西都是根据以往经验附加在知觉上的。这种知觉活动既是无意识的，又是由"推理"归纳得来的。正如联想的心理活动一样，本来联想是有意识的，只因为重复的联想次数多了，便成为无意识的。这种无意识推理可以由经验得来，也可以由练习去掉。因为它是学习所得，当然也可以由学习去掉。下面要说的是韦伯对感觉的测量和研究。

感觉阈限

实验心理学诞生于 19 世纪的德国。所谓实验心理学，实际上是感官生理心理学和心理物理学的实验方法应用于心理学的实验室进行心理实验而形成的。我们已知道，感官生理心理学研究感知觉的生理机制，而心理物理学则研究心理量和物理刺激量的关系。实验心理学区别于哲学心理学，是以一种科学实验的形式而形成的心理学体系。它不仅仅是研究方法上的不同，其中还存在着心理学本身哲学观点上的差异。因为即使是实验心理学体系，它的资料也不一定都来自实验，其中有不少资料是在简单的实验基础上推理得来的。正因为如此，具有科学形式的实验心理学体系也可以为哲学唯心论者所利用。韦伯以后的心理物理学家费息纳就是这样一位人物。

韦伯出生于德国维腾堡，1815 年获得莱比锡大学博士学位，1821 年成为该校解剖学和生理学教授，直到 1871 年退休。他在心理学上的主要贡献是首创实验测量和用数学公式表示感觉的差别阈限值。他是约翰·缪勒同时代的生理学家。当时的生理学还在医学内部进行研究，一般人对视觉、听觉的研究较多，韦伯则主要研究触觉。他在这方面的贡献是：

首先，区分触觉和一般感觉。当时人们把触觉和一般感觉混淆起来，韦伯则认为，触觉属于皮肤感觉，它有两种，即温觉和压觉。位置感觉是依靠它们引起的。一般感觉属于内部，包括肌肉感觉和痛觉，韦伯是用手指掂重实验时发现的。他发现，用手指掂砝码的重量时，所感觉到的冲动不仅有来自皮肤的触觉，而且有来自肌体内部的肌肉感觉；对于重量的判断，肌肉感觉的冲动比触觉更重要。后来，他用两套不同重量的砝码做比较实验发现，物体接触皮肤时的标准刺激与比较刺激的比值是1/30，才刚刚觉察到两者之间的差别。如果用手掂，即肌肉感觉参加，它们的比值是1/40，这就能觉察到差别。

其次，感觉阈限的系列实验研究。韦伯通过掂重实验研究取得数据以后，又在皮肤感觉和听觉中进行实验，他发现刚刚觉察到的差别阈限值也是个分数。于是他进行了一系列的实验研究。例如，他用两脚规做仪器，在身体各部位皮肤上做两点阈限的差别感觉实验和测量。他先用圆规的一个尖端和两个尖端交换着接触被试的各部分皮肤，然后一点点扩大两个尖端之间的距离，被试把感到从一点到两点之间的距离报告出来。韦伯把刚刚感到一点或两点的距离感觉叫作阈限，或差别阈限。他认为，感觉只有强度和性质两种属性，而辨别皮肤上两点的是心灵的作用，是一种知觉。由于身体上不同部位的皮肤表层分布着的神经末梢密度不同，因而心灵对身体上不同的两点阈限的感觉是不同的。他的实验结果是：从手指尖沿手掌往上至手腕、肩头的两点阈限越来越大；指尖、舌尖最小；唇上就稍大一些。他还发现，差别阈限存在着个别差异，而且在同一个人身上的同一区域，也不是绝对相同的。通过以上的长期实验和多方面的研究之后，韦伯得出的结论是：刚刚能觉察到的最小感觉差别，不是绝对的差别，而是相对的差别，它们之间的关系是一个常数，即分数。例如，掂重为1/50、亮光为1/60、响度为1/10、皮肤触觉为1/7等。后来经过大量的实验证明，这个结论只适合于中等强度的刺激，刺激过强或过弱都不适用。虽然如此，韦伯仍然是发现感觉和刺激之间具有相互依存关系的第一个人，而且他是用实验来证明结果的，从而加强了人们对心理学可以成为科学的信心和决心。

从刺激到感觉，"纳税"

费息纳出生于德国乡村的一个牧师家庭，5岁丧父，自幼在叔父家长大。16岁入莱比锡大学学习医学，学习期间他曾用笔名"米舍斯博士"发表讽刺性的小品文，文章写得颇为幽默。取得学位后，他依靠将法文的物理学和化学教科书翻译成德文所取得的稿费度日和做研究工作。1822年毕业时，他的兴趣由生理学转向物理学和数学。1824年他任莱比锡大学的物理学讲师，1826年电学中公布欧姆定律后，他也曾发表文章讨论这方面的问题和物理学的其他问题。久而久之，他被学术界公认为一名物理学家。

1834年费息纳任莱比锡大学物理学教授，当时他33岁。他的兴趣又从物理学转向心理学，从事研究补色和后象等问题。他在研究后象时，由于长时间观察阳光得了眼病，造成终生痼疾，一生受到反复复发的痛楚。他的著作甚多，1860年出版的《心理物理学纲要》只是其中的一部，正是这部著作对心理学成为科学做出了很大贡献。

首先，他把心理物理学定义为："讨论心物之函数的关系或相互关系的正确的科学。"他认为，感觉本身虽然不能测量，但是感觉是由一定的刺激量引起的，通过测量刺激强度就可以间接地测量感觉。只要解决了感觉和刺激之间的关系问题，就可能进一步研究心物关系的问题。按他自己的话说，1850年10月22日的早晨醒来时，他突然想起，感觉强度的增加并不是和刺激量的增加一一相应的，而是刺激按几何级数增加，感觉按算术级数增加的。例如，1个铃的声音加上1个铃的声音，和10个铃加上1个铃的声音相比，虽然都只是加上1个铃的声音，但听起来前者所增加的声音比后者大。10支烛光和1支烛光各加1支烛光，看起来也是后者的亮光增加得多些。所以，他认为刺激的增加和感觉的增加，不是绝对的，而是相对的。他曾称这种想法不是来自韦伯，但他仍把这个结果称作韦伯律，后来，人们称为"韦伯—费息纳定律"。

有趣的是，虽然费息纳是个物理学家，但他很重视哲学理论。这表现在，为了论证他的泛灵论哲学，他把心和物的上述关系比作一个圆圈的外部和内部的关系，即归结为物质和精神两个方面的世界统一于灵魂之中的观点。对于外界的刺激量必然大于内部的感觉量这一现象，他却解释说，其中的损失就犹如货物通过海关必须缴纳通行税一样，通过的刺激越多，损失的比值也越大。为此，他把韦伯定律说成"刺激底均等的相对增加量，与感觉底均等的绝对增加成比例"，写成公式为：Dr/R=C（R= 标准刺激，C=常数，Dr 等于必须增加才可觉察与 R 所区别的刺激）。然后，他进一步推论说，感觉随着刺激的对数而变化，再写成公式为：S=KlgR（S= 感觉，R= 刺激，K= 常数），意思是刺激作为几何级数增加时，感觉作为算术级数增加。这样一来，费息纳的定律公式和韦伯的结论就由不同的含义而区别开了。韦伯只是指出刺激和感觉的比例关系，没有涉及感觉强度；费息纳的定律则表示物理刺激与其所引起的感觉强度的关系。费息纳的科学实验和他的哲学思想之间的矛盾，在前述的缪勒和黑姆霍茨那里也有所表现，但是，并不妨碍他们对科学做出的贡献。这就是说，实验的实践是衡量真理的标准，实践是第一位的。

记忆实验与遗忘曲线

心理物理学和感官生理心理学都只是简单地对心理过程进行实验和测量，艾宾浩斯则开创了比较复杂的记忆心理过程的实验研究，他是将心理学的实验方法应用于高级心理过程的第一位心理学家。

艾宾浩斯出生在德国的巴门商人家庭，中学时代，他在文科学校求学。1867 ~ 1870 年的 3 年间他先后在哈雷、柏林和波恩等大学学习，1873 年获得博士学位。后来有 3 年时间，他曾去英国和法国学习和当家庭教师。一次，他在巴黎的一家旧书店里买到费息纳的《心理物理学纲要》，受到书中思想的启发才想到设计记忆实验的。他是一个文科学生，要进行实验设计难度当然是很大的。但他坚韧不拔，经过长期努力终于成功了。在设计实验时，他用了节省法和无意义音节，以满足自然科学研究中的数量化要求。这两项工作是比较复杂、困难的，下面让我们来一起学习一下。

节省法：这是为了使记忆实验能够测量而设计的。它要求被试（艾宾浩斯自己做被试）一遍一遍地读识记材料，直到第一次（或连续两次）能流畅无误地背诵出来，并记下诵读能背所需要的重读次数和时间。然后，过一段时间（通常是 24 小时）再学再背，看看需要读多少次数和时间才能背诵。这时把第一次（第一天）和第二次（第二天）的次数和时间相比，看看节省了多少次数和时间，作为计算统计的材料依据。这就叫节省法或重学法。

无意义音节：他用德文和外国文的字母拼成无意义音节作为实验材料，这可以使记忆材料的结构划一，也可以排除成年人的意义联想来干扰实验。这也是一种创造，它对记忆实验材料的数量化是一种很好的手段和工具。例如，把字母按一个元音和两个辅音拼成无意义音节，诸如：gog、xot、gij、nov……等共 2300 个音节。然后，由几个音节合成一组音节组，由几个音节组作为一项实验材料。由于这样的无意义音节只能依靠重复的诵读来记忆，这就创造出各种记忆实验的材料单位，使记忆效果一致，便于统计、比较和分析。例如，不同长度的音节组（7 个、12 个、16 个、32 个、64 个音节的音节组等）对记忆过程的识记、保持效果的影响以及对学习次数和记忆的作用，都可以通过实验取得的数据进行统计分析而获得需要的结果。下面就是艾宾浩斯记忆实验所取得的几项成就：

遗忘曲线。实验证明，人的记忆规律是先遗忘得快，以后逐渐缓慢下来。

重复学习和分配学习的规律：①对一定的识记材料，每天重复学习到恰好成诵所需要诵读的次数，约按几何级数逐日递减；②一定数量的材料分配到几天之内学习，比集中一天学习的效率要高。

各种联想的实验研究：①直接联想，按设计的顺序，如 a、b、c、d……的联想。这类联想只要想起 a，接着 b、c、d……就按顺序重现；②间接联想或远隔联想，不仅在识记中紧邻的项目之间形成联结，也可以在相互远隔的项目之间形成联结；③反向联想，联想不仅可以按顺序，也可以相反，即按倒转过来的次序进行联想。不过，他认为这种联想要经过认真的学习才行。它不像顺序联想那样能自然地产生。

此外，他还用诗句作为识记材料来和无意义音节作比较，即比较意义识记和无意义识记的效果。他认为，有意义、节律、音韵和有语法作用的识记，和无意义识记同样长度的材料，它们之间的效果比例是 1：10。从而肯定了意义识记比无意义识记的效果好得多。

图形——背景和遗觉

图形和背景以及遗觉的发现都是 G.E. 米勒及其学生研究的成果。米勒和冯特是同时代人，曾任德国格丁根大学教授，在建立实验室的时间和规模上都不比冯特差多少。他和冯特的不同之处，在于他喜欢亲身实验，没有像冯特忙于建立心理学体系。他自己曾经修改过费息纳和艾宾浩斯的实验设计。我们要讲的是关于他和他的学生在实验心理学建设上的贡献。

鲁宾，1912 年从丹麦的哥本哈根到格丁根大学从师于 G.E. 米勒。1915 年鲁宾因研究图形和背景的实验获得博士学位。他把视知觉的结构分为图形和背景的关系，认为在和背景的关系上，图形的印象更深刻，也更占优势，更容易记住。只是图形和背景的关系是常常因注意点的转移而互换的，即原为图形的可变为背景；原为背景的可变为图形。他的这一发现为以后研究知觉结构提供了一个先例，尤其对格式塔心理学的影响很大。

扬士于1908年在格丁根获得博士学位。1920年他提出"遗觉"概念，也称为遗觉影像或知觉后像。这是一种在视觉中具有外部性质的知觉影像。例如，有些人看了一张图片后，会在灰墙上看到同样的画像。有的人关于这种画像的影像鲜明得同图片相似。这种遗觉现象，后来曾引起广泛的研究。一般研究者发现，它是主观的，因为人和人的年龄不同而有差异：儿童时期的遗觉现象明显，青少年和成人就较少见。1925年扬士发现，可以把它用来作为研究人格的方法。以后，便发展成为研究人格类型的一种方法，只是当时对产生它的原因并不知道。

以上种种心理实验都对科学心理学的诞生做了准备。但是被公认为心理科学创始人的是冯特。

科学心理学的诞生

冯特生活在科学心理学诞生条件已经具备的时代，等待的就是一位胜任的接生者。冯特适逢其时，他是最适合完成这一历史使命的人。世界名著《宇宙之谜》（1899年）的作者海克尔曾经说道：

当代最重要的心理学家之一就是莱比锡的威廉·冯特，他具有其他哲学家所没有的无可比拟的优点：精通动物学、解剖学和生理学方面的知识；冯特作为黑姆霍茨的助手和学生，早期就惯于把物理化学的定律应用到生理学的整个领域，也应用到约翰·缪勒所下定义的心理学，即生理学的一部分。从这些观点出发，冯特在1863年发表了颇有价值的《人类和动物的心理学讲义》。

1929年美国心理学家波林在《实验心理学史》中则说，1874

年冯特出版的《生理心理学原理》是近代心理学史上的一部很重要的书，它标志着心理科学诞生，也是冯特由生理学家进为心理学家的表现。那么，冯特是如何完成这一历史使命的呢？

首先，他把心理学研究对象定义为"直接经验"，认为一切科学都研究经验，物质科学研究间接经验，心理学研究直接经验。所谓直接经历就是经历着的个体正在体验到的经验，其实就是以意识观念为心理学的研究对象。因而，他的心理学又称为意识心理学。

其次，在研究方法上，他主张采用实验的内省法，认为研究科学心理学的方法有两种：一种是研究心理过程的内省实验，如感知觉、反应时间、记忆联想和注意等；另一种是对历史文化产品的分析，如对语言、神话、风俗习惯等进行批判分析，以研究动机、意志品质等。前者为实验心理学，后者为民族心理学（社会心理学）。显然，这是将整体的心理学割裂成为两半的做法。

最后，在研究任务上，他认为意识心理是一种复杂的整体现象，必须控制条件采用实验的内省法进行研究，把整体的心理现象分析为最简单的纯粹的心理元素。因此，心理学有三项任务：①把心理混合物分析为最简单的心理元素；②将心理元素结合成愈来愈复杂的心理混合物；③确定各种心理结合的一般公式并从中获得心理规律。

以上就是冯特心理学的基本观点，即心理学的研究对象、方法和任务。后来，他的这些规定就成为心理学史上的一种传统，通常称为心理学理论的基本观点。这些基本观点在不同的心理学中有不同的内容，但它的形式，至今在普通心理学教科书中的第一章仍被应用着。在阐明他的心理学基本观点或基本理论之后，冯特接着就提出他的几种学说或理论、规律。

关于心理元素结合的规律和意识结构。冯特认为，意识的最简单元素有感觉、感情和意象（后来他把感觉和意象视为同一的）。感觉的复合就是观念。观念有三种形式：强度、时间和空间。感情有三度，即愉快和不愉快、紧张和松弛、兴奋和抑制。他认为，同一感情中可能有愉快、紧张和抑制同时起作用。感情的复合形式也有三种，即情绪、情操和意志过程。感情是心理活动的主要因素，它的活动引起感觉复合物成为观念，因而又产生一系列新的感情。这些感情，一方面转化为情绪；另一方面使观念复合成更高级的心理复合物，以致引起冲动而发出表情动作和意志行动。

关于统觉学说。他认为，简单的心理元素结合成复合物之后，就变成一种具有新质的心理形式，它叫作"创造性的综合"或"统觉"。它和联想是形成心理复合物的两种重要功能。他认为，联想是被动的作用，而统觉是主动的，它是意识中心，使意识观念增强明晰度。它还对意识边缘的观念起抑制作用。这样，在冯特的心理学中，统觉就成为人类心理活动的缔造者。

关于心理规律。他提出两类规律：①心理复合之间的关系规律，即相关律和对比律，实际上就是联想律；②心理复杂规律，有不断增长律、目的性差异律（指心理活动因不同目的而有差异）和对立转换律三条。例如，感情得到满足，人就由苦恼转移到欢乐，这就是对立转换律。

第四章
徘徊于生物学化道路的心理学

物竞天择，适者生存

达尔文生活在一个进化论思想正在形成和成熟的时代。他的前辈中，有认为获得性可以遗传的拉马克，主张适者生存的心理进化论者斯宾塞等，而达尔文是生物进化论的完成者。他的《物种起源》（1859 年）一书的出版，几乎改变了整个学术界的思维方式。在心理学方面最重要的是，他提出人类心理和动物心理有连续性的观点，影响了现代美国心理学乃至世界心理学的取向。达尔文之所以创造性地提出生物进化论，除了上述的历史背景外，还和他自身的家庭环境与生活经历有很大关系。他的祖父就是一位博物学家，并支持进化论思想，他的父亲是医生。达尔文在祖父和父亲的影响下，从小就养成热爱自然、研究科学的思想习惯。1831 ～ 1836 年，他跟一个探险队到南美洲沿岸探险，花了整整 5 年的时间搜集标本进行分析整理。1828 年他读了马尔萨斯的《人口论》，吸收其中的"生存竞争"思想，终于领悟出"物竞天择，适者生存"的道理，并以此作为生物进化的一条原理贯彻于 1859 年出版的《物种起源》这一划时代的著作中。所以生物进化论的形成和正式问世是有其深刻的历史缘由和个人的生活背景的。

生物进化论为心理学的发展提供了以下三方面的基本观点：

第一，人类心理意识的起源进化，是生物有机体的构造及其心理机能同时进化的。从低等生物的刺激感应性到人的意识的发生发展，是一种从低级到高级的进化过程。人类心理由动物心理进化而来，心理能力的发展是在和有机体头脑发展相适应的过程中逐渐进化的。人类和动物在精神上的差别，在于人类有语言能力、思维能力和数学推理能力等。不过，他认为，这种差别只是程度上的不同，并没有质上的差异。他的这一观点，为后来西方心理学走上生物学化道路产生了很大影响。

第二，人类心理和动物心理连续性的原理有三：有用的联合性习惯、对立的表情动作和神经系统的直接作用。例如，人和动物的表情动作就有历史上联系，愤怒时龇牙咧嘴，恐怖时毛发竖直、心脏急跳等，就是由于这些表情动作对人类的动物祖先具有生物学的直接意义，才在长期的生活过程中巩固、遗传下来。现在看来，人类的表情动作似乎天生，而在当时则可能是靠某种生活方式逐渐获得的。除了有用的习惯联合原理外，还有彼此对立的表情动作原理，例如悲哀与欢乐、敌视与友爱等，它们是服从对立原理的。达尔文还认为，由于神经系统的直接影响，动物和人在兴奋状态下的表情动作，会表现出强烈的、不可控制的特点。

第三，开始了对人类个体心理发生发展的研究。达尔文曾经长期观察婴儿，发现出生7天的婴儿已有反射动作，如打喷嚏、打哈欠等；第9天双眼已能朝向烛光；45天前后能见到婴儿微笑；4个月的婴儿开始发怒，恐惧则是婴儿的最早情绪表现；第5个月婴儿开始出现观念的联合，他认为这是婴儿心理发展的重要表现；到第7个月，幼儿就能把保姆和保姆的名字联系起来，这时幼儿听到喊保姆的名字，他就去寻找保姆；第13个月，婴儿出现道德情感等。

总之，达尔文把生物进化和种系心理的发生发展联系起来，对心理学的发展具有划时代的意义。他亲自研究表情动作和本能活动，阐明了进化论思想对心理学研究人类意识的起源和动物心理的连续性是有直接示范作用的。但是，他没有强调人和动物心理之间有质的差别，造成现代西方心理学一度走上生物学化的道路，这表明达尔文进化论思想的历史局限性。

美国机能心理学的开拓

威廉·詹姆士是美国机能心理学的先驱、实用主义哲学的创始人之一。他出生于纽约市，祖父是爱尔兰移民，由于经商发了财，父亲是基督教的虔诚信徒。詹姆士作为长子，从小在其父宗教信仰的潜移默化影响下，为人处世比较深沉。那个年代的美国人迷信欧洲的科学文化，唯欧洲的一切是从。他们的父亲对欧洲更是敬慕得五体投地，经常带着眷属去法国、英国、德国和意大利等国游历或者赴会、求医和学习。詹姆士自身就曾多次独自或带着他的妻子和儿女到英国、法国、瑞士、德国和意大利游历、治病，并多次去欧洲学习，因此他博学、见多识广。

1861 年 19 岁的詹姆士进入哈佛大学本科学习。由于身体虚弱，不久，教授说他做实验时太粗心大意，动作不够确切和耐心，动员他转系。这样，他在 4 年间转了 4 个专业，由生理学转到解剖学，再到生物学，最后转到医学。1865 年他曾跟随著名生物学家阿加西斯到非洲亚马孙河附近采集标本。在那里，他得了一种热带热病。后来，他去德国的一次旅行中，又患上了背痛和其他疾患。为此，他曾去欧洲名城进行矿泉治疗，因无疗效，失望而回归美国，继续学习医学。在这期间，他的心情一直欠佳，曾经想到自杀。下面是詹姆士对那段不寻常的痛苦经历的自述：

那段时间，我的思想充满了悲观，我的精神受到压抑，对自己的前途毫无希望。一天傍晚，天色已经朦胧，我独自走进了更衣室。突然间，面前一片漆黑，我感到无比的害怕。同时，在我心里浮现出一个癫痫病人的影子。那是我在疯人院里见到的。他坐在那里一动不动，活像一座埃及人面兽身的金字塔，也像波斯的木乃伊。除了他那乌溜溜的一双眼睛外，他完全不像个人。就是这个影子和我当时的害怕心理结合在一起了。我的内心感到恐惧不安，竟成了恐惧的俘虏。从此以后，整个世界都显得完全变了。当我每天早晨醒来的时候，总存在恐惧的心情，一种人生的不安之感是从来没有过的……

就这样，经过自己不断的挣扎和奋斗，1869 年詹姆士终于在哈佛大学获得博士学位。当时，在就业问题上经过再三考虑，同家人和朋友们商议后，他决定不开业行医，继续研究他所向往的学问，直到 1870 年詹姆士的身体才有所康复。在这期间，他读了法国哲学家康德的信徒雷努维叶的著作，并且有所启发，领悟到意志能重建一个人的生活前途，可以改造他自己前进的道路，于是，他下决心振作起来工作。1872 年他受聘于哈佛大学，任生理学教师。1875 年开始讲授"心理学和生理学的关系（即生理心理学）"，并在校长的鼓励和支持下领到 300 美元，创建了美国第一个心理实验室，用于教学演示。1878 年结婚，婚后相继生下 5 个子女，由于经济负担加重，他只得加班加点地多讲课、多写作，以维持生活。在 1876～1887 年的 10 年中，他先后写了一系列文章，发表在 1876 年创刊的《心理》及其他杂志上。

这些文章后来都收编在他于 1890 年出版的《心理学原理》这一名著中。当时，大学教师提升职称相当复杂、困难。特别是他，由于学医学出身，是先教生理学，而后教心理学的。当时的心理学属于哲学系，当他转到哲学系于 1880 年提升为哲学副教授时，哲学系的同事们曾议论纷纷，不免感到有些奇怪。以后，他等了 5 年才提升为哲学教授，又过了 4 年这才改称为心理学教授。1890 年他的成名之作《心理学原理》终于出版了。原本是 1878 年和书商协议确定两年后出书的，可是他竟花了 12 年的时间才交卷出版。其中除上述的各种原因外，最主要的原因还在于，他的机能心理学思想和他的实用主义哲学思想相辅相成，互相促进，同时研究，逐渐发展成熟的。《心理学原理》之所以成名，是因为它是美国人自己写的第一部有分量的心理学专著，不同于一般的心理学教科书。它强调应用，不像冯特那样脱离实际地只研究纯科学的心理学。它反对冯特将整体的意识分析为元素的元素主义观点，提出了意识流学说。詹姆士的这些见解表明其心理学思想已经摆脱了欧洲传统，独立自主和自力更生地首创具有美国特色的机能心理学思想，因而成为美国机能心理学的思想先驱。

关于意识流，詹姆士认为，意识是一种整体的过程，不能分析为元素，它有4个特点：①私人性。意识是私人的，只有你的意识，或者我的意识。例如，在这课堂里，没有既不是我的，也不是你的意识存在着，意识总是个人性的。②变动性。意识总是随时随地变动，正如川流不息的河流，你的脚不能同时两次踩进同一河流。③连续性。意识是连续的，也许有时间的间隔。例如，睡觉醒来，此时的张三仍然是睡前的张三，李四也还是以前的李四。他们两人决不混而为一。清醒的时候，意识流，或说思想流的变动也绝不是突然而至。思想过程有实体部分，也有过渡部分，两者之间有很重要的过渡状态。这是非常模糊、疾驰而过的部分。例如，"实体状态并不构成心理学的全部题材"这句话中，这个"的"字，就起一种过渡的作用。它是内省实验，不易捕捉到，而容易为注意力所忽略的。因此，他批评冯特的内省实验，犹如点灯找黑暗：灯光亮处，影子早已跑掉。④选择性。在认识外界事物时，意识起到欢迎或者拒绝两种不同的选择作用。有效的刺激能较多地被注意到，并能进入意识；否则即被拒绝。选择的原则是"关联性"，凡是进入意识的刺激和原来意识内容有联系的就可以得到保留，充实原有的意识。所以，在他看来，意识是一种过程、一种作用。心理、意识是以整体的过程起作用的，决不能像冯特那样将意识分析为元素。

心理学与社会实践

　　杜威是著名的美国教育家和实用主义哲学集大成者。他出生于佛蒙特州，长大后就读于佛蒙特大学。1879 年大学本科毕业后，杜威曾在高级中学教过几年书，自学哲学，发表过几篇学术论文。后来进入约翰·霍布金斯大学读研，曾跟儿童心理学家霍尔学习。1884 年获得哲学博士学位后，他先后担任密歇根大学和明尼苏达大学的哲学教师。1886 年他出版了第一本美国人自编的心理学教科书。1894 年到芝加哥大学任教，在这里，他和夫人一起于 1894 ～ 1904 年创办实验学校，从事教育革新工作，并因此成为著名的进步教育家。1896 年杜威发表《心理学中的反射弧概念》，这篇论文是针对冯特的元素主义的，它为机能心理学奠定了理论基础。1900 年他以美国心理学会主席的身份在年会上发表了以《心理学与社会实践》为题的演说，强调心理学必须联系实际生活才有出路，才是发展的正道。在芝加哥大学工作的 10 年间，他和该大学的心理学系主任安吉尔等人都倡导机能心理学。他们互相支持，发表机能心理学的见解，形成一种无组织的松散学派，即芝加哥学派，安吉尔是该学派的发言人，芝加哥大学则成为这个学派的大本营。1904 年杜威到哥伦比亚大学任教，直到 1930 年退休。退休后，杜威从事心理学在教育和哲学方面的实际应用工作，以贯彻他的实用主义机能心理学思想。

　　在心理学上，杜威和詹姆士一样，反对冯特的元素主义。他认为把反射弧分为刺激和反应是一种简单化的理论，指出反射弧不能归结为对刺激的感觉和运动反应两种因素，正如意识不能分离为心理元素一样。他指出这种区分是人为的、抽象化的，并不符合事实。他主张把反射弧看作心理机能，它的主要作用是"协调""调节"。他以儿童见烛光用手去抓被烧灼为例：当儿童初见烛光，用手去抓而被灼痛后，儿童再次看见烛火时，烛火就成为一个意味着接触它就会引起疼痛的亮光。通常说，这时是痛的感觉代替了原先光的感觉，是改变了经验的缘故。杜威则说，"可是，事实上，我们并没有用一种经验来替代另一种经验，而是一种经验的发展和调节"。因为儿童被灼痛后，他的眼睛所看到的烛火，仍然调节着手的抓握，只是这时是用手被烧灼至痛来解释他关于烛火的经验，因而儿童就不再用手去抓烛光，而是缩手不动了。这是已有经验的发展，并不是用一种经验代替另一种经验的结果。杜威通过《心理学中的反射弧概念》这一论文中的事例，也就是儿童是如何通过伸手抓烛火被灼痛取得经验教训而获得智慧，以后再见烛火就不会上当受骗等事例，说明了有机体是如何通过反射弧这个回路适应环境的，从而为机能心理学的科学解释提供了理论依据。正是有了这一理论，机能心理学摆脱了由冯特所规定的纯科学的束缚，为心理学应用于教育革新开辟了前进的道路。这就是杜威所提倡的进步教育。

杜威的"进步教育"，既反对传统教育，也反对当时的"新"教育。他认为，传统教育太偏重已定科目，课程设置得太死板，束缚了学生自由发展；所谓新教育则过分强调学生的兴趣，也过分留心于多变的社会问题。因此，两者都有不足之处，只有两者合一，才比较理想。杜威指出，健康的教育应当是学生所学的和已学到的东西，两者之间取得彼此连接和交互关联在一起的知识、技能，这才是最好的进步教育。因此，他大声疾呼积极推行进步教育，即实用主义和机能心理学的教育革新运动，并取得了相当的成就，一时声誉大振。1919～1921年，杜威曾被邀请来华讲学，宣传他的进步教育和民主教育。

1898年杜威在美国心理学会年会上，以学会主席的身份发表就职演说。他强调，心理学是教育理论与教育实践的基础。儿童和成人的最根本差别是心理学和生物学上的差别。成人是生活上已有一定职业和地位的人，负有特定责任，要求执行某种习惯。儿童的主要职责是成长，他"忙于形成不定型的各种习惯"，"为他以后生活的特定目的和目标提供基础和材料"。但是，有些学校和教师把儿童看作"小大人"，或者放任自由的小天使。因此，他反对那种抑制正在形成各种习惯的具有肉体的人，反对抑制某些心理因素，例如智力的、情绪的和明显的行为习惯。他也反对片面地只提供引起儿童兴趣和愉快的刺激，忽视全面的素质教育，甚至放任学生读黄色书刊和有毒的小说而不管。他要求学校应该像工厂一样，科学的基础上进行教学和管理。

行为主义

华生的行为主义被称为没有头脑的心理学，这是怎么一回事呢？其中有一些令人兴奋，但也离奇、曲折而辛酸的故事。

华生年轻时曾学习过医学和哲学，在芝加哥大学学习时受安吉尔的影响，对心理学产生了兴趣。1903 年华生获得哲学博士学位后，留校当讲师，直到 1908 年这一年，他和安吉尔一起离开芝加哥来到霍布金斯大学担任教授，直至 1920 年。在霍布金斯的 10 年间，是华生在心理学上最富创造性的时间。1913 年他发表的一篇最重要的论文《从行为主义的观点看心理学》，就是在这里写成的。人们称它是一篇在心理学上掀起一场革命的檄文，它标志着华生行为主义正式诞生。1915 年华生被推选为美国心理学会主席。1920 年他离开霍布金斯大学，1921 年则从事广告工作。1930 年他完全退出心理学界转而从事商业工作。1958 年去世。从华生的一生经历看，从 1913～1930 年的 17 年他从事心理学工作最有成就，而 1930～1958 年，这 20 多年的时间里他就不再从事心理学的研究工作了。可是，由他创始的行为主义却成为 20 世纪美国，甚至全世界都流行的心理学。这是什么原因呢？

原来，华生于 1913 提出行为主义时，正是 20 世纪初。当时，美国的大工业机械化生产，正需要培养一批熟练工人，同时由詹姆士和杜威提倡推动的实用主义哲学思潮正在传播，它们共同推动行为主义心理学的发展。因为华生行为主义的机械化行为公式——刺激—反应，恰好是培养和训练这种无头脑、会劳动的操作工人所需要的。正如美国心理学史家波林说的，到了20世纪20年代美国的心理学家，或者说年轻的心理学工作者几乎都是或认为自己是行为主义者了。行为主义之所以得到如此迅速的传播，和当时的意识心理学本身存在严重问题也有关系。华生在檄文中说道，心理学所研究的意识，就像鬼火一样，既看不见，也摸不着，它已使我们花去50年的时间和精力。现在"心理学是必须放弃对意识的研究的时候了"。行为主义可以不用感觉、知觉、情感、情绪、意志这些带主观意识性的概念，只要用刺激和反应、习惯的形成、习惯的结合等这样一些用语，就可以写出心理学的书。1914年华生在《行为：比较心理学导论》中说：

我相信，我们可以写一部心理学，把它定义为"行为的科学"，永不背弃这一定义，永不使用意识、心理状态、心灵、内容、意志和意象等诸如此类的术语……它可以用刺激、反应、习惯形成和习惯联合等术语来加以实现。

那么，华生是怎样写这本书，或者说怎样形成他的行为主义心理学的呢？

首先，他是要取消一切具有主观性的心理学术语，而用客观的行为来替代。他把刺激（S）和反应（R）的联结作为行为的基本单位。一切复杂的行为都是这些基本单位联结成的。在这里，应该指出，华生把行为的单位或公式叫作刺激—反应的联结，是取自桑代克的心理学，却又篡改了桑代克心理学概念的定义。桑代克把心理学的研究对象确定为"心理行为"，它的基本单位是刺激印象和反应动作的联结。在桑代克的这个公式里，"刺激印象"是保留有心理因素的。如今华生把"刺激印象"中的"印象"取消了，就只剩下"刺激"，因而变成刺激—反应的联结。这就把桑代克或者机能心理学留下的一点点主观的心理因素也取消了。这样就是完全取消了人类心理意识区别于动物心理的这一独特品质，而使人类心理学走上了生物学化的道路。为此，华生还自称，行为主义是最彻底的机能主义，实际上他是机能主义的极端派。

其次，华生反对实验的内省法，强调客观方法。但是，在研究思维的过程时，他遇到了困难。因为在当时情况下思维是无法用客观方法进行研究的，只得允许用口头报告，而口头报告也就是内省的结果。可是，他说思维时人的喉头在颤动，是可以通过男人思维时的喉骨颤动观察得到的。为此他把思维看作是一种"潜在反应"，或叫"内隐反应"。可见，在具体的研究中，华生并没有把他的思想贯彻始终，而是中途妥协了。

再者，华生为了寻找理论依据，1915 年他还利用了巴甫洛夫的条件反射概念来进行情绪实验。通过实验，他得出结论说，幼儿的恐惧情绪既可以用条件反射形成，也能够用条件反射消退。最著名的实验是 1920 年他和助手雷纳小姐一起给一个 8 个月的婴儿，名叫阿伯特的所做的实验。实验开始时，用带毛的东西如兔子，或毛发等，让孩子抚摸。然后突然重击铁轨，使孩子因惊恐而产生恐惧。以后，这孩子见了带毛的物品就产生恐惧情绪。实验的第二步是，在这孩子吃饭的时候，将那带毛的物品，同时放在远处；经过多次，让孩子习惯之后，再在他吃饭时将带毛的物品一次一次渐渐地靠近孩子。这样经过多次练习，原来对带毛物品的恐惧情绪就渐渐消失，而恢复到原来的欢乐情绪。这原本是巴甫洛夫学说中的条件反射形成和消退的著名实验，它要用复杂的神经中枢活动过程才能解释清楚，华生的 S—R 公式太简单是解释不了的。在这里，需要对巴甫洛夫条件反射这一概念做点补充说明。条件反射的形成是无条件刺激（US）和条件刺激（CS）相结合的中枢神经过程，不是华生 S—R 公式的外围神经过程。巴甫洛夫把大脑皮层暂时神经联系看作是条件反射形成的生理基础。这是 S—R 无法解释的。其实，华生是窃取了条件反射概念的心理因素来为他的行为主义找目的的。

非正统的行为主义

我们已知道，华生的行为主义必须放弃意识，而以行为作为研究对象，行为的基本单位是 S—R。在研究方法上必须达到实验的、客观的和数量化的要求。人们就是以这些基本观点为标准来衡量一种心理学是否是行为主义的。托尔曼的目的行为主义和斯金纳的操作行为主义，虽然都对华生的上述要求有些修改，却还是符合华生提出的标准的，只是包含有新意，故称之为"新行为主义"。这里讲的耶鲁小组不是这样，它是一种非正统的行为主义。它起源于耶鲁大学的赫尔，继之以斯彭斯，完成于米勒和多拉德。

赫尔出生在纽约州阿伦附近的一个农场，幼年时家境比较贫困。在他三四岁时全家迁到密歇根州居住。上农村小学时，他在农忙季节必须停止学习，帮助家里干活儿。17 岁时，通过教师资格考试后，他教了一年书，第二年考入高级中学，1904 年考入阿尔玛大学，并在一家小旅店打工以维持生活。大学即将毕业时，因在一次聚餐中食物中毒，他患上了健忘症，从此身体虚弱。在疗养期间，他仍攻读数学、物理和化学，并在一所大学里学习了两年的采矿工程，后来在明尼苏达的奥利弗铁矿找到测定锰的工作。但是两个月后，他又病倒了！病休两年后，赫尔身体康复了，1913 年毕业于密歇根大学。在大学学习时，他阅读过詹姆士的《心理学原理》，觉得心理学是最适合他的专业，并经过一位教授的推荐进入威斯康星大学攻读博士学位。由于他有健忘症，平时学习，尤其是阅读新书时，他总认真做笔记并养成习惯。这样，他一生中保留下 27 本读书笔记和有关其他方面的记录。这些记录对于研究他的学说及其思想发展是很有价值的。34 岁那年他的博士论文被通过后，即留校任教。1929 年耶鲁大学校长安吉尔，因要加强该校心理学研究的学术力量，聘请赫尔来到耶鲁大学任教。

从此，他在耶鲁大学一直工作到1952年逝世。

赫尔从小就喜欢学习数学，尤其是几何学。他对心理学的主要贡献也就是应用数学推理形成种种公式，然后经过实验检验，如果不符合检验的就加以修正或推翻，重新设计推理出新的公式或命题；如果得到证实，则保留进入他的心理学体系。其中最能代表他的非正统行为主义的新观点是，在行为公式S—R中加入小的r—s，将原来的华生公式S—R变成S—r—s—R。他把小r—s叫作"零星期待目标反应"，意思是，一个刺激作用于神经系统做出的反应，会产生许多有刺激作用的因素。例如喂实验动物狗的食物作为一种刺激物，除了它是原来的刺激本身外，还包含有食物的其他性质，如颜色、形状、大小、所放的位置等，此外这个食物本身的刺激所引起的反应痕迹在再兴奋时也是一种刺激。所有这些零星因素中的任何一个因素都会引起神经的兴奋，而这些能引起兴奋的种种因素都具备小r—s的作用。这些作用是内在的，可用分析和推理得出，也可通过实验检验获得。但是操作起来十分烦琐，他的著作都比较不容易理解，因而读者对他的著作，往往敬而远之。赫尔逝世之后，他的学生和同事斯彭斯认为，他的小r—s就是中间变量。经过这样的修改后，赫尔的理论就比较容易理解，而为人们接受了。

赫尔生前有一常设讲座，称为"耶鲁小组"，其中除了赫尔、斯彭斯外，还有米勒和多拉德等。米勒还接受过精神分析的训练，并致力于生物反馈的研究。他和多拉德长期合作达数十年，特别在小r—s的钻研和创新上有所成就，其中最著名的是"心理冲突"理论。他们把这种心理冲突分为四种：

趋近——趋近冲突。指的是有机体同时为两个有同样诱惑力的目标所吸引，冲突就发生在这两个目标之间。例如，两个好朋友同时分别请我参加聚会；或你在既饥饿又瞌睡时，便会发生这种冲突。但两者不能兼得，于是发生冲突，解决的办法只能先取其一。正像既饿又困的人，只能用"先吃饱肚子，后睡觉"的办法来解决。

回避——回避冲突。这是一个人同时受到两个阴性即厌恶的东西所发生的冲突。例如，在这种两难处境下往往表现出犹豫不决，或者采取逃避现实的办法，如悲观厌世或离群索居，乃至自杀或患精神病的人。仁人志士和革命烈士之可贵，就在于关键时刻能舍生取义，救人民、国家于危难，而不考虑个人得失。

趋近——回避冲突。这是同一目标引起正负相反、但力量相等的诱惑力，或者遇到一件利弊相当的事所发生的矛盾冲突。有时在决定就业和婚配上会发生这种矛盾的冲突。就业比失业好，但面临的工作又是自己腻烦的。从年龄上说应该结婚，但对象并不称心。更有甚者，为了某种不可告人的目的，而将就成婚。米勒发现，有些夫妇婚后分离又重归于好，这往往是因为生活上或意见不和谐引起矛盾冲突而分离的。但是，分离之后，双方彼此却发现各自有某些可以共同生活的优点，而且随着分离的时间愈长，优点愈突出。这样，只要一有机会就会重归于好了。

双重趋近——回避。米勒和多拉德是吸收了弗洛伊德的心因性冲突学说的。这种冲突正好可以作为典型的事例。例如，一个女孩为其母所吸引，因母亲能满足她的生物需要；但又排斥母亲，因为她们是同一性别。该女孩又为其父所吸引，却又妒忌父亲，因为父亲是异性。弗洛伊德认为，因此，该女孩产生了对其父母都矛盾的双重情感。弗洛伊德的这种泛性论已受到普遍批评，这里暂且不说。应该指出的是，米勒用 s—r 理论来解释弗洛伊德精神分析的事例是别出心裁、语重心长的。例如米勒说，夫妇共同生活要互相体谅了解，不要匆匆忙忙结合，也不必急于分开。因为分开后再和好，不如不匆忙分开。

第五章
趋于完满的格式塔心理学

从感觉元素到意动

　　布连塔诺出生于德国莱茵河畔的马利恩，幼年时期有志于当牧师。16岁那年，他到柏林学哲学，非常赞同亚里士多德的思想而且受其影响极深。1856年他入慕尼黑大学学习。1864年在杜平根大学获得哲学博士学位，同年受命为格拉茨地方的牧师。1866年转任符兹堡大学讲师。1869年他发表表示不同意教皇无过失这一教条的文章，并于1873年辞去神父职位。1874年他到奥地利的维也纳大学任哲学教授。在这之后的6年中，他和学生一起形成了意动心理学。他的意动心理学思想来源于莱布尼茨唯理论的单子论。我们通过前面的内容已经知道，单子是一种知觉，由于内部的原因，它能主动地运动发展，由微觉发展到大觉（知觉）再到统觉。以后，莱布尼茨的这种唯理论思想，经过18世纪的康德，继承发展为先验论。到了19世纪，海尔巴特发展为统觉团学说。这样就形成了近代德国传统的理性主义思想路线。这条思想路线传到布连塔诺。布连塔诺和他在维也纳大学的学生胡塞尔形成一种现象学（现象学是一种方法论，它认为通过内省自然而然地观察到的是整体的直接经验，而整体的直接经验是不能分析成为心理元素的）。这种现象学就是格式塔心理学的理论基础。布连塔诺从现象学出发，反对冯特的心理学及其元素主义。1874年正是冯特出版《生理心理学原理》的同一年，布连塔诺发表了题为《从经验的观点看心理学》的著作，向冯特的心理学挑战，反对冯特心理学中的基本观点：

首先，在研究对象上，布连塔诺定义心理学是研究"心理现象的科学"。他认为心理现象是人的心理动作或意动。意动是可以由意识经验到的活动过程，人是可以通过内省体验到这种内部活动的过程的，反对冯特把意识看作静止的心理状态和分析为心理元素的观点。布连塔诺指出，我们日常生活中遇到的是知觉，不是冯特所说的感觉元素。这种感觉元素是人为地抽象出来的。他主张把意识的动作，即意动作为心理学的研究对象，虽然意识的动作和内容是不可分的，它们两者都要研究，但是心理学研究的是意动，而不是意识的内容。例如，听见一种声音，看见一个有色物体，感到温暖和寒冷。这里所说的听、看和感到都是意识的动作，是心理现象；而声、香、温和冷等是心理意象，是意识的内容。他说，这里的意动或心理现象才是心理学必须研究的对象，而心理内容则是物理学研究的对象。因此，他认为，冯特把心理学的研究对象确定错了，应该加以纠正。他还进一步指出，任何动作都必须有它的对象，对象性是心理动作的特点，因为动作必须以它的客体为对象。为了说明这种动作和心理学研究对象的关系，他提出"意向性"这一概念，认为"意向性"是意动的重要特性。例如，没有思维的客体就没有思想，没有愿望的客体就没有欲望。在爱的动作中以被爱的东西为对象，在恨的动作中是以所恨的东西为对象的。所以，心理现象是在意向性上包含有对象的。

在研究方法上，布连塔诺认为，作为一种心理现象或意动，是可以通过实验的内省法自然而然地直接体验到的。其实，这就是现象学的研究方法，它强调自然而然地、直接地通过自我观察所得到的经验材料。只是布连塔诺本人不是个实验家，他只是提出这种思想。

在心理现象分类上，布连塔诺把动作分为三类：

（1）观念作用，包括感觉与表象等。

（2）判断作用，包括承认、拒绝、知觉和回忆等。

（3）爱憎作用，包括感情、意志和欲望等。

实际上，他受亚里士多德思想的影响，把整个心理现象分为两大类，即认识和情意，也就是把感觉和判断归为认识过程。例如，说到某甲的感觉，这是观念作用；如果说某甲自己觉得是甲，这就是判断作用了。

可见，在心理分类上布连塔诺和冯特也是不同的。我们知道，冯特是按柏拉图和康德的知、情、意三分法来划分心理过程的。

1874 ～ 1880 年的 6 年间，布连塔诺讲学很有成效，影响很大。在这一时期内，他培养了许多后来知名的学者，如屈尔佩、斯图姆夫等。当时年轻的弗洛伊德也曾来听他讲课。就在这一时期，布连塔诺和一位女天主教徒恋爱。但她在奥地利不能和曾经担任过牧师的人订婚。这样，布连塔诺又一次辞去教授职务，以取得当地的公民资格，终于在德国莱比锡与这个女天主教徒结婚。婚后则回到维也纳大学任讲师。1894 年妻子去世，布连塔诺悲痛之余，体弱多病，因而再次辞去教职。之后，他的双眼患病，几乎失明，屡次迁移住处。到 1896 年以后，他过着隐居生活长达 19 年，但他仍然从事著作，大多以哲学为主，心理学的著作很少。最后于 1917 年去世。

形质说和格式塔

前人发现一种事实，由于客观的条件不够成熟或者发现者的思想跟不上形势，概括不出新概念或者新的见解、理论，白白地将发明的机会错过了。后来人，或者条件成熟，或者他的思维敏捷，想到了点子上，于是成为某科技的发明者。厄伦弗斯的形质说和格式塔心理学的情况就是如此。

厄伦弗斯出生于维也纳城附近的罗道恩，是布连塔诺在维也纳大学任教时期的学生。他受布连塔诺意动心理学的影响，于1890年发表论文《论形质》(或《论格式塔的性质》)一文，提出形质说，反对冯特的心理元素主义。我们已知道，冯特把复杂的心理状态分析成最单纯的心理元素：感觉和感情。经验是感觉的复合。当时的奥地利有一位著名的物理学家和主观唯心论的哲学心理学家马赫，他从一切经验都是感觉的观点出发，认为空间、时间都是感觉。他说，例如，一个圆周是"空间形式的感觉"，一首乐曲的连续音程是"时间形式的感觉"。在这里，感觉的属性可以改变，而感觉形式不变。他举字母 N 为例：我们可以将 N 扩大或着色，那么 N 的属性：大小和颜色都改变了。但是我们看起来，它仍然是一个字母 N，也就是说 N 的形式是不变的。同理，一支乐曲尽管提高 8 度音调，即改变了各音的音高，但听起来它的曲调，即乐曲的时间形式不变。所以，形式是独立地为我们的经验感觉得到的，空间和时间都是感觉的集合。显然，这是主观唯心论的观点。

厄伦弗斯并不同意马赫的感觉学说，他认为空间、时间的形式是新的属性，并不是感觉的集合。例如，一个四方形由四条直线组成，它的性质不是由四条线集合成的。因为四条线本身只有直线的性质，并没有四方形的性质。四方形是由四条直线经过有组织地结合而产生的新质。这种新质才是真正的知觉内容。因此，厄伦弗斯认为，在这里，直线是结合成四方形的基件或基质，而四方形是基件或基质结合成的基体。基体四方形并不属于任何基件(直线)。不过，他把这种由直线构成四方形的直接经验，看作是一种新的元素，叫作"形质"或"格式塔(完形)的性质"。1912 年问世的格式塔心理学就是在形质说的基础上形成发展起来的。不过，格式塔心理学创始人韦特海默是由研究知觉的似动现象发现的。

错觉和知觉

　　韦特海默是格式塔心理学的倡导者，出生于布拉格。18岁时，他入布拉格大学学习法律，后来转学哲学，曾听过厄伦弗斯讲课。1901年转入柏林大学学哲学和心理学。后来又转到符兹堡大学。1904年在屈尔佩的指导下获得博士学位，当时关于无意象思维的问题争论得很激烈。以后，他在德国各大学任教。1933年因受德国希特勒政权迫害以第一批移民的身份到达美国。1934年他参加纽约城社会研究新学派学会，在美国期间，因忙于社会活动和语言文字上的障碍，发表文章不多。但由于当时还有其他格式塔学派的代表人物也在美国形成一种势力，影响了美国心理学的发展，下面会讲到。现在先说说韦特海默似动现象的实验。

　　1910年夏，在一次假期旅行的火车上，韦特海默想起关于这种"似动现象"的实验方法，便立即在德国的法兰克福下了火车，到商店里买了一个万花筒，先在旅馆里做试验。他很快地转动万花筒，仔细地观察其中的似动现象。有了一些经验后，他就到法兰克福大学去请教舒曼教授。教授很同意他的想法，允许他用自己的实验室做实验，并推荐两位被试一起工作。这两位被试名叫考夫卡和苛勒，格式塔心理学学派就是他们三人创建的。实验的经过是这样的：

　　起初，韦特海默在银幕上一先一后投射出两条垂直光线。如果这两条垂直光线投射的时间间隔超过200毫秒，被试就看到两条相继出现的光线，它们是一先一后静止不动地出现在银幕上的。如果两条光线之间呈现的时距很短，例如30毫秒，被试者看到两条连续出现的光线，也是静止的。可是，如果呈现的时距适当，即两条光线先后在60毫秒的间隔时间出现时，那么被试就看到一条光线从一处向另一处移动。如果先呈现A线，后呈现B线，则看到一条光线从A向B处移动；如果先呈现B线，后呈现A线，被试就看到该光线从 B 处向 A 处移动。问题就在于，原来是一先一后呈现出来的两条静止的光线，为什么在一定条件下（时距 60 毫秒）会知觉到单线移动的现象呢？它们把这种现象叫作"似动现象"，其实是一种错觉。这种错觉，如上所述，厄伦弗斯认为是一种新的元素，而冯特则说它是后象的重叠。实际上，电影就是利用静止的图片加以快速投影成活动画面的，只是没有做出心理学的解释。韦特海默解释说，"似动现象"是一种趋向完满的知觉结构规律，即一种格式塔，也就是厄伦弗斯说的"形质"。德文"Gestalt"含义很多，我国心理学书一般用音译，即"格式塔"，也有译成"完形"的。后一种译法是考夫卡同意由铁钦纳译成"完形"这一用语的，比较符合德文原意。所以说，格式塔或完形心理学是由似动现象，即研究知觉起家的，在知觉方面做出了很重要的贡献。

我们已知道，厄伦弗斯说，正方形不是四条直线相加的和，它包含了比由四条相等直线所组成的更多的东西。格式塔心理学家则由此概括为"任何整体大于它的各部分之和"的原则。然后将这一原则应用于研究知觉，从而得到一些知觉组织的原则和规律。

例如图形和背景的规律，这是我们已知道的由鲁宾的双关图提出的规律，格式塔心理学家把它作为知觉心理学中的一个普遍原则。比如，我们阅读书刊或小说时，由于原来阅读的文字（图形）随着故事情节的发展会变成背景；原来是背景的会变成图形。阅读过程就是在这种图形和背景之间不断转换的知觉过程。

类似性原则。互相类似的部分容易组成整体。

接近性原则。这就是说，某些事物或事物的各部分彼此在时间或空间上连接得越密切就越被知觉为一个模型。

闭合性原则。刺激的特征倾向于聚合变形时，即使期间有断缺处，也倾向于看作闭合而完满的图形。如画一个有缺口的圆圈，看的人往往忽略其缺口而仍视为完整的整体。

这类知觉现象相当多，如今普通心理学的知觉章节中有许多介绍，基本上都是按格式塔心理学的组织原则来解释的。这个学派就是从知觉研究意识，形成格式塔心理学体系的，而且意义深远。

顿悟学习

格式塔学派的创始人之一苛勒，出生于波罗的海省。5 岁时，他家搬迁到德国北部居住。年轻时他曾先后在杜平根、波恩和柏林等大学学习，1909 年取得学位。1913 年他受普鲁士科学院邀请到非洲喀麦隆的特纳利夫岛研究黑猩猩。经过 7 年的实验研究，于 1917 年出版了名著《人猿的智慧》，提出顿悟学习理论。1920 年他回到德国，1921 年任格丁根大学教授，1922 年任柏林大学教授，直到 1935 年因希特勒政权迫害知识分子和犹太人而移居美国。1958 年被选为美国心理学会主席。1967 年于美国去世。

苛勒的顿悟学习是反对桑代克的尝试错误学习理论的。他认为桑代克设计的实验环境太复杂，动物难以观察到环境的全貌，只得依靠一次一次地尝试错误才偶然获得成功。他自己设计的实验不是这样，而是尽可能地让动物能看到实验环境的全貌，使被试动物能通过观察全貌而得到领悟。例如：

实验一：他把用绳子绑住的香蕉放在笼外猩猩看得见但手够不着的地上。绳子的另一端拉进笼内放在显眼处。实验证明，猩猩经过片刻踌躇，就能拾起绳子拉进香蕉。苛勒解释说，这种问题情景，动物是容易作为一个整体解决的。

实验二：在上述实验中用绳子绑住香蕉的两端，按相同方向再放下几条绳子拉进笼内，但在笼外的绳子那端不绑香蕉，只放在香蕉旁边。实验证明，在这种情景下，猩猩不能立刻清楚地识别去拉先前已绑住香蕉的那条绳子。苛勒解释说，这是猩猩不可能立刻完全清楚地看出整体情景的内部结构所致。

实验三：将香蕉放在一个篮子内，篮柄用绳绑住，绳子穿过树枝下的铁环把篮子吊起，让猩猩看得见，但它伸手够不到空中的香蕉。绳子另一端用活结套在一根树杈上。实验的用意是希望猩猩松开绳子将篮子放下取得香蕉。实验结果是，一只聪明的黑猩猩苏丹也只能用力猛拉绳子，在绳断，篮落的情况下取得香蕉。达不到实验者的预期要求。苛勒本人也不解其原因。

实验四：香蕉仍放在笼外，笼内还放了几条中空的竹竿。每条竹竿都够不到香蕉，只有两条竹竿连接起来才能取到香蕉。这样，猩猩必须在两条竹竿之间发觉全新的关系。做实验的苏丹经过几次行动都失败了。有一次，它把竹竿尽量往前推，再用第二根竹竿去推第一根竹竿，直到第一根竹竿接触香蕉。苛勒称这是"有益的尝试"，他的意思是朝着这一方向试验是对的。结果是，苏丹花了一小时的试验也没有成功。以后苏丹玩弄竹竿，突然解决了问题。当时，苛勒并不在场，下面是看守人员报告，苛勒所做的记录：

起先，苏丹漠不关心地蹲在箱子上（箱子在笼内），然后，它站起来拾起两根竹竿，再在箱子上坐下，茫无目的地玩弄竹竿。当这样玩弄的时候，碰巧它发现自己两只手上拿着的细竹竿能连接成一条直线。它把一条细一些的竹竿推入另一条粗大一些的竹竿开口端。本来它是侧身向着笼栅的，这时，它猛地跳起来冲向箱子，开始用连接起来的竹竿去取香蕉。我呼唤主人，就在这时，苏丹的竹竿又脱开了，因为它把两条竹竿连接得不好。于是它再一次把竹竿连接起来。

接着，苛勒写道：

在以后的一些实验里，甚至有些不好用的竹竿混合在竹竿中时，苏丹也毫无困难地解决问题。因为它能不去尝试那些不好用的竹竿，直接去取好用的竹竿。

以上实验，苛勒把它们归入利用工具的实验。下面再举两个制造工具的实验。

实验五：放香蕉于笼外，笼内放着一条有裂缝的木条。由于木条比笼子栏栅的间隙宽，猩猩能沿裂缝用嘴咬去一些木条，用变窄了的木条取来香蕉。实验证明，如果木条没有裂缝，猩猩就不能制造出合用的工具。

实验六：苛勒认为，这是一个最困难的实验。实验设计是：在笼子外较远处放一个笨重的箱子。大箱子用绳子捆住，绳子上绑着香蕉。绳子斜拉到笼内。只有将绳子向放箱子的方向并沿着栏栅外边传递过去，使香蕉和栏栅垂直，猩猩才能取得香蕉。

实验证明，在苛勒的9只黑猩猩中有4只猩猩——那拉、格郎特、基卡和苏丹最后能"用手接手的方法"把绳子传递过去，一直到能取得目的物香蕉才止。苛勒认为，要完成这个实验，必须"完全概览问题"的情境，而实验证明，猩猩是能达到这个水平，即"顿悟"的。他还认为顿悟不是任凭"桑代克说的经过尝试错误而偶然获得的成功"，恰恰相反，它是"完全概览问题"的结果。

以上六个实验，只是从苛勒的大量实验中取出几个用来作为说明的事例。经过许多实验之后，苛勒得出结论说：猩猩所表现的领悟，主要决定于它对情境在视觉上有所理解，甚至它时常过于依赖视觉来解决问题，在许多情况下，猩猩往往为了领悟而停止活动。也许这只是由于情境的结构过于复杂，非它的视觉所能理解。因此，如果我们没有一种明确的格式塔理论作基础，对于猩猩的一切作业，就很难给予满意的理解。他认为，这个理论及其实验的优点是，可以应用于对不会说话的儿童心理的质的测量。它比那些从事于"量的测量"的教育心理学具有明确的科学上的价值。

第六章
从精神分析到发展心理学

精神分析

　　弗洛伊德出生在今斯洛伐克的摩拉维亚一个犹太人家庭，父亲是经营呢绒的商人。4 岁那年，由于营业不景气，他父亲带着全家搬到德国莱比锡，后来定居在奥地利首都维也纳。17 岁时弗洛伊德完成大学预科学校学业后，入维也纳大学学习医学。在校期间，他兴趣广泛，除学习人文科学、生命科学和进化论等外，曾经解剖 400 多条雄性鳝鱼研究睾丸的结构。这项研究并无结果，但影响了他以后对性问题的兴趣。在该时期内，他听过布连塔诺的课，做过生理学的实验指导。1881 年他获得博士学位，1883 年担任大学的无薪教师，1902 年晋升为神经病理学教授。1938 年纳粹德国入侵奥地利，弗洛伊德被迫流亡英国，第二年因口腔癌恶化死于英国伦敦。

　　弗洛伊德创立精神分析并非偶然。他所居住的城市维也纳在 19 世纪末作为奥匈帝国的首都正处在物质文明和人欲横流的时代，而住在贫民窟里的大多数市民却生活潦倒，还受到种种欺压，精神上的矛盾冲突引发出众多的精神神经病患者。作为医生，弗洛伊德处于这样的环境下，思考到自己应负的医疗责任和病人的需求，于是形成了一种特殊有效的治疗方法与理论：精神分析。

　　所谓"精神分析"，或称心理分析，实际上是一种情感心理学或称深奥心理学在精神病治疗上的应用。它起源于治疗和研究情绪紊乱、行为失常的病人——其病因在于意识深处的无意识作用——而得名的一个心理学学派。这个学派的产生发展是有其深远的社会历史背景的。

精神神经病的治疗和理论，古已有之。早在公元前，古希腊名医希波克利特就认为，这种被人们称为"圣病"，即癫痫病或羊角风的病因在脑，而不是魔鬼附身。这表明历史上早就存在关于精神病的两种对立的治疗方法，即生理学的和心理学的治疗方法。这两种对立的治疗传统一直到了19世纪的欧洲也是如此。就在18世纪末和19世纪初的维也纳，有一位名为麦斯麦的医生，他用通磁术治疗这类病人。据说，人体内充满着可以随意识支配的动物磁液，将磁液从人体的这一部分转移到另一部分。如果人体内的磁液失去平衡，人就会生病。通磁术就是用来恢复磁液平衡的一种治疗方法，当时称为麦斯麦术。1774年麦斯麦的一个学生用通磁术治疗病人时发现，病人出现催眠状态。处于这种状态时，病人安静地睡着，一动不动，约一刻钟后，他自动地起身走路、说话或做事，比平时还敏捷，只是神志处于昏睡状态，即进入"人工梦游"。梦游时，病人的行为任由医生指挥，但清醒时，梦游中的行为尽数忘掉，而原来的症状则消失。但是，后来这种治疗方法为江湖庸医所利用，舆论哗然！在此情况下，麦斯麦只得于1778年离开维也纳来到巴黎行医，一时名声大振。到了1784年法国科学院经调查决定，通令禁止使用通磁术。于是，麦斯麦回到维也纳。

过了近60年，1843年英国人白朗特从生理学角度解释催眠状态，认为昏睡状态是由大脑前额叶引起的。他要求病人催眠前必须将注意力集中于某一物体的上，医生如果发现病人眼球在动，则必须重新开始，这就是一种生理变化的病因说，并且得到学术界的认可。后来这种理论又从英国传到法国。当时巴黎名医沙可的理论就属于生理机能性病因说，他具有国际权威。而当时的法国，对于催眠治疗最有贡献的是南锡乡村的医生李厄保。在病人被催眠醒来，不能回忆催眠状态下所做的一切时，他和病人交谈，用引导和鼓励的方法使病人逐渐地回忆起来，这是一种心因性的理论和治疗方法。弗洛伊德创建的精神分析是在这两种对立方法的影响下选择了心因性的治疗和理论逐渐形成发展起来的。

1881 年弗洛伊德获得博士学位后，因经济困难在维也纳开设了一家私人诊所。此时，他结识了白洛尔医生。当时，白洛尔是一位名医，弗洛伊德在神经学上也有一些名望，因而双方一见如故，经常商讨医术，交流临床经验和理论，第二年他们便联合开业。白洛尔有一女病人，叫安娜，她表现出瘫痪、记忆缺失、精神颓废、呕吐恶心以及视觉和言语的紊乱等歇斯底里症状。在催眠治疗过程中，白洛尔发现，安娜能说出一些特殊经验，而且说出之后，一些有关的症状就消失了。例如，安娜在儿童时代见到一只狗用舌头在一个玻璃杯里舔水。从此之后她即使口渴，也不用玻璃杯喝水。在一次催眠下安娜向白洛尔诉说了这件偶然的事后，就能用玻璃杯喝水，和它有关的其他症状也随着消失。后来，把这种通过谈话吐露思想深处的经验而能摆脱一些症状的技术，叫作"疏通"，而把安娜和医生的这种关系叫作迁移或"移情"，这是精神治疗过程中一定会出现的。后来，白洛尔渐渐地意识到这种移情过程对医生十分危险，于是他停止了对安娜的治疗。

1885 年弗洛伊德有机会去法国向沙可学习。在学习期间，他观察沙可如何使用催眠术。在一次晚会上，沙可突然说起，有些病人的障碍经常有一种性基础，而且一定涉及生殖器方面的问题。弗洛伊德回国后，在治疗实践中发现催眠和疏通技术不能根治精神病，而且大约有 1/3 的病人不能接受催眠或者深度催眠。这样弗洛伊德又访问了南锡，采用了南锡的谈话法，使病人在觉醒状态下进行自由联想治疗。它的步骤是：让病人放松身心，躺在床上任意地和医生自由谈话。不管联想起什么都完全说出来，目的是使病人把压抑在意识中引起异常行为的原因清醒地记起来。这是弗洛伊德独创的，也是精神分析演进中的第一步。以后，经过实践发现，越来越多的病人常常回忆起他（她）们童年时代许多和性爱有关的经验，这使弗洛伊德更加注意性爱和精神病因的关系。1895年他和白洛尔合作出版《关于歇斯底里的研究》，书中有包括安娜在内的3个病例，和弗洛伊德关于精神病理学的一章等内容，它标志着精神分析正式问世。但是，该书出版后，非但销路不好，而且招来许多批评，其中和弗洛伊德过分地强调性是病因的那篇文章有很大关系，而白洛尔原本就不主张将它编入该书出版。为此，两人的友谊开始逐渐冷淡，直到最后分道扬镳。

1897年弗洛伊德开始做为期两年的自我分析，1900年他将研究所得整理发表了《梦的解析》，该书介绍了对梦作自由联想的分析方法和梦的象征作用。这本书标志着他从精神治疗转向研究心理学。以后，他不断研究治疗和写作，名声逐渐传开。1909年美国克拉克大学20周年校庆，邀请他到大会上演讲。他带着两位得意门生荣格和阿德勒到了美国，并会见了詹姆士、铁钦纳等著名心理学家，一时名声大振，表明了国际社会承认了弗洛伊德及其精神分析。

人格结构和发展

从弗洛伊德的思想发展看，起初他似乎认为，人的精神生活包含意识和无意识的两部分。实际上，在他看来，意识部分并不重要，重要的是无意识，它是人类思想行为背后的内驱力。人的一切喜怒哀乐及其存亡都决定于无意识，尤其是无意识的性欲冲动及其种种变相的活动。

此后，他还承认有前意识或先意识的存在，认为这种意识状态和无意识相比，较容易被召唤到意识中来。和上述三种意识的存在相适应，他又提出伊特（一般称为伊底或本我）、自我和超我三个概念。伊特是最原始的、处在最难接近的底层，但它极其有力量，犹如"巨大的深渊，一口充满沸腾刺激的大锅"，它"不知道价值判断，是不好的，不道德的"。它不考虑客观现实环境，只一味地直接追求满足。自我处在伊特和超我之间，协调自身和外界的关系，使伊特满足。自我和超我的关系，犹如骑士和马的关系：马提供力量，骑士指向要去的方向。超我则高居其上，是社会道德的代表，和伊特处在直接冲突中。

由于伊特充满了无意识的精神力量，即力比多，它一旦发作就引起张力，驱策无意识的活动，弗洛伊德把这种力的性本能活动叫作内驱力。这种内驱力引起的内部冲突和动机推动着人的心理发展。这就是以无意识的内驱力为理论基础的弗洛伊德的人格内部冲突和动机学说。由此可见，关于这个因内部冲突而引起心理发展的学说，是以生物学的性本能欲望为动力的。因此，弗洛伊德声称，他自己是一个决定论者，认为人的一切思想行为和情绪都有因果关系，都有决定的原因，决不例外。

当然，这个最后的决定者无疑是性本能的内驱力。不过，他又认为，虽然内驱力是体内生来固有的，但也和外界环境发生关系，而这些关系又和人的年龄、性欲活动范围的变化相关。在5岁以前幼儿的性欲是盲目地为所欲为的，弗洛伊德称之为自恋时期。

5岁以后，由于正在形成自我意识，逐渐知道现实不允许无限地满足欲望而采取了唯实原则，从而无意识地遵循该原则，经过许多发展阶段形成一个人的人格。每个阶段在心理上都存在着性欲本能和环境之间特殊的相互作用。

弗洛伊德的以上说法，好像有些离奇，但不少父母认为，确有一些是事实，而且最终的目标却是积极的。例如，注意儿童早期经验，这是警告做父母的，不要错过教育的最佳时机，否则，将对下一代的人生感到终身遗憾。

其次，早期经验的不良影响是可以防止的，只要父母对孩子不娇生惯养、不放任是能够培养出理想人格的。

再者，加强道德教育将人类的潜能充分发挥出来，使孩子走上正确的人生道路是可能的。最后，即使已患疾病，也是可以治疗的。

不过，1909年弗洛伊德自美国回国以后，精神分析的内部却发生了不测。由于意见不合，先是阿德勒于1911年离开他去经营自己的个体心理学。接着1913年荣格也自立门户去从事他的分析心理学了。

虽然，弗洛伊德本人对此分裂并不在意，但在选择接班人的问题上，他最后只得选自己的小女儿安娜·弗洛伊德就足够说明他心中的苦恼了。好在安娜没有辜负父亲的意愿，她从防御机制的研究中，继承发展了父亲的自我心理学思想，并经过哈特曼形成了以弗洛伊德正统思想为主线的自我心理学体系。不过，这是后话，下面先来介绍一下阿德勒和荣格的情况，然后再说说新精神分析的心理发展观。

内外倾性格

荣格原是弗洛伊德的得意门生，1911年他们曾一起筹备精神分析的国际学会，内定荣格为主席。当时的精神分析家多数是犹太人，唯独荣格是瑞士的非犹太人。单就弗洛伊德推荐他为主席这一点看，荣格是多么受弗洛伊德的器重！但是，就在1913年召开国际精神分析学会的那一年，他们之间发生了分歧，从此荣格分离出来，形成他自己的分析心理学。其实，荣格心理学的倾向和弗洛伊德相比是基本相同的，只是在性格类型上，荣格有他自己的独创。

首先，荣格把意识定义为：人心中能直接觉知到的部分，它可能在幼儿期就能运用直觉意识来辨别和确认父母、玩具及周围的事物。他指出直觉意识有4种功能和2种倾向。前者如思维、情感、感觉和直觉，后者为内倾与外倾。两相搭配即成为8种不同类型的性格及其特点。

荣格认为，这8种类型只是理论上的，实际生活中常常以混合型形成一种个性化的性格或人格。个性化就是在心理发展上逐渐变成一种独立的、不可分的统一体或整体。个性化的目的在于尽可能地充分认识自己，或达到一种自我意识。所以个性化和意识是同步的。通过个性化产生出新的要素，即自我。自我是自觉意识的结构，它由自觉、知觉、记忆、思维和情感组成。任何观念或体验不被自我承认或意识到就不能进入意识；那些未被自我选择而意识到的体验和观念就被存储在个人无意识内。自我意识保证了人格的同一性和连续性，自我和个性的关系非常密切，它们协同发展形成一个独特的人格。自我意识的选择性又决定于性格类型。一个思维类型的人对情感方面不如思想方面的东西容易意识到和个性化。只有一个高度个性化的自我，或允许较多方面的东西成为意识。为此，他提出如下的心理发展阶段论：

童年期，即从出生到青春期。从出生到最初几年间意识的结构不完整，一切活动几乎完全依赖父母。到了后期，由于记忆发展和个性化而自我意识逐渐形成，儿童开始摆脱对父母的依赖，而开始独立生活。

青年时期，即从青春期到35岁左右。这是个体心灵巨变时期，那是因为面临学习、成家立业，而心理又不够成熟，引起内心的种种矛盾，常常陷入盲目乐观或盲目悲观的境地难以解决。为此他鼓励人们必须努力培养自身的坚强意志力，以促进内心世界和外部环境的一致，来保证自己能争得一个立足之地。

中年时期，即从35岁到老年期。人到中年，虽然在家庭、事业和社会地位上都有一定建树，有的甚至取得显赫的成就。但往往有人会恍惚感到失去了什么，感到空虚和苦恼。荣格称之为中年期的心理危机。他鼓励人们通过沉思冥想，力求充实内心的能量，由外部适应转向内部适应，体验自我的存在。

老年期：老年恋旧，犹如儿童沉浸于无意识中，常常追忆往事，并安排后事，为晚年生活考虑，有的甚至无意识地为来世生活而祈祷。

个体心理学

阿德勒出生于奥地利维也纳郊区的一个富裕家庭，幼年身体孱弱，4岁才能走路，5岁患肺炎，长大后决定学医。1895年在维也纳大学获得医学博士学位，成为一个眼科和内科医生。从1906年开始他参加弗洛伊德的每周讨论会，从此追随弗洛伊德。后来由于他轻视性本能而强调社会因素，于1911年被弗洛伊德开除。1912年阿德勒在《精神病的组成》中表明了自己的立场，并把他自己的体系定名为"个体心理学"，创办了这个学派的机关报《个体心理学杂志》，1935年移居美国。由于阿德勒的个体心理学接近现实生活，比较容易为人们所接受，很合讲求实际的美国人的口味，所以，他在美国的影响很大。新精神分析的社会文化决定论思想就是在他的思想影响下发展起来的。

阿德勒受尼采生命哲学中"权力意志"理论的影响，认为人人都有追求优越于他人的欲望。但是，人往往都有缺点：如有天生器官缺陷的人，由于身体缺陷而产生自卑；没有这种器官缺陷的人，也由于人类儿童十分孱弱，需要大人长期抚育才能成长，从而生来就有自卑感。为了克服自卑，超越他人，每人都假设有一生活目标并以一定的生活方式来实现他的生活目标。一个人的人格就是在采用某种生活方式以实现他的生活目标过程中形成发展起来的。为了克服自卑感，他告诫父母必须引导孩子设置正确目标，培养孩子和他人合作的兴趣和能力，就能使孩子从小获得一种超越常人的成就感而形成健康人格的优越性。相反，如果娇生惯养，教育不当，那么，孩子就会懒惰、畏缩、胆小怕事，无能力与他人合作，甚至以敌意的态度对待他人。凡此情况则会产生一种自卑情结，从而导致疾病或者形成不良的人格。为此，他强调家庭教育的重要性。他一再指出，如果家庭娇生惯养，为家庭的生活方式所束缚，孩子不会与人合作。这样的孩子一旦离开家庭，处在无亲人照顾的情况下时，一切麻烦的事就开始接踵而来了。他警告父母，出现这样的情况后，做父母的不仅要找出孩子害怕的原因，还要了解孩子害怕的目的。因为所有被宠坏的孩子害怕某种东西，是利用害怕来吸引大人的注意力的。这种害怕情绪就成为其生活方式的一部分，以便达到重新受宠的目的。同样，学校教育是家庭教育的继续，并且随着社会的生产方式而变化，学校的性格教育是寻求社会生活中增加合作程度的方法。他语重心长地说，当教师不是为了钱，是为了人类利益而工作，要意识到教师工作的重要性，要训练学生的合作能力。孩子没有合作能力，一旦遇到问题就不知道如何应对才好。因此他再三叮嘱：决定一个人的并不是他的环境，而是他对环境的估计，这种估计能力的培养则要靠教育。天才是人类中最能合作的人；罪行是懦夫错误地模仿英雄行径的表现。

和荣格相比，阿德勒的心理学虽然比较重视社会的生活方式对人格形成的影响，而有别于弗洛伊德，但是，在以生物本能为人格形成的最后决定因素这一点上，他们三位都是一致的。

自我心理学

哈特曼早年曾在维也纳精神病学会和安娜·弗洛伊德一起工作过，是学会的助理，他的主要贡献是发展自我概念。弗洛伊德父女都把自我依附于本我，缺乏自我的主动性。而哈特曼提出"未分化的基质"这一概念，把本我和自我都看作是发生于这一生物学先天基质的机能，从而改变了自我的原来性质。"基质"：一方面分化出本能驱力，即本我；另一方面分化出自我装置。自我装置的机能具有自主性，即适应机能，例如知觉、记忆、语言和各种动作的成熟和发展。这样一来，在发生学上自我就摆脱了附属于本能的地位，使自我独立于本我。通过基质的分化，自我和本我同时各自产生一种机能，使本能内驱力和自我适应机能发生平行关系。从而使心理动力和心理过程的关系一致起来。例如，哈特曼指出，出生后 3 个月的婴儿饥饿时，能把饥饿感和记忆中的满足痕迹联系起来，用哭声召唤母亲。这就是说，新生儿基质的分化，使原来无目的的哭声变成有目的的哭声，饥饿成为适应过程的动力，发挥了自我机能的自主性。

哈特曼还把自我适应看作机体同环境相互作用的过程和不断连续的运动，机体通过运动既可以改变环境来适应自己，也能调整自身以适应环境，保持自身和环境的平衡。不仅如此，自我的适应机能还能够保持本我和各种内驱力之间，即本我和自我、超我之间以及本我和自我之间这三个方面的平衡。由此可见，尽管哈特曼的自我心理学保留了弗洛伊德人格结构的基本框架，却突出了自我的自主性，使弗洛伊德人格结构中的本我、自我和超我三者的冲突论变成为三者平衡的理论。1939 年哈特曼发表《自我心理学与适应问题》，这本书的出版标志着自我心理学正式形成。以后，虽然经过 20 世纪 40   50 年代的一些精神分析学家的推动和发展，但多数人只在儿童的自我概念发展方面有所贡献，将自我概念贯彻到人生全过程的只有艾里克森。

儿童的认知发展

皮亚杰出生于瑞士的纳沙特尔，自幼喜爱动物，15 岁时，他已因研究出生地附近的蜗牛等软体动物为人们所知。1918 年获得自然科学博士学位。他对哲学、逻辑学和心理学都很感兴趣，1918 年他还在苏黎世大学荣格的指导下研究弗洛伊德和荣格的精神分析。不久他来到巴黎，1920 年在智力测验量表创始人之一西蒙主持的比奈实验室当助手，研究儿童心理学和负责管理比奈档案的工作（关于西蒙和比奈智力测验量表等情况分别见本篇第七、八章）。1921 年皮亚杰回到瑞士担任日内瓦卢梭研究所主任，以后历任纳沙特尔、日内瓦和巴黎等大学教授，以及各种学会组织的负责人。皮亚杰是20世纪从儿童心理学的认知发展研究到人类智慧发生认识论的创建者。他从胚胎发生学开始，研究每一年龄儿童心理的个体发生发展，以致各种科学的发展史，将生物学、心理学和逻辑学统一起来研究人类认识的发生发展史。他用心理学的实验方法论证和阐述人类知识和智慧的发生发展问题，取得了巨大成就和贡献。

关于儿童认知发展的4阶段论：

感知运动阶段。从出生到18～24个月，是智慧的萌芽时期。由动作活动开始，到协调感觉、知觉和动作间的活动。最初婴儿只能有一些感觉，不能将这些感觉和外部事物联系起来形成形象，如伸手抓玩具。以后通过吸吮、移动、摇动、敲击和扔东西等活动渐渐地获得新知识和经验，开始存储一些心理形象。到1岁末期婴儿能觉察到：藏在帽子底下的小玩具，虽然看不见了，但它还是存在着。

前操作阶段。18～24个月到6、7岁，能说出电报式的双词句，具有表象思维能力，但缺乏可逆性。例如，将5颗纽扣串在一起，和把它们散开放，5岁的儿童认为，散开的纽扣比成串的纽扣多。将同样多的水，倒进宽大的玻璃瓶，和倒进细长的玻璃瓶内，他们会说，容量大的瓶中水更多。

具体操作阶段。7～12岁，出现逻辑思维和零散的可逆运算。但一般儿童，只能对具体事物和形象进行运算。例如，对同样多的水倒进大小不同的容器内，他们说两个容器内的水是同样多的。主要原因在于，这时候的儿童已经学会算术。皮亚杰说这是有了"守恒"概念。

形式运算阶段。12～15岁，能在头脑中将形式和内容分开，思维能超出感知的具体事物或形象，进行抽象的思维和命题运算。

发生认识论。这也是皮亚杰的独创，其特点是将儿童心理和人类的科学认识史联系起来研究。认为人的认识来源于动作，动作既是感知的源泉，又是思维的基础；认识是连续不断构成系统的心理机制，它翻译和调节着人的认识活动。他说：

心理学在科学家族中占有关键性地位，在科学之林中心理学在不同程度上和其他的每一门科学互相依存。它依存于其他科学，相反，在不同的方面，其他科学也借助于心理学。

在他看来，任何科学，总是通过人的活动和认识才形成发展的。人应用科学知识技术去认识某一科学对象，发现规律，而该科学的形成发展则打上了人的心理学发展的烙印。科学越进步，人的认识能力越深刻，越能推动科学发展；人的心理智能也就愈加深入科学体系的认识并留下痕迹。然而，皮亚杰在科学知识、思想意识和意识心理的关系上，只是从理论上做了一些论述，而维果斯基则更加具体地从文化历史方面来阐明人的心理发展。

人的高级心理发展

维果斯基是苏联文化历史理论的创始人。1917年他毕业于莫斯科大学法律系和沙尼亚夫斯基大学历史哲学系。1924年应科尔尼洛夫邀请，他来莫斯科心理研究所工作后，对人的高级心理发展提出了文化历史理论，为发展心理学做出了具有历史意义的贡献。他的文化历史论从人类的种族和个体的心理意识发生、发展两个方面论证了其基本观点。

从意识的种族发生学上说，维果斯基指出：首先，意识是人类文化历史的产物。例如，原始社会的侦察者在路旁做记号，起先是为了给本部落其他人标明道路的前进方向。然后，才成为指路标，成为自己和别人心理过程的标记。在这里，首先是做记号，即在改变了外部环境的同时，也改变了自己的心理和行为。然后，通过交往和交际，记号成为人们之间的中介，成为人们双方的共同机能。因此，他做出结论说，人的心理、意识，从发生学上说，就是人们在交往过程中以记号，尤其是以言语为中介的文化历史的产物。也就是说，每一新的心理过程结构，最初总是在外部形成，而后"转向内部"成为内部过程的结构。只有这样来理解人的心理、意识，才能克服把意识作为封闭在自己孤立的精神世界内的主观心理学的缺陷；同时也克服了把人和动物的心理等同起来的缺点。

其次，意识是以言语为中介的意义系统。例如，以原始人结绳记事为例。结绳这件事之所以成为中介识记的过程，并不是结绳这一动作本身固有的，而是结绳的意义实现了记忆功能。因为结绳或做记号是标记意义的，是某一事物的代理者。当人们见到事先打好的绳结，就会记起这个结子所代表的那件事情或那个物体。词是意义的基本的典型形式，词的意义反映着人类对现实事物现象的概括，词是有意义的，没有意义的词是不存在的。但是，词义本身不是心理事实，只有以词义为中介的对世界的反映过程，才是心理过程，即心理事实。例如，人不仅看到某种直角的、白的、围有线条的东西，不仅看到一个整体、某种完整的形象，而且看到一张纸、纸张。纸张是通过感性反映过程引起过去活动中得到的事物经验和意义所意识到的。不认识纸张的人，就不具备这种意义。他知觉到的，只是直角的、白的某种东西，而不是纸张。因为纸张是知觉不到的，纸张是由知觉折射出来加以概括了的意义这一反映过程的产物。人的意识就是在以这种意义（纸张）为中介的心理反应过程中形成起来的。

再者，人的意识结构是以意义系统为中介的，是各种心理过程结构之间相互联系的机能系统。维果斯基认为，词的意义不论何时都不是仅仅指出一个个的个别事物，它总是和标记它的一定系统相关联。这是因为人类社会文化包括语言、科学等有思想形式和精神形式的意义系统。当人类个体占有这一意义系统时，就成为他的个体意识。所以，个体意识按其本性说，是社会化的。例如，"三角形"是几何学的问题，只有关于三角形的意义概括成为我的思考、理解和认识它的时候，也只有这个时候的反映过程才是心理学的研究对象。心理学研究的就是这种科学概念或者社会意识是怎样成为个体意识的心理反应过程的。

最后，人的意识，不仅只是理智方面，还有情感、意志方面。因为人的意识是社会中具体人的意识。它反映的不只是个人视野内的狭隘经验，而是全人类的经验通过个人的言语反映出来的。词义中反映出来的现实意义，比个人的直接印象反映得更深刻、更完满。再者，个人所体会到的意义系统是科学研究所得到的客观规律，它根据自身的理解支配着个体的心理行为，从而获得行为的自由和必要性的特点。当然人对自己的行为意义的意识，有时是模糊的，有时还意识到自己的情感、恐惧和动机。它们构成了非常复杂的各种各样的心理过程结构，这些复杂的结构相互联系成为动力系统。所以人的意识是既相对稳定，又经常变化的一种机能系统。

从个体的心理发展看，维果斯基认为，儿童的心理发展是从社会化向个体化的进程实现的。他说，我们发现，儿童一开始说话，就是为了和别人交往。因为，儿童的言语来自社会、家庭。儿童的自言自语只是儿童言语发展过程中，从外部言语向内部言语过渡的一个中间环节，它本身也是社会化了的。他说：

按我们的意见，当儿童开始自言自语时，也就是在进行原来他和别人说话一样，他自言自语地想象到当时被迫使他说话的情景才说话的。

接着又说：

从外部言语向内部言语，从社会的言语向个体的言语，包括独自的言语思维的过渡。

所以，维果斯基认为，儿童思维发展过程实际上是从社会化向个体化来实现的，而掌握历史上形成的知识是儿童心理发展的动力。他说，人类意识是在文化历史发展进程中先掌握记号、符号，后掌握意义系统的词和概念而形成。儿童心理发展，即个体心理发展就是以掌握词的概念形式及其知识体系的过程为发展动力的。这是因为，言语是自我调节的手段，儿童在掌握语言意义的同时，也发展了心理意识。最初，儿童说话中的词义概念水平很低，但由于在和成人交际中客观具体对象的一致性而发生名称之间的交换，使成人和儿童能够对同一个词产生同一意义的思想交流。但是，儿童和成人对词的概括水平和意义的理解程度又是有所不同的，所以，儿童的言语、词义的发展就是要经过长期实践的言语交际才能逐渐掌握意义，掌握调节行为及其心理、意识发展的规律。当儿童成长进了小学后，以学习活动为主导，儿童的心理发展就会具有特殊的方式与趋势，从而提高了心理水平。

第七章
人格心理学

人格的特质

　　奥尔波特出生于美国，是美国早期行为主义者霍尔的学生。霍尔是詹姆士的学生和哈佛大学詹姆士讲座的继承人。霍尔深受詹姆士思想的影响，也接受冯特及铁钦纳构造心理学的思想。奥尔波特和詹姆士都把自我和人格当作同义词应用，表明了他们三代人之间的思想联系。1922 年奥尔波特在哈佛大学获得博士学位，他一生中除了出国留学外，长期在哈佛大学任教，是一位真正的美国人格心理学家，是美国第一个开设人格课程的人。他把自己的心理学称为个体心理学，把人的个体性看作个人的和唯一的，提出"机能自主"概念。1946 年哈佛大学成立社会关系学系，他担任了该系的系主任。这个系是由哈佛的社会心理学家、文化人类学家和实验的社会学家建议将原有的临床心理学、社会心理学和文化人类学合并成的。武德魏斯称奥尔波特为"一大群正在竭力建立一门人格科学的现代心理学中一个突出的代表"。奥尔波特的人格理论还包含有行为主义、格式塔心理学、精神分析等学派的思想和心理测验、因素分析等心理学研究方法的成就。他的人格心理学要点大体如下：

　　奥尔波特把人格心理学研究的对象，即个体，看作是一个独特的、有组织的整体，研究这个独特体怎样产生是它的任务。他批评实验心理学只研究心理过程的一般规律，不研究个体整体的独特性；批评差异心理学只追求个体的各种能力，忽视对个体整体本身的认真研究。他认为，精神分析把人们的本我、自我和超我看作同一的，没有差别的，也忽视独特的个体。他以为，格式塔心理学重视心理的整体性，为人格心理学开辟了研究的道路，但尚需认真具体地研究。为了弥补以上各种心理学理论的缺陷，他把自己的个体心理学称为人格特质论。

关于人格特质论。他认为，个体的独特性在于各人的特质，并定义特质为：具有能力的神经心理结构，表现为个体独有的特征，个体之间的这些特征是不能比较的。因为在个性的心理结构上，特质最能反映个性含义，是一个人行为倾向的决定者。特质具有指挥个体行为的潜在能力，是一种个性的心理结构。在发生学上，特质是从原初的特殊动作到一系列有关活动的概括，是自我保存的行为潜力。它和动机有些共同的起点，即表现为一种指向性。特质还和态度相似，只是不包含价值，也没有参照的对象。在表现形式上，有某种特质的人，即使在变化了的情境下也有相同的反应。例如，一个有"友好"特质的人，在遇到陌生人，与人共事，访友或约会等行为中都表现得愉快、欢迎、有趣和开朗。这就是说，在任何情况下他都会始终如一地表现"友好"这一品质特征。奥尔波特把特质分为个人特质和共同特质两大类。根据特质影响个体行为的程度不同，他又把个人特质分为三种：主要特质，它支配个性，影响个体的所作所为，如上述的友好特质。中心特质，它不是个性的支配者，但对具体行为起决定作用。如果一个人有 5 ~ 10 项中心特质的行为表现，就能通过这些表现描述出一个具体的人来。次要特质，它的影响范围比较狭窄，只在特殊情况下表现出一种倾向，如对上司谦让，对别人就不是这样。关于共同特质，是由于同一地区的居民，在共同的自然环境和历史文化影响下形成的。这可以在不同文化背景的人群中通过心理测量统计，归纳出某些群体样本的平均值得到确定。

关于研究方法。奥尔波特提出两种方法：一般规律研究法和个案研究法，后者也叫特殊规律研究法。他不太主张用测验统计的一般规律研究法，认为测验统计得到的离散资料和分数不能恰当地描述共同的人格。他采用的主要是人类学的观察法，资料来源于医疗诊断和各种社会调查研究的记录。他还推荐人们采用个人的书信、日记、谈话、书法，乃至步态等运动形式来研究人格。

关于人格的机能自主理论。"机能自主"是奥尔波特独创的概念，是一种个体适应机制的特性。他认为，人格是一种动态的、有连续性的心理结构。在这一结构中个人的体格、智力和气质是人格的建筑材料。在发生学上，这些建筑材料是决定性的因素，环境对它们的影响不大。但是，只要它们和环境发生了相互作用而形成一种适应机制，就产生最高的效果，并在个体的每一活动中都有所表现。因为这种适应机制形成后在机能上是自主的，适应机制的机能自主性，独立于原初发动的内驱力。在他看来，内驱力只和行为动作的最初原因发生关系。例如，所谓的吝啬鬼，多半是由于早年生活养成的节俭习惯，如今才变得吝啬的。这和他过去为了活命省吃俭用，积蓄钱财时的动机不能相比；后者是一种习惯了的机能自主性动作。再如出于对工作的热爱而昼夜忙碌的天才，也由于在机能上早已养成一种自我存在的自主含义，而成为壮年期必需的特质。因此，他认为，期待或忠诚于工作都能加速自主兴趣的培养和成长。

从自主动作表现出来的性质看，奥尔波特认为有两种自主动作的水平：一种是最简单的自主动作。这是一种持续的、没有任何原因或结果的动作。它不包含价值，也没有参照对象。例如，说话时的一些零碎动作和姿态，如手势、微笑、口头禅……它本身无意义，是无意识的动作。另一种是私有的自主动作。这是一种自我表现和自我保存的手段，如兴趣、情操和围绕着价值组织起来的大部分行为动作。但一些行为动作永不能成为自主性动作，如内驱力，它可以使行为指向一定趋向，但没有一种内驱力能成为自主行为的生物学基础。因为它不能形成内在结构，而只是强化的产物，离开强化就不存在，即不能自主地存在。

关于人格发展的阶段论。奥尔波特把统一的人格核心称为自我统一体。这是指个人在生长和发展过程中对自我意识的体验。他认为，人格发展就是自我统一体的形成过程。按人格形成发展和自我的进展，他把人格发展分成八个阶段。第 1 年：婴儿通过感知，体验自身的存在；第 2 年：开始有自我同一性的意识；第 3 年：有自尊的意识；第 4 年：有自我扩张的意识，即知道某些物体属于自己，而扩展了自我意象；第 4 ~ 6 年：自我意象形成，即形成超我和良知，能运用正确和错误这类概念；第 6 ~ 12 年：形成理智运用者的自我，有推理和逻辑思维以及解决问题的能力；第 12 年至青春期：形成自我统一体，追求未来目标，组织自己的生活；成年期：形成认识主体的自我。

特质的因素分析

卡特尔·R.B. 是美国心理学家，人格特质（因素）理论的主要代表之一。他出生于英国的斯丹福郡，1921 年入伦敦大学学习物理学化学，1924 年获得化学学士学位。由于他目睹了第一次世界大战所引起的一些社会问题，转而学习心理学，于 1929 年获得伦敦大学博士学位。他的指导老师是著名的心理学和统计学家斯皮尔曼，因此他对统计分析深有体会。获得博士学位后，卡特尔在精神治疗所工作时也受到精神分析的影响。这些影响对他今后的研究工作都产生了很大作用。1937 年由于桑代克聘请他到哥伦比亚大学做研究助理，从此他长期侨居美国，先后在哈佛、克拉克等大学任教和工作。

卡特尔从本能决定论出发把人看作一个能量系统，能量的紧张和消长产生行为。他把能量发泄出来的特质看作构成人格的砖块，而特质总是表现为两极化的行为特征。他把自己研究发现的种种特质，归结为 16 种资源特质作为人格的根本属性。其他特质都是资源特质的不同表现。他的人格理论就是通过这种因素分析法建立起来的。因此，他十分强调理论和方法的一致，而他的特质也就是因素。其心理学理论主要有以下几方面：

在研究对象和任务上。他认为人格心理学要研究人格结构中的特质，研究特质之间的关系及其推动力，以推动和预测行为。在他看来，人是一个能量系统，能量也就是行为的一种推动力。个体体验到能量紧张引起动机，并经过能量转换和减除张力而取得平衡的过程，就是行为。任何行为总是合理的，可以从人格或动机的结构进行研究，以达到预测行为的目的。

在研究方法上。他认为人格是众多特质（因素）的结构，必须采取多变量的实验方法，不同意冯特实验室传统的双变量实验法。人既然是个多因素结构，用双变量实验，则实验者控制自变量，观察被试的因变量，这就必然把一个整体的人格分成许多碎片，而失去整体人格的完整性。他赞同精神分析的临床个案诊断法，因为这种方法可以保持人格整体的完整性。但是精神分析的方法并不科学，必须创造出符合多因素人格结构的因素分析法。

关于人格结构的因素分析。卡特尔的人格理论是人格结构学说和因素分析法的统一。他认为理论和方法是一致的。传统的实验心理学家视心理为元素的堆积，因而将心理状态还原为最单纯的元素加以实验，脱离了实际生活而受到非议。他说，其实人格的整体是由其表现为行为特征的特质构成的。例如，每人的认识能力、情感情绪和意志行动都通过各种行为特征表现为各种整体的人格。关于这些特质可以从群体中选择，进行分析统计确定。但是人的行为特征和特质十分繁多，如何进行研究呢？这样他对特质进行了如下的分类：首先，将人格特质分为个别特质和共同特质。他和奥尔波特一样，认为人类社会的每个成员都有这两种特质。每个社会成员的共同特质，具体在个人身上的强度不同，即使同一个人在不同时间的特质强度上也不同。例如，自我情操是因个人强度不同的，而且同一个人由于在不同时间内的生活环境、工作情况和遭遇不同，他的情操强度也不同。其次，从表现方式上看，他把全部人格特质分为表面特质和资源特质。一个表面特质可以由一个或多个资源特质引起；一个资源特质也可以影响几个表面特质。表面特质是资源特质的表现，资源特质是人格的单位，它影响行为表现。每个人的资源特质相同，但强度不同。例如智力这一特质，人人都有，由于各人的特质强度不同则影响每个人的阅读、交友、就业和受教育的态度等不同的行为表现，这些行为表现不同的特征就是表面特质。不过，在日常生活中人的行为表现是复杂的，不能说每次行为只有一个资源特质起作用。经过长期研究，卡特尔提出了著名的 16 种资源特质，每种资源特质都有两极化对应的表面特质倾向。例如，因素 A（乐群性）的两极化对应倾向有：狂躁气质对应精神分裂病的人格；社会性适应对应社会性敌视；随和对应冷漠，等等。因素 B（聪慧性）：高智力对应低智力；警觉对应呆板、迟钝；富于想象对应愚蠢等。每个因素有 4 或 5 种对应的表面特质倾向。他用这些表面特质编成测验题（问卷）测试和研究不同群体成员的行为特质。

　　在 16 种资源特质中，卡特尔又分出遗传的和经验的两种。由遗传决定的称为体制特质；由经验文化决定的称为环境塑造特质。但由于人格是个多因素结构，不能说单纯由遗传或者文化决定的，而是两者通过各种特质的有机配合构成人格的。因此，只能在某种行为中确定哪些是遗传决定的、哪些特质主要和文化经验相关。卡特尔还根据心理过程中的知、情、意三分法，将特质分为：能力特质，如智力；气质特质，如情感；动力特质，如内驱力能量、环境动力等构成三种动力因素。由环境动力形成的特质又分为情操和态度。

　　以上各种特质的资料来源是卡特尔经过大量的研究、统计和分析得来的，共有 3 种资料或数据：

　　L 资料。来自日常生活观察和查阅书报发现而搜集起来的关于描述人格的大量词语，如敏感的、自信的、暴躁的、平静的、小心翼翼的等。他将用这种方法搜集起来的资料，叫作生活记录资料，简称数据或L资料，意思是由日常生活记录下来的资料。

Q资料。用16种因素编制成的测验向不同的群体问卷并经分析统计获得的资料，叫作问卷资料或Q数据。目的在于通过群体问卷获得的平均特质，看看是否符合16种资源特质。

T数据或客观观察资料。它是从被试的回答中搜集到的测验资料。下面就是一个要求被试回答的资料：①我宁愿做一个：A. 工程师；B. 社会科学的老师。②我能忍受当一个隐士：A. 是；B. 否。③我信任陌生人：A. 有时；B. 实际上常常。卡特尔发现，一个愿意当社会科学老师的人，不能忍受当隐士，而常常信任陌生人。相反，一个愿意当工程师的人，能忍受长期做一个隐士，只是有时候信任陌生人。

关于卡特尔的这些研究成果，来自各方面的评论是：说好的人认为，它是一种科学方法；说差的人则认为，它太繁杂，不方便使用，需要将其简化。

特质层次说

艾森克，德裔英籍心理学家，出生于德国柏林，父母都是名演员，曾想培养他成为艺人，8岁便让他扮演小配角。后因父母离婚，他由祖母抚养，从此形成一种逆反心理。1934年因他不愿意参加德国纳粹组织，未能进入柏林大学，后来移居英国。在英国伦敦大学毕业后，他曾任精神医学研究所心理学部主任。1954年后，任伦敦大学教授，同时兼任宾夕法尼亚、加里弗尼西大学客座教授。在人格心理学上，艾森克是特质层次论者，他采纳了荣格的性格内外倾类型概念，加上他自己创制的神经质和精神质概念，最终形成一种特质层次学说的三维理论。在研究方法上，他以测验统计和因素分析为主，辅以实验法。

通过进一步研究，1964 年艾森克按人的精神质、神经质和内外倾三维绘制了情绪稳定性和不稳定性、内倾和外倾的相关图。例如，在健谈的特质上得高分的人，在情绪稳定性和性格外倾上也有相关的高分。这就可以诊断他是属于情绪稳定的外向型性格类型的人；如果另一个人表现出行为被动，思维迟缓，那么他可能属于情绪稳定的内向型性格类型。艾森克的特质层次论发表后，评论也不一致，其中比较多的意见是，这一理论太抽象。

自从 1937 年奥尔波特提出人格特质理论后，经过卡特尔和艾森克等人的努力研究和发展，到了 20 世纪 60 年代人格特质理论已成为人格心理学主流。与此同时，由于人们对艾森克的特质层次论和卡特尔的 16 种特质理论逐渐提出异议，于是出现了人格五大因素模型的理论，如下表所示。

五大因素模型表格

因素	两极定义	
外向性	健谈的、精力充沛的、果断的	安静的、有保留的、害羞的
和悦性	有同情心的、善良的、亲切的	冷淡的、好争吵的、残酷的
公正性	有组织的、负责的、谨慎的	马虎的、轻率的、不负责任的
情绪性	稳定的、冷静的、满足的	焦虑的、不稳定的、喜怒无常的
创造性	有创造性的、聪明的、开放的	简单的、肤浅的、不聪明的

人格自我论

罗杰斯出生于美国伊利诺州的一个农场主家庭，父亲是个虔诚的耶稣教徒，思想保守，在经营农场上却颇有科学头脑。在这样的家庭环境影响下，罗杰斯从小就养成一种笃信不疑和从事科学的精神品质。1919 年罗杰斯进入威斯康星大学农学院学习，因积极从事宗教活动，于 1922 年他参加了由 10 个学院的学生代表组成的出国参观考察团，出席在中国北平举行的世界学生基督教同盟代表大会，开始接触到东方哲学。在这次参观了 6 个月的路途中，他还见到法国人和德国人之间的仇恨等。他目睹这一切，深感不同文化背景下宗教之间的差异，改变了他原来的保守思想，转而学习历史。但在如何拯救人的问题上，他对宗教的教条日益加重了疑虑，因而离开神学院转到哥伦比亚大学教育学院攻读临床心理学和教育心理学，先后获得文学硕士和哲学博士学位。1931～1940 年，他在纽约罗彻斯特的指导中心研究社会学和问题儿童。此后，从事各大学和研究所的教学与研究治疗工作，主要进行心理治疗和研究人格问题，将精神分析的心理动力学和科学的统计方法结合起来，形成他的人格自我理论。罗杰斯人格自我理论是经过以下 4 个发展阶段形成的。

准备阶段。在开始工作不久，罗杰斯遇到一位母亲，这位母亲要求他为她的孩子解决不良行为进行谈话，以便寻找孩子行为过失的原因。结果是谈话失败了，双方不欢而散。但是，两人分手后，那位母亲又转回来要求为她自己分析治疗。于是，她倾吐对婚姻的失望，和丈夫的争吵，吐露她失败和惆怅的感觉等。事后罗杰斯体验到，只有病人才能了解受了什么伤害、什么是行动方向、什么是关键性问题，以及隐藏在内心的究竟是什么经验等。后来他得出结论说，要取得较好的治疗效果，就要依靠患者自己指导治疗过程，因为每个人都有自我定向。这是罗杰斯自我理论形成的开端，即准备阶段。

非指导性治疗阶段。1940 年 12 月 11 日，这是罗杰斯个人中心理论思想诞生的一天。这一天，在明尼苏达大学讲学后，他在得到的反应中似乎意识到形成治疗效果的原理，是一种不可言喻的感觉体验，绝不是经过训练的技术。只要提供适当条件，患者自己有解决自身问题的能力。这样开始了他把治疗转向从患者个人方面来考虑的思想。

患者中心阶段。意思是对接受治疗的人，不应把他作为依附他人的病人，而应作为可靠的受辅者（指患者）来处理。在治疗过程中，医生和患者双方的深厚感情同等重要，治疗者必须深切积极地了解患者的情感和内心世界，治疗过程成为这些感情交流的过程。

个人中心阶段。从患者中心发展成个人中心理论，表明其理论已越出治疗病人范围而成为正常人的人格理论。1960 年他完成了这个理论，即个人中心论。这个理论强调，要注意个人经验，注意对机体的评价和感觉。他认为，个体大部分的早期体验是对自己丰富的主观感觉的觉知，它是人的全部潜能的一个方面；另一方面，是比体验更丰富的经验，它包括注意，知觉，加工和整合内部、外部、人际关系以及物理世界等方面。他强调，治疗者面对的是完全的个人，不是把个人仅仅看作一个患者或学生。以后个人中心又发展为交朋友小组，即将受治者组成团体，让他们在各组内自由交流感情以达到治疗的目的。

通过以上各阶段的研究，罗杰斯发现，人格心理学要充分发展个人自我潜力的各种条件，而实现个体内心蕴藏着的最重要的资源是现实的趋向，并借助这种趋向发展完善的人。由此可见，罗杰斯的人格理论以实现个人自我的潜能为目标，是归属于人本主义心理学的理论。

罗杰斯认为，自我发展是通过分化和整合的过程实现的。例如，幼儿的现象场未分化，不能区分各类事件，所有事件都混合在一个简单的结构中。以后，通过语言符号的经验，部分现象场分化为自我，于是现实趋向表现出自我的特征。随着自我的形成，于是产生对关怀的需要，因而需要他人的赞扬，于是又产生一种情感。例如来自亲人的温暖、热爱、同情、关心、认可等便开始了社会化过程。

在社会化过程中，如果大人对孩子的行为满意，孩子就得到关怀；如果大人不满意，孩子就得不到关怀。孩子通过这样的反复经验，必然会体验到关怀的条件。罗杰斯把这些条件称为"价值条件"。这些价值条件一旦为儿童内化，就变成自我结构中的"良心"和"超我"。良心和超我指导着儿童的行为，甚至父母不在身边也发挥作用。例如儿童乱涂墙壁的行为得到否定后，儿童就会产生内疚，以致不愿想起此事。关怀需要的进一步发展，则产生自尊的需要。但是，关怀的自尊是来自他人的，因而抵消了机体的估价能力，使儿童处于被动地位。因为他人的关怀和赞扬往往不是前后连贯一致的，有时会伤害儿童的自尊，引起儿童内心的矛盾。为此，罗杰斯指出，每个人的最终目的应忠实于自身的情感，不应忠实于他人的情感。唯一不妨害儿童现实趋向的方法，是给儿童无条件的关怀。

这样一来，关怀和自尊的需要就不会和机体估价过程相矛盾。个体就会不断获得心理上的自我调节而成为具有完善功能的人。所以，儿童应当永远得到爱，使每个人自由地拥有自己的感情，尽管有些行为或许不是这样。相反，如果幼年时期已形成的价值条件会妨碍自我机体的估价过程，使自我和经验之间出现失调，进而会成为顺应不良的人。

那么，只有消除失调，才能解决并顺应不良问题，才能获得和经验协调的自我，才能恢复作为控制行为而统一的机体估价过程。顺应不良的人，易受焦虑和威胁的伤害，成为处于防御状态的自我，因而做出攻击、不道德等不良行为，以导致疾病的产生。由此可见，罗杰斯的精神分析治疗方法，由非指导性治疗发展到患者中心，到个人中心理论而形成的人格自我理论，是通过治疗实践的进展而发展起来的。现在，这三种方法，已成为消除和降低失调现象备受推崇的方法。

自我实现论

马斯洛出生于纽约市的一个犹太人家庭，上大学时父母希望他学习法律以后好谋生，但他自己觉得缺乏这方面的兴趣，不久即改学心理学。1934 年他在威斯康星大学获得哲学博士学位后留校工作，以后历任各大学教授和心理学系主任等职。1968 年他当选为美国心理学会主席。1970 年去世。在马斯洛担任美国心理学会主任的 10 年间，美国政府卷入越南战争的激变和社会不安定，引起人们对生活的不满，对不公平、不公正以及人口问题、政府腐败、贫穷与和平问题的不满等都影响心理学家的研究工作。这些影响也反映在人格心理学的理论和实践中。

和罗杰斯不同，马斯洛是一位本体论，即人性论的人格理论家。他吸收了精神分析的思想，却又反对弗洛伊德的精神分析。他接受弗洛伊德关于意识、无意识和动机结构等概念思想，但不同意用对待病人的分析疗法去对待正常人。他认为，人性如果不是善的，至少也是中性的，反对弗洛伊德把人性看作病态的或恶的。马斯洛说他自己原来盲目崇拜华生的行为主义，"被行为主义迷住"，后来，再也无法忍受，才使自己专心于寻找以所有人类能接受和有用的事实为依据的理论。一般认为，马斯洛是人本主义方向和运动的精神之父、最初的定向者、创建人和最清晰的发言人。

马斯洛自我实现论的基本观点如下：

在研究对象和任务上。马斯洛把心理学的研究对象确定为，健康的人格或完满的人性。它的任务是加强研究人的成长、自我实现和为健康而努力寻找途径。他承认，存在着倒退、害怕和自我退缩的人格倾向，但他所描述的主要是人类价值体系中固有的完善和希望。他希望经过研究能发现可以避免疾病和精神病的先决条件，建立起一些所有男人和女人可能渴望到的，不能动摇的人类权利，因而他提出自我实现理论。他以为，自我实现尽管难以达到，但通过研究发现的那些希望实现自己的能力、才干和人格的人，只要努力，即使不能自我实现成为最好的人，也尽可能地做得好些，而且是可以做到的。

在说到自我实现理论的起因时，马斯洛说，他的兴趣是受两位教师的启示。这两位教师是格式塔学派创始人韦特海默和文化人类学家贝尼狄。起初，他以为他们都有异常天赋，是两位不可比较的个体。出于好奇，经过继续研究发现，他们也有缺点。于是，马斯洛为自我实现的完人定出标准，又审查了个别熟人、朋友和历史上的著名人物，还研究了3000名在校大学生。结果发现学生中只有一人完成了自我实现，有12名学生成长得好，2名比较好。从此他得出结论说，在寻找自我实现或把他们的潜能用得最充分的人时，要避免寻找"完人"。因为他调查发现，历届美国总统中只有林肯和杰弗逊两位是相当确定自我实现的历史人物。而现代人中只有爱因斯坦、罗斯福、詹姆士等7人是高度可能自我实现的，其他人只是部分自我实现且多少有缺陷，或者只是一些潜在的或可能的自我实现者。

马斯洛的自我实现者的标准，也是他的道德标准，或许是他的人本主义心理学对人格的最高要求，即自我实现的特征。这些特征共有15项优点，只有1项缺点，简单地说，它们是：

优点

1.能较好地知觉现实，同现实的关系较愉快。

2.容忍，即愿意使自己和他人满意。

3.自发性，比别人的行为更出于自发和自然。

4.中心问题，集中全部精力于外部问题和课题上。

5.超越，比其他人更能忍受孤独和隐退。

6.自律，发展和成长只依赖自己的资源。

7.连续的新鲜统觉，对某些经验有不厌其烦的好奇和新鲜感。

8.神秘的经验，有强烈感情以致狂喜、奇异和恐惧到丧失时空之感。

9.对人真诚。

10.人际关系比任何人更深刻、更深远。

11.民主性格结构，不分阶级、教育、政治、信仰、种族或肤色的普通人民的友谊。

12.在手段和目的、善和恶之间混为一体，难以辨别。

13.哲学的，非敌意的幽默感。

14.具创造性。

15.超越任何特殊文化，抵制教养。马斯洛解释说，自我实现者在反对"主流"文化上常常是有价值的，因此他们倾向于抵制"教育"。

缺点

那是为艺术家漫画式地描写成"摆架子""傀儡"，或者"不现实的理想计划"，其实，他们是真正强壮、诚实和活泼的个人。他们的少许缺点是忍耐、顽强到使人不愉快。实际上只是白璧微瑕，也就不应吹毛求疵了。

关于需要层次和动机冲突学说。这是马斯洛为了贯彻自我实现理论提出的具体学说。他认为，弗洛伊德强调本我、自我和超我之间的冲突是夸大了本我和人性恶，对研究"健康人的动机模式"不利，而应该讨论健康、强壮人的最高能力和需要。他认为人类本性中潜在地存在着许多特征，这些特征实质上就是人性的需要。他按需的性质分成层次，从最低级的生理需要（饿、渴、性等），到最高级的自我实现共5个层次的生理需要，后来又增加美和认知两种心理需要。各种需要的性质和特点为：

生理需要，即为维持个体生命的生存和种族延续的需要是最基本的需要，如饥、饿、渴、性和休息等。

安全需要，即为维持秩序、安全、稳定，不受恐吓、混乱和焦虑的折磨等。

归属与爱的需要，即对亲人、家庭、组织、团体等的需要。如人与人之间的友谊，和同事、上下级的亲密与团结的需要等。

尊重需要，既对个人的尊严、价值观和礼遇的追求，如忠诚、自信、自制、自主等。

马斯洛认为，各层次需要的实现，只能从低级往上逐步进行，是不能逾越层次的。下层需要未满足就不会出现上层的需要和动机。需要越高级，越关心自主。此外在4层需要之外，还附加B价值水平的需要。凡有B价值需要的行为，具有18种价值，即真、善、美、完整、超越、活泼、唯一性、圆满、必然性、成就、公正、秩序、朴素、富足、不费力、爱打趣、自我满足、意味深长。满足这些层次的需要时，这个人就达到他称为"最高的涅槃"。不过，所有需要都能满足的情况，一般人是难以达到的，而只能达到一种他叫作"高峰经验"的时相。例如，阅读文艺作品达到忘乎所以的时候，全家团聚乐以忘忧的时候等。他说，如果能经常处在高峰经验的心境下，那么你就会觉得自己的病情有所好转；可能自以为是健康的。你可能看到不同的人、不同的事和不同的世界，而觉得生活得很有滋味等。

第八章
认知心理学

认知模型的特点

　　认知革命后的认知模型比原来传统上的认识过程要复杂得多。如下图的认知过程模型是按信息加工的处理方式绘制的，下面是以记忆过程为例的信息加工流程图。

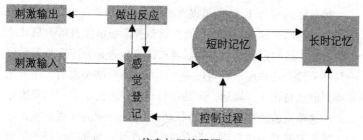

信息加工流程图

　　图中每一方框指向另一方框的箭头方向均表示信息的流程取向，即从前一过程流向后一过程，因而称为信息加工流程图。图中左侧的刺激输入箭头表示外来刺激输入到某一感觉器官，如眼、耳、鼻、舌、身等进行感觉登记。感觉器官对于外来的刺激进行信息选择编码，即将和已有经验相关的刺激编成有用的信息，然后按箭头通道输入短时记忆。再经过短时记忆的加工处理将有用的信息输入长时记忆中存贮起来，以备需要时提取和输出反应，而所有这些过程都受中央处理器控制过程的控制。当然，以上所说只是流程图的一个概貌，其中，每个一方框内的信息都有更复杂的加工处理过程，而进行选择性加工处理的主体是支配注意的意识。关于受意识支配的注意有其特定的选择性加工理论和模型。

注意的选择性加工

我们已经了解到，注意和意识密切相关，它们之间的关系在有意识的注意选择性中表现出来。当外界的刺激输入感觉器官时，并不是所有的刺激都是人们所需要的有用信息，势必加以择取，将其和已有经验和谐的信息编码成为知识理论或行动机制，然后做出反应，在这一过程中有意识的注意发挥着选择性的作用。然而，这种有意识的注意能持续的时间和容量都是有一定限度的，心理学家们进行研究后提出了三种互相有联系的理论假设。

起先是1953年 E. C. 谢里提出的注意的过滤器理论。他用两种不同的材料同时输入被试的两耳，但只要求被试注意听一只耳朵中的材料，这叫追随耳。实验后要被试作检查是否听清楚了。另一只耳朵没有这些要求，叫作非追随耳。实验结果表明，非追随耳得到的信息很少。以后，用其他材料进行重复实验的结果也是如此。这项实验说明，被试得到的信息是受意识的注意功能控制的，进入追随耳的信息由于为意识所注意而得到加工、处理；非追随耳的信息则得不到这样的注意处理，就难以为人们接受。

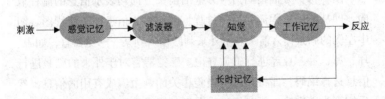

早期选择模型：布罗德班特

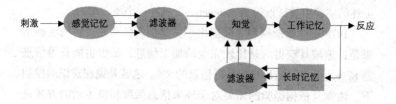

中期选择模型：布罗德班特

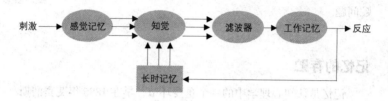

晚期选择模型：布罗德班特

1958 年英国心理学家 D. E. 布罗德班特对上面的实验情况强调了注意的选择性作用，提出注意的过滤器理论假设。他认为，注意的选择作用因注意的容量有一定限度，注意就如同一个狭长的瓶颈，要将水倒入瓶内，如果水流量超过瓶颈入口的流量，那么多余的水就一定白白地流失在瓶外。这是说，外来的信息虽然很多，但由于允许进入意识的容量是有限的，这样受意识支配的注意就必须选择其最有用的信息进入意识阈，为此这一理论又称为瓶颈理论。但是，这一理论有它的缺陷。1960 年心理学家 J. A. 格雷给被试的左耳输入 ob-2-tive；给右耳输入 6-jec-9。要求被试听一只追随耳的信息，实验后被试要立即报告。可是被试报告的是"objective"这样一个单词。这表明非追随耳的信息也是进行了加工的。1964 年 A.M. 特瑞斯曼对上面的实验结果提出了注意的衰减理论，他认为，当信息通过感觉通道时，关于追随耳的一定容量的信息可以得到全部接纳，关于非追随耳的信息也是可以部分地得到加工接纳的，只是那些和经验无关的信息要被削减，因而在上述的实验中被试报告了"objective"这样一个英文单词。

1978 年约翰斯顿和亨兹提出了主动加工的理论。它的实验结果是：追随耳获得的是比较完全的加工信息，最少也能获得信息的 87%，而非追随耳只能获得信息的 8%。这就是说在意识的控制下，注意是依据经验的需要对于外来信息采取积极主动的方式进行加工处理的。那么，经过加工处理的信息又放到哪里去了，它能存贮的信息是多少，又能维持多长时间呢？这就涉及记忆的存贮问题。

记忆的存贮

记忆是认知心理学中的一个重要环节，早在 1885 年艾宾浩斯进行记忆实验后，关于记忆心理的研究工作就受到心理学家们的关注。后来行为主义放弃了内在心理的研究工作，且长时间占主导地位，这样记忆的研究就处于停滞状态。20 世纪 60 年代认知心理学兴起后，心理学家先后提出各种记忆的模型和理论。其中包括两种重要的理论：

记忆的多存贮器模型和理论

1956 年心理学家米勒经过多次实验后，认为在注意支配的时间内记忆能记住的数量是 7 加或减 2，即 5 ~ 9 之间。正如找到一个电话号码，然后遇上占线，得重新再找到号码才能拨号的容量和时间。米勒称之为神秘的 7，它的过程叫瞬时记忆。再经过继续研究后米勒发现，如果将零散的信息组成组块，就能增加记忆的总量。

1975 年西蒙用英文单词和词组检验了米勒组块假设的记忆容量，证实对单音节和双音节词的组块记忆量是 7 个组块。而 5 个单词组成的记忆量只能记住 4 个组块，8 个单词的只记住 3 个组块。这些实验表明，组块的大小取决于一个组块的词的字母数量的长短。这样人们承认感觉登记的瞬时记忆容量是在 7 的基础上加上或减去2这一幅度内。那么，瞬时记忆的持续时间又是多长呢？这和不同的感觉器官有关，1968年阿特金森和希夫林提出记忆多存贮器模型理论试图回答这些问题。如下图所示。

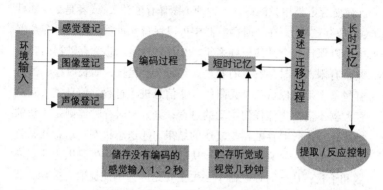

阿特金森和希夫林存贮器模型

从图中可以看到：①登记的感觉存贮器有几种相应的感觉通道，如视觉通道的图像登记、听觉通道的声像登记等均有各自独立的存贮器。每个存贮器保存的信息都极其短暂（1 2秒），称为瞬时记忆。如果此时稍加注意则信息就能转入短时存贮器成为短时记忆。②短时存贮器的容量很有限，经过复述的信息可以保存几秒钟，如重复单字或其他信息后可以记住几秒时间。③长时存贮器形成的长时记忆容量很大，信息能够长时间保存，甚至保持终身。图中还显示出感觉登记、短时记忆和长时记忆三者之间的相互关系。外界环境发出的刺激，首先以信息的形式全部输入某一感觉存贮器，这些信息的少部分受到注意的选择后进入短时存贮器，成为短时记忆。在短时记忆中经过复述的信息则转入长时存贮器，成为长时记忆。以后的实验证明，在短时存贮器中经过复述的信息量和长时存贮器中所使用的信息内容和方式有很大的关系。例如按意义复述的信息存贮的时间长些，而每种存贮器的遗忘方式也是不同的。一般说来，感觉存贮器的信息衰退得非常快，短时存贮器的信息为进入该存贮器的新信息所取代，长时存贮器的信息因受其他信息干扰而被遗忘。心理学家对这三种存贮器的差异总结出 4 点区别，它们是：①暂时的持续时间。信息在感觉存贮器中只能保存 1 秒钟（图像存贮器），或者是 2 ~ 3 秒（声像存贮器），在短时存贮器中可以保持几秒钟，在长时存贮器中可以保持几个月甚至许多年。②存贮容量。感觉存贮器的容量非常有限，短时存贮器的容量大约有 7 个组块，而长时存贮器的容量基本上可以认为是无限的。③信息进入过程。信息进入感觉存贮器不需要主体任何主动的过程；进入短时存贮器则是注意的结果；进入长时存贮器是复述的结果。④遗忘机制。信息从感觉存贮器中丢失是衰退的结果；从短时存贮器中丢失是因为注意涣散和干扰；从长时存贮器中丢失主要是因为不能提取。多存贮器的模型和理论曾经得到多数心理学家的首肯，但认为它有些简单化了。因为人类的记忆十分复杂，在记忆方式上有图像记忆、数据记忆和语言意义记忆，它们的记忆容量和时间都不会是同一的。但是，这种多存贮器假设都只是一种单个存贮器，无论如何难以容纳人类诸多方面的知识和技能的信息。为此，心理学家进行了长期的大量研究工作，试图从各个方面来弥补、扩充多存贮器理论的不足之处。但由于这些工作十分复杂，目前正处在积极的研究中，而且意见分歧，难以统一，下面只以语义网络的研究成果为例进行简要说明。

语义网络模型

　　1969 年柯林斯和奎连提出有层次的语义网络模型来表示长时记忆中的语义记忆。所谓"语义记忆"存贮，是指世界上各国语言中普遍通用的一般语言知识，它是高度组织化了的，可以很快地从中提取信息的一种记忆模型。例如，全世界有很多大小不同的城市，我们可以轻而易举地从中想起巴黎是法国的首都，那里有许多名胜古迹和全世界最为时尚的服饰等特点。同样也可以在很短的时间内想起麻雀、恐龙都是动物等一些很有意义的知识。在这种情况下如果不是事先具备有系统的语义记忆的贮备，要如此这般精确而迅速地做出反应是不可能的。语义网络模型的假设和理论就是为了解决这一难题的。如下图所示。

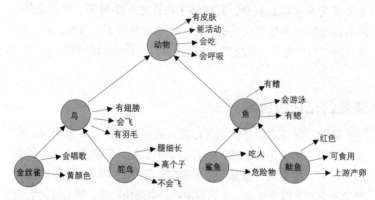

柯林斯和奎连层次语义网络模型

　　语义记忆是一个多层次的网络结构，其中的一些主要概念，例如动物、鸟、金丝雀、鸵鸟、鱼等表示为结点、各种属性和特征之间的关系，如有皮肤、会呼吸、能活动等与每一结点相联系。联系的依据是认知的经济原则。例如皮肤和吃、呼吸是所有动物都有的特征，因而属于最高级的结点。而会唱和黄色的特征则和金丝雀这一结点最接近，属于最低层次。它和鸵鸟的结点有：腿细长、高个子和不会飞这些特征相联系，形成网络系统中最低水平的同一层次的动物。柯林斯和奎连曾经对这些模型理论进行过测试，结果是证实了他们的理论。他们是用反应时实验，以句子的形式如"金丝鸟会飞吗""金丝雀是黄色的吗"，让被试回答"是"或"否"。结果被试对"黄色"的反应时比"会飞"的反应时更短，这是从语义层次系统中可以看到和预知到的。但是，这个模型还有许多情况无法包括进去，而需要用推理来补充。
　　例如问：猴子是否有尾巴？这就无法从这个语义存贮网络中

直接得到，而必须加以推论。即先要说猴子是一种动物，这种动物有尾巴，然后将尾巴作为一种特征和其他有尾巴的动物区别开。因此，有人认为这一模型太死板，应加以修改。1975年柯林斯和劳福特斯提出激活扩散理论，这样的修正只解决了部分问题。由于语言含义系统太复杂，目前还正在作进一步研究。除此之外，还有图像模型和数据模型的理论，这里就从略了。当然，存贮和保持的目的是为了提取应用，这就涉及记忆和遗忘的问题。

奇怪的记忆和遗忘

存贮、保持之后是否全都记住，这就需要由提取来检验。检验的结果表明，记忆保持是一种动态的机制，它常常是变化多端的，而最大的变化是遗忘。关于遗忘的研究，早在1885年德国心理学家艾宾浩斯就发现了遗忘规律：它是先快后慢，随着时间而渐渐地降低遗忘速度的。他的记忆实验研究，由自己当被试。实验结果发现，在学习后1小时里，遗忘发生得非常快，然后是慢慢地平稳地遗忘。例如学习后20分钟，即遗忘41.8%，到31天也只遗忘78.9%。可见遗忘并不只是时间因素决定的，还有其他原因。

后来，经过研究发现，影响遗忘的其他因素有以下一些：首先，是材料。无意义的材料比有意义的材料遗忘得快；材料多比材料少要遗忘得快。其次，在学习的熟练程度上，过度学习比刚刚学能背诵要遗忘得慢。所谓过度学习，就是学到能够背诵之后再多学几遍的记忆效果最好。再者，在学习材料的次序上，一般说来，开头的材料和最后的材料都记得较好。前者叫首因效应，后者叫作近因效应。最后，遗忘和学习的态度也有关系。凡是你感兴趣和需要的材料就学得快，记得牢，否则就不易记住。以上这些关于记忆和遗忘的关系问题，前人都已进行了大量的研究，并且取得了相当的成就。认知革命以来，心理学家对遗忘和记忆的关系做了进一步的研究，补充和发现了以下一些事实和理论。

关于遗忘原因有以下几种理论：

痕迹消退说。艾宾浩斯说过遗忘随着时间而消退，这是一般得到承认的。但是，情况比较复杂，这要看具体条件。1924年有人设计出一种新的实验方法，他让被试学会后就睡觉，醒后即进行测验，结果遗忘的并不多。可是，学习后继续做其他工作则遗忘的材料就多而快。这个实验表明遗忘除了时间因素起作用外，还有其他因素在起作用，这就是干扰。干扰理论是20世纪相当流行的遗忘理论。

干扰理论认为，学习前的经验会干扰当前的学习任务。例如实验表明，学习一种材料前，已经学习过或者将要实验学习相类似的材料，那么，实验学习的效果就不如没有事先学习过或者和实验学习不相类似材料的效果好。人们称这为前摄干扰。意思是说，事先学习干扰了当前学习的记忆效果。另一种情况是，学会一种材料之后，再又学习类似的材料，那也会干扰原来的学习成绩。这叫后摄干扰或倒摄干扰。干扰理论的前摄干扰和后摄干扰，原来也称为前摄抑制和后（倒）摄抑制，为了和遗忘的另一种理论，即压抑理论区分开，后来将抑制改称干扰。关于这方面的其他问题，将留在最后一种压抑理论说。

线索依赖性遗忘。1974年加拿大心理学家图尔文发现，有些遗忘是信息已在记忆学习系统中就消失的。但是，另一种遗忘是信息并没有在学习记忆系统中就消失的。这种遗忘只要用和貌似遗忘有关的材料作为回忆的线索加以诱导，就能回忆起来。他把这种能用线索作用的诱导而重新回忆起来的遗忘，叫作线索依赖性遗忘。他认为，这种遗忘无论在实验室，还是日常生活中都可以见到。它有强大的作用，是长时记忆产生遗忘的主要原因。

压抑理论。这是弗洛伊德最先提出的一种理论，他从精神病治疗中发现，"压抑的本质是阻止一些东西进入意识或把意识中的一些东西赶出来"。引文中的"一些东西"指的是会唤起焦虑的记忆，或者有时是与受抑制相联系的情绪影响，并不是记忆本身。

所以可以说压抑是和一个人的动机或情绪相关联的。按弗洛伊德的说法，意识中的东西是不会完全消失的，遗忘只是这种东西被压抑在下意识区域。后来由于弗洛伊德的名声日益扩大，如前所述原来的抑制性遗忘便改称为干扰遗忘。

其实，造成遗忘的原因是各种各样的，这些原因往往互相制约，难以清晰地确定是由某一原因引起的。例如，大量的精神病理治疗证明，许多病人日常说的事实，都是修改过的，也就是在潜意识里选择对自我有利的东西才说出来，而把一些见不得人的东西隐瞒起来。心理学家认为，这是因为一些令人震惊或者有创伤性的事件往往会被创伤本身所扭曲造成的。为此他们建议，治疗者和法院的审讯工作在这种情况下要特别保持清醒的头脑和应用一些策略以战胜工作中的困难。

1996年心理学家霍林斯等设计了一个实验，验证上法庭作证的证人所说是否真实地符合他原来看到的实际情况。实验结果表明，有些证词在很大程度上是受到怀疑的。他的实验是用同样的一件事，让证人和一般人学习记忆，最后测验的结果是，证人的回忆大大地差于一般人。他解释说，一般人对于自己记忆的信心是和日常生活中经常作比较的，颇有自知之明。比如说，我的记忆力怎样，我对某些事的态度怎样，是多少有所知道的。而作为证人，他虽然自己认为证词很真实，不会被扭曲，但实际上并不是如此，因为随着时间的推移记忆是在变化的。

1986年1月28日美国航天飞机"挑战"号发生空难，艾莫利大学的阿尔里克·莱塞教授和他的助手抓住机会，于空难第二天邀请一批大学生记录下他们如何听到那些消息的。两年半后，再请来一些能找到的大学生填写一份有关该事件的问卷，6个月后又加以采访。结果是，有效问卷中的1/3人次的答案对该事件的时间、地点以及谁告诉他们的等等的回忆是完全错误的，另有1/4的人次有部分错误。但是，这些回忆错误的人对这种情况感到很不安。因为其中许多人认为自己现在说的都是正确无误的。

通用问题解决器

西蒙·H.A.是信息加工认知心理学的著名美国心理学家和人工智能创始人之一，经过15年的时间，于1972年发表了《人类问题解决》一书，提出了通用问题解决器理论。这个理论将问题的解决过程分为三种状态：初始状态、中间状态和目标状态，如下图所示。西蒙他们假设人在解决问题时往往采用启发式，按解决问题的策略进行"手段—目的分析"，先找出初始状态和目标状态之间的差距，制定出缩小差距的子目标，最终定出算法，以实现目标。以解决河内塔问题为例。

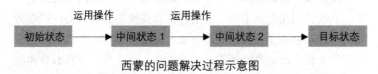

西蒙的问题解决过程示意图

初始状态为3根柱子，其中第1根柱子上套有3个中空圆盘，最大的在下，最小的在上。目标状态是把这3个圆盘以相同的顺序套在最后一个柱子上。规则是每次只能移动一个盘，但禁止将大盘置于小盘之上。西蒙他们发现，人们爱用启发式解决河内塔问题和类似的问题。其实，河内塔问题的完美解决方法只需要7步。但是，如果用错了步骤就会引起死局的出现。这时只能退回去重来，这就需要很多步骤。在更先进的这类书籍版本中，解决的策略和步骤更复杂：一种是由5个圆盘组成的游戏，它需要31步；一种是7个圆盘组成的游戏，它需要127步，等等。读者如果有兴趣，弄清楚规则后可以试一试。这一理论也可用于日常生活中。例如，早上要骑自行车上学，发现自行车轮没有气，家里没有气筒，只得推车去自行车修理店，给车打气，打足气后就骑车上学了。在这里的初始状态是骑自行车上学，中间状态是自行车没有气和去自行车修理店打气，目标状态是上学。

第九章
社会心理学

策动心理学和社会心理学

麦独孤，英籍美国心理学家，他和冯特的得意门生铁钦纳一样，虽然长期在美国工作，但他们都以英国老大哥自居，都成为美国心理学会不受欢迎的心理学家。麦独孤具有布连塔诺的意动心理学思想，反对冯特的心理元素主义。他认为心灵具有整体的主动性，把心灵看作有目的的奋斗或策动过程，所以他的心理学有目的心理学或策动心理学之称。

他主张心理学应着重研究本能、情绪情操和意志，认为过去的心理学过分偏重认知，忽视了情感和意志的研究。麦独孤是位本能决定论者，他把本能看作"全人类一切活动的原动力"。他认为，这种原动力也就是本能的内驱力，本能冲动决定一切活动的目的，并且依靠本能内驱力的补充使所有心理活动持续不断地进行。他还认为，大多数高度发展的心理只是达到目的的手段，是满足这些本能冲动的工具。他指出，通常的本能概念只是生理学的概念，人们把它和反射概念相混淆了。实际的情况是，本能是一种遗传或天赋的心理—生理倾向，它包含有知、情、意三种成分。本能的核心是反射弧中间环节的情绪体验：反射弧的第一个环节感知，是随着环境和心理而改变的；反射弧的第三环节反应动作，也视情况而变化；只有中间环节情绪体验是基本不变的。

所以，同一本能现象因条件不同，它在知、情、意三方面的表现是不同的。麦独孤由此推断，人类行为中不变的情绪是和原始本能配对的。例如，和逃跑这一原始本能配对的是恐惧；和搏击本能配对的是愤怒；和亲子本能配对的是柔情等。他把这种和原始本能配对的情绪看作是主要的，共有 14 对。然后在这基础上再分为第二类次要的或混合的情绪。第三类是派生的，因而形成许许多多配对的本能情绪，并把它们作为研究的主要对象。

麦独孤着重研究本能和情绪，是为了寻求社会心理学的理论基础。他认为人类行为是社会的产物，心理学研究的是人类行为的源泉，这个源泉就是以本能为核心的配对情绪，或者说是"冲动和情绪的事实"。而这些事实正是偏重研究认知的心理学所忽视的。他的心理学恰好要加强情和意的研究。他的情操学说就是加强这种研究的成果。

麦独孤把情操确定为，以某种对象观念为中心所形成的有组织的情绪系统；而道德行为是以自我观念为中心的情绪组织系统对本能冲动进行有意地控制与调节，它的发生发展是一种社会过程。高级形式的道德行为则是自我观念和自尊情操两者亲密结合而发展起来的，当情操和理想的观念相结合时就会产生能控制行为的意志力。例如，国家繁荣兴旺则会引以自豪，国家危亡则引起愤慨和奋斗的意志等。以上这些就是麦独孤从他的目的或策动心理学形成的社会心理学基本内容。和他相对应的是美国社会学家罗斯从社会学形成的社会心理学。

团体动力学和社会心理学

勒温从场论出发，把研究个体行为的生活空间和心理场的理论应用于面临的社会问题，提出了团体动力学。

勒温以场论为基础的生活空间包括人和环境。人类个体和群体都生活在社会环境中，个体并不是孤立地存在着的，他们在一定的社会环境中活动，形成一个有组织的完整系统。群体也不是互不相干的个体的集合，而是有着互相联系的个体活动的单位。群体活动的性质和特征并不取决于各个个体，而取决于群体成员相互依存的那种内在关系。这就是勒温根据场论提出的关于全体大于部分的原理。其实，这也是格式塔学派的基本原理。根据这一原理，勒温认为，通过改变群体的心理氛围来改变其个体成员行为的办法，要比对个别说教更有效，从而创造了现场实验的团体动力学。根据团体动力学，勒温把个体和环境之间的关系看作一种心理场，把团体和它的环境看作一个社会场。和个体的心理场一样，社会场也是通过各部分之间的社会关系形成一定结构及其特性的。团体在社会场中操作，正如一个个体在生活空间或心理场中操作，因而团体行为是特定时间内整个心理场的一种机能。他的社会心理学就是以这种心理机能作为研究对象的。

1939年勒温与他的学生和同事里比德、威特一起在工厂里进行了一项有关社会团体的实验，其目的在于研究孩子们在不同领导下，即民主和独裁对孩子们创造性行为和一般行为的影响。实验的设计是将孩子分为三个俱乐部：一群是高度专制的，一群是民主的，一群是放任自由的。实验结果表明，在专制的团体里，相对多的孩子表现出有点侵略性行为。他们以为，这些孩子在专制的团体里受挫，因而控制突然消除时，反而使他们表现出相当令人惊奇的恼火。只要作用于他们的各种力恢复平衡，这种侵略性就消失，而孩子们的生产也增加了。参加自由放任团体的孩子们彼此相当独立地各自活动，但表现出不知所措和混乱。工作质量最高的民主空气成果是：成员之间似乎少有敌意而多友谊，在这个团体里孩子们的道德逐渐提高，虽不是全体，至少大多数孩子是喜欢这个团体的。

勒温的工厂实验经验是，工厂是研究社会现象的理想实验室。工厂的生产率和道德是论证各种有影响因素的现成标准。他发现有以下因素的工厂，它的生产率将持续下降，例如，员工不满意、太紧张、工作太快、过分的竞争、失去保护的欲望等。而多出钱、改善需求状况或者由于认识到社会对产品的需要等都能促进生产率上升。1947年勒温利用这些因素，和各种力的平衡理论进行了多次实验，证明了上述因素的作用。此外，它还表明，在管理平稳的工厂里，各种成员的生产能力都相当稳定。因此他坚决主张，要把产品也包括在内的各种因素中保持平衡。但是，如果有必要提高产品水准，原初的水准就必须打破，其办法就是改变力的强度，或者通过引进新的力量，然后致力于建立起新的平衡，使力量凝结在新的关系上。至于如何鼓励员工采用新的工作习惯，勒温正在寻找新的手段时，正好第二次世界大战爆发，他乘机试验过许多技术之后，发现"团体的决定"是最有效的方法。这种方法就是在工人中用民主的方式讨论当前形势和工厂的情况，然后由公议决定提出高生产率的要求。其实，这种关心高档产品所需要的讨论，和勒温以及格式塔学派的打破平衡的理论是一致的，这就是他把由员工团体公议决定提出的高要求，作为建立新平衡的手段。这样由于所有团体员工都支持的目标，就成为该团体新生产率水平的准则。每个人为了保持自己作为团体中的一员，就必须使大家一致，因而团体的决定就趋向于加强或者凝结成这样的新关系。其结论是：团体的决定比其他诱导团体变化的方法更为优越。勒温还用他的理论和方法研究改变某些社会习惯如饮食的习惯，以及关心种族冲突、集体住宿、服务机构以及儿童偏见的发展和预防等社会心理学问题。虽然，勒温用团体动力学研究社会问题的时间不长就于1947年去世了。但是，他所留下的研究方法和理论则开辟了美国社会心理学的新前景，使社会心理学进入崭新的发展阶段，即实验的社会心理学，从而为社会心理学的发展立下了汗马功劳，进而推动了心理学的发展。

归因与相应推断

海德是归因理论的创始人，奥地利心理学家。他出生于维也纳，1920 年在格拉茨大学获得哲学博士学位后，到柏林进行博士后研究时接受了格式塔心理学的思想。1930 年移居美国任教，1947 年在堪萨斯大学和勒温有莫逆之交。海德认为，人有了解自己和他人行为的因果关系的需要，这是普通人都会承认的普通理论，每个人都像个心理学家，为此他的心理学理论有"朴素心理学"之称。这是他在 1927 年就已提出的思想，只是没有为人们所注意。1958 年他发表《人际关系的心理学》一书，书中正式提出社会行为中的因果关系概念。他说，通常我们的反应行动并不是对实际的刺激做出的，而是对被我们认为是引起那些现象的东西做出的反应。例如，妻子用不说话的办法使丈夫生气，丈夫可能会想：不知道自己做错了什么让她恼火，或者是否有别的什么原因。这样丈夫的行动就不取决于妻子生气的直接原因，而是归因于生气背后是什么的思想，这就是一种归因的基本观点。海德还把原因区分为二：一是内在的个人原因，一是外在的环境原因。人们对这种归因思想十分赞同，认为这些归因知识将会增加我们对人类行为的预见性。

1965 年琼斯和戴维斯在海德归因论的基础上，提出他们的"相应推断"理论。指出人的外显行为是由行为者的内在人格特质直接引起的，因而个体的行为与其人格特质应该一致。个体之所以有某种行为，是为了达到某种目的。所以，只要了解某人行为的真实目的，那么推断出其人格的特质是比较有把握的。例如，某人经常和别人抬杠，是由于他的脾气偏。这就是采用了相应推断的步骤得到的结论。相反，如果我们知道他有偏脾气，那么，见到他经常和人抬杠，也就见怪不怪了。为此，琼斯和戴维斯提出，要从一个人的行动推断他的人格特质必须考虑三个要素：

社会赞许：即这种行为是能为社会上的一般人所期待、希望和接受的。凡是大多数人越喜欢的行为，受社会的赞许就越高。但是，每个人都想得到社会的赞许，那些表面上合乎社会规范的行为，并不一定反映他的人格特质。例如，我们常说的"口蜜腹剑"就是这个意思。通常，把一个人的越轨行为，看作是他的个性特征，也许是对的。这就是说，行为的赞许性越小，归因于本质的可能性就越大，而相应推断的可靠性也就越高。

非共同性效应：依靠"共同性"并不能解释一个人为什么选择与人不同的行为，也难以说明为什么两个人会做出相同的行为。而"非共同性"或说"独特性"则能推断出一个人的本质特征，从而表明"非共同性"的重要性。一个人和他人的行为相比，其非共同性因素越少，相应推断的可靠性就越大。例如，一次考试后，全班的同学都说这次考试题目容易，然而一位三好学生却不及格。那么，这个三好学生一定发生什么意外事的相应推断，就会是可靠的。再如，问一个朋友"身体好吗"，他回答"我很好"。该怎样理解他的回答呢？可能他确实很好；也可能只是客气一下，做出传统的、人们期望的、正常的反应。因此，他的反应并不能说明他正常的内在思想。然而，如果他说"我身体不好"，那只能有一个答案：他真的觉得身体不舒服。

选择自由：如果我们知道，某人的行为是自由选择的，那么，其行为和态度是一致的；否则就难以做出相应推断。例如，1967年琼斯等在几种条件下，给被试看一些学生的论文，条件是：论文既有支持古巴总统卡斯特罗的，也有反对他的。假使这些论文中有的是在指定的情况下写的；有的是在有自由选择的情况下写的。当然，很容易推断，在自由选择情况下写的论文，作者所表达的意见，和其真实的态度是一致的。

社会认知的归因

从 20 世纪 50 年代海德提出归因理论开始，经过 60　70 年代的扩充和发展后，到了 80 年代，由于 60 年代兴起认知心理学的思想观点深入地影响社会心理学的研究，人们对来自他人、自己和社会环境的社会信息进行了加工、推理，致使原来的社会知觉概念渐渐发展为社会认知，并影响对归因理论的研究，于是就出现了社会认知归因理论。这个理论认为，每个人对社会上的事和物都有一种社会图式，即先入之见。这种先入的主观看法，决定着人们对当前环境的解释，也影响人们的社会认知和推理归因的过程。具体地说，图式是过去经验形成的关于个人、群体、角色或事件的一套有组织的认知系统或框架，它可以是语言材料组成的，也可以是视觉或其他感知觉材料组成的图式。当我们遇到外界事物时，就会在记忆中浮现或者检索和过去曾输入了的信息相符合的图式来比较、解释。这就是进行图式的信息加工过程。所以"社会图式"能帮助人们组合面临的社会信息，它包括情境刺激中的一些细节、加快加工速度、填补知识空白等，从而建立起一种整合的概念和观念来解释和评价新的信息。一个人有了这种图式，即使缺少某些信念的因素，他也能因图式的作用而得到补充。因此对一个不很熟悉的人，我们也可以根据那个人的行为角色，大体上把他归于"这种人"或"那种人"的行列。

1980 年泰勒和克洛科把社会图式分为三类：社会事件的、人物的和角色的社会图式。个人图式包括某一特殊的人物；或某种性格类型，如具有朝气蓬勃、好说好动的外倾性格。社会事件即通常称的"脚本"，指特定时间内所发生的标准的行为序列，例如某一京剧的名段表演中，演员角色必须按剧情的次序先后出场，包括表演动作、唱腔和语言程式，在脚本上都有所规定。在日常生活中，人们办事、工作也都有一定的顺序，不会发生错乱，也是依靠平时养成的生活事件图式。角色或群体图式指的是人们扮演的社会角色的原型，例如工人、农民、知识分子、教师、军人、公务员、官吏、演员等，也可以以群体形象出现的，如霓虹灯下的好八连、中国足球的国安队等。可以说，关于群体图式或原型，和人物、事件的图式一样，都有好坏、是非之分，必须严肃认真处理。这就是说，社会心理学的研究范围从小群体扩大到现实社会，即从关心团体对个体，或个体对团体的互相影响扩大到国家的或大社会对个人和个人对国家社会的相互影响。这表明社会心理学的研究范围是按社会的发展在不断发展的。当前全球化的经济将又一次扩大社会心理学的研究范围，可以说社会心理学的研究任务是十分复杂艰巨的。

展望：21 世纪心理学的新取向

回顾历史，自古希腊亚里士多德把心理看作是灵魂的功能，到中世纪宗教教会把心理看作灵魂的官能，那是古代社会自然经济状态下人们对人类心理的猜测和看法。近代西方进入资本主义社会后，科学逐渐发达，人们把灵魂和心灵看作来源于知识经验，讨论了心理的起源问题。经过 18 19 世纪的研究，初步形成一种意识的感觉经验心理学思想体系，以后又在感官生理的基础上借用其实验方法，才于 1879 年建立起脱离哲学的独立的科学心理学。心理科学创立之后，由于心理学内部的问题很多，20 世纪的现代心理学出现了学派之间的争论。通过这些争论，心理学家们从不同的角度研究了多方面的心理现象，发现了许多新现象和新的规律、理论，为今后心理学的整合工作提供了丰富的资料，其中比较重要的有以下几方面：

第一，人类心理学应该以研究意识为对象。历史证明，人类用了 2500 年时间才认识到意识是心理学的研究对象，冯特就是在继承意识心理学思想和引进生理学的实验基础上才创建起科学心理学的。1912年华生反对研究意识，只研究行为，结果花了半个多世纪，到了1967年认知心理学又重新恢复研究意识。虽然，认知心理学对意识的认识不全面，忽视了意识中情和意的成分，但是提出了元认知、元社会认知、内隐认知和心理理论等新概念，促使心理学向原本多成分的意识心理学方向发展。这是21世纪心理学必须继续研究的一个方面。

第二，意识是生物生理的、意识经验的和心理社会的这三方面有机结合的统一体。历史告诉我们，亚里士多德把心理看作生物机体的功能，它对生物的生存和繁殖都是有用的。19世纪詹姆士也把心理看作生物的机能，认为心理对生物适应环境是有用的。他们都推动了心理学的发展。后来华生走向极端，提出不研究意识的行为主义，致使心理学陷于生物学化道路。历史证明，人的心理是有生物学的成分，但它不是唯一的，而只是人类心理的重要成分之一，它还需要有社会心理成分。20世纪30年代由弗洛伊德精神分析家族中发展起来的自我心理学家艾里克森，他在周生渐成论中提出的人类个体心理发展过程必须完成的心理社会任务，恰好弥补了这种社会心理成分。这样生物心理、社会心理和原有的认知心理三者一起就构成意识经验三成分形成统一的整体。21世纪的心理学可以沿着这个统一体继续研究，或许是一种正确的取向。

第三，意识包含了意识、潜意识、前意识和无意识。自从弗洛伊德精神分析及其家族的兴起，扩大了意识的研究范围和意识的要素：①扩大了冯特时代的意识结构的内容，从原来的意识三要素扩充为四要素，即意识觉醒、意识内容、意识意向和意识感情及评估；②为内隐认知提供了研究神经机制的心理事实，加深了对意识的认识；③由精神分析发展起来的自我、本我和超我的冲突理论为人格心理学开辟了新的研究途径；④精神分析的个案治疗创造出临床心理学方法。

由于以上三方面的成就为21世纪的心理学创造出一套心理学的整合体系。这个体系的基本理论可以设想为如下的基本观点：

首先，确定意识为人类心理学的研究对象。意识是人类特有的心理反映形式，它是集生物生理的、知识经验的和心理社会的三种反映形式于一体的统一体。这个统一体不仅是外部客观世界反映的主观映象，而且是内部主观映象的主宰。它主宰着人本身的一切心理活动，具有自觉性、目的性和能动性的特点。它从对意识对象的觉察开始到各种不同的意识水平可分为：①焦点意识，即全神贯注于某些刺激所得到的明确意识经验；②边缘意识，即意识边缘所获得的那些模糊的意识经验；③下意识，在边缘意识下未被觉知而被登记和评估的经验；④前意识，即当前不在意识中的记忆与思维，必要时能被召唤到意识中的经验；⑤无意识，即对环境中的事物无所知，无所感的状态，如个体对自己的脑电变化、心跳脉搏等活动不能知晓。这样，作为心理学研究对象的意识统一体，除了刚才说的生物生理、知识经验和心理社会3种属性和5个层次外，还有前述的意识四要素都属于意识心理学的研究范围。这个研究范围是历史上从未为心理学家作为一个重要部分纳入心理学体系进行研究过的。

　　其次，根据研究对象的上述特点，意识心理学的研究方法是多方面的。历史上前人为我们提供了许多切实可行的方法。例如，如今的心理实验，不但有实验室的实验，还有现场实验和临床实验，可以说百花争艳，各显其能。心理实验的发展，也促进统计测量学的不断创新，而心理治疗和咨询的个案研究和团体咨询也是功德无量的。20世纪60和80年代开始的脑电研究和核磁共振成像技术为心理学创造了崭新的研究条件。总之，经过2600多年尤其是近半个多世纪的高科技发展以来的艰苦奋斗，心理学的研究方法也随着科学的进步在与时俱进。尽管人类的心理意识十分复杂，但只要能够紧随科学技术发展的时代潮流，就能推动心理学的不断发展。

　　再者，心理学的研究对象和研究方法确定之后，毫无疑问，意识心理学研究的主要任务应该是认识人类意识和个体意识的发生发展规律，及其两者之间的相互关系，其中包括个体人格的形成和发展规律。然而这些又是和意识概念的理解密切相关的。这样就构成意识和人格之间十分复杂的关系，而必须加以分类和分层次进行研究了。因此，如果把研究对象、方法和任务等心理学的基本观点作为通论外，则就必须对意识进行分类的分论研究。由于这些内容实在太复杂，这里只能用提纲的形式，点到为止。它们是：

意识四要素及其过程的研究。即意识觉醒、意识内容、意识意向、意识情感与评估。每一要素与过程都有丰富的研究成果，如果能对历史上已有的成就正确适当地加以整合，也许有所创新。

意识原本是人类社会的产物。冯特时代的心理学家难以用当时的生理学实验装备研究它是正常的事，不能责怪故人。如今可以应用当代的高科技手段进行研究，也许是一条正道。它可能从神经科学方面取得生理心理学的成就。例如，弗朗西斯·克里克提出，一组神经元连接和半振荡的启动会在大脑的许多部分引起神经活动暂时的统一；增长形式的自我激发本质上是意识的基础。杰拉尔德－埃德尔曼相信，低水平的意识来自于大脑主管内部生理驱动力的那部分与处理来自外部世界的信息的部分之间的相互影响（可能的一种解释在于，大脑的一个部分是饥饿的，另一部分看见食物，而最后"啊哈"的一声惊叹就是意识）。

关于动机、需要等这些内在的心理成分如何与意识、无意识结合起来研究，虽然有些进展，但还必须做更深入、更广泛的研究。

第十章
心理学的主要流派及其代表人物

构造主义心理学派

构造主义心理学派产生于 19 世纪末的德国。这一时期欧洲自然科学的发展促进了心理学以一门独立的学科从哲学的体系中分离出来，同时物理学、化学、生理学的发展从不同的方向推动了心理学向更深的层次发展。人们把物理学的概念和研究方法运用到心理学中，把心理活动视为力的活动，视物理规律为心理规律的根源，用物理实验的方法去进行心理学实验，产生了心理物理学。19 世纪中叶的德国，生理学也达到了很高的水平，由于生理学与心理学的密切关系，导致了心理学的发展。化学在当时是注重分析法的一门科学，一些早年曾从事化学研究工作的心理学家把化学研究中的分析方法应用于心理学研究中，形成了心理化学的观点。所谓构造主义心理学，就是要求应用化学分析方法去分析研究各种心理现象的构造及其有关的基本规律。因此，构造主义心理学也被称为元素主义心理学。构造主义心理学家们首创了用实验的方法系统地研究人的心理问题，并且建立了心理实验室，使用和创造了各种实验的设备、仪器和手段，为现代心理学的建立做出了突出的贡献。其中杰出的代表人物是冯特和铁钦纳。

冯特是构造主义心理学的奠基人，其主要观点包括以下几方面：

心理学的研究对象是人的直接经验

冯特认为心理学与物理学等其他科学一样，研究的对象是经验。心理学与物理学的区别在于心理学研究的是直接经验（即人可以直接经验到的感觉和情感心理过程），这是一种主客观不分、浑然一体的东西。而自然科学（如物理学的分子、原子等物质现象）则属于人的间接经验。间接经验是由概念通过人的推论得到的。在这里，经验成了统一的心理学和自然科学的基础，而经验毕竟是主观的。这种心理学在哲学上的倾向是显而易见的。

元素分析与创造性综合

冯特认为心理是可以而且必须加以分析的。如果把心理分析到最终不可再分的成分，这些成分就被称为心理元素。这种分析的方法就叫元素分析。这些心理元素是构成复杂心理的基本单元，通过联想、统觉进行创造性的综合来达到心理的复合体。

冯特认为心理元素有感情之分，而元素的结合叫作心理的复合，感觉元素的复合形成人们的各种不同的情绪状态。同时感觉元素与感情元素又相互影响、相互补充。所谓创造性的综合，即是通过联想和统觉两种形式形成心理复合体的过程，冯特尤其看重统觉的作用。统觉的作用就是把各种感觉联结起来的主动过程（而联想则是一种被动的不受意志支配的过程）。统觉在冯特的心理学体系中占有一定的位置，他认为心理元素综合为复合体的过程是由统觉完成的，统觉包括关联、比较、分析和综合等各种组合的过程。

心理学的研究方法是实验内省法

冯特研究心理学的方法是实验内省法，即把"自我观察"的内省同实验结合起来。传统的内省心理学方法是一种古典式的、思辨性的经验式内省方法，而实验方法可以使自我观察在可控的条件下进行精确而严格的测量，这种方法使内省心理学向前发展了一大步，为实验心理学的建立和发展打下了良好的基础。但是，由于他对经验的唯心主义认识，他只注意个人的心理经验，全然不顾客观条件对被试者的意义，主观性很大，使之失去了客观基础，失去了研究的现实意义，因而难以发现心理活动的规律。

总而言之，冯特对心理学是有贡献的，他的心理学体系内容十分丰富，不仅发展了传统的心理学，而且为后代心理学研究开拓了新的领域。

铁钦纳认为一切科学的对象都是经验。铁钦纳的主要观点如下。

心理学的研究对象

铁钦纳主张心理学的对象是经验，但他又不同意冯特的直接经验与间接经验的区分。物理学是研究不依赖于经验者的经验，而心理学是研究依赖于经验者的经验。他同时又认为"心理不是脑的功能"，而"身体只是心理的条件"。这样铁钦纳又把神经系统与心理分离开来了，从而复归到早期冯特的心身平行论观点。

铁钦纳还进一步说明了经验、心理、心理过程和意识之间的区别与联系。在他看来，经验、心理、心理过程和意识都是心理学研究对象的表现形式，但它们还是有区别的。所以他指出："虽然心理学的对象是心理，但心理学研究的直接对象却往往是意识。"

铁钦纳主张，心理学应该研究心理或意识内容的本身，不应该研究其意义或功用。他坚持心理学是一门纯科学。

心理学的研究方法

对心理学研究对象的观察依赖于经验者的经验，因而是一种内部观察，即内省。具体地说，内省是对意识经验的自我观察。

铁钦纳为内省法规定了种种限制。第一，铁钦纳坚持只有训练有素的观察者才能进行内省，坚持反对使用未受过训练的观察者。第二，对于初学者来说，最好是根据记忆来进行内省描述，这样内省就变成了回忆，内省考察变成了事后考察。而老练的观察者则会养成一种内省态度，因而他在观察进程中不仅可以在心里默记而不干扰他的意识，甚至还可以做笔记。第三，自我观察包括注意和记录两部分。注意必须保持高度的集中，记录必须像照相一样精确。第四，内省者必须在情绪良好、精神饱满和身体健康时，在周围环境安适、摆脱外界干扰时，才能进行观察。第五，内省必须是公正而无私地描述意识状态自身，而不是描述刺激本身。最后，铁钦纳赞同冯特把内省与实验结合起来的做法。总之，铁钦纳在心理学研究方法上对冯特的实验内省法加以改造。

心理学的任务和内容

像冯特一样，铁钦纳也把意识经验分析成基本元素，但又在冯特的感觉元素与情感元素之间增添了一个新的意识元素，即意象。这样，人的一切意识经验或心理过程都是由感觉、意象和情感三种基本元素构成的。在这三种意识元素中，铁钦纳研究最多的是感觉，其次是情感，最少的是意象。感觉是知觉的基本元素，包括声音、光线、味道等经验，它们是由当时环境的物理对象引起的。意象是观念的元素，可以在想象或当时实际不存在的经验中找到。情感是情绪的元素，表现在爱、恨、忧愁等经验之中。

铁钦纳的构造主义提供了一个强有力的正统体系，充当了批评的靶子。但铁钦纳却坚持心理学的实验研究方向，为推动心理科学的发展做出了不懈的努力。

20 世纪 20 年代，构造主义心理学在铁钦纳之后逐渐衰落。

机能主义心理学派

机能派心理学是与构造主义心理学相对立的心理学派别。这个心理学派与实用主义哲学紧密联系在一起。它产生于 19 世纪末叶的美国。公认的几个代表人物是詹姆斯、安吉尔、杜威等。他们吸收了英国贝克莱主教的主观唯心主义和边沁的功利主义，又借鉴了阿芬那留斯的经验批判主义，还接受了达尔文进化论的学说，他们创立的实用主义哲学非常适合当时美国垄断资产阶级的需要。当他们把它用于心理学的研究时，就创立了机能主义心理学。他们的心理学有一些共同的特点，例如，他们都反对构造主义把意识分析为元素，他们关注心理的作用而不十分注重心理的内容，他们重视心理学的应用而不同意把它当作一门纯理论科学。他们还主张心理学的任务不仅要研究一般成人的心理，还应把动物心理、儿童心理、变态心理等纳入心理学研究的范围。一句话，机能派强调意识的机能，研究心理现象适应环境的机能和效用。它是一个极端生物学化的派别，把人和动物的心理都看作是有机体对环境的顺应。

威廉·詹姆斯是美国著名哲学家和心理学家，生于纽约，曾在哈佛大学学习医学，获医学博士学位，并且曾在哈佛大学任生理学讲师、心理学与哲学教授。他耗费 12 年时间与精力，于 1890 年完成了鸿篇巨制《心理学原理》，该书将当时的心理学知识组织为系统性的学科，所阐述的主题包括感觉、知觉、大脑功能、习惯、意识、自我、注意、记忆、思考、情绪等。此外他与同时代的一位丹麦生理学家郎格提出了心理学史上最早的情绪理论——詹姆斯－郎格情绪理论。他于 1894 年和 1904 年两度担任美国心理学会主席。

詹姆斯强调对心理机能和功用的要求，主张心理意识的功用就是要指引有机体达到生存所必需的目的。这是他继承了达尔文生物进化论生存竞争观点的结果。他强调心理的非理性方面，认为个人的情绪、需要和欲望决定了人的理性中表现的信仰、概念和推理。这些都反映了他的实用主义倾向。

他同意心理学研究的对象是意识，是意识状态的描述和解释，而意识状态是一种川流不息的状态，是思想流、意识流或主观生活流。他反对把意识分解为基本元素的做法，认为这种做法容易导致破坏心理的整体，而误解为意识是由片断和元素集合而成的。詹姆斯认为意识有四种状态。

每一种意识都是个人意识的一部分

意思是说，每一种意识都存在于具体的个人之中。他从个人的经验出发，认为没有任何意识是不属于任何人的纯粹思想，因此，人们在一般条件下处理的意识都应该从个人出发。

意识是经常变化的

就是说，没有任何人的经验是不变的，因此，一个人的心理状态只能出现一次，即使下一次再出现，也不可能与以前的情况完全相同。如果从意识是常新的角度看，应该说他对于反对意识孤立不变有可取之处，但是他借此而否定人们的意识中也有相对稳定的东西，进而又反对洛克式的反映论则是其不可取的地方。

每个人的意识状态都是意识流的一部分

尽管意识流也有隔断（如在睡觉时），但是，两个隔断的意识流总是可以取得联系的。一个人的意识不可能把自己的思想与另一个人的思想加以联结。

意识的选择性

每个人的意识之所以不同，是因为每个人都有他注意的方面，这些注意的方面才可以进入经验，这就是意识的选择性。对同一对象、同一经历，由于人们注意的方面的不同而有不同的意识，这本来可以从唯物主义反映论的角度加以解释，但是詹姆斯却完全把它看成是纯主观的东西，这就难免陷入主观唯心主义哲学之中。

詹姆斯批评构造主义心理学忽视了意识的最主要特征，只静态地研究意识的结构，而忽略了意识的连续性。意识是像水流一样的，他称之为"意识流"。詹姆斯认为心理学的研究工作不应该只局限在实验室内，还要考虑人是如何调整行为以适应环境不断提出的要求的。后来他的一些追随者走向了心理测量、儿童发展、教育实践的有效性等各种应用心理学方面的研究。

机能主义心理学和构造主义心理学两个学派争论的焦点在于探讨心理学作为一门新兴科学的定义及研究方向，然而基于唯心主义的思想基础，它们都未能很好地解决方法学问题。为此，在相持了几十年之后，当另一个新的学派——行为主义心理学派出现后，这两个学派就日渐衰落了。

行为主义心理学派

19 世纪末 20 世纪初，正当构造主义和机能主义在一系列问题上发生激烈争论的时候，美国心理学界出现了另一种思潮——行为主义的思潮。1913 年，美国心理学家华生发表了《从一个行为主义者眼光中所看的心理学》，宣告了行为主义的诞生。

行为主义有两个重要的特点：反对研究意识，主张心理学研究行为；反对内省，主张用实验方法。在华生看来，意识是看不见、摸不着的，因而无法对它进行客观的研究。心理学的对象不应该是意识，而应该是可以观察的事件，即行为。行为主义产生后，在世界各国心理学界产生了很大的反响。行为主义锐意研究可以观察的行为，这对心理学走上客观研究的道路有积极的作用。但是由于它的主张过于极端，不研究心理的内部结构和过程，否定研究意识的重要性，因而限制了心理学的健康发展。

约翰·华生是行为主义心理学的创始人，他的行为主义又被称作"S-R 心理学"，即刺激—反应心理学。在华生看来，心理学应该成为"一门纯粹客观的自然科学"，而且必须成为一门纯生物学或纯生理学的自然科学。

1878 年，华生出生于南卡罗来纳州的格林维尔。还在孩提时代，他就显示出了日后成名立业所需具备的两个特点：喜欢攻击，富有建设性。他曾坦言，在上小学时他最喜欢的活动就是和同学打架，"直到有一个人流血为止"。另一方面，12 岁时他就已经是一个不错的木匠了。在他成名之后，他甚至为自己盖了一幢有十几个房间的别墅。

在获得了硕士学位后，华生进入芝加哥大学哲学系攻读博士学位，曾就学于杜威。后来他转到了心理系，在 1903 年取得了芝加哥大学第一个心理学博士学位。在读书的时候他便与众不同，喜欢用老鼠而不是用人来做被试。毕业后华生先是在芝加哥大学教书，后来又到约翰·霍普金斯大学心理系任职。在此期间，他开始探索用行为主义的方法来取代当时的心理学，他的观点很快受到了学术界的欢迎。1913 年，他发表了影响巨大的《行为主义者眼中的心理学》。此后不久，行为主义开始风行心理学界。

华生继承和发展了机能主义心理学贬低意识的思想传统，吸收动物心理学的客观模式，以可观察行为的研究取代了意识和心理的研究，创立了行为主义心理学。华生的主要观点包括以下几方面：

心理学的研究对象为人的活动或行为

华生认为心理学是一门自然科学，是研究人的活动和行为的（自然科学的）一个部门。他认为以往心理学把意识作为心理学的对象来蒙骗自己，因为意识是不可捉摸的和不可接近的。他要求心理学必须放弃与意识的一切关系。为了把心理学真正纳入自然科学而与自然科学接轨，必须明确以下几点：第一，心理学与其他自然科学的差异只是一些分工上的差异，打开自然科学结构之门的钥匙也应该能够打开心理学之门。第二，必须放弃心理学中那些不能被科学普遍术语加以说明的一些概念，如意识、心理状态、心理、意志、意象，等等，代之以刺激和反应的字眼。这样心理学与自然科学之间的障碍被消除了，那么心理学的研究成果就可以用物理、化学的字眼加以解释了。

以客观方法为研究方法

华生把以往心理学缺乏效用的原因归咎于内省法。因此，他极力要求用行为主义的客观法去反对和代替内省法。他认为内省陈述的真假无法确定，因为一个人除了能对自己进行内省观察外，绝不能对任何人进行内省观察。只有客观地观察初始的刺激和终了的反应，才能得出互相验证的结果，才符合一切自然科学要求的真实性的原则。

华生认为客观方法有四种。第一种是不借助仪器的观察法和借助于仪器的实验观察法。第二种是言语报告法。即由于人类是首先借助于语言去从事反应的动物，而且往往人类可观察的反应就是语言，因此，观察自我身体内部所发生的变化，并对这些变化进行口头报告，不失为一种研究方法。第三种方法是条件反射法。对于动物心理，对于聋哑、婴儿及一些病态心理的人进行研究，可以用条件反射法，它还可以校正口头报告的不精确性。第四种方法是测验法。这是一种特殊的研究方法，即借助于语言行为的心理方法。他认为为了避免完全依赖于个人的说话能力，应该更多地重视不一定需要语言的行为测验。

从华生的整个行为主义心理学体系看，他虽然极力主张研究行为，否定心理意识，但是他又无法回避客观存在的心理现象，因此，他在方法论上又难以坚持行为主义的成见，有时不免陷入自相矛盾。正因为如此，他的观点不可能不被后来者加以修正。

从1930年起，早期以华生为代表的行为主义被新的行为主义所代替。新行为主义一方面要求克服华生旧行为主义中的缺陷，另一方面还接受了20世纪30年代以后在美国流行的操作主义的观点。一般说来，新行为主义心理学仍然坚持刺激反应的行为公式，仍然坚持"反应"在心理学定义中的中心地位的观点。但在一定程度上摒弃了华生的偏激观点，承认意识的存在，甚至于并不忌讳传统心理学中的一些概念（而这在华生行为主义心理学中是坚决排斥的），然而却不同意那种简单的机械的刺激—反应公式。例如托尔曼为了克服早期行为主义忽视有机体内部条件的研究，提出了"中介变量"的概念，试图用在刺激（情境）反应之间的有机体内部发生的变化来解释早期简单的刺激—反应公式所不能解释的事实，新行为主义的心理学家除了托尔曼外，还有赫尔和斯金纳等人。

精神分析学派

精神分析学派是 20 世纪最重要的学术思潮之一。其创始人是奥地利心理学家弗洛伊德。作为西方心理学的主要流派之一，精神分析与其他心理学流派有着明显的不同：首先，西方心理学的其他流派要么是研究意识经验，要么是研究行为，对于人意识不到的心理事实，即无意识或潜意识是不予重视的。而精神分析研究的恰恰是无意识或潜意识。其次，其他的心理学流派都是学院派的，即都产生于大学的心理学实验室，体现了经验主义或联想主义的传统。精神分析则不同，它起源于精神病的临床实践。精神分析的创建者们从不关心心理或行为的实验设计，他们所关心的是心理疾病产生的原因，以及采用什么技术去帮助心理上不健全的病人。但是，精神分析同医学又有着明显的区别。医学对于精神病因的理解是生理学的，即认为精神病因是生理病变的结果，如把变态行为解释为脑损伤的结果。所以，精神分析既区别于学院派的心理学，又区别于临床医学。但是精神分析的影响却超出了心理学和医学的范围，它不仅对心理学和精神病学，而且对文学艺术、绘画、戏剧、电影、宗教、哲学、社会学、人类学乃至人们的日常生活，都产生了广泛而深远的影响。

弗洛伊德

西格蒙德·弗洛伊德，奥地利心理学家、精神病学家，精神分析学派的创始人。有人将他和马克思、爱因斯坦合称为改变现代思想的三个犹太人，他的学说、治疗技术，以及对人类心灵世界的理解，开创了一个全新的心理学研究领域。

1856年，弗洛伊德出生于摩拉维亚，他的父亲是一个开明而严格的人，母亲是一位典型的犹太家庭妇女。1860年弗洛伊德举家迁往维也纳，并在那里生活和工作，直至生命的最后两年。在学生时代，弗洛伊德就对整个人生产生了兴趣。当他进入维也纳大学读医科时，一开始并没有集中精力攻读医学，而是对生物学产生了兴趣。他在德国著名科学家布吕克的实验室里花了6年的时间进行生理学研究。1882年他订了婚，需要一个有可靠收入的职业，为此他不得不在维也纳总医院当医生。1886年他同玛莎结婚，并建立了自己的"神经症"私人诊所。他一直维持着这个诊所，直至生命的最后一刻。

弗洛伊德的主要理论

（1）潜意识学说。精神分析是西方心理学的主要流派之一，但是它在研究对象方面同其他心理学流派又有着显著的不同。虽然像构造主义和机能主义心理学那样，它也关心人们的心理生活，但是精神分析对心理生活的理解却与学院派的心理学有着本质的区别。构造心理学关心意识的元素与结构，机能心理学关心意识的功能与作用，但是两者所探讨的都是人在清醒时能意识到的心理事件和事实。那些没有意识到的心理事件和事实要么被认为是不存在的，要么被认为是不重要的。然而对于弗洛伊德的精神分析而言，那些传统上被忽视的恰恰是它所要关心和探讨的。精神分析也研究那些能意识到的心理事实，但是研究这些意识层面的心理事实的目的是为了了解潜意识过程，即那些实际存在，但却意识不到的心理事实。弗洛伊德把人的心灵比作大海中的冰山，冰山的主体部分隐匿在海水下面，是看不到的，露出水面的部分仅仅是冰山的一小部分。所以，若以这个形象化的比喻看待心灵，则露出水面的部分是意识，即那些在某一时刻我们能意识到的心理事件，它在我们的心灵中仅仅是很小的一部分，不占重要地位，海水下面的冰山主体则类似于我们的潜意识。所以，潜意识的心理过程占据了心灵的绝大部分，这是精神分析所要探讨的主要领域。

（2）释梦理论。释梦理论是弗洛伊德精神分析学说的一个重要组成部分，是探索无意识心理过程的一个基本途径。"梦是欲望的满足"，这是他释梦理论的哲学出发点。他认为梦中以视像为代替物来满足的那个欲望，并不是现实实现的欲望，而是未实现或压抑的欲望。梦中实现的欲望，属于无意识，而最后的推动力是本能的冲动。弗洛伊德按照精神分析的观点把梦的内容意义分为两个层次：一个表层意义是梦的"显意"，指梦者可以回忆起来的梦的情景及其意义；一个是深层意义，是梦的"隐意"，是指梦者联想可以知道的隐藏在显意背后的意义。

弗洛伊德用凝缩、转移、象征作为释梦工作的基本方法，他探讨了梦的材料的来源，如生活的残迹、躯体内外感知觉的刺激、压抑的欲望、已经遗忘的童年体验，等等。1900年发表的《梦的解析》一书是他一生中最伟大的著作之一。

在弗洛伊德的观点中，"性"的理论也占有重要的位置。如果说无意识学说是精神分析学说的基础，那么性理论则是无意识学说的核心。在《梦的解析》之后他又发表了《性学三论》一书，其中他研究了性变态、性欲发展过程和性动力理论，界定了性本能和性冲突两个概念和范围，最终揭开了（通过性变态和梦及过失的研究）隐藏在无意识领域中的最原始的冲动。

最后他依据无意识理论的心理划分，建构了他的人格理论。他把人格结构分为三个部分，从低级到高级排列为本我、自我、超我。本我是人格的原始部分，包括一切与生俱来的本能冲动。

自我是本我的表层部分，是由本我与现实的接触中划分出来的一部分，是有意识的。超我是道德化了的自我，是自我的典范，主要是指人性中的高级本性，如良心和自我批判的能力等。

精神分析学派的其他代表人物及观点

在精神分析界中，影响力和弗洛伊德几乎相当的是荣格。他提出意识、个体无意识、集体无意识、原型等精神系统的结合概念，主张在治疗中采取宣泄、分析、教育、个体化治疗阶段和广泛的创造性技术，他的贡献还有对心理类型学的发展工作。

而阿德勒发展的个体心理学在某种程度上可以说是脱离了精神分析学派的一些基本假设，因为他更多的理论是一种社会性的理论，他假设了优越情结、自卑情结、家庭次序等关系，并在社会心理学的意义上采取更接近教育的方式治疗，这使他和精神分析之间具有更大的区别。

后期的精神分析学派最大的发展源于两位杰出的女性分析家，那就是安娜·弗洛伊德和克兰茵。安娜·弗洛伊德和艾里克森发展出了精神分析自我学派，其中最经典的观点是艾里克森的自我同一性的阶段性理论。而远在英国的分析家克兰茵则创造性地建立了客体关系心理学理论，客体关系理论是当今精神分析学派中最强盛的理论之一。

1970年以后，曾任美国精神分析学会主席的科胡特在客体关系理论和对于自恋性人格障碍治疗的基础上，建立了精神分析的自体心理学派。这一学派从人格的自恋问题着手来治疗来访者，其中最有特点的是对于自恋性人格障碍的治疗。

格式塔心理学派

格式塔心理学派是20世纪初期在德国兴起的心理学派，也称完形心理学派。其创始人魏特曼、考夫卡和柯勒自1910年起密切合作，成为格式塔学派的核心。他们于 1921 年创立了该学派的刊物《心理学研究》。在 20 年代和 30 年代，他们先后移居美国并吸引了许多支持者。

1912 年，魏特曼发表了一篇题为《似动的实验研究》的论文，标志着格式塔心理学的开始。在格式塔学派创始以前，构造主义心理学派主张对意识经验进行分析，将经验分解为单元或元素。经验元素的相加构成复杂的经验。格式塔学派则主张，人的每一种经验都是一个整体，不能简单地用其组成部分来说明。似动现象是一个整体经验，单个刺激的相加并不能说明似动现象的发生。格式塔学派认为整体大于部分之和。德语中 Gestalt（格式塔）的意思是整体或完整的图形。

格式塔学派认为知觉经验服从于某些图形组织的规律。这些规律也叫作格式塔原则，主要有图形和背景原则、接近性原则、相似性原则、连续性原则、完美图形原则等。客观刺激容易按以上的规律被知觉成有意义的图。

魏特曼及其主要观点

德国格式塔派心理学的产生是从魏特曼所主持的"似动现象"的视觉知觉问题的实验研究开始的。所谓"似动现象"的研究就是要解决活动电影所造成的视知觉运动问题。电影拷贝是不动的，但是在什么条件下会把本来不动的东西看成是动的呢？他通过实验证明，当两条直线（把电影的情况简化为一些先后出现的线条）投放到黑色的背景上时，它们先后出现的时间间隔如果是 1/5 秒，被试者就只能看到先后出现的两条静止直线。如果两条直线呈现的时间距离缩短为约 1/15 秒，被试者就会明显地看到似动现象。如果继续缩短两直线呈现的时间间隔为约 1/30 秒时，被试者就看到两条静止的直线同时出现。由此魏特曼得出结论：运动与视觉有关。两条静止的直线，在一定的条件下（呈现的时间间隔长短）表现出似动现象。由此可以看出，如果按照构造派心理学的观点，把心理现象只分解为元素，并且以为似动现象只是若干不动的感觉元素的相加，是绝对说不通的。魏特曼认为似动现象就是一个格式塔（整体），在心理现象上整体不等于部分之和，整体的性质不存在于它的部分之中，而存在于整体之中。即是说，似动现象绝不是孤立的两条直线所能解释的，他的研究似动现象的论文发表于 1912 年，于是一般人认为格式塔心理学的创立也从这一年开始。

考夫卡及其主要观点

考夫卡，美籍德裔心理学家，于 1909 年获得哲学博士学位，1912 年参加了韦特海默进行的似动现象实验，并成为格式塔学派的主要发言人。

考夫卡最早向美国心理学界介绍了格式塔心理学，对格式塔心理学的对象、方法等问题作了详尽的阐述，使格式塔心理学系统化。考夫卡认为心理学是一个最不能使人满意的科学，因为心理学与其他学科，如物理学、生物学等相比，缺乏强有力的理论原则去面对实际的问题。他认为心理学尚没有建立起一个知识系统的基础，它不能说明一个人类个体的行为以及种种的社会行为，如音乐、艺术、文学、风俗以及时尚，等等。然而，考夫卡又认为正是心理学不合人意的状况，值得人们费许多时间和精力去求索。考夫卡认为心理学是讨论生物的行为，它和其他的生物科学一样，要解决精神与非精神的关系问题。

考夫卡利用物理学"场"的概念来解释人的行为，认为行为就是一种"场"。这种场分为两大系统，一部分是环境，一部分是自我，二者不可分离，环境是自我的环境，自我是环境里的自我。他又把行为分为细微的行为（在机体内部的活动，受许多环境因素的刺激而激动）和明显的行为（大多数都是发生于外在的范围中，是一种环境中的活动）。环境分为地理的环境与行为的环境，并以此为基础用来说明心理、行为和环境之间的关系。

另外在研究方法上，考夫卡同其他格式塔心理学者一样，认为内省法和客观观察法都是心理学的基本研究方法。但是他们反对构造主义者排斥意义、对象和事物的整体，用人的方法破坏自然的经验的内省法，也反对行为主义者排斥意识或直接经验，只强调刺激—反应的观察。考夫卡强调自然而然的观察法，即能够保留直接经验的完整的现象的直接观察法。

在格式塔学派建立后的数十年里，其理论被应用到学习、问题解决、思维等其他领域。格式塔学派认为，条件化的重复性学习是最低级的学习方法，学习是对关系的掌握。在柯勒看来，关系的掌握即是理解过程。一旦学习者知觉到特定情境中各要素间的相互关系，产生出新的经验，就会出现创造性的结果。这种突然贯通的解决问题过程称为顿悟。

20世纪50年代前后，格式塔理论被推广到人格、社会及临床心理学领域里。20世纪60年代，新兴的认知心理学吸取了格式塔心理学的某些观点，特别是格式塔心理学对思维研究的成果。目前，格式塔学派在个别领域中仍相当有影响。例如，在知觉研究中，格式塔观点仍占主导地位。但是在当代心理学中，格式塔心理学已经不作为一个独立的学派进行活动了。

人本主义心理学派

20世纪50～60年代，人本主义心理学在美国兴起，成为美国当代心理学的主要流派之一。人本主义心理学以马斯洛、罗杰斯等人为代表。

在人本主义之前，心理学领域中占主导的人性理论有两种：一种是弗洛伊德的观点，他认为人主要受性本能和攻击本能控制；另一种观点来源于行为主义，走向另一个极端，把人看作较大、较复杂的老鼠。就像老鼠对实验室的刺激做出反应一样，人也对环境中的刺激做出反应，其中没有任何主观的控制。我们以目前的方式做出行为反应，只是因为现在或以前所处的环境，而不是因为个体的选择。这两种理论都忽略了人性中的一些重要方面，例如自由意志和人的价值等。

人本主义的理论与上面两种观点不同，它假设人应该对自己的行为负主要责任。我们有时会对环境中的刺激自动地做出反应，有时会受制于无意识冲动，但我们有自由的意志，有能力决定自己的命运和行动方向。

人本主义被称为心理学的第三势力。20世纪60年代强调个人主义和个人言论自由的时代背景为人本主义心理学的成长提供了沃土。1967年人本主义心理学的重要人物亚伯拉罕·马斯洛当选为美国心理学会主席，这标志着心理学中的人本主义思想已被广为接受。

马斯洛及其自我实现论

马斯洛，美国社会心理学家、人格理论家和比较心理学家，也是人本主义心理学的主要创建者之一，心理学第三势力的领导人。

马斯洛出生于纽约市布鲁克林区，1926年入康乃尔大学，3年后转至威斯康星大学攻读心理学，在著名心理学家哈洛的指导下，1934年获得博士学位，之后，留校任教。1935年马斯洛在哥伦比亚大学任桑代克学习心理研究工作助理，1937年任纽约布鲁克林学院副教授，1951年被聘为布兰戴斯大学心理学教授兼系主任，1969年离任，成为加利福尼亚劳格林慈善基金会第一任常驻评议员，曾任美国人格与社会心理学会主席。

马斯洛认为人类行为的心理驱力不是性本能，而是人的需要，他将其分为两大类，共7个层次，好像一座金字塔，由下而上依次是生理需要、安全需要、归属与爱的需要、尊重需要、认识需要、审美需要、自我实现需要。人在满足高一层次的需要之前，至少必须先部分满足低一层次的需要。第一类需要属于缺失需要，可产生匮乏性动机，为人与动物所共有，一旦得到满足，紧张消除，兴奋降低，便会失去动机。第二类需要属于生长需要，可产生成长性动机，为人类所特有，是一种超越了生存满足之后，发自内心的渴求发展和实现自身潜能的需要。满足了这种需要，个体才能进入心理的自由状态，体现人的本质和价值，产生深刻的幸福感，马斯洛称之为"顶峰体验"。马斯洛认为人类共有真、善、美、正义、欢乐等内在本性，具有共同的价值观和道德标准，达到人的自我实现关键在于改善人的"自知"或自我意识，使人认识到自我的内在潜能或价值，人本主义心理学就是促进人的自我实现。

罗杰斯及其患者中心论

卡尔·罗杰斯，美国著名的心理治疗家，人本主义心理学的创始人之一，来访者中心疗法的创始人。

1902年1月罗杰斯出生于芝加哥郊区的橡树园。1919年罗杰斯进入威斯康星大学学习农业，但很快就放弃了，因为他觉得学习农业缺乏挑战性。在选修了一门"乏味"的心理学课程后，他决定改学宗教。1924年他取得了一个历史学学位后，就前往纽约的"联合神学院"，准备当个牧师。最后他毅然离开了教堂，去哥伦比亚大学继续学习心理学，从事临床及教育心理学的研究。

自1928年起，罗杰斯就在纽约罗切斯特的儿童指导诊所工作，主要是为犯罪和贫困儿童提供咨询和指导。后来他曾在几所大学任教。在此期间，罗杰斯一直和流行于心理治疗中的精神分析理论及当时风头正盛的行为主义理论做斗争，推行自己的"来访者中心疗法"并小有成就。1956年他获得了美国心理学会第一次颁发的特殊科学贡献奖。

患者中心论是人本心理学关于医疗方面的学说。其针对现代人由于对生存的空虚和压抑之感引起反抗，失去生存意义并威胁人的空虚的状态，认为可以借助集体主义，设计和安排一种情境，由培养精神文化得到部分解决。用意向性和意志，使个体去体验自己以及环境的统一性，发现自己生活的意义并使之达到主客观的统一，从而治疗或防止神经官能症等病变的存在和发生。在这样一种心理治疗方法上，人本主义心理学反对传统上以医生对患者做出频繁的指示，拟定医疗方案，使患者按要求接受治疗的方法，反对医生对患者强迫命令。医生要做到对患者亲切关怀、真诚相待，以获得患者的信赖。罗杰斯的治疗方法抓住对患者的无条件的关注，使患者在无拘无束、无顾忌又被充分肯定的气氛中，把医生对他的关注，内化为对自我的关注。也就是说，靠着本有的自我导向去自由选择，使得变态心理不治而愈。

人本主义心理学派在心理学发展中的贡献和局限

在现代心理学领域，人本主义与行为主义、精神分析一同被认为是最有影响力的三大理论体系，它们也是心理治疗领域最为重要的三大流派。然而三者基本理论思想迥异，人本主义批评精神分析论是"伤残心理学"，因为它是建立在心理病理学基础上的，认为"人性本恶"。此外，人本主义也批评行为主义是"幼稚心理学"，因为它着重研究的是儿童与动物的行为。

人本主义心理学派的基本主张是"以人为本"，认为心理学应该研究人类区别于动物的那些心理特征，诸如价值、需要、幽默、情感、生活责任等。它对人性持乐观的态度，认为"人性本善"。该学派的主要观点是，人的本性中蕴含着积极向上、自我成长、自身完善的潜力。每个人都具有一种基本需求，就是要将其自身潜力充分挖掘、完全发挥，要不断超越现在的我，这是人类行为的主要动机力量。人是自由的，完全能够自由选择自己的生活方式，决定自己的命运前途，而且完全能够对自己所作的选择承担责任。在社会环境中会存在各种障碍，阻止人的自我实现，然而充分发挥自身潜力是人的自然倾向或天性，两者的矛盾是导致各种心理问题的根源，因此人本主义心理学者十分关注如何营造一个适合人自我成长的良好环境，这也是他们在治疗心理疾病过程中所遵循的重要原则。

人本主义心理学派反对仅仅以病态人作为研究对象、把人看为本能牺牲品的精神分析学派，也反对把人看作是物理的、化学的客体的行为主义学派。人本主义心理学主张研究对人类进步富有意义的问题，关心人的价值和尊严。但是，人本主义心理学忽视了时代条件和社会环境对人的先天潜能的制约和影响。

第二篇

生活中的心理学

第一章

认知心理学：我们的眼睛和耳朵可信吗

感知是如何运作的

我们有五个感官：眼、耳、鼻、舌、身，通过这五个感官，我们可以获得外界信息。我们一生当中对所有事物的认知都是通过这五个感官获得的。我们的感官持续不断地受到外界信息的刺激，根据不同感官所受到的刺激，我们可以把感觉分为：视觉、听觉、触觉、嗅觉、味觉。其中触觉可以分为外在的身体能够感知的感觉和内在的内心深处的感觉。

视觉信息的获得通常是由物体所发出的光线刺激视网膜上细胞而获得的，这样我们就可以感受物体的形状、颜色、大小等等。视觉是所有的感觉中获得信息量最大的，在我们所获得的信息中，有大概80%是来自视觉的。但是，我们的视觉往往也是最不可靠的，比如视错觉等现象就说明这一点。

听觉给视觉所看到的五彩缤纷的世界配上了声音，这样我们眼前的世界就变得更加生动了。俗话说"眼观六路，耳听八方"，这说明我们耳朵的力量是十分强大的，它可以不受方向的限制，同时捕捉来自八方的信息。但是，和视觉一样，我们的听觉有时候也会出错。

触觉是通过皮肤来实现的，这种感觉不像视觉和听觉那样会骗人，它是很可靠的。在我们的身体各部位中，指尖的触觉是最为敏感的。

人类的嗅觉功能是通过空气中的粒子刺激我们鼻内的嗅觉细胞来实现的。嗅觉通常会伴随着内心的情感体验，例如，当我们闻到玫瑰花的芳香时，我们就会产生愉悦的情绪，心旷神怡；当闻到臭水沟的味道时，我们往往会掩鼻而过，免不了会抱怨几声。

舌头上的味蕾是专门负责味觉的，我们常说的酸甜苦辣咸说的就是味觉。人类的舌头是感受味觉的唯一器官，通常情况下舌尖对甜味比较敏感，舌的两侧对酸味敏感，舌根对苦、辣味比较敏感。

我们通过五种感觉来感知客观事物，并通过这五种感觉来表象，因此这五种感觉被称为"表象系统"，也称为"感元"。我们可以通过五种感元精确地描述身体和内心的感觉。比如，当我们观察一朵花的时候，首先感觉到花的形状和颜色，然后注意到花瓣的质感，接着凑过去闻闻花的芬芳。这朵花的信息就通过我们的眼睛、鼻子、皮肤等感官进入我们的大脑。

感元还可以用来描述思考过程的进展，比如当你想念一个你喜欢的人时，他（她）的样貌就会浮现在你的脑海中。如果有人问你最喜欢的动物是什么，你就开始搜索储存在大脑中的信息，你最喜欢的动物形象，以及它带给你的感觉就会浮现出来。

其实，在我们的日常生活中，纯粹的感觉是不存在的，感觉信息一经感觉器官传达到大脑，知觉便随之产生。这说明感知觉是一个连续的过程，它们共同对外界的信息进行加工，使得它们成为我们能够识别的、有意义的信息。举个例子来说，当我们看到一个圆圆的、红色的物体，同时又能闻到它香甜的味道，让人忍不住想吃，这些来自感觉器官的信息为我们提供了形状、颜色、味道等特性，然后将这些信息传入大脑之后，我们认出了"这是一个苹果"。在这里把感觉通道所传递的信息转化为有意义的、可命名的经验过程就是知觉。

即使是一件简单的事物，也会传达很多信息，所以，我们在了解一个人或一件事的时候，必须对信息进行筛选，否则就会被大量信息淹没。我们对信息的控制就像经过一系列的过滤器，只选择接受事物的一小部分信息，最终保留下来的信息形成我们对世界的看法，也就是意识对物质的反映。

每个人对同一件事的感觉和看法有所不同，因为我们以不同的方式处理信息。信息过滤器对我们的一生有重要影响，我们的任何感觉和看法都带有强烈的主观色彩，就像戴上了有色眼镜，没有人能够完全客观地反映外在的世界。两个人可以经历完全相同的事件，却产生截然不同的情感。比如，两个人同时登台表演，其中一个人感到风光无比，另一个人却感到惊恐不安。

知觉就是个体在以往经验的基础上，对来自感觉通道的信息进行有意义的加工和解释。在上述例子中，一个人在以前已经见过苹果长的是什么样子，并且吃过苹果知道它是什么味道，所以再次看到苹果时，个体根据以往的经验立刻判断出这是一个苹果。这就是感觉和知觉共同作用的结果。

人类学家特恩布尔曾调查过居住在刚果枝叶茂密热带雨林中的俾格米人的生活方式，他描述了这样一个例子：居住在这里的俾格米人有些从来没有离开过雨林，没有见过开阔的视野。当特恩布尔带着一位名叫肯克的俾格米人第一次离开他所居住的大森林来到一片高原时，他看见远处的一群水牛时惊奇地问："那些是什么虫子？"当告诉他是水牛时，他哈哈大笑，说不要说傻话。尽管他不相信，但还是仔细凝视着，说："这是些什么水牛会这样小。"当越走越近时，这些"虫子"变得越来越大，他感到困惑不解，说这些不是真正的水牛。这是一个十分有趣的故事，说明了以往的经验在我们感知觉中的重要性。

人的眼睛为什么能适应黑暗

日常生活中，我们都有过这样的体验。当我们刚进入不开灯的房间时，眼前一片漆黑，看不到屋内的东西，但是，过一段时间我们就能分辨房间内的物体了。当我们刚进入电影院时也会有这样的感觉，眼前黑乎乎的一片。这种现象就是我们的眼睛对黑暗的一种适应，在心理学中被称为"暗适应"，即从明亮的地方进入黑暗中眼睛对这种变化的适应。与这种"暗适应"相反的一种适应过程被称为"明适应"，即当我们从黑暗的环境到明亮的环境时，会觉得光很耀眼，看不清什么东西。比如，我们刚从电影院里走出来时，在明媚的阳光下，我们会觉得阳光很刺眼，睁不开眼睛，眼睛还会眯成一条缝，但渐渐地就能适应这种明亮的环境了，看清楚周围的物体了。我们眼睛的"明适应"和"暗适应"的过程就是我们通过改变自身的感觉机能来应对外部的刺激，这是对环境的一种适应性变化。

暗适应是由视网膜内杆状感光细胞中的一种叫作视紫红质的物质所决定的，它对弱光比较敏感，在暗处可以逐渐合成，据眼科专家统计，在暗处 5 分钟内我们的眼睛就可以生成 60% 的视紫红质，大约 30 分钟即可全部生成。明适应则是与暗适应相反的过程，当我们从黑暗的环境到明亮的环境时，在暗适应过程中合成的视紫红质迅速分解，待到分解完毕之后，视锥细胞中对光较不敏感的色素才能在明亮的环境中感光。可见，暗适应和明适应是一个可逆的过程。与暗适应相比，明适应的时间比较短，大约在一分钟内即可完成。相信在生活中我们深有体会，从电影院出来时虽然刚开始很不适应外面的亮光，但是过一会儿就完全没事了。但是在进入电影院时，我们可能要花较长的时间来适应。

由于各方面生理条件的老化，老年人对光的敏感度比较低，因此，老年人的暗适应要花更长的时间。所以，如果家中有老人的话，在布置房间时最好不要让房间的照明一下子完全变暗，以防老人发生意外事故，而且在夜里，房间里最好不要漆黑一片，可以适当地给老人留一盏灯，让老人慢慢适应黑暗的过程。

在现实生活中，许多研究领域都考虑到了我们眼睛暗适应和明适应的规律。国外研制出一种专门对付犯罪分子的闪光弹，这种闪光弹的亮度要远远强于闪光灯的亮度，在这种短暂的极强的光线刺激下，犯罪分子眼前一片漆黑，只能束手就擒。

在汶川大地震中，相信很多救援的场面已深深地刻在了我们心中。当救援人员抬出被困在废墟中几十个小时，甚至更长时间的人时，都会将他们的眼睛蒙上。这是因为，视网膜受到阳光的强烈刺激，这种刺激紧接着传入脑内，会使人感到不舒服，同时会有眩晕的感觉，甚至眼睛还可能受到伤害。

此外，我们还注意到在隧道中也考虑到了这一因素。如果我们留心观察的话会发现，通常情况下，为了能够使驾驶员更好地适应光线的变化，隧道的出口和入口的照明相对要多一些。这样驾驶员的眼睛就会在不同的阶段接收不同强度的光，不会出现进入隧道后眼前一片黑暗的情况。

为了避免使眼睛受到伤害，在日常生活中我们也应该利用这一规律，对我们的眼睛进行保护。比如，在夏天阳光过强的时候，带一个墨镜，使得较强的光线相对温和一点儿，这样我们在看阳光的时候就不会那么刺眼；当我们进入房间时先不用着急打开光线较强的灯，可以先开一盏光线相对微弱的台灯，等过几分钟后再去开大灯，让我们的眼睛有一个适应的过程。

俗话说，眼睛是心灵的窗户，只有将这扇心灵的窗户擦亮了，我们才会更清楚地去看周围的世界，才不会迷路。心灵的窗户亮了，眼前的世界也就跟着亮了。

为什么有时感觉时间过得飞快，有时又过得太慢

生活中，你是不是有这样的体会，当你和恋人在一起时，你们亲密耳语，分享彼此间发生的有趣的事情，不知不觉你们约会的时间就过去了，于是你们依依不舍地分开，并期待着下次见面的时间。相反，当你在听一场很枯燥的报告时，你心里在想，怎么还不结束呢，为什么时间过得如此之慢，你开始烦躁不安地看

表，希望指针转得再快一点，甚至还会悄悄地溜走。

这只是我们的感觉而已，说不定你和恋人约会的时间和听报告的时间是一样的，或许和恋人约会的时间比听报告的时间还长呢，可是你为什么会感觉到和恋人约会的时间过得很快，而听报告的时间却过得如此之慢呢？

在心理学中，这种对某一事件持续时间的知觉称为时间知觉。

时间知觉主要有四种形式：

（1）对时间的分辨，是指能够将事件发生的先后顺序在时间上进行区分，比如吃完早饭，紧接着去上课，下课后去购物，能够按时间顺序把这些活动区别开来；

（2）对时间的确认，就是知道今天是星期二，明天是星期三；

（3）对持续时间的估计，比如这节课已经过去了半小时，我已经等同学 15 分钟了等等；

（4）对时间的预测，比如还有一个月就放暑假了、四个月之后要在上海举办心理学大会，等等。

在本文开始所提到的例子中，主要是对持续时间的估计。而能够准确地对时间进行估计，对我们的生活和工作都有十分重要的意义。比如，一个老师要想成功地开展一节课，应该对时间作出恰当的安排，先开展哪个环节，后开展哪个环节，每个环节大概要用多长时间等等。但是，如果对时间估计不准确，则会使教学变得混乱。

对于同样的时间，为什么有时候我们会觉得它很长，有时候又会觉得它很短呢？心理学家们从两个角度对这种现象进行了解释。

一方面，在这一时间内发生的事件的数量和性质会影响我们对这一时间的知觉。若在这段时间内，发生的事件的数量越多、性质越复杂，我们就倾向于把时间估计得很短；若发生的事件的数量较少，性质简单，我们就会倾向于把时间估计得较长。比如，当你听一个内容丰富、主题有趣的报告时，你就会觉得时间过得很快；相反，如果报告的内容比较枯燥乏味，我们就会觉得时间过得很慢。

另一方面，对时间的估计还与我们自身的兴趣和情绪有关。还是上面的例子，若报告的内容恰好是我们感兴趣的，则会觉得时间过得很快，会出现对时间估计不足的情况；若面对的是我们很厌恶的事情，则又会觉得时间过得很慢，这样往往就会高估时间。同样，当我们满怀期待某件事情时，我们总是希望时间过得快一点，越是这样反而会觉得时间过得很慢，比如我们在等待和恋人见面的时间里，总是会不时地看表，期望时间过得快一点儿；相反，如果对于我们不希望发生和出现的事情时，反而就会觉得时间过得很快。比如，对于一场我们没有把握的考试，总是希望它能够来得晚一点，这样我们好有充足的时间来复习。可是偏偏这样，却感觉时间过得非常快。

时间是客观的，不管我们知觉它是长是短，它不会发生变化。真正出现差错的是我们的感觉，和视觉听觉一样，它有时候并不可靠。人是复杂的情感动物，所以在对时间进行估计时往往会加入自身的很多情感因素。

这就是所谓的错觉——在特定条件下产生的歪曲客观现实的错误知觉。人们在认识客观事物的过程中，经常会产生各种错觉。

错觉是人们日常生活的一部分，有时我们会因为它而感到沮丧、失落，有时也会自觉不自觉地享受着它给我们带来的好处。比如说，有时我们会利用"视觉错觉"来掩饰自己外形上的一些不足：身材偏瘦的人往往会穿上暖色宽松的衣服，可以使自己看上去丰满一些；"高低肩"的人可以穿双排纽的翻领上衣，因为这种上衣的翻领部位是不对称结构；上身短的人可以穿领口高、纽扣数量多的上衣，因为它能为观者的视觉提供更多的上衣面积。建筑、装饰、广告和艺术也常常通过"错觉效应"来获得期望的效果。比如，一个房间较小，在墙壁涂上浅颜色，并在屋中央摆放一些较矮的沙发、椅子和桌子，房间看起来就会更加宽敞明亮。

"错觉效应"被广泛运用到商场中，其中最典型的是"时间错觉"。我们都有过乘车的经历，如果你坐在车上什么都不干，就会有一种度秒如度年的感觉。如果你一边坐车，一边看报或听音乐等，你就会发现时间过得飞快。这是由于你在看报或听音乐时，分散了对时间的注意力，从而造成了时间快的错觉。

一般商场都会放音乐，然而真正能让音乐起到预期效果的却不多。音乐对人的情绪有着很大的影响，乐曲的节奏、音量的大小，都会影响顾客和营业员的心情。如果乐曲播放得当，主顾双方心情都好，主顾之间就会避免很多不必要的矛盾和冲突，商场就能够卖出更多的货物，取得更高的经济效益。否则，如果乐曲播放不当，往往会适得其反。

比如，在顾客数量较少时播放一些音量适中、节奏较舒缓的音乐，不仅能使主顾心情更加舒畅，使销售人员的服务更加到位，还能延缓顾客行动的节奏，延长顾客在商场的停留时间，增加随机购买率。而在顾客人数过多时应播放一些音量较大、节奏较快的音乐，这样会使主顾的行动随着音乐的节奏而加快，从而提高购买和服务的效率，避免由于人多而引起的主顾双方心情不好、矛盾冲突增多的情况出现。

总之，我们一方面要用科学、理性的头脑来认识错觉，避免因错觉造成的损失；另一方面，我们应该善于利用错觉来为我们服务。

人怎么能分辨出那么多张脸

在生活中，我们整日和形形色色的人打交道，而且还会不断地认识新的面孔，但是很少出现将这些混淆的情况，这就是一种特殊的能力，即面孔识别的能力。

人的面孔是由眼睛、鼻子、嘴、脸部的轮廓等组合在一起的，我们在对人脸进行识别的时候就是依据这些组合在一起的信息。所以，当我们在看到一张面孔的时候，能够很快地辨认出对方是我们熟悉的人还是陌生人。关于面孔识别能力中所潜在的原理，目前科学家们并没有形成定论。

有一种解释认为，由于我们平时接触了很多人，根据以往的经验，在我们的大脑中就会形成关于人的面孔的模板，会无意识地将一些人的面部特征储存起来。当我们一个人时，就会将这个人的面部特征信息与我们大脑中的模板进行匹配，如果匹配成功，说明我们脑中已经储存了关于这个人的信息了，这个人就是我们所说的熟悉的人。但是如果是一个陌生人，将他的面部特征信息与脑中的模板进行匹配时，就会匹配失败。这样我们就会将这个人的面部特征的信息重新储存在我们的大脑中，下次如果再遇到这个人时就可以直接匹配了，这个人就成了我们所熟悉的人了。但是，对于这个说法很多人提出质疑，因为我们每天要和那么多的人打交道，每天都要接触很多陌生面孔。按照这样的说法，我们的大脑中究竟能够储存多少面孔呢？随着储存的面孔逐渐增多，我们在进行面孔匹配的时候要花费多长时间呢？在面孔匹配的过程中，我们是直接就能找到要匹配的模板，还是得一个一个地进行匹配，直到找到相互匹配的面孔为止呢？目前，对于这些问题尚无明确的答案。

另外，有研究结果显示，面孔识别能力并不是人类所独具的。日本科学技术振兴机构（JSTA，即 Japan Science and Technology Agency）于 2008 年的研究报告称，刚出生的小猴子同样具有面孔识别的能力。在研究中，将刚出生的猴子隔离喂养，不让它们有机会接触任何面孔，向它们呈现人脸和猴子的脸的照片，并混同其他物体的照片。结果，研究人员惊奇地发现，这些猴子虽然是第一次看到面孔的照片，却能很好地识别出来，但是对物体的照片就没有那么敏感。刚出生的婴儿和猴子一样，也具备天生能够识别人脸的能力，对于其中的奥妙，目前没有人能够解释清楚。

有些人声称他们对别人的面孔过目不忘，现在这种说法得到了哈佛大学心理学家的支持。他们发现有一种人可以被称为"超级识别者"，他们能够轻松地认出哪怕是多年前擦肩而过的面孔。

有一项新的研究表明，不同的人在面孔识别能力上可能有很大差异。以往的研究已经确认，在全部人群中有 2% 的人属于"脸盲"，又称面孔失认症，表现为识别面孔非常困难。而这项新研究第一次发现另外一些人具有超常的面孔识别能力，这意味着面孔识别能力可能会有两个极端：面孔失认症、超级识别者。

研究者声称，"超级识别者"有一些惊人的经历，例如他们能认出两个月前和自己在同一家商店购物的人，即使他们没跟那人说过话。他们不需要与别人有过特别的交流，照样能认出对方。他们能记住那些实际上并不重要的人，由此可见，他们的面孔识别能力确实超出常人。参与研究的一名妇女说，她曾经在大街上认出一个五年前曾经在另一个城市为她上菜的服务员。她非常准确地记得那个女人曾经在另一个城市做服务员。超级识别者往往能够在别人的容貌发生很大变化的情况下（如衰老或头发颜色的改变）依旧认出他们。

人类不仅具备识别不同面孔的能力，同时还能够读懂面孔背后所潜藏的东西。比如，你可以发现温和面孔背后的假笑、漂亮背后的冷漠、慈祥背后的杀机、威严背后的邪恶，等等。关于人类的面孔识别还有很多奥妙等待着科学家们去发掘，希望在以后我们能够有更多惊人的发现。

什么是鸡尾酒会效应

在觥筹交错、人声嘈杂的鸡尾酒会上，如果你正专注地和一个你心仪已久的对象交谈，即使周围噪声很大，但你耳中仍然能听得到对方说的每一句话，甚至不会落下任何一个字，这时周围的各种噪声都被过滤了。这种情况下，根本听不清周围的人到底在谈论些什么。但是，如果某个角落里突然有人喊你的名字，你马上就会警觉起来。有时候，你还能听到很熟悉的声音，你在想是不是你的朋友也来到了酒会，就会不由自主地朝发出声音的那个方向望去。在这个鸡尾酒会上，你听到了你要听的：心仪对象的声音、你的名字和熟悉的声音。在心理学中，这种现象被称为鸡尾酒会效应。

这样看来，我们的耳朵似乎对声音有过滤功能。的确如此，我们的听觉能够从嘈杂的声音中听到自己想要听的声音，这是听觉具备的一种非常优秀的能力。因为在鸡尾酒会上，你和心仪的对象交谈的声音是你注意的中心，其他声音只不过是一种背景，所以不论其他的声音多么嘈杂都不会引起你的注意，因为那不是你所注意的。

心理学上有一个非常有趣的实验，就是给受试者戴上耳机，同时让他的两个耳朵听两种不同内容的声音，并让受试者追随其中一只耳朵听到的声音，然后让其大声说出他听到的声音。事后检查受试者的另一个耳朵听到了什么。在这个实验中，前者被称为追随耳，后者被称为非追随耳。结果发现，受试者一般没有听清楚非追随耳的内容，即使当原来使用的英文材料改用法文或德文呈现时，或者将材料内容颠倒时，受试者也很少能够觉察。这个实验说明，进入受试者追随耳的信息受到了注意，而进入非追随耳的信息则没有引起注意。但有趣的是，如果在非追随耳的内容中加入受试者的名字，受试者却能够清楚地听到。这说明我们的耳朵具有选择的功能，只对与自己有关的信息进行关注。

声音中隐藏着无穷的乐趣，在生活中我们还会发现关于声音的另一个非常有趣的现象。比如，我们的闹钟放在自己的房间里，平时我们在房间里进进出出，和好朋友聊天，玩电脑游戏，看电视等等。这时我们完全听不见闹钟滴滴答答的声音，但是当晚上我们躺下睡觉的时候，周围静悄悄的，我们就能够很清楚地听到闹钟滴滴答答的声音。这种现象说明，有其他声音，如和朋友聊天的声音或电视的声音时，闹钟的声音就被掩蔽了，所以我们听不到。又比如，在安静的房间中，一根针掉到地上都能听见，可到了大街上，就算手机音量调到最大，来电时也未必能听见，而手机的声音确确实实是存在的，原因就是被周围更大的声音遮蔽了。这种现象被称为"掩蔽效应"。

在实际生活中，很多人利用人耳的这种特性来解决生活中的问题。比如，在鸡尾酒会效应中，人们对与自身有关的信息会比较关注。所以这个原则也可以用到人际交往中，为自己建立良好的人际关系。比如，当你刚进入到一个新集体中，你可以尝试着尽可能地去记住每个人的名字，这将能帮助你很快地融入集体中。同时，如果你很快记住了对方的名字，对方也会因为自己的名字很快被别人记住而感到心情愉快。再比如，很多公司利用掩蔽效应来达到隔音的效果。担心公司内部会议的内容被外人听到，可以播放一些背景音乐或者将空调的声音调大一点，将会议中讨论的内容进行掩蔽，从而达到隔音的效果。

在看了上面的介绍之后，我们恍然大悟，原来声音中有那么多奇妙的事情，了解声音的秘密然后利用它，真是其乐无穷。说不定声音中还潜藏着更大的秘密，正等着我们进一步地发掘。

近因效应，亲密关系的"杀手"

1957 年，美国社会心理学家卢钦斯在《降低第一印象影响的实验尝试》一文中提出了近因效应。

文中卢钦斯描写了一个叫詹姆的学生的生活片断，其中一段描写了詹姆活泼外向的性格，他与朋友们一起去上学，在阳光下取暖，在商店里与熟人聊天，与前几天刚认识的女孩打招呼；而另一段表现的是詹姆沉静内敛的性格，描写他放学独自一人回家，走在街道上荫凉的一边，在商店里静静地等候买东西，见到前几天刚认识的女孩也不去打招呼。

卢钦斯以不同顺序对这两段材料加以组合：一种是将描写詹姆性格内向的材料放在前面，描写他性格外向的材料放在后面；另一种顺序则刚好相反，此外，卢钦斯又将这两段文字分别作为独立的材料，然后把这四种材料给四组水平相当的中学生阅读，并让他们对詹姆的性格进行评价。

实验结束，卢钦斯得到了这样的结果：在被试者中认为詹姆性格是外向的百分比，以单纯阅读外向材料的一组为最高，为95%；其次是先阅读到外向材料、再阅读到内向材料的一组，比例为78%；而先阅读到内向材料、再阅读到外向材料的一组，这一比例仅为18%；至于单纯阅读内向材料的一组则为3%。

这一组数据表明，先阅读的那段材料对被试者对詹姆性格所作出的评价起着决定性的作用。这是首因效应发生作用的结果。

然后，卢钦斯又以另一种方式重复了前面的那个实验：在让被试者阅读有关詹姆性格的两段描写材料之间，插入了一段时间间隔，并且安排被试者做一些与实验完全无关的活动，如做数学题或听历史故事等，接下来再去阅读另一段材料。

实验结束后，卢钦斯得到了与先前正好相反的实验结果：这次对被试者进行的詹姆性格的评价起决定作用的不是先阅读的那段材料，而是后阅读的那段材料。这说明了近因效应的显著作用。

在社会知觉中，首因效应与近因效应同时存在，那么，如何解释这种似乎矛盾的现象呢？也就是说，究竟在何种情况下首因效应起作用，又在何种情况下近因效应起作用呢？

卢钦斯认为，在关于某人的两种信息连续被人接收时，人们总倾向于相信前一种信息，并对其印象较深，即此时起作用的是首因效应；而在关于某人的两种信息断续被人接收时，起作用的则是近因效应，这也就是对前面两个实验的解释。

另外，也有人指出，人们在与陌生人交往时，首因效应起较大作用，而与熟人交往时，近因效应则起着更大的作用。因为对于陌生人，此前的印象是一片空白，这时所产生的第一印象就尤为显著，而对于熟人，由于相互之间有了较多的交往，彼此的印象也较为丰富，这时最近的接触情形就会令人记忆得更深。

近因效应多发生在人际交往过程中出现误解或者期望的事件

无法达到的时候，这时人们的思维比较狭隘和片面，难以掌控自己的行为能力和思考能力。比如说，当夫妻之间产生矛盾的时候，彼此双方会马上忘记对方的好处，眼前只剩下"他（她）对不起我"这个念头，进而无法对对方作出客观评判。从此，越来越觉得对方这也不好，那也不好，什么都不好，使自己处于失望、委屈，甚至是愤怒的状态。

不只是夫妻关系，亲朋好友之间也容易出现近因效应，所以近因效应还有另一个别称，叫作"亲密关系的杀手"。

如何避免近因效应发生在你的人际关系中呢？

第一，遇事要克制自己的情绪，说话要慎重，谦让大度一些，避免矛盾进一步激化，等到双方情绪平缓的时候再进行沟通和交流。

第二，待人做事要善始善终，以免给人留下不良印象，影响自己的形象，因为即便是很了解你的熟人，也会因你最近差劲的表现而降低对你的评价。

我们的眼里为什么只有第一没有第二

德国心理学家洛伦兹在研究雏鸟习性的过程中发现，一只刚刚出生的雏鸟所要追随的并非一定是自己的母亲，而是它最初所见到的任何一种移动的物体，包括其他的动物，包括人，甚至包括移动的非生命物体，如电动玩具。并且一旦雏鸟开始跟上了某种动物或物体之后，即使它的母亲再出现在旁边它也会置之不理。

洛伦兹将雏鸟的这种心理现象称为"印刻效应"。

印刻效应问世之后，有许多人对这一效应产生了兴趣，并认为动物之所以会产生印刻效应是因为它们的大脑不够发达，还不能够对事物进行甄别，可是，当他们进一步研究后却发现人类也存在着印刻效应。我们常会认为，婴儿总是跟随母亲的，可是如果婴儿在很幼小的时候接受了大量的其他刺激，比如说看了很多电视，那么婴儿就会对母亲的行为表现出一种漠然的态度，而对电视产生浓厚的兴趣。其实，孩子对母亲的极大依恋，基本上就是因为婴幼儿时期的朝夕共处，这一时期孩子虽然尚没有形成健全的智识，但是母子亲情却会在其心中留下最深的烙印。对于孩子来说，母亲是自己在这个世界上的第一个伴侣、第一个朋友、第一个老师，这个地位是任何人也无法取代的。

由印刻效应引申开去，心理学家发现生活中的人们身上的印刻效应还不只体现在跟随母亲或不跟随母亲这一件事情上。1961年4月12日，苏联发射了世界第一艘载人飞船"东方"1号，尤里·加加林成为世界上第一名航天员，仅仅二十几天之后，5月5日，美国也发射了载人的"水星"MR3飞船，可是这却鲜有人知，连同执行此次任务的航天员爱伦·谢泼德，其国际知名度也远远无法与加加林相比。

这件事体现出了印刻效应的核心本质——"只认第一，无视第二"。人们谈天说地的时候，往往对各种第一交口称赞，却鲜言第二，人们总是记住了太多的第一，而对于第二却给予了极大的冷漠。

比如，在奥运会奖牌榜上，排定名次首先的依据都是金牌的数量，在金牌数量相同的情况下才会考虑银牌的比较，否则，如果金牌少了一块，即使银牌再多，也都会排列在后面的。这就是因为第一与第二处于不同的层级，它们之间是不能够跨级进行量的比较的。人们为冠军而欢呼，而名列第二、第三者，哪怕差距再小，其风光的程度与第一者都无法相比。

在商业领域也是这样，某个行业排在第一名的企业会与第二名之间拉开较大的差距，也是因为第一名的企业抢先占有了市场，优先树立了品牌，在消费者的心中已经留下了很深的印刻效应，而后来的其他企业所提供的产品和服务即使同样好，人们也会依据习惯而更多地选择第一名企业的产品，因此，其他企业如果想要超越，必须付出更多，且做得更好。

而颇为风靡的吉尼斯世界纪录，更是唯第一是取，它的吸引力就在于人们对于第一的热情。

第二章

性格心理学：不曾了解的真实的自我

为什么说性格决定命运

生活中，我们往往会说，"这个人性格很温顺""那个人性格很外向"等等，可是到底什么是性格呢？对于这个问题，很多人都无法作出明确的解释。

"性格"一词来源于希腊语，目前关于性格的定义，心理学家也没有达成共识。我国的心理学家认为，性格就是人们对现实稳定的态度和行为方式上表现出来的心理特点，诸如坦率、含蓄、顽固、随和、理智、感性、沉稳、活泼，等等。性格并不是独立存在的，我们每个人在日常生活中的态度及行为表现都可以反映出我们自身的性格特征。

我们每个人所拥有的性格特征并不是在短时间内形成的，而是我们在对社会生活的体验中逐渐形成的，而且还受到我们的世界观、人生观、价值观的影响。性格形成之后有一定的稳定性，但这并不意味着性格是无法改变的。生活中很多的突发事件有时会使我们的性格发生转变。

心理学家将性格分为积极的性格和消极的性格。积极的性格如热情、大方、稳重、理智、随和、活泼、心态好；它可以让人身处逆境时，坦然面对，积极进取，通过坚持不懈的努力，最终获得成功。消极的性格如自私、傲慢、暴躁、孤僻、懒惰、懦弱等；它则会让人走许多弯路，受许多挫折，最终碌碌无为，甚至导致悲剧性的结局。

能够坚韧不拔、吃苦耐劳的人，可以一步一步地实现自己的人生目标；终日懒散松懈、不求上进、怨天尤人的人，必定一事无成。个性叛逆的人对外界环境采取赤裸裸的反抗，不会妥协，不会婉转，这种性格的人要么成为英雄，要么被环境所吞噬，上演一出悲剧。"兵强则灭，木强则折"，性格过于耿直的人不善于迂回，往往四处碰壁，容易遭遇艰难曲折的命运。优柔寡断的人遇事总是犹豫不决，瞻前顾后，这种人容易因为性格中的不足而错失一次次的机会，导致无为、失败的一生。

法国著名的大作家大仲马曾经说过，人生是由一串烦恼串成的念珠，而达观的人总是笑着数完它。如今，心理学家们更是不容质疑地告诉我们：好行为决定好习惯，好习惯决定好性格，好性格决定好命运。性格决定成败，把握住了性格也就把握住了成功；性格决定命运，改变了性格也就改变了命运。如果你不满意自己的现状，就必须要改变命运；若要改变自己的命运，就必须改善自己的性格。

一位心理学大师说过，心理变，态度亦变；态度变，行为亦变；行为变，习惯亦变；习惯变，人格亦变；人格变，命运亦变。换句话说，一个人要想运势好，他的性格首先要好。

生活中我们可以看到，在同样的社会背景、同样的智商条件下，有的人能大获成功，有的人却处处失败，为什么会出现这么大的差距呢？其实，性格在很大程度上决定了人们各自不同的命运。

性格决定命运，优良的性格品质与成功的人生关系极为密切，这种关系主要体现在以下几点：

优良的性格造就崇高的理想和高尚的道德。那些有着崇高的理想和追求的人，往往都具备积极主动、乐观向上、开朗大方、正直诚实、信念坚定、富有同情心等性格特征。他们热爱生活，热爱大自然，关心身边的人，关心社会，有着高尚的情趣。一个人的理想和道德情操只有建立在这样的基础上才是可靠的。

优良的性格是事业成功的保证。天上不会掉馅饼，世上也没有任何唾手可得的东西。在竞争激烈的社会里，小到一点收获，大到事业的成功，都需要坚定的信念，付出艰辛的努力。只有那些性格刚强、自信、乐观、勤奋、勇于开拓、一往无前、不畏挫折和牺牲的人，才有希望获得事业乃至人生的成功。

优良的性格是人生幸福的主要条件。我们生活在复杂多变的社会中，万事皆存变数，可能一帆风顺，也可能诸事不顺；可能收获成功，也可能遭遇失败；可能得到鼓励，也可能遭受打击。只有自身具备优良的性格，才能很好地维持心理的平衡，勇敢地面对人生，积极地应对外界的一切突发情况，创造属于自己的幸福。

如果我们对自己的性格有一个全面、清醒的认识，能够站在必要的高度上正确去面对，我们就能很清楚地看到性格与命运的密切联系。

荣格的八种人格

荣格根据"利比多"（libido，即性力）的倾向性，最早将性格分为内向型和外向型。

荣格反对弗洛伊德将利比多简单地理解为"性的能量"，他将利比多解释为一种"心的能源"，是一种心的过程的强度。并且他假设其中存在一种"快乐的欲望"，而这种"快乐的欲望"则是荣格性格学的基础。当这种"快乐的欲望"以外在的形式表现出来时，称为"外向"；以内在的形式表现出来时，称为"内向"。而当这种内向或外向成为一种习惯时，我们则称之为"内向型"或"外向型"。现实生活中，我们通常会说某个人性格真内向、某个人性格真外向，这种对性格的分类首先是由荣格提出的。

荣格的这种根据利比多的倾向划分的性格类型在美国逐渐发展成为一种著名的心理测验，这种测验被称为"性向测验"，由此提出了"性向指数"的概念，并且据此进行了一系列的研究。研究结果发现，内向型的人更加关注自己的内心世界，对自己内部的心理活动的体验深刻而持久，通常按照自己的意愿行事，不随波逐流，不容易受到周围环境的影响；对待周围的人和事的态度相对较消极，往往会采取一种敌对或批判的态度，正因为这样很容易与别人产生摩擦，因此适应环境的能力也较差。外向型的人与内向型的人的性格恰恰相反，他们往往比较关注外部世界，对周围的人和事都充满了好奇和兴趣，通常会根据别人的期待、外部环境的变化来行事，适应环境的能力较强，但是这种人过于关注外部世界从而忽略了自己内心最真实的感受，有时候会迷失自己。当然，这两种类型的性格没有优劣之分，只是不同的人格特质使然。而且每一个人不可能只是单单的外向型或内向型，往往是这两种类型的融合，只是哪一种性格类型相对来说占据一定的主导。

后来，荣格在他发表的《心理类型学》一书中对内向型和外向型作了进一步的阐述。由于内向型和外向型主要是根据个体对待客体的态度来进行区分的，因此又被荣格称为性格的一般态度类型。除此之外，还有性格的机能类型。

荣格认为，人的心理活动有感觉、思维、情感和直觉四种基本机能。感觉告诉我们某种东西的存在；思维告诉我们这种东西是什么；情感告诉我们它是否令人满意；而直觉则告诉我们它来自何方并去向何处。根据两种类型与四种机能的结合，共有八种性格的机能类型，荣格对此进行了描述。

（1）外倾思维型。他们通过自己的思考来认识客观世界，做事都要以客观的资料为依据，思维较严谨。科学家就属于典型的外倾思维型，他们认识世界、解释现象、创立自己的理论体系的过程体现了严谨的思维。但是这一类型的人往往比较刻板，情感不够丰富，个性不够鲜明。

（2）内倾思维型。与外部世界相比，这种人更加关注自己的内心世界，他们对一些思想观念感兴趣，善于借助外部世界的信息对自己内心的想法进行思考。哲学家就属于这一类型。这一类型的人比较冷漠、傲慢，有些不切实际。

（3）外倾情感型。这种类型的人能将外部环境的期待与自己的内心情感结合起来。他们善于交际，喜欢表达自己的情感，性格活泼，对社会活动抱有很大的热情，与外部世界相处比较和谐。但是这一类型的人往往没有主见，缺乏主体性。

（4）内倾情感型。这一类型的人往往过分关注于自己的内心世界，对内心有深刻持久的情感体验，能够冷静地去看待周围的人和事。但是他们往往不善于表达和交际，和气质类型的抑郁质比较相似。

（5）外倾感觉型。这一类型的人往往比较注重感官的刺激和享受，善于与外界互动，但是往往只停留于表面，不够深入。他们比较注重享乐，往往很难抗拒美味的诱惑，情感比较浮浅。

（6）内倾感觉型。这种类型的人往往沉浸于自己的主观世界之中，与外部世界相距较远。但是他们能够以自己独特的方式对外界的信息进行加工，而且体验较深入，能够以独特的方式将这些表达出来。

（7）外倾直觉型。有灵感的人应该说的就是这种类型的人，他们对外界有很好的洞察力，对新鲜事物比较敏感。他们容易冲动，富有创造性，但难以持之以恒。

（8）内倾直觉型。这种类型的人善于想象，性情古怪，对外界事物较冷漠，往往容易脱离实际，他们的思考方式一般很难被人理解，想法比较怪异和新颖。荣格认为，艺术家就是典型的内倾直觉型。

哪些力量塑造了我们的人格

究竟是哪些因素在我们人格塑造的过程中发挥着作用，对于这个问题的争论由来已久，而且存在两种截然不同的观点：一种观点认为，我们的人格主要是由先天的遗传因素决定的；而另一种观点则认为，影响我们人格的主要因素是后天的环境因素。但是，在长时间的争论过程中，心理学家们逐渐达成了共识，认为我们的人格是在遗传和环境两种因素的交互作用下形成的。

在众多人格研究的方法中，双生子研究则是人们公认的一种比较客观和科学的方法。这一方法遵循这样的研究思路，对于同卵双生子而言，他们的遗传因素是相同的，如果他们在人格上存在差异，那么这种差异则是由环境因素导致的；对于异卵双生子来说，如果他们从小就在同一环境中长大，那么他们人格上的差异则就归结为遗传因素。采用这一方法的研究表明，人格并不仅仅受到某一因素的影响，而是各种因素共同影响的结果。

首先，生物遗传因素。许多心理学家认为，人格具有较强的稳定性，因此在研究人格的过程中，应该更注重生物遗传因素的作用。很多心理学研究者采用双生子的方法对该问题进行了研究。

艾森克的研究指出，在同一环境中成长的同卵双生子，在人格的外向性维度上的相关为 0.61，不同环境中的同卵双生子在该维度上的相关为 0.42，异卵双生子的相关仅为 0.17。由此可以看出，同卵双生子在外向性的维度上相关要显著高于异卵双生子，这说明生物遗传因素在人格形成中的作用。

弗洛德鲁斯等人在瑞典进行了同样的研究。他们选取了 12000 名双生进行问卷的测量，结果发现，同卵双生子在人格的外向性和神经质上的相似性要显著高于异卵双生子，可见生物遗传因素在外向性和神经质两个维度上有重要的作用。

心理学研究者对成人双生子也进行了类似的研究。20 世纪 80

年代，明尼苏达大学对成人双生子的人格进行了比较研究。在这些双生子中，有些是从小一起长大的，有的则是被分开抚养的。研究结果表明，不论是分开抚养还是未分开抚养，同卵双生子在人格上的相关均要高于异卵双生子。我国的一项历时20年的纵向研究结果也表明，人格的许多特质都有遗传的可能性。

尽管通过这些研究，我们可以看出遗传对人格的发展的确有不可忽视的重要的作用，但是它的作用到底有多大，对此并没有明确的结论。我们只能说生物遗传因素为我们的人格发展提供了可能性，而且遗传因素对人格发展的作用因不同的人格特质而异。遗传因素对智力、气质等与个体生物因素有较大关系的人格特质的影响作用比较大，而对那些价值观、性格、信念等与社会因素关系密切的人格特质的影响作用相对较小。

其次，环境因素。除了生物遗传因素外，环境因素对人格的发展同样有重要的影响。这些环境因素包括早期的童年经验、家庭环境因素、学校环境因素以及社会文化因素等，都在塑造着我们的性格。

俗话说，"三岁看大，七岁看老"，早期的童年经历对人格发展的影响不容忽视。有研究指出，儿童早期父母的忽视和虐待对其心理有明显的不良影响，容易形成攻击、叛逆的人格。斯毕兹对从小生活在孤儿院中的儿童进行了研究，发现这些从小就缺乏亲人关怀和爱护的孩子，长大以后各方面的发展都会受到这一因素的影响，有的甚至还患上了"抑郁症"。可见，幸福的童年经历有利于儿童健全人格的形成，而不幸的童年经历则会引起人格上的各种问题。但是二者之间并不存在必然的关系，不幸的童年同样可以磨砺坚强的性格。

家庭环境因素对人格的影响主要体现在亲子关系、父母的教养方式等方面。研究表明，采取民主型教养方式的父母，能够与孩子保持一种平等的和谐关系，懂得尊重孩子，并给予孩子一定的自主权。在这种教养方式下长大的孩子，能够形成正直、活泼、开朗、善于交际、懂得合作等积极的人格品质。

学校是我们接受教育的场所,这一环境中的很多因素都在无形之中塑造着我们的人格。皮革马利翁效应就是一个很好的例子,如果在教育的过程中,教师能够给予学生适当的关爱,并将自己的热情与期望投注在学生身上,学生觉察到这种期望后,就会被这种热情和期望所鼓舞,并试图刻苦努力学习从而不辜负老师的期望。

社会文化因素对人格的影响主要是基于不同的文化背景下对人格的要求不同,比如在传统的儒家文化中,要求女性必须是温顺的、柔弱的,只需要在家相夫教子就行了。不过随着时代的发展和环境的变迁,这种差异已经越来越小了,如今女人同样可以顶半边天。

综上所述,遗传和环境因素都不同程度地塑造着我们的人格,对我们人格的发展发挥着重要的作用,正是二者的共同作用才造就了我们在人格上的差异。

真的是江山易改本性难移吗

在前面的章节中,我们认为性格是一套稳固的态度和习惯化的行为模式,这就是说性格是稳定的,不会像天气一样变化无常。对一个人进行深入的了解之后,我们能够推测他在相同或相似的情境下态度和行为反应。但是,这也不是绝对的。来自心理学的研究表明,性格也是可以改变的。

心理学家称,性格会随着年龄的增长而发生改变。从发展心理学的角度来看,我们的性格总是在外向型和内向型之间转换。婴幼儿时期属于外向型时期,那时性格还未充分发展,需要借助外界的帮助才能生存下去。进入幼儿期之后,开始转向内向型,因为这一时期自我意识开始发展,对外界的束缚开始进行反抗。进入儿童期之后,对很多事物充满了求知欲,又开始转向外向型。

进入被称为"暴风骤雨期"的青春期之后，他们的自我意识变得更加强大，这一时期属于内向型时期。成年期逐步体验到现实的残酷和生活的艰辛，认识到必须努力工作，提升自身的价值，为家庭成员的幸福而奋斗，这时由内向型的特质转为外向型。进入老年期之后，开始对自己的人生有了更深入的思考，再度回归到内向型。

有研究表明，心理疾病同样也会引起性格的变化。比如，抑郁症作为一种较常见的心理疾病就会引起性格的变化。通常容易患抑郁症的人在性格上有一些共同点，如追求完美、缺乏幽默感、做事刻板，等等，即使受到一点小事的刺激也会让他们心理上产生很大的波动，陷入异常的状态之中。除此之外，精神分裂症往往更容易使人格出现转换。这类人在发病前可能会有自闭、敏感、反应迟钝等症状，但是一旦发病就会出现不可思议的症状，严重的还会导致人格的荒废。

年龄上的变化和心理疾病能够导致性格发生变化，中毒导致的精神失常、被洗脑或心智受到他人控制同样会导致性格发生变化。第二次世界大战期间，许多军队由于频繁使用兴奋剂，出现了很多中毒者。这些中毒者的性格发生了很大的变化，出现了恐吓他人、好斗的特点，严重的还会丧失心智。麻醉剂中毒虽不像酒精或兴奋剂中毒那样明显，还是会使人处于忧郁的状态之中，对外界漠不关心。在没有药物作用的情况下，某些邪教组织的洗脑或心智上的控制也足以使人的性格发生巨大的变化。有些邪教组织所使用的酷刑足以让人陷入孤立和绝望的境地，最终丧失自我认同感。

关于教育的作用，其实已不必再赘述。研究表明，不论是家庭教育、学校教育还是社会教育都对我们性格的养成有一定的作用。举个例子来说，日本对年轻人所进行的调查报告将年轻人分为四类，即孜孜不倦型（为了老师和父母的期望，不懈努力，但是缺乏弹性，容易受挫而崩溃）、我行我素型（与世无争，有时候会逃避现实，不能够积极地适应社会）、焦躁型（不满于现状，经常会有惊人之举，奇装异服，行为不端）和浮躁型（对学习毫无兴趣，爱看电视节目，化浓妆，举止轻浮）。这就需要在教育的过程中对不同类型的人进行矫正，使他们恢复到正常人的状态。

所以，性格并不像我们之前所认识的那样是不可改变的，像上述的年龄、心理疾病、心智控制、教育等都可以使其发生改变。看来只要具备一定的条件，江山易改，本性也是可移的。

人真的拥有四个"真正的自我"

约瑟夫·鲁夫特和哈里·英格拉姆于20世纪50年代提出，每个人都是由四个层面的自我构成的，这四个层面的自我分别是公开的自我、盲目的自我、隐藏的自我和未知的自我。

（1）公开的自我：自己了解，他人也了解，属于自由活动领域。所谓"当局者清，旁观者也清"说的就是"公开的自我"。比如，我们的性别、年龄、长相等可以对外公开的信息，包括婚否、职业、工作生活所在地、能力、爱好、特长、成就，等等。"公开的自我"的大小取决于自我的开放程度、个性张扬的力度、人际交往的广度以及他人的关注度等。"公开的自我"是有关自我最基本的信息，同时也是自己和他人了解自我、评价自我的基本依据。

（2）盲目的自我：自己觉察不到，但是他人能够了解。所谓"当局者迷，旁观者清"就是指"盲目的自我"。"盲目的自我"一般自己不易觉察，除非别人告诉你。它可能是你不经意间的一些小动作或行为习惯，比如一个得意的或者不耐烦的神态和情绪流露。盲目点可以是一个人的优点或缺点。由于自己事先不知道，所以当别人告诉你时，你可能一时无法接受，甚至会惊讶、怀疑、辩解。"盲目的自我"的大小与自我观察、自我反省的能力有关。内省特质比较强的人，往往盲点就会比较少，"盲目的自我"比较小。而熟悉并且能够指出"盲目的自我"的其他人，往往也是那些关爱你、欣赏你、信任你的人。所以，我们要学会用心聆听，重视他人的意见。

（3）隐藏的自我：自己了解，但他人觉察不到。这是自己知道而别人不知道的部分，与"盲目的自我"刚好相反。就是我们常说不愿意或不能让别人知道的隐私、个人秘密。身份、缺点、痛苦、愧疚、尴尬、欲望等等，都可能成为"隐藏的自我"的内容。相比较而言，心理承受能力强的人，性格比较自闭、自卑、胆怯、虚伪的人，"隐藏的自我"会更多一些。适度的自我隐藏，能够避免外界的干扰，独守自己的心灵花园，是正常的心理需要。如果一个人没有任何隐私，那么他就赤裸裸地暴露在别人面前，没有隐私和安全感。当然适度地隐藏自我能够保护自己，如果自我隐藏得太多，就会将自己封闭起来，无法与外界交流。这样自我就会受到压抑，甚至造成人格的扭曲。

（4）未知的自我：自己和他人都未觉察的自己。这样的自我也被称为"潜在的我"，属于自我层面的处女领域，等待着别人去发现和挖掘。"未知的自我"通常是指一些潜在的能力或特性，或是只有在特定的领域才能展现出来的才华。弗洛伊德所提出的潜意识层面，隐藏在海水下面有无限能量的巨大的冰山，也属于"未知的自我"的层面。"未知的自我"是我们知之甚少同时也是最值得挖掘的领域，所以我们应该尝试着去全面而深入地认识自我，激励自我，发展自我，超越自我，肯定会收获意外的惊喜。

每一个人对自我的认知，都存在公开区、盲目区、隐藏区和未知区。有时候我们可以通过性格测验来了解"公开的自我"和部分"隐藏的自我"，但是测验结果和实际情况还是有出入的。因为在进行测验的时候，被测验者往往有一种"社会赞许"的倾向，为了得到他人和社会的认可往往隐瞒自己真实的想法，所以对于性格测验的结果不能过度依赖。

关于自我的四个层面，对于不同的人而言，每个层面所占的比例不同。有些人可能隐藏得比较少，暴露得相对多一些；有些人可能比较容易聆听别人的评价，对盲目的自我了解得较多，而有些人总是敢于尝试一些新鲜的事情，试图去挖掘自己性格中未知的部分。每个人都是一个没有谜底的谜，我们只能慢慢地去走近，去了解，去感受。

从宠物和上床睡觉时间来洞察性格

养宠物这种生活中司空见惯的事情居然和我们的性格发生了某种的联系，这真是一件奇妙的事情。英国《太阳报》曾刊登了一篇分析领导人所养的宠物和其性格之间关系的文章，文中指出什么样的性格养什么样的宠物，领导人选择养什么样的宠物不仅仅是爱好那么简单，还与他们的性格有关。

美国前总统奥巴马的宠物是一只葡萄牙水犬，几个世纪以来，勇敢而温顺的葡萄牙水犬一直被葡萄牙渔民所称赞。它有着惊人的耐力，是游泳和潜水好手；它体形中等、粗壮，可以全天在水中或陆地工作。普京的宠物则是一条叫作"科尼"的狗。这是一条血统纯正的雌性拉布拉多猎犬，是最值得依赖的犬种之一。看来领导人所选择的宠物多少能够反映出他们的性格，即使起初没有什么相像的地方，时间久了也会受到潜移默化的影响。

之前在网上有一项大规模的调查，主要考察了人们的性格和他们所养的宠物之间的关系。有2000多名养宠物的人参与了调查，他们主要从几个不同的因素对自己的性格和宠物的性格作了评估，主要的因素有社交能力、情感稳定性和幽默感等。除此之外，他们还提供了自己养宠物的时间。研究结果表明，养猫的人最有依赖感，而且情感细腻；养爬虫类宠物的人则相对独立；养鱼的人是最快乐的；养狗的人相处起来让人觉得最有趣。有趣的是，主人还对他们的宠物进行幽默感的评分，他们认为狗的幽默感最高，猫的幽默感中等，而爬虫类则没有幽默感。最重要的是研究发现，宠物的性格和主人的性格具有相似性，而且这种相似性随着时间的推移会越来越明显。在相处的过程中，主人会受到宠物性格的影响，宠物也会逐渐地学习到主人的性格。这个调查证实了人们之前认为的"宠物也具有独立的个性"的说法，同时还说明宠物的个性和主人的个性的确存在一定的关系。所以，当你碰到一个牵着狗的人，不需要有太多的接触，你就可以对他的性格有一个大致的了解了。

不仅养宠物这件事情能反映出一个人的性格，就连我们何时上床睡觉这种生活中的细节也都和我们的性格有关系。

我们总是希望自己在学习和工作中处于最佳的状态，因此会选择最适合自己的时间睡觉或起床。有这样两个问题：如果你可以自由地、没有顾虑地选择睡觉的时间，你会在几点上床？晚上十点、十二点，还是凌晨一点？也许有人会提出质疑，说要具体情况具体对待了，如果还有未完成的工作需要熬夜的话，肯定睡得就晚；即使不需要熬夜，但是精神状态特别好，没有睡意也会到很晚才睡。我们这里所说的只是通常情况下，通过这两个问题你可以发现，自己是属于早睡早起型（早起型）还是晚睡晚起型（夜猫子型）。关于人们对这两个问题的回答有人进行了研究，结果表明我们的回答能够揭示自己的性格和思维方式。问卷调查的结果表明，早睡早起型的人一般性格内向，有很强的自制力，总是希望能够给别人留下好印象。与抽象的概念相比，他们更喜欢具体的信息，他们凭借逻辑而非直觉进行判断。晚睡晚起型的人则不太喜欢有规则的生活，他们更加独立，喜欢冒险，对人生有更富创意的思考。

血型性格诊断有科学根据吗

生活中随处可见一些人将血型与性格联系起来，包括现在网络上有很多有关血型能够预测性格的说法，比如 O 型血的人的性格特征是热情、坦诚、善良、讲义气，办事雷厉风行、踏实苦干、效率高；B型血的人聪明、思路广、拓展力强、最怕受约束；等等。对血型和性格关系的研究最早兴起于西方，目前研究比较多的是日本和韩国。日本有调查显示，80%的年轻人相信血型决定性格，并认为血型可以作为选择职业和配偶的参考。

那么，血型为什么能决定一个人的性格呢，这种说法有科学依据吗？日本的学者经过多年研究。血型有有形物质和无形物质两个方面，而气质则是血型的无形成分，血型的气质表现主要体现在个人的思维方式、行为举止、谈吐风度等方面，这是生物遗传的结果。但是，血型与性格之间的关系，除了受到遗传因素的影响之外，个人的成长环境、教育背景、人际关系等也影响着二者之间的关系，所以不同的人的性格才会呈现出千差万别。因此，简单地说血型能够决定性格是不科学和不严谨的，因为遗传的因素只是为性格的发展提供了可能性，而人的性格更多地受到后天社会环境的影响。

既然如此，为什么还有那么多人相信血型说呢？甚至还认为血型说准确呢？原因在于血型性格说只是对人类共性的人格特征进行描述，而这种特质恰恰很多人都具有。另外，这种血型与性格的测试大多流传于网上，很多人测了之后觉得准确才会回帖，而那些觉得不准的人却很少回帖，这就加强了对这一说法的认同，将其中的作用进行夸大，很多人也就信以为真了。即使测试结果不准确，很多人也会信以为真，甚至有种恍然大悟的感觉，"哦，原来我是这样一种性格的人啊"。而这些很容易对其他人形成暗示。

生活中，我们总是会受到这样或那样的暗示。比如，在公共汽车上，你会发现这样一种现象：一个人打了个哈欠，他周围会有几个人也忍不住打起了哈欠。那些跟着打哈欠的人并不是真的瞌睡了，而是他们的受暗示性比较强。在心理学中有一个简单对受暗示性的测试，让一个人水平伸出双手，左手的掌心朝上，右手的掌心朝下，闭上双眼。告诉他现在他的左手上系了一个氢气球，而且氢气球不断地上升；他的右手上放了一本厚厚的书，并不断地向下坠落。三分钟以后，看他双手之间的距离，距离越大，则受暗示性越强。

一位名叫肖曼·巴纳姆的著名杂技师在评价自己的表演时这样说，他之所以很受欢迎是因为在他的节目中包含了每个人都喜欢的成分，所以他使得"每一分钟都有人上当受骗"。人们常常认为一种笼统的、一般性的人格描述十分准确地揭示了自己的特点，心理学上将这种倾向称为"巴纳姆效应"。这一效应多少解释了为什么有些血型或星座的书刊能够"准确地"指出某人的性格。原因在于，那些用来描述性格的语句基本上适用于大部分人。例如，水瓶座的人理性且爱好自由，巨蟹座感性且富有爱心。可是我们仔细想想，谁不喜欢自由，又有几个人没有爱心呢？这些描述只是泛泛而谈，甚至是说了等于没说。一对按照星座的说法很不匹配的情侣，在日后的交往中会不断地暗示自己，如果哪一天真的有了摩擦和冲突，他们就会想"原来我们真的不合适"，这种预设最终被强迫成立，说不定最终真的会分道扬镳。可见，并不是这些描述真的有多么准确，关键在于我们总是在不断地暗示自己，最终真的就"弄假成真"了。

心理学的研究结果指出，人很容易相信一个笼统的、一般性的人格描述，并认为这种描述十分适合自己。即使这种描述十分空洞，他仍然认为反映了自己的人格面貌。曾经有心理学家用一段笼统的、几乎适用于任何人的描述让大学生判断是否适合自己。结果显示，绝大多数大学生认为这段话将自己的性格描述得非常准确。下面就是这段笼统而空洞的文字，你也可以看看这样的描述是不是刚好也适合你呢？

"你希望得到别人的喜欢和尊重，你有很多到目前为止没有发挥出来的优势，但是不可否认，你身上还存在着一些缺点，不过很多情况下你都能够克服它们。与异性交往时，你外表显得很从容，但是内心有时会焦躁不安。你总是能够进行独立的思考，在一些事情上有自己的主见，但是当别人的建议有足够的证据让你信服时，你也会接纳别人的意见。你喜欢自由，不希望自己的生活受到限制，你不喜欢一成不变、墨守成规的生活。你认为在别人面前过于表露自己是不明智的。你有时外向、亲切、好交际，而有时则内向、谨慎、沉默。"

上面的这段文字描述其实是一顶戴在谁头上都合适的帽子，很多人对此信以为真也就见怪不怪了。

巴纳姆效应的例子在生活中随处可见，比如那些对血型性格说深信不疑的人，还有那些把街头算命先生的话当作救命稻草的人，等等。从心理学的角度来说，这些人的受暗示性比较强，极易受到周围环境和他人的影响。尤其是当人的情绪低落、失意的时候，极易对生活失去控制感，从而导致他们缺乏一定的安全感，心理的依赖性也大大增强，而不论是"血型性格说"中的泛泛而谈，还是算命先生的信口一说，都会让他们得到一种精神安慰。这样看来，对于那些一般的、笼统的性格描述，有些人对其深信不疑也是可以理解的。

第三章

情绪心理学：为什么用牙齿咬住一支铅笔能让人感觉更快乐

什么是情绪心理学

当你拿到大学录取通知书的那一刻，你兴奋不已，甚至彻夜难眠；当你的亲人突然离你而去时，你痛苦不堪，万念俱灰；当你和恋人约会时，你内心激动不已，满是甜蜜；等等。在某一时刻或情境中，我们内心总会经历不同的情绪体验，或高兴或悲伤，或快乐或痛苦。我们享受着亲人、朋友带给我们的快乐，体验着购物或欣赏电影带给我们的愉悦，同样也会因为别人的误会而感到委屈，甚至会因为无意间伤害了别人而懊悔不已。

在我们每天的生活中，总会有这样或那样的事情让我们的情绪不断地发生着变化。当我们的需要得到满足的时候，我们就会产生一种快乐的情绪体验；当我们的需要得不到满足时，就会产生消极的情绪体验。从马斯洛的需要层次理论来说，这种需要不仅仅指物质层面的需要，同时也包括精神层面的需要，如关怀、尊重、爱、归属、自我实现等的需要。

通常情况下，我们将情绪分为积极情绪和消极情绪，高兴、快乐、喜悦等属于积极情绪，而愤怒、害怕、生气、难过等则属于消极情绪。现代科学也进一步证明，情绪可以通过大脑对我们的心理活动以及全身的生理活动都产生影响。马克思曾说过："一种美好的心情比十副良药更能解除生理上的疲惫和痛楚。"相关的研究也表明，积极情绪可以使人体内的神经系统、内分泌系统的自动调节机能处于最佳状态，有利于促进身体健康，也有利于促进人的知觉、记忆、想象、思维、意志等心理活动，从而使我们的心理处于健康和谐的状态之中。而当人的情绪有所波动、处于消极的情绪状态的时候，就会对生理机能产生一定的影响，从而导致疾病的发生。医学专家根据大量的病例分析证明，消极恶劣的情绪会引起免疫能力下降、体力过度消耗等生理上的变化，进而影响到我们心理的健康状况。而且那些精神上长期处于忧郁状态的人，肠胃系统的功能会受到影响，因为情绪抑郁会使胃肠蠕动和消化液的分泌受到抑制。据说，人在愤怒的时候 1 小时的体力与精神的消耗，相当于加班 6 小时以上的消耗。

因此，我们应该学会去调节自己的情绪状态，尽量避免消极情绪所带来的危害。现在，我们越来越觉得快乐少了，烦恼多了。只要你用心寻找，快乐其实很简单。哪怕是一件微不足道的小事都可以成为我们快乐的源泉，下面是一些人总结的能够让人感到快乐的小事。

遵从你的内心。选择做对你有意义并且能让你快乐的事情，不要为了顾及人情或别人的期待去做一些事。

多和朋友们在一起，不要被日常工作缠身。亲密的人际关系，最有可能为你带来幸福。

简单生活。更多并不代表更好，放慢节奏，简化生活。用不化妆省下的 30 分钟在花园里行走，用步行代替拥挤的公交车，亲手做一顿简单的菜肴而不去饭馆跟朋友觥筹交错。

有规律地锻炼。体育运动是你生活中最重要的事情之一。每周只要 3 次，每次只要 30 分钟，就能大大改善你的身心健康。

睡眠。虽然有时"熬通宵"是不可避免的，但每天 7　9 小时的睡眠是一笔非常棒的投资。这样，在醒着的时候，你会更有效率，更有创造力，也会更开心。

给予。当我们帮助别人时，我们也在帮助自己；当我们帮助自己时，也是在间接地帮助他人。

勇敢。勇气并不是不恐惧，而是心怀恐惧，依然向前。

感恩。记录他人的点滴恩惠，始终保持感恩之心。每天或至少每周一次，请你把它们记下来。

什么是情感智商

通常我们说一个人聪明是指这个人智商高，这里的智商是经典智商。经典智商崇尚理性思维，理性思维对科技的发展和人类的进步有重要意义。然而弗洛伊德心理学让我们领悟到，除了理性思维之外，非理性的思维方式对我们来说也非常重要。非理性的思维则体现了情感智商的价值。

"情感智商"又称"情商"，最初由美国著名管理学家丹尼尔·戈尔曼在其专著《情感智商》中提出。戈尔曼认为对一个人的成功起决定性作用的因素中智商只占20%，情商占80%。情感智商指人在情绪、情感、意志、耐受挫折等方面的品质。它是一个复杂的整体，包括行为、能力、信仰以及能使人们实现梦想和使命的价值观。情商决定我们的情绪、感觉，影响我们的行为和精神状态，在社交中帮助我们识别出别人的情感，指引我们建立良好的人际关系。情商意味着通过与你周围的环境相互作用，使你能够完成你的目标和使命。

丹尼尔·戈尔曼在《情感智商》中提到了诸如坚定的意志、自信、热情和自我激励等等。这些因素其实与你的情感状态紧密相连。如果你的情商较高，那么你就能获得坚定的意志、自信、热情和自我激励的能力。耶鲁大学的教授彼得·萨罗维对情感智商的定义，则在这些特征的基础上增加了自我意识和移情作用。所谓"移情作用"就是同理心，认同和理解别人的处境、情感和动机的能力。移情作用能够让你学会"阅读"某人的情感状态，并利用这一信息来更好地与别人相处。

其实，情商并不神秘，它是一系列的技能，包括五个方面：

一、认识自身的情绪。只有认识自己，才能成为自己生活的主宰；

二、妥善管理自己的情绪。掌握控制不良情绪的方法，避免受情绪的控制；

三、自我激励。自我激励是取得成功的最有效的武器；

四、识别别人的情感。了解他人的情绪是沟通与合作的前提；

五、人际关系的管理。高情商的人才能获得良好的人际关系。

销售员、政治家、心理学家、律师、企业的管理者在工作中都会无意识地用到这些技能。通过对本小节的学习，你可以把这些技能自觉地运用在工作和生活中，把这些技能发展到更高的境界，成为一个具有高情商的人。

情商高低的不同表现

情商高的人	情商低的人
自信	自卑
勇敢	怯懦
善于沟通	拒绝沟通
喜欢赞美别人	惯于批评和嫉妒
心胸开阔	心胸狭窄
信任别人	生性多疑
乐于配合	不善与人合作
容易接纳	排斥抗拒
积极乐观	消极悲观

很多时候，人们不能很好地控制自己的情绪。正如亚里士多

德所说，任何人都会生气，这说起来非常容易，但是要能做到以适当的方式，为了正当的目的，在适当的时间，掌握适当的分寸，对恰当的对象生气，那可就不是那么简单的事情了。有时，人们在需要控制自己的情绪时却大发脾气；有时，人们在需要坚定的意志力时却不堪一击。

情商对人的工作、生活都非常重要，它会影响人的一生。孩子如果没有受到良好的情感教育，就会变得自卑、怯懦，甚至封闭自己的情感，不敢与别人交往。婚姻生活中，如果不控制自己的情绪，不考虑对方的感受，可能会导致婚姻破裂。父母如果不顾孩子的感受，把自己的意志强加在孩子身上，就会激起孩子的怨恨。在职场中，情商往往决定一个人的录取和晋升。公司中，如果一味展现自己的聪明，不与同事进行情感沟通，就不能得到别人的尊重。企业领导者如果总为自己考虑，对员工随意批评，就会失去员工的信任。

如果你的智商很高，情商却很低，那么你有可能取得很高的学位，但是很难在团队中发挥自己的作用。因为在团队中，情商发挥着重要的作用。不能控制自己的情绪，不会换位思考的人很难在团队中赢得尊重和支持。相反，如果你的智商不高，情商很高，那么你很可能会取得事业的成功。如果你有较高的情商，你就能够妥善处理各种关系。你能够控制自己的情绪，既不伤害别人，也不被人伤害。你有充分的自信，能够得到别人的认可和赞美。你在人群中很有影响力，在与人交往的过程中，你总是掌握主动权。因此，在现实社会中，有些人并不是很聪明，但是他们却能够取得成功。

虽然我们强调情商的作用，但并不是贬低智商对成功的影响。智商与情商是相辅相成、密不可分的。如果你的智商很高，那么高情商可以使你更充分地发挥智商的作用。古今中外的所有成功者，无论是革命家、思想家，还是作家、艺术家、科学家、企业家，都是高智商与高情商的完美结合。比如，诸葛亮既能运筹帷幄、决胜千里，又能妥善处理与将士以及百姓的关系，在 1000 多年后的今天还能赢得人们的尊敬。周恩来总理是伟大的无产阶级革命家、政治家。中华人民共和国成立后，他在处理党和国家日常事务的同时还制定外交政策，他是国际著名的外交家，也是爱民如子的好总理。科学家居里夫人在艰苦的环境中凭借顽强的精神和对工作的热忱发现了镭，却毫无保留地公布了镭的提纯方法。

人为什么会笑

笑可以说是我们生活中最常见的现象之一了，我们每天都可以看见很多种不同的笑，如孩子纯真的笑、老人仁慈的笑、父母关心的笑、老师和蔼的笑，等等。可是，你有没有想过我们为什么会笑呢？对于这个看似简单的问题，我们却知之甚少。

据科学家称，在所有的生物中，只有人类和一部分猴子会笑，其他的生物都不具备笑的能力。心理学研究表明，大约从出生的第八天开始婴儿就会笑。心理学家认为，笑是婴儿简单乐趣的（如食物、温暖、舒适）第一个表示。耶鲁大学心理学副教授雅各布·莱文博士说，婴儿在他们六个月到一岁之间就学会了对事物发笑的本领。尽管我们笑的本领在生命的最初就已经习得，却是在以后一生的时间里来完善。

美国马里兰大学的心理学家普罗文对笑进行了长达十年的研究。他发现，笑最初只是人类祖先在游戏时，互相胳肢所产生的生理反应。当时，人们发出的是一种"呼呼"的喘气声，经过长时间的演变才逐渐成为现在的"哈哈"大笑。随着人类变得越来越聪明，也赋予了笑一定的社会功能，比如笑能够加强社会中人与人之间的联系，在人际交往中起到润滑剂的作用。有研究表明，人们在分享一个笑话时，会增加他们之间的友情。牛津大学的罗宾·邓巴发现，笑能增加人体内的内啡肽，而这种物质被称为是我们身体里的一种天然的"鸦片"，能让人感到非常快乐。不过，也有专家指出，人自然而然的笑与在谈话中感觉窘迫和紧张时的笑是不同的，前者是发自内心的，而后者则是被迫的，受到社会环境的操控。

对于人类为什么会笑的问题，美国精神病学家 V. S. 拉马钱德兰在其著作《大脑？还是幽灵？》中进行了这样的描述："当发生意想不到、需要提高警惕的事情时，人会紧张起来；但当弄清楚情况后，如果这件事情对自己没有威胁，人就会笑出来。"美国的拉玛昌达拉医生也对人类笑的原因进行了研究和探索。他认为，当你预感到有某种结果出现的时候，而事实上却并非如此，结果与你预想的大相径庭，这时候可能你会发笑，你通过笑来告诉周围的人，你所预想的结果只是"假警报"。拉玛昌达拉医生是在诊治一名患怪病的印度妇女时，发现这种被称为"假警报"的现象的。他用一根针触及这名妇女的皮肤时，她竟然会"哈哈"地笑个不停。拉玛昌达拉医生认为，对于一个正常人来说，皮肤接受的疼痛信号会被送到大脑中，相应的部分就会对疼痛作出反应，紧接着这一信息传到大脑中的感觉中心，最后就会产生疼痛的感觉。但是对这名妇女来说，针触及的这种疼痛的信息只在大脑的疼痛中心而未传到感觉中心，疼痛中心和感觉中心的联系被异常地切断了。因此她感觉不到剧痛，大脑只能将其解释为"假警报"，于是便"哈哈"大笑了。

比如，你走在街上，迎面走来一个凶神恶煞、怒气冲冲的人，这时你不由得紧张起来，于是你用双手紧紧地护着自己的包，你以为这个人是抢劫的。可是，当他走到你面前的时候，只是向你打听去某个地方的路线。这时紧绷的神经终于放松下来，想到自己刚才紧张的心情你不由得暗自发笑。刚才出现的那个凶神恶煞的人原来只是一个"假警报"而已，当这个"假警报"被解除了之后，我们就会不由自主地发笑。也就是说，当我们意识到某种危险存在的时候，就会不由自主地紧张起来，但是当发现原来危险并不存在，只是自己虚惊一场而已，就会不由自主地笑出来。

心理学中对这种状况进行了解释，认为笑是一种缓解紧张状态的方法，通过笑我们能够达到心理上的平衡。

此外，来自心理学的研究表明，笑能增加亲和力。面对同样两个人，一个面无表情，异常冷漠，而一个脸上经常挂着微笑，你更愿意和哪个人相处？很显然，你更愿意和后者打交道。心理学家建议要经常和喜欢笑的人交往。因为常和爱笑的人相处，自己也会受到感染，变得爱笑。而且假笑也有不可忽视的作用，不要忽视假笑，"假作真时假亦真"。一位心理学家这样说："只要你能把假看作真，那么真心诚意的笑将跟随而来，几乎可以起到和真笑同样的效果。"由此看来，不论何种形式的笑，都可以看作是缓解紧张状态的方法，同时也对我们的生活有积极的影响。越来越多的医生和心理学家认为，笑是一剂良药，可以提高人的免疫力和消化能力。社会学研究表明，爱笑的人在社会生活中往往更加出色。开怀大笑的人的大脑会得到更为充分的氧气供应，变得更加机敏。

看来我们经常所说的"笑一笑，十年少"并不是没有道理的。所以，没事的时候多笑笑。

人为什么会愤怒

笑是一种让人愉快的情绪，而愤怒则不然。生活中，我们发现自己会为鸡毛蒜皮的小事而发怒，但是你有没有想过自己为什么会发怒呢？

从心理上说，愤怒是一种能够进行自我保护的反应。当对我们有价值的事物受到威胁时，为了维系生活的平衡，我们就会产生一种愤怒的情绪从而达到自我保护的目的。比如，你非常喜欢自己的女朋友，觉得她在你的生命中占据很重要的位置，你觉得她对你有很重要的价值。但是某一天，你突然发现她背着你和别人在一起了。此时除了愤怒之外没有什么能够表达你的心情了，你伤心、难过，甚至觉得在朋友面前很难堪，但是为了掩饰自己比较脆弱的一面，你表现出一种强势的愤怒情绪，实际上这也是在进行自我保护。因为我们为保护我们的利益而愤怒，为争夺有价值的东西而愤怒。而且往往在大多数情况下，有一方会作出妥协，这样就避免了冲突的发生，保护了自己。这就是愤怒作为一种保护自我的手段的运作机制。

说到这里，也许有人会问为什么有些人不容易发怒，而有些人很容易发怒呢？有一种解释是随着我们生活水平的提高，生命已经有了足够的保障，不会因为少吃一顿饭就饿死，也不会因缺少某一样东西而无法生存，能够引起我们生气的因素相对变少了。当然这并不是说这些人就不会生气，当有些事情触犯了自己的利益时还是会愤怒的。

心理学家认为，人有一种被称为"自尊情感"的情绪，这种情绪和愤怒有密切的关系。所谓自尊情感就是人认为自己有价值的一种感觉，可能和我们平时所说的"自尊心"有点相似，但是却不是一回事。实际上，愤怒是保护我们的自尊情感的一种行为。比如，你听到别人对你说"你身上一无是处""你活在这个世界上简直是一种祸害""你简直糟糕透顶"之类的话时，你的自尊情感就会受到很大的伤害。出于对自尊情感的保护，我们就会愤怒。但是，自尊情感高和自尊情感低的人对此的反应是不同的。若一个自尊情感高的人面对别人的侮辱时，他能够宽容对待，因为不管别人说什么，都不影响他对自己的评价，因此也不会产生愤怒的情绪。相反，一个自尊情感低的人则会很在乎别人对自己的看法，他需要从别人的肯定和尊敬中获得自己的自尊情感，因此，当面对别人对自己不适当的评价或侮辱时，就会很愤怒。从这一点看来，自尊情感的高低和自尊心的高低刚好是相反的。一般情况下，一个自尊心强的人面对别人的侮辱和怀疑是很容易愤怒，而一个自尊心不强的人则会抱着无所谓的态度。因此，我们应该试图提高自己的自尊情感，冷静地审视自己，发现自己身上值得尊敬的地方。要学会尊敬自己，然后才能从别人那里得到更多的尊敬，只有这样才不会因为一点琐碎的事情而愤怒了。

此外，生活中，我们总是喜欢对行为和结果进行预测。于是，当某种行为或结果不在我们的预料范围之内时，我们就会感到焦虑和不安。而这种焦虑和不安往往会以愤怒的形式表现出来。比如，我们和朋友约好了去逛街，可是到了约定的时间她还没有出现，你想着等一会儿她。可是过了半个小时她还是没有出现，你不由得有点急躁和不安，可是一个小时过去了她仍然没有出现，这时你的这种急躁和不安的状态最终演变成愤怒。也就是说，当事情没有按照我们预想的那样发展或是不在自己的控制范围之内时，我们就会产生愤怒的情绪，这也是一种自我保护的方式。

越是不想拥有，越容易获得快乐和幸福

一次，学生们怂恿苏格拉底到繁华的集市上走一遭，因为那里的物品实在是太丰富了，如果不去欣赏一下就太可惜了。苏格拉底禁不住劝说，就去逛了一番。集市上琳琅满目的商品果然令他大开眼界，然而苏格拉底慨叹道："世界上竟然有那么多我不需要的东西。"这就是苏格拉底与普通人的不同之处——常人肯定考虑的是自己想要拥有其中的哪些，可苏格拉底恰恰相反，在他眼中，自己的生活已经很富足了，所以，集市上的东西即使再好也与自己没有什么关系了。

正因为苏格拉底心中没有这种匮乏感，所以他的心里才是快乐的。正所谓知足常乐，相反，自己想要拥有什么却又得不到就会产生苦恼。当然，知足常乐和安于现状、不思进取是两回事，知足的根本在于对自己的拥有怀有一份感恩之心。

有一个人因为贫穷买不起鞋穿而感到很苦恼，可是有一天他忽然见到一个没有脚的人，这才陡然感觉到自己是多么的幸福。他知道，相对于拥有健全的肢体，穿的衣服破一点又有什么关系呢？

还有一个经常被讲述的故事，说一个老大娘有两个女儿，大女儿卖草帽，二女儿卖雨伞，晴天的时候老大娘就替二女儿担忧，因为晴天雨伞就不好卖了；而雨天的时候老大娘又为大女儿发愁，因为雨天草帽就没人买了。有人劝慰她换一个角度来想，晴天时就想着大女儿的生意好，而雨天时则想着二女儿的生意好，这样，不论是晴天还是雨天，老大娘就都会为女儿感到高兴了。

事情并没有变化，但是看待事情的角度变了，人的情绪就随之改变。我们要因为自己的拥有而心怀感激，而不应当因为自己的缺乏而抱怨。这样，才可以常享快乐的人生。

苏轼在《赤壁赋》中说："且夫天地之间，物各有主。苟非吾之所有，虽一毫而莫取。惟江上之清风，与山间之明月。耳得之而为声，目遇之而成色。取之无禁，用之不竭，是造物者之无尽藏也，而吾与子之所共适。"以苏子的达观，怀知足之心，则何匮之有呢？

快乐不是因为拥有的多，而是因为想要的少。占有再多只能体验到一时的快乐，而无穷的欲望仍然会折磨贪求的心。知足才能真正常乐。

幸福也是一样，你没有总想自己是否幸福，你就是幸福的。

有一个知名的企业家，事业取得了辉煌的成功，却突然被检查出自己患了癌症，此时，他蓦然发现，自己这些年来在社会上奔波辗转，虽然取得了常人难以想象的成功，自己也为此而感到骄傲，但是却从未用心体验过幸福，于是他决定在生命最后的日子里，抛弃一切世俗的纷扰，再无利害得失之心，而只一心平静地过安乐的生活。不久之后，他在复查时发现，自己竟然神奇般地痊愈了。他在追求一切的时候，其实得到的只是外在的富有，而放下了一切，就获得了内在的富足，获得了真正的幸福。

这个故事讲述的就是关于幸福的定律：当你不去在意自己究竟是否幸福的时候，你就走进了幸福之中，正所谓"有心栽花花不发，无心插柳柳成荫"。

为什么会有这种欲求而不得，不求而反获的事情呢？很多人有过这样的体验，就是在某种情况下，越是强制自己集中注意力，注意力却越无法集中，而放松下来则常常会自然地投入进去。关于幸福感也与此相似。其实，人们在心里刻意地惦记着的幸福都是由于不满足而产生的，而不满足则会促成一种焦虑感和失落感，这种焦虑和失落的心理正是破坏幸福感的基本因素。

有句俗语叫作"身在福中不知福"，人们习惯于将身边的一切看得平常，即使它很好，也浑然不觉；即使它很坏，也能够平静地承受。但并不是每个人都甘于现状，有些人认为自己当下的生活是不幸福的，而一心汲汲于对幸福的追求。可是这些人往往只是将幸福作为一种结果来看待，忽视了真正的幸福并不在于追求到了什么样的结果，而在于生活的过程本身。

痛苦挥之不去，快乐却很容易消失

《红楼梦》第三十一回中，林黛玉曾说："人有聚就有散，聚时欢喜，到散时岂不冷清？既清冷则伤感，所以不如倒是不聚的好。比如那花开时令人爱慕，谢时则增惆怅，所以倒是不开的好。"俗话说，"千里搭长棚，天下没有不散的筵席"，热闹只是短暂的，而冷清却是常态，所以林黛玉对于欢聚有着一种抵拒的态度。人生就是这样，欢乐之时少，而悲苦之日多。

人们这种痛苦的感受其实并不仅仅是时间长短造成的，更主要的是心理原因——对于悲苦，人们有着更为强烈的感受；而对于欢乐，虽然一时的感触也会很深，但总是不如痛苦所留下的印痕那样深。人似乎天然地具有咀嚼痛苦的偏好，而且这种心理取向是不由自主的。虽然每个人都不喜欢去回味痛苦，可是偏偏痛苦的情景会经常地浮现于脑际，给自己带来深深的困扰。

陆游与表妹唐婉彼此深爱，但不幸被母亲拆散。此后，两人只在沈园见过一次面，不久之后唐婉即郁郁而终，而这也给陆游留下了无尽的伤感，直到晚年也不能有丝毫的忘怀，曾经多次作诗来表达心中的这份苦楚："梦断香销四十年，沈园柳老不飞绵。此身行作稽山土，犹吊遗踪一泫然。"读来令人万分感慨。而南唐后主李煜在被俘之后也久久地沉湎于亡国之痛，极其悲恸地吟唱着："多少恨，昨夜梦魂中……"

还有祥林嫂，她的后半生几乎一直沉浸在失子之痛中。难道她的人生真的就没有一点快乐可回忆吗？当然不是。而是那痛苦实在不容易让她忘记，渐渐地她竟忘记了还有快乐这一种感受。

通过这些事例可以看出，强烈的痛苦情绪是会影响人的终生的，而却很少有人能够把某件乐事记一辈子。这就是快乐不对称定律。

快乐和痛苦如此不对称，那是不是就意味着要一味地沉沦于痛苦之中呢？像祥林嫂一样，在痛苦中变成一个怨妇？当然不能。既然我们无法回避不开心和痛苦的事，那么让自己在经历这些伤心和痛苦后尽快开心起来就是非常重要的了。

这其实也是快乐不对称定律给我们的启示。真正的快乐其实正是源自于对痛苦的领悟，没有痛苦我们也无从体会快乐。我们只有正确地面对痛苦，理智地剖析它，肯定应该肯定的，否定应该否定的，只有这样我们才能学会放弃，才懂得珍惜，才能记住该记的、忘记该忘记的，才能让痛苦成为人生的一种财富、一段经历、一份回忆、一种领悟。

快乐不对称定律给我们的另一个启示是：要重视痛苦情绪对人的心理可能产生的严重的消极影响，一旦经历了重大的痛苦事件，应当及时进行心理疏导，以缓解其后的不良心理反应。例如，发生重大的地震灾害之后人们会对受灾的人们施以心理救援，因为地震所带来的伤害会成为当事人心中一种忧伤而郁重的阴影，非常容易引发各种心理问题。而在家庭和学校教育中，家长和教师也要特别注意避免会给孩子的心理造成较大程度伤害的事件发生。典型的例子就是家庭暴力，孩子在遭受了痛苦的惩罚之后，往往会产生怨恨的心理，这对其身心的成长是极为不利的，严重的甚至会阻碍孩子形成健全的人格。

"孤独综合征"正在流行

当一个人独处的时候，往往会感到孤独，可是，当自己与他人共处的时候，也未必就不会孤独。因为孤独更重要的不是指一种客观的生活状态，而是指一种主观的心理感受。置身繁华之中，心中或未能免于凄凉；而茕茕只影，心里也并非就一定是落寞的；长期在一起，甚至有着亲密的身体接触，可心灵无法沟通，造成的孤独感更强。

就本质而言，孤独是一种因为无法与他人展开正常的思想交流而产生的苦闷，是一种因为得不到他人对自己内心世界的深入理解而产生的困惑。因为这样的苦闷和困惑，会让自己觉得在心灵的境地中，只有一个孤零零的身影，没有人理会，自己也寻找不到其他的人为伴。

这一点在城市人群中更加明显。在拥挤不堪的都市、无处不在的生存和竞争压力以及人际关系的日渐淡漠中，无论是青少年、老人、事业成功的白领，还是普通的务工人员，都面临被"孤独综合征"席卷的危险，个性变得孤僻消极。现代都市的拥挤、社会竞争的加剧、生存压力的加大以及信息的泛滥、戴着面具的职业角色以及单门独户、封闭的现代居住方式等是诱发孤独综合征的根本原因。

孤独综合征症状的个体差异性很大，但通常都会在孤独感产生后出现情绪低落、忧郁、焦虑、失眠等不健康状态。不过，有一点需要澄清，就是孤独综合征不同于孤独症，前者是因孤独而产生的心理综合征，后者被医学和教育界认为是一种精神残疾的心理疾病，也叫作自闭症。孤独综合征其实和自闭症是完全不同的两个概念，所以，城市孤独者们不管多孤独都不必怀疑自己患上了孤独症，心理综合征只要稍加调节就会恢复正常的，这就需要我们对孤独有一个正确的认识。

事实上，一个人的内心深处是很难被另外的人所真正理解的，而且人的精神世界越丰富就越是如此。常言道，人生得一知己足矣。所谓知己，也就是超越了那些泛泛的表面的了解而能够潜入深处真正感知到自己心灵的人。这在于常人，或许还不难寻到，可是如果一个人的心地颇为渊深，那就不容易逢到知己了。伯牙摔琴谢知音，讲的就是这个道理。知音已无，自己高妙的琴声又有谁能够欣赏？既然连能够领会其妙处的人都没有了，那么自己又抚琴给谁听，还有什么意义呢？

在《庄子》一书中有这样一则故事，楚国都城郢有两个匠人，一次在做活的时候，有一滴泥浆落在了一个匠人的鼻子上，他要用手拂掉，可是另一个匠人却说："让我来帮你。"说完他就举起斧子飞快地落下，再一看，泥浆被削得干干净净，可是鼻子却丝毫都没有受伤。后来有人令他再表演一次这样神奇的技术，可是他却说："我固然还有这样的技术，可是我的对手已经不在了，所以是无法进行表演的。"也就是说，另一方只有对他怀有充分的信任才会很好地配合，任凭多么锋利的斧子削下来，都会毫无惧意而纹丝不动，所以两人能够合作得如此完美。试想，如果对方怀疑他会不会削伤自己的鼻子而乱动起来，而持斧的人却是按照原来的位置削下去，那么，结果或者是没有把泥浆削掉，或者削掉的也就不仅仅是泥浆了。他们之间之所以能够产生这种信任，是因为他们彼此深深地相知。

孤独是人们经常会面对的一种情境，它的滋味是苦涩的，因而绝大多数的人都排斥孤独，但是又很少有人能够完全避免孤独。人们更需要做的是，如何与孤独和平地相处——正视孤独，尤其当自身遭遇了某种不顺利的时候，要知道孤独尽管可能带来一时的悲观，但决不意味着长久的绝望；主动地与朋友多交往，虽然这也许并不能够从根本上驱逐心中的孤独，但至少可以令自己那寂寞的心情得到相当程度的缓解；学会移情，将注意力转移开来，比如说培养一些积极的爱好，给生活中多增添一些乐趣；学会享受孤独，充分地利用孤独的时机认真地反省一下自己的生活，从中品味出思考的快乐，甚至视孤独为亲密的伴侣。

为什么用牙齿咬住一支铅笔能让人感觉更快乐

在日常生活中，当我们内心经历某种情绪或情感变化时，总是以一定的行为表现出来。比如，高兴的时候，我们会笑；伤心的时候，我们会哭；生气的时候，我们会发火；对某种意见表示同意的时候会点头；表示反对的时候会摇头，等等。这些都说明，根据我们情绪的变化，就可以预测出我们的行为。本体心理学的观点则认为，让人们以某种方式行动，他们同样也会感受到相应的情绪。比如，让一个人微笑，他就会感觉到快乐。这一说法已经得到相关研究的证实。

在研究中，有两组参与者共同参与到实验中。研究者要求其中一组参与者紧皱眉头，而另一组参与者面带微笑。虽然这只是一个简单的对面部表情的控制，但是却对两组参与者的情绪产生了很大的影响。与紧皱眉头的参与者相比，被要求面带微笑的那一组参与者称自己感受到了更多的快乐。

这对那些苦苦寻找快乐的人来说似乎是一个不错的启示，如果想获得快乐，可以尝试着多微笑。虽然我们常常是在感到快乐时才微笑，但是微笑同样也能让我们感受到快乐，即使我们自己没有意识到，但是这种效果的确是很明显的。

在另外一项研究中，要求参与者观看大屏幕上闪现的并且不断移动的不同的产品，这些产品有的是垂直移动的，有的是水平移动的，参与者在观看的时候要说出他们是否喜欢这些产品。研究结果表明，与水平移动的产品相比，参与者更喜欢垂直移动的产品。研究者们认为，参与者在无意识中把垂直移动的产品与点头的动作联系起来，将水平移动的产品与摇头的动作联系起来。这说明点头和赞许、认同等正面的情绪相联系，而摇头和否定、不乐意等负面的情绪相联系。因此，在观看垂直移动的产品时，观看者就会无意识地点头，从而体会到的是一种比较快乐的情绪；而观看水平移动的产品时，他们会无意识地和摇头的动作相联系，内心自然也体会不到那种快乐的情绪。

在20世纪80年代，有人进行了一项比较有意思的研究，研究发现，仅仅用牙齿咬住一支铅笔就能让人们体验到快乐的情绪。研究中同样有两组被试者，研究者要求其中的一组被试者用牙齿咬住一支铅笔，但是必须保证铅笔碰不到嘴唇；而另外一组参与者则被要求仅仅用嘴唇含住铅笔，但是要保证铅笔不会碰到牙齿。同时，两组的参与者都要对一部喜剧卡通片进行评价，并进行相应的打分以表示他们从这部卡通片中所感受到的快乐程度。有趣的是，用牙齿咬住铅笔的参与者，其面部肌肉处于微笑的状态；而用嘴唇含住铅笔的参与者，其面部表情是紧皱着眉头。研究结果也证实，参与者的面部表情和他们内心体验到的情绪是一致的，即那些用牙齿咬住铅笔而被迫使面部表情进入微笑状态的参与者比那些仅仅用嘴唇含住铅笔而不自觉皱眉的参与者体验到更多的快乐，而且对戏剧卡通片的评价也更高，认为它能诱发更多的快乐。其他的研究也表明，快乐的行为能引发一系列的连锁反应，它不仅让人们能够体验到快乐的心境，同时也能让人们以更积极乐观的心态去对待生活，回想生活中那些能让你快乐的事件。即使这种快乐的行为停止，快乐的心境并不会立即消失，就像微笑虽然停止了，但是快乐仍会通过我们行为的很多方面继续对我们产生影响一样。

快乐之道其实很简单，我们完全不必大伤脑筋苦苦追寻，只需每天快乐地生活，久而久之，我们就会成为真正快乐的人。

第四章

行为心理学：人们为什么愿意为
他们喜欢的人做事

情人眼里为什么会出西施

在物理学上，热水快速冻结现象被称为"姆潘巴现象"，也称"姆潘巴效应"。姆潘巴现象是对我们大脑中的常识的颠覆，热水怎么可能先结冰呢？然而不可靠的姆潘巴现象竟然被人们当作真理认同了40多年。

姆潘巴现象是以埃拉斯托·姆潘巴的名字命名的。1963年的一天，姆潘巴发现自己放在电冰箱冷冻室里的热牛奶比其他同学的冷牛奶先结冰。这令他大为不解，于是，他立刻跑到老师那向老师请教。老师却很轻易地说："肯定是你搞错了，姆潘巴。"姆潘巴不服气，又做了一次试验，结果还是热牛奶比冷牛奶先结冰。

某天，达累斯萨拉姆大学物理系主任奥斯玻恩博士到姆潘巴所在的学校访问。姆潘巴就鼓足勇气向博士提出了他的问题。奥斯玻恩博士回答说："我不能马上回答你的问题，不过我保证等我一回到达累斯萨拉姆就亲自做这个实验。"结果，博士的实验和姆潘巴说的一样。于是，人们就把热牛奶比冷牛奶先结冰的现象称为"姆潘巴现象"。

2004年，上海向明中学一个女生庾顺禧对这一现象提出了质疑。在科技名师黄曾新的指导下，庾顺禧和另外两名女生开始研究姆潘巴现象。她们利用糖、清水、牛奶、淀粉、冰淇淋等多种材料，采用先进的多点自动测温记录仪，在记录了上万个数据后进行多因素分析，最后得出结论：在同质同量同外部温度环境的情况下，热液体比冷液体先结冰是不可能的，并提出了引起误解的三种可能。

为什么一个不存在的现象竟然被人们当作真理认同了40多年，而没有人对它提出质疑？这就是光环效应的作用。光环效应，又称晕轮效应，是指人们对事物的某种品性或特点有强烈的自我知觉，印象比较深刻、突出，这种感觉就像月晕形式的光环一样，向周围弥漫、扩散，影响了对事物的其他品质或特点的认识和判断。

人们之所以坚信姆潘巴现象存在，就是源于对专家的良好印象。在这种印象的影响下，人们对姆潘巴现象的存在深信不疑——因为这个结论是物理学家给出的，他是物理学家，结论肯定就是正确的。

光环效应其实是一种认知偏差，是一种以偏概全的评价。我们可以把光环效应通俗地称为"情人眼中出西施"。

在现实生活中，光环效应随处可见。热恋中的姑娘和小伙子，受光环效应的影响，双方就会被理想化——姑娘变成了人间的仙女，小伙子变成了白马王子；当老师对某个学生有好感时，会觉得这个学生什么都好；等等。

人为什么要赶时髦

人为什么要赶时髦呢？

"时尚"又称流行，是指在一定时期内，在社会上或某一群体中普遍流行的，并被大多人所仿效的生活方式或行为模式。所谓的"赶时髦"也就是追赶流行趋势。时尚体现的范围非常广，几乎包括我们生活的全部，既包括衣食住行等物质生活方面，也包括文化娱乐等精神生活方面。某一种服饰的流行，大家狂热喜欢超女、快男等偶像，都是时尚现象的体现。这些行为既是一种群众行为，也是一种普遍的社会心理现象，不具有社会强制力。

时尚可以由上而下传导，比如时装发布会发布最新流行趋势，然后在社会上流行；也可以自下而上传导，先由社会上的普通群众开始，然后成为上层社会人士追崇的流行趋势。当然，时尚也可以在社会各群体之间横向传导，通过媒体得到广泛传播。

那么，人们为什么会追求时尚呢？很大程度上是为了满足心理上的种种需求。时尚的引领者大都有以下特征：不甘于现状，富有好奇心，勇于冒险，追求与众不同等。追求时尚，首先能满足我们的求新欲望。人类本能地具有渴望新鲜事物、厌弃陈旧事物的心理倾向。求新和好奇是人类的本能需求，而流行和时尚本身的新奇特点就能满足我们的这种需求。

再者，从心理学上来说，赶时髦的行为是一种从众行为。为了和群体中的其他人保持一致，避免被孤立，在时尚面前从众的本能开始发挥作用。这与个体的性格特质以及来自群体的压力有关，为了继续和群体保持交往，我们一般都会迈开追赶潮流的脚步。

另外，赶时髦还可能是为了自我防御和自我展示。那些社会地位较低、觉得受到忽视的人，可能会认为追求流行和时尚的与众不同能消除自己的自卑感，或者展示自己个性、喜好、品位等，能增添自己的魅力，吸引他人的目光。

从以上分析的赶时髦的原因中可以看出，人类的心理常常是矛盾的，既要求同于人，又要求异于人。当某一东西开始流行的时候，我们为了标新而追求流行；当该东西流行了一段时间，我们又产生厌弃心理，开始追求另一些更时髦更新颖的事物，于是，新一轮流行开始。

当然，准确把握人们追赶时髦的心理，对商品生产、调节市场需求、引导人们的消费习惯等是非常有益的。以时装行业为例，设计师如果具有敏锐的流行触觉，了解最新的流行趋势，就能设计出畅销的衣服，引领新的流行时尚。而就我们普通消费者的角度来说，最好不要盲目追赶潮流，因为潮流是转瞬即逝的，它只是某一段时间内的社会现象，如果不具备一定经济实力的话，赶时髦着实是一件"劳民伤财"的事情。

见到有困难的人，为什么不愿出手相救

某日午夜，在美国纽约郊外某公寓前，一位妇女在结束酒吧工作回家的路上遭到歹徒袭击。当时她绝望地喊叫："有人要杀人啦！救命！救命！"听到叫喊声，附近居民都亮起了灯，打开了窗户，凶手吓跑了。当一切恢复平静后，凶手又返回作案。当她又喊叫时，附近的居民又亮起了灯，凶手逃跑了。当她认为已经无事，回到自己家楼上时，凶手又一次出现在她面前，将她杀死在楼梯上。在这个过程中，尽管她大声呼救，她的邻居中至少有38位听到呼救声到窗前观看，但无一人来救她，甚至无一人打电话报警。当时这件事引起纽约社会的轰动，也引起了社会心理学工作者的思考。

为什么人们会如此冷漠，见死不救呢？心理学家将这种有众多旁观者在场却见死不救的现象称为责任分散现象，也叫旁观者现象。他们认为，恰恰是因为旁观者在场，削弱了人们的助人行为。在某个需要帮助的情境，如果单个个体在场，他会有很强的责任感，会积极做出助人行为，而旁观者越多，助人行为越少。这是因为我们都希望能少分担一点责任，心里想着即使自己不出手相助，也应该会有人会伸出援手，从而导致责任的分散——如果只有1个旁观者，他助人的责任是100%；2个旁观者在场，每个人就承担50%的责任；如果有10个旁观者，每个人就只承担10%的责任。每个人都减少了帮助的责任，而个体却不清楚自己到底要不要采取行动，就很容易等待别人提供帮助或互相推托。

心理学家约翰·巴利和比博·拉塔内的实验证明了旁观者现象的存在。他们让72名不明真相的参与者分别以一对一和四对一

的方式与一个假扮的癫痫病患者保持距离，并通过对讲机讲话，在通话过程中，假扮的癫痫症患者会忽然大喊救命。这时观察参与者会作何反应。他们事先知道自己是一对一还是四对一的形式。事后统计结果显示，一对一通话组，有85%的人冲出工作间去报告病人发病；而四对一通话组只有31%的人采取了行动！

和成人的这种心理相反，儿童的助人行为却因为有其他人在场而增加了。心理学家斯陶布发现，儿童单独在场时，只有31.8%会出现助人行为，而两人在场时，上升至61.8%。这可能是因为其他人在场减少了儿童的恐惧感，从而做出助人行为。

除了责任分散这个重要因素之外，还有其他一些因素也影响了人们的助人行为。比如说，榜样的作用。旁观者在场除了能使人们感到责任分散、犹豫不决外，也能起榜样的作用。熙熙攘攘的大街上，此时有一个陌生人突然发病，如果有一个人即时出手相助，并拨打120急救电话，其他路人肯定也会停下脚步，给予帮助。另外，情境的模糊性也会影响人们的助人行为——个体不确定发生了什么事，是不是需要自己提供帮助的时候，往往会退缩。如一项实验中，一个油漆工人站在梯子上，他的正上方是一幅巨大的广告牌，被试者能透过窗户看到这名工人。不久之后，被试者都听到重物落下的巨大声响，跑出来一看，发现是广告牌掉落了，只有29%的被试跑过去帮助他。但是在另一情景中，油漆工呼唤大家去帮助他，这时有81%的被试者会出手相助。可见，减少情境的模糊性，能增加助人行为。

心理学家们还发现，一些外部因素诸如天气、社区大小、被助人特点、性别等都能影响助人行为。微风拂面的晚上，司机愿意让人搭顺风车；风雨交加的晚上，他们赶着回家而无暇顾及需要帮助的路人。小城镇的人生活节奏慢，热心肠，比起匆匆忙忙的都市人群，更愿意表现自己的爱心。而那些看起来弱小、善良、有吸引力的人，更能得到他人的帮助，尤其是漂亮的女性。研究发现，男性的助人倾向受性别的影响，尤其当对方是年轻漂亮的女性时；而女性的助人倾向不受性别的影响。

由此可见，人们不愿意出手相助并不能简单地归结于道德的沦丧、人性的冷漠，因为影响我们助人行为的因素很多，在不同的场合、情境，针对不同的对象，人们的援助行为确实不同。但是，我们还是应该有一定的责任感，最好别因为责任的分散导致救助的不及时，而造成不可逆转的后果。

人为什么喜欢跟风

2010 年伊始，一部好莱坞大片《阿凡达》彻底点燃了影迷的热情。全国各地的影院都爆满，排队买《阿凡达》电影票已经成为众白领的"心头大事"。而且影迷们的追求不满足于 2D、3D 版《阿凡达》，都想一睹 IMAX3D 版的风采。因为上海和平影都是长三角地区唯一可看 IMAX3D 版《阿凡达》的影院，各路影迷几乎要将和平影都"吃掉"，疯狂的影迷甚至凌晨四五点就赶到影院排队——在春节还有一个多月到来之际，一部《阿凡达》却一不小心预演了"春运购票潮"。有影迷表示："人家都说 IMAX3D 版好看，我们当然想看了，不看是件多没面子的事儿啊。要不人家问起来，都不知道和人家聊什么，现在满城都在谈论《阿凡达》。"甚至，有影迷为了一睹 IMAX3D 版《阿凡达》的风采，跨城市看片，从各地奔赴上海。由于大家的蜂拥追捧，票价也水涨船高，甚至一票难求。

这个现象反映了人们这样一种心理：别人都看了，我不看岂不是很没有面子，这就是乐队车效应。"乐队车效应"这个词最早来自于经济学领域，由著名的经济学家凯恩斯提出，他将经济繁荣时推动资产价格上升的现象描述成乐队车效应。当经济的繁荣推动股价上升时，跟风的投资者们开始一窝蜂涌入股市，促使股市的行情飙升，最后，股票的价格上升到一个无法控制的地步，股票市场预期发生逆转，导致价格崩溃，股市崩盘。就像队伍游行时开在最前面、载着演奏乐队的汽车，在它的带领下，人们情绪激昂，气氛高涨，不由自主地加入游行的队伍，跟着队伍前进。而或许一开始你并不想参与这个游行。

生活中的乐队车效应随处可见。一种本来不好吃的东西，如果大家都说好吃，你可能也就跟着附和了；一首感觉平平的歌，大家都说好听，你可能也会忍不住称赞它。就好像是小时候玩游戏时要选边站，我们都会选择能赢的一方。商家的炒作就是根据人们的这种心态来进行的，集中宣传某种产品，制造很火爆的场面，吸引消费者的捧场。

与乐队车效应相反的还有一种心理效应，即支持弱者效应——人之初，性本善，人性善论者认为同情弱者是人的本能。生活中，同情弱者也是一种较为普遍的心态。比如，同情贫困地区的孩子，所以我们有希望工程；同情地震灾民，所以我们积极捐款捐物；同情街头的乞讨者，所以我们忍不住驻足关心。同情心是自我感受的一部分，人有把他人的感受想象成自己经受时的情况，而且感同身受的程度因人而异，有些人很容易被感动，有些人则不容易。看电视的时候，有些人常常因为故事情节、人物的悲惨遭遇而感动落泪，有些人却毫无感觉。

人性恶论的观点则认为我们同情弱者的心理不是与生俱来的，他们反对人性本善的说法，认为人性是自私的，同情弱者只是发现他们比我们弱，无法对我们造成危险，所以才同情。而一旦他们变强了，就会停止救助。尽管这两种观点从完全不同的角度阐述了我们同情弱者行为的本质，但不管怎样，面对一个落后的队伍，我们还是会忍不住为其加油鼓劲。

那么，这两种截然相反的心理效应，人们是如何表现的呢？一般情况下，人们会根据自己的需要，灵活使用乐队车效应和支持弱者效应。在涉及自身利益的时候，多会表现乐队车效应，站在有利于自己的一边，这样不仅可以获得心理上的满足感，还能得到利益。而对与自己无关的事情，则会产生支持弱者效应，站在弱者的一边。

但是不能盲目跟风，产生乐队车效应的时候，应该停下来，仔细思考一下，这是不是自己真的需要的、真的与自己的能力相符，不能因为面子而跟风。

人们为什么愿意为他们喜欢的人做事

战国第一名将吴起有一次率领魏军攻打中山国。他巡视军营的时候发现有一个士兵身上长了毒疮，疼痛难忍，吴起毫不犹豫地俯下身子，为这位士兵将毒疮里的脓血一口一口地吸出来。事情传到这位士兵母亲的耳朵里，她大哭不止。旁人问她："你儿子只是一名普通士兵，将军为他吸脓血，本该是一件光荣的事情啊，为什么要哭呢？"他母亲回答："你有所不知。几年前吴将军也为他父亲吸过脓血，结果他父亲临死也不退缩，最后战死沙场。如今又为他吸，真不知道他要死在哪里了。"正是因为有对下属的一片真心，吴起的军队战无不胜，攻无不克，最终成功拿下很多战役。

人们总是愿意为他们喜欢的人做事。故事里的父子就是这样，吴将军是他们爱戴的将领，所以，他们为了吴将军愿意赴汤蹈火，甚至献出自己的生命。

最早提出这个理论的是美国管理学家瑟夫·吉尔伯特，他认为每个人都愿意为自己中意的人做事，而且往往会任劳任怨，不计较得失。

这就是心理学上的所谓"喜欢原则"。我们总有一种倾向，愿意去帮助那些自己喜欢的人，同时也赞同他们的观点。一般来说，人们在知道有人喜欢自己之后，会产生一种强烈的心理压力，要去回报他人的喜欢。正是出于这种心理，我们会不自觉地心甘情愿为喜欢的人做事。谈恋爱的时候，男生为了心爱的女友鞍前马后，乐此不疲；工作的时候，因为上司的一句称赞，加班加点而不觉辛苦，都是出于对喜欢的回报心理。

美国著名女企业家玫琳·凯曾说过："世界上有两件东西比金钱和性更为人们所需——认可与赞美。"也就是说，金钱的力量不是万能的，人心所向才是成功的关键，适当的赞美和认可，能弥补金钱的不足。

从马斯洛的需要层次理论来看，生理和安全需要只是最基本的需要，尊重和自我实现才是我们所最终追求的高级需求，每一个人都有强烈的自尊感，也渴望被尊重、被认可。有一个小伙子在公司里干的是最不起眼的清洁工工作，有一次歹徒闯进公司试图抢劫，只有他不顾一切和歹徒殊死搏斗。事后被问起原因，他的答案更是平淡无奇却又发人深省："因为董事长总是夸我地扫得很干净。"就是这么一句简简单单的话，却有如此大的力量，能让这位小伙子忘了危险，拼了性命。领导对下属的一句真诚赞美，就能使他们得到莫大的满足，最大限度地激发他们的潜力，让他们努力工作。这比任何物质奖励都更让人激动。

那些外表美丽的人能赢得他人的喜欢，所以，人们总是对美女很偏爱。可是，如果一个人的言行举止给他人传递的全是善意，时时刻刻为他人着想，时时刻刻关心、宽容他人，这样的人会比美女更受到大家的喜爱。你可以发现，那些有很多朋友、受大家喜爱的人，都不是自私、自我的，他们能时刻照顾起朋友的感受，尊重、关心周围的人。这样的人，自然也会得到大家同样的关心和回报。

下级与上级之间也是一样。下级对上级领导的评价，除了他对下属的关心外，可能还包括他作为领导的责任承担能力。一个敢作敢为、有担当的领导，能让下属产生信任感和凝聚力，下属也会积极承担起自己应承担的责任，让领导放心。领导把责任揽在了自己身上，会承担一定的风险和损失，但实际上却能换来下属更强的信任感。

结合各种社会生活现象，我们了解了喜欢原则是怎么一回事。人们喜欢为他们喜欢的人做事，实际上是出于喜欢回报的心理，也是为了满足自我被尊重、被认可的需要。

想让自己被更多人喜欢，想让一个企业更有活力、更有凝聚力吗？那就别吝啬你的赞美和鼓励，多从人性的角度出发，给予他人多一些喜欢和关注，他们自然会回报你同样多的喜欢和关注。

为什么人总要追求完整、配套与协调

18世纪的法国哲学家狄德罗，收到了一件朋友送给他的质地和做工都非常精良的睡袍，他非常欢喜。可是，他马上就发现了问题，因为他看到自己所用的家具与这件睡袍比起来，显得实在是太粗糙了，风格完全不和谐。于是，他就把旧家具纷纷换掉，使得居室焕然一新，为此花费了相当高的代价。随后，他察觉到，引起自己生活这一重大变化的竟然只是一件睡袍。后来，狄德罗据此写了一篇文章，叫作《与旧睡袍离别的痛苦》。

两百年后，美国哈佛大学的经济学家朱丽叶·施罗尔在《过度消费的美国人》中，将这种现象称为"狄德罗效应"，或者叫作"配套效应"。其具体内涵是，人们在拥有了一件新物品之后，就会不断地继续配置与其相适应的更多的新物品，以求得心理上的平衡感。

与狄德罗效应相似的还有美国心理学家詹姆斯所提出的"鸟笼定律"。

1907年，著名心理学家詹姆斯从哈佛大学退休，同时退休的还有物理学家卡尔森，二人交往非常密切。一天，他们两个人打赌。詹姆斯说："我一定会让你不久就养上一只鸟的。"卡尔森摇了摇头："怎么可能？我压根就没有想过要养鸟！"詹姆斯微微一笑："不信，咱们走着瞧。"几天后，卡尔森过生日，詹姆斯送给他一份生日礼物———一只精致的鸟笼。卡尔森笑了："我只把它当成一件工艺品，你就别枉费心机了。"然而，让卡尔森意想不到的是，那天以后，每个客人来访，看见书房里那只空荡荡的鸟笼时，几乎都会无一例外地问："教授，您养的鸟死了？"卡尔森只好一次又一次向他们解释："我从来就没有养过鸟。"而这种回答每每换来的都是客人怀疑、困惑的目光。最终，卡尔森失去了耐心，只好买了一只鸟，以终止这种郁闷的境况。也就是说，詹姆斯赢了。

经济学家是这样解释"鸟笼效应"的：对于空鸟笼的主人来说，买一只鸟比反复解释为什么有一只空鸟笼要简便得多，而且即使无需对空鸟笼进行解释，空鸟笼也会无形之中给人造成一种心理压力，这就迫使主人不得不去买一只鸟来与笼子相配。这就免却了别人的烦问，从而得到了一种心理上的轻松感。

鸟笼效应也被称为"空花瓶效应"。有这样一个故事。一个男孩子送给他的女朋友一束鲜花，她非常高兴，特意买来一只非常精美的水晶花瓶。结果，为了不让这个花瓶空着，他不得不每隔几天就送花给她。

狄德罗效应的实质在于人的心理对于完整与协调的追求，因为人们想当然地觉得某种物品应当与某种物品相配才是妥当的，就如同有天平就应当有砝码一样，否则心里就会有一种不舒服的感受，直到完成了这样的匹配之后，才会心安理得。而这样的心理是促进消费的强大动力，因为狄德罗效应的存在，人们在购买物品的时候往往不是以单件的形式，而是一整套地购进。商家洞悉这一秘密，就能巧妙扩张市场。

人们只爱与身边的人攀比

某市发生了一起重大的入室盗窃案。与其他案件不同的是，作案者是一名年仅 16 岁的少年。他为了同别的同学攀比，追求物质享受，在虚荣心的驱使之下，盗窃了一居民家中价值四万多元的钱物，然后他坐车去武汉，在不到四天的时间内，挥霍了所有的钱。

这位少年出身于一个普通农民家庭，并且自幼丧父，靠母亲一个人干活养家。按说，在这样的背景下成长起来他，应当比别的孩子更早熟、更懂事才对，但他却出人意料地做出了令人心痛的事。

原来，虽然家庭条件不好，但母亲从来不让他在吃穿上受委屈。只要别的孩子有的，她都要省吃俭用，尽量满足他。这么一来，在伙伴们中间，少年不仅不显得寒碜，反而还显得比大多数人都气派。这让他感到很满足。

但自从上了市里的高中后，情况就发生了很大的变化。因为高中的同学和他以前的伙伴大不相同了，大都出身于市里的高收入家庭，花钱如流水，穿的是名牌，用的是精品。相比之下，他感到自己十分寒酸。此时的他不但以前的优越感丧失殆尽，而且感到了深深的自卑。在这种情况下心理严重失衡。他不甘心低人一等，于是想尽各种办法来和那些同学们攀比。他先是每次回家都想出各种借口向母亲要钱。起初母亲还能尽力满足他，但后来实在拿不出了，只得拒绝他。少年见从家里要钱无望，只得另想他法。但他一个中学生能想出什么好办法来，想来想去，终于走上了邪路上。一开始，他偷同室同学的钱，几次下来并没有被发觉，渐渐胆子大了起来，就把目标转向了社会，做出了前面的令人震惊的"大案"。等待他的，无疑将是法律的严惩。

少年的悲剧来自于跟同学的攀比。

心理学家经过研究发现，人们的攀比行为经常发生在身边人的身上，也就是说人们只爱跟身边的人或同行攀比。老李每年夏天捡饮料瓶子卖钱。有一天，他捡了满满一麻袋瓶子。同行老张看到之后，向他竖起了大拇指表示敬佩。老李高兴地乐开了花。这种同行之间的互相比较，还有一个很有意思的名字——大内定律。

大内定律是由美国管理学家 W. G. 大内提出的。这个定律是说，我们最关心的是与我们同等地位的人对我们的什么看法。因为愈在同等地位的人面前，愈能看出自己与他们有什么不同。因为同等地位的人和我们有相同的经历和基础，因而有可比性。相反，离我们很远的人，或者和我们差距很大的人对我们的影响就很小。他们发财也好，倒霉也罢，与我们没有什么关系。比如，虽然比尔·盖茨让很多人都羡慕，但是很少有人去和他比较。街头的乞丐很多，但是很少有人看到乞丐后觉得自己很幸运。

我们通常会跟自己身边的人比较。如果自己身边的朋友、同学比自己过得好，我们就会产生很大的落差。昔日的同事成了自己的顶头上司，心里肯定会不平衡。当初曾经处在相同的水平上，如今天差地别，难免会觉得愧疚、没有颜面。当年一起同窗苦读的同学，有的移民国外，有的开办了公司，有的在政府部门混了一官半职，只有自己还是一个名不见经传的小职员，恐怕同学聚会的时候都不愿意露脸了。

同样的道理，如果我们取得了很大的成就，就喜欢像以前的同事、朋友炫耀。因为他们知道你的过去，你的成就能够得到他们的认可。古代的人们取得成就之后讲究"衣锦还乡"。经过一番艰苦创业，终于过上了荣华富贵的生活。这时回到家乡去炫耀一番，必然能够得到家乡父老的崇敬和羡慕。

其实，每个人的生活环境、思维方式、行为准则和理想抱负都不相同。过去积累的知识、经验和思维方式导致我们作出和别人不同的选择。有的选择可能引导我们走向成功，有的选择可能让我们止步不前，甚至走向失败。但是，不管作出什么选择，都是我们独特的人生之路。每个人都有自己独特的人生之路。因此，没有必要和别人比。如果一定要比较，就和过去的自己比较，看看自己是否有所成长。

为什么人们遇事总爱推卸责任

曾在宋徽宗朝担任过宰相的张商英，嗜好书法，尤其喜欢草书，虽然他的书法不乏一定的造诣，具有自己的特色，也有一个很大的缺点，就是不合体统，令人难以辨认，但是张商英自己对此却并不在意。一次，他偶发诗兴，挥笔疾书一番，然后让侄子去抄录一份。可是他的侄子看了好半天却只能认出上面的一个字来，只好再去问张商英。张商英对着自己刚刚写下的字看了好一阵子，居然有很多连自己也都不认得了，但是他并不认为错在自己的字写得不合章法，而是责怪侄子说："你怎么不早点儿来？现在我都忘了刚才写的是什么了！"

从这个事例中可以看出，遇事人人都想推卸责任——明明责任在自己，可是却归咎于别人——张商英贵为宰相，应当是修养较高的一个人，却也不能免俗，平常人可想而知。

人们的这种下意识地推卸责任的行为，在心理学上被称为"自我服务偏差"。美国心理学家韦纳指出，自我服务偏差是由个人长期养成的较为稳定的归因倾向决定的。

归因倾向主要包括三方面的内容：

第一，内因与外因。内因即自身的因素，包括自己的能力、态度、品质、动机，等等；外因即与自身无关的外部因素，包括机遇、任务难度，等等。人们在取得某项成绩的时候，如果将之归于内因，则会产生一种自豪感，给自己以很大的鼓舞，而如果归之于外因，则会认为自己的成功是侥幸得来的，是不值得庆贺的。而人们总是有着一种自我肯定的倾向，因而常常带有主观倾向性地将成功归因于自身的某种特殊条件，而不管事情的实际情况是什么样子。反之，对于失败，人们更容易将其归之于外因，这样可以降低心理上的不适感。

第二，稳定因素与非稳定因素。事情的成因中有一部分是稳定的，如个人的能力在一定时间内是基本恒定的，而另一部分则是常常发生变化的，包括各种偶发的情况。人们往往会将成功归于稳定的因素，因为这意味着在正常的情况下自己是能够取得成功的，而将失败看作是由不稳定的因素造成的，这也就意味着自己之所以失败，是因为出现了意外的状况。

第三，可控因素与不可控因素。有一部分因素是自己可以控制的，比如自己的努力程度，而另一部分因素则是自身所无法控制的，比如说工作的难度、自己的智力水平。在这一方面，人们就习惯认为成功是由可控因素决定的，而失败则是由不可控因素导致的，也就是说持有一种"成事在我，败事在天"的态度，既然自己已经尽力而为了，那么失败也就是无可奈何的了。这实际上就是推脱责任的一种方法，尽管这有时并非自己有意为之。

其实，这几个方面归结起来，说明的都是一个问题，那就是人们在进行归因时具有一种自我保护的倾向。

还有一种情况，人们也经常会毫不犹豫地推卸责任，那就是一旦意识到或者预测到，将来自己与某件事没有任何瓜葛，就会立即开始推掉与此事有关的一切责任。

日本心理学家多湖辉认为，责任推卸行为乃是一种自骗型心理防卫机制，这种心理防卫机制是一种消极性的行为反应，含有自欺欺人的成分。当个体的动机、行为不符合社会规范，或者行为的结果与自己的承诺不一致时，就会努力寻找符合自己内心需要的理由，从而给自己一个合理的解释，来掩饰自己的过失，推卸自己应该承担的责任。

说白了，这种"合理化"就是寻找或编造一个貌似合理的理由，让自己心安理得。

这种心理机制有积极的一面——当遇到重大挫折，或者无法接受的心理伤害时，采用这种方法可以减除内心的痛苦，避免精神的崩溃，有效保护了人的心灵。但是，这种机制如果过多出现，就会陷入自欺欺人的状态之中，面临的问题不但无法得到解决，而且最终会使人受到更大的打击。

关于这种心理，多湖辉还有另一种解释。他认为，人们内心深处都有一种犯罪意识，如果自己的犯罪行为不会被人发觉，他就很可能做出违反社会规范的行为。一旦这种行为被人察觉，就会寻找种种借口，把自己的罪责转嫁给社会或他人，以求得心安。所以，每个人都努力寻找借口，来推卸自己的责任，掩盖自己的过失。

推卸责任，必将延误解决问题的时机，酿成更大的危害。对个人，必然会影响其在他人心中的形象，最终危害其事业的发展。对社会，必定会造成更大的社会问题，乃至阻碍社会的进步。

大多数人为什么选择跟从

法国心理学家约翰·法伯曾经做过一个著名的实验。他把许多毛毛虫放在一个花盆的边缘上，使其首尾相接，围成一圈。在花盆周围不远的地方，撒了一些毛毛虫喜欢吃的松叶。毛毛虫开始一个跟着一个，绕着花盆的边缘一圈一圈地走，没有一只离开队伍去吃松叶。就这样，一连走了七天七夜，它们最终因为饥饿和精疲力竭而相继死去。

约翰·法伯在做这个实验之前曾经设想：毛毛虫会很快厌倦这种毫无意义的绕圈，而转向它们比较爱吃的食物，然而毛毛虫并没有这样做。导致这种悲剧的原因就在于毛毛虫固守原有的本能、习惯和经验。如果有一个毛毛虫能够破除尾随的习惯而转向其他方向去觅食，就完全可以避免悲剧的发生。

后来，科学家把这种喜欢跟着前面的路线走的习惯称为"跟随者"的习惯，把因跟随而导致失败的现象称为"毛毛虫效应"。

和毛毛虫效应类似的，还有一个鲦鱼效应。鲦鱼身体小，呈条状，侧扁，白色，群居，以强健者为首领。德国动物学家霍斯特了解到，这种喜群居的小生命还有一个毛病，就是不管领头鱼是智慧或是愚蠢，只要它还活着，其他鲦鱼就会一如既往地追随。霍斯特专门做过一个试验，他把领头的鲦鱼脑后控制行为的神经割除，之后把它放回鱼群。结果，他发现这条头鱼虽然失去了自制力，行动紊乱，其他鲦鱼却一点都不嫌弃，仍像从前一样地紧跟其后。于是，这位科学家把鲦鱼的这种盲目跟从行为称为"鲦鱼效应"。

其实，这种盲目跟从行为不只存在于毛毛虫和鲦鱼身上，在大脑高度发达的人类身上同样存在。

从心理学角度上看，这种追从行为是惯性思维造成的。惯性思维又叫常规思维或顺势思维，是指行为主体在处理一个问题、看待一件事情、评价一个人的时候，常常用以往的知识、经历、经验和直觉，不由自主地对问题的原因或结果直接作出条件性的判断，这样的判断在学术上就是所谓的"已知障"，即受到虚假事实的障碍而形成的思维定势。因此，决策学把它称为基本假设思维。

在我们的行为意识中，惯性思维就像无数根无形的铁链禁锢着我们的头脑、行为和心灵，促使我们做出习惯性的反应和举动，就像那些鲦鱼，无视头领的失常，对可能面临的危险也熟视无睹。惯性思维说白了就是僵化的思维。人的思维一旦僵化形成定势就会产生误区。这种误区足以毁掉一个人的前程。

跟从行为还根源于人们思想上的惰性。人们对于那些"轻车熟路"的问题，会下意识地重复一些固有的思考过程和行为方式，用现成的、熟悉的答案去应付形形色色、层出不穷的新问题。这虽然在某些时候可以缩短和简化解决问题的过程，但同时也容易使人厌倦，麻痹人的创造能力，影响潜能的发挥。更何况在现实生活中，各种状况瞬息万变，新问题不断涌现，如果用一个固定的思维定势和方法去应对所有的问题，我们就无法找到问题的症结，无法从根本上解决这些问题。

第五章

自我管理心理学：缺点不过是营养不足的优点

人为什么要压抑自己的真实个性

所谓个性，是指一个人整体的精神面貌，包括性格、情感、气质、理想、信念、人际关系、价值观念、兴趣等与情感智商相关的诸多因素，可以理解为一个人的性格特征与智力因素、非智力因素的总汇，也就是我们所说的人格，智商和情商都包括在内。个性能够释放出强大的吸引力和影响力，这就是我们常说的人格魅力。一个人如果能自如地表达真我，就能释放出独一无二的魅力。

每个人在刚刚降生的时候，都是完全展现自己的个性的。婴儿能够毫无顾忌地展现自己的真实情感，他们没有虚假和伪善，用自己的语言表达最真实的自己。正是因为这个原因，所以每个人都喜欢婴儿。

在尼采的哲学中，真实的"自我"具有两层含义：在较低的层次上，它是指隐藏在无意识之中的个人的生命本能，比如各种欲望、情绪、情感和体验；在较高的层次上，便是精神性的"自我"。这两者具有内在的统一性，因为原始的生命本能正是创造性的原动力。"自我"作为生命的表征，是命运的承载者。然而，随着知识的增长，我们的思想和行为受到社会规范和道德准则的限制，我们尽量让自己的言行举止符合别人的期望，我们害怕展示自己，渐渐忘了真实的自己，把真我锁在内心的牢笼中。因为放弃个性要比发展个性容易得多，跟随和模仿要比创造容易得多。就这样，真实的自己被压抑起来，很多不良情感和负面情绪也由此而生，在面对一些人和一些事的时候，变得害羞、难为情、紧张、胆怯、烦躁。这些不良情绪都是个性受到抑制的表现。

大多数人的个性都受到了抑制，一个重要原因是小时候在表达自己的真实情感的时候受到打压。小时候，当我们大声说话、出风头或者表现出发怒或恐惧等负面情绪的时候，会受到大人的惩罚，幼小的心灵便留下阴影，认为表达负面情绪是不对的，进而认为表达自己的真实情感是不对的。常见的"怯场"现象，就是因为我们担心大声说话、表达自己的看法会受到惩罚。

口吃是抑制真实自我的典型例证。如果我们刻意地避免错误的发音，或者过于在乎自己所说的话，就会产生抑制的作用，而不是自发地作出反应，就可能导致口吃。如果减缓抑制的作用，口吃的人就能进行正常的语言表达。一旦清除自我批评和自我限制，表达能力就会立即提高。

我们必须把真实的自己释放出来，能够展现自我个性的人，具有创造性的潜力。成功学大师告诉我们，每个人都可以成为说服力极强的演说家和能说会道的推销员。很多人认为自己笨嘴拙舌，不善交际，这种心理限制了他们的表达能力和交际能力。如果他们经过训练，充分展现自我，都可以变成自信的充满活力的演说家或推销员。

在抑制个性的所有因素中，过分在意别人对自己的看法所造成的负面影响最大。我们常常被别人的一句话困扰几个小时，而那个说话的人在几秒钟之内就把自己说的话忘得一干二净，并把注意力转移到其他的事情上了。我们总是一厢情愿地认为别人会注意我们的穿着和言谈举止，其实，别人对我们的关注远远没有我们想象的那么多。只有当我们不在乎别人的看法时，我们的思想才能得到最大限度的释放。

王先生非常敏感，别人说的每一句话、做出的每一个动作都会对他造成很大的影响。他与别人打交道的时候，不能清晰地思考，什么话也说不好。但是，他发现当他独处的时候，内心处于平静放松的状态，头脑也特别清醒，甚至有很多有趣的想法。于是，与人相处的时候，他力求表现得像独处的时候一样，不考虑别人对他怎么评价。这个方法让他能够很好地与别人相处，甚至在大庭广众之下演讲他也不会感到紧张。

如何摆脱"期望越大，失望越大"

我们为什么会感到不快乐，不幸福？因为现实总是和我们的期望有一定的距离，这距离就是我们不快乐、不幸福的源泉。比如，另一半本来是符合自己的标准的，可是，结婚之后他却暴露出了种种缺陷，实在让人难以忍受；本来对新工作充满期待，结果发现同事不好相处，或者工作量太大，致使我们的情绪每天都很糟糕；去巴黎旅游本来是梦寐以求的事，可是到了那里却发现自己吃不惯法国大餐。

关于这一点，心理学家是这样解释的：我们的情感来自于我们对世界的期望和实际上发生的经历之间的微分比较的结果。当我们在现实中经历的事情与我们的期望精确地吻合的时候，我们体验不到任何情感，因为每件事都是它们应该成为的样子，一切都很正常，没有什么特别的事能够引起我们情绪的波动。只有当我们所经历的事情与我们的期望有差别的时候，我们才能够觉察到，并产生情感或情绪的波动。如果现实不如期望的好，我们就会感到失望、沮丧、痛苦，甚至绝望；如果现实比期望的好，我们就会感到满足、开心、兴奋，甚至发狂。现实与期望的差异越大，情感波动就越强烈，期望越大，失望越大，就是这个道理。

通常情况下，理想很遥远，现实很残酷，所以，我们就有了那么多的不快乐，就感觉到不幸福了。

事情其实远没有这么悲观，这种状态估计只有"贪心"的人才会有，要不就不会有"知足常乐"这个词了。为什么不用积极的态度看待期望的状态呢？

尽管我们总会处于期望没有实现的失望状态，但毕竟我们已经尽力了。如果能这样想，我们的情感就会变得积极起来，就不会那么沮丧，就不用沉浸在求而不得的痛苦中了。

当然，现实有时的确残酷，各种时间表和工作日程逼着我们必须制定目标和计划，必须尝试把期望的状态变为现实，这时候，我们也完全可以通过调整期望和现实的差距，来缓解失望的痛苦。

第一，目标不要定得太高，要建立在现实的基础上，应该定在我们跳起来可以摸得到的高度。

如果期望离现实过于遥远，无论怎么努力现实与梦想之间的距离还是很大，就会让自己总是处于对现实不满意的状态中。因此，制定目标时，你要以现实为基础，理性地对待你所期望的事物。不要幻想把月亮摘下来，即便你能摘到，你还得接受月球表面的凹凸不平。

第二，建立一个长期目标，而不要短期之内期望太多。

如果在短期之内制定很多目标，那么，必然要经常面临期望难以一一实现的情况，从而产生对现实不满的情绪。长期目标却不同，它可以更长时间地维持我们的快乐。"新官上任三把火"其实很不可取。新的领导上任之后总是期望在短时间内做出成绩，树立威望。但是，急功近利的思想往往会遇到阻碍，大刀阔斧的变革可能会产生适得其反的结果，最终结果与期望有很大差距。还有立志减肥的人，总是希望在短期内实现"一周瘦五斤"的减肥目标，可是，这样的目标是很难实现的，即使实现了也很容易出现反弹，最终还是会让自己处在对体重不满意的状态。

第三，没有目标也不行。如果现实已经让我们感到不满意，就必须行动起来了，主动去寻找一条通向幸福的路。

有些人有目标，却不行动，让目标成为一个幻想。幻想自然永无实现之日，于是就一味地沉浸在对现实的不满和牢骚中，整天怨天尤人。尽管他的期望只是自己幻想的结果，他却希望自己本来就是那样的，他完全被那种美好的状态吸引了，不理解自己为什么现在的状态这么糟糕。比如，某个人做了一个美梦，买福利彩票中了500万的大奖，在梦中他高兴极了，花钱花得不亦乐乎，但是梦醒之后却为现实中没有中奖而感到痛苦。这样的做法简直是太愚蠢了。如果对现实不满意，就应该确定目标，制订计划，行动起来，朝着目标努力，而不是为那个虚无缥缈的梦境感到遗憾。

　　用目标与现实进行对比的思维是活在未来，是在用未来的眼光看现在，自然会对现在感到不满意。可是，如果换个角度思考问题，仔细体验当下发生的事，忘掉过去和未来，我们也许会发现另一种景象，那就是活在当下——你有多久没有仔细品尝饭菜的味道了？你有多久没有仔细感觉风吹在脸上的感觉了？玫瑰花瓣的颜色和质感会让你感到惊讶吗？鸟儿歌唱的声音好听吗？秋天的树叶是怎么慢慢变黄的？听到蟋蟀的叫声，你会感到好奇吗？

　　原来，因为太关注理想和目标，生活中很多能给我们带来快乐的细节都被我们忽略了。当我们还是孩子的时候，曾经对世界上的一草一木感到惊讶，也曾经被第一次看到的蓝天白云感动过，那时候我们是用心在体验生活，那时的我们对生活没有任何的不满意，因为那时我们还没有任何欲望和希求。可是，长大以后，吸引我们眼球的东西越来越多了，我们的欲望也越来越多了，我们学会了比较，看到别人有什么，我们也想要，然而，欲壑难填，我们也就越来越痛苦了。所以，活在当下吧，体验现实生活才会获得真正的快乐和幸福。

缺点不过是营养不足的优点

"缺点不过是营养不足的优点",是奥地利心理学家阿德勒的一句名言。

阿德勒生于维也纳的一个富裕的商人家庭,全家人都有着很高的文化和艺术修养,可是他的童年却并不快乐。原因在于自己具有驼背的缺陷,行动不是那么方便,加之他有一个身体正常的哥哥,两人在一起的时候,哥哥的表现处处比他优越,这使得幼小的阿德勒产生了强烈的自卑感。但是阿德勒没有为这种自卑所束缚,而是通过自己的努力,在心理学领域展现了卓越的才华,完成了对于自卑的补偿和超越。

阿德勒的人生可以说对他那句名言作了最好的诠释:在某一种角度看来是缺点的特质,从另一个角度去看也许是优点,一种事物总是存在着它的对立面,只不过两方面有着轻重之别,所以才产生了优劣之分。比如说鲁莽,是一种缺点,而勇敢则是一种优点,当然,鲁莽与勇敢之间不能够划等号,两者是有着很大差别的;但不可否认的是,两者之间有着很大的联系,一个鲁莽的人,常常是具备勇敢的长处的。《三国演义》里的张飞是一个鲁莽的人,可是他的勇武也是值得称赞的。

一个人在对待自身缺点的时候,是可以从另一个角度来进行补偿的。每一个人都有着某方面的缺点,而且少数人对自身所具有的某种缺点有着极为强烈的感受,于是会付出一种强大的主观力量去补偿,而这往往造就了他们不凡的成功。

补偿作用的发挥可以分为两种,一种是正面补偿,也就是令自己的短处转变为长处。古希腊的戴蒙斯赛因斯患有口吃,可是他却矢志要成为一名演说家。经过长期的艰苦练习,最终如愿以偿,不仅克服了口吃,而且辩才远远超越了常人。戴蒙斯赛因斯正是克服掉口吃的缺点,在口吃这件事上下工夫,才成就了自己。

另一种是侧面补偿，也就是绕过自身的缺点，从其他方面来进行补偿。罗斯福在1921年不幸患上了脊髓灰质炎，落下了终身的残疾，但是这并没有令他放弃奋争进取的信念，此后，凭借自己顽强的努力和出色的政绩，于1932年的竞选中战胜胡佛，成为美国第三十二任总统，并且连任四届。罗斯福以自己杰出的政治业绩成为美国历史上最伟大的总统之一。这说明，缺陷并不能够阻止一个人前进的步伐，很多时候还反而会令一个人为了克服它、超越它而付出更多的努力，从而获得更大的成功，这就是力量强大的补偿作用。

罗斯福对自己所进行的补偿不是令肢体能力超越常人，而是积极地锤炼出自己卓越的政治才能。

神奇的"想象"和"心理暗示"

想象和心理暗示是进行自我激励、自我管理的重要方式。经常对自己进行积极的心理暗示，以肯定的态度看待自己、别人和世界，我们就能让自己变得符合自己的想象，继而让别人和世界也符合你的想象。虽然有些心理暗示与事实并不相符，但是这并不妨碍它发挥作用。

古时候有巫婆和神汉给人治病的现象，他们在病人面前表演一番，弄一些香灰、神水、说几句咒语，就声称能把病治好。至今仍有不少人迷信巫婆的神药。这种现象之所以能存在这么久，和香灰、神水、咒语没有关系，巫婆实际上运用了"引导想象"的方式来治病。巫婆通过各种手段让病人想象她的巫术是有效的，巫术"起作用"主要也是由于患者相信巫术可以治愈他的病。

现代医学使用的"安慰剂"起作用的原理与古老的巫术是一样的。一位女士得了一种怪病，遍访名医也没有治愈。一位非常有名的医生来到女士所在的城市，她慕名前去看病。名医查明病情之后，给她开了药，并告诉她："这药是从美国带来的，专门治你这种病。"女士高兴地买了药，经过几个疗程之后，真的康复了。其实，医生给她的药只是普通的维生素 C，她的病需要的只是良性的暗示和积极的想象。

医学试验表明，安慰剂能够达到真正药剂 60% ~ 70% 的作用，当医生和病人都相信安慰剂有效时，效果更加明显。

因此，暗示的内容与实际情况是否一致并不重要，重要的是全世界成千上万的人已经发现，基于这些心理暗示的行动非常成功。事实上，这些心理暗示很可能是情感智商背后的最大秘密。一旦你开始应用这些心理暗示，就会发现它们能激发你的潜能。

现在试用一下积极的想象和心理暗示，看看它们会给我们带来什么。很多心理暗示就像巫师的语言，它遵循伦纳德·欧尔定律："思想者想什么，证明者就证明什么。"

美国心理学家凯文曾做过这样一个试验。他请一位化学老师在课堂上把他介绍给学生们，他的身份变为化学博士。老师对学生们说："这位化学博士正在研制一种药物。这种药物无色无味，挥发性极强，吸入这种气体对人体有保健作用。但是它有一个缺点，就是在刚刚吸入的时候会让人感到头晕。""博士"拿着一瓶液体在每位同学面前晃了一下，然后问学生们："觉得头晕的同学请举手。"不少同学把手举起来。事实上，所谓"化学药物"只是一瓶自来水。

想象和心理暗示可以帮助我们实现目标，获得成功。在以下几种情况进行引导可以给我们带来很好的效果：

（1）当我们接到一项艰巨的任务时，或者面对一个难题时，不要退缩，不要否定自己，而是应该发挥想象，在想象中体验一下克服困难、解决难题之后的情景。这种想象能够让我们调动起所有的能量，朝着目标努力。

（2）在努力的过程中，要把目标具体化、视觉化，绘制成图或者进行具体细致的描述，然后贴在视线的右前方。这样做的目的是让目标不断在意识中强化，带动潜意识帮助我们实现目标。

潜能开发专家发现人的大脑中有一个资源导向系统。一旦目标明确的时候，我们的头脑就好像一枚飞弹一样，明确地追踪这个目标，带动身体的所有能量实现这个目标。

（3）当我们不自信的时候，要通过想象模拟成功，或者具体细致地回想自己有过的成功经历，还可以想象自己在性格、作风、能力等方面具有的优势。这种想象可以激发潜能，让我们在实现目标的过程中充满激情和信心。

成功学大师陈安之有过这样一次经历：他想买一辆汽车——奔驰 S320，但是当时根本买不起。于是，他把那辆汽车的图片贴在书桌前面，激励自己努力挣钱。后来觉得这辆车有点贵，很难实现这个愿望，就把图片换成了奔驰 E230。

要想实现目标必须付出行动，为了得到自己想要的汽车，他努力工作，几个月之后，他的收入大增。当他挣到足够多的钱时，决定去买汽车了。在购买的前一天，他碰巧看到了他的学生，得知他们也要买汽车——奔驰 E280。陈安之觉得自己不能输给学生，临时决定买奔驰 S320。这个戏剧性的变化，竟然使他实现了最初的目标。

人们头脑中的意识会有一种"心理导向效应"，即人的内心都会有一种强烈的接受外界暗示的愿望，并让自己的行为受其影响。如果我们每天对自己大声地说赞扬的话语，并在内心确信自己确实如此，那么，我们就会变得更积极、更有精力。

很多时候最初印象是靠不住的

人们往往认为最初的印象是最深刻的，其停留在脑海中的时间也最长，很多人更是以第一印象作为评判人好坏的标准。

如此说来，最初的印象似乎是不可改变的。但实际上，却并非如此，随着时间的推移，停留在脑海中的最初印象也会发生变化，而且这种变化通常都是反方向的。也就是说，最初的好印象会削弱，逐渐向坏的方向转变；最初的坏印象也会好转，逐渐向好的方向发展。这种现象被称为"睡眠效应"。

很多人可能都有过类似的经历：在购买某件商品的时候本来特别喜欢，可没过几天就没那么喜欢了，甚至有些后悔当初买了它；在公交车上遇到一个不讲理的人，把自己气得半死，可过了几天后再想起这件事，却又觉得不值一提，甚至有些懊恼自己当时为何那样冲动。诸如此类的事很多，这类事情的发生就是睡眠效应作用的结果。

睡眠效应的出现主要是由人类自身的复杂性决定的。对于初次接触的人或事物，我们很难做一个全面的了解。因为人和事物都是多面性的，不可能在很短的时间内将全部的特性都展现出来。尤其是人，人们出于一种自我保护的心理，往往不会在陌生人面前袒露心扉，也不会让对方看到全面真实的自我。人性本身就是复杂多变的，再加上刻意的掩饰，要看到其完整的形象是根本不可能的。而随着时间的推移，彼此交往得越久，对彼此的了解就越深，这时必然会产生一些与初次见面时不太一样的印象。

通过睡眠效应，我们不难发现，用发展变化的眼光看待事物的重要意义。在进行人际方面的判断时，要给对方表现自己的时间，而不要匆忙下定论，否则，就是对别人和自己的不负责任，尤其，短时间内就给别人下不好的结论，也是不公平的。

有些人特别容易犯印象病，以第一印象评判某人。第一印象好的就什么都好，第一印象不好的就什么都不好。这显然是不妥的。无论对于任何事物，都不能只见一次就盖棺论定，那样难免会产生偏见。

睡眠效应也提醒我们不要在愤怒的时候采取行动。人都是情感动物，当情感占据上风的时候，往往容易做出一些冲动的事情来。尤其是在愤怒的时候，很容易做出伤人害己的事情来，到最后让双方都懊悔不已。所以，在感到愤怒时，千万不要被自己的情绪控制而采取行动。无论你当时想做什么、想说什么，都不要去做，也不要去说，给自己一点时间，待怒气退去以后，再决定采取什么行动。

美国前总统杰弗逊曾总结了一个在愤怒时控制情绪的方法："生气的时候，开口前先数到十，如果非常愤怒，就数到一百。"如果没有什么其他好办法，这个办法也不妨一试。

睡眠效应如果应用在购物中，可以帮助我们避免许多不必要的开支。比如，在购房或购车的时候千万不要一时冲动，马上作出购买的决定，至少应该给自己一周的时间冷静一下，在考虑好各方面情况以后，如果还是觉得值得购买，再买也不迟。

自卑是成功的阻力

自卑，是一种消极的自我评价和自我意识，自己瞧不起自己，总是拿自己的弱点与别人的长处去比较，总觉得自己不如人，在人面前自惭形秽，从而丧失信心，悲观失望。

每个人的潜意识里都存在着自卑感，就连那些很成功的大人物也不例外。美国斯坦福大学的心理学家对一万多人的抽样调查结果进行研究后发现，有40%的人有不同程度的害羞心理，并且男女比例基本持平。这说明，害怕、自卑心理不同程度地存在于每个人身上，人们的潜意识里都存在着自卑感，自卑使人产生对优越的渴望。

既然人人都有或多或少的自卑意识，如何看待自卑就十分重要了。有些人感到自卑的时候，他们能够自觉地激励自己发奋图强，克服自身的缺点和不足，积极发挥自己的主动性，获得成功，成功之后，他们的自信心就会增强。

相反，如果对自卑不能正确认识，处理不好，自卑就很容易销蚀人的斗志，就像一把潮湿的稻草，再也燃烧不起自信的火花。而长期被自卑笼罩的人，很难取得成功。

1951年，英国女科学家富兰克林从自己拍的极为清晰的DNA的X射线衍射照片上，发现了DNA的螺旋结构，为此还专门举行了一场报告会。然而生性自卑多疑的富兰克林，总是怀疑自己论点的可靠性，后来竟然主动放弃了自己先前的假说。令富兰克林意外的是，就在两年之后，沃森和克里克也从照片上发现了 DNA 分子结构，并且提出了 DNA 的双螺旋结构的假说。这一假说标志着生物时代的开端，他们两人因此获得 1962 年的诺贝尔医学奖。

如果富兰克林是个对自己很有信心的人，相信自己的发现，坚持自己的假说，并继续进行深入的研究，那么这一具有里程碑意义的发现就将永远记在她的名下了。

自卑是成功的阻力，只有战胜自卑，我们才能达到成功的彼岸。战胜自卑的过程就是逐步战胜自我的过程。贝利作为现代足球界的王者，也并不是从一开始就潇洒自信。当他要加入巴西最著名的桑托斯足球队时，竟然紧张得一夜睡不着觉。他总是这样想：那里的优秀球员太多了，到了那里，他们有可能会用他们优异的球技来衬托我的愚蠢，从而会嘲笑我，看不起我。可是到了第二天上场训练的时候，第一场球教练就让他打主力中锋。

刚上场时，他的双腿都不知往哪个方向跑了，但是渐渐地，他发现了自己的长处，自己的球技十分好，即便是在大牌球星面前也可以拼一拼，于是，他有了自信。从此一上球场，他就这样对自己说："我是在踢球，不管对手是谁，球星也好，木桩也好，我都必须绕过他，射门，进球。"

贝利战胜了自卑，发挥了自己的特长，最终成了世界级球王。

嫉妒是最让人痛苦的一种情绪

嫉妒是一种普遍的社会心理现象，是指自己的成就、名誉、地位或境遇被他人超越，或彼此距离缩短时，所产生的一种由羞愧、恼恨等组成的综合情绪。心理学家认为，嫉妒是人类的一种本能，是一种企图缩小和消除差距、维持自身生存与发展的心理防御反应，其主要表现有两点：一是将失败归结于其他因素，而不是从自身找原因，以达到心理上的平衡；二是通过歪曲现实来保护自己的自尊心，认为别人的成就都是运用不合理手段获得的。

现代汉语词典关于嫉妒的解释是：对才能、名誉、地位或境遇等比自己好的人心怀怨恨。因此，我们可以做出这样的判断：嫉妒心理的产生是差别和比较的产物，这种差别和比较的结果是心理极端不平衡，并且这种不平衡还会与不满、怨恨、烦恼、恐惧等消极情绪联结起来，一边折磨嫉妒者，一边尽可能地或者是不择手段地摧毁被嫉妒者的一切优点。

芸芸众生中，嫉妒的内容各不相同，有针对名誉、地位的，有针对钱财、爱情的，最厉害的一种是：只要是别人有的，都在嫉妒之内。而由内容推演出的嫉妒的表现形式就更为千姿百态了。

最激烈的嫉妒心理会表现出很强的攻击性，具有这种心理的人往往不看别人的优点、长处，而总是挑剔别人的毛病，甚至不惜颠倒黑白、弄虚作假。他的目的在于一定要颠倒被攻击者的形象。

还有一种产生于同一时代、同一部门的同一水平的人中间的嫉妒心理，这种嫉妒心理表现出很明显的指向性。原因很简单，就是因为曾经"平起平坐"过，或是曾经"不如自己"过，如今成了"能干"者，从而使嫉妒者产生抵触和对抗。

不管是哪一类的嫉妒心理，都会伴随着一定的发泄性行为，或表现在言语上的冷嘲热讽，或表现在行为上的冷淡、疏远，抑或是攻击性更强的行为。

此外，还有一种很含蓄的嫉妒行为，也许是出于惧怕舆论和道德的谴责，这种嫉妒心理一般都不愿直接地表露出来，而是千方百计地伪装。如本来是嫉妒某人的某一方面，却不敢直言，故意拐弯抹角地从另一方面进行指责或攻击。

通过嫉妒的种种表现，我们完全可以得出这样一个结论：嫉妒心理是一种破坏性因素，对生活、学习、工作都会产生消极的影响。出于嫉妒，人们就要把自己置于一种心灵的地狱之中，折磨自己，折磨别人，但折磨来折磨去，被嫉妒者毛发无损，嫉妒者却洋相百出，落个"赔了夫人又折兵"的下场。最可怜的是，还会伤及身体健康：妒火中烧而得不到适当的发泄时，内分泌系统会功能失调，导致心血管或神经系统功能紊乱而影响身心健康；嫉妒心强的人易患心脏病，而且死亡率也高。此外，如头痛、胃痛、高血压等，易发生于嫉妒心强的人，并且药物的治疗效果也较差。

作为社会人，应该把目光放长远一些，不要过分计较一时的得失，不要把名声看得过重，摆脱自我为中心的狭隘观念，潇洒地面对生活。一个人如果过高估计自己的能力，总有一种怀才不遇的心理，就会对别人的成就产生嫉妒。拥有一颗平常心，就不会产生强烈的心理落差了。把自己当成金子，常有被埋没的痛苦；而把自己当成铺路石，就会为有人踏过而欣喜。

在生活中，要看到别人取得的成就中蕴含着的辛苦和智慧，并从中受到鼓舞和教益，找出自己的问题和别人的差距，然后奋起直追，缩小差距。此外，还要注意充实自己的生活。如果我们工作、学习的节奏很紧张，生活过得很充实，就没有闲心去嫉妒别人了。

嫉妒是建立在他人幸福之上的一种痛苦，这种痛苦比任何痛苦都大，因为他们既要为自己的不幸而痛苦，又要为别人的幸福而痛苦。因此，我们必须从嫉妒的心理状态中走出来。

德国有一句谚语：好嫉妒的人会因为邻居的身体发福而越发憔悴。还有人说好嫉妒的人40岁的脸上就写满了50岁的沧桑。培根说过，嫉妒这恶魔总是在暗暗地、悄悄地毁掉人间的好东西。

伪装的自信不是真自信

有一位非常优秀的人，他一直很低落，也很沮丧。当有人问到为何如此时，他提到自己的一个"无关痛痒"的小毛病，那就是在任何情况下都要稍微夸大一下他的成就。如果他在一笔商业交易中获取 10 万元的利润，他就会告诉别人他赚了 10.5 万元。如果他在高尔夫球场打出了 76 杆，他就会告诉别人他打出了 74 杆。即使以大多数人的标准，他所取得的成就已经非常显著，他还是愿意把自己的成就再夸大一些，以使自己看起来更加成功。

这种现象被心理学家称为"对平凡的恐惧"。对于那些生活在恐惧之中而又试图找到自信的人来说，伪装成高高在上的样子就是自我保护的一种形式，是对脆弱并且伤痕累累的自我所做的最后保护。

19 世纪 70 年代，西方心理学家潜心研究出了当时非常著名的"自信之潮"现象，教授自信的课程在当时风靡一时。他们非常著名的观点就是"假装自信直至你真正做到自信为止"。殊不知，这样做确实是错误的，当伪装的自我处于上风时，事情往往会变得更糟糕。

伪装正是缺乏自信与自尊的表现。这就好比一个人整日戴着"自信"的面具，不能真实、充分地表现自己，结果就失去了证明自己、让别人了解自己的机会，长此以往，即使一个人有再多的潜力，由于总是伪装，就会对自己究竟是谁感到无所适从，这样不仅培养不起自信，原有的一点点自信也会动摇以致被湮灭。

令人遗憾的是，许多人对这种现象没有进行积极的回应，去探索更加令人信服的方法，而是继续沉迷于此，于是很多人比以前更加卖力地伪装自己。

无论何时，当人们开始伪装自己时，就会从态度和行为上刻意地表现自我，这是内心缺乏自信的一个信号。无论是古怪的着装，还是刻意的滔滔不绝，只不过是为了弥补对平凡的恐惧罢了。

更为糟糕的是，伪装自信的人不单单是努力建立自信，他们还试图让身边的人变得没有自信，从而表现出自己的高高在上。他们以自己的财富、名誉或是地位作为武器，强调智力上的优越感，来压制周围不如他们的人。他们把自信与傲慢无礼混淆在一起，他们也因此混淆了外在表现与内心力量的区别。他们很爱与不如自己的人交往，以此显示出自己的自信，甚至对不如自己的人傲慢无礼。结果，这些人会在伪装中失去了自我，在表现自己的时候走进了误区。他们往往为了追求不切实际的效果，简单照搬一些偶像人物的言谈举止，给人留下夸张、虚假的印象。这样不仅自己很累，给人的感觉也不好。

第六章

成功心理学：跳蚤为什么会自己给
自己设限

为什么最好把你的目标公之于众

在不同的时期、不同的情况下，我们总是在为自己制定不同的目标，比如，这学期我要好好学习、从明天开始我要减肥，等等。在确定某一目标之后，人们通常会有两种表现，一种是不向任何人透露，内心坚守着自己的目标并默默地为之付出行动；另一种则是希望向所有的人宣布自己实现目标的决心。我们通常认为，第一种人实现自己目标的可能性更大，而第二种人更善于夸夸其谈。然而，事实并非如此。

心理学研究表明，越是公开向别人表达自己的观点，宣布自己的目标，就越有利于坚持自己的观点和目标。这就是公开表明的效应，即将自己的目标公之于众，能够增强自己的责任感，获得周围人的支持和监督，最终有利于我们目标的实现。但是，值得注意的是，只是单纯公开自己的目标是没有作用的，我们同样需要坚强的意志，能够为了实现目标而不断地付出自己的努力，这样我们的目标才会离我们越来越近。

在一项经典的研究中，要求参与者在不同的条件下宣布自己的想法。实验任务就是要求他们判断画在黑板上的线段的长度。第一组的参与者只需要在心里估计就行了，而第二组的参与者要将自己的估计写在纸上，并且要签上自己的名字，然后交给实验者。然后，两组的参与者被告知他们的估计可能有错，问他们是否要更改自己的判断。结果表明，将自己的判断公之于众的参与者更坚持自己的判断。另外的一些研究也得到了同样的结果，即将自己的目标告诉越多的人，就越有动力去实现它。

通常我们会认为，一旦制定了某一个目标之后，越少的人知道越好，这样也不会给自己造成太大的压力，即使不能实现别人也不会知道，自己的能力和水平也不必遭到别人的怀疑和鄙视。而恰恰正是因为这样，我们总喜欢将自己的目标隐藏在心中，不向别人提起，实际上这样对于目标的实现毫无益处。

事实上，我们确立目标的目的就是为了实现它，因此，不妨将你的决心告诉家人、朋友，甚至是不相干的人，如果条件允许的话，你还可以将自己的决心以日志的形式写出来，或者把它贴在家中或办公室里很显眼的地方，让更多的人都能看到。这样为了不让别人笑话你是个夸夸其谈、只说不做的家伙，你就会为实现自己的目标而努力，同时你的家人和朋友也会监督你去实现目标，甚至是在你遭遇到困难的时候向你伸出援助之手。即使他们什么也不做，只是默默地陪在你身边，都可以帮助你提高成功的可能性。因为有研究表明，当有朋友的陪伴时，人们往往将任务估计得相对容易。来自英格兰普利茅斯大学的研究者们对这个问题进行了一系列的研究，他们把参与者带到一座山的脚下，要求他们对山的陡峭程度进行估计，同时还要估计爬上这座山的难度。结果表明，当有朋友陪伴时，参与者对山的陡峭程度的估计比自己单独一个人估计的时候要小，同时他们还报告，只要想到有朋友的陪伴，他们觉得即使是非常陡峭的山，爬起来也不会觉得很困难。

启动自动成功的机制

进入信息时代，随着信息传播速度越来越快，我们的工作越来越繁重，需要应对的环境越来越复杂；加班的时间越来越多，休息的时间越来越少；讲究高效率，一个人承担几个人的工作……在巨大的压力下，我们感到紧张、担忧、焦虑，伴随这些不良情绪而来的是失眠、胃溃疡、高血压、心脏病等疾病。

许多人之所以过度劳碌却达不到应有的办事效率，拼命努力却总有解决不完的问题，是因为他们企图通过有意识地思考去解决问题。有意识地思考问题，会让人变得过于小心，过度焦虑，对结果过于畏惧，这种状态会让人丧失行动力。试想一下，钢琴家如果有意识地想哪个手指应该放在哪个键上，恐怕他连一首最简单的曲子也弹不了。就好比我们试图把细线穿过针眼的时候，手会莫名其妙地抖动，越是全神贯注，抖得越厉害，越是穿不过去。这种现象在心理学上称为"目的颤抖"。现代人就是太紧张，太在乎结果了，结果让自己焦躁不安，压力倍增，最终影响做事的效果。

与其绞尽脑汁，思前想后，不如把任务交给"自动成功机制"去办。一旦作出决定就放开所有责任感，松开智力系统，让它自动运行。这样就可以在没有压力的状态下解决问题，完成任务的质量会提高一倍。

很多成功人士的经历告诉我们，创造性的思维不是通过有意识的思考获得，而是自动自发产生的——不知道在哪一刻潜意识中的信息会与外界信息突然接通，引发奇思妙想。约翰·施特劳斯在多瑙河散步的时候，美丽的风景激发了他的灵感，由于没有带纸，他竟然把《蓝色多瑙河》这首著名的曲子写在了衬衫上。当然，灵感也不是凭空产生的，需要对特定问题有浓厚的兴趣，并进行有意识的思考，收集与问题相关的信息，考虑各种可能的方案。此外，还要有解决问题的强烈愿望。

很多作家和发明家都有类似的经历，冥思苦想很长时间得不到满意的结果，当他们把问题放到一边，小睡一会儿，醒来时却得到了答案，或者去散步的时候头脑中灵光乍现。当他们放松的时候，自动成功机制就开始运转了。当思维不受压力影响的时候，最容易产生好的想法。

自动成功机制不是作家和发明家的专利，我们每个人都有同样的成功机制，都可以利用它进行创造性的劳动。

任何技能的学习都有四个步骤：

第一步：无意识条件下不掌握，不知道自己需要掌握哪些内容。

第二步：有意识条件下不掌握，知道自己有很多东西是不懂的。

第三步：有意识条件下掌握，能够掌握一些技巧，但是需要有意识地思考。

第四步：无意识条件下掌握，能够启动自动成功机制自发地完成，不需要依靠有意识地思考。

有些人在社交场合，有意识地说每一句话，做每一个动作。他们总担心自己说错话，做错事，每一个动作都要深思熟虑，每一句话都反复斟酌，这样不但显得做作，而且弄得自己很累。如果停止有意识的思考，不考虑行为的后果，展现真实的自我，才能在社交中游刃有余。

在体育比赛中，那些总是担心失败的选手常常发挥失常，因为过度的焦虑使他们无法启动自动成功机制。想赢怕输的心理只会制造障碍，放大压力，无形中增大犯错误的几率，不能发挥出正常的水平。相反，那些轻松上阵、不在乎结果的人往往能够超常发挥。因为他们能够把任务交给自动成功机制。做任何工作都是如此，越有意识地去做，越会漏洞百出；越是放手去做，越能取得好成绩。

启动自动成功机制需要注意五个方面：

第一，担忧用于下注之前，而不要用于下注之后。

第二，把注意力集中在当前，不要为过去或未来担忧。

第三，一次只做一件事。

第四，放松大脑，停止有意识的思考。

第五，保持放松的心态，充分授权自动成功机制。

启动自动成功机制，保持放松的心态，就可以对情感能量进行有效的管理，达到浑然忘我的状态，使工作达到最佳的效果。

如何根据性格选对职业

有很大一部分人一直都在从事着与自己的性格完全不符的工作，他们中有的人工作勤勤恳恳，兢兢业业，从不懈怠，可依然很平庸，似乎与成功没有缘分。其实，这并不是命运在作怪，关键还是没有读懂自身的性格，或没有按照自己的特点来选择最适合自己做的事情。我们每个人来到世界上，都具备独特的性格特征，顺应自身的性格，就能找到成功之路；逆着自己的性格，势必与成功无缘。

一个人选择什么样的职业，与其性格、气质、能力、兴趣、爱好等有着密切的关系，其中性格显然是首先要考虑的因素之一。每个人的性格都不一样，每种性格都有与其相适应的职业，只有充分发挥自己的天性，才能顺利开启通往成功的大门。

美国心理学家、职业指导专家霍兰德认为性格与职业环境的匹配是形成职业满意度和成就感的基础。他将人的性格分为六种类型，分别是现实型、研究型、艺术型、社会型、企业型、传统型，这六种类型的个性特点和适宜的职业环境都具有明显的差异。

现实型：不善言辞，对社交没有太大兴趣，更重视实际的、物质的利益，喜欢安定的生活，动手能力强，做事手脚灵活，协调性好，希望从事有明确要求、能按一定程序进行操作的工作。适合各类工程技术工作或农业工作，如工程师、技术员、测仪员、描图员、机械操作员、维修安装员、电木矿工、牧民、农民、渔民，等等。

研究型：有强烈的好奇心，抽象思维能力强，学识渊博，善思考，重分析，行事慎重，善于内省，肯动脑不愿动手，不善于领导他人，乐于从事有观察、有科学分析的创造型活动和需要钻研精神的职业。适合从事的职业主要包括：自然科学和社会科学研究人员，化学、冶金、电子、汽车、飞机等方面的工程师或技术人员，电脑程序员等。

艺术型：有理想，易冲动，想象力丰富，善于创造，自我表现欲强，具有特殊的艺术才能和个性，喜欢以各种艺术形式来表现自己的个性和才能、实现自身价值，乐于从事自由的、对艺术素质有一定需求的职业。适合的职业主要包括音乐、舞蹈、影视等方面的演员、编导，广播电视节目主持人；文学、艺术方面的评论员、编辑、撰稿人员，绘画、书法、摄影家；艺术、珠宝、家居设计师，等等。

社会型：善于社交与合作，乐于助人，责任感强，喜欢参与解决公共社会问题，渴望发挥自己的社会作用，乐于从事直接为他人服务、为他人谋福利或与他人建立和发展各种关系的职业。适合从事的职业主要包括：教师、医护、行政、福利人员；衣食住行服务行业的经理、管理人员和服务人员，等等。

企业型：精力旺盛，充满自信，善于交际，勇于冒险，喜欢支配别人，喜欢发表自己的见解，具有领导才能，对权力、地位、物质财富的欲望较强，乐于从事为直接获得经济效益而活动的职业。适合从事的职业主要包括：职业经理人、企业家、商人、行业部门的领导者或管理者。

传统型：善于自我克制，易顺从，喜欢稳定、有秩序的环境，习惯接受他人的指挥和领导，按计划和程序办事，没有支配欲，工作踏实，遵守纪律，乐于从事按既定要求工作的、比较简单而又比较刻板的工作。适合从事的职业主要包括会计、出纳、统计、录入人员、秘书、文书、人事职员、图书管理员等。

如何成为有创造力的天才

为了对人们的创造力进行测量，心理学家们绞尽脑汁，从而发明了一系列的能够测量人的创造力的方法。比如，给人一个回形针，要求他们在规定的时间内尽可能多地说出回形针的用途，根据他们提供的答案以及答案的创造性程度来对他们的创造力进行评价。也有一些是通过脑筋急转弯或逆向思维的方式来判断创造力的大小，比如，汤姆和约翰于同年同月同日出生，他们有共同的父亲和母亲，但他们却不是双胞胎。这是怎么回事呢？答案是汤姆和约翰是三胞胎中的两个人。也许听到这样的答案你会觉得可笑，认为这是故意刁难你而出的问题，但是你不得不承认，这种方法的确能在某种程度上反映你的创造力水平。

创造力是一种很重要的心理品质，同时也是能够为解决问题提供新奇想法的心理过程。这一心理过程能够帮助我们打破常规的思维模式，以一种全新的方式进行思考，在促进问题解决的同时，还能为社会创造一定的价值。

美国有一家生产牙膏的公司，产品优良，包装精美，深受广大消费者的喜爱，销售额蒸蒸日上。但是好景不长，没过多久销售额就停滞了，但每月大体维持在同样的数字。为此，董事便召开经理级以上的高层会议，商讨对策。会议中，大家都一筹莫展，这时有位年轻的经理站了起来，说道："为何不将现在的牙膏开口直径扩大一毫米呢？"这一句话让在场的所有人茅塞顿开，喜出望外。总裁马上下令更换新的包装，试想，每天早晚，消费者用直径扩大了一毫米的牙膏，每天牙膏的消费量会多出多少倍呢？这个决定，使该公司营业额在短时间内增加了32%，扭转了公司的危机。

美国圣地亚哥的克特立旅馆是一座重要建筑的诞生地。当时旅馆的管理人员觉得原来的电梯太小，必须扩建。于是，找了很多工程师来一起解决这个问题。他们设计的方案是从地下室到顶楼，一路挖一个大洞，就可以建一个新电梯了。他们的谈论被一个清洁工听到了，清洁工问他们要干什么，于是这些人解释了方案。清洁工听后说："可这样会搞得很脏、很乱呀，而且如果停业的话还会使很多人失去工作。"一个工程师听了清洁工的话，挑衅地问道："你有更好的主意吗？"清洁工想了想说："为什么不在旅馆的外面修电梯呢？"于是，克特立旅馆成了现在已被广为采用的室外电梯的发源地。

可见，哪怕是一点创造力都会产生巨大的作用，那么，怎样才能使得自己更具有创造力？在一般人的心中，只有那些聪明绝顶、智商极高的人才具有创造力，而缺乏创造力的人都是那些智力水平一般的人。然而来理学研究却出乎这些人的意料，它表明智力与创造力之间并没有多大的关联。而且从上面的例子中也可以看出，不论是那位年轻的经理还是旅馆的清洁工，他们都不见得有多高的智商，这说明即使你的智商水平一般，即使你不是什么专家，你一样可以有创造力。

如果想让自己更加富有创造力，可以尝试以下几种方法：

（1）处于放松状态。用点时间，做能让自己感到愉快的、能够给自己带来欢乐的，而且能让自己全身心投入的事情，比如散步、游泳、旅游、阅读令人心情愉快的文字，或者写日记等。千万不要觉得这是在浪费时间，时间久了你就会发现其中的益处。

（2）激发自己的想象力。想象力是高度视觉化的。练习在闭上双眼的情况下，想象自己正身处海边的沙滩上，微风拂面，海水涌向沙滩打湿了你的鞋子，你还可以闻到海水咸咸的味道。

（3）专注于此刻。每一位杰出的音乐家或艺术家都会告诉你，当他们在进行创作的时候，他们的头脑中没有任何杂念，他们完全沉浸在此刻的创作之中，感受意识的流动。你可以将自己的注意力全部倾注到自己手头所做的事情中去，哪怕你是在洗碗、拖地、整理房间，抑或是欣赏一部电影或和家人聊天，尝试练习把全部意识集中在当前时刻的能力。沉思可以起到很大帮助。

（4）寻找灵感。试着去想象打动你的美好事物。翻阅含有能够激发人思维的书籍，读能启发人灵感的文字，与能够使你冷静的人交谈。

（5）寻找替代方案。试着问自己，这件事情是否还有其他的解决办法。当你看到了一个问题的解决方案之后，再问一问自己："还有什么其他方式做这件事呢？"在心理上建立起这样的一种态度，"总会有另一种方法的"，不要仅拘泥于一种方法，尝试着用发散思维来思考问题。

（6）保持开放的心态。不要将任何你想到的点子拒之门外，不要轻易对它们作出判决。重视每一个从你的大脑里冒出来的想法，哪怕是那些看起来"愚蠢"或"毫无新意"的想法。这个方法能够催生更多有创造性的想法从你的脑海中浮现出来。

此外，创造力还与人格特征有密切的关系。很多研究表明，那些拥有较高创造力的人往往具有如下的人格特征：兴趣广泛，语言流畅，具有幽默感，反应敏捷，思辨严密，善于记忆，工作效率高，从众行为少，独立行事，自信心强，喜欢研究抽象的问题，生活范围较大，社交能力强，态度直率、坦白，感情开放，不拘小节，给人以浪漫的印象，等等。因此，也可以从培养自己的人格特征的角度进行考虑，来提高我们的创造力。

跳蚤为什么会自己给自己设限

跳蚤是自然界名副其实的跳高冠军，一只跳蚤最高可以跳 1.5 米，是跳蚤身高的 350 倍左右。如果一个身高 1.70 米的人有跳蚤一样的弹跳力，那就意味着他可以跳到 600 米左右，几乎相当于 200 层楼的高度。

可是，就是这位"跳高冠军"却因为自己的内心设限，而失却了"跳高冠军"的风采。

生物学家做过一个实验，他把一只跳蚤放入玻璃杯中，跳蚤很轻易地就跳出来了。之后，生物学家把它再次放入玻璃杯中，然后立刻给玻璃杯盖上盖子，结果跳蚤一次次跳起，一次次撞在顶盖上。后来，这只跳蚤开始耍滑了，它开始根据盖子的高度来调整自己所跳的高度。一周之后生物学家把盖子掀开了，这只跳蚤却再也跳不出来了。

跳蚤为什么跳不出来了？因为它在内心就已经相信杯子的高度是自己无法逾越的。

人也常会犯跳蚤这样的自我设限的错误。很多人在年轻时意气风发，打算干一番轰轰烈烈的事业。然而干事业并非像他们想象的那么简单。当他们屡战屡败后，便开始心灰意冷，垂头丧气，不是抱怨这个世界不公平，就是怀疑自己的能力，于是一再降低对自己的要求——即使原有的一切束缚已经不复存在。就像刚才的"玻璃盖"虽然已经被拿掉了，但他们早已经被撞怕了，不敢再跳，也不想再跳了。

很多人不敢追求成功，不是缺乏能力和机遇，而是因为他们的心里已经默认了一个"高度"，并时常暗示自己：越过这个高度是不可能的，于是甘愿忍受失败者的生活。由此可见，"心理高度"是很多人无法取得突出成就的重要原因之一。对于每一个人来说，要不要跳？能不能跳过这个高度？我能不能成功？能取得什么样的成功？无须等到最终的结果，只要看看一开始这个人是如何看待这些问题的，就知道答案了。总之，不要自我设限。

20世纪50年代，一个女游泳运动员决心要成为世界上第一个游泳横渡卡塔林纳海峡的女性。为了实现这个梦想，她开始了漫长而又艰苦的训练。终于，激动人心的时刻到来了，她在媒体和所有人的关注中开始了她横渡卡塔林纳海峡的壮举。刚开始时，天气非常好，她离目标也越来越近。然而，当她就要到达目标的时候，大雾开始降临海面。雾越来越浓，她几乎无法看到眼前的任何东西。

她在迷茫中继续游，但已经完全迷失了方向。她不知道距离目标还有多远，而且越来越疲倦，最后她放弃了。当救生艇把她从海里拉上船时，她这才发现，她只要再游100米就可以到达岸边了，为此她悔恨交加，在场的人都为她感到惋惜。接受媒体采访时，她为自己辩解道："如果我知道我离目标那么近，我一定可以到达目标并创下纪录。"

这位女游泳运动员一生中就只有这一次没有坚持到底。两个月之后，她成功地游过了同一个海峡，不但成为第一位游过卡塔林纳海峡的女性，而且比男子的纪录还快了约两个小时。

难题放一段时间后竟然变得容易了

大量的经验和事例表明，人对某一问题的重要发现有着很大的偶然性，也就是说一个奇妙的方案是在不经意间突然出现于脑际的，当然，这一般需要此前的艰苦思考做准备。俄国化学家门捷列夫曾花费巨大的精力探究元素的共同性，试图从中找出某种规律，长时间夜以继日地研究，使得他甚至会产生昏眩的感觉，但是工作却一直没有取得突破性的进展，直到有一天他准备上火车的时候，头脑中忽然闪现出关于元素周期律的决定性的观念。而与此相似，德国化学家凯库勒竟然在梦中发现了苯分子的环形结构。

心理学家西尔维拉做过一个实验：有四个小链子，每条链子有三个环，打开一个环要花两分钱，封合一个环要花三分钱，开始时所有的环都是封合的，要求被试者把这十二个环全部连接成一条大链子，但花费不能超过十五分钱。其中，被试者分为三组，用于解决这一问题的时间都是半个小时，不同的是，第一组的半个小时是连续的，而第二组在解决问题的半个小时中间却插入了半个小时做其他的事情，第三组则插入的时间为四个小时。结果是，这三组被试者成功解决问题的人数比例分别为55%、64%和85%。这说明，在解决问题的过程中插入了另外的时间会有助于问题的解决，而插入的时间更多些则会令这种效果表现得更为明显。这种效果即心理学中的"酝酿效应"。

酝酿效应给我们的启示是，当自己为某一问题而困惑的时候，不妨暂时撇开它，转移一下注意力，令自己放松一下，然后再重新去面对它，或许问题就会迎刃而解。

酝酿效应的关键是酝酿的过程。人们在离开某一思考过程的时候，思索行为其实并未完全地中止，因为实际上头脑中对这一问题的思考过程仍在延续着，只是这种延续是转移到了潜意识层面，人们并不会直接地感受到，但它确实存在着。正是有了这种潜思考的存在，才令灵感的闪现与梦中的神谕成为现实中的可能。

酝酿效应之所以能收到这样的效果，还在于它能帮助人们打破解决问题不当思路的定势，从而促进了新思路的产生。在上面实验中，当询问被试者解决问题的过程时，发现第二、三组人员回过头来重新面对问题时并不是按照此前的解法去做，而是完全从头做起，这也就是说，时间的间隔很可能会带来解决问题的新思路，因而使得成功的概率更大。

人在解决问题的时候，之所以很长时间里都没有能够找到有效的对策，往往就是因为自己已经被已原有的思维方式所束缚，结果反反复复的思考，都是沿着走不通的旧思路进行，这样即使思考的时间再多，也无助于问题的解决。但是，如果暂时将这一问题放开，将这一思考过程中断，之后再重回到这一问题的时候，却有可能会从新的思路出发，这样也就增加了成功的可能性。

如何发现你的优势

心理学专家通过研究发现，人类有400多种优势，可在成功心理学家看来，拥有几种优势本身并不重要，最重要的是人应该知道自己的优势是什么，然后将生活、工作和事业发展都建立在优势之上，这样才可以获得更多的自信，事业才会成功。也就是说，判断一个人是不是成功，最主要的是看他能否最大限度地发挥自己的优势。因为，如果一个人集中精力发挥自己擅长的以及自己能取得成功的方面，他就会变得越来越有自信。这正是我们所倡导的"扬长避短"。成功人士尽管其成功的路径各异，但他们都有一个共同点，就是"扬长避短"。

而当一个人把精力用于弥补缺点时，就会因为过分关注自己的缺点和失败，无暇顾及优势的发挥，对自身的优势熟视无睹，使自己陷入失落和信心匮乏的深渊。这样的人很难把注意力集中在自己擅长的方面，积极地去发掘自身的优势。

那么，我们该怎样发现自己身上的优势呢？

第一，把所有的优势都逐条写下来，使它们显得更真实。

你还可以花一点时间列出自己的强项，因为人往往容易忽略自己擅长的东西，认为它们是理所当然的：销售明星们总是认为把东西卖给别人很容易；"点子多"的人总认为想出一个点子很容易；擅长计算机的人总认为这种技能人人都会。这些都是他们的优势，不应被忽略。

第二，从别人的评价中了解自己。

想一想你的家人、朋友或同事赞美你的话。把他们的赞美都记下来：你是一个可靠的人；对生活充满热情；记忆力好，对亲人、朋友的生活细节都能记忆犹新；记得在你小时候，妈妈和姐姐都对你说："不管与谁在一起，你都能和他谈得来。"这比逐条列出自己认为的优势更容易。你不一定要被别人的话牵着鼻子走，但承认别人对自己的赞美是很重要的。

第三，问一问你自己，你比较欣赏自己哪些方面。

很多人都对自己苛刻，虽然并不讨厌自己，但对赞美自己却很吝啬，当有人问他们喜欢自己哪一点时，他们很难立即回答出来，他们总是羞涩地说："我不知道自己喜欢自己什么。"这些人其实不是不知道自己喜欢自己什么，而是有些不好意思。

其实，每个人都有对自己满意的地方：我觉得我很随和，能与很多人友好相处；我喜欢我挺直的鼻子；我天生好奇，或许喜欢聆听和提问题就是我最大的优点；我有很强的分析和组合信息的能力，从中发现它们是否具有实际意义；我敢于冒险，喜欢探索新事物。

第四，发现你的天分。

每个人都会有一些天分。天分是无法通过学校的考试和相关的测试来检测的，但却是你能脱口而出的东西。或许你不觉得它有什么稀奇之处，但是它能让你沉迷于其中而不觉疲倦。

以下是表现在某些人身上的天分：

我对各种时尚杂志的内容能倒背如流；

我做汤、做鱼都很拿手；

我对摄影有天分，懂得从哪个角度拍出一张美丽的照片；

我爱说话，与别人聊天，无论是什么样的人，我都能很快地和他熟悉起来，并能通过聊天了解他，知道他在干什么、他是怎样的人，我能使人感到舒服自然；

对电子器具、电脑、软件等一学就会，甚至无师自通；

我非常喜欢养花，是个公认的养花能手；

我懂得如何把房间收拾得整洁，干净。

现在，开始通过你取得的成绩判断一下你的天分。

很多人认为要找出自己取得的成绩十分困难，他们认为，如果没有在大学运动会上拿到名次，考试没有考到第一名，赚钱没有赚到一百万，那就算不上有什么成绩。其实，你可以拓宽自己的视野。比如有个可爱的孩子；有一座漂亮的房子；新的工作令人满意。这些都是极好的、真正的成绩。

第五，用以上几种方法，去发现你的优势。

把别人对你的赞美，你对自己满意的地方，你取得的成绩都列举出来，它们能提醒你，你是一位有用的、受欢迎的人，而且已经取得不少的成绩。这样，你将会发现自己比以前更有信心。

第七章

决策心理学：为什么两个头脑
不如一个头脑

什么是决策心理学

1944 年 6 月 4 日，盟军集中 45 个师，一万多架飞机，各型舰船几千艘，准备在 6 日登陆诺曼底。就在这个关键时刻，气象台却传来令人困扰的消息：今后三天，英吉利海峡气候恶劣，舰船出航十分危险。这让最高统帅艾森豪威尔和手下将领们一筹莫展。但同时气象专家也认为，在 6 日当天，将有 12 小时的晴好天气，这种天气虽不理想，但能满足登岸的基本条件。6 日之后天气将继续恶劣下去，要在 10 天之后才会有数天的晴好天气。是利用近在眼前的短暂晴天，还是等待 10 余天后的大好天气？艾森豪威尔沉思片刻，果断做出最后决定："好，我们行动吧！"后来虽因天气不好，汹涌的海浪吞没了一部分舰船，但诺曼底登陆作战一举成功，却是不可否认的事实。艾森豪威尔在选择登陆日期时十分果断，那天的天气状况虽然只能满足起码的登陆条件，但却绝对是一个最关键的日子。如果延期登陆，后果将不堪设想——战争结束时间推迟，盟军将会付出更多代价。因为在这个时候，希特勒还没回过神来，他坚定地认为盟军绝不可能在诺曼底登陆。从这个角度看，艾森豪威尔的决策无疑是非常正确的。

决策心理学，就是专门总结决策者的心理因素对决策的作用和影响的一门学科。它是决策学与心理学的交叉学科，研究的对象是决策过程中决策者的心理和行为规律。决策心理学的建立，不仅仅是决策实践的需要，还能建立起决策理论的独立的完整体系，并且促进其向深度和广度发展。这门学科虽然是一门新兴的边缘学科，却已经有了自己独特的研究范畴、研究内容和方法，它所揭示的心理活动规律也是面向决策实践，具有很强的实用性。

决策活动包含决策者、决策对象、决策信息、决策目标和决策环境这五个要素。其中，起主导作用的是决策者，决策者的心理活动渗透于决策活动的全过程。不懂心理的决策者，绝不可能作出最准确的决策。总之，离开了人的心理活动，决策也就不复存在。决策心理学就是这样一门研究决策者心理的学科。它具体的研究内容包括决策者个体心理，也就是在个体决策时，决策者的心理素质对决策的影响；决策者群体心理，即集体决策时，群体心理活动对决策的影响；决策组织心理，即组织环境对决策者所构成的心理影响。

在决策心理学家看来，决策的效果取决于决策者的心理素质。决策是否正确，决策是否及时，往往取决于决策者的判断和协调能力。在上述例子中，诺曼底登陆之所以取得最后的成功，关键在于艾森豪威尔的当机立断，他没有选择拖延到十几天之后的一个天气条件极好的日子，而是果断地下令在一个只能满足基本登陆条件的日子里登陆，抢占了最有利的时机，真正达到了出其不意的效果。

从总体上看，决策心理学研究的基本任务有如下几个方面：①研究决策过程中的心理学问题；可以帮助决策者调适自己的决策动机和价值判断心理，选择出最优方案并付诸实施，以不断提高决策的质量；也可以培养他们的创造性思维，成为能集思广益、善用奇谋妙策的决策者。②研究决策者的心理素质与决策风格、决策行为的关系；帮助决策者提高自身的心理素质，保持健康的心理状态，实施正确的角色扮演，在不断的决策中优化自己的决策行为，形成稳定的、处乱不惊的决策风格。③研究决策对象的心理与行为规律；帮助决策者学会主动创造条件，采纳群众意见，调动群众参与决策的积极性，以实现决策的民主化。④研究决策集团在决策活动中的心理与行为规律；可以为决策集团内在结构的优化、充分发挥其整体效能，提供途径和方法。

决策心理学就是运用心理学的原理和方法，通过分析决策者的决策活动经验，从中总结出决策者在决策时的心理与行为规律，为以后的科学决策提供理论和实践依据，以提高决策的实效性。

决策力就是选择力

决策的目的无非是为了获得更有价值的东西或达到更完美的结果，但在决策中，确有太多的合适、不合适，实用、不实用的东西或者是机会摆在我们面前，我们必须进行不断取舍，选择最合适的为我们所用，直至最终达到目的。所以，我们说决策力就是选择力。

决策过程中，首先需要选择的是计划和方案。为了实现目标，我们会有多种打算，会设计出多种方案，但受客观条件和自身能力的限制，各种方案之间会发生冲突，这时候，我们必须有所取舍，选择那些与外部机会与自身能力相契合的方案。计划也是一样，客观环境随时都在变化，预先的计划往往需要因时、因势地进行调整，及时排出最优的顺序。排序是决策的基本功，要想决策力超强，就必须下工夫掌握排序的技能。不同的选择带来的结果肯定不同。

在圣皮埃尔岛培雷火山爆发的前一天，一艘意大利商船"奥萨利纳"号正在装货准备运往法国。船长马里奥·雷伯夫敏锐地察觉到火山爆发的威胁。于是，他决定停止装货，立刻驶离这里。但是发货人不同意。他们威胁说货物只装载了一半，如果他胆敢离开港口，他们就去控告他。但是，船长的决心却毫不动摇。发货人一再向船长保证培雷火山并没有爆发的危险。船长坚定地回答道:"我对于培雷火山一无所知,但是如果维苏威火山像这个火山今天早上的样子,我必定会离开那不勒斯。现在我必须离开这里。我宁可承担货物只装了一半的责任,也不继续冒着风险在这儿装货。"

24小时以后,圣皮埃尔岛的火山爆发了。港口装货的人全都死了。而这时候"奥萨利纳"号却正安全地航行在公海上,向法国前进。

虽然决策的目的是为了实现目标,但有一点要注意,进行决策时的选择却不能一味地追求完美和最优,更不能无原则地妥协,而是在尊重客观现实的基础上,以实事求是的态度进行分析,以寻得让计划、方案与目标、资源、战略更加匹配的最佳方案。

让选择达成与目标、资源、战略更加匹配是很难的,但也是有依据可循的。具体地说,在进行决策选择时,可以考虑以下五个因素。如果能全面考虑这五个因素,就可以全面提高决策的质量。

风险。即决策实施之后的各种不利因素,或各种副作用,要制定相应的对策。

对手。要知道在决策时,竞争对手也在决策。所以知己知彼,考虑对手的决策善于双赢,才能确保个体或所在的集体立于不败之地。

关系。每一个决策都不是孤立的,它牵扯到方方面面的利益和关系。只有理顺这些关系,决策才能成为现实。

报酬。对于个人而言,要考虑某项决策可为自己带来哪些回报,在企业中,报酬是激励实干者提高决策力的一个极为重要的途径。

结果。为什么要做这个决策?这个决策实施后能够带来什么结果?值得还是不值得做这个决策?无论是个体还是集体的领导者,在作决策时要强调务实和效益,要预计结果导向,不能只考虑动机愿望,只制定目标计划。

考虑了上面五个因素,决策就有了系统性、预见性,就有了可操作性。

为什么两个头脑不如一个头脑

按理说，一群有经验的人在一起应该能发挥超常的智慧。但是，在大多数时候，多少个臭皮匠也抵不了一个诸葛亮。反而臭皮匠越多，越容易使事情变得一团糟。就像两杯50℃的水加在一起不会变成100℃一样。群体在决策的时候，很容易陷入群体思维之中，当要求他们针对某一个问题发表自己的意见时，要么长时间沉默，要么各持己见、互不让步，最后，通常是群体内那些喜欢发表意见、有权威的成员们的想法容易被接受，尽管大多数人并不赞成他们的提议，但大多数人只是把意见保留在心里而不发表出来。这样的决策过程往往会导致错误的决策。

群体决策容易出现"从众效应"和"极化效应"。从众效应就是屈从群体中大多数人的意见，这样往往会导致群体决策时忽略少数人的一些关键的意见，成员们往往会草率地同意一个错误的决策，而不会去仔细想想他们在这个过程中有什么不足。这些负面因素都是导致群体决策失误的原因。极化效应指的是将个人的意见夸大，从而导致作出一个极端的决策。个人的意见可能是偏向保守的，但是身处一个团体中，往往会忽视自己作决定时的责任感，而将个人的观点夸大，从而导致团体作出比个人思考时更为极端的决策，作出的决策可能极端冒险，也可能极端保守。这种奇怪的现象在现实生活中并不少见。一群富有攻击性的青少年在一起，很容易出现暴力行为。一群偏向激进的企业家坐在一起讨论问题，更容易作出极端激进的决策。这个效应甚至发生在网络上，人们在网上论坛和聊天室里往往发表比平常更为极端的观点和看法。

那么，是什么导致从众效应和极化效应的发生呢？这可能是因为观点、态度相同的人聚在一起，会让个体不自觉地求同存异，忽略自己独特的观点，因为个体觉得这些观点是不同于他人的，可能不会被接受；而突出表达和团体大多数人相同的想法，分享与他人一样的想法，尽管这些想法可能是极端的。研究表明，和个人思考相比，团队思考更加独断，更倾向于将不合理的行为合理化，更可能将自己的行为视为道德所许可的。尤其是当决策的领导者控制欲较强时，很容易迫使团体中意见不合的人从众。通常，不合理的思考都是发生在人们集体决策的时候，而这会导致极端观点的形成。

群体决策虽然能提供更完整的信息和知识，也能开发出更多的可行性方案。但是，群体决策产生的心理效应却让其不能成为一个最好的决策办法。根据研究，最好的决策办法是尽量避免产生各种可能遮蔽思考的错误。一般来说，群体决策的规模以 5 ~ 15 人为宜，不少于 5 人，7 人最能发挥效能。参与决策的成员先集合成一个群体，但在进行任何讨论之前，每个成员需独立地写下他对问题的看法。然后，成员们将自己的想法提交，并一个接一个地向大家说明自己的想法，直到每个人的想法都得到表达并记录下来为止。在所有的想法都记录下来之前不进行讨论。然后再开始逐一讨论，以便把每个想法搞清楚，并作出评价。每一个成员再独立地把各种想法排出次序，最后的决策就是综合排序最高的想法。这样既能集思广益，也不会出现从众效应和极化效应。

可见，群体决策并不是不好，关键是如何把握决策的过程，让每个成员能在独立思考的同时，不受他人的影响，独立地献计献策。

李鸿章"误国"从何而来

晚清权臣李鸿章早年也是条血性汉子，他敢爱敢恨，敢作敢为：恩师曾国藩待友李元度不公，他毅然脱离曾府；戈登将军不服管制他怒而除其军权。李鸿章之所以后来越活越不如从前，主要是因为他在与洋人打交道的时候，处处以"诚"为先，但洋人却不对他讲诚信。李鸿章在主持晚清外交的二十多年中，凡事以妥协为宗旨。在处理"马嘉理事件"中，明知英国理亏，却为了"了事"而签订了《烟台条约》；在处理中法冲突时，他又不顾中国军队在越南大败法军的事实，签订了《中法新约》。

认知，是指个体在获得和处理信息时的内部心理活动，包括信息的编码、存储和提取等方面。认知的个体差异是客观存在的。在进行决策时，个体的认知差异会成为决策的影响因素。认知的个体差异主要表现在认知方式的不同，对于不同的情境，个体间不仅持有不同的观点，而且其认知的结果也是不一样的，因而产生认知偏差。影响决策的认知因素主要包括选择性知觉、重构性记忆和简捷化直觉这三个方面。

人们的知觉在很大程度上是受自身预期的影响，而这些预期又建立在已知经验的基础上，也就是依赖过去的知识和经验。所以说，知觉具有选择性，能根据自身所需，选择知觉的对象。同一个人会对某些事物或现象，感受深刻清晰，而对另一些事物或现象，则感受模糊不清，甚至浑然不觉，这种带有明显倾向性的知觉，就称为选择性知觉。明察秋毫，是由于我们对某些事物观察细致入微，着重进行了知觉；熟视无睹，是由于我们对一些现象已经习以为常，知觉的时候选择了忽略。个人的决策行为从选择性知觉开始，知觉的过程受自身经验、情感和立场的影响。在考虑选择性知觉对决策的影响时，需要特别关注影响决策的选择性知觉的具体因素；这些认知因素可能导致认知偏差；这些认知偏差会对决策产生哪些不利影响。

记忆在人的整个心理活动中处于突出地位。通过知觉，人们能获得外部信息，通过记忆，能将信息存储下来。而人们最初存储的记忆会受个人认知能力、情感和信息特征等的影响，出现记忆偏差。最终被人们唤起的信息，是经过不断重构的记忆。重构性是记忆的本质，任何人的记忆都会出现偏差，即使是优秀的决策者。它并不是我们对过去事件的完整拷贝，而是在需要提取的时候才建构起来的。在重新建构的时候，一切无关的情境、认知因素就会掺杂进来，与原始记忆相混合，从而导致记忆偏差。记忆偏差能影响决策者的决策过程。

人的记忆存在三种偏差形式：保留偏差、感受偏差和唤起偏差。保留偏差是指人们在保留信息的过程中，重新组织了与事件相关的原始资料，最终保留下来的东西就很难真正反映事件的原貌。感受偏差是指人们感受信息，总是以自身知识与经验体系为基础。比如在购买商品时，选择那些在电视广告中反复出现的商品。而唤起偏差是指将已经发生的事情视为不可避免的事情，却忽略了自己的判断实际上受到了已知结果的影响。这些记忆偏差都会对知觉产生影响，进而产生知觉上的偏差。

直觉，是事先并没有经过逻辑推理，在突然间产生的一种领悟或判断。个体在运用知觉和记忆的信息进行判断的过程中，有时会受到信息过度或不足的影响。此时，人们可以采用简捷化直觉的方式来提取有价值的信息，然后再作出判断。在决策者的决策中，或多或少会出现简捷化直觉。但是它在生产管理、财务管理等需要数字表示的活动中不宜使用。

选择性知觉、重构性记忆和简捷化直觉这三种认知因素都能影响决策，在决策的时候要不断进行自我检查，防止犯认知偏差的错误。

加一个鸡蛋还是加两个鸡蛋

在一条马路上有两家卖粥的小店，左边一家，右边一家。两家相隔不远，每天的客流量看起来似乎相差无几，生意都很红火，人进人出。然而晚上结算的时候，左边这个总是比右边那个多出百十来元。天天如此。一天，一个人走进了右边那个粥店，服务小姐微笑着迎进去，盛好一碗粥后，问道："加不加鸡蛋？"那人说加。她给顾客加了一个鸡蛋。每进来一个顾客，服务员都要问一句："加不加鸡蛋？"也有说加的，也有说不加的，大约各占一半。过了几天，这个人又走进左边那个小店，服务小姐同样微笑着把他迎进去，盛好一碗粥，问："加一个鸡蛋，还是加两个鸡蛋？"顾客笑了，说："加一个。"再进来一个顾客，服务员又问一句："加一个鸡蛋还是加两个鸡蛋？"爱吃鸡蛋的就要求加两个，不爱吃的就要求加一个。也有要求不加的，但是很少。这就是为什么一天下来，左边这个小店要比右边那个多出百十来元的原因。

左边小店就是用"沉锚效应"来增加销售的——在右边的小店中，人们是选择"加还是不加鸡蛋"，而在左边店中，人们选择的是"加一个还是加两个"的问题，第一信息不同，使人作出的决策不同。

作决策时，人的思维往往会被得到的第一信息所左右，第一信息会像沉入海底的锚一样，把人的思维固定在某处，这就是沉锚效应。生活中，沉锚效应常被用于"利用第一信息为对方设限，进而让对方按照自己的想法走下去"。

沉锚效应的形成，有其深刻的心理机制：当关于同一事物的信息进入人们的大脑时，第一信息或第一表象给大脑刺激最强，也最深刻。而人脑的思维活动多数情况下正是依据这些鲜明深刻的信息或表象进行的。第一信息一旦被人接受，第一印象一旦形成，便会因人在认知上的惰性而产生优先效应，尽管这一信息或表象远未反映出一个人或一个事物的全部。

一位领导向四个组的人介绍同一位新员工，他对第一组的人说：新员工工作很积极；对第二组的人说：新员工工作不积极，你们要注意；对第三组的人说：新员工总的来说工作积极，但有时不积极；对第四组的人说：新员工工作不太积极，但有时也积极。一个月后，抽问四组员工，他们给出的答案几乎与当初介绍的一模一样。

在善加利用沉锚效应的同时，我们还要注意规避落入沉锚效应的陷阱。如果你是一家公司的负责人，你经常会遇到一些要你决策的事情，比如说采购计划，那么请你考虑一下，在决定是否采购新设备之前，你会遇到哪些情况？一般情况下，你会考虑公司的业务现状是否应该采购新设备，另外你还会考虑客户方对你的产品的实际需求量等，与此同时，你的一位老朋友，凭借他的体会力劝你取消采购计划。

现在有三个"信息"可参考，你会怎么办？最好的办法就是先别忙着作出决定，因为上面的"信息"有可能会成为沉锚，诱使我们寻找那些支持自己意见的证据，躲避同自己意见相矛盾的信息，进而让你掉进沉锚陷阱。除了这些客观因素，主观因素比如错觉、偏见、过去的经验等，也会成为影响决策的"沉锚"。

他们为什么不吃肉粥呢

人们在模棱两可、犹豫不决的情况下作出的决定往往会受到身边因素的影响。这种现象被心理学家称为"拥有效应"，它反映的是人们在遇到问题时，难以进行独立思考的现象。

心理学家曾经做过这样一个实验，实验对象面前有一个巨大的轮盘，转动着 1～100 之间的数字。主持人让实验对象回答问题，答案也是 1～100 之间的数字。例如，问题是"非洲有多少个国家加入联合国"，他们首先要回答答案是高于还是低于轮盘所停在位置的数字，然后再说出最终的答案。实验表明，答案受到了轮盘所停位置的数字的影响。当轮盘停在 10 处，测试者回答的数字的平均值为 25；当轮盘停在 65 处，平均值就会变成 45。

还有一个实验，实验对象被要求对坐在旁边的一个素不相识的人进行电击。为了确保实验的安全，电击当然是假的（施行电击者并不知道这一点），但受电击的人被要求做出十分痛苦的假动作和表情，并强烈要求停止这个实验。这时，主持实验的人以专家的口吻表示电击不会对人体造成根本性伤害，仍然可以继续电击。令人震惊的是，很多人都会按专家的要求继续进行这个实验。因为经验告诉他们专家是权威可靠的，即使受电击的人再怎么痛苦也无法改变他们这种思想。

拥有效应往往会影响我们对新事物作出客观的认识和评价，也会影响我们接下来的决策和行为，因此，要留意它对我们的大脑造成的不良影响，进行正确的思维。

西晋的第二代皇帝晋惠帝是个白痴皇帝。有一年，天下闹饥荒，很多百姓都被饿死了。有大臣把这事报告给晋惠帝。皇帝听后，问大臣："老百姓怎么会被饿死呢？"大臣说："他们没有米饭馒头吃。"晋惠帝大惑不解，说："没有米饭馒头吃，那他们为什么不吃肉粥呢？"

无独有偶，法国路易十六的王后玛丽也曾讲过类似的混账话。这位王后原是奥地利帝国公主，从小生活奢华无度。出于政治需要，1770年，她嫁到法国。进入法国宫廷后，玛丽热衷于舞会、游玩、时装、庆宴，喜欢漂亮的花园，花费惊人，世人称之为"赤字夫人"。据说，由于宫廷耗费钱财过多，法国上下陷于贫困。有一次，一个大臣告知玛丽，法国老百姓穷得连面包都吃不上了。玛丽不解地说道："那他们干嘛不吃蛋糕呢？"

晋惠帝和玛丽王后说出那样的混账话，就是受到了拥有效应的影响。其实，我们每个人说话做事的时候都会受到这个效应的影响。比如，清朝的时候，外国人来到中国，对中国男人留辫子大惑不解。中国人对西欧人普遍的宗教信仰也不理解。再如，许多生活较为优裕的人，搞不懂农民工为什么冒着生命危险到私营煤窑去做工。平时自立的农村孩子，进入大学后对那些来自城市的不能自己洗衣、叠被的同学感到不可思议。

第八章

职场心理学：如何才能让别人
玩你发的牌

激发部下、后辈的方法

1968 年，有两位美国心理学家进行过一次期望效应的测验。他们来到一所小学，从每个年级各挑选了三个班，对所有学生进行了一次发展测验，然后将测试的结果交给各班老师。其中，有一些学生被认为是非常具有发展潜力的。几个月后，他们又来到这所学校对学生进行复试。结果，那些被认为具有发展潜力的学生学习成绩都有了显著进步，而且求知欲强，乐于帮助他人，师生关系融洽，性格也较为开朗。实际上，这部分所谓的具有发展潜力的学生是他们随机抽取的。老师们对这批学生却会不知不觉地给予更多关注和期待。虽然这部分学生的名单并没有公开，但老师们掩饰不住的期望仍然会通过眼神、音调、下意识的行为等传递给学生。自然地，学生受到这些潜移默化的影响，会变得更加自信，于是他们在行动上就不自觉地更加努力，从而取得飞速进步。

这个实验说明心理期待也有强大的力量，即"皮革马利翁效应"。远古时代，有一个叫皮革马利翁的王子，他非常喜欢一个美女雕塑，每天都期待美女能变成活生生的人来到他面前。结果有一天，雕塑美女竟然真的活了。实验中的老师们扮演的就是皮革马利翁的期待角色。这其实是一种暗示的力量。在学校里，那些老师喜爱的学生，会受到更多关注，他们的学习成绩或其他方面会有明显的进步，而那些被老师忽视的学生，则有可能一直默默无闻下去。所以，优秀的教师善于利用期望效应来鼓励后进生，给予他们更多的关注。运用到企业管理方面，期望效应是领导激励下属斗志的重要方法。

相信我们大家都有这样的经历：自认为一项工作完成得很出色，心想一定能得到同事和领导的认同、称赞。但同事和领导的反应都很漠然，你也就失去继续努力的动力了。反之，如果同事和领导对你的工作成绩能够及时给予肯定，多称赞你，你就会觉得自己是重要的，付出的努力是值得的，当然工作起来也会更开心。这其实是心理暗示在起作用，暗示能使人不自觉地按照某种方式行动，以证实别人对自己的肯定和期望。

人为什么会受暗示呢？我们都知道，弗洛伊德将人格分为"本我""自我"和"超我"三部分。这其中，"自我"的职责是作判断和决策，判断和决策的精准性反映了个体的"自我"是否健康。但是，没有人的"自我"是完美的，没有人敢保证自己的判断和决策都是对的。"自我"的不完美就给来自外界的暗示提供了机会，尤其是来自自己喜欢、信任和崇拜的人的影响和暗示。这些暗示可以作为对"自我"的缺陷部分的补充，起到激励的作用。皮革马利翁效应就是一种心理暗示。向一个人表达对其积极的期望，即使这种期望并不明显，也会使他进步。反之，消极的期望会使其自暴自弃，甚至放弃努力。一个好的领导，必定善于通过各种方式向部下传达对他的信任和期望，譬如，在交代下属办某件事时，不妨对他说"我相信你一定能行的""你有这个能力做好"……这样，下属会觉得不能辜负你的期望，必定会加倍努力。一个人即使本身能力并不强，但是经过激励后，也可能会由不行变成行。

松下集团的掌门人松下幸之助就是一个善用期望效应激励员

工的高手。他经常给员工打电话，询问他们的近况，即使是新人也不例外。每次通话快结束的时候，他都不忘说一句："做得好，希望你好好加油。"以此勉励下属。这样，接到电话的下属都能感到总裁对自己的信任和重视，工作起来也更加卖力。

马斯洛的需要层次理论认为，自我实现的需要是人类最高层次的需要。每个人在内心深处都渴望得到他人的肯定和赞扬。如果能得到认同，就能朝着期望的方向前进。作为一个管理者，要知道赞扬你的下属，能让他们心情更加愉快、工作更加积极。你小小的赞扬，将得到他们良好的工作成果作为回报，这绝对是超值的。此外，作为管理者，还应该意识到，赏识，也是下属的一种情感需要，它和其他有形的物质回报同样重要。

"压力越大，效率越高"的观点是不对的

1980 年，心理学家叶克斯和道森通过一个实验发现，随着课题难度的增加，动物参与的动机水平有逐渐下降的趋势。后来，又有研究表明，人类也存在相似的现象——事情难度与行为效率之间并非是单一趋向的关系，而是呈现一种倒 U 型曲线的关系，也就是说，从低难度开始，随着难度系数的逐渐上升，行为效率也会随之提高，可是当这种趋势达到某一临界点之后却会出现相反的情形，即难度越大，效率则越低。

具体来说就是，当人们从事低难度活动的时候，心中持有的是一种轻而易举的态度，因而非常放松，很有些心不在焉，这就导致做事的效率处于一种较低的水平；而当事情难度较高的时候，人们会对其变得重视起来，从而给予了更多的主观投入，更大地调动起潜在的能力，更好地发挥出主体的积极性，所以在这种情况下做事的效率处于一种较高的水平；可是，当难度达到相当的程度之时，人们做起事来就会感到力不从心，对成功变得没有把握，这样，既在客观能力上有所不及，又在主观动机上有所懈怠，

因此行动起来就显得慌乱，效率当然也就会下降了。

叶克斯－道森定律表明，一定的紧张情绪会令人们在学习和工作中取得更好的成绩，可是切记要掌握一个度，否则，如果紧张情绪过于严重，形成焦虑，反而不利于成功。

认识到这一点，做事的时候就应当注意，既不要完全地放松，全不当一回事，也不必将成败看得过重，以免因为患得患失乱了手脚。面对成败得失，不可视之如儿戏，也不可过分地看重，不必将其视为无比重要甚至可以决定一切的关键，只有这样，才可以发挥出自己的最佳水平，从而取得最好的结果。

对于管理者来说，把握这一规律对提高工作效率有很大的帮助。自20世纪50年代以来，工作压力与工作效率二者之间的关系一直是有关学者研究和探讨的热点问题。实验证明，刺激力与业绩之间存在关系。过大或过小的刺激力都会损害业绩，只有刺激力比较适度时，业绩才会达到巅峰状态。也就是说，当压力很小时，工作缺乏挑战性，人处于松懈状态中，工作效率自然不高；当压力逐渐增大时，压力变成动力，激励人们努力工作，工作效率逐步提高；当压力达到人的最大承受能力时，工作效率达到最大值；当压力超过人的最大承受能力之后，压力就会变成阻力，工作效率也会开始下滑。

过度的工作压力会使人心悸、烦躁、忧虑、抑郁，导致工作满意度下降、工作效率下降、协作性差、缺勤、频繁跳槽等不良反应，所以，从管理角度上看，要想提高员工的工作效率，并尽量降低人员流动与缺勤带来的损失，必须改变那种"压力越大，效率越高"的错误观念。

如何让别人玩你发的牌

每个人都有一种强烈的归属需要，希望能与他人建立持续而亲密的关系。而人与人之间的关系却很复杂。你可能很能干，也很可爱，却没法得到每个人的喜欢。心理学家的研究也发现，在现代社会中，人们会用排斥来调节社会行为。想想在学校、公司或其他地方，你被别人故意避开、转移视线，甚至漠然以对，那种滋味一定不好受。但是，我们却会被那些可接近、有共性或互补的人所吸引，并折服于他们的某些魅力。反过来也一样，如果你能够让他人觉得你是可接近的、与他们有共性或互补的人，或者具有独特的人格魅力，你也会成为受欢迎的人。接近你想说服的那个人，展现你们之间的共同点或能互补的方面，是说服的第一步。

在有了初步的信任之后，要说服他人就变得容易得多。

巧妙地影响他人：要促使他人按照你的意愿行事，就要找出促使他们这样做的原因。在他人行为的背后，找出其最本质的需要。有些人喜欢听赞美的词，有些人喜欢物质的奖励，总而言之，只要向他人说明，行为是有积极后果的。如果他做了你要求做的事情，就能获得想到的东西。经过这样的强化，就能不知不觉影响他人的行为。假设你是一个老板，想招聘一个优秀的员工。而你也知道，已经有几家公司想聘请他了。如何能影响他，让他选择你的公司呢？首先，你应该判断这位员工所渴望的是高薪酬，还是广阔的职位发展空间，并竭力摆出你的条件来吸引他。如果你发现他比较重视薪酬，就应向他表示你能提供的优厚待遇；如果他更看重发展前景，不妨为他仔细描述他的职业蓝图。归根结底，要影响他人，就不能忽视他人的需要。当然，在第一步建立起来的亲密关系，也可能成为影响他人的能量。

巧妙地说服他人：说服他人的技巧是，通过第三者的嘴说话。我们都有这样的经历，当你在向他人说一件有利于自己的事情时，他人通常会怀疑你以及你说的话。这是人的一种本能表现。可能是由于你的利益会引起他们的不平衡心理。所以，这样的时候不妨换一种方式。不要由你本人直接阐述，引用第三者的话，即使这个第三者并不在现场。如果你是一个推销员，有人问你你推销的产品是否耐用，你可以这样回答他："我的邻居已经用了四年了，仍然好好的。"

巧妙地使他人作决定：首先要将他人的利益放在首位。告诉他，这样作决定，他能从中获得什么。其次，问只能用"对"来回答的问题。要让他对自己的决定充满信心，就不能让其在脑中产生否定的想法。用"对"来回答的问题，更能坚定其行动的信心。同样，即使是选择式的提问，也让他在两个"好"中选择一个。当然，根据皮革马利翁效应，也要适当展现你的期待，给他更多的鼓励和支持。

巧妙地调动他人的情绪：第一印象的效应往往使任何一个最初交往的一瞬间决定了整个交往过程的基调。因此，在最开始，你与他人双眼接触的瞬间，开口说话打破沉默之前，请露出你亲切的笑容。情绪具有传染性，调动他人的情绪之前，不妨对自己说——笑一下。

人与人之间的交往是个互动的过程，只要能掌握一定的技巧，就能占据有利地位。

什么样的招聘广告最能吸引优秀人才的注意

据媒体报道，一家上市公司为招揽员工竟别出心裁地将招聘广告按照一美元纸币的样式、大小比例印制，并沿街发放。在该招聘广告的正中心印着美国首任总统华盛顿的头像，纸张的颜色、大小也与一美元纸币相似。不过，再仔细一看，"一美元"的四角却是用"＄"符号代替"一"的面值；在背面的空白处，写着百来字的招聘信息。此举在吸引了众多眼球的同时，也惹来争议声一片。有市民认为，美元虽然不是我们国家流通的纸币，但是这种做法实在欠妥。也有市民持不同意见，认为这张宣传单很有创意，此举为的是吸引人们的注意，可以理解。

我们都知道，不是所有公司都能够为员工提供优厚的待遇，但是这些公司也希望招聘到优秀的人才。于是，为了吸引优秀的人才，就有了上述例子中别出心裁的做法。如果你的公司正愁于吸引不到优秀人才的加盟，不妨尝试一下"逆向推销"法。逆向推销，就是变被动为主动，在招聘开始时就明确公司自身的特点，将招聘的重点放在那些有可能被公司的特点吸引的应聘者身上。

要了解公司的特点，向新员工收集信息是个方便快捷的手段。了解公司里新员工的情况，调查他们来公司工作的原因，询问他们公司最大的优点是什么，了解应聘的时候公司的哪些情况曾经使他们担心或犹豫，由此可以确定本公司的一些优点和缺点。仔细分析公司的缺点，就可以做到在招聘的时候向求职者进行有针对性的解释。而对于公司的优点，需要加以推销。在招聘广告中体现公司的一些优势，譬如公司在本行业的地位、招聘职位的发展空间、公司的良好氛围等。

在了解了公司自身的特点后，还必须知道哪些人容易被本公司的优点所吸引。通常，能认同一个共同的企业文化的人，总有一些共性。这也能从本公司的员工身上看出些端倪。影响工作选择的因素本来就很复杂，比如说，有些人喜欢稳定，有些人喜欢挑战和冒险，这两种人选择工作的原则肯定会有差异。通过分析，一旦找到与本公司的条件相配的个性因素，就可以把招聘活动的重点放到特定的人群上。

招聘历来都是双向的，公司在选择应聘者，应聘者也在挑选雇主。在人才大战的时代，不再是单向的企业选人，人同样也在选择企业。可以说，企业与员工的地位是平等的。所以企业要想招到优秀的人才，取决于企业是否有足够的吸引力。这直接体现在企业撰写的招聘广告上。招聘广告应该从应聘者的角度出发，契合他们的心理。不妨从以下方面进行尝试。

首先，没有人会喜欢干巴巴、毫无乐趣的招聘广告。尽量用轻松有趣，甚至带一点小幽默的语言来描述职位，以引起应聘者的兴趣。国外一个滑雪板制造商的招聘广告有这样一个片段："我们热衷于产品的研究开发，并将继续居于行业的领先地位；不过，在本公司更重要的事情是——滑雪。"应聘者看到这样一个幽默的广告，不可能不动心。

其次，使招聘成为一个互动式活动。现如今，越来越多的招聘广告是通过互联网发布的，互联网的互动性使求职者和招聘者之间的直接沟通机会大为增加。公司可以利用这种互动性，让应聘者参加一个简单的测验，以确定他们是否了解该职位或拥有从事该职位所需的技能。同时，也能让应聘者花更多的时间留意公司的招聘广告。

再者，避免使用只有专业人士才能够看懂的缩写和深奥的专业术语。从一个普通人的角度来写职位说明。不妨咨询一下朋友或家人，让他们从自己的角度来看是否合适，询问他们是否理解这些职位描述以及他们是否会产生兴趣。

总的来说，招聘广告要从应聘者的角度出发，吸引优秀人才的注意。

如何招聘和管理新员工

企业招聘不但要考察一个人的工作能力，还应该考察一个人的情感智商。不管一个人的工作能力多强，如果情感智商很低，那他就不是最好的候选人。因此在选拔人才的时候不能把注意力完全集中在应聘者的业务能力上，还应从心理学和情感两个角度来选拔人才。

确定招聘标准

你期望招聘到什么样的员工呢？你应该在心中先有一个设想，这样才能招聘到满足需要的员工。为此，你要考察一下已经为你工作的人员，哪些员工让你感到满意。找到表现最好的员工，然后通过提问以及优秀员工的回答来确定你的招聘标准。

你可以挑选两个表现较好的员工，再挑选两个表现较差的员工，通过提问分析他们的处事程序。对他们的处事程序进行比较，你会发现有很大不同。处事程序的好与坏是相对企业来说的，你要保证自己站在企业的角度思考。当你问他们问题的时候，你需要确信你问的问题具有专业性，因为如果你谈论的话题（个人的、业余的、专业的）不同，对方的处事程序也会有所差异。

现以招聘广告平面设计人员为例作具体说明：

广告平面设计就是为产品设计宣传册、平面广告或包装。设计人员需要根据产品特点和广告策划意图以及客户的需要设计出作品，达到推广宣传产品的效果。

我们询问优秀的设计人员，得出了一个结论，那就是下面所述的处事程序非常之重要：

审美：平面设计人员要有一定的美术功底，要有优秀的审美能力，保证设计的作品美观、大方。

创意：创意是设计的灵魂，设计人员要有开阔的发散性思维和优秀的创意。

沟通：平面设计的工作是通过图画传达信息，设计人员要与广告策划人员沟通，充分理解广告要传达的信息。此外，还要与客户沟通，尽量满足客户的需要。

承受压力：优秀的设计人员要能够承受工作压力，可能会经常加班。

那些表现比较差的设计人员在这几个方面都有或多或少的欠缺。因此，在招聘广告设计人员的时候要注意这些问题。

面试时如何提问

确定招聘标准后，就要对应聘者进行考察。需要注意的是在对应聘者进行提问的时候没有必要完全按照你总结出来的比较重要的程序，那样会显得很刻板，而且你将难以判断对方的回答是否属实。你应该结合专业背景，提出与那些程序相关的事情，并让对方提供事实依据。比如，关于美术功底，就可以问他：你在哪所美术学院学习过？有哪些作品？有哪些工作经验？这些细节问题在以后对比选拔的时候有用，当两个候选人的其他条件不分上下的时候，就可以通过这样的问题选拔最具有工作经验的人。

除了提问专业问题之外，下面这几个问题可以帮助了解应聘者更多的信息。

你为什么要来我们公司工作？——了解他的求职动机。

你认为你的报酬应该是多少？——了解他现阶段的价值观。

请你介绍一下你的经历？——了解他的能力、背景、经验。

如果之前有工作，你为什么辞职？——了解他对公司的期望。

由你提岗位要求，观察他的反映。——以了解他应聘的诚心有多少。

管理你的新员工

按照优秀员工的标准招聘到能够满足企业需要的员工之后，你需要对新员工进行管理，以使他们走上优秀的工作轨道。管理新员工的第一步要让他们对企业和自己的工作有一个整体的了解，然后要让新员工了解如何进行业绩评估以及公司有哪些奖惩制度。管理者需要了解并尽量适应新员工的语言模型，这样才能增强自己的亲和力，从而更有效地激励新员工。

企业文化不同，所使用的语言就不同。语言是一个群体吸纳外来成员的最有效的工具之一。新员工不了解企业文化和团队的术语，管理者要帮助新员工尽快熟悉团队术语，使他们尽快融入到团队中。

要让老员工主动为新人提供帮助。首先要确定那些新员工难以理解的术语以及这些词汇可能引起的迷惑，然后主动为新人解释那些他们不懂的语言。比如：小李，你好像不明白张经理说的"黑色计划"，我来给你说明一下……如果你的企业为新员工发放公司简介或工作手册之类的指导资料的话，还可以考虑在里面增加内部术语词汇表的内容。

与新员工交流时要注意表达方式的灵活使用，不要固守传统的内部表达方式，应当考虑新员工的接受能力，措辞上尽量做到通俗易懂。比如，老员工可能习惯用足球术语来分派任务，但是对于不熟悉足球比赛的人来说就很难理解。这时就要改变表达方式，用通俗的语言让新员工尽快了解自己的职责和任务。

如何影响上级和下级

不同等级的人之所以难以相处主要是因为等级观念根深蒂固，大多数人都忽略了人与人之间是平等的这一基本事实，所以，我们总是盲目地听从上级的调遣，又自然而然地忽视下级的感受。其实，无论是与上级还是下级相处，最理想的方式都是以自身的影响力去影响他们，以达成目标。

影响你的上级

有些人可能会认为影响上级是一件很困难的事，因为上级的职位比我们高，所掌控的资源也比我们多，所以，大多数人都会受到上级的影响，而不是去影响上级。正是因为影响上级存在一定的困难，所以我们必须掌握一些情感技巧，用情感智慧去影响上级，让上级在不知不觉中向着我们所期待的方向发展。

如何去影响你的上级呢？了解是至关重要的。只有充分了解一个人的时候，才可能有效地影响他，对上级也不例外。我们需要花一些时间对上级进行一个全面的了解，比如说他的个人目标、工作方式、兴趣爱好、脾气秉性、优点缺点、领导风格，等等。了解了他的一切，就能够完全站在他的立场上，以他最容易接受的方式去表达自己的想法，让上级成为我们心目中的上级，帮助我们实现自己的目标。当然，在充分了解上级的同时，还必须让上级真正了解我们，这样他才能给我们发挥作用的机会。

很多人都把上级看成是自己的领导，但却忽略了领导也是个普通人这一重要事实，结果使得自己和上级之间总是有一种厚厚的隔膜，谁都看不清对方。其实，上级除了拥有更多的权力和资源以外，并没有什么特别的。你并不需要总是无条件地执行上级的命令，对上级唯命是从，你可以表达自己的想法，甚至可以批评上级，当然，前提是你要讲究方式。如果你希望上级采纳你的建议，按照你的想法去开展工作，就必须进行换位思考，站在他的立场上去考虑问题，这样才能说服他。当上级犯错误的时候，你也可以指出来，不过要以真诚的态度指出，而且不能在公众场合指出，以免伤害上司的尊严。

影响上级最大的难度就在于不能让上级察觉到，也就是说，你不能锋芒太露，不能让上司觉得你是一个威胁。如果让上司察觉到他总是在按照你的意思办事，这会让他觉得自己的地位受到了威胁，也会让他在下属面前很没面子，这样对你的职场发展不利。三国时期的杨修，就是因为太过锋芒毕露，遭到了曹操的嫉妒，年纪轻轻就惨遭杀害。杨修的聪明才智是无可否认的，可就是因为他缺少情感智慧，没有处理好与"上级"之间的关系，所以才落得惨死的下场。有些时候，我们不妨装装糊涂。

影响你的下级

影响下级看似简单，但要真正做到有效地影响下级，也并不是那么容易的事。你的下级也许会听命于你，但他们却未必是心甘情愿地听你指挥，表面上的顺从不过是碍于你的身份罢了。如果是这种情况，你的下级就会始终以一种消极被动的态度去工作，他们所做的完全是你交代的内容，换句话说，他们工作的目的就是为了向你交差。这种应付了事的心态不仅会影响他们自己的前途，同时也会使你的业绩受到影响。

作为上级，更多的人想到的是如何在下级面前树立威信，让下级对自己产生一种敬畏感。其实，尊重你的下级远比让下级敬畏你重要。每个人都渴望被尊重，即使他的地位十分卑微，也同样拥有被尊重的权利。同下级对上级的尊重相比，上级对下级的尊重更加可贵。如果你能够尊重你的下级，虚心听取他们的意见，他们就会觉得自己受到了重视，于是干劲儿更足，会更加努力地工作。同时，他们也会觉得你是一个懂得赏识他们的好领导，士为知己者死，他们会因此而更加敬重你，全心全力地干好工作。

作为上级，是否具有亲和力也很重要。上级在下级面前一定要控制好自己的情绪，不可轻易动怒。如果你经常对下级发火，就会让下属觉得你很难接近，从而使下属都对你避而远之。

如何成为一个有才能的职员

李某刚毕业就进了一家著名外企工作，专业对口，收入也不错。踌躇满志的他很想干出一番事业来。他不仅积极主动完成上司布置的任务，还经常加班加点地工作，甚至全权负责打扫卫生、整理报纸、打水这些小事。然而，同事们并不理解他，在私下里对他冷嘲热讽，认为他太高调，爱出风头，甚至连领导有时也认为他没有团队合作精神，搞个人英雄主义。不仅如此，李某对客户也是过分热情，他主动要求帮客户做一些他分外的事情，而这种主动却使客户感到难堪。有一次，他主动要求帮客户做一些售后服务的工作，但后来由于自己工作繁忙，在规定时间内无法完成任务，售后服务做得不到位，惹得客户很不高兴。因为得罪了客户，还被老板狠狠骂了一顿。

在这个案例中，李某处处表现自己，却惹来同事、领导和客户的不满。有意识地、主动地表现自己，让领导和同事看到你的才能，这是非常有必要的。然而，自我表现也是有技巧的。自我表现可以分为"战术性自我表现"和"战略性自我表现"。前者的目的是在短时间内给对方留下好的印象，主要包括自我宣传等。而后者是为了在较长时间内给对方留下印象。比如逐渐建立威信、赢得他人信任、获得他人尊重等。在公司里，要想让领导和同事觉得你很有才能、值得信任，最好是通过"战略性自我表现"来展现自己的实力。首先，可以为自己确立一个目标，目标能催人努力。

具体来说，首先要摆正心态，从小事做起。如果你是一个新人，领导往往并不了解你的才能，不会对你委以重任。所以，你需要摆正心态，不要觉得是大材小用，从比较琐碎的杂事、小事做起，力争在最短的时间内尽善尽美地完成它们，才是取得上司信任的最有效的途径。抓住机会，自然地在领导面前表现自己。如果领导在场时，你缩头缩脑，退到别人的后面，说起话来声音比蚊子嗡嗡声还小，就不用期待领导会注意到你。自信一点，勇敢地把自己的合理想法清晰地表达出来。开会时，也不妨坐到领导比较容易看得到的地方。

有的人认为，拍领导的马屁就能得到赏识和注意。这其实是一个误区。毫无疑问，所有人都喜欢听赞扬的话，领导也不例外。但不要认为领导听不出马屁与真心赞赏的区别。拍马屁也需要智慧。其实，你根本不需要用令人肉麻、空洞的话语来表示你对领导的欣赏。在领导发言的时候，只需微微点头，有意无意地露出佩服的样子，领导自然会感受到你的诚意。一般来说，赞赏的眼神比赞赏的语言更有价值。让领导看到你的特别之处，这还远远不够。你的个性与才能才是你的与众不同之处，才是领导对你刮目相看的重点。所以，还是脚踏实地、埋头苦干，在关键时刻表现出你冷静、反应灵敏、活泼幽默的方面，那时领导一定会对你另眼相看。

此外，还需注意自己的穿着打扮、言谈举止。心理学上的光环效应说的就是由一些小好感泛化到对整个人的好感。刚进公司的新人，都希望给同事和领导留下好的第一印象。如果给人的第一印象不好，将会影响到他人以后对自己的评价。这时，服装、发型等外在因素就显得较为重要。对于女性来说，可以选择颜色活泼一些的服装，如果想显示自己专业、干练的一面，不妨选择白色衣服，再搭配一些暖色调的配饰。而男性可以选择藏青色西装、白色衬衫和黑色小饰物等，以及同色系、大花纹的领带，这可以给别人留下诚实可靠的印象。如果想展现自己的热情与干劲，可以选择黑色西装搭配红色领带。在与同事和领导交谈的时候，语速要放慢一些，对别人说话时眼睛不能看着天花板，睁大眼睛微笑注视着对方的眼睛，更容易打动人心。谈话时，最好还能加上一些手势。为了提升他人对自己的好感，一定要敞开心扉说真心话，让别人感受到你的诚意、你的亲切。

一旦踏上工作岗位，你将会面对很多的情境、各种各样的关系与人，学会正确地表现自己，是非常重要的。

"明星员工"的效应

一封电子信件曾传遍台湾的外商投资圈，引起阵阵涟漪："巴克莱证券以合计逾 400 万美元的天价年薪，外加两年保证的优渥条件，挖角港商野村证券三大将：陈卫斌、杨应超、陆行之。"尤其是连续四年获得《机构投资人》《亚元》亚太区半导体分析师第一名的陆行之，是巴克莱证券重金挖角对象。"外资分析师跳槽很正常，不正常的是这样的天价，似乎回到了台湾股市的黄金时期。"一名外商证券研究部主管说。企业抢人大战，随着景气翻升愈演愈烈。尤其是一些明星员工，最容易被挖。

通常，人们喜欢把行业中的那些佼佼者称为"明星员工"。有研究表明，在一些复杂的工作中，1% 最优秀员工的绩效比普通员工高出 127%，1% 最优秀的投资人创造的投资回报是普通投资人的 5 ~ 10 倍。几乎在每一个行业，比起普通员工，明星员工为公司创造的价值都要高得多。可以说，在企业的发展过程中，明星员工能创造巨大的价值，他们所起的作用也是巨大的。那么，明星员工是如何培养出来的呢？

通常，明星员工都具有一个共同的特征：他们都有很强的工作责任心和职业荣誉感。什么是工作责任心？工作责任心被认为是个体对待工作的一种负责态度。工作责任心强的员工在各个领域都追求卓越，也能自愿承担一些职责范围之外的工作，例如指导或帮助其他同事完成工作。大量的调查研究也显示，工作责任心强的员工都具备以下特征：自愿做一些职责范围外的工作；对于工作，始终保持高度热情、积极态度，并愿意为之努力；愿意帮助他人，与他人合作；认同、支持和维护企业文化。所谓职业荣誉感，是指从事某职业的人在获得专门性和定性化的积极评价后，所产生的道德情感。

影响员工工作责任心和职业荣誉感的除了工资、福利、工作环境外，最重要的是领导从心理层面进行精神奖励。

首先，根据员工的不同需求，制定不同的激励政策。从心理的角度讲，员工的需要使员工产生了动机，而员工的动机决定了其行为。也就是说，激励政策应该从员工的需要着手。要做到这一点，首先就必须了解不同层次员工的不同需求。根据马斯洛的需要层次理论，对于薪酬较低的员工，要侧重满足他们的生理需求和安全需求（即提高他们的生活水平）；而对薪酬较高的员工，更需满足他们的尊重需求和自我实现需求。即使是同等层次的员工，由于他们的个性和生活环境的不同，他们的需求也有差异。总之，员工的需求是复杂和多样的，在制定激励政策之前，有必要对员工的所有需求作认真的调查。如果公司能够满足，就找出满足的途径。在激励政策有了雏形之后，可以指定具体的细则。比如，将各类需求进行等级划分，规定得到某个激励等级的员工需要满足什么样的条件。在每个激励等级上，都有好几个选项可选择，如同一个等级的有带薪假期、技术培训、公费旅游等多个选项。员工可以根据自己的需要选择其中一种。

第二，在公司创建追求成功的团队。明星员工对工作一般都抱着积极的态度，愿意与他人合作，也能带动同事的积极性。

第三，建立自律的公司领导层。领导的榜样作用在激发员工工作责任心和职业荣誉感方面起到很关键的作用。各级领导必须以身作则。

总之，只有公司和员工共同努力，才能最大限度地激发员工的工作责任心和职业荣誉感，才能产生更多的明星员工。

成功面试中的一个神秘因素

一个人在接受他未来老板的面试。老板问他："我们这份工作需要一个很负责的人，你能做到吗？"这个人想了想，说："没问题，我刚好就是一个很负责的人。"于是，老板又问道："为什么这样说呢？"他回答道："上一份工作时，我把很多事情弄得一团糟，领导说要让我负责。"这只是一个笑话。应聘者和老板对"负责"的理解南辕北辙。但是，毫无疑问，这么糟糕的回答会让他失去这份工作，甚至成为笑谈。

那么，怎样才能让雇主给你一份工作呢？在过去的几十年里，心理学家们一直在从各个方面来调查能打动雇主、面试成功的因素。这些研究成果能显著提高人们获得理想工作的几率。

两个一起去应聘的人，为什么雇主会选择其中一个人而淘汰另一个人？如果去问他们原因，他们通常会给出这样的答案：这个人的个人素质和专业技能都高于另一个人，我们当然招他。在招聘单位给出的招聘信息中，也会列出应聘者所需要的资历和技能等限制，这是为了把不符合条件的人排除在面试之外，面试时能从入围的人选中选出更出色的。然而，华盛顿大学的希金斯却认为，面试官一般也不知道自己是如何作出决定的。让面试成功的是另一个神秘因素。

大学生们是如何找到第一份工作的？希金斯等人对多名大学毕业生进行了追踪调查。通常，雇主们都会宣称，他们衡量员工的标准是专业水平和工作经验。那么，事实是这样的吗？在研究的初期阶段，希金斯等人按照雇主给出的录用条件：专业水平和工作经验仔细研究了每位毕业生的简历。并在他们每完成一次面试之后，请他们填写一份标准的问卷调查，调查的内容主要针对他们面试中的一些细节，包括：是否表现出了对这个公司的兴趣，对每个问题是否做了积极的回答，是否全程面带微笑等。此外，希金斯的研究团队还通过与招聘的公司联系，取得了每位应聘者的反馈信息，包括雇主看重的应聘者的专业水平如何，对应聘者的面试表现是否满意以及应聘者是否有可能得到这份工作等。是否打算录用，是他们研究的重点。通过将诸位毕业生的简历、问卷调查以及招聘单位的反馈信息相比较，经过大量的数据分析，研究者发现了一个令人惊讶的结果：决定雇主录用的关键因素既不是应聘者的专业条件，也不是他们的工作经验。在面试背后起推动作用的神秘因素是——应聘者看起来是否是一个令人愉悦的人。什么样的人最容易得到工作呢？那些在面试时设法迎合面试官的人。

很少有应聘者会注意到这一点。他们会注意努力保持微笑，努力与面试官保持眼神交流。有的应聘者可能做得更好一点，他们会用寥寥数语来夸赞公司，却很少有人愿意多花些时间来讨论与面试无关，但面试官却很感兴趣的话题。一个愿意主动迎合别人、主动社交的人，在面试官看来是令人愉悦的。毫无疑问，天生的社交技能可以帮助他们很快适应工作。因此，也比别人更容易获得工作。

因此，要想拥有完美的面试，需要走好以下三步：①看起来令人愉悦。这比任何专业技能和资历都重要。不要忘了对面试官说出你对公司的喜爱，对他本人的敬佩。多花一些时间和他聊聊与面试无关、他却感兴趣的话题。②要坦诚。对于自己的弱点，在面试的最初阶段就可以开诚布公地告诉他们，而对于自己的优点，要保持谦虚，可以在面试的最后阶段提起。③不要反应过度。在你犯了错误时，不要自己先开始惊慌。事实上，别人并没有你想象的那么关注你的错误，过度的反应只会引起更多的注意，坦然应对，努力完成整个面试就行了。要获得梦寐以求的工作，表现得令人愉悦比具备相关的专业技能和资历更为重要。

提高薪水只会短时期内激发员工的热情

只有从人的行为的本质中激发出动力，才能提高效率。

这是美国行为科学家 D. A. 梅约依据人的行为总结出的一条心理学规律。这条规律后来被人们称作"梅约定律"。

梅约定律所讲的其实属于行为动机学的范畴。根据行为动机学，人们无论做任何事情，总是有一定的动机，或者是为了应付工作，或者是追求自我的价值，或者出于兴趣，或者是为了金钱，乃至仅仅是为了打发时间，等等。不同的动机所激发出来的热情是不同的，那些从行为本质中激发出来的动力，会带给我们更多的激情与创造性，从而将事情做得更好。所谓行为的本质，一般认为主要包括成就感、兴趣爱好，有时也包括责任感等较为直接的动机，而其他出于应付工作、打发时间，乃至获得报酬等间接动机，则往往不能让人产生激情。

有个心理学家曾做过一个实验，以证明人们对于成就感的重视程度。他雇了一个伐木工人，要他用斧头的背来砍一根木头。心理学家告诉工人说，干活的时间和他正常上班时一样，而付给他双倍的报酬，他需要做的便是用斧头的背面"砍"那木头，伐木工人很高兴地接受了这样的"好事"。但仅仅半天之后，伐木工人便丢下斧头不干了。心理学家问他为什么，他沮丧地说："我要看着木片飞起来。"

这个实验生动地说明了直接动机——看到木片被砍得飞起来的成就感和间接动机——获得报酬之间的区别。

实际上，几乎所有的人都是如此，能使厨师产生激情的是别人称赞他的手艺；医生感到最幸福的事情是病人被自己治疗康复了；教师最大的幸福则来自于许多年后看到自己的学生学有所成……对于个人来讲，梅约定律具有相当现实的意义，如果想要有所成就，我们便应该重视自己的兴趣爱好与自我感受，真正培养自己对于某项事业的兴趣，而不是对金钱、名誉等怀着急不可耐的渴望，这样才更容易激发起我们内在的激情和创造性，从而成功，而金钱、名誉等也会随之而来。

梅约定律在刚提出时，主要是被应用于企业管理方面，许多企业管理类书籍将其作为提醒企业领导者如何去释放员工的主观能动性的一个建议：一个员工如果仅仅为了养家糊口而工作，很难想象他会将工作做得高效而卓越。

有心理学家已经通过实验得出结论：提高薪水只会短时期内激发员工的工作热情，一段时间后，热情便会消退，只能用其他的方法才可以使员工真正持久地保持热情。一个领导者如果能够了解员工的兴趣所在，或者培养其对于工作的兴趣，使得员工对工作真正感兴趣并能从中找到成就感，这个企业必然充满活力。

第九章

营销心理学：如何能让堆积如山的
物品一销而空

为什么酒吧喝水要钱，却又提供免费花生

　　去过酒吧的人应该都会发现这样一种奇怪的现象：喝水是要花钱的，但是吃花生却是免费的。你可能对这样的事情并没有在意，但是，仔细想想又会觉得不可思议。

　　让我们先来看看几种容易接受的情形：酒吧对所有商品都收费。这大概是最符合商家的立场，也是最容易被我们接受的方式吧。如果你是酒吧经营者也许也会为了增加盈利而采用它，因为这样一来，无论进酒吧的人消费了什么东西，都能赚到钱。或者，你会考虑另外一种情形，你觉得免费提供点什么东西能吸引更多的顾客，比如成本低的清水，这样一来，酒吧既不会因为清水的免费提供而亏损太多，又达到了吸引顾客的目的。但是，事实与这些情形完全不同，现在大多数酒吧都是免费提供成本较高的花生，而高价提供成本较低的清水。看上去不可理解吧，但其中却蕴藏着很多秘密。

　　人们都有一种占便宜的心理，在消费的过程中这种心理表现得更为明显，并常常在不经意间影响着人们的行为。比如，在上面的例子中，当酒吧有免费提供的花生时，这种贪便宜的心理会让消费者产生一种"不吃白不吃"的念头，而且觉得自己如果不

吃就会有损失，所以，除非你本身很不喜欢吃花生，否则都会毫不犹豫地选择它。即使人们刚进入酒吧，碍于面子不去贪这个便宜，但过了多久，环视四周，发现很多人都在吃免费花生，也会受到他们的影响，出现从众行为。从众是一种十分常见的心理现象，是指个人受到外界人群行为的影响，而在自己的知觉、判断、认识上表现出符合公众舆论或多数人的行为方式。受从众心理的影响，当人们看见其他人都在吃免费的花生时，自己也会趋同于大流而选择花生。接着当人们满足了自己贪便宜的心理，吃完花生后，就会感到口渴。这时，人们自然会有买清水或者酒类产品来满足自己解渴的需要。是喝水呢还是喝酒呢？在这两种都能满足需要的产品之间该如何选择？从平时的消费经验中我们可以知道，当只有一件商品时，我们能很快地作出决定，而当有多种商品供我们选择时，往往很难作出决定。这是因为在购买前我们会在心里对这些商品进行比较，看哪个更划算。对于清水和酒来说，相信大多数人都会觉得高价的酒比高价的水划算。最终，人们就会购买各种各样的酒类产品来解渴。

原来，免费的花生只是酒吧的诱饵啊！不仅如此，在消费的过程中，人们吃的花生越多，越容易感到口渴，对酒类产品的需求就越大。也就是说，越贪便宜，为这份便宜付出的代价就越高。

此外，进入酒吧的人一般都有共同的消费偏好，即使各自的目的不同，有人可能纯粹是为了喝酒，也可能是借酒消愁，或者只是喜欢酒吧的气氛，等等，但都在一定程度上体现了对酒吧环境和酒类产品的偏好。既然有这种偏好，顾客就更倾向于买酒而不是水了。

从上面的分析中可以看出，酒吧正是利用了人们在消费中存在的占便宜、从众和消费偏好等心理，实现了销售更多酒类产品的目的。

其实，不仅在酒吧中会出现这种现象，仔细回想一下我们平时的消费经历，会发现在其他产品的销售中这些现象也十分常见。

比如，不少商家采用"买一送一"的销售策略，这样做常常会吸引顾客。之所以会有如此效果，就是因为人们有占便宜的心理。又如，很多商家使用一些正在流行的用语或者相关标志进行宣传，往往会取得较好的效果，这是因为人们大多有从众的心理，认为大家都在这么做，那自己也应该这样做。

也许人们在消费中并没有注意到这些心理因素的存在，但是它们确确实实对消费行为存在极大的影响，只有了解了这些心理现象的本质，才能避免受其支配进行不合理的消费。

超市里的心理战——瞄准了你的钱包

相信大家都有这样的经历：在进超市买东西前明明制订了一个简单的购物计划，把那些自己需要买的东西都列入了清单，但购完物后却发现自己买了很多不在清单上的东西。而且，即使一再提醒自己下次注意，却依旧抵制不住诱惑。是什么原因让购买欲大增？难道自己真的是购物狂？别惊慌，这只是我们被超市的心理战略所俘虏了。

随着市场的繁荣发展，我们都能明显感受到超市数量和规模的迅猛增加，超市之间的竞争也越来越激烈，为了赢得市场，商家们都使出浑身解数吸引顾客。这种竞争使我们经常能看到超市的各种优惠活动：打折、降价、抽奖、限购、搭售……而通常我们都抵制不了这些优惠的诱惑，发生购买行为。下面的例子中提到的事情你也许会经常碰到：

两件商品除了在价格标示上不同，其他方面都是一样的。其中一件商品的标语是"本商品现价50元，欢迎购买"；另一件的标语是"本商品原价100元，现价50元，欢迎购买"。这时，你会选择购买哪一件？

超市里常常会有一些限量购买的活动，比如在对鸡蛋促销时会挂出这样的标语"每人限购10枚，欲购从速"。这时，你会买几枚？

某些品牌在促销时，会推出"购买该品牌的商品达到多少金额即能免费获赠一份礼品"的酬宾活动。这时，你是对这些信息置之不理而只购买自己需要的产品，还是努力使自己的购买达到能拿赠品的金额？

当你面对以上情景时，你会如何选择呢？大家的答案应该会基本一致吧！对于第一个例子，大部分人会毫不犹豫地选择购买既有现价又给出了原价的商品；对于第二个例子，大多数人会买10枚；对于第三个例子，人们则会将所有该品牌的产品看一遍，尽量找出合适的产品直至能够获得赠品。

我们知道每个消费者对产品的需求是不同的，所以在购买活动中会出现差异，但是在上述的例子中会出现趋同的选择正是超市准确把握了消费者"占便宜"的心理，巧妙地运用了销售策略造成的。

有人举过这么一个例子，"便宜"与"占便宜"是不一样的，价值50元的东西，50元买回来，那叫便宜；价值100元的东西，50元买回来，那叫占便宜。而在这里，顾客们的选择就体现了"占便宜"心理。销售策略的使用让消费者觉得买了东西会特别"划算"，而事实上这种"物美价廉"并不是真实存在的，只是人们自己的感觉罢了。例子中努力得到赠品的行为也是占便宜心理的一种体现。

此外，在购买活动中，人们会不自觉地受到外界暗示的影响，比如在第二个例子中，通常情况下，虽然人们实际需要鸡蛋的数量比限定的少，但购买的数量一般就是所限定的数量，这就是超市充分利用了这种限制条件给顾客造成了一种心理暗示："限购的数量就是我需要的数量。"而且，在对数量进行限定后，更能激起人们占便宜的欲望。人们会认为之所以会有限制，一定是因为这种商品销量非常好，如果不限量就会出现供不应求的情况。或者，商家为了获得更大的利益不愿意卖出去太多。这样一来，消费者就会觉得如果自己不买或者买的数量在限定条件之内，就会不划算，也显得自己太不精明了。

不管是通过价格标示还是限定购买数量，超市都准确地把握和利用了消费者"占便宜"的心理，从而在不知不觉中影响着消费者的购买行为。如果你也有"明明不是购物狂，却无法抵制诱惑"的经历，就说明超市成功利用心理因素赢得了这场战争。当然这些例子只是众多销售策略中的很少一部分，只要你是个有心人，一定能在实际购买中发现更多、更精心、更巧妙的策略。

为什么牛奶装方盒子里卖，可乐装圆瓶子里卖

如果稍加留意的话，就可以发现市面上几乎所有的可乐包装，无论是塑料瓶还是易拉罐，都是圆柱形的。而牛奶包装都是袋装或方形纸盒。为什么可乐生产商和牛奶生产商会选择不同的产品包装形式呢？原因有以下几个方面。其一是因为可乐大多是直接就着瓶子喝的，瓶子设计成圆柱形，比方形更称手。而牛奶却不是这样，人们大多不会直接就着盒子喝牛奶。其二，方形容器比圆柱形容器能节约存储空间和存储成本。如果牛奶容器是圆柱形，我们就需要更大的冰箱来存储。超市里大多数可乐都是放在开放式货架上的，这种架子便宜，平时也不存在运营成本。但牛奶却需要专门装在冰柜里，冰柜很贵，运营成本也高。所以，选择用方形容器装牛奶。其三，圆形的瓶子比较耐压。可乐中有大量二氧化碳气体。放入圆形瓶中能使瓶子均匀受力，不致过于变形。如果放入方瓶子里，就会严重变形。从这方面来看，牛奶放在什么形状的瓶子或盒子中都无所谓。

圆形的铝制易拉罐，其生产成本本来可以更低，可为什么人们不那么做？这里涉及视错觉的问题。在全世界的大部分地区，可乐都是用铝制易拉罐装的，这种易拉罐的容积大约为12盎司，都是圆柱形的，高度（12厘米）约等于宽度（直径6.5厘米）的

两倍。在容积不变的情况下，如果把这种易拉罐造得矮一点，直径宽一点，能少用许多铝材。比如说，高改为7.8厘米、直径改为7.6厘米时，容积不变，却能少用近30%的铝材。可乐商家不可能不知道这个节省的方法，为什么还一直沿用标准的易拉罐规格呢？可能的解释之一是受心理学上的横竖错觉误导，消费者会认为可乐的容量变小了。所谓横竖错觉，指的是两条垂直的、同样长的线段，人们会倾向于认为横线比竖线短。由于存在这种错觉，消费者认为矮胖易拉罐装的可乐变少了，可能就不愿意购买。

还有一种解释是，购买可乐的顾客更喜欢制造成细长形状的易拉罐，或者是已经习惯了可乐罐子长成那样。即便他们知道矮胖易拉罐的容量与细长易拉罐的相同，还是宁愿多出点钱买细长的、已经习惯其包装的可乐，道理跟他们愿意多出钱住景色好点的酒店房间，或者已经习惯的房间一样。

看来，产品的外包装设计也是一门学问。商家需要深思熟虑，考虑不同的设计会对用户行为有着什么样的影响以及对自己成本的控制有怎样的影响。

为什么价格越贵越好卖

一瓶矿泉水卖几十块钱，一盒香烟卖几百块钱，一件衣服卖几千块钱，一部手机卖几万块钱，一部车卖几百万甚至几千万元……看似价格高得离谱的商品却有着很大的销售市场，"价格越贵越好卖"已经成为很多产品销售时的一个不争事实。

不知从何时起人们开始认为产品的价格越高品质越好，而且这个观点渐渐成为一种思维定式。所以，越来越多的销售者在推销时会用"一分钱一分货"来打动顾客买高价的东西，而顾客自己在作出选择时同样会考虑这一点。由于人们在购买时无法详尽地了解产品的信息，就会在无形中依靠价格来判断产品的质量、品质等，认为那些价格高的产品一定是有档次的、质量好的。目前大多数的高价产品都是有一定知名度的品牌产品，人们在购买时会觉得既然是大品牌，肯定在同行业中做得比较好，所以即使价格高也是合情合理、物有所值的。如果我们以这种心理来看待"高价易卖"，那么此时的价格就相当于是产品的质量了。

人人都有虚荣心，中国人自古以来就有"好面子"的传统，这种心理会影响人们对价格的关注，使人们觉得买昂贵的东西能提高自己的身份地位。虽然现在的生活节奏十分快，人们在一起交流、接触的时间和机会都没有从前多了，但在学习、工作、娱乐之余，还是少不了会相互比评穿着、使用的生活用品等，尤其是和"姐妹淘"们聚在一起，聊聊这样的话题是再寻常不过的了。结果常常是那些用着奢侈的化妆品、穿着顶级品牌衣服的人会吸引更多人的眼球，也显得更有面子。这时的价格就是面子的象征了。

从那些高价产品的宣传中可以发现，越是贵的东西其代言人的知名度越高，人们在购物时就免不了会受"名人效应"的影响。生活中这种现象十分常见，我们从媒体中经常能看见、听到有关娱乐界明星穿着的八卦新闻，总是对他们穿着什么牌子的衣服、提着多少钱的包包、开着什么品牌的豪车等津津乐道。对于这些明星来说，他们集万宠于一身，有着众多的追随者。虽然对名人的崇拜是一种正常的现象，但越来越多的人将这种崇拜泛化到生活的方方面面，其中就包括用名人所用的东西。所以，只要是自己喜欢的明星所用的东西，再贵也要去买。那些知名度高的明星拥有的粉丝也相对较多，自然就出现价格越贵越好卖的情况了。

近年来，随着市场的开放，很多人抓住了自主创业的机会，走上了发家致富的道路。其中一些人在几十年前还是一贫如洗，连基本的温饱问题都难以解决，现在却成了百万、千万甚至亿万富翁。这时，人们就会有一种"补偿心理"，认为过去自己因为贫穷受了很多的苦，现在总算生活条件好了，有能力了，自然就要好好地对待自己，所以在购物时会选择价格更贵的东西。这种趋势在对待自己下一代时更加明显，他们总是觉得自己曾经所受的苦绝不能让孩子再受，于是在为孩子买东西时毫不手软。而且，即使自身的条件并不是特别好，很多家长也会为孩子选择更贵的东西，生怕自己的孩子与别人的相比会有差距，"宁愿自己受苦，也不能让孩子受苦"。

价格其实就是贴在产品上的一个数字罢了，却由于受到种种因素的影响可以是一种品质或身份的象征。正是由于人们赋予价格这样的意义和象征，才出现了越是高价的产品越好卖的现象。

价格尾数的促销作用

刘女士与好友逛街时，看到自己喜欢的专柜在举办促销活动，满500元送100元，于是便决定与好友一起凑数买衣服。两人各自挑了自己喜欢的衣服，由于该专柜的服装价格尾数都是9或8，最后加起来算了一下还差32元钱。而该专柜里的物品最便宜的也是30元以上的，刘女士只好狠狠心买了一双38元的袜子。"虽然我们俩都买到了自己喜欢的衣服，算起来比正价购买要便宜。但平时如果看到一双袜子卖20元我都觉得贵，如果不是为了凑数，我是不会买那么贵的袜子的。"虽然买到了自己喜欢的衣服，但刘女士还是觉得有点心疼。

心理学研究表明，价格尾数的微小差别，能够明显影响消费者的购买行为。一般认为，5元以下的商品，末位数为9最受欢迎；百元以上的商品，末位数98、99最畅销。这就是尾数定价法的运用。在确定商品的零售价格时，以零头数结尾，会给消费者一种经过精确计算、价格便宜的心理感觉。同时，顾客在等候找零期间，也可能会发现或选购其他商品。尾数定价法属于一种心理定价策略，目前这种定价策略已被商家广泛应用。那么，尾数定价法相比其他定价法有什么优势呢？

首先是便宜。标价98元的商品和100元的商品，虽然仅差2元，但人们会习惯地认为前者是几十元钱的开支，比较便宜，使人更易于接受。而后者是上百元的开支，贵了很多。其次是精确。带有尾数的价格会使消费者认为商家定价是非常认真、精确的，连零头都算得清清楚楚，进而会对商家或企业的产品产生一种信任感。再有就是中意。在不同的国家、地区或不同的消费群体中，由于社会风俗、文化传统、民族习惯和价值观念的影响，某些数字常常会被赋予一些独特的涵义，企业在定价时如果能加以巧用，其产品就有可能因此而得到消费者的偏爱。例如中国人一般喜欢6和8，认为6代表六六大顺，吉祥如意，8代表发财，讨厌4，因为4与"死"谐音；美国人则讨厌5和13，认为这些数字不吉利。因此企业在定价时应有意识地避开，以免引起消费者对企业产品的反感。

尾数定价法虽然有一定的优势，但并不是所有场合都适用。超市、便利商店的市场定位决定其适用尾数定价法。超市的目标顾客多为工薪阶层，其经营的商品以日用品为主。目标定位是低档和便宜。人们进超市买东西图的也是价格的低廉和品种的齐全，而且人们多数是周末去一次把一周所需的日用品购置齐全，这样就给商家在定价方面一定的灵活性，其中尾数定价法是应用较广泛而且效果比较好的一种定价法。尾数定价意味着给消费者更多的优惠，在心理上满足了顾客的需要。而超市中的商品价格都不高，基本都是千元以下，以几十元的价位居多，因此顾客很容易产生冲动性购买，这样就可以扩大销售额。大型百货商场则不适合尾数定价法。大型百货商场走的是高端路线，与超市、便利店相比，大型百货商场高投入、高成本的特点决定了其不具有任何价格优势。因此，大型百货商场走廉价路线是没有出路的，它应该以城市中的中产阶级为目标人群，力争在经营范围、购物环境和特色服务等方面展现自己的个性，以此来巩固自己的市场位置。据相关资料介绍，目前我国消费者中，有较强经济实力的占16%左右，而且这个比例有扩大的趋势。这些消费者虽然相对比例不大，但其所拥有的财富比例却占了绝大多数，这部分人群消费追求品位，不在乎价格，倘若买 5000 元的西装他们会很有成就感，而商场偏要采用尾数定价策略，找给他们几枚硬币，这几个零钱他们没地方放，也用不着。加之这些人时间宝贵，业务忙，找零钱浪费他们的时间（当然排除直接刷卡的付款方式），让顾客会有不耐烦的感觉。

如何成为顶尖销售员

一直以来，销售被人们认为是二流的职业，销售人员自己都觉得在向别人介绍时难以启齿，不过，随着销售在现代生活中的地位越来越重要，渠道越来越多，人们对他们的关注程度与日俱增，他们取得的成绩也让人刮目相看，并且社会对他们的偏见也正在随之减少。我们不得不承认，如果没有了销售活动，整个社会甚至将无法正常运转。销售人员的增多也加剧了内部的竞争力，出现了"最顶尖的 20% 挣走了 80% 的钱，剩下的 80% 只挣到了 20% 的钱"这种现象。在销售人员的内在博弈中，要想立于不败之地，成为那 20% 中的一员不仅需要技巧，也需要智慧。

销售不是依靠艰苦的努力就能取得成就的，它是一门艺术，需要用心去经营。在销售过程中的自我意识、心理状态等不仅会直接影响销售者自身，还能间接影响到消费者的购买。

"我很棒"积极的心理暗示能带来不可小视的效果。自我意识影响着人们的自尊、自信水平，影响着人们的自我认识、自我调节和自我控制。积极的心理暗示对形成良好的自我意识有重要作用。德国和美国科学家联合进行的一项研究证明，护身符确实能给人带来好运。原因当然并非护身符本身会释放出魔力，而是护身符能给人一种积极的心理暗示，让人们在做事时能够取得更好的效果。在另外一个类似的实验中，数十人被叫来进行一场高尔夫比赛，其中一半人被告知使用的是在多场比赛中给选手带来好运的幸运球，而另一半人则被告知使用的只是普通球。比赛结束后，科学家发现使用"幸运球"的选手的击球入洞率要比使用普通球的选手高出近40%，可见积极的心理暗示对任务的完成有重要作用。销售中也是如此，如果在销售的过程中销售人员能一直坚信自己是很棒的，在与顾客交流中就能表现得更加自如和自信，获得顾客的认可。一个不认可自己的人就会像自己所想的那样表现得比较差劲，自然也就得不到别人的认可了。人们在买东西时总是会倾向于相信那些表现得落落大方、说话井井有条的销售者，而只有销售者表现得自信、大方，才能赢得顾客的信赖。

"试得越多，越接近成功"，销售的过程就是沟通和碰壁的过程。虽然越来越多的人有感性消费的倾向，对产品常常会"一见钟情"，在购买时也不会考虑太多的细节，但毕竟这样的情况是少数的。既然人们在一次接触产品后无法决定是否购买，对于销售者来说就会出现失败和被拒绝。由于多方面的原因，绝大部分的销售、拜访会以被拒绝告终。但其实人们并不是没有购买的意向，只是决心不够，所以那些在遭拒绝后能一如既往地对自己和产品充满信心的销售者往往能得到人们的光顾，可能十次接触才会促成顾客的购买，但没有前面九次也就不会有最后成功的那一次。

销售人员之间的博弈有技巧上的比拼，但重在心理，那些心理素质好、不畏拒绝、对自己永远充满信心的销售者能让人们感受到他的热情与执着，从而形成对产品的偏好，最终在与销售者的多次接触后完成购买。

奥里森·斯威特·马登说过："只有我们面向自己的目标时，只有我们满怀信心地认为自己可以胜出时，我们才能在自己的征程上取得进步。"

为什么有的广告宣传效果不佳

如果你仔细翻阅过前面的内容，对那些五花八门的销售策略有了解，就不难发现对于商家来说，东西卖得好不好不再是由产品本身单独决定的了。过去那种"酒香不怕巷子深"的观念已经受到了挑战，即使酒很香，若没有好的宣传也很难有好的销路。所以，越来越多的商家开始重视广告宣传的作用。为了取得好的效果，他们不惜花重金请专业的广告公司来宣传。虽然有很多商家的确利用广告宣传达到了促进销售的目的，但并不是所有的广告都是提高销售业绩的灵丹妙药，有的还起到了相反的作用。

相信很多人都对几年前肯德基具有争议性的一则广告记忆犹新，这个广告的本意是突出肯德基鼓励年轻人以积极的态度面对生活、无论是遇到多大的失败都不气馁的主题。并且在广告中还突出了肯德基在维系三个年轻人友谊上的积极作用。但由于运用了"意外结局"的手法，出现了"认真备考但没有吃肯德基的学生落榜了，而复习不那么认真但吃着肯德基的学生却考上了"的结局。这种广告宣传让很多人产生了"认真学习还不如吃肯德基有用"的感觉，不仅没有起到预期的效果，反而引起了一部分人的抵制。广告的结局与人们观念中"认真的学生会取得好的成绩，而不认真的学生则不会取得好成绩"的看法相悖，自然会受到人们的抵制。

广告宣传的效果与人们对所传达信息的理解有重要的关系。当信息对人们有误导或出现了歧义时，宣传的效果就很难体现出来了。

好的广告宣传不仅要求传达的信息与人们的观念一致，而且这些信息的真实性也是值得关注的。不可否认，人们在购物时会不可避免地受到广告宣传的影响。如果产品广告制作得特别唯美、舒服，让人看一眼就能产生好感，当在多种产品之间进行选择时当然就倾向于选择这些产品了。但人们关注的并不仅仅是广告的外观，在人们被外观吸引后会继续看广告中产品的具体信息。如果这些信息十分空洞或枯燥，就会与华美的外表形成鲜明的对比，不仅不能继续维持外观在人们心目中的美好地位，反而会给人们带来一种华而不实、喧宾夺主的感觉，接着人们就可能对产品产生怀疑了，可想而知，如果人们在看到广告后都是这种感觉，那么广告宣传的效果就一定不会理想。

所以，为了取得好的宣传效果，商家在制作广告时要充分考虑到消费者的心理，既要让他们感觉到和自己的观念一致，也要努力获得他们的信任。好的广告一定是那些既有精美的广告设计、图文制作、材料印刷等方面的专业优势，又与产品本身的特性紧密联系的作品。

第十章

人际关系心理学：吃亏为什么是福

多角度了解自己和别人

《孙子兵法》有云："知己知彼，百战不殆。"人际交往也是一样，只有充分了解了自己和别人，才能掌握交往关系的整体状况。这一点，在商业谈判中尤为重要。只有了解自己，才能满足自己的需要，实现自己的利益；只有了解对方，并站在对方的角度看问题，才能提前预测对方的行动，从而把握谈判的发展方向。

人际交往中，常常会因为自己的观点和别人的观点有差异而造成许多矛盾，而了解自己和别人就能摆脱单一的视角，是解决矛盾的最佳途径。

人际交往中至少存在四种看待人际关系的角度：

站在自己的角度

"自己的角度"就是从自己的角度看待问题。遇到问题时就要问问自己：我的感觉如何？我想得到什么？比如：和他谈话我感到很开心；他让我感到很紧张；我希望从这份工作中得到更多的成就感。站在自己的立场去看，去听，去感觉，强烈地知道自己想要什么。

站在自己的立场上看问题，才能避免迷失自己。但是，要想全面地看待问题，还需要站在别人的角度，体会别人的感受和需求，把自己的感受和别人的感受进行对比分析。

站在对方的角度

"对方的角度"就是站在别人的角度去看，去听，去感觉，也就是通过移情体会别人的感受。比如，员工站在老板的角度思考问题，就会知道老板希望自己尽职尽责地工作，尽量提高工作效率；老板站在员工的角度思考问题，就会知道员工希望提高待遇和福利。员工与老板是一对矛盾统一体，他们的利益既对立又统一。要想使他们的关系和谐发展，就必须满足双方的利益。双方如果都为对方着想，满足彼此的需求，就会使企业和谐发展。

站在别人的角度，就能强烈地感受到别人的感觉和需求。通过这一视角的观察，能很好地理解别人的思想和行为。

为了提高自己这方面的能力，可以想象自己坐到别人的位置上，问问自己：如果你站在别人的角度上会怎么看待问题，会有什么感觉？

站在别人的角度看问题是对原来自己的否定，开始时，你也许会感到不适应，但是习惯之后，就会作出和别人相同的行为或类似的反应。

站在第三者的角度

"第三者的角度"也就是旁观者的角度，从外界观察整个人际关系系统。用第三者的角度看问题，可以不掺杂自己的感情，客观地看待自己的优点和缺点，扬长避短，发挥自己的优势；可以客观地看待自己和别人的关系，满足双方的需求。比如，在一对雇佣关系中，老板认为员工工作不努力，所以克扣工资，然而员工之所以不努力，就是因为对薪酬不满意。如果老板和员工都跳出来，站在第三者的角度看待问题，就能找到问题的关键，解决双方的冲突。

第三者的角度有助于我们掌握整个关系的发展，协调敌对双方的关系。可以多问问自己：在人际关系中，自己和别人的行为是如何相互影响的，矛盾在哪里，需要怎么做才能改善关系。

站在系统的角度

"系统的角度"可以帮助我们把自己和别人紧密联系在一起，更进一步了解自己和别人的关系；可以帮助我们感受到系统中不同部分的相互作用，更加关注系统各部分之间是否和谐。比如，在一个企业中，老板与员工共同构成一个系统。从系统的角度看问题，我们不代表老板的利益，也不代表员工的利益，而是代表企业的整体利益。为了增强系统思维的能力，我们可以找到矛盾双方对整体造成的压力，想象这些压力发生在自己身上，这样可以促使我们找到问题的关键，协调系统内部的矛盾。

从系统的角度看问题，对提高人际交往的能力非常重要。任何人际关系都可以看作是一个系统，为了系统整体的和谐与发展，各部分都应该采取恰当的行动。

通过以上这四种视角，我们可以很好地了解自己，了解别人，了解整个人际交往系统。

了解性格，与人和谐共处

性格与人际关系的密切联系是绝对不能忽视的。在交往中，每个人都会表现出或多或少的缺陷。若想与人和谐相处，使人际关系更加完美，最重要的一点就是要全面、清晰、客观地了解真实的自己，然后再根据自己和社交对象的性格类型，来把握与其接触时应该注意的地方，以使自己的人际关系日臻完美。

大千世界，人们的性格千差万别，不过归纳起来大体可以分为两大类型：内向性格或比较倾向于内向性格、外向性格或比较倾向于外向性格。通常认为，外向型的人活泼开朗，能言善辩，善于交际；内向型的人文静内敛，讷口拙言，不善交际。然而世上没有完美的性格，任何一种性格都存在着积极和消极的两个方面，既有优点，又有不足。

如果你是外向型性格的人，一般来说会比较擅长交际。你活泼阳光，充满活力，善于社交，乐于助人，能够轻松赢取他人的好感，人际关系十分和谐；你擅长自我表现，能言善辩，诙谐幽默，与陌生人相处也毫不胆怯，能够轻松地引导现场气氛。

不过，也有一些地方需要注意：

（1）牢记"祸从口出"，不要得意忘形，说太多的话，让人觉得你很轻浮，不可信任。

（2）注意不要给别人留下多管闲事的印象，只在恰当时表示关心，伸出援手，并给予适当的帮助。

（3）不管与对方的关系多么亲密，都应该尽量不多过问对方的私生活，不要侵犯对方的隐私，不要提出过分的请求，以免对方心生不悦。

（4）不要凭表面现象轻易地对人作出好恶评价，不要用眼前的利害得失来选择朋友。

（5）尽可能地努力维持一些值得深交的朋友。

（6）要守时，守约定，遵守各项规章制度，尤其在上级或关系比较生疏的人面前，应时刻保持礼仪，多用敬辞、谦语，多讲客套话，切不可采取粗鲁、轻浮的态度。

（7）在社交活动中调和气氛时，切勿说些低级的、轻浮的笑话和故事，否则你的形象会在别人心里大打折扣。

（8）在谈判过程中，不轻易放弃，努力保持柔和的态度，充满耐心，谨记"欲速则不达"。

（9）在与内向型的人交往时，应当尽量让自己的神经变得"纤细"一些，细心，耐心，多观察对方情绪的变化，充分考虑各方面的因素，谨慎行事，避免引起对方不悦，或对其造成伤害。

（10）内向型的人一般思虑深远，慎重务实，如果你的上司是这种类型，则务必要严守规矩，时刻保持紧张认真的工作状态，切莫粗心大意、玩忽职守。

内向型性格的人，沉稳踏实，善于思考，耐心谨慎，冷静理智，自制力强，平易近人，坚韧执着，但亦有敏感多疑、个性消极、固执拘谨、因循守旧、精神懒散、反应迟钝、行动缓慢的特性。内向型性格的人，应该明确这样的观念：内向性格不等于不良性格，更不是成功交际的障碍；只要认识自己，把握好方法，充分发挥性格中的优势，巧妙规避个性的不足，同样可以拥有很好的人际关系。

内向型性格中诚实、认真、踏实的一面容易给人留下好印象，但是，因为内向型性格的人对人群比较疏离，一般会采取非常慎重的人际交往方式，有时候还会有些顽固、古板，这也是很不利于社交的，因此，在与人交往时，性格内向的人应该克服自己性格中的不利因素：

（1）彻底地认同自己，了解并承认自己性格中的优点和劣势，不要过于追求完美，不要过度压抑自己的情绪和欲望，给自己留一点"人格余地"。

（2）多培养一些兴趣爱好，多与他人接触，尽量多交朋友、培养友情，走出孤独的心境。

（3）与人交际的过程中，无须太在意对方的想法和态度，避免给人留下懦弱、没有自信的负面印象。

（4）积极地肯定自我，学会欣赏自己。

（5）努力将性格中善良和温柔的特征向着更坚韧的方向发展，变得更坚强和勇敢。

（6）与人交往时，应当尽量阳光、爽朗一些，不要给别人留下忧郁、高深莫测，甚至阴险的印象。

（7）多关心对方的观点、想法、情绪、表情、行为等，遇到自己不感兴趣的事时，不要立即明显地表示"无聊透顶"的态度来。

（8）尽量主动地努力发掘有趣的、快乐的话题，做一个善于倾听、善于赞美的谈话对象。

（9）不要因为鸡毛蒜皮的小事影响心情，学会宽容，注意

"己所不欲，勿施于人"。

（10）应该适当发挥圆通性及随机应变的能力，给人留下善解人意、成熟周到的印象。

（11）与外向型的人交往时，应尽可能多地发现对方的优点和特长，然后毫不吝啬地给予肯定和称赞，这会让他们喜不自禁，并对你产生认同感。

发生人际冲突时该怎么办

人际冲突一般是指个人与个人之间的冲突——由于性别、年龄、生活背景、教育程度和文化背景等的差异，导致每个人对问题的看法不尽相同，于是，人与人之间的沟通和合作就出现了问题。比如，在情人节时，妻子认为丈夫应该给自己买花，这是天经地义的，但是丈夫认为买花很奢侈，而且没什么意义。这就造成了矛盾冲突，面对这种矛盾，有的夫妻可能会有一方妥协，有的夫妻可能会开始冷战，有的夫妻可能会采取其他的方法来解决。

要想妥善处理人际关系，就要从多角度看待问题，找到有效的方法解决矛盾冲突。如果只站在自己的角度看问题，就会以自我为中心，认为自己对、别人错，就会加剧矛盾冲突。如果只关注自己的需要，只考虑自己的利益，就看不到别人的需求。

根据原因和性质，人际冲突可以分为两种：一种是矛盾双方在某些实质性问题上有不相容的利益；另一种是矛盾双方包含负面的情绪，如不信任、恐惧、拒绝和愤怒等不相容的情绪。这两种冲突虽然常常混杂在一起，但是处理方式却有很大不同，因此有必要进行区分。处理第一种冲突，必须找到问题的关键，采取合作或谈判的方式尽量满足矛盾双方的利益。处理第二种冲突，则要修正双方的观点，建立积极的正面的关系。

人际关系学家戴尔·卡耐基提出了处理人际冲突的几个原则：

避免冲突。处理人际冲突的最好办法是避免和人发生争辩。

即便我们在辩论上胜了对方，把对方的观点批得体无完肤，但那也只是获得了表面上的胜利。实质上，我们已经很让对方感到自卑，对对方心怀不满，原先的和谐关系已经因为我们的辩论而被破坏掉了。

尊重别人的意见，永远别指责别人。《圣经》中说过："赶快赞同你的反对者。"因为不管是上司、下属，还是家人、朋友，我们越是否定他的意见，就越会激怒他，越是指责他，就越会让他和我们对着干。这当然不是我们希望的结果。要想获得别人对我们的认同，就要尊重别人的意见。如果道理在我们这边，我们应该巧妙地说服别人，婉转地让别人赞同我们的观点，而不是通过否定和批驳对方来证明自己是正确的。

如果犯了错误，就迅速坦然地承认。林肯曾说过这样一句话："一滴蜂蜜比一加仑胆汁能捕到更多的苍蝇。"人与人相处也是如此，犯了错误之后，如果在别人责备我们之前，首先承认错误，这比听到别人的批评要好受得多，而且对方很可能会谅解我们，不再追究我们的过错。快速、坦率地承认自己的错误比找各种理由替自己辩护效果更好。

以友善的方法开始。如果一个人一开始就对我们抱有成见，他就不会接受我们的意见。当两个人发生矛盾冲突时，如果我们以敌对、仇视的态度对待别人，别人必然会与我们针锋相对，就会使矛盾不断升级。解决的出路是平心静气地坐下来，找到问题的症结所在。温柔、友善的力量永远胜过愤怒和暴力。我们应该用温和的态度提出自己有力的见解，而不是进行无谓的争辩。

让对方给我们一个肯定的答复。在交谈时，让对方说"是的"，他就会忘记争执，逐渐同意我们的观点并接受我们的意见。如果一个人说出"不"字之后，他的内心就潜伏了负面情绪，形成拒绝和敌对的状态。即使后来他发现自己的观点是错误的，为了维护尊严，他不得不坚持到底。相反，当一个人说"是"之后，他就会处于一种接受、开放的状态。引导别人说"是"，就能使谈话走向有利于你的方向。这种方法在谈判或销售工作中是非常实用的。

以肯定的回答作为辩论的基础，这种方法是著名的苏格拉底辩论法。苏格拉底与人辩论时向对方提出一系列问题，这些问题都能为对方接受并赞同。他不断地获得肯定的回答，最后对方在不知不觉中就接受了以前自己坚决否定的结论。

尽量给别人表达的机会。了解别人的想法是站在别人的角度思考问题的前提。我们必须知道对方是怎么想的，才能找到问题出在哪里。因此，我们应该给对方表达的机会，鼓励对方把他要说的话全部表达出来。每个人的观点都应该得到尊重。有时我们以为自己知道对方是怎么想的，但是那只是我们自己的想法，并不是对方的真实想法。

使对方以为这是他的意思。下级想让上级采纳自己的意见时，使用这种方法是非常有效的。没有人愿意被迫遵照别人的命令行事，每个人都喜欢按照自己的心愿做事，如果强迫别人接受我们的意见，就会引起抵制情绪。要想让别人支持我们，就要征求别人的想法和意见，而不是强迫对方接受我们的意见。

诚实地以他人的立场来看待事物。当有人做了让我们不满意的事情时，我们应该试着去理解他、原谅他，而不是一味地责备他——每个人做事都有他自己的原因，如果我们知道事情的原因，就不会厌恶这个结果了；如果我们能处处替别人着想，学会以别人的角度看待问题，就可以避免很多矛盾冲突；理解别人才会同情别人，同情是停止争辩、消除怨恨、制造好感的良方；当发生冲突时，告诉对方："如果我是你的话，我也会这样做。"为他人着想是减少摩擦，建立和谐关系的重要途径。

力争与对方保持一致能增强亲和力

心理学家发现，在交谈过程中，如果我们喜欢一个人或者认同一个人，我们的语言表达方式和肢体语言就会趋向于与他相同。

由此，我们可以得出这样一个结论：模仿别人的语气和姿势可以增强自己的亲和力，获得对方的认同，减少抵触和防备心理。

有人做过一个实验，与人交谈时，注意观察对方的说话方式和肢体语言，然后调整自己的说话方式和肢体语言，尽量与对方相似。他发现这样可以拉近双方的关系，更加有利于沟通。这在神经语言程序学上被称为"匹配"——说话方式和肢体语言越不匹配，沟通的障碍就越大。当人们发现你与他们不匹配，就会认为你不愿意与他们交流，或者认为你根本就不理解他们所说的话。

在这一点上，顶尖的销售高手做得非常好，他们很善于通过改变自己的说话方式和肢体语言，去适应潜在顾客的特性，以便于与客户保持一致。与说话对象保持一致，是人际交往中提高亲和力的重要一步。

维持一个让对方感到舒适的距离

人们在进行交际时，空间位置和距离具有重要意义。它不仅体现出双方的亲疏远近，还能反映出一个人的心理状态和文化背景。美国人类学家霍尔博士研究出了四种表示不同关系的空间距离：

亲密距离：0～45厘米，交谈双方关系密切，身体的距离从直接接触到相距约45厘米之间，这种距离适于双方关系最为密切的场合，比如说夫妻及恋人之间。

私人距离：45～120厘米，好朋友、熟人或亲戚之间一般以这个距离为宜。

社交距离：120～360厘米，用于处理非个人事务的场合中，如进行一般社交活动，或在办公时应保持这个距离。

公共距离：360～750厘米，适用于非正式的聚会，如在公共场所看演出等。

与人交谈时，要尊重对方的空间距离，维持一个让对方感到舒适的距离。如果距离太近会让对方感到紧迫，如果距离太远会让对方感到疏远，都不利于建立良好的互动关系。

适应对方的音调

语音和语调可以反映一个人所处的特定状态。由于健康状态、生存环境、文化修养的不同，人的声音各不相同，有的浑厚，有的沙哑，有的充满磁性，有的非常尖利。在与人交流时，我们要注意对方的音调，通过声音了解对方的态度、情感和意见。

在交流中，我们还应该了解对方的音调，适应对方的音调。如果谈话对象的语速较快，就要调整自己的语速，适应对方的语速，这样才能赢得对方的好感，取得良好的交流效果。

选对方感兴趣的话题说

人们都对自己谈论的事情感兴趣，要想引起对方的兴趣，就要注意对方在谈论什么，然后投其所好。在交流时一定要做一个好的倾听者，注意对方在说什么，通过他表达的内容了解他关心的话题。如果他对政治感兴趣，就要谈与政治有关的话题；如果他对经济感兴趣，那就谈与经济感兴趣的话题。要想与他建立良好的关系，就要知道对方的兴趣所在。

自然模仿对方的口头禅和经典动作

每个人都有自己的口头禅或者经典动作，比如有的人经常说"随便"，有的人经常说"天啊"，有的人会习惯性地挠头，有的人有属于自己的微笑方式……一个人的"口头禅"和经典动作能够传达出一些特定的信息。在与人交往时，要注意别人的口头禅和经典动作，揣测他的心理状态，并自然地模仿他说类似的话，或做出类似的动作，观察他的反应。

肢体语言

肢体语言在社交中无时无刻不在传递信息，在与人交流时，要注意他们的面部表情、身体姿势、手势、动作所暗示的信息。观察肢体语言时，要注意每一个细节，注意小小的信号所表达的肢体语言的变化。

在观察别人的肢体语言时，需要注意以下几点：

身体姿势：他的站姿怎么样？坐姿怎么样？肩膀如何放置？头部、脖子什么姿势？他是如何保持身体平衡的？

动作：他是如何走动的？如何平衡他的脚步？身体各部位常做什么动作？

手势：在交流中，他如何使用双手？手臂常常做出什么样的姿势和动作？

眼睛：关注他眨眼的频率、眼球的转动、凝视的方向和焦点、眼睛的湿润度以及眼睛睁开的缝隙。

面部表情：脸颊、嘴唇、眉毛、下颌、额头的形状、颜色、光泽度以及面部肌肉的拉伸动作。

呼吸：舒缓的呼吸，还是急促的呼吸？深呼吸，还是很浅的呼吸？

适应对方的感官通道

不同的人有不同的感官通道。有的人是视觉型的，其在交流时，就会倾向于使用视觉的词语，比如"我看清楚了这个问题"。有的人是听觉型的，他在交流时，就倾向于使用听觉的词语，比如"这个主意听起来不错"。与人交流时，要注意对方擅长的感官通道，适应他的感官通道。在表达时要使用对方所熟悉的表达方式。

判断对方的信念和价值观

由于家庭环境、教育背景、个性特征的不同，每个人的价值观和世界观也有所不同。有些人看中物质享受，有些人追求精神境界，有些人认为法律应该更严格些，有些人认为应该有更多的假期。在交流时，要注意通过对方词语强调的方式判断他的信念和价值观，如果双方观点有冲突，可以用一种委婉的方式提出来，但是要避免冲突。

寻找双方的共同点

谈话双方在某方面的一致性会拉近双方的距离，因此在交谈过程中要注意找双方的共同点，比如，你们是同学、同行或同乡，你们都曾经去云南度假，你们都喜欢唱流行歌，你们小时候都挨过打，等等。也许你们之间没有太多的共同点，那你可以创造共同点，以赢得对方的认同。比如，你可以穿上与他风格一致的服装，喝同一种饮料，吃类似的食品。这种外在行为上的一致性也会给对方一种认同感，让他更愿意与你交流。

幽默是处理人际关系的一种缓冲剂

在人际交往过程中，如果你想说服别人，但是尝试着用很多种方法都无济于事时，不妨提起你的"宠物青蛙"。

这是一个非常有趣的研究，研究中实验的参与者与艺术品的售卖者进行讨价还价。在谈判快结束时，售卖者要进行最后的报价，只是有两种不同的报价方式。一种报价方式是，售卖者表示坚持原来的价格，不能作出让步；而另一种报价方式也是坚持原来的价格，不能作出让步，只是在最后增添了一点儿小幽默。比如，售卖者会说："我仍然坚持原来的价格，不能再低了，否则我的宠物青蛙都要跳出来替我说话了。"在听到"宠物青蛙"时，参与者都作出了让步。这说明在很短的时间内，幽默产生了巨大的作用。虽然说最后的报价仍然是原来的价格，参与者更愿意接受第二种掺杂幽默色彩的报价方式。

由此看来，幽默的作用不可小视，它让参与者处于良好的情绪状态，在同等价格的情况下，更愿意作出让步。因此，当你在说服他人时，请尝试着用幽默去点燃别人。

　　可见，幽默在人际交往中发挥着重要的作用。美国一位心理学家说过："幽默是一种最有趣、最有感染力、最具有普遍意义的传递艺术。"在社会交往中，难免会发生一些冲突、误会和矛盾。恰当地运用幽默，不仅可以化解危机，淡化矛盾，消除误会，还可以使人迅速摆脱困境，避免尴尬，缓和气氛。

　　例如，在一辆拥挤的公共汽车上，由于紧急刹车，一个小伙子无意中碰了一位姑娘，姑娘马上出言不逊，骂了一句"德性"。小伙子却不急不恼，风趣地说道："对不起，这不是德性，是惯性。"车上的乘客哄然大笑，姑娘则羞愧难当。小伙子凭借着高超的幽默感，成功地化解了一场即将爆发的冲突。

　　同样，在一次奥斯卡的颁奖典礼上，一位刚刚获奖的女演员准备上台领奖，也许是因为过于兴奋和激动，被自己的晚礼服长裙绊住了脚而摔倒在舞台边上。当时全场静默，这么多观众都在台下坐着，这难免让人感到尴尬和窘迫，因为从来没有人在这样盛大的晚会上摔倒过。但是，女演员迅速地起身，然后真挚而感慨地说："为了能够走到今天的这个舞台上，实现我的梦想，我这一路走得艰辛而坎坷，付出了很多代价，甚至有时跌跌撞撞。"这时，全场爆发出雷鸣般的掌声。女演员凭借自己的幽默感，不仅成功地化解了危机，还得到了更多人的认可。

　　古希腊著名的哲学家苏格拉底也是一个善于使用幽默的人。据记载，苏格拉底的妻子是一位性情非常急躁的人，往往当众给这位著名的哲学家难堪。有一次，苏格拉底在同几位学生讨论某个学术问题时，他的妻子不知何故，忽然叫骂起来，震撼了整个课堂。继而，他的妻子又提起一桶凉水冲着苏格拉底泼了出去，致使苏格拉底全身湿透。当学生们感到十分尴尬而又不知所措时，只见苏格拉底诙谐地笑了笑，并且幽默地说："我早知道打雷之后一定要跟着下雨的。"虽然只是一句简短的话,既淡化了矛盾,化解了危机,又不至于让自己很尴尬。而且妻子的情绪出现了"阴转多云"到"多云转晴"的良性变化。他的学生听了之后都欣然大笑起来,不得不敬佩这位智者的素质和坦荡胸怀。

幽默的确是一门艺术,也是一种修养。

先接受再拒绝的"Yes,But"定律

生活中,我们总是希望自己的想法、意见被别人接受,甚至还试图去改变别人的想法和态度,可是一切并不能如我们所愿,因为冲突是在所难免的。这时你应该怎么做呢?

有些人的做法就是立即否定别人的想法,滔滔不绝地开始表明自己的态度和立场,不给别人留有任何回旋的余地,不管别人接受不接受;而另一些人则是先耐心地听对方说完,表示对方的想法或意见有可取之处,然后再否定或是拒绝,紧接着表明自己的态度和立场,试图去说服别人。很显然,第二种沟通方式更能够被人们接受。第一种方式太过于绝对化,将别人的想法一棒子打死,没有任何回旋的余地,让对方下不了台,甚至还会激起逆反心理,影响双方之间的关系。而第二种方式是将对方和自己置于平等的位置进行对话,让对方有被尊重和重视的感觉,这样对方也更能接受你的想法。

这就是一种沟通技巧,即先接受再拒绝的"Yes,But"定律。这很像我们语文中学习过的一种称作"先扬后抑"或"先褒后贬"的修辞手法,也就是说当你想贬低或批评一个人时,先对他身上的可取之处进行表扬然后再进行批评,比直接批评他身上的缺点和毛病更能让人接受。同样,在沟通过程中,如果你不同意某个人的想法和意见时,先要指出其中的可取之处,然后再批评其中的错误和不当之处,这样反而让人更容易接受。用一句比较通俗的话说,就是先给他吃一颗甜枣,然后再给他一粒药丸,这样就

不会觉得药丸很苦了，甚至还能感到枣的甜味。

这种先说 Yes 再说 But 的沟通方式对个人的发展有很重要的作用，尤其是对那些刚出校园的年轻人。年轻人刚踏入社会，总是希望尽快地崭露头角，抓住一切能够表现自己的机会，这些都无可厚非。可是，不能因为这样就不顾及别人的感受，将自己的想法强加于别人。在沟通中掌握一定的技巧，则会起到事半功倍的效果。

众所周知，从事销售行业的人主要靠说话吃饭，天天和形形色色的人打交道，更要学会沟通的技巧。以保险公司的推销员为例，这可能是最不受别人待见的职业之一了吧。当你向客户推销保险时，他们可能会很不耐烦，甚至会丢下一句话"我对保险不感兴趣"，从而将很多销售人员拒之门外。有些销售人员可能就会知难而退，觉得毫无希望了，而那些优秀的销售人员则会尽力给自己争取机会，赢得说话的权利。比如他们会说："您说得的确很有道理，我们都希望自己的家人朋友健健康康的，没有什么意外发生。谁会对这种与生、老、病、死有关的事情感兴趣呢？其实，我自己对保险也没什么兴趣。"这样顺着客户的意思先说 Yes，反而为自己赢得了说话的机会。这时，客户就不会那么反感了，反而会觉得你很真诚，会继续和你交流下去。这样你就可以抓住机会，向他讲述保险对人的重要性，"虽然我们对保险都不感兴趣，但是生活中总会有这样或那样的意外发生，未雨绸缪、防患于未然总不是什么坏事情"等等，这样就大大增加了推销成功的可能性。

可是，如果一开始，我们就否定客户的说法，只会引起客户的反感，这样我们连说话的机会都没有了。先对他的说法表示认同，然后再表明自己的态度和立场，告诉他保险的重要性，等等。不仅缓和了之前的紧张气氛，还为自己赢得了机会。看来这种人际沟通中的"Yes, But"定律真的很有效果。

在心理咨询中有一个很重要的原则，那就是倾听。在这里也同样适用，在和别人进行沟通时，同样要学会倾听别人的意见。也就是说，在说 Yes 之前要先学会倾听，不要未等别人把话说完就打断，这样很不礼貌。同时，也会让别人觉得自己不受尊重，觉得你是在应付他。另外，在说 But 时语气不能强硬，一定要委婉。当和别人的意见相冲突时，表明自己态度时要委婉一点儿，不要一竿子打死一船人，要给对方留有余地。这样不仅对方能够感受到你对他的尊重，而且不同的意见在发生碰撞时还能迸发出智慧的火花。

"Yes，But"定律是一种人际沟通技巧，同时也是重要的处世之道，更是一种以退为进的谋略，有助于我们更好地和别人进行沟通和交流，建立良好的人际关系。

拉近心理距离的方法

心理学中有一个刺猬理论，说的是这样一个故事：两只小刺猬共住在一个山洞里。这天天气异常寒冷，两只刺猬被冻得哆哆嗦嗦的。它们为了取暖挤在一起时，却感觉到了一阵刺痛，原来它们都被对方的刺扎伤了。于是，它们又分开了，可分开后没多久又都冷得打起寒战来。经过几次磨合，它们终于找到了合适的距离，既能取暖，又不至于被扎伤。

刺猬理论说出了这样一个道理：人际交往中，不能过近，也不能过远，即"亲密有间，疏而不远"。人与人之间的交往的确应该像刺猬取暖一样保持适当的距离。因为每个人的观念、文化、知识、性格等方面的差异必然会影响到自身的处世态度和交际方式。如果人与人之间的交际过于亲密，其个性差异就会明显起来、突出起来，就免不了会发生一些摩擦。因此保持适当的距离，会减少不必要的摩擦，使彼此少受伤害。

这就是所谓的"距离产生美"——保持恰当的距离容易让人产生审美经验。"审美经验"是心理学上的一个专有名词，它的内涵是指人在审美活动中的特殊感受和状态。具体地说，如果距离太远，审美活动中的双方就会脱离联系，审美主体就不会感受到审美客体蕴含的美感，审美客体就不容易发挥自己的感染力；如果距离太近，审美活动中的主体又会给对方造成压迫感和威胁感，更不利于主客体的交流。

美感在适度的距离上产生，情感在适度的距离上升华。人们都把亲密无间作为交朋友的最高境界，其实这只是一种美好的愿望，亲密是常见的，无间是不可能的。

距离有一种"自我矛盾"——远与近的矛盾，解决好这一矛盾，心理距离才能真正发挥其审美功能。

生活中，我们总是看到这样一些人，他们习惯于将自己的内心裹得严严实实的，不希望别人走进来，只有这样自己的心里才有安全感。其实不然，越是这样内心需要别人的理解的人，越是渴望能够和别人交流，希望和别人拉近心理距离。相信我们每个人都喜欢"真实""坦诚"这些美好的字眼，在人际交往过程中，我们总是希望和别人能进行心灵上的交流和沟通，同时希望对方也能对我们坦诚相见，这样双方心理上的距离才会拉近。

我们有时候会发现，由于某一次推心置腹的交谈，你和一个人的关系突然之间就拉近了很多，同样也会因为一次不够真诚或很敷衍地交谈，朋友之间的距离反而变得远了。有时候随意聊天的男女会突然对彼此产生爱的感觉；有时候恋爱双方会因为某一件事情，感情突然加深很多。而这种心理距离的缩短在很大程度上得益于双方之间敞开心扉。在心理学中，这种沟通和交流的方式叫作"自我告白"。这种方法能够迅速地拉近你和他人的距离，比如，你向一个人诉说自己的秘密或家庭内部的一些问题，这种自我暴露的方式会增加彼此的亲密感。因为对于说的人来说，这种自我告白能够缓解自己内心的压力，而听的人会觉得对方是出于信任才会向自己倾诉。同时，听的人也会以同样的方式，以相同的程度进行自我告白，他们认为对方那么信任自己，自己也应该同样信任对方才是。这被称为"自我告白的回报性"。生活中我们也许会发现，与男性相比，女性更善于使用这种自我告白的方式来建立良好的人际关系。

此外，在心理学中还有一种与自我告白类似的方法，即"自我呈现"，是指意识到别人对自己的关注之后，然后有意识地去以对方期待的方式来塑造自己的行为。这同样是一种人际沟通的技巧和方式，但是在自我呈现的过程中，为了迎合对方的期待，难免会美化或吹嘘自己，与真实情况不相符。这样不仅达不到拉近心理距离的效果，反而会让对方反感，不再愿意和你相处下去。

距离产生美，但如果过分保持距离，也会使双方变得疏远，甚至互相遗忘，所以，在人际交往中，"亲密有间，疏而不远"就显得很重要了。

第十一章
投资心理学：了解自己的风险承受能力

了解自己的风险承受能力

投资是一个充满了风险和挑战的领域，也正是因为如此，它才吸引了众多的人参与其中。但是，投资者很少有人能够对自己的心理承受力有正确的判断，那些自认为坚强的人可能会在遇到大麻烦时很快崩溃，而一向并不怎么坚强的人却可能平静地接受结果，甚至等来新的转机。

投资充满了风险，同时也充满了机遇。从某种程度上讲，风险与不确定性也是投资的魅力之一，它迎合了人性中的一些特点，使全世界无数人即使多次损兵折将，也依然乐此不疲。就像我们所看到的那样，交易所里总是一派人头攒动的热闹景象，许多专业投资家、职业经纪人沉迷其中自不待言，就连那些退休的老先生、老太太、家庭主妇、上班族，甚至是一些未成年的小孩子也跃跃欲试，想在投资游戏中试试自己的运气与智力。

如果我们仔细观察，就会发现，在股市低迷时，一个经历过市场风浪的职业投资家的表现可能还没有股价上扬时家庭主妇的表现那么淡定和勇敢。每当股价下挫时，那些证券代理商与经纪人都会迅速变化手中的投资组合，将筹码锁定在那些保守的股票上，不敢轻易将手上的现金换成股票，即使在面对一些内在价值被严重低估的好企业时，他们也犹豫不决，因为此时他们的心理较为脆弱，风险承受力较低，这种状况也势必影响到他们的交易决策。而股价上扬、市场高奏凯歌之时，人们个个大胆地追加资金，仿佛只要投入就会有回报，此时，市场的风险被人们遗忘了，或者是他们虽然意识到了风险的存在，但他们高估了自己的心理承受力，一旦美梦破灭，就会后悔不已。尤其是那些被行情冲昏头脑、将自己的全部家当都投进去的人，将会为他们的盲目与无知付出惨重的代价。

许多研究投资心理学的学者发现，要准确描述人们对风险的承受力几乎是不可能的。那些现代心理学中常用的研究方法，如访谈及问卷并不能考察投资者的风险承受力，因为人们对风险的承受能力是建立在情感之上的，而且随着情况的变化，人们自我感知的风险承受力也会有很大的变化。当股价下跌时，即使那些平常显得很大胆、很冒进的投资者也会变得畏首畏尾起来；而在股价上扬的时候，别说那些本来就激进的投资者，就连那些保守的投资者也常常满仓持有，难以轻易割舍。

在投资领域，人们普遍认为买卖股票是一种勇敢者的游戏。而在我们的社会里，勇敢者总是受到人们更多的尊敬，这使得大多数人在心中都认为自己也是一个能够承受风险的人。但是实际上他们并不是这样的，尤其在面对金钱的时候，自认为的风险承受力与实际的风险承受力并不是一回事。实际上，你可能只有在股价上扬时才是一个勇敢者，而当股价下跌时，你却往往吓坏了，只能跟着一群胆小鬼，唯恐逃之不及。

心理学家从统计学的角度出发，对人们的风险承受能力进行了研究，结果发现了一些有趣的现象。研究结果表明，人们的风险承受力与年龄和性别有很大的关系。从总体来看，老年人比年轻人更趋向于保守，女性比男性更加小心谨慎。而风险承受力与贫富之间的关系则没有定论，虽然我们通常可能认为有钱人比一般人更愿意承担风险，但实际上这只不过是一种直觉，心理学家尚未从统计心理学上找到支持这种看法的依据。

在股市中，你往往对自己的风险承受能力不甚了解。当市场行情一片大好时，你觉得自己无论买哪一只股票都会大赚一笔，这时你恨不得一下子将未来几年的薪水都预支去炒股。你觉得自己是一个可以面对一切的勇敢者，你随时准备承担可能降临的厄运。但是，事实上你的心里丝毫没有为可能出现的变故留下余地，你的勇敢只不过是轻度妄想症的白日梦罢了。一旦股价下跌，你就会变得异常胆小，担心你今天买入，明天它还会接着跌，那时你的钱会变少，而这是让人无法接受的，于是你就持币观望，不敢行动。

对任何一个投资者来说，客观地认识自己的风险承受力都是十分必要的。在股市中，千万不要对自己的风险承受能力妄下断语，天真地认为自己无懈可击，因为你的风险承受能力会随股价而波动。因此，你必须客观地认识自己，你越是客观，你就会越冷静，也就越容易作出正确的抉择。

过度自信影响决策

许多心理研究表明，人们发生判断失误是因为总体来说人们过于自信。如果选一群人做样本，问他们有多少人相信自己的驾驶技术是高于平均水平的，有 70% 以上的人会说他们是极佳的驾驶员。这就出现一个问题：谁是差劲的驾驶员？另一个例子出现在医疗行业。当问及医生时，他们说他们对肺炎的诊断成功率能达到 90%，而事实上他们只有 50% 的准确率。

就信心本身来讲，并不是一件坏事。但过度自信则是另一回事。当我们处理金融事宜时，它就尤其有害。信心过度的投资者不仅会让自己作出愚蠢的决策，而且会对整体市场产生巨大的负面影响。

投资者一般都表现出高度的自信，这是一种规律。他们想象自己比别人都聪明而且能选择获利的股票，或者至少他们会选择聪明的证券商为他们打败市场。他们通常高估证券商的知识和技巧。他们所依赖的信息也是能证实他们正确的信息，而反面意见他们则置之不理。更糟糕的是，他们头脑中加工的信息都是随手可得的信息，他们不会去寻找那些鲜为人知的信息。

如何证明投资者是过度自信的人呢？按照有效市场理论，投资者本该买股并持股。然而在过去的几年里，我们的交易量却大幅度上升。理查德·萨雷认为投资者和证券商都被赋予了一种信念，即认为自己掌握着更好的信息，自己比别人更聪明，所以自己能获胜。

信心过度解释了为什么许多证券商会作出错误的市场预测。他们对自己收集的资料自信过度了，而如果所有的证券商和投资商都认为他们的信息是正确的，他们知道一些别人不知道的消息，结果将会导致更大的交易量。

投资者趋向于认为别人的投资决策都是非理性的，而自己的决定是理性的，是在根据优势的信息基础上进行操作的，但事实并非如此。丹尼尔·卡尔曼认为：过度自信来源于投资者对概率事件的错误估计。人们总是对于小概率事件发生的可能性产生过高的估计，认为其总是可能发生的，这也是各种博彩行为的心理依据；而对于中等偏高程度的概率性事件，人们则易产生过低的估计；但对于90%以上的概率性事件，则认为肯定会发生，这是过度自信产生的一个主要原因。此外，参加投资活动会让投资者产生一种控制错觉，控制错觉也是产生过度自信的一个重要原因。投资者和证券分析师们在他们有一定知识的领域中过于自信。然而，提高自信水平与成功投资并无相关性。基金经理人、股评家以及投资者总认为自己有能力跑赢大盘，然而事实并非如此。有研究者在此领域做了大量研究，发现男性在许多领域（体育、领导、与别人相处）中总是过高估计自己。他们在1991～1997年中研究了38000名投资者的投资行为，将年交易量作为过度自信的指标，结果发现男性投资者的年交易量比女性投资者的年交易量总体高出 20% 以上，而投资收益却略低于女性。该数据显示，过度自信的投资者在市场中会频繁交易，总体表现为年交易量的放大，但由于过度自信而频繁地进行交易并不能让其获得更高的收益。在另一个研究中，他们取样 1991 ~ 1996 年中的 78000 名投资者，发现年交易量越高的投资者的实际投资收益越低。在一系列的研究中，他们还发现过度自信的投资者更喜欢冒风险，同时也容易忽略交易成本，这也是过度自信的投资者投资收益低于正常水平的两大原因。

如果市场是有效的，人的投资行为也服从理性的话，那么人们就应当认真选择股票，并在一定期间内持有它，而不是一有风吹草动便着急动作。正因为大多数机构投资者与个人投资者都有过度自信的通病，他们认为自己能够战胜市场，将别人丢在后面，所以他们不断地买卖股票，认为自己能抓住市场波动的规律而大获其利。这也就是为什么市场的交易量总是很大、股票的换手率通常很高的重要原因。这些人认为他们比其他人更聪明，他们掌握着被别人忽略的信息，所以他们能够获胜。

过度自信使许多证券商对市场作出了错误的预测。作为专业机构与人士，他们自认为比别人更了解股市，也更能把握它。他们可能搜集了大量的信息，可能对市场的变化有很强的敏感性，但这都不应当是他们自认为聪明的原因。因为事实上，他们知道的东西别人也同样知道，而且别人可能还注意到了被他们忽略的信息，他们的自信在事实面前最终被粉碎。

心理学家指出，对自我有客观认识的人并不多，更多的人认为自己比别人聪明。可真实的情况是，大多数人都是资质平平的，天才当然有，但可惜你不是。盲目自信对投资者可谓是有百害而无一利。当你觉得自己有百分百的把握去购买某只股票时，切记不可将这种信心当成是理由。别忘了，全世界满怀信心去做傻事的人不计其数。

尽量返本效应

在投资领域，失败者并不总是回避风险，人们通常会抓住机会弥补损失。通过实验发现，在赔钱之后，绝大多数的被试者采取了要么翻倍下注要么不赌的策略。被试者尽管知道赢的概率可能会低于50%，但是他们仍然愿意冒风险。他们希望返本的愿望似乎比蛇咬效应更强烈一些。这种现象就叫作"尽量返本效应"。

尽量返本效应的例子可以在赛马中看到。经过一天的赌马而赔钱之后，赌博者更愿意参与赔率高的下注。15∶1的赔率意味着2美元的赌注可能会赢30美元，当然，赔率为15∶1的马赢的可能性很小。赛马快结束的时候人们在赔率高的马上下注的赌资比例要比刚开始的时候高，表明人们更不愿意在一天的早些时候冒此风险。另外，那些已经赚了钱（"赌场的钱"效应）或者是赔了钱（返本效应）的赌博者会更愿意冒这种风险——赚钱的人愿意冒此风险是因为他们感觉他们在玩赌场的钱；赔钱的人愿意冒此风险是因为他们想抓住一个可能返本的机会，因为此时赛马快结束了，赔也不会赔得太多。而那些赔得不多、赚得也不多的人则宁愿不冒此风险。

我们来看一下在芝加哥期货交易所专职进行国债期货交易的专业交易员的例子。这些交易员在一天的交易中靠持有头寸及提供市场服务来获取利润，而这些头寸通常都要在一天结束时平仓。他们每天都会计算盈利，如果上午赔了钱的话，他们下午会怎么做呢？约斯华·卡佛和泰勒·沙姆威研究了426名这样的交易员在1998年的交易数据，他们发现这些交易员在上午赔钱之后，下午可能提高风险水平以期弥补上午的损失，而且，他们更愿意选择与对手交易员（而不是市场的一般投资者）进行交易，平均而言，这些交易最终都是赔钱的交易。这一现象显示了一个投资者在经历损失之后行为可能发生的变化。

这就验证了前文提到的研究发现，大多数人在赔钱之后采取了要么不赌要么翻倍下注的策略。那些选择翻倍下注的人是想抓住机会弥补损失，尽可能地将自己的损失减到最小。

心理价位的采纳和引导

心理价位是指投资者认为某种股票应达到的某个价位——上升时应该上到什么价位，下跌时可能跌到什么价位。它既是一个获利的目标，也是一个止损的界限，是投资者的判断力和承受力在心理上的尺度。群体心理价位的形成是广大投资者心理价位共同作用的结果。

在广大的投资群体中，既存在着相近的心理价位，也存在着截然不同的心理价位。由于投资者的个体素质差异，心理价位的判断难免产生差异。例如，对于同一股票的同一价位，你认为已近高峰，他却认为尚在谷底；你认为是熊市的开始，他却认为是牛市的起点。正所谓仁者见仁，智者见智。一般说来，有了正确的心理价位，才能在波动的股市中平稳心态，顺势操作，既不盲目跟进，也不随风抛售，而是能在山穷水尽时看到柳暗花明，在晴空晓日时觉察到山雨欲来，从而领先一步躲入避风的港湾。

股市中没有常胜将军，但是一个合理的心理价位却能使投资者操作有序、进退有方。然而，要确立一个合理的心理价位，绝不是瞎子摸象，侥幸所得，而是取决于投资者对市场信息、企业优劣、供求矛盾、形势政策等系统性风险和非系统性风险的科学分析。它既是一个由表及里、由浅入深、去伪存真、去粗取精的思维方式，也是一个随股市变化而不断认识、不断调整的综合性过程，它从属于市场规律，也有其自身的特性。一般来说，个体心理价位只对个体起作用，对于股市的影响甚微；而群体的心理价位则不同，它可能会导致股市的暴涨或暴跌。

股价走势的高点和低点是个体投资者最关心的两个问题。一般来说，在股价上涨阶段，人们关心的是本次涨势的高点；而在下跌阶段，人们关心的则是低点何在。对于股价的高点和低点可从几方面确定，如经典的基本分析强调市盈率、净资产率、股息红利率与增长率，以此测定的是理论期望价格，不属于心理价位。纯粹的技术分析根据股价运行模式，把眼前的价格走势与成交量制成各种图表，以此推测价格变动，这样测定的价位也不属于心理价位。股市群体心理价位只存在于股市大众的感觉与期望中，并通过大众的口耳相传逐渐形成。

心理价位是应市场的需要而产生的。不管哪一种投资者，在进行决策时，都总希望有所依据，有明确的目标可追，否则他们就会感到不踏实。而股市是人气聚散之地，当人气过于旺时，基本分析往往退居幕后，技术分析也会武器钝化，一般投资者就会嘀咕：这个股价到底要涨到哪儿？尤其当股价连创新高，连最起码的横向比较也找不到较合适的参照系时更是如此。无方向、无目标是投资者最头痛的事。

这时，一些市场人士往往会因势而作，根据各自的经验、感觉提出各种价位，但这只是个人猜测。各种价位出笼后，有的迅速被淘汰，有的几经流传、碰撞、筛选，终因较符合大多数人的感觉而被广泛接受，群体心理价位就这样产生了。它像同行之间的"自由议价"，一经产生就会成为同行间做生意的基准。所以，群体心理价位是市场态势十分明朗、人气十分旺盛时的产物。而它的产生，又像茫茫夜海中的灯塔，隐现于波涛之中，顺应了夜航人的心理需求。这时众多的投资者因被其吸引而不顾一切地往这个目标奔去，而其效果则往往会"心想事成"。

在股市开创初期，投资者的心理价位起步较低，往往以高于债券利息作为获利标准，只求与溢价相平就满足了。但随着证交所的成立，分散的柜台交易转向了集中竞价的二级市场，投资者的心理价位也进入了一个新阶段。以上海电真空为例，从1990年12月19日到1991年6月，该股价位为365元、507元、373元、

495 元，呈现出波浪形起伏状，可见投资者的心理素质得到了锻炼，理智的成分开始提高，在确立获利目标的同时，也知道了确立止损的极限。而自 1991 年 7 月起，由于投资人群的迅速扩大，供求矛盾逐步突出，所以在人们金融意识提高的同时，心理价位的投机因素也逐渐增加，出现了脱离市盈率而狂热追涨的现象。可见，一定阶段的股市状况正是该阶段投资者的心理价位在市场上的反映。

一个股市的成熟稳定常取决于投资人群中合理的心理价位是否占主导地位。不稳定的心态一旦充当了主流，必然导致股市的不稳定。偏高的心理价位会引发股市的暴涨，而偏低的心理价位则会引发股市的暴跌，由此可见心理价位对股市影响之大。但随着股市的发展成熟，合理的心理价位必将主导股市的起伏。

采纳心理价位是一件简单而又复杂的事情。其简单是因为一个数字，简捷明了，不费我们的脑子；其复杂是因为采纳心理价位除了要同股市人气状况进行对比外，还要掌握以下 3 个特点：

（1）适中性。在股价涨势的初期、中期和后期，心理价位往往会一高再高。一般来说，早期的大多会偏于保守，后期的会偏于激进，有时甚至是盲目乐观的产物。例如，1992 年初，延中的初期心理价位是 200 元，后来是 300 元、400 元和 500 元，可见投资者不掌握适中原则就会误入歧途。

（2）单纯性。好的心理价位至少是大多数人公认的，因此比较单纯，众口一价。如果同一时间内数价混行，则说明股民中分歧极大，这时，明智的投资者往往会择低者而从之，甚至干脆不理。

（3）近似性。依心理价位操作一定要有足够的提前量。因为心理价位是一柄双刃剑，在实际价位低于它时，它会产生吸引力；当实际价位达到它时，它就会引力顿失，使股价跳水。所以，股价越高，提前量应越大。

在股市操作中，形成一个理性的心理价位，并使之成为投资人群的共识，并非一朝一夕所能办到的，这首先有待于股市机制的不断完善和证券机构的引导。为了防止暴涨暴跌现象的发生，必须经常不断地引导投资者增强风险意识，了解上市公司的经营业绩和发展前景，明确供需矛盾的解决前景，借鉴中外股市的经验教训，提高对股票投资的理性认识。其次则有待于投资者自身素质的提高，切实认识到股票不是储蓄，不仅需要财力，还需要智力和精力。股市既有收益也有风险，并且高收益与高风险是成正比的。如何趋利避害、顺势而为是一门科学，我们应该克服追涨时只听利多、赶跌时只听利空的偏执心理，增强对经济环境、股市情况的综合分析和判断能力。这样，一个既符合股市规律又有利于投资者自身的合理的心理价位才能不断得到确立。

股民常见的心理误区分析

投资者欲取胜于市场，必须首先征服自己的心理弱点。在市场中有效地进行自我调节，把握自我，培养一种健康成熟的心态至关重要。股市尤其是 B 股市场，风云莫测，危机四伏，在不断震荡的股海中，投资者要想获得成功，有雄厚的资金是必要的，但具有良好的投资心理更为关键。一些投资者由于缺乏正确的投资心理，难以适应风云变幻的证券市场，追涨杀跌，结果一败涂地，有的甚至倾家荡产。下面是几种股民常见的心理误区：

盲从心理

具有盲从心理的投资者在股票市场上缺乏自信，没有主见，道听途说，满脑子张三李四的意见，唯独排斥了自我的见解，人云亦云，其结果只能是输掉股票。

在投资市场上，人们为什么常常重复犯盲目跟风、追涨杀跌的毛病呢？主要原因有两个：一是缺乏系统的股票证券等投资知识。知识储备不足，使投资者难以认清市场变化规律及实质，不能把握市场走势，从而只能以别人的行为作为参考模式。缺乏对股票知识的系统了解，就没有自信，老是跟在他人后面转，见涨就跟，这样必然会吃亏。二是从众心理的影响。盲从心理是证券投资的大忌。投资者要想克服盲从心理，首先必须系统学习，掌握证券投资知识和操作技巧，否则，投资股票就如瞎子摸象。一个掌握足够证券知识的投资者能透过市场出现的各种现象把握股市变化的规律，正确预测市场走势。一个人掌握的证券知识越充分，他就越自信，绝不会受别人所言影响自己的判断。而一旦他对股票市场的动向有了基本的见解之后，即使持相反观点的人很多，他也不会轻易地改变自己的立场。其次，投资者要养成独立思考和判断的习惯。因为股市上永远是先知先觉者太少，后知后觉者太多，"事后诸葛亮"太多。在股市上，总是少数人赚多数人的钱。所以要培养独立判断、逆向思维的能力，当大多数人"做多"时，自己应寻找"做空"的理由，因为真理往往掌握在少数人的手中。

贪婪心理

投资者想获取投资得益是理所当然的，但不可太贪婪，要知道有时候，投资者的失败就是由于过分贪心造成的。

贪心是人性的一个弱点。行情上涨时，投资者一心要追求更高的价位、获得更大的收益，而迟迟不肯抛出自己的股票，从而使得自己失去了一次抛出的机会；当行情下跌时，又一心想行情还会继续下跌，所以犹豫不决，迟迟不肯入市，期望以更低的价格买进，从而又错过了入市的良机。希望最高点抛出是贪，希望最低点买进也是贪，而贪心的最后结果不是踏空，就是被套牢。其实不论是做股票还是做期货，最忌的就是"贪心"。那么，如何克服"贪心"这一弱点呢？答案就是投资者要保持一颗"平常心"。因为想正确地判断出股价的顶部和底部是件极不容易的事情，要在每一次高峰卖出而在低谷买进更是"痴人说梦"。作为投资者，在预定行情达到八九成时就应知足了，毕竟从事证券投资应留一部分利润给别人赚。不乞求最高点卖出、最低点买进，保持"舍头去尾，只求鱼身"的心态，只有这样，致富的机会才能不断地光顾你。从事证券投资，收益目标不要订得太高，致富的欲望不要过于急切，不要乞求短时间发大财，成为巨富。应认清证券投资的规律，放弃空想，抑制贪念，只求赚取合理的差价。行情要一步步地做，利润要一点点地赚，稳扎稳打，步步为营，积少成多，这样你的财富才会像滚雪球一样越滚越大。

赌博心理

具有赌博心理的投资者在投资上的一个重要表现就是在大盘或个股的走势还不明朗，或在企业基本面的变化尚未明显改观之前，仅凭借自己的猜测就轻易买进或卖出，企图靠碰运气发上一笔。例如，在大盘下行趋势尚未改变之前，许多人为买到最低价，经常去猜测市场的底部，结果是常猜常买常套。高位博傻也是"赌"的一个重要表现。这种投资的指导思想是：不怕自己是傻瓜而买了高价货，只要别人比自己更傻，愿意以更高的价格进货，自己就可以将股票卖给后一位傻子而赚钱。之所以说这种做法是赌博，是因为这种投资策略面临的不确定性太大，因为别人是不是比自己傻谁也说不清楚。而一旦高价拿到手后没有后来者来接货，后果就将不堪设想。这几年，重组股的炒作风起云涌，一浪高过一浪，多家企业在重组题材的刺激下，股价连连上涨。于是一些投资者就把大把大把的钞票"押"在了绩劣垃圾股上，希望有朝一日"乌鸦"能变成"凤凰"。然而时间一年一年的过去，"乌鸦"不但未变成"凤凰"，自己反而在亏损的道路上越走越远。这正是"高位博傻"这种赌博心理失败的一大典型例证。

投资者若抱着赌博心理进入股市买卖股票，无疑是走向失败的开始，在股票市场行情不断下跌中遭受惨重损失的往往是这种人。因为这种人在股市中获利后，多半会被胜利冲昏头脑，像赌棍一样不断加注，直到输光为止。而在股市中失利后，他们又往往会不惜背水一战，把资金全部投在某一种或若干种股票上，孤注一掷。结果，往往是股价一天天下跌，钱一天天减少，最后落得个"偷鸡不成反蚀把米"的下场。

每个投资者都希望自己买到最低价、卖到最高价，但这种过于完美的生意只存在于人们的幻想之中，因为你"不可能榨干最后一滴萝卜汁"，虽然许多人都在试图这么做——下意识地想从交易中赚到最后一点利润。从某种意义上讲，这种过于完美的要求等于是说水不解酒、太阳不发光、地球不绕太阳转，这不仅不现实，而且贪得无厌。

常言道："久赌必输。"从事证券投资，光靠运气是不行的，好运气不会永远跟着人走，存有任何侥幸心理所作的投资决定往往都是很危险的，损失也是惨重的。因此，投资者必须克服赌博心态，必须清醒地认识到，任何事物的发展都是有规律的，股市也不例外，虽然股价每日都在波动，但它的波动也是有规律的。要想在证券市场上取得成功，就不能靠侥幸，而必须靠丰富的证券投资知识、操作技巧、超人的智慧和当机立断的决心。透过市场价格不断波动的现象，把握股价走势规律，理性决策，这样才能在证券市场上取得成功。

股市上的胜利者往往具有高瞻远瞩的眼光和过硬的心理素质，能透过种种现象看本质，不抱"随便"和从众心理，并且每一次决定都深思熟虑。而这种平和淡然的心态，正是股海中人最难得的优势。

第十二章

社会心理学：看演唱会时，观众为什么会跟着唱

我们如何解释他人

热恋中的一对情侣，如胶似漆。相约见面时，男方发现有时候女方比约好的时间晚半小时或一小时，但他并不介意，可能是来的路上堵车了，或者是临出门发现忘带东西又折回去取了，他总能为女孩的迟到找到各种外部的理由。然而，甜蜜热恋期过后，两人的恋爱开始进入权利争斗期。这时男方发现女方依旧爱迟到，他开始厌烦她爱迟到的毛病了，不断数落女方。

你参加了某一个公司的面试，几天后，结果出来了，你没能进入下一轮面试。这时候，你会怎样解释这件事呢？是抱怨这家公司的领导没有眼光，不识你这匹千里马，还是认为自己面试时过于紧张，没有表现好呢？

人们对他人的行为进行分析和推论，并作出解释的过程，就是在进行归因。那么，人们是如何对他人的行为进行归因、解释他人行为的呢？归因理论能提供给我们一些答案。

海德是归因理论的创始人。他认为只要认真听一个人对他人的看法，就能够基本上了解这个人是如何理解他人行为的原因的。人们是有能力去分析和预测他人行为的原因的，因为人的行为必有原因。人们通常都试图将他人行为的原因或者归结为内部原因

（个体的性格），或者归结于外部原因（当时所处的情境）。比如一个选手在演讲比赛中表现不好，我们可能认为是他的能力有限（内部原因），也可能认为他是由于对身处的环境感到陌生，紧张所致（外部原因）。

比起海德的归因理论，琼斯的理论更为系统、深入。他关注的不是归因本身，而是个体的归因过程。他认为我们可以根据个体的行为，轻易推断出个体行为背后的特质。因此，如果我们对行为者的能力、性格等人格特征比较熟悉，就可以提高归因的准确性。比如有的公司老板注重员工的工作效率，有的注重员工的工作时间。如果一个员工喜欢把工作拖到下班后做，而且经常加班，在你了解到他有一个也很爱加班的老板后，就不难将他的行为归因为期待得到老板的赏识。

维纳认为人们对于成功和失败一般是按照能力、努力、任务难度和运气这四种因素来进行归因的，并从稳定性—不稳定、内因—外因、控制—不可控制这三个维度来考察上述四种因素。其中，能力和努力是内因，运气和任务难度是外因；努力和运气是不稳定的，能力和任务难度是稳定的；运气和能力是不可控的，任务难度和努力是可控的。比如一个人考试考得很好，他将其归因于自己的能力这种稳定不可控的内因，从而对自己更有信心。

人们或者根据情境，或者根据能力，或者关注行为者背后的特质，或者倾向于内部归因，总之都能对他人的行为作出解释。各种归因理论都假设人是理性的，能用符合逻辑的方式进行归因，但是，人们的归因方式并非完全是理性的，个体间也存在归因差异，容易产生归因偏差。

最常见的归因偏差表现是人们在解释他人的行为时，会低估环境造成的影响，而高估个人特质或能力造成的影响。比如，演员在演了好几个坏角色之后，观众虽然知道这是在演戏，演员所处的情境并不是现实情境，但还是会或多或少认为戏中的坏角色是演员个人特质的反映。在实际生活中，我们可能会觉得领导总是比下属拥有更广博的学识和卓越的能力。那是因为领导的控制地位、与下属相处时的情境等因素被忽略了。领导们总能将谈话的内容控制在他熟知的内容范围内。

为什么人们会出现归因偏差呢？

一种可能的解释是，自己和他人的突出程度不同。俗话说，当局者迷，旁观者清，如果自己是行动者，人们难以清晰地看见自己是如何行动的，自己显得不突出，而影响自己行为的外部环境因素却显得很突出，这样就容易将自己的行为归因于情境因素。反过来，对他人行为的观察是知觉的重点，情境只是知觉的背景，这样，将他人的行为归因于行为者自身也就不足为奇了。

了解了归因理论以及我们在归因过程中会犯的错误和犯错的原因之后，我们就能对自己和他人的行为作出更理性、更确切的归因。

我们怎样感知和回忆我们的生活

电视里正在放娱乐新闻，说到一个你喜欢的电影明星参加慈善活动。主播认为他（她）是在作秀，而不是真的想帮助那些需要帮助的人。你会觉得很生气，认为主播是在诋毁他（她）。你喜欢的一个球队输了比赛，作为球迷，你很可能会认为当值裁判在偏袒对方球队。

生活中这样的现象不胜枚举。我们在感知和评价事物时，总是不自觉地加入自己的感情，先入为主、想当然地作出自己的判断。尽管呈现在我们面前的信息是客观的，我们还是习惯于预先作出判断，而这种判断必然会使我们的知觉和解释产生偏见。也就是说，我们并不是对现实作出如实反应，而是依据自己对现实的解释作出反应。

这种"戴着有色眼镜"来感知世界的影响比我们想象的还要大。比如它能影响我们对法官审判案件公正度的看法。原被告双方都较容易接受与自己观点相同的证据，而极力反对和辩驳与自己观点相反的证据，所以法官无论判哪方胜诉，败方都无法心服口服。

研究者发现，预先提供的信息会影响人们解释和回忆自己所观察到的事物。也就是说，尽管事实摆在那儿，但我们的思维还是会根据我们已经获得的信息，来进行积极地解释。我们获得的信息形成了我们对各种事件的解释。

通常，不同的人对同一事实会作出不同解释，然后再据此做出不同行为。比如，上面例子中做慈善的明星，如果你知道他（她）以前也有过捐款的行为，你可能就会因此认为他（她）是真的在帮助有需要的人而不是在作秀。但是如果你之前获得的信息是他（她）根本没有过捐款的记录，则很明显地会倾向于主播的观点，认为他（她）是在作秀。既然人们习惯先入为主，作出预先判断，那么，如果控制先入为主，在人们作出判断之前先提供一些客观的信息，就可能出现不同的结果。

在人们感知世界的过程中，会有一种有趣的现象，那就是，明知自己以前一直坚守的某个信念是错误的，也不愿否定自己的想法；即使当支持这个错误信念的证据被否定时，人们仍会相信自己是正确的；如果你以前一直认为你走的那条路是从家到公司最近的一条路，某一天，一个同事告诉你其实还有一条更近的路，并且亲自带你走了一遍，你可能还是习惯走老路，虽然它被证明不是最近的。这就是社会心理学上的信念固着现象。人们总是不愿打破常规，更不可能轻易否定自己。

不仅如此，在回忆以前的生活时，我们也总爱将其美化。回想一些细小的令人愉快的事件时，将其想象得无比美好。或者是将一些不愉快的事件最小化，只留下让我们高兴的事情在脑海。比如我们在回想童年生活时，总是对那时吃过的玩过的东西特别留恋。其实那些东西在现在看来真的是微不足道。旅行归来，看照片时总觉得那里的风景特别好，旅行的经历特别愉快，却自动忽略了旅途的劳累。这些都是我们对自己记忆的美化。另外，我们也会在回忆里无意识地改变与他人的关系。两个相爱的人在回忆他们初次见面时，会倾向于认为他们是一见钟情，而那些已经分手的情侣则倾向于把对方回忆成自私的或是脾气不好的。

我们在回忆生活时，还可能犯的一个错误是将错误的信息整合进记忆。比如，和自己喜欢的人谈话会觉得时间过得很快，非常开心、自在；而和不喜欢的人谈话则会觉得时间过得很缓慢，拘束，浑身不舒服。事实上，可能谈话的时间是一样的，但给人留下的回忆却是截然不同的。这是因为有错误的信息进入我们的记忆。

了解了这些感知和回忆生活的心理学原理之后，我们可以试着从对方的角度思考问题，避免信念固着、错误信念效应等的发生。最关键的是，我们要力争做到，接受客观的信息，对发生的事件进行公正的判断。

我们怎样才能作出准确的判断

一幢大厦发生了火灾，一队消防人员进去灭火，在他们感觉火势已经基本被控制住时，这组队员的队长产生了某种奇怪的感觉，觉得哪里不对劲，却又说不清到底是怎么回事，但是他还是果断地命令所有队员撤退。就在他们刚刚撤出去之后，里面就发生爆炸了。后来，他回忆当时的情景，记起有以下几个异乎寻常的现象：一是没有声音；二是火的颜色异于平常的火的颜色；三是本来着火会向外面喷热气，但当时却是往里边吸气。这些都是爆炸的先兆。那位队长凭借多年的救火经验，可能大脑在潜意识里已经判断出这种情况，但他自己当时也没有意识到，只是凭直觉下了撤退的命令，这才使众人躲过了一场劫难。

直觉就是潜意识智力的体现，比如，经验丰富的司机，不等前面的障碍物出现，只是凭直觉觉得有危险，然后立即刹车。这可能是大脑的潜意识已经觉察到危险的存在，然后向司机发出警报。这种觉察是毫无逻辑可言的。心理学大师弗洛伊德就非常重视潜意识的力量，他认为潜意识犹如冰山的底部，蕴含着巨大的能量，而人的大部分行为都是由潜意识控制的。

可以说，直觉是人类认知过程中的一种最直接、最有效的思维捷径。但是，仅凭直觉，我们不能准确判断所有事物，直觉有时候也会欺骗我们，直觉错误会造成一些不好的后果。

一种直觉错误的表现是对某个事物进行评价时，人们习惯用某一群体的特征来代表个体的特征。比如，一个人的职业如果是护士，就认为他（她）是温柔的、细心的。还有一种直觉错误是直接将要评价的事物和我们脑海中的现成例证比较。如果一个人的名字叫"李明"，我们就认为其是男孩，事实上她却是女孩。这可能是在我们的脑海中，已经存储着"有个男孩叫李明"这样的现成例证。

除了错误直觉外，人们也会人为地创造出一些错误观念，比如心理学上的过度自信现象——对于自己，总是给予更多的自信、更高的期望。制订减肥计划，尽管一开始就不能很好地执行，还是相信自己能坚持到最后。尽管我们知道自己过去出过错，但对于未来的预期仍然很乐观。有趣的是，那些能力不足的人反而会出现更多过度自信倾向。这可能与他们对自我的能力认识不够有关。对自己能力的认识本身也是一种能力，如果没有这种能力，对自己没有一个中肯的评价，可能就会出现过度自信倾向。比如说，一个总认为自己怀才不遇的画家，就很少考虑是不是自己的能力问题，而把责任推给外界。

另外，情绪也会影响我们的判断，世界在乐观者眼里是彩色的，在悲观者眼里是黑白的。快乐的人能从积极的方面去判断事物，看到事物好的方面。而在不快乐、爱抱怨的人眼里，谁都在跟他作对，更多看到的是事物不好的方面。

有时候，我们常常会为过去所做过的事情感到悔恨，想"假如……就好了"，并且在心里设想如果事情按自己期望的发生该多好，但这却是于事无补的。比如说，你准备赶一趟火车，结果却误点了，这时你可能就会在心里想：要是我出门早一点就好了，要是路上不堵车就好了，要是火车再晚点一会儿就好了……这么多"要是"，都是不可能发生的，是一种错误的信念。

另外，所谓的"志同道合"也是一种验证性的偏见，我们可能会无意识地选择和自己观点相同，或者支持自己观点的人做朋友，因为人们会倾向于寻找支持自己观点的信息。

以上的种种错误直觉、错误信念都会影响我们作出准确的判断。了解了这些，我们在平时的生活中可以有意识地加以注意，不要让直觉全部主宰我们的判断。譬如对初次见面的陌生人，仅凭年龄、身高、外表或职业等信息，我们不能对其有一个全面的有关人格特质的判断，而需要在进一步了解之后再下结论。另外，对自己、对他人的认识都应该更中肯一些，不过分自信也不过分自卑，不为过去的事情作假设，而应向前看。

看演唱会时，观众为什么会跟着唱

1985 年 5 月 29 日，利物浦与尤文图斯在比利时布鲁塞尔海瑟尔体育场的欧洲冠军杯决赛中相遇，欧足联赛前把一个球门后的看台分配给利物浦球迷，但是却有不少尤文图斯的球迷从比利时人手中买到该看台的球票。看台上，也没有足够的警察和工作人员将两队球迷分开。在比赛中，不断有双方球迷的辱骂和投掷行为。混在利物浦球迷里的足球流氓与尤文图斯球迷大打出手，导致看台坍塌，当场压死 39 名尤文图斯球迷，并有 300 多人受伤，而利物浦输掉了冠军杯。赛后所有的英国球队被禁止参加欧洲的赛事长达五年之久，利物浦是七年。这便是著名的"海瑟尔惨案"。

上述惨案的发生，是因为在群体的庇护下，个体失去个性，失去责任感，也放弃了对自己行为的控制，导致了冲动行为的发生。这是心理学上的去个性化现象。去个性化指的是群体中的个体不是以个人的方式来行动，而是融于群体中，丧失个体可辨别性的一种状态。这种现象在群体中表现更为突出，由于群体的推动作用，使得个体能在群体中做独处时自己不敢做的事。比如，看演唱会时，疯狂呐喊，大声跟着歌手唱歌；看体育比赛时，高声为喜欢的运动员呐喊助威。这些都是无危害的行为，只是置身于群体中，个体能毫无顾忌地正常宣泄自己的情感，作出自己的选择。

但是，去个性化现象如果持续下去，也可能具有一定的危险性。许多社会学家就认为，去个性化是反社会行为的一个原因。足球流氓的挑衅闹事、学生集体起哄、毁坏公物、打架斗殴等，都是去个性化的消极面。

心理学家费斯廷格和同事对去个性化现象进行了实验研究。他们设计了这样一个实验：让两组学生评价自己的父母。一组儿童在课堂上进行评价；一组儿童在昏暗的教室进行，并且每个人都套上一个布袋装以掩盖自己。结果发现，后一组的学生比前一组的学生对自己父母的批评更多，且更激烈。

津巴尔多的现场试验也证实了群体中去个性化现象的存在。他将一辆看起来被抛弃的汽车置于一个热闹区域，然后躲在暗处观察，26 小时后，汽车上的有用零件果然全被拆了，偷零件的都是一些衣冠楚楚的人，而且并没有人出来制止这种行为。把汽车置于一个人口较少的城市，零件则没有被拆掉。这说明在人口密集的地方会出现更高的去个性化，人们更容易忽略自己的身份和责任感，做出不遵守行为规范的行为。

那么是什么因素影响人们的去个性化行为呢？首先，肯定是群体情境所具有的匿名性。处于一个群体中，尤其是群体的成员不易被识别的情况下，个体觉得自己是能被忽略的，别人不知道自己的庐山真面目，因而能表现出平时不敢表现的一面来。大型演唱会上，谁也不认识谁，那些平时内向、不爱说话的人也开始变得"胆大"起来，大声跟着自己的偶像唱歌，形成万人大合唱的气势，当然，歌手也会受观众的感染，卖力演唱。这也是为什么大家觉得听演唱会比听唱片更有感觉的原因。另外，责任感的丧失也是导致去个性化的原因之一。当个体隐匿在群体中，不易作为特定的个体被认出来时，他会发现责任落到群体的身上，或者分散到个体身上，自己不用为群体行为承担责任，自己的责任感是模糊的。这也是所谓的责任分散效应。另外，情绪被激发的水平也能影响去个性化，个体被激怒时往往更容易造成严重后果。

对于去个性化这一心理现象，我们要辩证地分析看待，既要利用其积极的一面，也要克服其消极的一面。如果你是一个内向、胆小的人，希望改变自己的性格，可以多参加集体活动，置身于集体中，你会不由自主地跟随集体行动，表现自己外向、开朗的一面。而如果你是一个管理者，事先一定要做好统筹安排工作，明确每个成员的责任，赏罚分明，防止他们产生侥幸心理，这样才能使工作井然有序。

为什么在餐桌上的谈判容易成功

宋太祖登基后不出半年，先后就有昭义节度使李筠和淮南节度使李重起兵反宋。宋太祖亲自出征，费了很大劲才平定叛乱，因此，心里对武将总不大放心。他既想建立中央集权的专制统治，又想让赵宋王朝长期巩固，不再成为五代之后的短命王朝，于是就想起了杯酒释兵权的计策。一日晚朝后，宋太祖将石守信、王审琦等禁军高级将帅留下，设宴招待他们。酒过三巡，宋太祖先感谢众将帅助其打下江山，功德难忘，又感叹皇帝难做，不如做节度使快乐。众将大惊，问其原因，还纷纷表忠心，称绝无二心。宋太祖于是说道："你们几位我是信得过，但难保你们的部下不三心二意，如果到时将黄袍加在你们身上，你们想不干都不行啊。"众将听出其话中之意，第二天纷纷上书称病，要求辞职解除兵权。宋太祖十分高兴，对他们赏赐了一番，随即免去他们的官职。

不仅在中国，世界各地都奉行"餐桌谈判"这一方式。政治家宴请来访宾客，生意人请客吃饭，在推杯换盏中吃出氛围，喝出交情，谈成事情，扩展人际关系。一些在正式场合不好说的事情，基本上可以从饭桌上，或者其他比较轻松的私人环境来谈。比如，各国领导人间的晚宴，就是洽谈合作、交流意见的重要场所；生意人通过宴请重要客户，谈成合作，甚至有人说80%的单子都是在饭桌上签的，也并非没有道理；普通朋友间聚会，一开始可能并不相熟，觥筹交错间，仿佛是熟悉已久的老友，熟悉感顿增不少。

为什么餐桌文化经久不衰？大家都习惯选择在餐桌这个非正式场合谈正事呢？这是人际交往中的情境因素在起作用。人与人之间的人际交往是在一定的情境因素下进行的。时空距离是影响人际吸引的一个因素。如果个体与个体之间的时空距离越近，自然容易激发人际交互关系，拉近心理的距离。俗话说，远亲不如近邻，就是这个道理。餐桌这个场合，拉近了宾客间的距离，大家围坐在一起，互相交谈，必然能拉近距离。再者，餐桌是个非正式的场合，比起会议室等正式场合，人们更能卸下心防，保持一个相对轻松、愉快的心态，这样更能相信对方，听取对方的意见。

另外，人际交往时的情绪体验也是影响交往质量的一个重要因素。自己的情绪体验以及对方情绪带给我们的反馈都会影响我们的人际交往过程，如对对方印象的好坏等。那些对我们流露出喜欢情绪的人，我们总是会报以相同的反应；而那些给我们带来不好印象的人，可能就会避而远之。这样看来，个体的情绪体验确实能影响他对一个人的评价，虽然这种评价不可避免会带有主观色彩，但却真切地存在着。吃饭这项活动本身就能引起我们的快乐感，如果再选择一家客人喜欢的餐厅，安排客人喜欢的美食，让对方感受到你对他的用心，那么这样的安排必然会使他对你充满好感。有一个良好的情绪体验，在这样一个情境下，什么困难的谈判都会变得容易一些了。

除了这些交往的情境因素外，客观的环境因素也能起到不小的作用。不知道大家有没有发现，现在的餐厅多备有一定数量的包间供客人选择，这样可以避免互相打扰，尤其在谈重要事情时，包间具有很强的私密性。而餐厅的装潢，多以淡雅的颜色为主，能使人放松身心，充分享受美味的食物和有趣的谈话。

了解了这么多餐桌文化背后的心理原因，想必会给我们一定的启示。选择一个好的谈话环境是很必要的，其实除了餐桌，一些运动、娱乐等能让人放松的场所，也可以作为谈话的好地点。再就是启示我们在谈话时不能直接切入主题，聊聊家常、兴趣爱好，等有了一定亲切感之后再谈正事也不晚。

一个舒适的用餐环境，一段安心舒适的用餐时光，事已成三分了。

"三人成虎"与三对一定律

战国时代，魏国的太子被送到赵国的都城邯郸做人质，随行人员中包括了魏国著名的大臣庞葱。在临行前，庞葱对魏惠王说："要是现在有个人跑来说，热闹的街上出现了一只老虎，大王您相不相信？"魏惠王立刻回答说："当然不相信！"庞葱又问："如果同时有两个人跑来，说街上有一只大老虎，您相信吗？"魏惠王答道："我对这种说法是很怀疑的。"庞葱继续问："那么要是有三个人异口同声地说街上有只老虎，这时您会相信吗？"魏惠王想了一会儿回答："我会相信。"于是庞葱就劝诫魏惠王："街市上不会有老虎，这是很明显的事，可是经过三个人一说，就好像真的有老虎了。现在赵国国都邯郸离魏国国都大梁，比这里的街市远了很多，议论我的人远不止三个。希望大王明察才好。"魏惠王说："这一点我自己知道。"可是，庞葱走后，毁谤他的人太多了，庞葱陪太子回国之后，魏惠王果然再也没有召见他。

这是"三人成虎"的故事。这个故事包含了一个心理学效应——即使是一个很有主见的人，也常常会在众多相反意见的影响之下产生动摇。当三个人同时对一个人说事情时，那人再有主见，也常常会放弃原来的看法。这就是三对一定律。

在生活中，人们总是倾向于为自己的想法找到一种公认的背景，而一旦失去了这种背景的支持就会产生慌乱感，并对自己原来的想法变得怀疑，甚至会完全推翻自己原来的观点。

这种现象在纸牌游戏中很常见。一般纸牌游戏有四个人参加，在游戏中，如果有人建议导入新的游戏规则或者增加难度，也许会有人不同意。这时如果一方拉拢其他两个人，三比一，剩下的那个人就会因为寡不敌众而改变自己的主张。

试验表明，引发同步行为的人数最少为三至四人。当两个人劝说某个人采取某种行为时，说服的效果不够大。当人数增加到三个人时，被说服者的求同率就会迅速上升。效果最好的是五个人中有四个人意见一致。如果人数增加到八个以上，效果几乎不变。

通常情况下，多数人的意见往往是对的。服从多数，一般是不错的。但是缺乏分析，不作独立思考，一概服从多数，则是不可取的，是消极的"盲目从众心理"。因此，当自己是少数派时，也要注意避免盲从。

掌握这个定律之后，我们可以有意识地避免被别人影响，同时有效地影响别人。在生活中，要让别人接受自己的建议，或者提出令人为难的要求时，最好把自己的支持者扩大到三个人。当三个人同时对一个人说事情时，动摇对方立场的概率很大。

三对一定律也强调合作的重要性，没有人能够独自成功。俗话说"双拳难敌四手"，"三个臭皮匠，赛过一个诸葛亮"，只有通过合作，才能把工作做好。

传统是一种足以令人恐惧和畏服的力量

心理学家做过这样一个实验：有五只猴子被关在同一个笼子里，笼子上面悬挂有一串香蕉。猴子们看到香蕉都很想去摘下来吃，但是笼子安装了一套自动设备，一旦侦测到有猴子要去摘香蕉，马上就会有水喷向笼子，不仅去摘香蕉的猴子会被淋湿，另外几只猴子也同样会受到连累。经过一段时间之后，每只猴子都做了几次尝试，结果莫不如此，谁去摘香蕉，所有的同伴都会被淋湿，于是它们达成了这样的共识，就是谁也不要去摘香蕉，免得大家被淋。

发现所有的猴子都不去摘香蕉之后，实验人员就将里面的一只猴子放出来，而又放进去一只新的猴子。这只新猴子一见到香蕉就过去摘，可是另外的几只猴子发现了它的这一动向，立即过来围攻它，把这只猴子狠狠地打了一顿，因为它们知道，如果不加阻止，后果就是大家都被淋湿。此后，这只新来的猴子还想去尝试，但是每次还没到香蕉的跟前，就会被群猴痛打一番。几次下来，它也长了记性，意识到那串香蕉是摘不得的，尽管它是不明就里的，但是它会默默地接受这一规则。

这样，依然是没有猴子想去碰那串香蕉，于是实验人员将最初的四只猴子中的一只放出来，又换了一只新的进去。这只新来的猴子重复了上一只新猴子的经历，先是想去摘香蕉，结果每次都遭到痛打，尤其是上一只被痛打过的猴子下手最厉害。被打了几次之后，它也就对香蕉不再有所图谋了。

后来，另外三只旧有的挨过雨淋的猴子也都被换走了，笼子里依然是五只猴子，不过它们都是后来的。虽然它们谁也没有被水淋过，但是却没有一个会去尝试摘香蕉。实际上，实验人员早就把喷水装置撤掉了，也就是说，现在猴子去摘香蕉是不会发生任何外部危险的，但是猴子们却没有去摘香蕉，因为在它们的内部有一种新的惩罚方式代替了水淋。后来的猴子尽管没有被水淋过，但是它们遭受过比淋水更加痛苦的警告，所以它们更不会去摘香蕉。

其实，猴子们完全可以平安地摘下香蕉来吃，但是它们的内部却因为对传统的因袭而产生了一种严格的约束机制。这种约束机制原本是为了保护群体而形成的，可是时过境迁，这一约束就从有利的一面转化成了不利的一面，但是，却没有一只猴子能识破它。更加可悲的是，即使有哪一只猴子识破了其中的奥秘，它也依然无法改变这样的事实，因为别的猴子不知道。如果它要去摘香蕉，还是要遭受莫名其妙的痛打，它就是不怕挨打，也会受到阻止，无法接近香蕉。这就是所谓的"猴子理论"——传统是一种强大到足以令人恐惧和畏服的力量。尽管现实的情形可能已经完全改变了，但是人们却依然固守着传统，而从来不去思考所谓的"传统"究竟是怎么一回事。

传统所具有的强大的约束力量很多时候其实是消极的，就像鞋子和孩子的脚——去年的鞋子穿在脚上是合适的，但是今年依然穿去年的鞋子而不变动一下，已经长大了的脚就会感到很不舒适，而且这也不利于脚的健康成长。所以，人类社会要想寻求发展，就要创新，与时俱进。

第十三章

男性心理学：为什么男人讨厌陪女人购物

男人和女人有很大不同

男人和女人共同组成了人类这个大家庭。虽然同属一个物种，但男人和女人却有着很大的不同，在思维方式、感情倾向等方面有着很大的差异。男人常常对女人的想法感到费解，而女人也常常觉得男人的做法不可思议。面对同样的问题，男人和女人大多都会作出不同的反应。而且，男人和女人还经常相互误解，用自己的想法去揣测对方的心理。在现实生活中，有关两性的问题层出不穷，其原因就在于人们还没有认识到男人和女人之间的巨大差异。

男人的思维是单向思维，他们每次只能思考一件事；而女人的思维是网状思维，她们常常可以同时做几件事情。男人的单向思维决定了男人的专注性更强，他们可以一心一意地做一件事情，不容易受其他事情的打扰；女人的网状思维则决定了女人的想象力更丰富，这使得她们更具有创造性，但她们很难将全部注意力都集中在一件事情上。此外，在看待问题上，男人更善于从大处着眼，而女人则倾向于从细微之处入手。所以，男人更适合掌控大局，女人更适合做具体的工作。

男人更喜欢同男人聊天，女人更喜欢与女人交谈，因为同性之间有更多的共同语言。当女人对着一位女性朋友大谈电影中的精彩镜头时，她们可以聊得非常起劲儿，但如果同一位男性朋友说，则大多会换来对方的冷淡回应。为什么会出现这种状况呢？因为男人和女人在看电影时的侧重点不同。男人更注重整个故事的轮廓，对于其中的细节很少留意；女人则注重细节，她们不仅能记住剧情，而且还能将精彩的台词复述出来。

对于同一句话，男人和女人常常会解读出不同的意思。男人大多会直接解读，而女人则会根据一些非语言信息进行解读。比如有人对男人说了一句："你的衣服真好看！"男人常常会认为是对自己的真心赞美。如果有人对女人说了同样一句话，女人则会根据说话人的语气及表情等其他因素来判断对方是在真心赞美自己、刻意挖苦自己，还是另有目的。同样，男人说话时也大多会直接传达自己的意思，而女人则喜欢拐弯抹角，通过间接的方式表达出自己的真正意思。

男人的思维方式与女人的思维方式有着很大的不同。当男人沉默时，那是他们在思考问题，这个过程在女人看来是无声的，但在男人的大脑中却是有声的。也就是说，男人在用脑"说话"，他们在默默地自言自语。女人正好相反，女人的思考方式不是用脑，而是用嘴，当女人将一系列问题毫无逻辑性地说出来时，那正是她的思考过程的言语体现。

思考一件事情，男人更关注的是事情本身，而女人则会由此联想到很多其他的事情，有些可能与这件事根本就没有关系。当男人与女人共同讨论一件事时，开始时他们或许还能就事论事，可说着说着，女人就开始跑题了，到最后干脆脱离了主题。男人的思维可能还停在原来的主题上，但女人却可能已经更换了无数次主题了，所以交谈进行的时间越长，就显得越不合拍，有时男人甚至根本就不知道女人在说什么。

男人擅长的事与女人不同，男人感兴趣的事物也与女人的有所差异，所以男人和女人经常出现话不投机的现象。当男人对着女人侃侃而谈国际时事和最新的军队装备时，女人虽然表面上在倾听，实际上心早就飞出很远了。此外，在生活习惯上，男人和女人也大不相同。比如说男人喜欢体育节目，女人则喜欢情感剧；男人喜欢不停地变换电视频道，女人则喜欢停留在固定的频道上；男人很少探听朋友的私生活，而女人却能将朋友的私事娓娓道来。

在对待情感的问题上，男人和女人的表现也大不相同。男人追求女人，其目的是为了征服女人，满足自己的征服欲；女人追求男人，则是希望将男人占为己有，与男人确定关系。女人很容易坠入爱河，以婚姻为恋爱的终极目的；男人则对婚姻比较谨慎，将恋爱与婚姻分得比较清楚，时机未到绝不谈及婚姻。在确定恋爱关系以后，女人希望将男人拴得死死的，恨不得两个人一刻也不分开；男人则希望保持自己的自由之身，可以继续与朋友聊天喝酒，继续看自己喜爱的体育节目。女人更注重家庭，男人更注重事业。女人会用心经营自己的感情和婚姻，而男人却很少将时间花在这些事情上。

男人和女人的差异当然不止上面提到的这些，这里不再一一列举。只有我们认识到男女之间存在的巨大差距，才能进一步探索男女差异的原因，找到有关男女两性问题的真正答案。

男人和女人的差异绝非特殊现象，而是一种普遍存在的社会现象。男人的世界有男人的语言和生活方式，女人的世界有女人的语言和生活方式。所以，男人进入女人的世界会感到不适，女人走进男人的世界也会水土不服。

从不适应到适应需要一个过程，而了解对方世界的过程即是适应的过程。世界上只有两种人，男人和女人要在一起工作、生活，还要结婚生子，如果总是处于这种不适应和水土不服的状态，那么各种各样的问题就会接连发生，严重影响生活的质量。

差异并不可怕，只要尊重差异，理解差异，那么男人和女人就可以和睦地相处。当男人和女人都能轻松走进对方的世界而没有丝毫不适时，男女之间的问题也就彻底解决了。

男人为什么讨厌女人给自己建议

男人有一个共同点，就是愿意给别人出主意。很多时候，当女人向他们倾诉时，他们只要听就行了，可他们偏不，认真听着的同时还要不时地提出自己的建议，告诉女人应该怎么办。可想而知，他们的好心会换来什么结果——女人越来越激动，越来越愤怒，指责男人只会说风凉话，一点儿也不重视自己的感受。男人也被女人的话激怒了，自己好心帮助女人解决问题却遭到对方的无理指责，简直不可理喻。

生活中这样的场景并不少见。男人是关心女人的，女人是信任男人的，可为什么对彼此的关心和信任会演化成一场战争呢？原因就在于男人和女人互不理解，男人不了解女人渴望被人倾听，女人也不了解男人喜欢给人出主意。

男人喜欢给人出主意，是他们在漫长的进化过程中形成的天性。作为狩猎者，男人的任务就是要精确地击中猎物，为全家提供食物，这也是他们自身的价值所在。也就是说，男人以击中目标的能力来衡量自身的价值。经过长期的进化，男人的大脑中出现了一个专门负责击中目标的区域，也是这个区域让男人有了存在的价值，而男人也变成了以结果为重的人。他们看重事情的结果，注重自己取得的成就和解决问题的能力，因为这是他们存在的价值。

男人之所以喜欢给人出主意，就是因为他们将解决问题的能力看得很重，并以此来衡量一个人的自身价值。女人如果接受了男人的建议，使自己的问题得到了解决，就是对男人自身价值的肯定。所以，当女人向男人提出问题时，男人也会将其视为一次展现自己解决问题能力的机会，并尽自己最大的努力去帮助女人解决问题。在男人看来，女人既然提出了问题，就是希望解决问题，而他们恰好可以给予女人这样的帮助。

男人喜欢给别人出主意，但却讨厌女人给自己建议，除非是自己主动请求帮助，否则他们绝不想听到任何建议。

生活中也常有这样的情景出现：当女人看到男人正在苦苦思索问题的答案时，就会提出自己的建议。女人觉得自己这样做是关心、体贴男人的表现，而且也可以帮助男人分忧，因此男人应该感激她们。可是，事实却恰恰相反，男人不但对女人的"好意"毫无感激之情，而且还十分讨厌女人的建议，他们认为这是女人不信任自己、看不起自己的表现。

对于男人的不满，女人往往无法理解，自己如此体贴、关心男人，尽自己的力量帮助他们，为什么还会招来男人的不满呢？如果不是深爱着男人，又怎么会主动提供建议和帮助呢？难道他们没有感受到自己深深的爱意吗？女人可能会觉得很委屈，站在她们的角度来看，她们确实是没有错，也确实有些委屈。不过如果女人了解了男人的心理，那就不会再以这样的方式去表达自己的爱意了。就像女人在倾诉时不想听到男人的建议一样，在男人苦苦思索问题时，他们也不需要非请自来的建议。

对男人来说，独立解决问题的能力是非常重要的，这是衡量一个男人自身价值的重要标准。如果有人怀疑男人独立解决问题的能力，那就是对其价值的否定。女人正是因为不小心犯了这样的错误，所以才造成了男人的误会。

当男人遇到麻烦时，女人应该表示出自己对男人的信任，因为陷入困境的男人是脆弱而无助的，在这种情况下，他们最需要的就是来自他人的信任和鼓励，尤其是来自自己心爱女人的。女人可以选择沉默，不去打扰男人，并相信男人可以依靠他们自己的力量来解决问题。男人会对女人的信任异常感动，这会激励他们，使他们信心大增，更重要的是他们会更加宠爱女人。这就是说，即使女人已经有了解决问题的办法，也要克制住自己不给男人建议，这才是向男人展现爱意的最好方式。

男人希望在心爱的女人面前展现自己的能力，让女人以自己为荣。当男人的能力被认可时，他们会感到非常骄傲、非常自豪。女人应该给男人展现能力的机会，让他们去证明自己，超越自己，这既是对男人的信任，也是在帮助男人进步。我们经常看到生活中很多能力出众的女人，她们的老公却一事无成。出现这样的状况或许不能都怪男人，女人能力太强，不给男人表现自己的机会，这会让男人的信心大大受挫，时间长了自然也就毫无斗志了。

面对压力，男人选择把自己封闭起来

男人的压力反应机制与女人不同，当压力到来时，男人会选择做一些事情，让自己放松下来。男人的压力反应机制是在原始社会长期的狩猎过程中形成的，并一直延续到了今天。自原始社会，当男人结束了一天的狩猎生活回到家里时，他们不会交流，更懒得关心妻子和孩子的感受，他们常常会一个人坐在火堆旁发呆，或者与其他男人一起做一些轻松的事情。对于奔波一天的男人来说，回到家最需要做的事就是休息，只有让身体和精神都得到了充分的休息，才能在第二天更好地进行狩猎活动。

原始时代男人狩猎后的表现与现代男人工作后的表现颇为相似。当男人工作了一天回到家里以后，他们或者拿着遥控器漫无目的地转换电视频道，或者打游戏、看报纸，他们不想说话，更不想交流，有时还会直奔房间将自己关起来。男人不想把自己的问题告诉女人，更不希望与女人讨论问题，他们只想暂时逃离问题，让自己放松下来，也许第二天他们自己就可以找到有效的解决办法。

男人的这种表现很让女人不解。为什么不说出来呢？说出来不就没事了吗？至少也可以让自己轻松一些呀！所以，当女人发现男人的精神状态不太好时，总是试图与男人交谈，希望男人能将内心的烦恼说出来。女人以为自己这是在帮助男人，可实际上，男人根本就不需要这样的帮助，女人的一再追问只会让男人更加心烦。

男人为什么要这样呢？因为他们需要集中全部的注意力将问题尽快解决。男人不想用他们的问题去烦别人，也不想给别人带来负担，他们只想自己静静地思考，而不希望任何人、任何事来打扰他们。

当男人几乎把全部注意力都集中在正在思考的问题上时，根本就没有心思去应付其他的事情。如果女人在这个时候企图和男人交流，自然也不会有好的效果。即使女人关切地询问男人的情况，男人也没有心思去回答女人，只会用简短的"嗯""好"等来应付女人。当然，对处于这种状态的男人来说，由于其注意力几乎全都在自己的问题上，因此他们很少意识到自己是怎样对待女人的，也不知道自己已经给女人造成了伤害。

男人的回答显然不能让女人满意，当她们发现男人总是心不在焉时，就会觉得自己不被重视，甚至认为男人心有他属，不再爱自己了。结果，女人在一边独自哀伤感怀，而男人却根本不知道发生了什么，想到了解决问题的办法后，又会恢复对女人的热情。

男人把自己封闭起来并不意味着对女人的爱有所减少，更不意味着不再爱女人了，这些不过是女人的自我臆断罢了。男人之所以会忽视女人的感受，在与女人交谈时心不在焉，是因为他们的思维正在被他们自己的问题牵绊着，而男人的思维又是单向性的，不可能一心二用，因此对女人的疏忽也是在所难免的。女人据此认定男人不爱自己显然是在自寻烦恼，与男人发生争吵就更是不理智，为什么不给男人一点儿时间，让男人安静一会儿呢？

不过，如果男人一直都找不到解决问题的办法，那么他们就会继续封闭自己，即使不沉默，也会做一些自己喜欢且不需要其他人参与的事情，继续沉醉在自己的世界里，以求得到解脱。这样的精神解脱往往很有效，在精神得到放松之后，思维会变得更加活跃，这对解决问题很有帮助。

如果女人真的希望帮助男人，就应该配合男人，给男人独立的空间，帮助男人尽快摆脱烦心事。

虽然说男人自我封闭是一种自然的反应机制，但男人却不能因此而将女人的感受完全置之不理，女人天生敏感很容易受到伤害。男人有自我封闭的权利，女人有享受倾听的权利，只有男人和女人相互谅解，彼此尊重，才能达成更多的默契，实现更好的配合。

为什么男人讨厌陪女人购物

说到购物减压，往往是女人的专有名词。哪怕只提到购物二字，人们也会在第一时间联想到女人。没办法，女人就是喜欢购物，几个女人可以漫无目的地在商场逛上一整天，而且无论买不买东西，心情都会变得轻松而愉快。

心理学家对女人购物给出过这样的解释：女人的确可以通过购物减压，释放压力，获得快乐，因为女人通过购物可以完成从工作的服务角色到"上帝"的转换，尊严感在购物过程中得到了极大的满足；购物时的高度专注，可以帮助女人忘记工作中的不愉快，有利于她们调整心态；买到一件满意的商品时，特别是买到一件满意的衣服时，女人会有很强的成就感，甚至是对自身形象直至整个自我的肯定。由此看来，女人购物的确是一种享受。诚如弗洛伊德说的，做出一些非理性（冲动消费）的行为，也是对自身心理能量的一种释放。

男人就不同了，他们不喜欢购物，通常都会由他们身边的女性代劳，比如说他们的妻子或母亲。即使男人外出购物，也会速战速决，绝不会在商场停留太久。大多数男人在商场停留二十分钟之后，就会感到大脑发胀。

对男人来说，购物简直就是一种折磨，他们不但不会因为购物而变得轻松，反倒会变得精神紧张。英国的心理学家戴维·路易斯博士经研究发现，男人在购物时的精神紧张度可以和警察处理暴徒时的精神紧张度一样高。

男人更讨厌陪女人购物。男人一般都会将购物时间控制在二十分钟以内，但这短短的二十分钟显然是无法满足女人的要求的。如果男人答应陪女人购物，那就意味着男人要花比二十分钟多得多的时间泡在商场里，这将让男人变得异常烦躁和沮丧。

男人讨厌陪女人购物和他们的进化过程有关。

原始社会中，男人最初的任务是狩猎，在狩猎过程中，男人的目光必须始终盯住猎物，并尽快捕杀猎物。他们的视野比较狭窄，往往是直线性的。他们喜欢沿着直线前行，而不喜欢七拐八弯地绕行。男人没有挑选猎物的经历，当他们发现猎物时，就会立即作出捕杀的决定，并迅速猎取，然后马上回家。现在，男人仍然在以同样的方式购物，他们发现自己想要购买的物品以后，就会迅速作出购买的决定，然后将其带回家。男人不喜欢货比三家，更懒得精挑细选。

可是女人不同。远古的女人在采集果实时需要四处探寻，找到最美味的果实，然后再带回家。女人今天的购物方式也与此相似，她们不愿意放过任何一家店铺，各种各样的店铺琳琅满目，女人喜欢在其间不断地穿梭，以寻找自己最喜爱的商品，但这对于习惯直线行走的男人来说显然是很难适应的，因为每次转弯他们的大脑都要作出清醒的判断。

从根本上说，男人讨厌陪女人购物是受不了女人在商场里长时间漫无目标地转来转去，因此，女人如果希望男人陪自己购物，那就要给男人一个确切的目标或一个时间表，而且要尽量压缩购物时间。当男人有了目标之后，他们就会更有动力，只有让他们为了实现既定的目标而努力，他们才不会感到忧虑和紧张；如果女人希望男人将某种商品买回家，那最好告诉男人具体的牌子和价位。当男人找到商品之后，别忘了表扬他们。男人本不擅长购物，所以女人必须不时调动男人的积极性才行。如果女人让男人陪自己买衣服，就一定要提前确定自己要买的款式和花色，不要让男人跟着自己到商场四处转，也不要一件接一件地试起来没完，更不要一个劲儿地询问男人的意见。男人的大脑很难把握花色和款式，他们不能给女人有价值的参考意见，而女人一再的询问却会让他们心烦意乱。

男人购物是讲究效率的，他们希望在短时间内选购到自己需要的商品。如果转了一圈后女人什么都没买，男人就会非常郁闷。所以，如果女人只是想随便逛逛，没有确切的目标，那就最好找自己的女性朋友陪，而不要让男人陪。

为什么男人不爱问路

男人的方向感要明显优于女人，很多男人都可以在一个空旷的地方轻易分辨出北方，而女人则大多做不到这一点。在现实生活中，迷路的也大多都是女人，男人则很少迷路。当然，男人不容易迷路是有前提条件的，那就是他们曾经走过这条路线或者他们手里有这个地方的地图。在一个陌生的地方，在没有任何帮助的情况下，男人也很难迅速找到目的地。

虽然说男人的方向感比女人强，但在一个陌生的地方而手中又没有地图的情况下，女人却往往会比男人更早到达目的地。

这是为什么呢？因为男人不爱问路，而女人则会主动问路。

男人为什么不爱问路呢？

在长达十万年的岁月里，出色的方向感一直都是男人的看家本领，让他们去问路那就意味着让他们承认自己不行，这是男人无法忍受的。对于男人来说，证明自己的看家本领是很重要的，这也是他们自身价值的体现。所以，男人宁愿开着车在路上绕圈子，也不愿下车问路。美国《消费品营销杂志》刊登的一项由美国新罕布什尔大学酒店管理学教授尼尔森·巴伯及其同事完成的新研究发现，男人购物时也有同样的表现。他们研究调查了543

名购买葡萄酒的顾客，结果发现，女性购物时多会向朋友或家人征求参考意见，而男人则会通过非人际渠道（出版物等），独自"研究"相关信息。

男人在迷路时的镇定自若完全是装出来的，他们不过是想给身边的女人信心，让她们相信自己完全可以找到路。但实际上，男人的心里并没有底，他们也不知道自己能不能找到路，只知道自己必须努力地寻找，而且绝不会在女人面前下车问路。如果在女人面前问路，男人就会觉得自己很失败，无法给女人信心和保障，这对他们来说是一种羞辱。

女人作为守巢者，准确辨别方向对她们来说并不重要，因此她们不需要发展这方面能力，而且在这方面犯错也是很正常的事。她们不需要像男人那样背负太多的责任和压力，即使表现出担忧和疑虑，也不会对男人产生太大的影响。由于女人没有这样、那样的顾虑，所以她们可以理所当然地迷路，也可以名正言顺地下车去问路，这并不会带给她们任何失败感，她们更不会因此而感到羞辱。

当女人发现男人在开车转圈时，千万不要当场揭穿他，也不要给他任何建议或催他下去问路，更不能批评指责他。女人可以什么都不说，默默地支持男人。当然，如果确实有很急的事情要做，而男人又迟迟找不到方向，那就不能任由男人来回兜圈。女人可以找借口下车去买东西或上厕所，这样，在女人离开时的这段时间里，男人就会跑下车去问路，既给了男人面子，又节省了时间。

为什么男人痴迷于体育运动

绝大多数男人都痴迷于体育运动。每当世界杯足球的战火燃起，男人们的眼睛里就再也容不下其他的事物，他们白天在公司与同事讨论每天的精彩赛事，中午要抓紧时间看最新战报，晚上回到家或周末也是没日没夜地守在电视机前看直播或录播。在男人看球时，女人在他们面前就如同空气，女人说了什么、做了什么他们一概不知，除非女人挡住他们的视线或忽然将频道调换，否则他们就根本注意不到女人的存在。而且男人在观看体育比赛时是无法安静的，他们的情绪常常会变得异常激动，而原因可能只是裁判的一个误判。

每当男人沉迷于体育节目之中时，女人就只能独自打发时间，女人忍无可忍了，就让男人在自己和体育运动中作一个选择，要么选择自己，要么选择体育运动。在男人看来，女人的这种做法则是在无理取闹。不管这场闹剧以何种结局收场，有一点是可以肯定的，那就是男人和女人之间的感情受到了影响。

男人为什么会如此痴迷于体育运动呢？因为他们是天生的狩猎者，有过太长时间的狩猎历史，他们四处奔走，追捕猎物，每天早出晚归，这样的生活方式已经成为他们的习惯。虽然经进化后，男人结束了狩猎生活，但他们对狩猎的热情并没有退却，他们的狩猎者角色也并没有发生本质性的变化。由于男人们不再需要外出狩猎，这让他们很不适应，所以他们不得不将自己的狩猎热情投注到其他事物上，而体育运动就是最好的选择。

在现实生活中，男人参加体育运动的机会很少，但观看体育比赛也同样会让他们兴奋不已。他们将自己的热情倾注到自己喜爱的球队，将自己想象成自己崇拜的体育明星，这会让他们重新找回狩猎的感觉。

男人只有在体育比赛中，才能找到归属感。也只有在自己喜爱的球队赢得比赛时，他们才能找到成就感。而这种成就感，是在工作中无法获得的。

由此看来，男人痴迷于体育运动是为了找回他们的狩猎角色，延续他们的狩猎生活。了解了其中的原因，就不难理解男人在观看体育比赛时的种种过激反应了。当自己喜爱的球员进球时，他们会兴奋得大跳大叫，就如同他们自己射中了猎物；当拳击比赛中的某一方被对方击中时，他们也会露出痛苦的表情，就如同他们自己被击中一样。

女人应该明白，男人痴迷于体育运动并不意味着忽视女人的感受，更不是不爱女人的表现。如果女人硬要男人在自己与体育运动中取舍，那显然是在为难男人，而且与男人的本能"争风吃醋"，也不可能有好的结果。

女人可以试着陪男人一起观看体育比赛，这将为两人创造更多的话题，让交谈更愉快。如果自己实在不喜欢，那就在男人看体育比赛时做一些自己喜欢的事情吧。

男人不关心细节，更不关心别人的私生活

一对夫妇刚参加了一场朋友举行的舞会。回家的路上，女人显得很不高兴，对男人不理不睬。虽然男人不知道女人究竟怎么了，但他已经意识到一定是自己又让女人生气了，于是，一边讨好女人，一边试探女人的口风。终于，女人说出了自己的不满，她责备男人不关心自己，让自己被外人嘲笑。男人被女人说得一头雾水，他仍然不知道自己做错了什么，他整晚都与女人一起跳舞，一直陪伴在女人身边，难道这还不够关心吗？看到男人一脸茫然，女人真是又委屈又气愤，她开始数落男人的不是：那个在自己面前炫耀的女人，她已经对其厌恶至极了，可男人却对那个女人非常热情，更可气的是，男人竟然答应在舞会后将那个讨厌的女人送回家。女人越想越气，难道男人没有看到对方挑衅的眼神和讽刺的话语吗？难道男人看不出自己要和那个女人保持距离吗？在男人弄清女人生气的真正原因以后，他反倒变得更加糊涂了。两个女人明明在自己面前上演了一场没有硝烟的战争，可为什么自己会毫无察觉呢？

男人就是这样，总是这样粗枝大叶，不关注细节。这又是男人的大脑惹的祸。男人可以记住事情的主体和大致的轮廓，但对

于其中的具体细节，则基本上没有印象，或者说印象不深。尤其对于一些非语言信息，男人更是很难察觉到。

远古时代，男人是狩猎者，他们的目标是捕获猎物，他们不需要关注猎物长什么样，更不需要关注猎物的表情，因为这些对于他们捕获猎物毫无帮助。如果他们整天关注这些无关紧要的细节，那么他们恐怕连一只猎物都捕获不到，这样一来，他们自己和妻儿就都要饿死了。他们真正需要关注的是猎物的速度和逃走方向，这才是能否捕获到猎物的关键。

男人更不关心别人的私生活。男人喜欢与自己的朋友在一起喝酒，聊天，做运动，他们与朋友相聚的时间并不短，但奇怪的是，他们对朋友的私生活状况却知之甚少。他们可以轻易地说出朋友最近在做什么新的项目、打算买什么牌子的汽车，但却说不出朋友的妻子和孩子们最近发生了什么事。女人则刚好相反，她们对朋友的私生活非常了解，但是对朋友的工作情况却不太关心。女人总是试图从男人的口中了解他们朋友的私生活状况，但结果却往往让女人大失所望，因为男人的回答不是"不太清楚"，就是"他没有说"。

为什么会这样呢？因为私生活向来都不是男人之间的谈论话题，这是在原始社会就已经形成的交谈习惯。对于整天外出狩猎的男人来说，探讨彼此的私生活状况显然对他们的狩猎活动毫无帮助。在狩猎过程中，男人需要长时间保持沉默，以免惊走猎物。也就是说，男人不需要太多交谈，即使要交谈，他们交谈的话题也会围绕狩猎而展开，以帮助他们捕获更多的猎物，至于彼此的私生活状况，则完全没有必要了解。正因为朋友的私生活对男人来说并不重要，所以男人才不会主动询问。

男人的确不太关心朋友的私生活状况，但那并不意味着男人不关心朋友。在男人看来，如果朋友的私生活遇到了什么麻烦或出了什么问题，那么朋友就一定会主动提出来的，因为他们自己也会这样做。如果朋友什么都没说，那就是不想说或者没什么可说的，当然也就没什么可问的了。男人是不会逼对方说些什么的，很多时候，男人们在一起只是打球、喝酒，有时很少说话甚至一句话都不说，但他们并不觉得有什么不妥。在男人看来，朋友的相聚更像是一种休憩，可以有效地缓解压力。

第十四章

女性心理学：为什么女人喜欢长篇大论和喋喋不休

神奇的"女大十八变"

"女大十八变"，这一句俗语一般被理解为女孩长到18岁后，相貌就会越来越好看。的确是这样，女孩到了18岁时，就进入了青春期，青春期是最具有戏剧性变化的时期，女孩子先是身体长高，体重增加，胸部开始隆起，臀部变得浑圆，呈现出女性特有的体态。

女孩身体的长高、变重和第二性征的发育、成熟，是受内分泌系统支配的。女孩子进入青春期后，脑垂体分泌的促性腺激素揭开了性发育的序幕，它促使卵巢发育长大，卵泡成熟，分泌出雌性激素。雌性激素导致第二性征的出现。卵巢一月一次地排卵，引发月经周期。促性腺激素如果过早活动，女性就会出现性早熟；如果过晚活动，青春期就会姗姗来迟。

脑垂体分泌的生长激素、肾上腺与卵巢分泌的性激素、甲状腺分泌的甲状腺激素等，都对骨骼的发育成熟和身高的增长，具有独特而又相互配合的作用。这些激素促使乳房、子宫、阴部的发育，骨盆软骨细胞的增殖，入口增宽，臀部变大，体内脂肪细胞增殖，皮下脂肪堆积等。内分泌激素的综合协调作用赋予了少女一副匀称的身材。

女性体内也有少量的雄性激素，主要是由肾上腺分泌的肾上腺素，少部分由卵巢分泌，它促进着腋毛、阴毛生长和阴部发育。脑垂体的活动还要受下丘脑与靶腺器官的影响。当然，脑垂体激素及靶腺激素的水平也反过来影响下丘脑和垂体的分泌功能。下丘脑—垂体—靶腺（主要是卵巢）构成了青春期"十八变"的控制轴系，它们相互依赖、相互制约，使得女孩血液中的激素浓度保持相对稳定，因而能够满足"女大十八变"对激素的需要。

高级神经活动对内分泌起着重要的调节作用。如改变环境、焦虑可引起月经周期的变化或闭经，感觉器官（嗅觉、视觉等）刺激可促进性腺活动。此外，遗传因素、气候环境、文化教育、经济状况、青春期保健、健美锻炼等也影响内分泌，进而影响青春期发育。

除了生理的变化之外，十几岁的女孩智力和情感生活也富于变化。儿童时期，女孩只能幻想性地理解她们的世界。她们开始具备抽象思维和推理的能力。她们不再表面性地被动地接受事物，而能够在个人经验的基础上形成自己的观点。她们对很多问题有了自己的想法。家长会发现，以前特别听话的乖乖女好像突然变得难以管束。她们开始探索周围的世界，对家长的言行非常敏感，开始对父母和其他人的观点提出质疑。如果受到不公平的待遇，她们就会据理力争。比如，她们不明白为什么父母可以喝酒，自己却不能；为什么哥哥可以很晚回家，她却不可以。她们与周围的人攀比，开始认识到这个世界不公平、不完美。如果没有引导好她们，她们可能会犯错，甚至陷入绝望。因此，要引导她们接受这个不完美的世界。

青春期的女孩能够更深刻地体会自己的情感。她们对外部世界非常敏感，任何一件小事都能触动她们的情感。受到排卵周期的变化，她们的情绪会发生急剧的变化。她们好像处在一个情感的滑轮上，随时都可能由一种情感转变为另一种情感。如果她们受到表扬或者对事情非常满意，就会情绪高涨。如果她们受到指责和否定，悲观和失望的情绪就会随之而来。她们的情绪变化太快，别人很难理解她们，这又使她们觉得孤独。青春期的女孩应该学会理智地控制自己的情感，恰当地表达自己的情绪，接受别人的观点，然后求同存异地表达自己的观点。

女人更擅长拆穿别人的谎言

很多人都认为男人比女人更爱撒谎，其实不然，女人和男人一样爱撒谎，只是男人的谎话更容易被女人拆穿，所以才给人们留下了男人说谎更多的印象。

为什么女人更擅长拆穿别人的谎言呢？这是因为女人对肢体和语音信号有着超强的辨别能力，这种能力可以帮助她们洞察其他人的真实心理。女人的这种能力是由先天的生理因素决定的，是在长期的进化过程中形成的，这既是她们的生存需要，也是她们的生活需要。

相对男人来说，这种能力对女人更重要。在人类漫长的进化过程中，女人一直都承担着繁衍后代和照顾孩子的重任，当男人外出劳动时，她们必须独立面对随时可能发生的紧急状况。在身体方面，女人无疑是天生的弱者，所以她们必须迅速识别接近她们的人的来意，及时发现潜藏在身边的危险，这样才能更好地保护自己和孩子。如果不具备这样的能力，她们就会将自己和孩子暴露在危险之中。也就是说，女人的识别能力其实是对自己的一种保护，是生存的需要。另一方面，在相当长的一段历史时期，女人的主要职责都是照顾孩子，所以准确识别孩子的情绪，也就成为她们的生活需要。她们必须能够迅速判断孩子的真实情感，这样才能更好地与孩子进行交流。社会发展到今天，女人的生活模式已经发生了很大的变化，但在进化过程中形成的一些基本能力却被保留了下来。

女人表现出来的对肢体和语音信号的超强识别能力，主要是由大脑的结构决定的。脑部核磁共振显示，女人在交流时会有14 16个脑部区域参与其中，而男人则只会动用4 7个脑部区域。这就意味着女人在交谈的同时可以做比男人更多的事，察觉到男人察觉不到的信息。在女人参与交流的这些大脑区域中，有些用来解码语言，有些用来解码语调的变化，还有些用来解码肢体动作等，这是女人的额外优势，也是女人感觉敏锐的主要原因。男人觉得女人有"第六感觉"，其实只是女人的感觉更敏锐罢了。

谎话之所以会被察觉到，就是因为大多数谎话都牵涉到感情因素，而一旦牵涉到感情因素，就一定会以某种形式表现出来，比如说视觉和语言信号。对于具有超强识别能力的女人来说，要识别这样的信号可以说是轻而易举的，一个异样的眼神、一声轻轻的叹息、一次不经意的摇头，等等，都会被女人察觉到。一般来说，谎话说得越大，牵涉到的感情因素越多，表现出来的说谎信号就越多，被人察觉到的可能性也就越大。所以，对亲密的人撒谎，尤其是对亲密的女人撒谎，谎话就很可能会失灵。

这也和女人对有关感情的事物有着更强的记忆能力有关。女人的大脑中有一个非常重要的组成部分，它的主要功能就是用来存贮、搜索记忆和使用语言。这个重要的组成部分就是海绵体。在男孩和女孩的成长过程中，海绵体的成长速度是不同的，这也就决定了男人和女人对事物的记忆能力是不同的。女孩大脑中海绵体的成长速度要快于男孩，所以，在那些涉及感情的事物上，女人比男人有着更强的记忆能力，她们总是记得谁曾经对她们说了什么样的谎话，所以，当男人再次对女人说谎时，就会被女人马上识破。由此看来，对女人说谎实在是太难了。

女人喜欢长篇大论和喋喋不休

有很多男人表示跟女人交流效率很低，也很累，因为女人总是跑题，而且从来都抓不住重点，这让他们浪费了很多时间。很多时候，男人甚至不知道女人究竟要说什么，以至于他们不得不打断女人的话，提醒女人回到主题上来。女人通常也会很配合，马上重返主题，但用不了多久，她们就又跑题了。因此，与女人交流，男人通常会感到身心疲惫，而且还可能根本就没有结果，这是男人最难以接受的。

难道女人是在故意和男人作对吗？当然不是。事实上，女人的跑题是女人自己无法控制的。女人不像男人，男人的大脑是单向性的，这就意味着男人可以将全部注意力集中到当前的主题上。男人的专注性决定了他们会直奔主题，且在交谈的过程中始终不偏离主题。

女人的大脑是多向性的，且左右大脑联系较为紧密，其感觉和思维的联系也比较密切，在交谈的过程中，当女人的感觉发生改变时，她们的思维就会随之改变，从而使她们的语言内容偏离原来的主题。

其实，女人跑题不是彻底的跑题，而是通过对其他相关事物的回想与分析，对主题作出更为合理的判断与分析。也就是说，女人会在交谈的过程中引申出其他的话题，但这些话题大多都是为主题服务的。女人更倾向于站在更高的角度，着手去解决一系列问题。她们往往会从一个点开始谈起，然后慢慢扩大到一个面，由一件具体的事物引出了很多相关的事物，也包括个人的想法和观点。换句话说，女人都具有"举一反三"的能力，她们的大脑总是不知疲倦地工作，将她们正在谈论的事物和在她们大脑中闪现的其他事物联系起来。所以，女人喜欢长篇大论，总是由一件简单的事情牵扯出很多其他的事物。当然，女人引申出的话题未必都对主题有所帮助，但她们必须通过这样的方式来思考和分析。也就是说，女人的跑题其实是她们内心的分析和思考过程，只是她们用语言将其表达出来了。

可是，在男人看来，女人的长篇大论根本就是没有必要的，因为这其中的很多内容都对解决问题毫无帮助，直接挑有用的说不就行了吗？但对女人来说，长篇大论却是很有必要的，因为只有通过对各种情况的分析和总结，她们才能找到问题的解决办法，提出有价值的观点和建议。

男人思考问题时也会想到其他相关的事物，但不同的是男人有明确的目的，他们的思考都是围绕主题进行的，所以，在交谈中，他们自然也希望女人直奔主题，抓住问题的关键发表自己的看法，这样他们的交谈会更有效率。

殊不知，这真是难为女人了。遇到一个问题，男人希望尽快解决问题，所以他们首先会考虑问题的关键在什么地方；而女人则不同，她们并不急于解决问题，而是要马上说问题，在说问题的过程中，自己会想到很多其他的事情，解决问题的办法也往往会在此过程中产生。

男人还有一个困惑，就是女人为什么总能喋喋不休地说个不停。让两个女人在一起说上一整天是绝对没有问题的，她们不需要什么确定的主题，也不需要什么特定的目的，仅仅是漫无目的地聊天，她们就可以聊很久。为什么女人总有说不完的话呢？这是因为女人的语言中枢非常发达，词汇储备也异常丰富，对于一个女人来说，每天说出6000 8000个词语是轻而易举的事。男人却没有这个本事，一个男人每天说出4000个词语就已经是上限了，所以男人绝不可能像女人那样喋喋不休。

女人每天都有很多话要说，如果在工作时说不完，她们就会带到家里去说，或者是在下班后找朋友一块儿聊天。两个女人逛街时总是叽叽喳喳，说得热火朝天，而两个男人则大多比较安静；女人打电话经常在一个小时以上，而男人打电话则讲究速战速决，一般在几分钟内就挂掉了电话。这些都是语言功能不同的表现。正是因为这种差异的存在，才使得男人在与女人交谈时经常处于被动的位置，男人才会意识到女人的喋喋不休。

喋喋不休其实是女人的一种减压方式。女人发达的胼胝体虽然为左右半脑的连接提供了更多的通道，但也同时给女人带来了麻烦：女人很难像男人那样轻易地专注于一件事情，即便放松时也不行。这就是说，女人没有办法通过放松的方式来摆脱压力，因为她们根本就无法完全放松下来。

当男人做运动或者是进行一些娱乐活动时，他们的注意力就会从左脑转移到右脑，这样就使得善于理性思维和逻辑分析的左脑得到了休息，所以他们也就可以走出日常生活的压力，让自己放松下来。但对于女人来说，要让左脑完全休息下来是不可能的，即使在她们进行娱乐活动时，她们那善于理性思维和逻辑分析的左脑仍然在高速地运转着，所以她们是不可能通过这样的方式来消除压力的。而在女人喋喋不休的诉说中，通过对各种问题的回顾，她们就可以从中解放出来，情绪也会随之好转。

当然，女人并不会跟每个人都喋喋不休。只有在面对自己喜欢的人时，女人才会喋喋不休。女人喋喋不休的对象可能是她的朋友，可能是她的父母，也可能是她喜欢和信任的异性，等等。总之，这个人必须是女人喜欢的。如果是面对自己不喜欢的人，女人是很少说话的。男人应该明白，如果有一个女人在你面前喋喋不休，说明这个女人不是喜欢你，就是信任你，她对你一定是有好感的，否则她是不会在你面前说这么多话的。在女人看来，讲话是一种奖赏，是一种信任，只有自己喜欢的人才配拥有这种奖赏，得到这种信任。

为什么女人喜欢拉着手走路

无论在大街上还是在商场里，手拉着手走路的女性几乎随处可见，而手拉着手走路的男性则很少见到。

为什么女性喜欢拉着手走路呢？因为女性的触觉更敏感，她们更喜欢通过触觉的方式去感受亲情、友情和爱情。无论是拥抱还是拉手，这些身体上的接触对女性来说都是非常重要的。当她们与自己的亲人、爱人或朋友一起行走时，她们通常都会拉着对方的手或挽住对方的手臂；当她们受到伤害或感到委屈时，她们更希望得到他人的拥抱。在女人看来，身体上的接触既是亲密无间的一种表现，也是对自己心灵的一种抚慰，因此是十分必要，也是必不可少的。

女人的这一特点是由其体内的一种激素决定的，这种激素即为催乳素。催乳素除了促进乳腺生长发育、引起并维持泌乳等作用以外，还具有兴奋触觉感受器的作用。在人体的器官中，皮肤是最大的一个，共分布着280万个痛觉感受器、20万个冷觉感受器和50万个触觉感受器。在某种情况下，外界的刺激会促使大脑命令腺垂体分泌一定量的催乳素，从而造成触觉感受器的兴奋，使人产生一种被拥抱的欲望。男性体内也存在催乳素，但其含量非常小，因此男性的触觉不容易兴奋。

受催乳素含量的影响，女性的触觉要比男性的触觉敏感得多。一项权威的调查显示，即使对触觉最不敏感的女性，也要比对触觉最敏感的男性敏感。如果用数字来计算，女人对触觉的敏感程度大概要比男人高出十倍。给予男人和女人同样的拥抱，女人的感觉要比男人的感觉复杂得多。很多时候，男人甚至会对一般的身体接触毫无感觉，特别是当他们正是全神贯注地做一件事情时。在各种社交场合中，两个女人之间的身体接触通常都要比两个男人之间的身体接触多出4 6倍。

女人的触觉比男人敏感还有一个原因，那就是女人的皮肤比男人薄。女人的皮肤比男人更有弹性，但女人的皱纹也比男人多，这就是因为女人的皮肤下面有一层厚厚的皮下脂肪层，但随着年龄的增长，脂肪层就不会再向以前那样饱满，从而导致了皱纹的产生。男人的皮肤厚对他们的狩猎生活更有利，只有对伤痛不敏感，才能在穿过丛林、擒拿猛兽时发挥自己最大的力量。人们常说男人比女人的忍耐力更强，对一些小伤满不在乎，其实，那是因为男人根本就没有感觉到女人那么大的疼痛。

在出生时，女孩对触觉的敏感性也要比男孩高，但此时男孩的触觉也是比较敏感的。所以，对于孩子们来说，无论是男孩还是女孩，触摸都是非常重要的。孩子们渴望与爸爸妈妈进行亲密的接触，这既可以让他们获得安全感，也会让他们觉得自己得到了更多的关爱。在童年时期，男孩和女孩都喜欢和小伙伴们手拉着手一起玩耍，但随着他们的成长，男孩和女孩逐渐变得越来越不一样，女孩对触觉的敏感度会逐渐增加，而男孩对触觉的敏感度则逐渐降低。当男孩和女孩都长大成人之后，女人的触觉要比男人敏感十倍左右。

男人常常会误解女人对自己的接近，他们以为女人在向自己发出性暗号，其实，女人只是渴望一种亲密无间的抚慰，与性根本就没有什么关系。这时，男人只要给予女人适当的抚摸和拥抱，女人就会觉得特别满足。所以，男人如果希望获得女人的芳心，那就多给她们一些拥抱和爱抚吧！

女人为何喜欢刨根问底

生活中经常可以看到这样的情形：当男人和女人在交谈时，女人向男人提出了一个又一个问题，而男人在回答问题的过程中，变得越来越没有耐心，最后干脆找机会离开。男人或许会感到奇怪，怎么女人总是有那么多问题呢？这哪里是在交谈，分明是在拷问！如果你觉得女人是在拷问你，那可就冤枉她了，这不过是她的语言模式罢了，她只是想通过提问的方式来了解自己想要了解的状况，仅此而已。事实上，如果你能够主动说出事情的具体情况，她就不会一再追问了。

女人喜欢刨根问底，无论什么事情，都要问个究竟，一个细节都不肯放过。对于如"很好""还行""差不多"等模糊不清的回答，女人是不会满意的，她们想知道其中的每一个细节，而不是简简单单的一句总结。

当女人问你最近怎么样时，她其实真正想知道的是你这段时间都做了什么、家里都发生了什么、工作和爱情有没有新的进展以及现在和将来有什么打算等具体的情况。如果你只回答说你最近很好，那就会让女人感到很失望，因为在她看来，你根本就没有回答她的问题。如果女人第一次发问得不到自己想要的答案，那么她们就会继续追问下去，直到对方的答案让自己满意为止。

女人刨根问底的习惯是与生俱来的，基本上所有的女人都具有这样的特点。在人类进化的过程中，女人经常要独自守护家园，但女人毕竟是天生的弱者，自己的力量是有限的，所以她们必须结交更多的朋友，与这些朋友处好关系，这样她们才能在危难之时得到帮助。也就是说，女人能否生存主要取决于自身的交往能力。为了更好地与身边的朋友交往，他们必须要了解每个朋友的详细状况，这样才有利于整个群体的生存。所以说，女人了解细节的渴望其实是她们的生存需要。尽管时代已经变迁，但她们刨根问底的习惯却被一直保留了下来。

女人这种刨根问底的特点也和她们的大脑结构有关，女人的大脑更注重细节，所以她们希望探寻事物的细节，了解具体的情况。正是因为女人都喜欢刨根问底，都喜欢探讨细节，所以两个女人在一起才总有那么多话可说。在女人看来，跟女人交流要比跟男人交流容易得多。因为女人会主动说出事物的细节部分，不需要过多地追问，而男人则只能是问一句说一句了。

女人常常会想：为什么男人总是问一句说一句呢？为什么男人不能主动把事情说得详细具体点儿呢？她们并不明白，男人真的没什么可说的，尤其是那些细节，都已经忘得差不多了。男人自然可以理解男人的想法，但是女人并不理解，如果你对她的问题爱答不理，或者含糊其辞，她就会认为你不喜欢跟她说话，或者说你正处在某种负面的情绪之中。虽然你很确定你现在的状况很好，对她也没什么不好的看法，但女人却已经作出了判断，并理所当然地相信她得出的结论。

当然，女人并不介意帮助男人回想起事情的具体情况，她们可以通过一系列带有导向性的问题让男人将自己想要了解的情况说出来，并将男人的琐碎回答组织成一个完整的片段。如果男人能够配合女人，让女人了解到她们想要了解的情况，女人就会觉得很满足。不过要完全满足女人的需求并不容易，毕竟男人不像女人那样，可以记得事情的全部细节，如果女人一再追问那些男人已经记不清的细节问题，就会让男人很心烦。如果遇到这种情况，那么男人不妨直接告诉女人自己已经忘记了。

女人喜欢刨根问底，却并不会对所有事都刨根问底，只有她们关心的问题，她们才会刨根问底。女人一般都比较关心其他人的私生活状况，这与她们渴望维护关系的本能有关，是与生俱来的。对于其他如工作、技术等方面的事情，女人则很少刨根问底。男人应该清楚，刨根问底是女人的天性。

女性为何喜欢夸大其词

一个女人在跟别人生气时可能会这样说："他总是这样，我决定再也不理他了。"这样的表达显然就是在夸大其词，"他"肯定有不是"这样"的时候，这个女人也不可能永远都不再理"他"了。

女人就是这样，喜欢夸大其词，尤其喜欢夸大自己的情绪。这种语言习惯并不是某个女人的专利，而是所有女人通用的一种情绪表达方式。可以这样说，夸大其词的语言方式是女性社会的一部分，所有的女人都可以接受。当两个女人在一起交谈时，如果一个女人进行夸大其词的表达，另一个女人则很可能会附和对方。比如一个女人说："那个人总是跟我作对！"另一个女人就很可能会说："就是！"

女人为何喜欢夸大其词呢？这是因为夸大其词会使得女人之间的谈话更有趣，更让人兴奋。在女人的大脑中，注意力的核心是人，她们更注重生活及人与人之间的关系，对这些事情大肆渲染，将会使她们谈话的兴致倍增。

有些时候，女人夸大其词还是为了引起对方的重视。比如当一个女人多次奉劝一个男人不要在办公室吸烟后，这个男人仍然没有要改的意思，于是，女人就会对他说："你怎么总是把别人的话当耳边风，我真是再也不想看见你了！"这时，如果男人按照字面的意思去理解女人的话，就会将其看成是人身攻击，觉得自己受到了伤害，从而与女人发生争吵。其实，女人的真正意思是希望男人不要再在办公室里抽烟了，她已经被他的烟呛坏了。女人夸大其词不过是为了引起男人的重视，让男人停止这种不好的行为。

女人的夸大其词的确很可能引起男人的误会。女人的大脑更注重感觉，所以在表达时会更注重自身感觉的表达；而男人的大脑则更注重事实和数据，所以他们更倾向于从字面去理解女人的意思。女人在表达情绪，而男人却在解读文字，这样一来，就造成了男人对女人的误会。如果男人和女人都不肯退让，也都不肯作出合理的解释，误会就会进一步加深，并最终演化成两个人之间的矛盾，伤害彼此的感情。而这一切的根源，就是男人没能读懂女人的真正意思。

男人如果希望与女人相处得更加融洽，就应该了解女人在表达情绪时有夸大其词的语言习惯，这样才能避免只从字面上去解读女人的意思，造成对女人的误会。在表达情绪时，女人的夸大其词是为表达情绪服务的，因此不需要将语言内容本身看得过重，更不可信以为真，与女人就此争论。男人应该试着去适应女人这种夸大其词的语言习惯，在不涉及自己的情况下，以同样的方式与女人交流会让你们之间的交谈变得更加有趣，女人也会因此而认为你是一个很好的交谈对象。

女人也有不夸大其词的时候。在谈论事实或数据时，女人会有一说一，该是什么就是什么，而男人却会在这个时候夸大其词。比如说男人会夸大自己取得的成绩，夸耀自己的收入有多高、工作岗位有多么重要、女朋友有多么漂亮，等等。这就是说，男人和女人都爱夸大其词，只是夸大的内容不同罢了。如果不了解这种差异，男人就会相信被女人夸大的情绪，而对女人所说的事实表示怀疑，这显然不利于交流。

女人说话总是喜欢转弯抹角

男人常常觉得跟女人交谈很累，因为女人总爱拐弯抹角，不直接说出自己的想法。女人说话喜欢拐弯抹角。男人说"我今天太累了"，那是他在诉说自己的真实感受；女人说"我今天太累了"，可能是她不想做晚饭，可能是她希望受到家人的重视，当然也可能是她真的累了。男人说"我不喜欢你"，那是他真的不喜欢你；女人说"我不喜欢你"，则可能是她一时的气话，她的心里可能根本就不是这么想的。

也许对于女人来说，这个习惯无伤大雅，因为女人都很敏感，都有着多向性的思维方式，也都习惯于使用非直接语言，要猜测其他女人的想法并不难。但如果换成了男人和女人之间的交谈，那就很容易出现问题，因为男人根本就不知道女人要表达什么。男人没有女人敏感，思维方式是单向性的，习惯于使用直接语言，也习惯于从字面上去解读对方的语言，所以男人很难跟上女人的思维模式，猜出女人的真正意思。

男人猜得很累，但又不愿意询问，只能不懂装懂，因为他们不希望自己看起来很愚蠢。男人不询问，女人就会以为男人已经明白了自己的意思，可是当男人没有作出她们期望的反应时，女人又会感到很失落。

女人为什么不直接说出自己的想法呢？女人拐弯抹角的语言习惯早在很久以前就已经形成了。女人使用非直接语言的目的主要是为了避免对抗和伤害，构建和谐融洽的人际关系。我们知道，在人类漫长的进化过程中，女人的主要精神支持并不来自男人，而是来自孩子和其他女人。男人常常要外出狩猎，女人必须和其他的女人和睦相处，以共同应对随时可能发生的危险。直接语言往往具有攻击性，很容易伤害对方，导致双方不和，而非直接语言则可以很好地避免这些问题，让女人之间和睦相处。

其实，就是在现代社会，使用非直接语言对女人来说仍然很重要，仍然是女人之间和睦相处的有效方式。女人都很敏感，直接语言很容易让女人受到伤害，影响彼此的感情。如果使用非直接语言，女人不但可以明白对方的真正意思，而且还避免了双方的冲突与尴尬，因此，女人更喜欢使用非直接语言进行交流。比如说一个女人向另一个女人询问自己新买的衣服怎么样，另一个女人则会这样回答她："这件衣服很漂亮，但是我觉得你穿那件白色的更漂亮。"得到答复之后，这个女人就会从中解读出这件衣服并不适合自己，自己穿上它其实很糟糕，而且她会觉得对方很在乎自己的感受，这会让她们的感情更好。

同样的情况，如果换一种回答方式，结果就完全不同了。比如说另一个女人的回答是这样的："你穿上它真的很难看，还是快脱下来吧！"这样的表达方式是大多数女人都难以接受的，会让她们觉得自己受到了伤害。尽管两种表达方式所要传递的意思是相同的，信息的接收者解读出来的意思也是相同的，但是产生的结果却是完全不同的，这就是使用直接语言和非直接语言的差别。

有的男人可能会说，既然女人使用非直接语言是为了避免冲突和伤害，那就只对其他女人使用好了，何必在与男人交流时还拐弯抹角呢？男人会这样想是因为男人喜欢更为直接的方式，而女人不这样做是因为女人觉得使用直接语言会显得咄咄逼人，很容易造成与男人之间的冲突。也就是说，女人并不知道男人不会因为自己的直接语言而受到伤害，也不知道男人喜欢用直接语言进行交流。女人对所有人都使用非直接语言，是因为她们希望与所有的人和睦相处。

为什么女人总是试图改造男人

很多女人结婚后都有过失望的感觉，觉得男人的表现与当初或者自己的想象相去甚远。这是由于现实跟女人的想象所产生的落差造成的。每个女人心中都有一个完美情人，她们在现实生活中苦苦寻觅，就是为了寻找自己渴望的完美情人。工夫不负有心人，当她们终于将目光锁定在某个男人身上时，她们认为自己已经找到了一生的幸福。然而事情并不像她们想象的那样，甚至可以说与她们想象中的情形相去甚远。经过一段时间的密切接触以后，女人开始发现男人身上有很多坏毛病是自己无法忍受的。

失望之后，女人不甘认命，就开始按照自己心中完美情人的标准去改造男人。女人或许会想：如果男人爱自己，就会愿意为自己作出改变。可真实的情况是：即使男人很爱女人，他也不会为了女人而变成另外一个人。当男人的耳边总是响起女人要他作出改变的声音时，男人就会对这个女人感到厌烦。男人会想："既然不喜欢我，当初为什么还要选择和我在一起呢？总是试图把我变成另一个人，那还不如去找另一个男人，又直接又省事！何必在这儿折腾我呢？"男人的想法似乎很有道理，只可惜大多数女人都没有意识到，她们已经习惯了改造身边的男人，而不是去选择另一个男人。

女人对男人的直接改造很少有成功的，因为男人都渴望被肯定，而不希望被否定。一旦男人觉得自己受到了否定，就会很快产生排斥心理。

看到男人对自己的态度越来越差，女人满心委屈：在谈恋爱时，男人明明说过愿意为自己做任何事情，现在不过是让他作一点小小的改变，他就这种态度，难道当初所说的一切都是骗自己的吗？女人对男人当初的甜言蜜语还记忆犹新，可男人却早就忘了。当初的话不过是为了哄女人开心，男人根本就没放在心上，只是女人太认真了。

相对于被改造，男人更愿意为所爱的女人付出。为女人付出，看到女人因为自己的付出而沉浸在幸福之中，男人们会觉得非常满足，这是对他们自身价值的肯定，他们有能力让自己所爱的女人快乐。如果要改变自己，那就完全不一样了。女人希望改变男人，一定是因为女人觉得男人还不够好，不能让她们满意，这会让男人觉得自己受到了否定，从而产生不快。

其实，女人也不是绝对不能改造男人。如果女人能够换一种方式，在肯定男人的前提下让男人不知不觉地改变，那就两全其美、皆大欢喜了。

比如说，女人喜欢男人穿衬衫，可男人却习惯了穿 T 恤衫，如果女人直接要求男人穿衬衫，男人一定不会听女人的，因为男人会认为女人在怀疑自己的审美能力。但如果女人在男人偶尔穿衬衫时对男人大加赞赏，称赞男人穿衬衫的样子多么潇洒迷人，男人就会觉得自己受到了肯定，以后也会逐渐增加穿衬衫的次数。再比如，对于男人的某些坏习惯，女人则可以用自己的言行去影响男人。两个人长期生活在一起，受到彼此的影响是很正常的，这种影响应该说是彼此间相互适应、磨合的结果。有些男人在结婚后把烟和酒都戒了，就是因为受到了妻子的积极影响。人的本性虽然不容易改变，但是生活习惯和行为习惯却会随着生活环境的改变而发生变化。用自己的实际行动去影响男人或者用自己的真情去打动男人都是比较有效的，但一定别让男人觉得你在改造他。

女人如果希望男人作出改变，就一定要抓住男人的特点，策略性地改造男人。当然，女人也不能奢望男人可以变成自己想象中的那样，因为人的本性很难改变，再说女人心中的完美情人实际上是不存在的。

第十五章

爱情心理学：酒吧的灯光为什么
都很昏暗

爱情是被荷尔蒙冲昏头脑的结果吗

有些人认为，爱情本质上不过是一种动物的本能，是在荷尔蒙作用下的两性相吸。事实果真如此吗？

意大利帕维亚大学研究显示，处于热恋期的男女的大脑会发出指令，使人体分泌出一种化学物质，研究人员将这种物质称为"爱情荷尔蒙"。这种化学物质令恋爱中的人相互吸引，但是它在人体内仅仅能够存在大约一年时间。与此同时，研究人员也表示对爱情荷尔蒙究竟是如何对人体进行调节的原理还不太清楚，但是，可以肯定的是，爱情荷尔蒙肯定在调节和控制恋爱中男女的一些生理和心理的行为，比如，爱情荷尔蒙分泌最多时爱情最浪漫，恋人之间的关系也最亲密。

科学家经过研究发现，爱情之所以令人神魂颠倒，完全是因为人脑中"恋爱兴奋剂"在起作用。美国精神研究专家里伯慈和科莱恩认为，这种"恋爱兴奋剂"包括苯乙胺、多巴胺、异丙肾上腺素、内啡肽等，其中以苯乙胺最突出，它是神经系统中的兴奋物质。当相互吸引的男女相遇时，人脑下部的神经便突然受到激发，产生电化学活动，于是，神奇的"爱情物质"随血液循环流遍全身，形成一种激素，马上引起诸如心跳加快、手心出汗、脸色发红等反应，产生一种眩晕感。恋爱中的男女在生理上的反应和常人不一样，一项让大学生评定自己在恋爱中的感受及其强度的研究表明，79% 的人有强烈的幸福感，37% 的人注意力难以集中，29% 的人有飘飘然的感觉，22% 的人有狂奔、大声喊叫的冲动，22% 的人在约会时会感到紧张，20% 的人在恋爱中有陶醉感，20% 的人会出现双手冰冷等生理上的反应。

俄罗斯专家梅奇科夫斯基用一种特制的仪器测试发现，女性在恋爱期间，身上出现强大的生物场并产生辐射，吸引周围的男性，有时这种生物场能量很大，使人迷迷糊糊，同时也使其容光焕发，娇媚异常；而恋爱中的男性则会出现体力增强等表现。

虽然，爱情的确与我们体内的某些物质的分泌有关系，但是这些物质的作用也是有时间限度的。一般来说，如果两个人的恋爱时间超过两年，内心就不会分泌能感受爱情的荷尔蒙了，爱情就会慢慢冷却，从而使得爱情进入平淡期。

也许起初我们是被荷尔蒙冲昏了头脑，受到对方外表、身体上的吸引而产生生理上的冲动，迅速坠入爱河。事实上，根据爱情的三阶段理论，这仅仅是爱情的第一个阶段。也就是说，我们在被荷尔蒙冲昏头脑之后进入恋爱的第一个阶段，而后来对恋爱关系的维持则不是荷尔蒙所能控制得了的，因此，说爱情是荷尔蒙冲昏头脑的结果并不成立。此后，恋爱进入第二、第三阶段，随着双方了解的深入，我们会被对方内在的东西所吸引，如性格、价值观、思维方式等。

伟大的思想家罗素对爱情有如下定义："爱，如果这个字眼能够得到正确应用的话，并不是指两性间的一切关系，而仅仅是指那种包含着充分情感的关系以及那种既是生理又是心理的关系。"心理学家斯滕伯格认为，爱情包括激情、亲密和承诺三个基本成分。可见，除了荷尔蒙引起的生理反应或激情之外，爱情还有更丰富的内容。

是什么让恋爱中的女人光彩照人

人们常说因为有爱情的滋润，恋爱中的女人是最美的，可爱情又是怎样滋润女人的呢？难道也是爱情荷尔蒙？

虽然大多数人都意识到了恋爱可以增加女人的吸引力，但却很少有人能说出其中的缘由。既然爱情与荷尔蒙有关，那么让恋爱中的女性变得迷人的也就应该是荷尔蒙。究竟是什么让恋爱中的女性光彩照人呢？是催产素。女性恋爱期间，催产素的分泌量就会有所增加。而催产素具有改善女人气色和精神状态的功效。催产素可以降低血压和皮质醇含量，并具有很好的镇定作用，当女性体内的催产素水平提高时，女性就会变得更加平静，焦虑感也会逐渐消失。在这种状态下，女性更容易接收到外界的积极信息，也更容易感受到幸福和快乐。此外，催产素的大量分泌对体内的血液循环也有着积极的促进作用。

恋爱是刺激催产素分泌的重要方式，但却不是唯一的方式。事实上，当女性感到自己被关心和照顾时，其催产素的分泌量就会有所增加。相反，如果女性觉得自己的感受被忽视或者是感到孤独、寂寞、无助，其体内的催产素含量就会减少。恋爱中的女人大多都会感到自己被伴侣关心和照顾，因此其体内的催产素含量就会增加。

人们往往认为是恋爱让女人变得光彩照人，而真正让女人光彩照人的是催产素。如果女人在恋爱中没有感到自己被关心和照顾，那么她就无法光彩照人。换个角度说，女人若想让自己变得光彩照人，就应该想办法提高自己的催产素水平。在这方面，男人可以给予女人很大的帮助。女人身边的人都可能对其产生影响，但对其影响最大的还是她的伴侣。如果男人能够给予女人更多的关心、照顾和支持，让女人感受到爱和温暖，那么女人体内的催产素含量就会有所增加，从而让女人看起来更加美丽动人。

当然，男人不可能永远都像刚恋爱时那样对女人呵护备至，毕竟他们还有很多其他的事情要做。而如果女人将男人精力的转移视作对自己的冷落，那就会导致催产素的含量减少。催产素的分泌量取决于女人的自我感受，而不是男人的做法。不管男人做了什么，只要女人感到自己被关怀和照顾，其体内的催产素含量就会增加，反之亦然。也就是说，相对于男人的做法来说，女人自身的感受更为重要，或者说女人对男人做法的理解和诠释更为重要。

有些女人很善于自寻烦恼，或者说她们极度消极悲观，她们不认为自己有什么值得男人爱的地方，也许在恋爱之初她们会幸福一时，但当男人开始忙于其他事情时，她们就会认为男人并不是真的爱她们，当初的一切不过都是假象，她们伤心、失落，郁郁寡欢；有些女人敏感多疑，男人不经意的一句话都会让她们彻夜难眠，她们似乎总是在寻找男人变心的罪证，这让她们异常疲惫；有些女人对男人的要求过高，她们希望男人能将全部心思都放在自己身上，全心全意地爱自己，但却忽略了男人还有其他重要的事情要做；等等。在这样的心态的影响下，女人无论如何也感受不到男人对自己的关心和照顾，所以，她们体内的催产素含量不但很难增加，而且还可能下降。

积极的女人却不是这样的，她们能理解男人，信任男人对自己的爱，将男人的行为看成是关爱自己的表现，所以，她们就很容易感到被关心和照顾，体内的催产素水平也自然会有所提高。此外，当女人主动为男人付出且不计较回报时，或者是女人学会自我关心和自我照顾时，她们体内的催产素含量也会增加。

是催产素让恋爱的女人光彩照人，并且催产素水平的高低更多地还是取决于女人本身，只要她们的大脑产生被关心和照顾的概念，就会刺激催产素分泌。由此可见，女人完全可以通过自己的努力让自己变得更加光彩照人。

为什么高级宾馆的酒吧都设在高层

提到酒吧，总让人有不好的联想，觉得那是一个吵闹嘈杂的场所，形形色色的人穿梭其中，你印象中的只是那些很普通的设在地下的酒吧。而在很多的大城市中，那些高级宾馆酒吧的环境却大不相同，它们往往被设在最高层，对此很多人都百思不得其解。直到最近，心理学家们才为我们揭开了其中的奥秘。

将酒吧设在很高的大厦的最高层，可以俯瞰整个城市，令人心旷神怡。尤其是在晚上时，可以看到灯火辉煌的城市夜景，漂亮的景色总能让人感觉到心情舒畅，处于良好的情绪状态之中。而在这种心境状态下，觉得周围的一切事物都是美好的，自然对身边的人也会有好的印象。这就是心境的弥散性作用，即当人具有了某一种心境时，这种心境所表现出的态度体验就指向周围的一切事物。比如，一个在单位受到表彰的人，觉得心情愉快，回到家里同家人会谈笑风生，遇到邻居会笑脸相迎，走在路上也会觉得神清气爽。同样，置身于高级宾馆的酒吧中的人，当看到漂亮的夜景时，内心感到心情舒畅，进而将这种愉悦的情感体验指向周围的人，觉得自己身边的人和这夜景一样让人陶醉。再加上美酒、美食带来的味觉上的刺激和享受，使得这一效果就更明显了。

除此之外，酒吧中桌椅的摆放也比较有特点。座椅之间的距离都比较近，能够拉近彼此之间的距离。一般情况下，和对方的距离大概在七八十厘米之间，这种近距离的接触使得双方可以进入到彼此的私人空间。相关的研究表明，如果长时间地待在对方的私人空间中，双方则很容易发展出一段恋情。美酒、美食、美景以及私密的个人空间，无疑会给约会的双方带来美好的感受，从而促进恋情的发展。而且酒吧的灯光一般比较昏暗，据说在这种昏暗的条件下更能创造恋爱的机会。其实，将酒吧中的灯光弄得很昏暗是有一定的原因的。首先，包括人类在内的很多动物都有趋光性，眼睛都会不自觉地往明亮的地方看，而在酒吧这种昏暗的环境恰好可以阻隔别人的视线，这样约会的双方就可以不用担心别人的眼光而专心地谈情说爱了。其次，对于那些选择在酒吧中约会的男女来说，昏暗的环境能够让他们感到惬意。心理学家卡根曾做过一个有趣的实验，调查在明亮和昏暗的房间中男女双方的行为会有什么差异。结果显示，与在明亮的房间中的男女相比，在昏暗的房间中男女身体有更多紧密接触的机会，增加双方的亲密感。也就是说，在昏暗的环境下，可以使男女双方之间的关系变得非常亲密。此外，进入酒吧的男女必然要喝酒，往往在喝了酒之后视力就没有清醒时好了。因此，很多女生都会拉着自己的男朋友来酒吧，因为男生在喝醉酒之后，看对方会有一种扑朔迷离的感觉，反而比平时更美了，这时更会"情人眼里出西施"了。如果再加上酒吧中昏暗的光线，这种美感就会更加强烈了。

同时，高级宾馆中的酒吧往往会有很多的外国客人出入。通常有外国人在的地方，会让人觉得这是一种国际化的象征，让人感觉这是一种很时尚和高级的场所，更是一种身份和品位的象征。这样更能提升对方在自己心目中的形象，有利于双方关系的进一步发展。

可以说，酒吧是男女谈情说爱的胜地。因此，如果男人想向自己心仪已久的女人表白的话，为了增加表白的成功率，可以邀请她到这种高级的酒吧。在酒吧美妙的环境中，男人若能够不失时机地进行真情告白，一定能够俘获女人的芳心。但是，作为女人的话，一定要有自己的判断力，不要被这种暧昧的环境和心术不正的男生所迷惑，要时刻提高自己的警惕，懂得保护自己。

约会时为什么要看电影

很多情侣约会时都会选择看电影，这不仅仅是为了消遣，从心理学的角度来说，约会时看电影是有很多心理学依据的。

我们知道在人际交往中，第一印象是非常重要的，因此我们总是试图给别人留下好的第一印象。那么，为什么第一印象如此重要呢？这是因为最初印象对于后面获得信息的解释有明显的定向作用。也就是说，人们总是以他们对某一个人的第一印象为背景框架，去理解他们后来获得的与此人有关的信息。甚至日后他们接收到与第一印象完全相反的信息，他们也会刻意扭曲信息，使之与第一印象相符合。费斯廷格将这种现象称为"认知失调"，为了避免认识失调所带来的不安，人们只愿意接收那些符合自己要求的信息。

恋爱中的人同样如此，总是希望给对方留下好的印象，而良好的第一印象可以掩盖很多缺点。约会时看电影能够给对方留下深刻的印象，尤其是第一次约会时看电影，则更能加深与意中人之间的关系。

研究者们对第一印象进行了很多研究。1946年，心理学家阿希以大学生为研究对象做过一个实验。他让两组大学生评定对一个人的总体印象。对第一组大学生，他告诉这个人的特点是"聪慧、勤奋、冲动、爱批评人、固执、妒忌"。很显然，这六个特征的排列顺序是从肯定到否定的。对第二组大学生，使用的仍然是和第一组相同的词语，但排列顺序正好恰好相反，是从否定到肯定的。研究结果发现，那些先接收了肯定信息的第一组大学生，对被评价者的印象远远高于先接收了否定信息的第二组学生。这说明，第一印象一旦形成就具有高度的稳定性，后来接收到的信息不能使其发生根本性的改变。

另一位心理学学家做过这样一个实验。他让两个学生都做对30道题中的一半，但是让学生A做对的题目尽量出现在前15题，而让学生B做对的题目尽量出现在后15题，然后让被试者对两个学生进行评价。两个学生中，谁更聪明一些？结果发现，多数被试者都认为学生A更聪明。这就是第一印象效应。

在受到第一印象的影响之后，会形成先入为主的观念，即使是两个水平一样的学生，在进行评价时仍然会出现差异，进而扭曲事实，心理学中将这种由第一印象所带来的偏离客观事实的现象称为"晕轮效应"。美国心理学家戴恩等人对晕轮效应进行了研究，让被试者看一些照片，照片上的人分别是有魅力的、无魅力的和魅力中等的，然后让被试者从与魅力无关的方面去评价这些人，如他们的职业、婚姻、能力等。结果发现，有魅力的人在各方面得到的评分都是最高的，无魅力者得分最低。

在人际交往过程中，有一个被称为"人际相似律"的现象，即那些在思想观念和社会生活方面相同和相似的人，更容易产生人际间的相互吸引和好感。在亲密的恋爱关系中也是如此，只有那些在态度、观念、兴趣等方面相似的人，才更容易产生好感而萌生爱意。彼此之间相似的地方越多，越是有更多的共同话题，产生共鸣的地方也就越多，从而加深两人之间的亲密关系。而约会时看电影这一行为，无形中给双方提供了更多的可以交流的话题，他们可以就电影的内容、共同喜欢的某个影星进行交流，为双方创造更多的共同话题，有助于增加气氛。当然，除了相似律之外，很多人认为互补律也能够让双方产生好感，因为这种差异的存在，可以达到"取人之长，补己之短"的目的，使双方的关系更加牢固。

此外，双方之间的自我暴露对维持恋情的发展也很重要。随着两个人交往的不断深入，亲密程度不断增加，适时地向对方倾诉自己的秘密、烦恼等，则会迅速提升彼此之间的亲密度。倾诉的一方出于信任而倾诉，而倾听的一方也会因为自己被对方信赖，而沉浸在愉悦的感受之中，同时还会以相同的程度向对方进行自我暴露。但是，如果只有一方一味地倾诉，而另一方毫无回应，只会导致两人关系的疏离，从而使两人的关系更加冷却，反而不利于亲密感的建立。因此，在恋爱的过程中，及时地对对方的倾诉进行回应是很必要的。

吊桥上产生的爱情

通常情况下，我们认为爱情的产生是不受时空条件限制的，只要是相互吸引的两个人不论身处何地都会擦出爱情的火花。虽然爱情和场所之间没有直接的或必然的联系，但是与一些地方相比，那些危险的或刺激性的情境更能促进爱情的产生，比如让人感到害怕和不安的高空吊桥。

吊桥效应来源于心理学上一个非常著名的实验。实验中，研究小组让一位漂亮的年轻女士站在高悬于山谷之上的吊桥中央，吊桥距离下面的河面有几十米高，而且左摇右晃，这位漂亮的女性站在吊桥上等待着18　35岁的没有女性同伴的男性过桥，并告诉那些过桥的男性，希望他们能够参与正在进行的一项调查，她向他们提出几个问题，并留下了自己的联系电话。然后，同样的实验在另一座横跨了一条小溪但只有10英尺高的普通小桥上进行了一次。同样有另外一位漂亮女士向过桥的男士出示了同样的调查问卷。

结果发现，数日后给这位女士打电话的男士中，过吊桥的远比过木桥的多。为什么会有这样的行为呢？因为他们把过吊桥时那种战战兢兢、心跳加快的感觉误认为是恋爱的感觉了，从而非常乐意和女士进行进一步的联系与交流。而事实上，恋爱也能让人产生同样的感觉。这就是所谓的"吊桥效应"或"恋爱的吊桥理论"。

众所周知，事实上当人居于危险的情境中时，会不由自主地心跳加速、呼吸急促，形成相应的恐惧之情，这是不受我们意志控制的。对于上述实验中的那些男性而言，那些在吊桥上参与调查的男性更容易在生理上有所反应。对于自己心跳和呼吸的异常表现，在吊桥上接受调查的人可以作出这样的解释，一是因为漂亮女性的无穷魅力让自己意乱情迷，二是因为吊桥的危险让自己胆战心惊，这两种解释似乎都有一定的道理。于是，在这种模糊的情境下，那些在吊桥上的男性对自己的生理反应进行了错误的归因，本来是危险的环境致使他们心跳过速、胆战心惊，他们却误以为是调查者的魅力所致。于是他们对漂亮的女性调查者产生了兴趣，进而拨通了她的电话。

换言之，比如，当你和一位心仪的异性看恐怖电影时，你感受到自己的心在怦怦乱跳，呼吸也变得急促起来，那么，这是电影情节太过恐怖呢，还是身边的异性令你心动呢？很多情况下，我们难以准确地指出自己生理表现的真正原因，所以才会对我们的情绪进行错误的归因。在一些电影和电视剧中，我们也可以看到这样的镜头：危难之中，英雄救美从而喜结良缘；为了躲避危险动物的追赶，一对恋人携手狂奔，于是彼此情感进一步得到升华；等等。从这些镜头中我们可以看出，首先是相应的场景导致了人们的生理反应，如心跳加快，呼吸急促，于是人们有意无意地认为这种生理上的反应是由身边的异性所引起的，最终导致了更进一步的相亲相爱。

但是，我们并不能否认即使是这样"误撞"出来的爱情火花，同样可以缔造出美丽的爱情。如果你真的倾心于某位异性，不妨约她去看看恐怖电影、做做爬山运动，去游乐园一同乘坐过山车，自己动手去制造一场由"误撞"产生的浪漫爱情。

"一见钟情"的心理原因

"一见钟情"恐怕是世界上最浪漫的爱情了，两个人只是看了一眼就被彼此深深地吸引，然后坠入爱河，相信这是世上最美妙的事情。

古代有很多描写一见钟情的字句，伟大词人辛弃疾的"众里寻他千百度，蓦然回首，那人却在灯火阑珊处"对一见钟情的描写让人陶醉：我在人群中苦苦追寻，却寻而未果，当我感到沮丧而无望时，你突然出现在我的面前，让我的眼前突然一亮，相信这是世界上最奇妙的感觉了。而唐朝时期唐玄宗和杨贵妃的爱情故事也是对一见钟情的最好诠释，白居易在其长诗《长恨歌》中对这段爱情作了这样的一段描述："杨家有女初长成，养在深闺人未识。天生丽质难自弃，一朝选在君王侧。回头一笑百媚生，六宫粉黛无颜色。"可见，杨贵妃国色天香的容貌和气质，令唐玄宗一见倾心，这种一见钟情的感觉是如此的神奇和美妙。

可是，人们为什么会产生这种"一见钟情"的感觉呢？到目前为止，学者们仍然没有完全揭开其中的秘密。人们试图从各种角度来解释"一见钟情"产生的原因，但是并未达成共识。

从心理学的角度来说，人往往会对与自己相似的异性产生一见钟情的感觉。当人们看到一个和自己长得相似的人，就会立刻产生一种亲近感，而这种亲近感是爱情发展的基础。另一种说法则认为，人容易对与自己存在差异的异性一见钟情，他们会对与自己的免疫类型完全不同的人产生好感，能从对方身上感受到一种异样的东西，而这种异样能够促进爱情的发展。

另一种来自心理学的解释认为，当你见到一个人时，你看到的是他的容貌、气质和神情，而这些表象恰恰是一些令你心仪的特征，因此你就会一见钟情。可见，这种一见钟情的感觉是一种处于认识初级阶段的感性认识，主要是凭借自己的感觉和印象进行判断的阶段。认知心理学认为，感觉、知觉和表象是感性认识的三个基本形式，而我们的感性认识是在实际的生活中产生和发展起来的，在感性认识中我们所得到的是直观的、形象的认识，是认识的来源和一切认识的基础。而感性认识只能认识事物的局部、现象和外部联系，却不能认识到事物的全局、本质和事物间的内部联系，当然，这种说法也不是绝对的。在现实的生活中，很多人在作决定时会依照自己的感觉进行判断，不会拖泥带水，而是非常果断地确定自己的目标，而且这种做法并没有出现什么大的失误。这种凭借感觉进行瞬间判断的功能让他们很容易地就能通过现象看到本质。从这个角度就很容易理解，那些一见钟情的人为什么能够厮守一生。其实，仔细想来，一见钟情并不是什么奇怪的事情，因为我们的潜意识服从于表层认识，因此会在瞬间作出很大的决定而不会让自己后悔，与其说一见钟情是一种感觉导致的冲动，不如说这是一种理性的深思熟虑，是一种让人不可抗拒的诱人魅力。

以上种种说法分别从不同的角度对一见钟情进行了解释，虽然没有形成统一的认识，但是各有各的道理，使我们对一见钟情有了更深入的了解和认识，为我们解读一见钟情提供了全新的视角。

酒吧的灯光为什么都很昏暗

有一位男子钟情于一位女子，但数次约会下来，效果都不够理想，他总觉得双方的谈话很不投机。一天晚上，他偶然约那位女子到一家光线比较暗的酒吧，结果意外地发现这次约会非常成功，他们交谈得特别融洽。此后，这位男子便将约会的地点每次都选在光线比较暗的场所。而几次约会之后，两人的关系有了很大的进展，终于结下百年之好。

心理学家经过分析发现，在光线较暗的场所，人们彼此之间看不清对方的表情，这会令人因为心理戒备减弱而获得一种放松感，在这种轻松的感受下，相互的交往就会取得较好的效果。也正因如此，许多餐厅、酒吧、咖啡厅等餐饮娱乐场所都会设置较暗和较为柔和的灯光。这恰恰是人们喜欢的氛围。

一般来讲，人们在讲话时总是会根据对方的反应来决定自己应当说什么和怎样来说，又将话说到什么程度，特别是对还没有深入的了解但又愿意继续与之交往的人。这时，在心理上既有一种戒备感，又会倾向于自然而然地把自己好的方面尽量展示出来，在试图遮蔽缺点的同时又想表现出自己的优点，因而往往不免有些矜持。可是较暗的环境恰好提供了这样的便利，相互之间不会看得太真切，心情和举止就会更加的自然。这就是"黑暗效应"的原理。

实际上，"黑暗效应"并非只是在较暗的环境下才发挥作用。有些人更喜欢在网络上与人交流，或者通过短信、电子邮件等不直接见面的方式进行来往。这也可以看作是"黑暗效应"的另一种体现。

但是，在网络上交流有一点却需要注意，那就是虚拟空间人们的表现很多时候和他们的本来性格是不相符的。

这涉及口头语言和书面语言的区别。语言是一种社会现象，是人类通过声音、书写符号或手势等构成的一种符号系统，是我们交际和思维的工具。语言活动通常分为两类，外部语言和内部语言。外部语言包括对话语言和书面语言，这两种语言都可以成为我们与外界交流的方式。其中，对话语言是一种情境语言，与对话时所处的环境有密切关系。比如说，两个人刚看完电影出来，一个人对另一个人说："怎么样？"另一个回答："很不错。"不需过多解释，他们都知道对方是在讨论电影的剧情。通过情境语言，双方能直接交流，灵活反应。在交流的过程中，双方能根据对方的反应来调整自己的说话方式，选择合适的语气、语言。本来是一场很开心的谈话，如果你听出了对方语气的不对劲，肯定会关切地询问他怎么了，然后再给予合适的安慰，可能谈话就偏离了你们原来的主题，更具灵活性。

书面语言指的是人们借助文字来表达自己的思想或通过阅读来接受别人的思想。电子邮件、纸质信件或者书籍等都是书面语言的表达形式。在写的过程中，我们可以反复思考、推敲用词的准确性和表达的合理性。由于远离了阅读的一方，得不到他们的即时反馈，在写作的过程中，作者只能根据来自自己的反馈不断修正内容，使之趋于完善。而以这样"自我"的表达方式传递给阅读方，必然会使原有内容的表达感染力不够。比如说，想表达对对方的赞美，邮件写出来的内容可能是"你真棒！我很佩服你!"之类的溢美之词，比起面对面的夸奖，少了语调的惊喜、面部的笑容等更具感染力的表达形式，这样的赞美必然失色不少。

书面语言与口头语言表达的差异性，以及虚拟世界的"安全感"，能让我们卸下心防，畅所欲言，有利于恋爱双方关系的进一步发展。

爱情顺利发展的三个阶段

爱情是一个动态的发展过程，虽然它有时候让人捉摸不透，但是它的发展同样是有规律可循。从初次相识的怦然心动到天长地久的朝朝暮暮，两个人的关系注定要经历重重考验。要想经受住这些考验，恋爱双方必须敞开心扉，接受和适应彼此，这些是在爱情中必须要做到的。意大利社会心理学家弗朗西斯科·阿尔贝托尼在其著作《爱的撞击》中说："相爱不是一种状态，而是一种逐渐演变的过程。"很多人都不约而同地将爱情的发展归纳为三个阶段，即一见钟情阶段、发现差异阶段和重新结合阶段。

第一阶段为一见钟情阶段。初次见面的双方受到对方外表、言谈举止、性格等的吸引彼此产生好感，而进入恋爱阶段，这一阶段的关系主要是靠激情维持的。两个人在创造着彼此之间的亲密同盟，每一次相处的机会都是发现双方共同之处的机会，他们勇敢地走出自我，发现以前在生活中未曾发现那些让人感到美好的东西。它令人如痴如醉，在尽情享受甜蜜时光的同时，双方又担心它转瞬即逝。一般来说，这一阶段往往会持续两至三年。之后双方回到现实中来，重新审视这段恋情时，发觉有时候两个人的世界让人窒息，深感距离对他们的重要性，于是开始寻求自己独立的空间。

第二阶段为发现差异阶段。随着交往次数的增多和了解的不断深入，曾经只看见契合之处的两个人，会慢慢开始发现彼此的差异，每个人都开始显露出各自性格的不同面。随之对方的缺点也会在你面前暴露无遗，你甚至会认为对方身上那些曾经让你痴迷的可爱，现在都让你觉得心烦。这是爱情必须经历的一个阶段，它让你重新找回自我，并对双方的关系有一个更加深入的认识。但是同样也会因为双方无法进行很好的沟通，而使爱情最终走向破裂。

如果想顺利度过这一阶段，要多给彼此留出空间，使得双方都有属于自己的空闲时间去做自己喜欢的事情。要能够认识并接纳对方和自己之间存在的差异，重新认识自己和对方，对双方的关系也需要重新进行定位。

第三阶段为重新结合阶段。经过上一阶段对矛盾的重新认识和解决，双方对彼此以及彼此之间的关系都有了重新的认识，而在这个阶段主要是考验双方的期望是否一致，各自用何种方式为两个人的未来努力打拼。这一阶段的爱情充满了对未来的憧憬，你们已经学会了相互包容，并能够以合理的方式处理和调节矛盾。这时爱情在经历了考验之后可能变得越来越像友情，两个人完全沉浸在平静生活的幸福之中，彼此的欲望和激情不见了，双方可能会因为这种乏味的关系而感到疲劳，甚至对彼此感到厌倦。

因此，在这一阶段要想保持爱情的持久性，双方需要给爱情再注入一些新鲜的血液，在平静之中增加一点激情。比如，可以一起回味对方初次相遇时的美好瞬间，或是挑选一个周末的时间和对方共进烛光晚餐，重新找回消逝已久的激情和美好。正是在这种混合着激情和理智的精心经营当中，爱才能持久美丽。

只有顺利经过以上这三个阶段，爱情才能健康持久地发展。当然，并不是每一段爱情必须经历以上这三个阶段，而且从一个阶段进入到另一个阶段的过程也不是绝对的，它会受到很多因素的影响。

第十六章

婚姻心理学：为什么婚姻会让
男人安定下来

七年之痒

有资料表明，男女相爱激情一般只能维持18个月。在这18个月的时间里，双方能够如胶似漆，形影不离；18个月后，双方"黏合力"则会大大降低。可以说，当今情侣分手、夫妻离婚的频繁发生，在很大程度上是"18个月效应"在起作用。

"七年之痒"是个舶来词，出自梦露主演的影片《七年之痒》。影片故事很简单，一个结婚7年的有贼心而没贼胆的出版商，在妻儿外出度假时，对楼上新来的美貌的广告小明星想入非非。在想象的过程中，他的道德观念和自己的贼心不断发生冲撞，最后他作出决定：拒绝诱惑，立刻赶去妻儿所在的度假地。

"七年之痒"最直接的意思是：随着时间的推移，夫妇之间的新鲜感丧失，情感出现疲惫或厌倦，从而使婚姻进入了瓶颈。

有句顺口溜说：握着老婆的手，就像左手握右手。其实，夫妻相处久了，握着老公的手恐怕也会全没感觉的。这不能说不是婚姻的悲哀。幸福像花儿一样，你不精心地培育、浇灌、剪枝，那花就一定开不出你想要的鲜艳，弄不好还会在骨朵时就早早夭折了。

在婚姻的经营上，男人绝对不如女人，尽管男人也渴望拥有美满的婚姻，但他们却对此感到无所适从，因为他们不知道究竟该怎样做。既然男人不会主动做出改变，就由女人来安排一切吧。

首先，试着跟他保持距离并给他造成适度的危机感，这是把他重新吸引到你身边的一个办法。对于已经得到且其他人也不感兴趣的女人，男人常常会失去兴趣，当然也就不会有什么激情。这就要求女人一定要保持自己对异性的吸引力，千万不要因为只专注于操持家务而让自己变成黄脸婆。

其次，逃离现在的生活。现实生活的压力是导致激情消失的重要原因，当男人整天被工作搞得晕头转向，女人被家庭琐事闹得心烦意乱时，对性生活的激情自然就会减少。试想连仔细欣赏对方的时间都没有，还谈什么共度良宵呢？如果能换一个环境，逃离现在的生活，情况就会完全不同了。

每个月都进行一次浪漫的出游。即使不能到风景秀丽的景区，也要到郊区或附近的城镇走一走，或者去一家温馨舒适的旅馆度过一晚，总之一定要换一种环境，而且要保证新环境的安静和舒适。

女人注重浪漫，男人追求新鲜，一个充满浪漫气息的新环境恰好可以同时满足男人和女人的愿望，让女人享受浪漫，让男人感受新鲜。即使是已经失去激情的夫妻，也很可能在这样的环境中重燃激情。

当然，男人未必会答应你，但只要他不强烈反对，你就一定要坚持你的主张，把他带入你精心设计好的计划之中。当他发现这次外出带给他的感觉是如此美妙时，他就会发现他对你仍然是非常感兴趣的，他还是像以前一样爱你，而且你们之间仍然可以是充满激情的。这些美好的回忆将让他对你的看法发生巨大的转变，对你们的婚姻也会有重新定位，相信用不了多久，他就会主动约你外出度假了。

男人对女人有"亲密周期"

经常会听到女人抱怨男人对自己若即若离，时而亲近，时而疏远，这让女人很是苦恼。在女人看来，既然两个人已经决定相守一生，那就应该时刻保持亲密，即使不能形影不离，也要经常沟通感情。

男人的这种反应女人很难理解，女人自己从来都不会这样。她们如果要逃离男人，那一定是因为男人做了什么让自己伤心的事或者是自己不再爱男人了，等等，总之一定会有具体的原因，而且一定是与男人有关的原因。所以，当男人想要逃离自己时，女人们就会想：是不是自己做错了什么事呢，还是他已经不再爱我了呢？

女人的烦恼全都缘于女人不了解男人。男人的离开根本并没有什么具体的原因，他们只是在整日与女人交往的过程中，觉得与女人太过亲密，有些失去了自我，所以他们需要离开一段时间，进行自我反思，找回失去的自我。男人害怕自己因为一种关系而变得不再独立，他们也害怕失去自由，几乎所有的男人都渴望在爱情中自由地出入。

也就是说，男人的逃避是他们的本能需求，女人们必须了解男人的这一本能需求，并满足他们的需求，给他们自由的空间，让他们有独立的空间去思考和反省。女人应该知道，男人的逃开是暂时的，在他们反省之后，就会自动回到女人身边，而且会对女人更加亲密。女人可以将男人暂时的离开看作积蓄爱的力量，在离开的这段时间里，男人会发现自己根本离不开女人，他开始想念和女人在一起时的快乐时光，所以用不了多久，他就会重新回到女人的身边，并对女人更加温情。

男人的暂时离开不但不会影响男人对女人的爱，反倒会让爱情升温。女人不懂这一点，就会一味抱怨或试图亲近男人，那就只能让男人逃得更快。当男人产生逃离的愿望时，他满脑子想的都是离开，此时女人的亲近举动和抱怨只会让男人更加怀念一个人独处的生活。如果女人强行阻拦或者在男人返回后惩罚男人，就会影响夫妻间的感情，甚至导致感情的破裂。女人应该明白，适当地给彼此留出一定的空间，是让爱情升温和关系牢固的有效手段。

既然男人和女人要在一起生活，而男人和女人的天性又是不同的，男人和女人就必须懂得互相尊重对方。男人需要适当的独处，需要有时间进行反思，这是他们的本能需要，与其他的一切都没有关系，所以女人应该无条件地满足，就如同男人满足女人的本能需要一样。

女人应该了解男人对女人有一个亲密周期，每隔一段时间，尤其当男人发现自己与女人太过亲密时，他们就需要暂时离开一段时间。女人不能把男人抓得太紧，该放手时就要放手，让他们有自己的独立空间。当然，女人也不能太过放任男人。如果男人离开的时间过长或者是经常不在身边，那么彼此的感情就很可能发生变化，这时男人就不会再回到女人身边了。女人也完全可以利用这段时间做一些自己的事情，比如与好朋友一起逛街、与昔日的同窗一起旅游，等等。女人不应该因为婚姻而失去自己的交际圈。

人类为何对情人那么痴迷

大多数夫妻都是从情人关系走过来的，当他们还是情人时，他们互相欣赏，彼此牵挂，认定对方就是自己魂牵梦绕的完美情人，如果失去彼此，他们就会觉得自己的生活失去了意义。但当他们终于成为夫妻以后，曾经的美好却似乎都化为了泡影，他们发现对方并不像自己想象的那样完美，而且还有很多让自己讨厌的坏习惯。于是，他们不再痴迷于对方，生活也开始恢复平静。

他们不明白自己怎么会对曾经迷恋的对象逐渐冷淡下来。

人类为何会对情人那么痴迷呢？美国的人类学家海伦·费希尔博士经研究确定人的大脑中的情感可分为三个阶段：欲望、迷恋和依恋。当人们受到外界的某种刺激或吸引时，大脑中就会产生特别的化学物质，以证明人们正处在某种情感阶段。

人类对情人的痴迷即是处在迷恋阶段的表现。在迷恋阶段，大脑会释放出几种强烈的化学物质，其中包括苯乙胺、多巴胺、血清素以及去甲肾上腺素等。苯乙胺可以提高人的兴奋程度，使人更加兴奋；多巴胺负责大脑中的情欲，使人产生爱的念想；血清素可以创造一种情感稳定的感觉；去甲肾上腺素则可以使人产生能够达到任何目的的感觉。在几种化学物质的共同作用下，人们会感到异常的兴奋和陶醉，这种感觉让他们不能自拔，不顾一切地投身到这场疯狂的恋爱之中。费希尔博士说："迷恋是一个人梦魂牵绕不能自拔的阶段。你的大脑集中于你的甜心好的一方面而无视他们的坏习惯。"

迷恋是不理智的，但却又是大脑情感中不可缺少的重要组成部分，为什么这样说呢？因为迷恋是男人和女人的黏合剂，将双方紧紧地捆在一起，促使双方发生性关系，其最终的目的当然是为了繁衍，为了传宗接代。也就是说，男人和女人需要一段足够长的时间互相痴迷，这样他们才会愿意共同繁殖后代。一般来说，迷恋的感觉只会持续三个月到十二个月。也就是说，人类不会永远痴迷于情人，他们对情人的痴迷至多只会持续十二个月。

在迷恋阶段，男女双方会对彼此表现出莫名的好感，情不自禁地被彼此吸引，并误以为对方的一切跟自己都是那样的匹配，其实，那不过是大自然刻意制造的一场骗局罢了，等他们清醒后就会发现，事情完全不是那么回事儿。当然，虽说是一场"骗局"，但也需要在一定的前提下才能进入"骗局"，互不相干的两个人是不可能进入"骗局"的。只有在两个人互生好感、产生欲望以后，才可能进入迷恋阶段。

当人们从迷恋中醒过来时，通常要面临两种选择，要么进入依恋阶段，要么就此分手。可以这样说，互相吸引是痴迷的前提，但一时的意乱情迷却并不意味着至死不渝的爱情，也不意味着两个人可以幸福地生活在一起。很多曾经爱得死去活来的情人最终却以分手而告终，其原因就在于他们不愿走出迷恋阶段，也不愿走进依恋阶段。

进入依恋阶段就意味着双方要建立长期的亲密关系，也就是成为真正的夫妻；如果双方不愿意长期生活在一起，那就会选择分开，并开始寻找另一段感情。

人的感情始终都在欲望、迷恋、依恋这三个阶段徘徊，从生物学的角度来看，这三种情感与人类的繁衍密切相关。不过一旦受孕成功，情感系统的活动就会迅速降低，爱的过程也随即停止，因为已经达到了目的。

为什么家庭对女性更重要

在女人心中，家庭是最重要的，她们愿意为了家庭付出自己的一切。结婚之后，尤其在有了孩子之后，女人会将自己的大部分精力都放在家里，料理家务，照顾孩子，家里所有的事似乎都是女人在打理。为了家庭，她们甚至可以牺牲自己晋升的宝贵机会，有些女人还为家庭放弃了自己多年的梦想，在家里做全职太太。

女人的这种习惯和进化有关。在人类进化的大部分时间里，女人的生活都是以家庭为中心的，她们已经习惯了这种生活方式，而男人显然还没有习惯。作为守巢者，女人的任务就是要打点好家中的一切，不让男人有任何后顾之忧，她们料理家务，照顾孩子，这些事她们一直都在做。

女人需要一个完整的家庭，因为她们需要男人为她们提供生活上的保障。如果没有家庭，她们将失去生活来源，她们自己可能无法生存下去，而她们的孩子也可能无法长大成人。所以，女人特别看重男人的承诺。失去家庭对女人的打击是很大的，因为那意味着失去生活上的保障。尽管女人可以选择再婚，但那需要有另一个男人愿意娶才行。如果没有其他男人愿意娶她，那么离婚后的女人所面临的处境就是十分艰难的。离过婚的女人并不容易再找到可靠的伴侣，因为随着年龄的增长，女人的生殖能力降低，对男人的吸引力也随之降低，所以她们很难再吸引到条件较好的男人。也就是说，女人再嫁一般都没有第一次嫁得好。所以，不到万不得已，女人是不愿意让家庭破裂的。

女人比男人更需要家庭，这也是女人比男人更重视家庭的原因之一。

男人对家庭的重视程度却远远不如女人。在男人心中，家庭是重要的，但却不是最重要的，他们也不会为了家庭付出太多。大多数男人在结婚后仍然会把大部分精力放在自己的事业上，他们渴望成功，渴望名利和地位，即使成了家，也不希望家事来影响自己。他们不愿意将过多的精力放在家事上，更不会为了家庭而放弃自己的理想。人们常说男人对婚姻有恐惧症，其实是他们害怕被婚姻束缚，害怕自己有了家庭之后就不能再做自己想做的事。

男人的这种习惯也是进化过程中养成的。原始时代男人作为狩猎者，他们的任务是外出获取生活资源，他们的重心不在家里，而是在外面。对于家里面的事，男人很少过问，当然也很少去做。所以，男人习惯在外面打拼，而不习惯在家里做家务，事实上他们也不擅长做这些事情。男人对家庭的概念比较淡泊，他们与女人发生性关系的目的无非是为了传宗接代，只要达到繁衍后代的目的就可以了，至于是不是和女人组成家庭，男人并不在乎。

失去家庭对男人固然也有影响，但却不会产生太大的影响，除非是政治人物。男人不需要女人为其提供生活上的保障，他们有独立生存下去的能力，而且他们也完全可以找到更好的女人。男人对女人的吸引力会随着年龄的增长而增加，所以他们并不担心离婚后会找不到妻子。家庭对男人来说是一种责任，他们希望通过自己的努力让家人生活得更好，以证明他们自身的价值和能力。但他们并不介意再次组织家庭，因为对男人来说，处在哪个家庭之中并没有太大的区别。

家庭对女人来说是一种保障，对男人来说则是一种责任，所以女人自然会比男人更重视家庭。在发生危机的家庭之中，如果责任在男人，女人大多会原谅男人的过错，因为她们不想失去家庭。

为什么男人憎恶闹情绪的女人

晚上十点钟，丈夫拖着疲惫的身躯回到家，刚踏进家门，坐在沙发上的妻子便对他说："我有件事想和你谈谈。"

"现在？这么晚？"丈夫放下手中的公文包，一脸疑惑地说。

"就是现在！"妻子啪地关掉电视，提高嗓门强调说。

"发生什么事了吗？"看到妻子好像生气的样子，丈夫有些奇怪地问道。

"最近你总是很晚回家。我知道你工作很忙。你总是忙，忙，忙！谁不忙呢？我也很忙。你忘了结婚时，你都说了些什么了吗？"妻子说完之后，望着丈夫，希望他能说些什么。

丈夫看了妻子一样。但他没有说话，懒洋洋地坐在了沙发上，然后打开了电视。

"为什么不说话？"妻子追问说。

"对不起。"丈夫似乎漫不经心地说。

"'对不起'三个字就够了吗？我每天和你一样上班，下班后接儿子，做家务，做饭，打扫房子！每天总有忙不完的事情。可是，你说过一句安慰的话吗？"妻子非常激动地说。

"我知道你很辛苦。可是我也很累。你就不能让我好好休息一下吗？"丈夫冷冷地说。

"谁不想好好休息！你以为我喜欢这样的生活吗？这样的日子，我受够了！我需要你，你却总是像个机器人一样坐在那边。

整天说不到几句话。我有那么让你讨厌吗？"妻子哭泣着说。

"你又来了。你就是不让我消停。我最烦你小题大作了。如果你再这样情绪化，我们就不要再讲了。"说完之后，丈夫就走进卧室，留下妻子一个人哭泣。妻子心里想："我怎么嫁给这样一个冷酷无情的人？"

人都是有情绪的，尤其是感情细腻敏感的女人。多少有一些情绪会让女人显得更加可爱，更容易受到男人的青睐，但如果女人太过情绪化，就会让男人憎恶。由于不同的社会角色和生存环境，女人的情感要比男人丰富、敏感得多，她们产生情绪的门槛更低，也更容易产生强烈的情绪。男人的大脑无法理解女人的情绪化，当女人闹情绪时，他们常常会变得异常焦虑、烦躁，因为他们不知道自己该做些什么。处在情绪化中的女人常常会做出一些过激的事情来，并夸张地、用富有情感的形容词来讲述自己的感受。她们这样做的目的是为了让男人关注自己，倾听自己，而不是真的要怎么样。对于自己这种做法的后果，她们可能根本就没有想过，因为情绪化的女人总是冲动的。当她们处在情绪化的状态时，大脑基本是停止思考的，或者说是停止理性思考的，所以她们常常做出一些莫名其妙的举动来。其实在事后清醒时，她们也会因此而感到后悔，但当时她们真的是无法控制自己的情绪。

女人这个时候只需要被关心和照顾，让她们感受到男人的爱与温暖，她们的情绪就会渐渐平静下来。可惜的是，男人并不懂得女人的真实用意，他们只是在按照自己的思维方式去理解女人的情绪化。他们觉得女人给他们出了一大堆问题，急需他们去解决，所以，他们不时地打断女人，为女人提供建议和帮助。可是男人的话往往让女人更加激动，不但女人的情绪没有任何好转的迹象，反倒还有恶化的趋势。男人很生气，因为女人根本就没有听自己说话，况且事情本没有那么严重，为什么女人那么喜欢小题大作呢？男人的脸色变得很难看，不满地对女人说："事情并没有那么严重，你反应过激了！"可是男人的话似乎对女人一点儿都不奏效，当男人不断向女人提供帮助但却始终不起作用时，男人就会变得焦虑、烦躁。

男人害怕失败犯错误，他们无法忍受自己解决问题的能力受到接二连三的否定。面对一个正在闹情绪的女人，男人就常常要经受这样的打击，这让他们十分苦闷。所以，男人憎恶闹情绪的女人，也不愿意接近情绪化的女人。大多数男人对自己解决问题的能力都是非常自信的，但他们却应付不了正处在情绪化中的女人，这不能不说是对男人自信心的一种打击。

也许女人的反应确实有些过激，但这也不能怪女人，毕竟女人大脑的情感区比较发达，而且情感区和大脑其他功能区的连接也比较紧密，所以她们很难控制自己的情绪。

男人憎恶闹情绪的女人，而女人又很容易情绪化，这看似不可调和的矛盾其实也并非不可避免。女人应该明白，自己过激的情绪将会给男人造成一种挫败感，让他们的自信受到打击；男人也应该明白，女人的情绪化不过是在倾诉感受，自己完全没有必要为其提供解决方案，只要表示关心就可以了。如果男人对女人多一些体贴和关怀，如果女人对男人多一些理解和尊重，那么女人的情绪化就不会愈演愈烈，而男人也不必再为女人的情绪化而头疼了。

为什么婚姻会让男人安定下来

婚姻有一种神奇的作用，那就是让男人安定下来。男人在步入婚姻以后，就像是打了镇静剂，不再像以前一样毛躁，也不再像以前一样冲动，好像变了一个人。很多犯罪分子，在婚后竟然也变得平和了许多。婚姻真的有这么大魔力吗？很多人对此百思不得其解。

男人的不理智行为只会出现在没有得到女性伴侣之前，而不会出现在得到女性伴侣之后。男人之所以会出现极端和暴力行为，是因为他们要面对残酷的繁衍竞争，他们所做的一切不过是为了让自己在竞争中取胜，得到与女性交配的机会。显然，婚姻可以让男人拥有一个属于自己的伴侣，繁衍自己的后代，所以，婚姻就成了让男人安定下来的主要原因。在争取到繁衍机会以后，男人接下来该做的就是将资源投到自己的后代身上，让其健康地成长，完成延续自己基因的重任。对于处在这种状况中的男人来说，安稳显然是最重要的。一方面，男人需要保证自己的身体健康，这样才能创造财富，为孩子的健康成长提供足够的资源；另一方面，男人也要保证现有资源的安全。所以，婚后的男人不会去做太过冒险的事，包括不会从事犯罪活动，也不会进行风险太大的投资。男人在婚后会变得畏首畏尾，就是因为他们有了顾虑，不再像婚前一样无所顾忌。

有一种情况例外，就是婚后一直没有子女的男人就不会像有了后代的男人一样渴望安定。尽管得到女性伴侣是男人的目的，但他们的另一重要目的是要繁衍自己的后代，将自己的基因延续下去。如果只是得到女性伴侣而无法遗传基因，那么他们的目的就还是没有达到。所以，婚后无子的男性也是很难安定下来的。

有人说孩子是夫妻之间感情的纽带，因为孩子有着父母两个人的基因，可以将父亲和母亲联系在一起。其实，真正的原因是孩子可以将父母二人的基因延续下去，对男人来说，孩子才是让他们安定下来的真正原因。如果夫妻之间没有孩子，那么即使夫妻之间的感情再好，也很难长久下去，因为他们之间缺少共同的利益。让两个人长期享受的并不是空洞的感情，而是关系到两个人切身利益的孩子。在现实生活中，没有孩子的夫妻要比有孩子的夫妻离婚率高，就有力地说明了这一点。

所以，更准确地说，婚姻之所以能让男人安定下来，是因为婚姻能给男人带来孩子。当一个男人成为父亲以后，会很快成熟稳重起来，也更有责任感。

有人说，结婚后男人之所以安定下来和婚姻让男人丧失创造力有关。男人在结婚以后需要花费一定的时间和精力照顾妻子和孩子，不能像婚前那样将全部精力都用在创造上，因此创造力才会有所下降。这样的说法听起来似乎有些道理，但却是经不起推敲的。在古代社会，男人在婚后是不需要做家务的，照顾孩子也有妻子来做，所以说结婚并不应该影响男人的创造力。

妻子能帮丈夫减压

夫妻之间的相互影响是很大的，因为夫妻关系是人际关系中最亲密的一种。当一个人承受压力时，最希望得到的就是另一半的帮助。虽然说男人和女人都有各自的压力反应机制，但他们也需要伴侣的帮助，以达到更好的减压效果。每个人都希望为自己的另一半分担忧愁，帮助对方减轻压力，但真正做起来，却并不是每个人都能做得到。在帮助伴侣减压上，女人通常都要比男人表现得好，这并不是因为丈夫不想帮助妻子减压，而是因为妻子帮助丈夫减压要相对容易一些。

女人是天生的情感动物，感情丰富、细腻，她们很容易产生各种各样的情感和感受，并擅长用语言将它们描述出来。当女人感到压力时，她们就会与人交流内心的感受，如果她们的感受被理解和关注，其体内的催产素就会增加，从而达到减压的目的。女人的压力反应机制是需要其他人参与的，仅凭女人自己的努力并不能达到最好的减压效果。但对于男人来说，要给予女人有效的帮助却并不容易。因为男人不可能产生像女人那么多的情感，再加上男人识别他人情绪的能力有限，这就为男人了解女人的内心感受设置了重重障碍。如果男人连女人的真实感受都无法了解，那又怎么与其交流呢？即使勉强交流，也很难让女人觉得自己被理解，有时还会起到反作用，让女人变得更加烦躁。

当女人遭受打击时，男人的鼓励对她们往往起不了什么积极的作用，很少有女人因为男人的鼓励而振作起来。当然，这并不意味着女人不需要鼓励，而是男人选错了鼓励的时机。受伤的女人最需要疗伤，她们希望对方倾听自己的感受，并对自己表示理解和支持。当她们感到自己被关心、被爱时，伤口才会逐渐愈合。

男人减压却很容易，只要做一些轻松的事情或睡上一觉，就可以达到减压的目的。从女人的角度讲，女人只要陪他们一起放松或者给他们独立的空间，就可以帮助男人减压。女人要做到这些并不难，女人只要克制住自己的好奇心，别去追问男人究竟发生了什么就行了。

当男人遭遇挫折和失败时，女人的鼓励往往会给男人巨大的力量，让他们摆脱压力，重新树立信心。想一想男人拼命工作的原因，这种现象就不难理解了。男人最希望得到自己心爱女人的认可，这是他们衡量自我价值的重要标准。一个表面成功但却得不到心爱女人认可的男人，是不会有成就感的。可惜的是，大多数女人都不知道男人是怎样对抗压力的，更不知道自己可以做些什么。否则，男人会活得比现在轻松得多。

第十七章

色彩心理学：为什么蓝色汽车发生
交通事故的概率最高

不可思议的色彩魔力

心理学家对颜色做了很多实验，也得出了很多有趣的结论。比如他们发现，在红色的环境中，人的情绪会兴奋，伴随着脉搏加快、血压升高等生理表现。而在蓝色的环境中，情绪容易平稳，脉搏会减缓……色彩具有神奇的魔力，会对人的心理产生影响。

冷色和暖色就是由于人们的心理错觉而产生的分类。红色、橙色、黄色等波长较长的光给人暖和的感觉，可以称为暖色；相反，紫色、蓝色、绿色等波长较短的光给人带来寒冷的感觉，可以叫作冷色。这些冷暖的感觉，并非来自物理上的真实温度，而是与我们的视觉和心理联想有关。冷色和暖色可以使人对房间的心理温度相差2℃～3℃。根据冷暖色原理，就可以在季节变化时，调整室内装潢或衣着的颜色。在夏天，多使用冷色的东西，会使人感觉凉爽。比如穿白色、蓝色的衣服，使用白、蓝色的窗帘或家居装潢等。而在冬天，使用暖色的室内装潢，会觉得整个家都非常温暖。同样，为了留住更多顾客，餐厅的装潢最好能随着季节而改变。夏天，商家在饮料包装上多使用冷色，在视觉上造成凉爽的感觉，必定会激起顾客更强的购买欲。如能灵活掌握暖色和冷色的用法，就可以通过它来调节人们的心理温度，减少其他消暑或取暖设备的运用，这也是节约能源、保护环境的好事。此外，人们的心理温度差还会受到颜色明度的影响。同一种颜色，明度高时会使人感觉凉爽或寒冷，而明度低时会使人感觉温暖。深蓝色比浅蓝色看上去就更凉爽。

除了冷暖色系有明显的心理区别外，色彩的明度和纯度也会引起人们的心理错觉。譬如，明度低的暗色系能使人们感觉物体变重了，而明度高的明色系给人以物体变轻的感觉。比如说，不同颜色但重量相同的箱子，黑色看起来最重，其次是黄色；再其次是白色。有人通过实验比较过黑白这两种不同明度的颜色给人造成的心理重量差异，发现黑箱子与白箱子相比，看上去要重1.8倍。"重"只是人们的主观感觉，大多数物流公司的包装箱都是黄色的，就是为了减轻搬运工人的心理重量的感受，感觉搬起来很轻。事实上，相比黄色纸箱，白色纸箱的心理重量更轻。

大家可以观察到一个有趣的现象：无论是在影视作品还是实际生活中，保险柜使用的颜色几乎都是黑色，明白了黑色所具有的重量感之后，也就不难理解生产商的意图了。与白色、黄色的包装箱能使人们产生可轻松搬动的心理错觉的原理一样，为了防止被盗，涂上黑色这种让人感觉很沉重的颜色，大大增加了保险箱的心理重量，让小偷望而却步。

冷色和暖色除了给人带来心理温度和心理重量的感受外，还有其他一些心理感受。比如，暖色有密度强的感觉，冷色则有稀薄的感觉；两者相比较，冷色的透明感更强，暖色则透明感较弱；冷色显得湿润，暖色显得干燥；冷色有很远的感觉，暖色则有迫近感。淡的亮色使人觉得柔软，暗的纯色则有强硬的感觉。一般说来，在狭窄的空间中，若想使它变得宽敞，应该使用明亮的冷调。

色彩还有一个不可思议的魔力：让时间变快或变慢。以红色和蓝色为例，红色会使人感觉时间比实际时间长，而蓝色则感觉时间比实际时间短。蓝色不仅能让人感觉时间过得很快，而且也有放松的作用。等人或开会时，需要打发冗长的时间，如果在以红色为主的餐厅或会议室，很容易心情烦躁。所以，公司管理人员不妨考虑把会议室设计成以蓝色为主，蓝的窗帘、桌椅、会议记录本，这样员工会觉得开会时间过得很快，也能以一种放松的心态投入讨论，提出建设性的意见。而选择在冷色调的餐厅等人也会觉得时间过得很快。

在了解了色彩的这些心理效应后，我们就能灵活地加以运用。

为什么蓝色汽车发生交通事故的概率最高

美国和日本曾对车辆事故进行过统计调查，发现蓝色汽车相比其他颜色的汽车，发生交通事故的概率最高。其他依次是绿色、灰色、白色、红色。汽车发生交通事故与车身颜色有关？这听起来确实匪夷所思。车身的颜色、明度、亮度等虽然不是造成交通事故的直接原因，却也扮演着一定分量的角色，它与交通事故的发生率是有关联的。颜色的前进与后退性、膨胀与收缩性以及不同明度造成的不同视觉效果，都影响着司机的判断，造成交通事故的发生。

首先，颜色具有前进与后退性，也就是说颜色可以分成所谓的前进色与后褪色。有些颜色看起来向上凸出，称为前进色，比如红色、橙色和黄色等暖色；而有些颜色看起来向下凹陷，称为后褪色，比如蓝色、绿色等冷色。假如有同样型号，不同颜色的红、黄、蓝、绿色的4部车并列排成一排，人们在视觉上会感觉红色和黄色的车离自己较近一些，而蓝色和绿色的车离自己较远。这就是颜色的前进与后退性造成的视觉效果。

前进色能比后退色带来更强的视觉冲击力。它运用于生活中的很多方面。比如，我们常常看到的超市、商场打折促销单，最常使用的就是醒目的红色和黄色。尤其是折扣比、优惠价格和活动日期等重要信息，都采用大大的红色或黄色字体突出显示。这对顾客形成的诱惑无疑比冷冰冰的蓝色或绿色字体要强得多。前进色在广告宣传中也得到了广泛运用。一到晚上，街上的霓虹灯、广告灯箱都亮起来，多数采用的是红色、黄色等醒目的标志，人们在大老远就能注意到，感觉离自己非常近。后褪色在装修中如果能得到合理的运用，可以使得狭窄的空间变宽敞、凌乱的空间变整洁。如果将墙壁涂上蓝色等后褪色，看起来比实际位置后褪了，显得空间更宽阔。同样，如果楼层的高度不理想，涂上后褪色可以使楼层看起来比实际更高，减少压迫感。此外，后退色在将空间变大的同时，还能使其看上去更整洁、清爽。但对喜欢家里温馨、物品丰富的人来说，红色、橙色等前进色倒可以帮上忙。巧妙利用前进与后褪色，可以打造一个温馨的、错落有致的、富有立体感的家。

其次，颜色还有膨胀与收缩的特性。不同颜色给人带来的体积感觉是不一样的，像红色、黄色、橙色等暖色，可以使物体看起来比实际体积要大，无论远近都容易引起注意，这是膨胀色。而像蓝色、绿色等冷色，则使物体看上去比实际体积要小，也就是收缩色。这也是为什么在发生事故的车辆中，蓝色和绿色的最多，而红色最少。尤其是傍晚和下雨天，视线不好，收缩色的车常不为对方车辆和行人注意，从而引发事故。

颜色的膨胀与收缩性同样可以运用于室内装修中，如果要使房间显得宽敞、整齐，多使用收缩色的家具；如果喜欢家里温馨、丰富的样子，则可以多使用暖色系、膨胀色的家具。另外，收缩色的服饰还能打造苗条的身材，使人显瘦。这也是为什么女性喜欢穿黑色丝袜的原因。

再者，不同明度的颜色带来不同的视觉效果，也是蓝色车交通事故率最高的原因之一。颜色可以分为明色与暗色。前者包括红、黄等色，后者包括黑、蓝等色。明色的视觉效果比暗色好。暗色系的车看起来不仅小一些（收缩性）、远一些（后退性），也更模糊一些。而明色系的车看起来不仅大一些（膨胀性）、近一些（前进性），也更清楚一些。但如果能将一些视觉效果不太好的颜色进行合理的搭配，也可提高其安全性。如蓝色和白色相配，效果就大为改善。

　　了解了颜色的前进与后退性、膨胀与后退性，以及明度对汽车交通事故率的影响，我们在买车时可以将这一因素考虑进去，不妨选择暖色系车身的汽车，增加安全性。平时在驾车的过程中，要特别留意自己前方的或者对向行驶过来的蓝色汽车，以防交通意外的发生。

何谓色彩心理学

　　所谓色彩心理学，顾名思义，就是研究色彩与人类心理活动之间关系的学科。色彩在我们的生活中是不可或缺的，缺少颜色的生活将是单调乏味的。客观上，各种色彩是对人们的一种视觉刺激，而主观上又是一种反应与行为。受到什么刺激后能产生什么反应，都是色彩心理学将要讨论的内容。

　　从色彩学上来讲，色彩的三要素（即物理属性）包括色相、明度和纯度。色相是指一种颜色区别于另一种颜色的表面特征，例如人们对红、绿、蓝等颜色的区分；明度是指色彩的明亮程度，从黑色到白色，明度从最高到最低；纯度是色彩所具有的鲜艳程度，一般来说纯色的纯度最好，混合色的纯度更低。而人们对颜色的知觉很大程度上受心理因素的影响，从而形成心理颜色视觉。心理颜色视觉的要素与色彩的物理属性相对应，但并不是简单的一一对应。例如，我们通常认为白光的纯度为0，各单色光的纯度为1。但是，心理颜色视觉在分辨各单色光与白光的差别时，却认为各个单色光的纯度是不一样的。红、蓝单色光与白光相比，差异显著。而黄、绿单色光与白光相比，则差别不大。所以在心理上，人们认为黄色光尽管也是单色光，但纯度却比蓝色光更低一些。这些心理上的颜色与白光的区别，通常称为饱和度，以区别色度学上的纯度。

我们都知道，红、绿、蓝是色彩的三原色，很多颜色都是由这三种颜色混合而来。我们看到紫色时，会觉得它是由红色和蓝色混合而成的。看到青色时，会觉得它是由蓝色和绿色混合而成的。但是却不会觉得黄色是红色和绿色的组合，而倾向于将黄色当成一种原色。一般认为，颜色有绿中带蓝的青绿，绿中带黄的草绿，却没有黄中带蓝或红中带绿的颜色。所以，红、绿、黄、蓝、黑、白也被认为是心理颜色视觉上的六种基本感觉。这些颜色作用于人们的心理，产生不一样的心理效应。

红色一般被认为是象征热情、自信和性感，是一种充满能量的色彩。喜欢红色的人大都非常自信、很有野心，会积极地去争取想得到的东西，属于精力充沛的行动派。对于任何事情都是激情高涨、永不言败。不过有时候也会给人以攻击性、暴力、控制的印象，容易给他人造成心理压力。因此，如果你想表达自己对红色的喜爱，还是得先分清场合。在一些需要给自己力量和自信的场合，可以让红色穿着助你一臂之力。但在一些需要心平气和坐下来谈判的场合，则不宜穿红色。

绿色是一种给人无限安全感，代表自信心、稳健与优越感的颜色，它可以在人际关系的协调方面扮演重要角色。喜欢绿色的人，一般都比较稳重，忍耐力很强，也会很注重与周围环境的协调性，努力维持和谐的氛围。但这并不意味着他们是中庸的，在认为有必要说出自己意见时，也能冷静地表达出来。不过绿色有时候也是隐藏、被动的代名词，在团体中容易失去参与感。绿色属于一种随意、休闲、代表人与自然和谐的颜色，许多环保活动都喜欢选用绿色作为标志颜色。个人如果担心穿着绿色失去个性的话，可以搭配其他一些色彩来调和。

黄色代表尊贵、活泼、明快与温暖，喜欢黄色的人一般性格开朗、外向，具有远大理想。在封建社会，黄色是皇室的象征，尽显高贵气息，对普通老百姓来说属于禁色。现代社会，黄色的运用已经极为普遍。最典型的是，作为一种明度极高的颜色，黄色具有警告的效果。所以夜行衣、小黄帽、交通提示牌等多使用黄色。喜欢黄色的人一般希望能显示出他们自己的性格，但有时候做事会有些不稳定、招摇，甚至带有挑衅的味道。和红色一样，也是不适合出现在需要控制情绪的场合。

蓝色是一种理性与知性兼具的色彩，代表着博大的胸怀和沉稳的气质。喜欢蓝色的人大都性格沉着稳重，而且独立、诚实。他们重视人与人之间的信赖，乐于照顾周围人，也非常宽容、理性。几乎没有人会讨厌蓝色，在美术设计方面，蓝色也是使用范围最广的颜色。如果想给对方留下沉稳、冷静、理性的印象，不妨选择蓝色系的穿着。

黑色代表高雅、低调和权威等特质，同时也与屈服、拒绝、执着、冷漠等特质相联系。喜欢黑色的人一般独立性较强，也十分努力、上进，但同时也可能是刻板、迂腐的。黑色一般为大多数白领人士所喜爱，当你需要表现出你的专业，同时又不想引人注目时，黑色是最安全的颜色。

白色一直被认为是纯洁、善良的代表。白衣天使是救死扶伤的象征。喜欢白色的人一般都比较单纯、善良，乐于帮助别人。但是白色也会给人梦幻、不切实际的感觉。白色同样也是都市白领最爱的颜色之一，能给人干练的印象。

掌握色彩带来的心理颜色视觉，可以更好地运用颜色，减少色彩使用不当的情况发生。也能根据色彩来判断他人的性格，帮助认清他人的行为和本质。目前，色彩心理学已经广泛应用于实践中，比如商家的宣传促销单、广告牌的设计等。它使我们的生活更加丰富多彩。

人们对颜色的偏好有所不同的原因

如果随机访问人们喜欢的颜色，相信每个人给出的答案都是不一样的。这既有先天的因素也有后天的原因，既可能是由于个体差异也可能存在地域差异。

有研究者认为，人们对于颜色的偏好其实是天生的，与人类的演化有关系。他们让多名男女在一间黑暗的房间里观看电脑屏幕上显示出的1000组彩色矩形，然后快速选择自己最喜爱的矩形。随后，研究人员将被试的选择结果标绘在色谱上对照，结果发现，两性都偏好蓝色系，蓝色是不分性别普遍受到喜爱的中性颜色。但是女性偏向选择蓝色系中偏粉红的那端，而男性则偏向选择偏绿色的那端。为了了解这样的差异是否与文化背景有关，研究人员又找了两组在不同文化背景下生活的学生作比较，结果得出同样的两性颜色偏好差异，显示了这样的差异与文化背景无关。研究者推测，这样的差异是由男女在人类演化过程中的劳动分工不同造成的。女性多半负责采集，男性负责狩猎。因而女性逐渐对与成熟圆润的果实相关的红色系事物产生偏好。而对于男性来说，他们只需要在发现深色的东西时马上发射。

也曾有人调查过儿童的颜色偏好。结果显示，红色在儿童心目中的绝对地位不容动摇。儿童对红色和黄色的喜爱不存在地域差异，这两种颜色是世界各地儿童最喜欢的颜色。但是对成人的调查却发现，成人对颜色的偏好存在比较严重的差异，说明后天因素对人的影响还是很大的。由于颜色与性格的关系，人们赋予颜色更多代表意义。随着人们成长经历的分化，对颜色的偏好也开始出现分化，并不会像儿童时期那么集中。此外，大自然赋予了世界无尽的色彩，每个人都对色彩有不同的感受，对于颜色的喜好也具有较大的个体差异。

不同地区、不同国家的人，对色彩的感觉并不相同。色彩在人们心中的形象以及人们对色彩的偏好，都存在地域差异。蓝色、白色和红色占据着韩国人最喜欢的颜色排行榜的前三名；蓝色、黄色和红色是德国人最喜欢的三种颜色；白色、黑色和蓝色是中国人的最爱。此外，荷兰人最喜欢的是橙色、蓝色和黑色；美国人最喜欢蓝色、红色和绿色。造成这种现象的原因除了地域因素外，也与历史文化、宗教背景等因素有关。归纳起来，主要有以下4个原因：

太阳光照射的角度不同

由于地球的纬度不同，阳光的照射角度不同，于是人们对颜色的感受也不同。在赤道附近，即热带地区居住的人们喜欢明度和彩度较高的暖色，是因为太阳光在赤道附近呈现出红色、橙色和黄色。而到了高纬度的亚寒带和寒带地区，太阳光则呈现出蓝色和蓝紫色。居住在这个纬度带的人们比较喜欢中等明度、彩度的颜色，比如绿色。

空气透明度不同

与纬度一样，空气中的尘埃和水分也可以影响太阳光的照射角度，使人们对颜色的感受有所不同。在干燥地区，空气中阻碍光线传播的障碍物少，因此太阳光可以以原有的波长到达地面，看起来干净而透明。相反，在湿度高或积雪多的地方，比如北欧和俄罗斯北部等空气潮湿的地区，云层较厚，太阳光受到空气中障碍物的影响，看起来昏沉而浑浊。当地人习惯了低彩度的光线，因而倾向于喜欢低彩度的颜色。

文化、历史和宗教背景不同

历史对人们色彩感的影响很大。比如在中国，黄色自古以来就是皇室的象征，是权力和高贵的象征，地位尊崇。所以，人们喜欢黄色。

背景色不同

一种颜色看上去是否漂亮，还和当地的风土、环境等有着重要的联系。在靠海的国家，白色受到欢迎，是因为白色和碧蓝的大海、湛蓝的天空之间形成强烈的对比，形成一道美丽的风景线。

由于上述原因，即使是同一种颜色，也会让不同地区的人在心中产生不同的感受，在各个地区受到的待遇也是不一样的。某个地区的人喜欢，别的地区也许非常厌恶。当然，这其中的原因并不止前面列出的这些。人的喜好本来就很复杂，理解了这一点，我们会变得更加包容。

通过喜欢的颜色看性格

人的性格与喜欢或讨厌的颜色之间有着奇妙的联系。不同颜色反映不同的性格倾向，喜欢或讨厌同一种颜色的人大致有着相似的思考方式和行为模式。在这里，我们将介绍一些颜色所反映的性格特点。

在前文中曾提到，黑色代表高雅、低调和权威。喜欢黑色的人一般独立性较强，精明而干练，他们似乎拥有一种令人信服的力量，别人能感到他们的理性与智慧。还有一类人，他们喜欢黑色实则是一种逃避心理的表现。他们比较在意别人的眼光，害怕别人对自己指指点点。而用黑色的服饰把自己包裹得严严实实，希望给人以神秘、理性之感，实则是不自信的表现。黑色也与屈服、拒绝、固执、冷漠等特质相联系，讨厌黑色的人，大都是讨厌黑色给他们带来的这些负面印象，他们不喜欢封闭、压抑和冷漠的感觉，向往更自由开放的生活。一个有趣的现象是，爱神往往不眷顾喜欢黑色的女人，她们的爱情大都不怎么顺利。黑色在保护自己、增加神秘感和吸引力的同时，似乎带来了厄运。喜欢黑色的女性不妨选择一些亮色的服装，以增加自己的爱情运势。

喜欢白色的人以完美主义者居多，他们不能接受有瑕疵的生活，要求尽善尽美。即使做不到十全十美，也希望能朝着目标努力。因此，喜欢白色的人会留给他人非常有理想、有抱负的印象。如果他们没有做到这些，至少也是对这样的状态充满了向往，并希望给他人留下志向高远的印象。白色还是纯洁、善良的代表，喜欢白色的人大多都有一颗纯洁而善良的心，家庭观念很强。"白衣飘飘的年代"是用来形容美好的校园青葱岁月，喜欢白色也是留恋青春的象征。基本上，很少有人会讨厌白色这么美好、纯洁的颜色，除非它曾经带来过痛苦的经历。比如医院的住院经历。白色是单纯的象征，如果喜欢过度，可能会给人留下幼稚、不成熟的印象，有时候可以用其他色彩来加以点缀，使人看起来单纯又不失理性。

灰色一般做点缀之用，突出其他颜色的美丽。喜欢灰色的这类人在性格上也是这样，他们善于平衡局面，把握大局，甘做绿叶点缀和突出他人，也不愿自己出风头。年轻人中似乎很少有人喜欢灰色，喜欢灰色的人一般是成熟稳重、生活稳定、低调的中年人。他们已经经历了很多生活的历练，处世也更加圆滑，善于用巧妙的手段化解生活中的各种障碍。因而这类人也是比较受欢迎的。与讨厌黑色一样，讨厌灰色的人一般也是不喜欢单调、封闭、冰冷的生活，而向往自由、没有压力的状态。

喜欢红色的人性格外向、活泼，乐于表达，行动力也强，但是，却容易冲动，情绪波动较大，做事前也不会深思熟虑，属于没头脑的行动派。这类人虽然行事莽撞，说话没边，内心却是热情而富有正义感的，这点不容质疑。那些理性、低调的人可能会讨厌红色的高调、醒目。对喜欢红色的人来说，如果想避免性格中情绪不稳定的一面，可以多使用其他代表理性、沉稳的颜色做点缀，也会显得更时尚。

蓝色一直是最受人们喜爱的颜色之一。与喜欢红色的人相反，蓝色代表着理性。喜欢蓝色的这类人属于谨慎的行动派，做事前会有一套缜密的计划，严格按计划实行，并且具有很强的协调能力。当然，喜欢蓝色的人也有缺点，他们比较固执己见，不容易听取他人的意见。

与白色一样，喜欢黄色的这类人也是理想主义者，但是他们却更理性。他们绝不是空想主义者，制订了计划就会按之一步步前进。他们拒绝一成不变，喜欢创新，对事情都有自己的想法。同时，黄色也是幽默感的象征，喜欢黄色的人讨厌沉闷，善于活跃气氛，是大家的开心果。相对应地，那些没有幽默感、循规蹈矩的人可能会讨厌黄色。

另外，喜欢绿色的人个性率直，基本不会掩饰内心的想法。好奇心强，却不会独自采取行动，不愿当领头羊。他们还很敏感，会把问题分析得很透彻。虽然能与周围人和睦相处，在心底却不愿相信任何人。喜欢橙色的人活泼开朗，无拘无束，乐于表达自己的情绪。他们有很强的竞争心理，不愿服输。喜欢粉色的人性格温柔，懂得照顾人，以女性居多。

其实，人们的性格不完全是"纯色的"，还是以混合色居多，通常是以一种颜色为主，同时混合着另外一种、两种或三种颜色。人们的性格也没有好与坏之分，能扬长避短地发挥它们，才是我们所追求的。多彩的性格让我们的生活更美好，更幸福。

服装颜色与个人心理密切联系

据媒体报道，有一位妈妈花了 4 年时间调查发现，她女儿穿浅色衣服去参加考试，得到的平均成绩，要比穿深色衣服多 2.7 分！这位妈妈是做会计工作的，统计是她的强项。她将女儿从初一到现在近千份试卷进行了统计，发现女儿穿深色衣服考试，平均分是 81.77 分，而穿浅色衣服时是 84.47 分。色彩心理学家认为，白色、淡绿色容易让人变得安静，做起事来也更细心。而像红色、黄色这类亮眼的颜色，往往能让人情绪亢奋，在行为举止上也更毛躁，不够细腻、安静。尤其是在考试时，一旦答不出题，很容易心情烦躁，影响发挥。因此，专家建议考生在考试时最好穿浅绿、浅蓝、白色的衣服，以保持心态的稳定，冷静应考。

色彩和人类的心理之间有着十分密切的关系。一个人对色彩的选择，不仅会影响给他人留下不同的印象，也会影响自己的心理状态。

穿黑色衣服：有助于保护自己免受外界的干扰和伤害，也有显示权威的作用。想要获得控制对方的力量，可以选择黑色衣服。

穿白色衣服：有助于调整心情。当你想有一个崭新的开始时，可以穿上让人精神焕发的白色。白色还有助于显示你健康向上、充满活力的一面。

穿灰色衣服：有助于做出谨慎的行动。灰色不是友好的、富有活力的颜色，需要小心处事时，穿灰色衣服较好。

穿黄色衣服：有助于提升自信，激发人的进取心。感觉不安时，穿黄色衣服可使人镇定；想解决问题时，穿黄色衣服可以使自己获得动力；另外，穿黄色衣服可以促进肠胃蠕动，所以改善便秘时，可以考虑黄色衣服。

穿红色衣服：有助于激发情绪，振奋士气。无精打采时或想打起精神的时侯，穿红色衣服；和黄色一样，红色也能激发自己解决问题的动力。

穿绿色衣服：有助于平稳情绪，提高决断力。在情绪焦躁或者需要作出决定时，可以穿绿色衣服。

穿蓝色衣服：有助于集中注意力，另外，穿蓝色衣服可以激发创造力。

穿橙色衣服：能促使人采取积极行动，可以刺激荷尔蒙的分泌，加速人体新陈代谢。需要提高行动力时，就选择橙色衣服。

穿粉色衣服：可以使自己对他人的态度变得更温柔，性格变得更温厚。

穿紫色衣服：能刺激人的直觉，使女性更显女人味。

另外，在恋爱的过程中，色彩心理学也可以助男性一臂之力。女性常常会抱怨男性不了解她们，不知道她们心里的所感所想。其实，女性所穿衣服的颜色，大多可以反映出她们当时的心情，根据色彩心理学教我们的，就可以了解她们的一些想法。如果女性穿鲜艳的衣服，可以约她进行大家都感兴趣的娱乐活动；

如果女性穿深蓝色的衣服，可能是想寻找倾诉的对象，这时男性应该认真倾听她的心声；如果女性的服装是以黑色为基调的无彩色，则说明女性需要倾诉对象或是希望得到别人的赞美；如果女性穿暗淡色调的衣服，则适合一起去美术馆等让人心情平静的地方；如果女性穿可爱的浅色调衣服，则可以进行一些户外活动。

不同色彩的衣服不仅能对别人的视觉产生影响，一件颜色鲜丽的衣服可以使一个很普通的人，立刻变得不同起来，穿着不同颜色的衣服会影响一个人的心情，也可以展现一个人的不同性格。

恋爱中的实用色彩心理学

和心上人约会，应该穿什么样的衣服赴约呢？怎样让色彩牵线，找到和你有缘的那个人呢？恋爱中的女人应该穿什么颜色的衣服呢？这些都是处于恋爱中的女性必须掌握的色彩心理学小常识。

大多数女性都认为第一次约会时穿白色或浅色衣服最合适，因为白色衣服看起来干净、整洁，能给对方留下一个好的印象。的确，白色能给对方留下整洁、干净的印象。但是，白色也有冷淡的心理效果。尤其是对第一次约会来说，虽然给对方留下了不错的印象，却会让对方觉得你是一个不容易亲近的人。在双方已经熟悉一些时，可以尝试穿白色衣服。因为在前几次约会中，女性身着颜色鲜亮的衣服，已经给对方留下了不错的印象，忽然穿上白色衣服，这样会让对方觉得很意外，造成巨大的印象落差，从而激发对方对你的兴趣。当然，对所有颜色不能一概而论，兴许你约会的对象就喜欢白色，对身穿白色衣服的女性最有好感。关键是选择自己喜欢，并且合适自己的颜色，穿出自己的个性。

透过颜色来看性格，在前文已经提及很多。在双方已经有一定的了解以后，可以从谈话中了解他喜欢的颜色，从而大致判断他的性格。比如说，喜欢黑色的男人，严肃而认真，有时候稍显古板和距离感；喜欢绿色的男人，爱好和平，社会意识强，却不是个积极的行动派；喜欢蓝色的男人，性格平稳、理性，做事缜密、认真；喜欢橙色的男人，竞争心强，不肯轻易服输，是个积极的行动派。总之，透过喜欢的颜色能大体知道对方的性格，这样在爱情攻防战中就能占据有利的位置。有时候顺着他的性格来，能大大提高你在他心目中的地位。

知道了对方喜欢的颜色，女性还可以从此入手，看看你和他的性格是否合适，是否投缘。与配色中的色彩调和类似，如果你们喜欢的颜色是类似色或补色，就说明你们比较投缘。比如说，喜欢白色或红色的女性，和喜欢蓝色的男性比较投缘，喜欢白色的女性整洁、清爽，一般具有高尚的理想，而喜欢蓝色的男性诚实、理性，大多喜欢研究和探索，这样的搭配很合适。紫色和黄色是一对补色，喜欢紫色的女性，和喜欢黄色的男性特别相配。因为喜欢黄色的男性大多好奇心强，喜欢紫色的女性恰恰富有神秘感，正是喜欢黄色的男性的理想伴侣。喜欢橙色的男性是个积极的行动派，而喜欢灰色的女性是谨慎派，二者的结合可以使性格达到平衡。然而，两个同样喜欢橙色的行动派却并不适合。喜欢粉红色的女性与喜欢黑色的男性也是合拍的一对，这是因为粉红色的温柔可以将黑色的力量包围起来，从而防止黑色的力量过度膨胀。另外，喜欢红色的男性，适合与喜欢红色、橙色或绿色的女性谈恋爱；喜欢黑色和白色的女性也适合喜欢红色的男性；而喜欢蓝色的女性，和同样喜欢蓝色系的男性比较合适；蓝色和它的补色黄色也是投缘的一对。不过，透过颜色看缘分也不是绝对的，只具有一定的参考价值。

女性恋爱时会变得更漂亮，是因为身体内分泌出更多的女性荷尔蒙，使皮肤变得更光洁亮丽，再加上每天心情愉快，自然更加漂亮。薰衣草色或紫丁香色等淡紫色也有恋爱的效果，这些颜色能促进女性荷尔蒙的分泌，使她们看起来更温柔、更有魅力，因此女性平时可多穿这类淡紫色的衣服。另外，恋爱期间的女性还会爱上浪漫的粉红色。但是过度使用粉红色会显得孩子气，要特别注意使用的比例。

对于女性来说，在和异性的接触过程中，会有一个特殊的心理过程。起初刚认识时，和陌生异性接触会让她们觉得讨厌，但时间长了反倒会对对方产生好感。因此，对男性来说，一开始如果生硬接近喜欢的女性，必定会让她们感到厌烦。如果把熟悉的过程变得自然一些，时间长了就会赢得她的芳心。所以，男性应该避免穿红色、橙色等过于热情、让对方产生心理压力的颜色，清爽、浅色的衣服更能让女性放松。

巧用色彩心理学知识管理约会装束，了解对方性格，能让你的恋爱谈得主动、自信。

第十八章

图画心理学：随手涂鸦的作品就是
人生成长的记录

什么是图画心理学

图画心理学是图画学与心理学的交叉学科，也是心理学的一个新的分支学科。它是一门研究图画与人类心理之间的内在联系的科学。根据图画心理学的基本原理和理论，我们能通过绘画者所画的图像，从线条、图画大小、位置等角度来帮助绘画者认识自我的内心想法，或者考察他们的人际关系、心理状态和性格特征等。绘画时的氛围是轻松愉快、没有压力的，这样绘画者才能将最原始的一面展现出来，得到的心理分析也是最真实可靠的。

众所周知，图画的基本要素是线条和色彩。线条或流畅或生涩，或遒劲或软弱，色彩或浓烈或淡雅，或暖昧或清冷，通过这两个要素的变化，能传递出比语言丰富得多的信息。此外，我们在画图时，脑海中会很自然地浮现出一些联想、记忆或片断，这些情绪、感受会很自然地通过线条或色彩融合在图画中。这样一来，就赋予了图画某种象征意义。也就是说，图画能反映我们潜意识中的某些信息。我们对于图画，欣赏的不仅仅是绘画的功力和技巧，更重要的是图画背后包含的情愫是否能直达人心，反映出绘画者最原始、最本能的一些对生活的思考。

如何利用图画心理学来分析一幅图画？可以从三个方面进行：

一是从整体上进行分析，包括图画的大小、下笔力度、构图和颜色等；二是从绘画者绘图的过程进行分析，包括先画什么，再画什么，是否有涂擦，花了多长时间等；三是从画的内容上去分析。不同的图画分析的侧重点不同。总之，图画心理学的奥秘就是：即使是一幅信手涂鸦的作品，心理学家也可以据此解析我们的内心世界。

图画心理学利用的其实是心理学的投射原理，通过使用简单模糊和不确定的指导语，让人们把深层次的焦虑、冲突、动机、情绪、价值观和愿望等，于不知不觉中投射到图画作品中。对图画的解释一定要由受过专业训练的人员来进行。即使是专业人员，对图画的解释也应该谨慎，需要综合考虑各项指标和要素，以及来访者的年龄、社会文化背景、情绪状况、主要心理问题等。先仔细倾听他们自己对于图画的解读，然后根据咨询的需要进行分析。

图画心理学的基本理论

前文已经提到过，图画心理学就是根据绘画者所绘图像的线条、大小等角度去分析绘画者的心理。画图不拘泥形式和技巧，通过简单的画人、画树、自由绘画等，就能考察绘画者的心理状态、性格特征以及人际关系等。其基本理论依据有以下三个方面：

首先，画画的过程是一种心理学的投射技术，它能够间接反映人们潜意识层面的信息。画画是直观表达人们内心的一种方式，在画画时，大部分人不会有很多的防御心，而是很自然地将内心真实的想法和愿望通过图画流露出来。它能直接反应人的内心，当人们把自己心中的想法落笔到纸上时，图画就不仅仅是图画，它还承载着人们内心的种种信息，只要仔细加以分析，就能获取一些信息。我们有时候会有这样的感觉：想表达自己的一个想法时，语言显得非常匮乏无力，别人也总是一知半解，但是如果能以图画的形式将想法画出来，即使是寥寥几笔简单的线条，别人也能很容易领会要传达的信息。所以，有时一幅画胜似千言万语，它能传递非常丰富的信息。在孩子的笔下，这个特点非常明显：太阳公公笑眯眯地看着大地，花朵小草都在跳舞，小动物穿着漂亮的衣服在一起玩耍……在孩子的眼里，任何事物和人一样是有生命的。有些在现实生活中不能达到的愿望，孩子们便通过图画来满足自己的需求、寄托情感。

图画有利于人们的表达与沟通。人类祖先通过图画来交流日常生活的信息，这从已发现的一些岩画中可得到证实。在以后的进化过程中，才逐渐赋予其美学的意义。不仅如此，儿童在具备一定的语言和文字能力之前，也是通过涂鸦和画画的方式来表达自己的。可以说，图画是表达自己内心意愿和感受的最主要方式之一。与文字相比，图画更具象征性和随意性。人们在画图时，会自然放下内心的防御，不自觉地将内心的一些情绪和想法投射到图画中，使得图画具有象征意义。

再者，图画能传递比语言更丰富、表现力更直观的信息。而且，在画图的过程中，我们能进一步理清自己的思路，把无形的东西有形化，把抽象的东西具体化。图画的表达能力比语言要强得多，虽然只是线条和色彩的组合、变化，却能传递丰富的信息。需要用很多文字表达的一个意思，可能只需要一幅寥寥数笔的图画就能把意思表达清楚，而且更加形象、生动。此外，通过图画，也能表达出绘画者的情绪、想法。比如，线条是图画的基本元素之一，不同的线条能传递不同的信息。长线条表示绘画者能够较好地控制自己的行为，但有时会压抑自己的想法，显得较为保守；短而断续的线条表示绘画者较易冲动行事；曲线可能代表的是绘画者厌恶常规，希望有独立的想法；强调横向的线条表示无力与害怕、自我保护倾向、女性化等特征；强调竖向的线条代表自信与果断，坚毅和勇敢；线条过于僵硬，代表的是固执或攻击的倾向；线条不断改变笔触的方向，则代表绘画者缺乏安全感。此外，无论线条朝向什么方向，只要过长，或者是很僵硬，反映的是绘画者的刻板与固执，甚至是攻击性倾向。在传递一些复杂信息时，言语往往是匮乏无力的，有嘴说不清，听者也感觉云里雾里，但如果借助图画来表达，往往能使双方一目了然。画图的过程，本身就是人们思维再加工的过程。用最有效的方法，把复杂的东西简单化，把无形的东西有形化，把抽象的东西具体化，这是图画能赋予我们的意义。

图画能最有效地表达自我，能直观地传递比语言丰富得多的信息，还能投射出我们潜意识的想法。透过图画，我们能更加了解自己。

怎样分析屋－树－人图画

屋－树－人图画和画人、画树测验一样，都是投射测验的一种。在图画中，每一样事物都有自己的象征意义。房屋一般代表家庭、安全感，也代表我们的生命实体。树象征着生命的能量和自我的成长。人代表着自我形象、人际沟通，也代表我们与家庭成员的互动关系。

首先，可以从图画在白纸中的位置来进行整体分析。图画居中，说明绘画者的自我意识较强，习惯以自我为中心；图画偏左，代表绘画者留恋过去；偏右，则是展望未来的表现；图画偏上，说明绘画者喜欢幻想，是个理想主义者；偏下，则代表对现实的关注。如果图画在白纸的某个角落，绘画者可能有某些病理性的疾病。

房屋是人们成长、生活的地方，投射的是内心的安全感。绘画者所画的房屋一般是自己现实的家，或理想中的家。从整体上看，画楼房，显示绘画者的智商较高；房屋画得像庙宇，绘画者要么是人才，要么行为怪异；房屋有烟囱，向上的烟代表绘画者内心的压力；房屋的侧面有楼梯，绘画者逃避与他人直接接触。门是房屋的出入口，它代表的是个体对外界的开放程度。房屋没有门，说明绘画者对外界有较强的防御心理，拒绝与他人接触；房屋有侧门，绘画者内心不认同家庭；低矮的门，代表绘画者表面上似乎很开放，内心却保持戒备；门上有猫眼，绘画者不会轻易相信他人，谨慎多疑；门没有把手，说明绘画者不希望别人走进自己的内心；另外，双扇门是渴望成双成对的表现。窗户同样也代表个体的开放性，"十"字型的窗户是最常见的一种画法，没有特别的含义；没有画窗户，表示绘画者退缩的心态；窗户狭窄，显示绘画者的羞怯，不能很快和别人打成一片；窗户像栅栏一样，代表的是缺乏安全感，内心封闭。大的单片玻璃窗户代表绘画者心态开放，愿意与他人沟通，愿意让他人了解自己的信息。很多窗户是渴望与外界接触和沟通的表现。

树木象征感情，投射的是人们对环境的体验。用单线条画成的树，说明绘画者内心忧郁；树枝上长出新芽，代表绘画者渴望或正在重新开始；树上有疤痕，代表绘画者曾受过心理创伤，疤痕在树干上的位置越低，受创伤的年纪越小；树上有果实，代表的是对金钱和权威的欲望；绘画者将树干涂黑，说明潜意识的攻击性较强；高山上画一棵树，绘画者可能有恋母情结。

人投射的是绘画者的自我形象和人格的完整性。一般绘画者都是画写实的人，如果画的人是符号化的，代表绘画者的掩饰性和防御心理较强。头画得越大，绘画者的心理年龄越小；脚代表人的活动力，叉开的双脚表示活动力强，反之则不善与人交往；手代表对环境的支配，伸得越开支配力越强，手放到后面说明绘画者有被动攻击行为；耳朵画得大，绘画者可能比较敏感，孩子不画耳朵则可能是逆反心理的表现；眼睛画得比较大的人比较敏感、多疑；不画瞳孔，绘画者在人际交往中有回避倾向；画眼睫毛代表对美的关注。

在作画时，绘画者往往还会添加一些附加物。通过分析这些附加物，也能找到一些线索。太阳是比较常出现在屋—树—人图画中的，尤其是在儿童画中。太阳代表的是温暖和能量，朝向太阳可能代表寻求温暖，而背着太阳表示的是拒绝温暖。花朵表示绘画者渴望得到爱或者其他美丽的事物。云朵和月亮都代表忧郁，云朵还代表焦虑。蝴蝶则代表难以捉摸的爱。

另外，作画的先后顺序也有不同的含义。一般来说，最先画的部分对绘画者是最重要的。先画房屋，可能表示绘画者对自己的身体或家庭非常关注。先画树，说明绘画者首先考虑的是生存问题，对生命力的关注。那些经常考虑"生还是死"问题的人，往往会先画树。先画人，表明对自己的特别关注。如果画的是别人，表明绘画者对所画人物有特别的情感。要综合考虑屋—树—人图画中三者之间的关系，再予以分析，才能更准确。

图画心理学中的笔迹分析

和图画心理学类似，笔迹的分析可以从笔迹大小、用笔力度以及笔迹的位置三个方面进行。

在笔迹分析中，字的大小与自我评价有关。如果字很大，代表的含义是书写者崇尚自由，兴趣广泛，有雄心壮志，且不拘小节，喜欢社交和表现自己，行动欲较强，但是缺乏精益求精的精神等等。这是一般的情况。但是如果字体很大，线条颤抖，并且线条有被刻意拉伸的现象，代表的是书写者内心的无力感和对外的防御心理，是一种心理补偿的作用。如果笔迹上方的空白过小，说明书写者心胸狭窄，目光短浅，且知识缺乏，或者是有一种寻求保护的心理。这也是与图画心理学中的结论相吻合的。在图画心理学中，认为画面非常大，代表的含义可能有以下几种：一种是攻击性倾向；一种是情绪化、内心躁动不安的表现；还有可能是由于内心的无力感而表现出来的防御机制。如果画面非常小，代表的含义则是绘画者拘谨、胆怯、害羞和退缩的倾向，以及对自我的评价较低。画面在纸的上方且比较小时，表现出绘画者心理能量较低。另外，当正文和签名放在一起时，可以进行比较分析。一般来说，正文反应的是书写者的社会评价，而签名反应的是书写者的自我评价。如果签名比正文大很多，表示书写者的自我评价较高，自信心很足，自我意识也较强。如果签名比正文小很多，则表示书写者自我评价不高，自信不足，害羞甚至有点自卑。需要提醒的是，在笔迹分析中，单纯分析字体的大小很有可能会出差错，需要与其他的笔迹特征结合起来，尤其是笔压。

笔压，即用笔力度，往往最能反映出用笔者的能量大小。笔压重表示心理能量大，体现在书写者身上，就是自信和果断等特征。但是，如果用笔力度特别大，代表的却是心理能量由于过高而不能通过正常的渠道得到宣泄，形成的是攻击性、脾气暴躁等负面特征。负面特征的表达还伴有笔记线条中的颤抖，如果仔细观察就能发现。笔压轻表示书写者心理能量较低，内心活动无法得到足够的能量支持，表现出来的特征就是没有安全感、犹豫不决、适应能力不强等。我们在笔迹分析过程中尤其需要注意那些过高的，却又不能通过正常渠道宣泄出来的心理能量。有力的笔触表示书写者思维敏捷、自信、果断。但是如果特别用力，除了代表自信、能量和信心，也有可能是攻击性或脾气暴躁的征兆。正常的轻微力度可能代表犹豫不决、畏缩和害怕、没有安全感等。而断续的、弯曲的笔触则代表了书写者依赖和情绪化的倾向，或者是柔弱和顺从。

此外，也可以通过书写的位置进行笔迹分析。如果书写在纸的中间，它代表了一种安全感。但是也有说法认为处于正中央，代表的是没有安全感，且在人际关系中比较固执。如果处于纸的上部，表明书写者有很大的抱负，且会努力朝目标前进。但也可能代表的是一种乐观，有时甚至是过分的乐观。如果处于纸的下部，表明书写者没有安全感，情绪经常低落，有悲观主义的倾向。如果处于纸的边缘或者是最下部，表明书写者悲观、没有安全感、缺乏自信，需要寻求外部的支持，或者是沉迷在幻想中，逃避尝试新的东西。通常，我们书写时都是空出头和尾，这不仅是为了保持美观，也是为了方便日后阅读时进行批注。

我们在分析笔迹时，往往过于注重笔迹的个别特征，而忽视了整体。其实，我们有时候可以尝试着将整幅笔迹看成是一幅画，从整体的角度，甚至以欣赏书法、山水画的方式去观察笔迹。

随手涂鸦的作品就是人生成长的记录

想画什么就画什么，是一个艺术家经过千锤百炼才能达到的境界。而图画日记能让我们一开始就处于这样一个创作的高点，随心所欲地表达自己内心的所感所想。如果信手涂鸦成为每天的生活习惯，也不失为一种成长的记录、一笔宝贵的人生财富。

图画日记，顾名思义，就是以图画的形式来记日记，再配以极少量的文字说明。和传统的纯文字日记一样，借助图画日记，也能记录生活的点滴，宣泄压抑的情感，反省过去的所为。图画日记的特点不仅限于这些，更重要的是，它能记录你内心的历程，反映你在经历每个事件之后的情绪、感受。

图画日记的要求很简单，可以以任何形式进行表现。只要几张白纸，一些简单的线条、色块，再加上适当的文字补充就能完成。绘图的工具可以是铅笔、水彩、绘图软件等工具，图画可以是单幅的，也可以是多幅的，加入的文字可以是寥寥的几句话，不必有明确的目的性。总之，记图画日记，不必拘泥于绘图的形式和技巧，也不必约束自己的情感，我们需要的是通过色彩、线条来表达自己的心声。当然，也可以在每张图的背后简单记录自己绘图时的心情。我们可以定期或不定期地记图画日记，在白纸上画出自己的想法。然后把这些画稿保存起来，隔一段时间拿出来看一下，把其时的感想再补记在后面。这不失为一份珍贵的个人成长心理历程记录。

据一项调查显示，爱写日记的人更容易具有自闭倾向。也许文字的表达给人的感觉过于严肃，那么图画日记，是不是能提供一个更活跃的空间呢？

儿童天生就喜欢画画，画画是他们的本性。尤其是在语言和文字能力还有待提高的情况下，画画无疑是记录他们成长的最佳选择。儿童在3岁左右时就能以极具象征性的线条将现实事物画出来，可以凭自己的想象自由作画。此时他们的生活经验非常少，即使有过经验也不可能都留下深刻印象，更别提用语言和文字记录下来。而那些他们常见的人、常到的地方、常吃的食物、常看的动画片、常听的故事、常玩的玩具等，是他们经常体验的，因此他们可以通过绘画的形式将其记录下来。这些场景会一再地被他们描绘在画面上，反映他们当时的心情。图画日记可以满足儿童爱涂鸦的天性，尽情享受表达自我感受的乐趣。虽然可能只是乱画一通，画的主题永远只是他们感兴趣的那几样事物。但通过图画日记，有利于增强儿童的观察力、分析力、想象力和创造力。不仅如此，图画日记还能增强儿童的语言表达能力，在画完日记之后，父母可以要求儿童口述画的内容，锻炼其口才。作为童年生活的积累，长大后，孩子再回过头来翻看当年的这些图画，回忆起童年的点点滴滴，将是件很幸福的事情。

图画日记不仅能表达自己的所思、所想、所感，还不用受制于生活中真实的事物，可以用夸张的方式改变或是创造新的形象。在图画日记中，你可以用一些简单的线条表达你的喜怒哀乐。

第十九章

音乐心理学：
常听莫扎特的小提琴曲能变聪明吗

什么是音乐心理学

音乐是什么？音乐是人们用来抒发感情、表达感情以及寄托感情的一种艺术，通过音乐，能传达人们千丝万缕的情感。音符与音符的组合，产生了高低、疏密、强弱、敏感、起伏的节奏，这个节奏与人类的脉搏律动和感情起伏的节奏类似，能在人的内心产生共鸣，这些美妙的感觉甚至都无法用言语来形容。

音乐心理学，是以心理学理论为基础，采用实验心理学的方法，结合生理学、物理学、美学等学科的有关理论，用以研究与音乐相关的心理现象和问题，解释人类获得音乐经验和音乐行为的一门心理学分支学科。音乐心理学的研究对象非常广泛，目前，音乐心理学的研究主要包括以下方面：人类的基本听觉、知觉特征；音乐对心理的刺激及其效果；音乐感、音乐记忆、音乐与感情的关系；音乐天资的遗传；音乐表现的心理机制，音乐创作、欣赏等活动中的心理特征；音乐才能的定义分类及测定；音乐创造及表演的心理过程；音乐对社会心理的影响；音乐对疾病的作用，等等，并已出现了更细致的分工，如音乐社会心理学、音乐教育心理学、音乐治疗学等。音乐心理学的研究不仅有音乐美学等方面的理论意义，在广泛的音乐实践领域中也有应用价值。

19世纪中叶，在实验心理学流派的努力下，现代音乐心理学掀开了新篇章。实验心理学流派最初致力于音响与感觉之间关系的研究。例如，施通普夫研究了人们感觉的差异性；费希纳建立了心理物理法，进行了大量音响强度与感觉反应的试验；德国心理学家赫尔姆霍尔茨研究了音乐与感觉的问题；冯特也对视觉、听觉的生理及心理方面进行了研究；马赫分析了感觉与表象之间的关系，尤其是时间及音乐节奏要素的感知。但是，这个阶段所研究的内容主要是音响心理学，音乐心理学只占其中一小部分。直到20世纪初，音乐心理学才逐步从音响心理学中分离出来。这一时期，心理学家们开始着重研究音乐与心理的关系。如，西肖尔与他的学生发展了许多测验视、听和运动知觉的仪器，研究如何测验音乐才能。50年代以后，研究重点从声音的属性、音乐才能、天资等问题转移到音乐的感知过程及其本质的探讨等，并更多地利用科学仪器对音乐心理活动作出进一步的分析。

音乐对人的生理有影响。美国的医学家曾做过一个试验：通过对那些演奏古典乐曲的管弦乐队队员的脑电图、心电图的测试表明，他们比一般人更健康，健康率达95%以上；而从事爵士乐、摇滚乐的乐队队员中，心律不齐、脑电图异常者占93%以上，音乐损害了他们的健康。精神分析学家将情绪与认识、记忆联系起来，随后又发展了"音乐疗法"。音乐疗法，就是用音乐来减轻或消除患者的病痛。19世纪末期，美国的一些医院和大学里已经有人开始研究用音乐作为治疗疾病的手段。20世纪四五十年代后，音乐疗法得到更多实践应用。很多国家已经在手术室、分娩室和康复中心等地方开展音乐疗法，帮助病人减少痛苦，加快恢复。比如说，日本的医学家利用音乐促使母亲的乳汁分泌，约可增加20%的分泌量；瑞典有口腔科用音乐代替了麻醉剂。

音乐疗法，既简单又复杂。简单是指优美的乐曲往往很容易受到喜爱，即使人们对音乐不甚了解，也很容易陶醉在音乐中，产生共鸣。因此，一般情况下，优美的乐曲都能对人们的身心健康起到良好的作用。但是，由于每位接受治疗的患者气质性格有别，健康状况不同，而且音乐修养也不甚相同，对乐曲可能不会产生一致的反应，得不到同样的疗效。

了解了音乐心理学的发展历史、研究内容以及实践运用等，我们能更深刻地体会到，优美的音乐让生活变得更加美好。

什么是音乐感和音乐记忆

音乐记忆，泛指记忆所听过的音乐的能力，既包括一般的记忆，如知觉的、情绪的和运动的各种经验，也包括对音乐中特有的如节奏、旋律、和声、复调、音色以及绝对音高、相对音高，甚至整部乐曲的记忆能力。音乐记忆还是音乐想象的基础，优秀的音乐家一般都有丰富的音乐想象力。

记忆，"记"是识记和保持的过程，而"忆"是回忆的过程，两者相互联系，密不可分。因此，从心理学的角度看，音乐记忆还是一个心理活动过程。它包括音乐识记、音乐保持和音乐回忆三个基本环节。音乐识记，是已有音乐经验保持、回忆的前提条件，而音乐回忆则是对识记和保持结果的验证。

培养音乐记忆，可以从音乐记忆的这三个环节入手。首先，音乐识记是整个音乐记忆的开始。在这一阶段，视觉记忆起到关键作用。演奏者首先通过读谱，对作品进行初步的感知，在大脑中逐渐形成最初的记忆。训练音乐记忆，必须保证最初形成的记忆是完整、全面而准确的，因为它会直接影响以后记忆的巩固和再现。其次，在音乐保持阶段，要及时找出先前音乐记忆中的不足，通过多种方式改进。比如，将看、弹、唱结合起来，用多种形式的音乐信息刺激感官，这样记忆会更牢固。此外，还有一个训练记忆的方法：晚上入睡前闭上双眼，在头脑中将乐曲从头到尾过一遍，同时大脑反映出手在键盘上的位置，手到音出，二者尽量做到一致，这样也可以巩固音乐记忆。音乐回忆是音乐记忆的最后一个阶段，也是记忆成果的展现阶段。或许你会有这样的经历：平时练得行云流水，但是到了正式表演时，发现自己不知道怎么弹了，先前的练习都失效了。其实，这并不是你的记忆力出现了问题。这是因为我们在练习时，会不自觉地将乐曲和许多与之无关的事物联系起来，可能是房间的摆设，也可能是练习的时间点等。到了正式表演时，音乐记忆一股脑涌现出来，包括那些无关事物。这样就干扰了正常的乐曲记忆。所以，在练习时，必须设法在不同的场所和环境中进行练习，这样，我们的记忆就可以将习惯了的环境与乐曲分离开来。

音乐感，是指一个人对音乐的感受、想象和表现能力，主要包括对声音的高低、节奏的感受、节拍的律动、音乐的快慢、和声的构成、音乐结构的形式以及音乐风格、音乐形象等的综合感受。通常，说一个人有较强的音乐感，指的就是他对音乐中的旋律、节奏、和声等有很强的表现力，并通过自己的演奏把这些感受和想象表达出来。具有较强音乐感的音乐家更具艺术感染力。

音乐感是表现音乐才能的主要因素。它在个体中的表现有早有迟，表现出来的深度和广度也存在个体差异。音乐感与先天的遗传有一定的关系，但是也可以通过训练来激发个体潜在的音乐感。它与音乐技能是两个不同的范畴。音乐感的表现不受乐曲所需技术水平的限制，一首很简单的乐曲也可以表现得很深刻。而音乐技能的高低与乐曲所需技术程度的高低是关联的，高难度的乐曲需要演奏者具备优秀的音乐技能。如果说音乐感与遗传因素有关，那么，音乐技能就必须通过严格、刻苦的训练才能达到较高水平。

另外，音乐感的培养必须建立在音准和节奏准确的基础上。音准、节奏和音乐感这三者是相辅相成的。音准和节奏掌握得不好，就不能训练出好的音乐感。

什么是音乐才能和音乐创造

奥地利作曲家莫扎特，不仅是古典主义音乐的杰出大师，更是人类历史上极为罕见的音乐天才，有着"音乐神童"的美誉。他出生在一个宫廷乐师的家庭，3岁起显露极高的音乐天赋，4岁跟父亲学习钢琴，5岁开始作曲，6岁时在父亲的带领下到慕尼黑、维也纳、普雷斯堡作了一次试验性的巡回演出，获得成功。1763～1773年的这10年间，他们先后到德国、比利时、法国、英国、荷兰、意大利等国作旅行演出，均获成功。在他不到36岁的一生里，为世人留下了极其宝贵和丰富的音乐遗产。其中包括：以第三十九、四十、四十一交响曲为代表的交响曲41部；以《费加罗的婚礼》《唐璜》《魔笛》等为代表的歌剧22部；以第二十、二十一、二十三、二十四、二十六、二十七钢琴协奏曲为代表的钢琴协奏曲27部；以第四、第五小提琴协奏曲为代表的小提琴协奏曲6部；此外，他还写了大量器乐与声乐作品。

可见，莫扎特的音乐才能是不容置疑的。音乐才能，主要是指人们在音乐的节奏、音高和审美表现等方面的才能。心理学家舍恩认为，音乐才能应该包括：听觉感受力、音乐感情与理解力、音乐实现力、音乐智能、音乐记忆以及思考力、自信力与音乐气质等要素。

音乐才能是先天的潜能与早期环境影响的产物。它只有高低之分，没有有无之分。也就是说，音乐才能是相对的，一个人和他人相比较，可能有较多或较少的音乐才能。而音乐才能在儿童中间呈正态分布，大多数儿童的音乐才能都处于平均水平，少数儿童的音乐才能超常或低于平均值，像莫扎特那样极有天赋的儿童更是少数。在西方，心理学家编制了所谓的"音乐才能测验"，以评估儿童的音乐才能。最早出现的音乐才能测验是由西肖尔编制的，共100题，让测试者听一些音乐片段，然后回答问题，以测试其音乐才能。夸尔瓦泽编制的音乐测试法，只用到 3 个音，不断改变音高、时值、响度及节奏，让儿童判断其变化。而韦恩的"标准音乐智力测验"包括的测试内容有和弦分析、音高变换、音乐记忆、节奏重音、和声、力度等。这些测试都有一定的参考价值。

音乐才能包括音高才能和节奏才能两部分。音高才能主要是由音高意象组成的，不仅是听，我们在回忆、理解以及预期音乐时，都要通过音高意象。而节奏才能的主要特征是与音乐的音高和表现要素相互联系。速度和节拍感是节奏才能的基本要素。可以说，节奏才能是音乐才能的基础，因为如果没有充分的节奏才能，要想洞察不同的音乐风格就会受到很大的限制。

音乐，是一门极富创造性的艺术。在音乐教学中，音乐创造指的是即兴或者运用音乐材料来创造音乐的活动。而作曲家们的音乐创造历来被认为是神秘莫测的。他们的创作冲动从何而来，如何构思创作，又如何表现为具体的形式，这是为常人所不知的。音乐心理学研究的重点是作曲家们在创作过程中的心理活动特点，现实生活、灵感等因素在其创作中发挥的作用等。

从某种意义上说，音乐创造力是蕴涵在音乐鉴赏力、音乐表演力当中的。因为，无论是音乐鉴赏活动还是音乐表演活动，它们都需要音乐想象力作保证，而音乐想象力中也包含了创造的成分。所以说，创造离不开实践。要想创造出好的作品，必须学会鉴赏音乐、表演音乐，积累鉴赏和表演的经验。在培养儿童的音乐创造力时，不能忽视一些基本的启发性工作，比如，可以激发儿童探索音乐的兴趣，启发他们对音乐的感知等。另外，音乐的创造力与创造性思维有关，在培养儿童音乐创造力时，要重视创造的过程，培养和鼓励儿童的创造精神，启发他们创造性地进行艺术表现。

我们培养儿童的音乐创造力，目的不是为了让他们每个人都成为莫扎特式的天才，而是为了开发他们的创造性思维，使其成为勇于创新的人。

"莫扎特效应"的神话

相信莫扎特这个名字对于大家来说都不陌生吧，人们冠以他神童的称号。莫扎特出生于 1756 年，创作了世界上著名的一些古典音乐，这也是几百年之后人们仍然能将这个名字铭记于心的原因。也正是因为他的音乐，在世界范围内也出现了一个神话——莫扎特效应。

1993 年，加利福尼亚大学的研究者弗兰西斯·洛斯切等人进行了一项研究，他们将 36 名大学生随机分成三组，在正式的实验之前给予不同的处理：一组学生聆听两首钢琴弹奏的 D 大调的莫扎特奏鸣曲，第二组聆听相对随意和放松的音乐，第三组则没有听任何音乐，只是静坐，然后对他们操作空间信息的能力进行测试。结果第一组的学生得分显著高于第二组和第三组。

后来，研究者们又进行很多类似的研究，结果都支持了莫扎特音乐能提高完成任务的成绩这一结论。一些媒体、记者纷纷对此进行了报道，并夸大了实验的成果。于是，莫扎特效应的神话开始蔓延。

所谓"莫扎特效应"，就是指听莫扎特的曲子，能让人们变得聪明，思维变得更加敏捷，活动效率也会更高，甚至对孩子出生前的胎教、出生后的智力等都有重要影响。这个术语在当今西方媒体、杂志中广泛被使用，随着对孩子教育重视程度的日益加深，莫扎特效应越来越多地和父母教育、学校教育等联系在一起。

那么，莫扎特效应是否真的存在呢？虽然很多研究结果都提供了肯定的答案，例如，对正在准备 SAT（Scholastic Assessment Test，学术能力评估测试）的学生进行研究，比较在考试之前听过古典音乐和没有听过的学生的 SAT 分数，结果那些先前听过古典音乐的学生的测试成绩要高于没有听的学生。不过，这一结论的推广也遭到了很多质疑，比如，有人认为参加音乐课程的孩子比其他孩子聪明，于是提出音乐能提高人的智力，但是，有可能音乐课程使孩子变得更加聪明，也有可能是本身就聪明的孩子或有天赋的孩子更喜欢去参加一些音乐课程。哈佛大学的克里斯托夫·查布里斯对所有类似洛斯切实验的研究进行了考察，他认为即使莫扎特效应真的存在，效果也远远没有公众认为的那么大，就更称不上是神话了。

随着人们研究的深入，莫扎特效应的神话渐渐回归到科学。一位研究者说，莫扎特音乐之所以对人们的活动产生了积极的影响，并不与钢琴演奏的 D 大调奏鸣曲有关，而是因为这类古典音乐能普遍引起快乐感。而且，莫扎特的音乐比较简单，总是让某一旋律多次重复，莫扎特音乐中旋律的重复模式与脑电波的时间长度和中枢神经系统的某些活动时间相一致，都大概为平均每 20 到 30 秒重复一次，这就是莫扎特效应的奥秘。

毫无疑问，音乐对人们的认知能力等有积极的作用，在学习音乐或听音乐的过程中，人们的注意力、记忆力等都能得到提高，还对人们的语言能力、阅读能力、空间思维能力、计数能力等都有帮助，而且，通过音乐还能改善人际关系。所以，在教育孩子时多为他们创造条件接触音乐，这对孩子的成长是有帮助的。但音乐的作用只是辅助的，像其他一切外在因素一样，并不决定孩子智力发展的水平和高度。

现在，再来回答开头的那个问题，听音乐能使人变得聪明吗？大家应该就能辩证地看了：古典音乐确实由于其缓和优美的旋律能带给人们快乐，但将莫扎特音乐引起的效应视为神话则是不科学的。

日本人的"绝对音感"

日本某大学的教授为了研究绝对音感的地区差异，对本国音乐专业的学生与波兰音乐专业的学生进行了调查。他让所有学生进行一个绝对音感的测试，结果发现，本国学生中，有30%的人能回答90%以上的测试题，而只有12%的波兰学生能达到90%以上的正确率。据此，他认为，在日本，拥有绝对音感的人比波兰要多。

绝对音感，又称绝对音准，是指在没有任何辅助工具或器材的情况下，听辨者能将耳朵听到的声音用音阶来识别的能力，也就是对某一声音实际音高的辨认情况。拥有绝对音感的人，能区别某一段旋律的调性，能指出任何乐器发出的音高，能辨别出某和弦中的所有音符，能在没有辅助工具的情况下唱出某特定的音高，甚至能说出日常生活中任何音响的音高，例如闹钟响声等。著名的音乐家中有很多拥有绝对音感。例如，莫扎特7岁就被人发现他拥有绝对音感，如果有人在他旁边用任意一种乐器奏出一个孤立的音，他闭着眼睛也能立即说出。李云迪也拥有绝对音感，他从小就能在很短的时间内记住歌曲和歌词，还能辨认音高、节奏以及调性与转调。

与绝对音感相对应的是相对音感。二者的区别在于是否有基准音。绝对音感指的是在没有给出基准音时，听辨者能辨认出任一种器物发音时的音高。这里的发音只包括那些音准和调律无误的音，不包含噪音或其他音准不对的音。相对音感需要给出一个基准音，然后辨别其他音与基准音之间的差异，它的着重点是将两个声音的音高进行对比，而不是判断实际音高。

与相对音感相比，想拥有绝对音感很难。因为，我们在现实生活中接触的大多数音乐都是建立在基准音上，都是有一定的音调的。相对音感是可以通过训练得到的，但是绝对音感的获得和训练就不是那么简单。虽然很少有人拥有天生的绝对音感，但实际上，人们是可以在不经意间拥有这种"神奇"的能力的。有一个科学统计曾指出，绝大多数拥有绝对音感的人都是从小接受训练的人，其中接受古典音乐训练的人占了大部分，尤其以接受要读谱的非转调乐器，如提琴、钢琴等的人最多。通过练这些乐器，慢慢获得对音高的敏感度。

然而，绝对音感也不是"绝对"的。音乐的音高，是人为定出来的，并非自然而成。具体来说，每个民族在每个时代，因为一些原因，都可能改变音高的制定。例如，莫扎特时代，西方的音高定音就比现在差了大约一个小二度，也就是说，现在的演奏家演奏的莫扎特曲子，都比莫扎特谱出来时转高了一个半音。至于西方的音高定音为何会越来越高，可能是由于提琴工艺、管弦乐的发展，甚至是歌剧院推崇飙高音等原因所致。所以，由于每个时代的音高制定不同，绝对音感的"天赋说"也就可以推翻了。另外，有研究还指出，一个国家使用的语言，与这个国家中拥有绝对音感的人的比例有非常大的关系。拥有绝对音感的日本人比波兰人多，就可能是因为他们的语言差异所致。

绝对音感并非"绝对"之处还表现在，拥有绝对音感的人，并不会因为听到音高与实际有一些偏差的声音而感到痛苦。在音乐中，重要的是"相对"音高，而非绝对音高。况且，绝对音高是不存在的。比如说，有一回莫扎特告诉其他人，他们的弦乐器略高于基准音半音和半音之间。但是，莫扎特并没有因为他们的弦乐器略低或略高于基准音而感到痛苦。他可能只是一开始觉得有些不对劲，随后也就适应了。实际上，乐器本身也因会其制作、乐器状况、故意的调律等因素而出现音准的偏差。但它们都是在一个相对的、非走音的范围里。如果没有绝对音感，不妨从训练我们的相对音感开始。

第二十章

运动心理学：
上场前，运动员为什么要击掌高喊

什么是运动心理学

我们常常通过一些媒体听到有关运动员发挥失常的报道，自己现场观看各种各样的比赛时也能发现这样的情况：运动员明明有很过硬的技能，完全有实力取得很好的成绩，却在比赛时屡屡出现意外。不过，无论人们对他们的失利有多么失望，却从来不会怀疑他们的能力。当人们议论时，总会说运动员发挥失常，是因为他们心理素质不够好才造成的。可见，心理状态对一个运动员的发挥有多么大的影响。

人们在参加各种体育活动时，看似是身体的运动，其实无时无刻不受着心理因素的影响。尤其是在那些高手云集的大型比赛中，能参加比赛的人都是经过层层筛选、过关斩将的精英，他们在运动天赋、身体能力和技术水平上相差并不是特别大，这时候心理因素的重要性就更加突出了。

运动心理学就是专门研究人在体育运动中的心理特点和规律的科学，所研究的内容十分广泛，包括运动员的心理特点与体育活动的关系、不良的心理素质对比赛成绩的影响以及如何利用心理特点提高技能水平等。运动心理学通过对运动员心理特点的分析，能帮助他们调节自己的心理活动，在比赛时保持良好的心理状态，顺利完成比赛，并取得较好的成绩。

人们在运动中的心理过程和特点与体育活动有密切的关系。我们都知道自信心对运动员能力的发挥有重要的影响。如果一个运动员在比赛时对自己的能力有所怀疑，总是担心自己比不过别人，也超越不了以前的自己，那他在比赛的过程中就会分心，无法集中注意力，成绩自然不理想。而且，更为严重的是，受这种心理的影响还会出现一种恶性循环：不自信引起比赛中的分心，导致不能取得好的成绩；让自己不满意的成绩又成了自我验证的证据，认为自己真的不够优秀，于是更加不自信。

除了自信心等方面的影响外，比赛时运动员的动机也会影响体育活动的结果。比如，在一些需要团队合作完成的比赛中，如果运动员的动机就是为了展现自己的能力、出风头，就会在比赛中无法顾及与队友的配合。很显然，这种动机不仅不利于运动员个人真正实力的发挥，还会影响整个团队的成绩。

不良的心理状态会对运动员产生短期或长期的影响，最为常见的就是焦虑、紧张。很多人在比赛之前都会紧张，虽然一定程度上的焦虑有利于激发运动员的潜能，但过度的焦虑会阻碍运动员的发挥，这在平时的比赛中也非常常见。如何才能既保持一定程度的紧张状态，又不至于影响到自己的发挥，是十分关键的。也就是说，运动员如果能处理好"唤醒水平和操作成绩之间的关系"，就能让紧张成为自己超水平发挥的动力了。

运动员借助心理学的分析，通过对赛前和比赛过程中心理特点的把握，还能提高自己的技能水平。我们都知道高原现象，它本来是教育心理学中的一个概念，指在学习或技能的形成过程中，出现的暂时停顿或者下降的现象，在成长曲线上表现为保持一定的水平而不上升，或者有所下降，但在突破高原现象之后，又可以看到曲线继续上升。在运动心理学中同样会出现这一现象，运动员在达到一定的水平之后，无论自己怎么努力都不见提高，只有正确认识这种现象，并找到合适的方法突破，才能继续进步；

否则，就可能被它打败。

此外，运动心理与技能提高的关系，还体现在迁移规律的使用上。我们在学习的过程中，总是会碰到类似的知识或技能，而对这些相通的东西来说，迁移就显得很重要了。运动员的技能学习也是如此，从类似的动作中找出规律，迁移到新的动作学习中会大大提高效率。

运动员为什么会不顾禁令和道德而服用兴奋剂

前文已经说过，对运动员来说，如何才能既保持一定水平的紧张状态又不至于影响到自己的发挥是十分关键的。这说的是运动心理学中"唤醒水平和操作成绩之间的关系"。

唤醒水平是指人在生理性激活中的不同状态或不同程度，比如，你在熟睡时唤醒水平就很低，而当你迷迷糊糊快要醒时你的唤醒水平也随着慢慢升高，当你起床后听到了一件特别高兴的事情，这让你十分激动，这时你的唤醒水平就很高了。可以看出，人们在经历不同的事情时有不一样的唤醒水平，而且从我们的生活经验中还可以发现，不同的唤醒水平对任务的完成有不同的影响。也就是说，唤醒水平与操作成绩之间存在着密切的关系。

在一些体育项目的比赛中，常常会有运动员为了取得好的成绩不顾大赛的禁令和道德的谴责而偷偷服用兴奋剂。兴奋剂能使人唤醒和维持自己的觉醒状态，对运动员在比赛中的发挥有很大影响。

但并不是所有的项目都是唤醒水平越高操作成绩越好，唤醒水平和操作成绩之间的关系很复杂。倒 U 型曲线就很好地描述了二者的关系。

倒 U 型的理论假说最初由耶克斯·多德森创立，根据这一定律，唤醒水平特别高或特别低都会阻碍操作，只有中等水平的唤醒才对操作成绩的提高有帮助。而且不同难度的任务需要的最佳唤醒水平是不同的。对于简单的任务或需要力量、耐力和速度的任务来说，高的唤醒水平有利于完成任务，比如，俯卧撑、仰卧起坐、引体向上、跑步、跨栏、举重、拳击等。而在那些复杂的任务或要求协调、稳定性的精细运动中，高的唤醒水平反而阻碍运动员的发挥，例如，射击、射箭、乒乓球、体操、跳水等项目。

唤醒水平与操作成绩之间的这一关系在我们的生活中也普遍存在。比如，我们在解数学题时，如果题目很简单，这时不管唤醒水平是高还是低都能顺利地完成任务，但相比而言，高的唤醒水平能提高解题的效率，更快、更好地完成任务；当题目很难时，如果我们的唤醒水平特别高，就不容易冷静下来仔细思考问题，最终也就影响了解题的速度。

唤醒水平对操作成绩的影响效果不仅受到任务本身难度的制约，而且，随着对任务熟悉程度的增加，高的唤醒水平更利于任务的完成。比如，在射击比赛中，一个新手和一个技术娴熟的老手要取得同样的成绩就需要不同的唤醒水平。射击运动是一种需要精细动作的项目，要求运动员高度集中注意力。对于新手来说，唤醒水平高了就容易分心；对于老手来说，他们的技术已经达到了一定的水平，高的唤醒水平反而更有利于他们将注意力集中在射击的动作上，取得好的成绩。

可以看出，了解唤醒水平和操作成绩之间的关系对运动员调整自己的心态、提高自己的成绩有重要作用，但二者之间的倒 U 关系并不是绝对的，还受到运动员自身心理特质的影响，存在很大的个体差异。

上场前，运动员为什么要击掌高喊

喜欢球类运动的人一定对这一幕十分熟悉：比赛前运动员们围成一个圈，击掌高喊。对于这种现象，人们也许已经习以为常了，甚至把它当作比赛时的一个必要环节，而很少有人会去考虑其中的奥秘。其实，运动员们这么做是有原因的，而且，从一定程度上说，还是一种心理战术。

在体育比赛中，尤其是在足球、排球、棒球之类的项目中，整个球队的士气是十分重要的。如果队友们不自信或思想不统一就会影响比赛的成绩，而击掌高喊能帮助团队扫除一些前进的障碍，取得好的成绩。

不管运动员的比赛经验有多么丰富、技术有多么娴熟，他们在上场比赛前也总是会感到紧张，尤其是在大型的比赛中更是如此。对于运动员来说，这种现象是十分正常的，但过分不自信、紧张对自己比赛时的发挥是有很大阻碍的，所以，要在赛前将自己的状态尽快调整好。击掌高喊就可以作为为自己打气的一种方式，增加自己的信心，缓和过分的紧张。很多心理学读物在谈到如何缓解压力时，都会提到一种发泄方式——大喊。可见，比赛前大喊是有利的，加上与队员相互之间的击掌，还能获得别人的支持，更有助于帮助运动员提高自信了。

在需要团队协作完成的项目中，整个团队的凝聚力是十分关键的。一个松散的团队，就算运动员个人的水平再高都无法主宰比赛的结果，而一个配合十分协调的团队，却能弥补单个队员的瑕疵，最后取得让人满意的成绩。但由于运动员各自价值观的不同，在他们之间可能会出现种种冲突，即所谓的"内讧"。很显然，队员之间的不和谐会影响整个团队的成绩。在比赛前击掌高喊能让团队中的每个成员牢记自己的责任，时刻提醒自己是团队的一员，尽量避免赛场上的冲突。虽然这种方式并不能从根本上解决队员之间的矛盾，但至少可以让他们的关系暂时得到缓和，不至于影响场上的发挥。

击掌高喊不仅能提高自己的信心，缓和可能存在的矛盾，还能给竞争对手带来压力。赛场如战场，对手之间的较量不仅体现在技术、能力上，还体现在整体的士气上。赛前队员们围成一个圈，相互击掌高喊能给对方带去压力，精神越饱满给对方制造的压力就越大。

击掌高喊能鼓舞、振奋自己的士气，减轻赛前的压力，增强整个团队的凝聚力和战斗力；斗志昂扬的喊声也显示出了队员们对比赛的信心，在一定程度上给对方造成了压力。这样看来，运动员们在比赛前击掌高喊并不是随心所欲的行为，而是特意之举！

足球守门员的精神压力

足球被很多人认为是世界第一运动，它集合了人类各种活动的特点，以其大众化、参与度高等特点赢得了众多人的喜爱。越来越多的人开始关注并痴迷于足球运动，尤其是在像世界杯这样的大型足球赛事期间，不少人更是表现得近乎疯狂。

人们在看球赛时大多都处于高压状态，会随着球场上运动员的一举一动或大喜或大悲，当自己喜欢的球队取得胜利，或自己钟爱的球星成功踢进一球时，自己也会兴奋地大叫；当自己关注的球队或球星的表现差强人意时，则会十分失望，甚至做出过激行为来宣泄自己的不满。

看比赛的人尚且有着这么大的精神压力，就更不用说参加比赛的人了。在所有参赛的运动员中，足球守门员的精神压力无疑是最大的。

有学者对巴西的职业足球运动员进行过一项心理调查，结果发现不同位置上的球员所承受的精神压力是不同的，其中守门员的压力是最大的。

在整个比赛的过程中，守门员的注意力都必须高度集中，尤其是当对方的攻势很强时就更不能大意了。有时，一轮强烈的攻势刚刚被拦截，可能新一轮进攻又开始了。当场上几乎一大半的球员都在自己所守的球门附近争夺球时，守门员需要有敏锐的观察力，因为球可能从任意一个方向飞来。如果守门员稍有不慎就可能被对手攻破，所以，对守门员来说，他们处于时刻准备着的状态，与那些前锋后卫相比，他们可以用来放松的时间更少，赛场上的高压会一直伴随着他们直至比赛结束。

足球比赛是一项团体运动，仅靠个人的拼搏是很难取得胜利的，需要每一个球员相互协调，无论是位于前锋、中场、还是后卫上的球员，他们的一个小小失误都可能错过进球的机会，影响全局。但从他们失误的后果上来看，守门员的压力很显然也是最大的。对于其他球员来说，最坏的结果无非是被红牌罚下场，一般的情况也就是传球失误等，这些都是能通过努力补救的，对比赛的结果也不会产生直接的致命的影响。而守门员就不一样了，他们的一个失误就可能会让对方进球，而且这一球可能就决定了最后的胜负，也正是由于位置的特殊性，守门员必须努力做到零失误，可想而知他们所承受的精神压力有多大。

除了高度集中的注意力、所处位置的重要性带来的压力外，比赛时场上的战况也对守门员也是一个很大的考验。这个道理不难理解，足球比赛就像是一场攻城之战，守门员就像是守城门的人，城门失守无疑就代表着战争的失败，所以守门员所坚守的是关乎胜败的最后一道防线，一旦失守就无法挽回。对方得分就意味着城门失守，而通常情况下，人们会将对方的进球与守门员没有守住联系在一起，在进球的一刹那所有的焦点都集中在守门员的身上，他们成功了就是对方失利了，反之就是自己失利了。所以与那些后卫、前锋等位置上的球员相比，他们与场上得分的关系更为密切，身上担的责任就更重了。在整个比赛的过程中，人们可能更多地将掌声送给那些进球的球员，将嘘声留给这些守门员，而事实上球门能不能守得住是取决于多方面的原因的，可能是自己的队员防守不好，也可能是对方的进球确实很难扑到等等。所以，人们对比赛中得分或失分所持的这种不客观的看法可能会带给守门员压力。

虽然在足球比赛中，每个球员为了发挥自己的能力，为了能赢，都承受着一定的精神压力，但毋庸置疑守门员的压力是最大的。

关键时刻为什么会发挥失常

运动场上常有这样的现象发生：某运动员平时训练有素，实力雄厚，但一到赛场上就连连失利，让自己和他人失望。在一次重要比赛上，一位跳高运动员面临冲击金牌的最后一跳。教练鼓励他说："跳过这两厘米，那幢豪华别墅就归你了。"结果，他没能跳过这两厘米。

这主要是由压力过大和紧张过度所导致的。这种由于缺乏应有的心理素质而导致正式场合与关键时刻失败的现象在心理学上被称为"目的性颤抖"，即在做事的过程中因过于担心结果，不能从容有效地操作，就不能达到目的。曾经有一个名叫詹森的运动员就屡屡出现这样的状况，所以，"目的性颤抖"又被称为詹森效应。

相关研究表明，适度的紧张能够令人注意力集中的程度提高，会调动起更多潜能，因此，很多人在紧急的时刻会有较平时更为出色的表现。但是，紧张的程度必须适当，一旦过度则会产生反面的效果。人的心理紧张如果超过一定的限度，也会出现过犹不及的现象，应对能力不仅没有提高，反而会下降，甚至会造成崩溃的后果。这是因为，在人的情绪过度紧张时，会产生一系列复杂的心理和生理反应，使得人体失去灵敏的自控能力，从而导致很糟糕的后果。

运动员在赛场上、演员在舞台上、学生在考场上等情况下，最容易出现詹森效应。概而言之，越是关键的场合，詹森效应越容易出现，并且效应的强度也越高。这是因为当事者意识到事情的重要性，知道事情的结果对于自己有着重大的影响，一旦做得不够好，后果将很严重，所以一定要争取做到最好，可是心中越是这样想，实际情况就越是走向反面。正是这种患得患失的心理造成了过度的紧张，导致了詹森效应的发生。

那么，该如何避免詹森效应的发生呢？

解除沉重的心理负担，强调自己要以平常的心态来看待，持一种不过如此的态度来面对；尝试着在关键时刻到来之前转移注意力，去想一些其他的事情，而在事情进行当中，则全身心地投入于当下的行动，不去想结果如何；在平时积极提高自己的实力，令自己获得充分的自信，使自己相信一定能够表现得令人满意；感到紧张时，还可以做一些松弛性的自我暗示："不管事情多么困难，也必须一步步去做，焦急紧张是无济于事的。现在先放松下来！冷静地解决问题。"这样紧张会被驱散。当问题解决掉之后，成功又会成为良性刺激，使人得以进一步放松。

在奥运会跳水决赛中，受了伤的美国运动员洛加尼斯，同样面临冲击金牌的最后一跳。教练鼓励他说："跳完这轮，你就可以回家吃你妈妈做的馅饼了。"结果，洛加尼斯用他的意志和良好的心理素质征服了自己，也征服了裁判。

第二十一章
犯罪心理学：
为什么蓝色防范灯可以降低犯罪率

什么是犯罪心理学

　　相信很多人都对美剧中的刑侦、越狱、犯罪现场等情节记忆深刻，剧中尖端的仪器让人惊叹不已，而缜密的思维和高超的心理战术更是充满了魅力。娱乐之余人们常常会关注现实生活中的一些犯罪行为，并会不自觉地将它们与电视电影中的犯罪情节进行比较。人们在犯罪时的心理真的能被识破吗？能借助心理战术了解事实的真相吗？其实这些疑问都是犯罪心理学这门学科所关注的，而且除此之外，犯罪心理学还有更多更为广泛的研究内容。

　　简单地说，犯罪心理学就是研究人们犯罪时心理（包括意志、思想、意图、反应等）的一门学科，包括人为什么会出现犯罪行为、具有哪些个性特点的人更容易出现犯罪、在犯罪过程中的心理变化、犯罪之后的心理变化等。广义的犯罪心理学还包括预防犯罪、政治犯罪及教育改造罪犯的心理等。

　　我们知道，人们无论做什么事情都会伴随着复杂的心理，做违法的事情时更是如此，而且即使犯罪人努力隐藏这些情感，也还是会露出破绽。这也正印证了那句话"天网恢恢疏而不漏"。犯罪心理是十分复杂的，但每一次的违法行为都是有原因的，最后锒铛入狱也不是偶然的。下面的例子清楚地说明这一点。

李某因家庭贫穷没念完初中就辍学在家，游手好闲过了几年，一直以来也算是遵纪守法，没有做出格的事情。一天，他碰到小学时的同学王某，并被邀请去王某家做客。王某现在腰缠万贯，让李某甚是羡慕。在闲聊的过程中，李某无意间发现桌角下面有几张百元大钞，而且看上去是被人遗落很久了。李某很有捡起来带走的冲动，不过一想到自己的行为和偷没什么区别他就很看不起自己。自责之后，李某装作若无其事地继续同同学聊天。不过，王某在聊天过程中总是有意地炫耀自己的财富，这让李某很是无地自容。李某看着王某略带鄙视的嘴脸，想着桌角的那几张百元大钞，心想：不就几百块钱吗，拿了他也不知道，而且说不定他都不知道自己掉钱呢；再说了像他这种人能挣到这么多钱指不定是使了什么手段了，我拿了也算是解解恨吧。于是，李某趁同学出去接电话时将钱捡起揣进了自己的口袋。接下来的一连几天，李某都坐立不安，生怕被发现，那些钱也不敢用。后来见没什么事情，就用那些钱买了自己平时一直想买的东西，这种如愿的感觉让他很是满足，远远超过了当初捡钱之后的忐忑。自此以后，每当他看见自己喜欢的东西又没钱买时就会想到王某，最终控制不住自己走向了偷盗的道路，被捕入狱。

　　从这个事例中可以看出，李某从一个遵纪守法的人变成一个盗窃犯并不是一朝一夕的事，之中经历了很复杂的心理变化。这时对犯罪人及整个犯罪事件进行分析就需要犯罪心理学的知识了。犯罪心理学能帮助执法人员研究当事人的犯罪动机、犯罪过程等，通过了解事情的来龙去脉依法处理，并尽可能地帮助当事人改过自新，重新做人。例子中的李某刚偷钱后他也并不是心安理得地认为自己就该把钱拿走，而是坐立不安，这既是对自己行为的不满，也是对可能出现的结果的害怕。由于之前的这一次"偷"没有被发现，自己虽然受到了良心上的折磨，但与获得的利益相比，这些谴责显得微不足道，以至于后来发展到为了满足自己更大的欲望而有意图地盗窃。

导致一个人最终走向犯罪道路的原因是多方面的，而只有了解了罪犯的犯罪心理，才能对他们的行为进行矫正，这也正是犯罪心理学的研究内容之一。比如例子中的李某，让他在一番挣扎之后还是拿走钱的并不是因为自己穷，而是因为王某的炫富、鄙视让他的精神受到刺激，产生了一种报复心理。至于最后有预谋地去偷，则是我们后面会提到的"破窗理论"。了解了李某的犯罪动机及犯罪前后的心理状态，既能帮助执法者破案，还能在矫正犯罪心理时提供依据。

俗话说，"人非圣贤，孰能无过；过而能改，善莫大焉"。犯罪心理学的真正目的并不是通过对人们犯罪心理的把握协助相关部门找出罪犯，将他们绳之以法，或通过分析人们的心理找出他们为什么会走上犯罪的道路，而是希望能达到预防和抑制犯罪、矫正罪犯的人格缺陷的目的，从而帮助他们走向新生。

为什么蓝色防范灯可以降低犯罪率

颜色能产生不可思议的心理学效果，在色彩心理学中我们已经见识过其魅力，而且从生活经验出发我们也较容易接受和理解——暖色调能带给人舒适、温和的感觉，冷色调则会制造出一种严肃、庄重的气氛。更不可思议的是，不同颜色的灯光竟然与犯罪率也有关系。

在英国格拉斯哥的一条商业街上，市政部门为了改善城市景观，将街上路灯的颜色由原来的橙色都换成了蓝色，结果这一举措不仅美化了景观，还让一直居高不下的犯罪率降低了，这个额外的收效引起了很多人的关注。接着很多地方都效仿格拉斯哥的做法，当然它们的目的不再单纯是美化环境了。随着越来越多城市的效仿，这种灯被叫作防范灯，"蓝色防范灯可以降低犯罪率"的现象也变得十分常见了。

在日本，官方为了降低犯罪率，安装了大量的蓝色防范灯，住宅区、停车场、月台、高速公路入口处、垃圾箱等地方都随处可见，随之而来的是抢劫、自杀、车祸和其他违反规定的行为大大减少。

这种卓有成效的策略不得不让人诧异，难道是因为蓝色能驱魔吗？当然这种说法只是玩笑，学者们经过研究，对蓝色防范灯和犯罪率降低之间的关系给出了多种解释。

从蓝色本身的特点来看，它是光的三原色红、绿、蓝中的一元，在这三种原色中它的波长最短，为450～500毫米。蓝色的灯光在夜间显得非常亮，能见度高，所以，使用蓝色的防范灯一方面对于那些有犯罪倾向的人来说起到了一定的震慑作用，毕竟大多数的犯罪都是"见不得光"的；另一方面提高了人们自身的警惕，减少了罪犯"乘虚而入"的机会。比如，经常发生在住宅区的偷窃行为，如果周围能见度很高，小偷偷窃时就会有所顾忌，甚至怕被抓到而打消犯罪的念头；而居民自己也能借助光辨识周围的一切。

从蓝色给人们的感觉上看，蓝色常常让人联想到海洋、天空、水、宇宙等，表现出一种美丽、冷静、理智、安详与广阔，被人们赋予沉稳、理智、准确的寓意。所以，当人们有犯罪倾向时，蓝色的防范灯能让人们冷静、理智地思考问题，减少犯罪行为的发生，尤其是对于那些由于一时冲动产生犯罪念头的人来说就更有效果了。

一些色彩心理学专家也对蓝色防范灯能降低犯罪率的现象进行分析，他们认为蓝色能够作用于人的副交感神经，具有令处于神经过敏状态的人安稳下来的镇静功效，在人们犯罪或准备犯罪时能转移他们的注意力，对其行为起到一定的抑制作用。而红色和橙色的灯光则会使人兴奋，不仅不利于人们冷静，反而还具有为自杀和犯罪推波助澜的倾向，比如对于那些试图自杀的人来说，他们可能是由于受到不公正的待遇一时愤怒而产生了轻生念头，这时如果看见红色的光，他们的内心会更加愤怒，加快自杀行为；

但如果这时看见的灯光是蓝色的，他们就有可能慢慢冷静下来，为自己的行为感到不值，最终放弃自杀。

当然，并不是所有蓝色的东西都是有利的，蓝色所具有的优势也不是绝对的，比如，有研究发现蓝色的汽车发生车祸的概率最高，因为蓝色属于后褪色，在夜晚行驶时看上去会比它实际的位置更远、更后，这就使对面驾车行驶的司机产生一种自己与对方相距很远的错觉。所以，在使用蓝色防范灯时也要考虑到其弊端。此外，虽然蓝色防范灯的使用可以降低犯罪率，但单纯依靠防范灯是无法杜绝犯罪行为的发生的。

导致犯罪的性格与环境

1870 年 12 月，意大利监狱的狱医龙勃罗梭打开了著名土匪头子尸体的头颅，发现其头颅枕骨部位如同低等动物一样有一个明显的凹陷处。后来，他得出结论：犯罪是由基因决定的，这些基因通过遗传而获得。因而犯罪是天生的，并不是由人们的自由意志所决定的。这些天生的犯罪人具有一些共同的生理特征和精神特征。比如，在生理上，具有扁平的额头，凸出的大脑，隆起的眉骨，深陷的眼窝，巨大的颌骨，非常大或非常小的耳朵，不对称的头骨等；在精神上，痛觉较迟钝，喜欢纹身，没有羞耻感和怜悯心，易被激怒等。这就是十分具有代表性的"天生犯罪人"理论。

罪犯怎么可能是天生的呢？相信很多人都会对"天生犯罪人"的理论产生怀疑，毕竟这与人们习惯的思维观念有很大不同。在日常生活中，当人们听到有人犯罪时，总是会从很多方面进行解释，比如心情不好、生活条件太差、内向，不爱交流、压力太大等等。很少会有人从遗传的生理特征方面找原因，即使有时候谈到外貌等因素，也是和其他方面联系在一起的。比如，一个长得很丑的人对盯着他看的路人大打出手。人们并不会把这种行为归为长相本身，而认为是路人的侮辱才导致人身攻击的。可见，将犯罪的原因归为遗传是不被理解的。的确，不仅老百姓觉得"天生犯罪人"的理论说不通，很多专家学者也对这种观点提出了质疑，他们大多是从性格和环境两个角度剖析导致人犯罪的原因。

"性格决定命运"，我们暂且不去看这句话是不是完全正确，至少它对性格的重视是值得我们关注的。从定义上看，性格是指那些比较稳定的、具有核心意义的个性心理特征。性格在人对现实的态度和相应的行为方式中都有所表现。我们常常会在形容别人性格时用到"英勇""刚强""懦弱""粗暴"等词，从这些不同修饰词的使用上，我们也能分辨出哪些性格的人是容易犯罪的、哪些人是不太容易出现犯罪行为的。比如，对于性格粗暴的人来说，他们容易被激怒，在受到不公正的待遇后更可能引发内心的不满，并可能将这种愤怒通过过激的行为发泄出来。而对于那些性格温和的人来说，他们更懂得忍耐，在遇到挫折或其他不愉快的事情时，能冷静地思考，因此不容易出现犯罪行为。

一直以来，性格都被看作是天生的，且不易改变的，常常与天性混淆在一起。如果以这种观点来看，性格就是影响人犯罪行为的先天因素，而环境就是后天的因素了。环境对行为的影响是毋庸置疑的，每个人一出生就不可避免地会受到周围环境的影响。出生环境、家庭环境、学校环境、社会环境等都可能成为人犯罪的一个因素。比如，有很多抢劫犯都是因为家庭条件极差，不甘永远这么生活下去才走上极端的。恶劣的生存环境让他们连最基本的需要都满足不了，吃不上一顿饱饭，穿不上体面的衣服，更不用提住上大房子了；而有的人却有车、有房，过着奢侈的生活。这种环境上的鲜明对比就容易激起他们的不满，造成他们心理上的失衡，从而走向极端。

关于究竟是性格还是环境引发了犯罪的争论从来没有停止过。过去一直重视天性对犯罪行为的影响，例如，前面所提到的"天生犯罪人"理论，但环境的影响渐渐受到很多心理学家的关注。可以肯定的是，性格和环境在人走向犯罪道路上的影响都是不可忽视的。

模仿犯罪的心理

第一眼看这个题目你可能会觉得奇怪，模仿，谁没有过，只是谁会傻到去模仿犯罪！的确，从小到大我们都会去有意无意地模仿周围的人或事，小时候我们会为了像大人们一样拥有权威而模仿他们的言行举止；后来上学了就模仿那些天天被老师表扬的人，渴望着也能受到赞扬；再后来上班了模仿自己心中的偶像，把他们当作自己奋斗的目标。这些模仿都是再正常不过的了，而且很多心理学家都认为模仿对人类的生存和进步有很大的作用，它能让我们从他人的反复尝试中获得好处。不过，不理智的模仿行为也能导致罪行的发生，出现模仿效应。

"模仿效应"是西方社会学中的一个概念，指那些因为新闻报道或者小说电影中描述的事件，而导致出现一连串类似事件。其实对于这种效应，人们最熟悉的并不是模仿犯罪，而是自杀事件的发生。

在一些电影上映或文学作品出版以后，作品中的犯罪行为对观众或读者的行为有一定的影响，例如，1972年库布里克的电影《发条橙》上映后，社会上出现了一系列模仿片中暴力行为的现象，因此此片被取消发行。很多罪犯在事后称自己犯罪的灵感来自于所接触到的影视作品中的犯罪行为，尤其是对于青少年来说，他们的思想还没有完全成熟，喜欢模仿别人的行为，并且在模仿时不能正确辨别是非，容易受到作品中不良因素的影响。例如，很多青少年对于一些犯罪行为的具体细节并不清楚，甚至从未听说过，而在影视作品中，为了达到引人入胜的效果，制作方往往会将犯罪细节刻画得十分清楚，并会使用一些手法去吸引人们的注意，这样一来青少年在好奇心的驱使下可能会有效仿的倾向。

人们除了对影视作品中犯罪行为的模仿外，还经常会出现由于媒体对真实事件的报道而引发的模仿犯罪。虽然西方犯罪学家的研究结果表明，媒体对生活中发生的犯罪行为的报道和模仿犯罪之间没有直接联系，人们不会因为媒体的披露就去犯罪，大规模的罪案报道之后也不一定会引起多起类似案件发生；但是他们也指出，媒体在报道罪案时如果处理得不够妥当，可能会使得那些一直有犯罪倾向但没有付诸实践的人走上犯罪的道路。对这些人来说，他们可能有着蓄积已久的犯罪动机，但碍于某些原因一直没有真正干犯罪的事情，看完报道后，觉得既然和自己有一样想法的人都这么做了，自己也理所应当地要行动起来，尤其是当犯罪分子没有被绳之以法时更让他们有效仿的冲动。

无论是受到哪一种情况的影响，模仿犯罪更多的是发生在青少年身上，他们容易冲动、被激怒，自我约束能力较差，做事也很少顾及后果，可能在犯罪时并没有真正的犯罪动机，而只是觉得电视电影中的某个偶像做违法的事情时很帅；或者媒体报道中罪犯的行为让自己觉得不可思议，羡慕他们的"勇气"；还有人为了出名也会模仿犯罪，一位心理学家曾经说过，哪怕是被描述成魔鬼，这样的出名对有些人仍然很有吸引力。所以，青少年在犯罪时可能自己并没有意识到自己正在干什么，而只是一种盲目的模仿。

可以看出，不加以辨别的模仿不仅不利于获得某种经验，还会为人犯罪提供鼓励和支持，做那些以前想做而不敢做的事情。巴尔的摩大学犯罪学家杰弗里·罗斯就认为："当下发生的事情具有暗示的力量。对于有某种挫折感或者是想要算什么账的人来说，当他们听说别的地方发生了什么事情，这会让他们变得大胆。"

人格障碍与犯罪的关系

虽然具有某些精神病特质这种异常心理的人更容易犯罪，但精神病特质与犯罪行为之间的关系并不是确定的。异常的心理可能由精神病导致，还可能由人格障碍导致。可能对于人们来说，"精神病"这个词比"人格障碍"更容易接受，但人格障碍也是一种很常见的异常心理，与犯罪行为有极其密切的关系。

人格障碍是指表现在个体身上的人格特征与正常状态有偏离。有人格障碍的人有自己特有的行为模式，不能很好地适应环境，容易与周围的人发生冲突，从而影响正常的生活。人格障碍通常在儿童后期和青春期出现，并会一直持续到成年期甚至伴随一生。与精神病相比，人格障碍并非病态，而只是一种不正常的状态，它比精神病更常见。有人认为有人格障碍的人介于正常人和精神病患者之间。

根据美国精神病学会制订的《诊断与统计手册：精神障碍》，人格障碍可以分为十种类型：反社会型人格障碍、偏执型人格障碍、分裂样型人格障碍、分裂型人格障碍、强迫型人格障碍、自恋型人格障碍、边缘型人格障碍、表演型人格障碍、焦虑（回避）型人格障碍、依赖型人格障碍。每一种人格障碍都有各自的特点，在临床上的表现也有差异。根据它们之间的共同特点，可以将这些人格障碍分为三类：奇特或怪异组（偏执型、分裂型、分裂样型）、表演性或情绪性组（反社会型、边缘型、表演型、自恋型）、焦虑恐怖组（回避型、依赖型、强迫型）。

虽然引起犯罪人犯罪的原因有很多，但如果已经证实了人格障碍在犯罪过程中有很关键的作用，那么从犯罪人身上可以发现，具有某一类人格障碍的人更容易出现类似的犯罪行为。例如，具有表演性或情绪性特点的人格障碍患者，他们的犯罪更多的是与反社会性质的行为联系在一起的，包括攻击、破坏等。接下来让我们从一些例子中看看三类人格障碍是如何影响不同的犯罪行为的。

小张性情孤僻，身边没有几个好朋友。并不是周围的人不搭理他，而是小张总是怀疑他们的用意，别人对他越好，他越觉得对方有阴谋，久而久之就没有多少人愿意和他交往了。这让小张愈发地认为自己的猜测是正确的，别人的疏远正好说明了他们的心虚。由于小张总是对别人的话产生怀疑，很少能与别人建立相互信任的感情，总觉得对方充满恶意。身边的人基本上都了解了他的性情，很少会去招惹他，一直以来也就相安无事。有一天，小张独自出门，在公交车上时，几位乘客在他身后压低声音说话，还时不时地发出笑声。这让小张无法忍受，认为他们是在嘲笑自己，这是对自己尊严的侮辱，应该给他们严厉的惩罚。终于，他拿出钥匙凶狠地掷向身后的那几个人。

从这个例子可以看出，小张身上具有第一组类型的人格障碍特征，对人与人之间的关系不信任，总是妄想别人正在计谋伤害自己，把别人很普通的行为都看作是具有敌意的。很明显，具有这种人格障碍的人情感冷漠，具有很强的攻击性，很容易出现伤害他人或杀人的犯罪行为。

具有第二种人格障碍的人最明显的特征就是情绪不稳定，而且比较自恋。由于这种人的自我表现欲较强，总觉得自己是独特的、优秀的，所以会想方设法地找机会吸引别人的注意。而一旦通过一般的途径不能够满足自己的需要时，就会做出一些过激的行为，比如酗酒、飙车、自残等，甚至会通过反社会的形式吸引更多人的注意。

具有第三种人格障碍的人属于自我不确定型，他们对人际关系持有一种回避的态度，缺乏自信。这类人常沉迷于自己的世界中无法自拔，但在行动时又过于依赖他人，一旦受到伤害就难以独自前进。还有一部分人对自己的想法过分执着，按照既定的模式行事，不容许有一丝的改变。自我不确定型的人会因为一时得不到别人的帮助就内心不安，犯下罪行；也会因为固着自己的某一个想法就随心所欲地做事，不达目的誓不罢休。

可见，人格障碍本身与犯罪并无直接的联系，但具有这种人格障碍的人更容易走向极端，出现犯罪行为。

青少年犯罪的原因在于环境还是性格

越来越多的青少年犯罪现象让人们疑惑不解。家庭、学校、社会都在为孩子们的健康成长努力营造着良好的生活环境，但这些好像并没有起多大的作用，难道是现在的孩子比以前坏？到底是环境因素还是性格因素让青少年犯罪层出不穷？为了解开这些谜团，让我们先来看看对于青少年犯罪现象都有哪些理论解释。

由美国学者谢尔登提出的体型理论认为，青少年犯罪的产生与他们的体型和性格有关。谢尔登将人的体型分为四种，并认为每种体型都有与其相对应的性格特征：内胚层体型。这种人的身体圆润肥胖；性格外向，表现出对娱乐的喜爱，对体育活动和其他冒险活动不感兴趣。中胚层体型。这种人骨骼发达，肌肉健壮；在性格特征上表现为争强好胜，喜欢冒险，爱好运动。外胚层体型。这种人身体单薄，身材瘦长；性格内向。均衡型。这是一种综合型体型，没有任何单一类型的突出特征。谢尔登还通过实际的研究支持了自己的理论，他研究了波士顿的200名少年犯罪人，发现有60%的人属于中胚层体型，而在一般少年中仅有30%的人属于中胚层体型。可见，中胚层体型的人比其他体型的人更容易犯罪。很明显，这种理论强调了体型和性格对少年犯罪的影响。

美国社会学家戴维·马茨阿提出的漂移理论认为，大多数青少年犯罪人是一些漂移者。他们的行为在犯罪与守法之间漂移，既有可能犯罪，也有可能守法。而他们最后选择实施的行为取决于行为当时的情景和他们自己的心理和情感。可以看出，这种理论本身具有很大的灵活性，但这种不确定性也正说明了青少年心理发展的矛盾性。对于青少年来说，他们的发展还不完善，对好与坏、应该与不应该的判断并不成熟，在思想和行为上有很大的波动性。此外，优越的生活条件让他们很少有机会面对挫折，一旦碰到不顺心的事情，就有可能产生冲动，从老师、家长眼中的"乖孩子"变成"犯罪人"。

萨瑟兰提出的差异交往理论认为，一个人的行为主要是由他的社会交往所决定的，一个人犯罪行为的形成，主要是由于同有犯罪行为的人交往的结果。根据萨瑟兰的这一理论，青少年的犯罪行为如其他行为一样，是从其他人那里学来的。不可否认，一个人在成长的过程中同时受到违规犯法思想和遵纪守法思想的影响，但是他们所接受到的影响是有差异的，对于那些犯罪的少年来说，显然是受到了更多不良思想的影响。他们在与其他犯罪人交往的过程中，学习了别人的犯罪、技能行为、动机等。这种理论更多地强调了环境的影响，即所谓的"近朱者赤，近墨者黑"。与差异交往理论不同，克雷西提出了差别认同理论，他认为即使有的青少年与犯罪人交往了，也不一定会成为犯罪分子，强调了在交往中认同的重要性。

美国犯罪社会学家赫西提出的社会控制理论是西方学者在研究青少年犯罪方面运用最多的一个理论派系。与其他众多的理论不同的是，社会控制理论从人们为什么会犯罪的反面着手，关注人们为什么要遵守社会的行为规范，不违反规章制度和法律。而对于这个问题，社会控制理论认为主要是因为他们受到了社会的有效控制，如果这种社会控制一旦失效，人们就会违规犯法。比如，如果青少年所看到的都是将犯罪分子绳之以法、严厉惩罚的情况，他们效仿犯罪的概率就会下降，而一旦他们觉得社会规范无法控制犯罪行为时，自己就很容易出现犯罪行为了。

从这些理论中可以看出，不管是强调性格因素还是环境因素对少年犯罪的影响，都有一定的根据，但要想更合理地解释青少年犯罪，还必须综合考虑多个方面。除了前面所提到的几种理论之外，还有机会理论、亚文化理论、标定理论、心理分析理论等，众多理论的推出也体现了社会对青少年犯罪现象的关注。

破窗理论：放纵轻微犯罪会导致犯罪泛滥

"千里之堤毁于蚁穴"，这句大家再熟悉不过的话说的就是因小误大的道理。对于那些令人发指的犯罪行径来说，很多也都是因为在出现了轻微犯罪时一味放纵引起的。

美国斯坦福大学的心理学家詹巴斗曾做过这样一项有趣的试验：他找来两辆一模一样的汽车分别停放在两个不同的街区，一辆停放在相对杂乱的布郎克斯街区，另一辆则停在帕罗阿尔托的中产阶级社区。他把停在杂乱街区的那一辆的车牌摘掉，顶棚打开，结果一天之内就被人偷走了。而摆在中产阶级社区的那一辆过了一个星期也安然无恙。于是，詹巴斗又把完好无损的那辆汽车的玻璃敲了个大洞，结果刚过了几小时，这辆汽车就不见了。后来，政治学家威尔逊和犯罪学家凯琳依托这项试验，提出了"破窗理论"。他们认为，如果有人打坏了一个建筑物的窗户玻璃，而这扇窗户又得不到及时的修理，其他人就可能受到暗示，这种暗示会纵容他们打烂更多的窗户玻璃，而这些破窗户也会带给人们一种无序的感觉。在这样的一种氛围下，犯罪行为就容易滋生和猖獗。

生活中，很多现象都受到了破窗理论的影响，比如我们经常看到的墙上的"牛皮癣"，干干净净的墙上本来一直都没有张贴那些小广告，突然有一天被人贴了一张，结果不出几天，这面墙就会被形形色色的广告占据；公园里的草坪一片郁郁葱葱，让人看了就不忍心去踩踏，但有一天某个人为了抄近路将草坪踩出了一条路，接着，草坪上便会多了很多不和谐的"路"。

人们对完整无缺的东西不会轻易地去破坏，而对那些受到破坏的东西反而会施加更多更大的破坏，并不是人们没有同情心、冷酷无情，破窗理论对人们的心理产生了多方面的影响。在"破窗"出现之后，与完美状态相比，人们的心理发生了很大的变化，比如他们会认为，这些东西反正已经不完美了，而且都没有人及时修理，干脆就"破罐子破摔"吧。于是就任由它们受破坏，甚至也放纵自己的行为。此外，从众心理也起到了不可小视的作用，当很多人都在干着一件事情时，会激起人们也发生这种行为，即使是违法的，他们也会认为，法律道德又不是约束某一个人的，既然大家都这么做，自己同样也能这么做了。在一些盗窃之类的犯罪行为中，人们还会有一种投机心理，认为别人偷了东西又没被逮到就是占了便宜，所以自己何不尝试去偷，说不定也不会被逮到的。

可以看出，破窗理论中提到的从轻微犯罪到犯罪泛滥的演变并不是由于玻璃本身的完美或残缺，而是透过破了的玻璃引起的人们心理上的变化。要防止这种现象的发生，就要敏锐地捕捉到人们不合理的心理活动，防微杜渐。任何一项大的破坏和犯罪，都是从"小奸小恶"开始的，像试验中敲破的玻璃，只有及时修复才能避免问题的出现。实践也证明，破窗效应是能够被控制和化解的。

在公交车站，车还没停稳人们就争先恐后地往上挤，一片混乱中两个人由于身体的挤撞而引发了争执，双方大打出手，旁边本来就烦躁的人看着他们吵得热火朝天也加入进来，结果局面无法控制；另一种情况是大家在车没来时就已经排好了队，车停稳后人们自觉地按照先下后上的顺序，井然有序地完成了上下车的过程。

所以，对一些小小的失误置之不理就可能引发失控的局面，放纵轻微的犯罪可能引起犯罪行为的肆虐；而避免悲剧发生的最好办法就是努力使"玻璃"不破，或者在发现"破窗"时能采取措施及时修复，否则破的就不只是玻璃了。

武器可以增强人的侵犯意识

著名心理学家伯克威茨于 1978 年提出了一个"武器效应"理论，他认为侵犯行为的发生并不仅仅因为人遭遇了挫折，还要依赖情境中的侵犯线索。挫折不会直接导致侵犯行为，当情境中存在武器时，就很容易引发侵犯行为。简而言之，武器可以增强人的侵犯意识。

为了证实自己的说法，伯克威茨做了一个实验。他首先让助手为实验参加者制造挫折情景，激怒他们，然后再给予他们报复的机会，报复的方式是电击。在实验中，两名实验参加者分别被带到两种情境之中。其中一种情境是在桌子上放了一只左轮手枪，另一种情境是在桌子上放了一副羽毛球拍。在这两种不同的情境之中，让实验参加者分别对伯克威茨的助手进行电击报复。结果发现，情境中有手枪的参加者比情境中有羽毛球拍的参加者对助手进行了更多次的电击。这与伯克威茨的结论相一致，是手枪增强了实验参加者的侵犯意识，使其进行了更疯狂的报复。

伯克威茨说："枪支不仅仅使暴力成为可能，也刺激了暴力。手指扣动扳机，扳机也带动手指。"

伯克威茨对自己的理论做了进一步的解释：侵犯行为的发生并不像传统的犯罪理论中论述的挫折是促使人发生侵犯行为的重要原因，准确地说，除了挫折还取决于情境中的侵犯线索。换句话说，一个人即使遭遇了挫折，如果情境中没有其他促使他发动侵犯的因素，他也不会采取侵犯行为。即挫折不会直接导致侵犯行为，比如说一个人输掉了比赛，或者求职失败，他不一定会因此而去侵犯他人。

虽说挫折不会直接导致侵犯行为，但它可以使人产生沮丧、愤怒等不良情绪，而这些负面情绪为侵犯行为的产生准备了心理状态。当人处在愤怒之中时，如果手边恰好有刀枪之类的侵犯工具，那么，这些武器就会对他产生暗示，进而导致暴力侵犯行为的发生。社会上的许多暴力事件都与具有刺激作用的武器有着密切的关系，是武器推动了暴力事件的产生。

"武器效应"说明了线索（刺激物）对于行为出现的重要作用。如果你希望某人做出某种行为，那就不妨给其提供能够刺激相应行为出现的线索，促使该行为的产生。

这对管理非常有帮助。作为管理者，如果希望员工更加努力地工作，那就为他们提供一些积极的线索，如升职、加薪、奖金等；如果希望员工减小失误，也同样要让他们看到实实在在的惩罚，如通报批评、扣发奖金等。

第二十二章

灾害心理学：
见到火就觉得心脏要跳出来似的

什么是灾害心理学

灾害，这是人们最不愿意碰到却又无法避免的现象，灾害事件通常具有突发性和紧急性。人们无法在灾害发生之前做好有效的准备，当灾害发生时不能积极地应对，这就很容易造成多方面的灾难。常见的灾害有地震、火山喷发、泥石流、水灾、旱灾、雪灾、传染病等。

一般来说，灾害带给人们的最直接的影响就是物质损失，比如水灾、旱灾、雪灾等自然灾害的发生对农作物的摧残很大，常常会导致粮食产量减少甚至绝收，这无疑让人们的经济收入大大减少。还有一些地质灾害的发生也会影响当地旅游业的发展，例如山体滑坡、泥石流等。所以，灾害威胁到了人们的经济利益，甚至可能是生命安全。

灾害不仅是一种自然现象，它还关乎着社会的安定，是一种社会现象。这一点从由古至今发生的各种动乱和媒体的大量报道中很容易得出。乾符五年（公元878年）至中和四年（公元884年）爆发的黄巢起义就是由自然灾害引发的农民运动，那时由于很多地方都发生了旱灾和蝗灾，农民的收成受到影响，连温饱都满足不了，而地方政府不仅没有采取有效的措施救灾，反而对灾情熟视无睹，继续征收赋税，这让本来就走投无路的农民雪上加霜，最终引起了暴动。

可以看出，灾害事件由于其突发性和紧急性，会给人们的生活带来很多伤害，不仅威胁着个人的生命和财产安全，也影响了社会的安定。除此之外，灾害对人们精神上的伤害越来越受到社会的关注。很多人在灾害中幸存下来，从表面上看他们是相当幸运，而事实上，这些幸存下来的人承受着巨大的精神压力，尤其是对那些在灾害中丧失了亲人的人来说打击就更大了。他们面临着承受灾害事件本身和丧亲的双重伤害，如果不加以疏导很难让他们从灾难的阴影中走出来。人们可能在经历过灾害后出现心理上的失衡，变得思维不清，情感紊乱，意志消沉，这些如果长久得不到解决就会引发多种心理疾病，最终可能导致神经衰弱、精神分裂，甚至轻生。

因此，研究人们在灾害发生时和发生后的心理机制、结构及其他相关内容，为有针对性地对人们进行心理干预、心理辅导提供依据，从而及时帮助他们梳理好自己的心理和生活，灾害心理学就是在这种需求下出现的。

总的来说，灾害心理学是揭示灾害与心理之间关系的科学，研究灾害心理的产生机制、类型、特点以及预防和矫正等。灾害心理一般分为五个阶段：

准备阶段。在这个阶段中主要关注的是人们对预警性的灾害所具有的反应，灾害意识十分重要。

冲击阶段。灾害刚刚发生时会对人们的心理产生一个冲击，受灾者往往会表现出短暂的恐慌。

防御、抵抗阶段。在冲击阶段之后，为了自我保护，人们会产生抵抗的意识，处于高度紧张的状态，尤其是在很危险的情景中，逃生意识就更强。

衰疲阶段。当人们所做的努力没有什么成效，而受灾者的体力也渐渐消耗殆尽时，他们就会进入疲软阶段，心理和生理都容易处于不利的状态。

恢复阶段。受灾者通过各种外界的帮助及自我治愈能力，逐渐恢复到正常的生活状态中。

这些阶段代表的只是一般情况，并不是每一个受灾者都会按顺序经历这些阶段，但不论如何，灾害发生后，卷入灾害的每一个人在心理和生理上必定会受到不同程度的影响，当人的心理由于各种变化而失去平衡时，如果这种失衡的状态不能得到及时的恢复，便容易出现心理危机。

对灾害心理学的研究已经开展了很长一段时间，特别是在重大自然灾害的频繁发生后，灾害心理学的地位就更高了。实践证明，灾害心理学对现实生活中的灾害预防及抗灾救灾有重要的作用，它加强了灾害心理学知识的普及，能帮助人们更好地诊断自己的心理状态，也能为处于失衡状态中的人们提供很多行之有效的恢复措施，帮助他们尽快走出阴影，过上正常的生活。

应激的心理反应

从字面上看，应激就是对刺激的应对，在医学、心理学、生理学、社会学等很多学科中对应激都有研究，它是一种极为普通的现象。心理学中的应激就是指心理紧张或压力，当有机体由于种种条件的限制无法应付内外刺激时，通过认知评价后就会产生这种不适应的心理。例如，亲人的逝世、事业上的重创、与亲密的人断绝关系以及面对重大灾害等都能成为让人紧张、不适应的导火索。引起紧张状态的事物或情境被称作应激源。不同的人对外部压力有不同的反应，所以，对于同一个事件可能由于认知评价的不同而出现不同的结果，它可能成为一些人的应激源，而对另一些人来说，只是极为普通的事情，或者至少不会产生很大的压力。当然，当人面对应激源时，不仅会有心理上的反应，也会同时伴随着生理上的变化，在这里我们主要关注应激的心理反应。

人们在面对应激源时，会经历十分复杂的心理过程，包括对应激源相关信息的输入，对应激源的察觉、认知和评估等，对应激源做出反应，应激反应之后的结果。可以看出，应激的心理反应只是这些复杂过程中的一个环节。

应激的心理反应主要分为积极的反应和消极的反应两个方面，在面对应激事件时有清醒的意识、清晰的思维、迅速的反应、及时的行为等都属于积极的应对。相反，情绪紧张、压力过大、意识不清醒、思维混乱等就是消极的心理应对了。

应激的心理反应对人们能否适应新的环境有重要的影响。一方面，应激事件发生后极易产生不愉快的情绪体验，积极的心理反应能减少消极的情绪体验，为顺利度过这一时期创造良好的心理条件。比如，在水灾之后，人们可能由于房屋被冲毁、农田被淹等感到极其郁闷，为以后的生活担忧、焦虑。虽然在这种情景下，产生急躁、担忧、不安等情绪是十分正常的，但过度地沉浸在这些心理中不仅不利于恢复正常的生活状态，还容易滋生心理疾病。所以，理性、积极的心理应对，能让受灾者在灾难面前保持清醒的头脑，尽快地从悲痛中走出来；而一味地愤怒、伤心、绝望等只能让痛苦越来越深。

另一方面，应激的心理反应还会对行为产生重大影响。积极的应对能帮助人们采取正确的行为。一个小孩子在玩火时不小心点着了沙发，将家里的东西几乎全部烧光，幸亏邻居及时报警，没有造成无法挽回的局面。孩子的父亲听到这一事故时，生气到了极点，他找到本来就被这个意外吓得够呛的孩子，然后一顿毒打，似乎这样还不解气，以后经常都用此来训斥孩子。很显然，例子中的父亲在面对应激事件时并没有表现出积极的心理反应，虽然生气是正常的情绪反应，但在与孩子交流时并不理智，而是被愤怒冲昏了头脑，这不仅对解决问题无济于事，还可能在孩子心中留下无法挥去的阴影。

可以看出，在面对应激事件时，人们的心理反应是不同的。

但可以肯定的是，积极的心理反应是有利的，它能更好地帮助人们走出灾难带来的痛苦，尽快地适应新的生活；消极的心理反应是有害的，过度的焦虑、愤怒、恐惧等可能使问题变得更糟糕，甚至酿成无法补救的恶果。

灾难心理危机的一般性反应

心理危机，简单地说，它是人们在面对一些自己无法控制的事件或情景时，内心所感受到的失衡状态。引起心理危机的因素有很多，最终导致的结果也有所不同。人们在经历灾难后可能都会出现心理危机，但有的人所面临的危机是暂时的、正常的，有的人却是异常的。只有正确区分了哪些反应是一般性的，哪些反应是异常、需要尤其引起重视的，才能及时地对那些需要心理干预的人提供帮助，使他们尽快渡过难关。

心理危机是一种不平衡的状态，从引起危机的事件发生到心理危机出现，再到人们对危机的应对，要经历一系列的过程。比如，最初发现于墨西哥，之后蔓延全球的甲型 H1N1 流感一度引起人们的高度恐慌。在甲流期间，大量的负面报道整日弄得人心惶惶，人们都不敢到热闹的地方去，生怕自己被传染，一旦自己周围熟悉的人也不幸感染上了，自己就更加恐慌了。这时，人们变得十分敏感，即使在很安全的环境中也会担心自己会被感染上病毒，影响了正常的生活。慢慢地，人们开始意识到只要防御措施做得好，通过努力自己是能避免被感染的，而且在生活中出现这种传染病也是能理解的，于是，虽然他们仍然会有恐慌，但能从心底接受现实。为了更好地做好预防，人们通过各种途径了解与甲型 H1N1 流感相关的信息。很多在甲流期间出现过心理危机并且顺利恢复正常的人认为，自己从这个过程中学到了很多，不仅了解了与流感相关的信息，使自己在今后类似的问题中有了丰富的经验去应对，更重要的是自己在心理上变得更坚强了，这对处理生活中的许多难题都是一次很好的借鉴。

从上面的例子中可以看出，当人们面对心理危机时，在心理和行为上常常会有不同的表现，最开始可能是极度的恐慌，然后抵制、拒绝危机的事件，接着是慢慢接受现实，并积极地应对，最后是解决问题，恢复到正常状态。

危机意味着平衡稳定的破坏，会引起人的混乱和不安，一般危机发生后人的反应会维持一两个月的时间。心理危机的反应主要体现在生理、认知、情绪、行为等方面。

生理方面：食欲不振、肠胃不适，头痛心慌，容易犯困，睡眠质量差，入睡难、易惊醒、肌肉紧张等。

认知方面：认知上存在偏差，注意力不集中，缺乏自信，记忆力减退等。

情绪方面：情绪波动大，对外界刺激过分敏感，容易被激怒，并常常会出现极度恐慌、焦虑、怀疑等情绪。

行为方面：自责，退缩，尽可能地逃避与人接触。

在一次火灾中，小明丧失了自己的亲人，之后的一个月里他像完全变了一个人。他总觉得没有胃口，每天都吃得很少，睡觉也睡得不安稳，只要有一点动静就会惊醒，而且经常做噩梦。虽然火灾后，单位领导建议他先休息一段时间，但他认为自己忙起来了就不会去想这场灾难，心里也会好受些，所以没有休假。但是在上班期间，同事们都发现小明经常会出错，而且老是记不住重要的事情，因为大家对小明的遭遇十分同情，都没有责怪他，而是尽量帮助他。他们会时常邀请小明一起出去活动，放松一下，但大多数情况下小明都不会出去。在他看来，如果那次自己一直在家待着，说不定就不会出现那么大的火灾了，亲人也不会发生意外，所以他一直对此耿耿于怀。

小明在经历灾难时，身心发生了一系列的变化，但幸运的是，他在朋友的帮助下，慢慢接受了既成的事实，最终走出了阴影。但并不是每个人都能像小明一样幸运，很多人在受到重大打击或变故后一蹶不振，他们最初的反应和小明在生理、心理各个方面的表现类似，但结果却令人惋惜。

心理危机的异常表现

面对灾难时，人们出现心理危机是正常的现象，所表现出来的一些情绪、认知和行为等也是一般的反应，经过一段时间的调整就会恢复到正常。但有些人却无法走出心理危机，出现了种种障碍及其他异常的表现。

与灾害有关的障碍主要有急性应激障碍和创伤性应激障碍，二者都是由应激性的事件或处境引起的心理障碍，不同的是急性应激障碍在灾害事件发生后立即发病，而创伤性应激障碍则持续的时间较长。

创伤性应激障碍是对具有威胁性的灾难事件的延迟或持久反应。这类事件通常为重大的自然灾害或人为灾害，比如地震、火灾、战争、严重的暴力行为等，每个人面对这些灾害时都会感受到巨大的痛苦，但并不是每个人都会出现创伤性应激障碍。只有那些随着时间的推移仍然无法平复自己伤心的心境，甚至情况越来越糟的人才是创伤性应激障碍的患者。他们有心理危机的一般反应，在程度上和时间历程上更加明显。

急性应激障碍是由剧烈的、重大的内外刺激所引发的异常，在灾害事件发生的同时，受灾者会出现极度伤心的心理反应及一系列的生理反应，比如呼吸急促、意识空白、注意狭隘等。这种心理危机的异常表现很少见，多出现在重大交通事故中。

当然，除了所提到的两种障碍外，还有很多异常的表现。虽然表现形式多种多样，不过，纵观这些心理危机的应对，它们在情绪、行为等方面还是有很多共同点的：

情绪异常、持续低落。有异常表现的人会持续很久地表现出低沉的情绪，这与一般正常的反应最大的区别就在于持续的时间长。

丧失信心，封闭自我。在心理危机出现后，人不能正确地认清现实，将所有的过错都揽在自己身上，极度自责，不愿意与外界交流；对以后的生活失去信心，无法适应变化了的环境。

无助感强烈。由于在灾害性的事件中人体验到了强烈的无助感，这种感受在灾害结束后一直困扰着他们，认为自己在什么方面都显得势单力薄。

食欲不振，睡眠不规律。出现连续的厌食绝食或暴饮暴食现象，睡眠也出现障碍，很难入睡，一旦睡下就不愿意起来，但是睡眠质量很差，容易惊醒。

有自杀倾向。这种表现是极其危险的，无法应对心理危机的人，在体验到种种不愉快的经历后，渐渐感受到活着是没有意义的，他们产生悲观厌世的想法，总觉得最好的解决办法就是一死了之，常常会有自杀的念头。

经历过重大灾害的人很容易出现消极的心理或生理反应，而警惕他们的异常反应，从其言行中找出极端的、危险的表现，才能给予帮助和干预，否则，将他们的异常反应视为正常的灾害心理，则可能造成无法挽回的后果。

什么是灾害心理救助

"灾害无情人有情""一方有难八方支援"，类似的话在生活中出现的频率并不低，它一方面说明了生活中发生灾害事件是不可避免的，另一方面也突出了灾后人与人之间相互帮助的重要性。

几年前的汶川大地震牵动着全中国人乃至全世界人的心，对于这样无情的天灾，人们无法阻止它的发生，灾害发生后唯一能做的就是给幸存下来的人以救助，帮助他们过上正常的生活。对灾区人们的救助不仅包括物质上的帮助，使他们在衣食住行上恢复正常生活，心理救助也是绝不能小视的，甚至在有些时候，心理救助比物质救助更急切、更关键。

每一场灾害都会伴随心痛、压力、恐慌等，幸存者虽然留住了自己的生命，但承受着常人无法想象的精神压力。灾害心理救助就是为了帮助人们尽快走出灾难肆虐的阴影，接受现实并以积极乐观的态度生活下去。对那些无法走出心理危机的人，心理救助的任务就更加艰巨了，需要通过各种危机干预措施，帮助陷入危机中的人走出困境，重新燃起对生活的希望。

灾害心理救助的目的主要是恢复人们失衡的心理状态，避免他们由于危机伤害自己或他人。由于灾害事件本身的性质不同，每个人所感受到的危机程度和自愈能力也有差异，在对灾害后的人们进行心理救助时，所采取的方式也有差异。

王女士的家人决定趁着假期一起去一个凉快的地方度假避暑，在考虑了众多因素后，他们决定去海滩，那里风景优美，重要的是可以消暑。原本以为这是一个所有人都能接受的选择，没想到却被王女士给否定了。当家人追问原因时，王女士总是支支吾吾，就算是编出来的理由也都十分荒唐，难以让人信服。家人以为王女士是因为不想花钱才有这样的反应，就背着她先把机票买了，酒店也订好了。在出发前一天，王女士才得知这一切，没想到她大发脾气，还坚定地表示自己绝不会去海滩。由于王女士平时性格十分平和，从来不会因为类似的事情而生气，尤其是在与孩子的交流中，一般只要是孩子愿意做的事情王女士都会无条件支持，再说，他们家完全有能力去旅游，所以钱绝对不是让她勃然大怒的根本原因。这让她的家人感到十分疑惑，联想到前几年王女士在外出差时曾经亲身经历过海啸，家人怀疑是不是因为她还没从那次事件中走出来，于是为王女士请了心理专家。经过与专家的交流，王女士很快说出了自己心中真正的疑虑，原来她真的还没走出上次海啸事件的阴影。在那次海啸中，王女士险些丧命，整个过程让她记忆犹新。她说在濒临死亡的那一刻，她想到最多的就是自己的孩子，她觉得孩子还那么小，如果没有了妈妈将会很可怜，在与海啸斗争的过程中，她甚至在心里将要与孩子告别的话都讲了一遍，这让她无比绝望。不过，也正是这种母爱让她坚持到最后。现在只要她一想起类似的场景，脑海中就会出现那时与孩子"分别"的痛苦。所以，去海滩让她很容易唤起那段无比绝望和伤心的记忆。

从这个例子可以看出，王女士无疑是需要得到心理救助的，她由于经历过了一次灾害事件，几年都没有从那次危机中走出来，每当出现类似的情景就会唤起不愉快的体验，甚至影响了自己正常的生活。而对王女士的心理救助最开始就是要找出问题的症结，然后才能对症下药。对于这种人，他们在生活中常常表现得敏感，产生的念头也比较奇怪，像王女士，折磨她的其实并不是自己将丧生，而是与孩子的分离。所以在给予心理救助时应重点关注与孩子的联系，如果有可能，请孩子一起参与进来会有更好的效果。一般有阴影的人疑心较重，不会轻易相信别人的话，这时，专家的话就显得比较有分量了。对例子中的王女士来说，可能很多人都告诉过她海啸发生的概率极小，但如果能请一些专家来，用统计数据告诉她，王女士就易于接受了。

虽然对每一个有灾害心理的人采取的心理救助措施不同，但基本的流程是相似的，即先了解事件过程，找出引发危机的根本原因，然后有针对性地解决问题；在救助的过程中，所采用的措施也大体相同，其中最主要的就是支持，让危机中的个体表达或发泄出内心压抑的情感，并在此基础上进一步地救助。对个体的支持不仅来自给予救助的专业人士，个体亲朋好友的关怀和鼓励等也都十分必要。此外，对灾害心理的救助要及时，给予帮助越早，所取得的效果可能越好。

第二十三章

发展心理学：人为啥不在妈妈的
肚子里多发育一段时间

什么是发展心理学

一直以来，人们都觉得发展心理学是专门研究儿童心理发展的学科，但近年来毕生发展的观点渐渐取而代之。不过，从发展历史来看，发展心理学是在儿童心理学的基础上产生的。19世纪后半期，德国生理学家和实验心理学家普莱尔发表了《儿童心理》一书，这部书被公认为第一部科学的儿童心理著作，普莱尔也因此被认为是科学儿童心理学的奠基人。接着，随着人们对心理发展内涵认识的加深，毕生发展的观点逐渐被人们接受和重视。20世纪后半期，研究毕生心理发展的发展心理学开始被确认，儿童心理学逐渐成为发展心理学的一个重要组成部分。1957年美国《心理学年鉴》中的《儿童心理学》被《发展心理学》取代，从此确立了发展心理学在心理学中的地位。

心理学是科学地研究人类心理的科学，发展心理学就是科学地研究人类在发展过程中心理的科学。人的一生会经历很多的变化和发展，从在妈妈的肚子里开始，到呱呱落地，再到按年龄顺序经历一系列的发展阶段，直至最后离开这个世界。在漫长的几十年中，人们不仅在身体上会发生明显的变化，从弱小到强壮再到虚弱，而且在心理上也会有复杂的发展。究竟人在不同的阶段会有怎样的心理特征？哪些因素导致了这些心理变化的出现？这些都是发展心理学所要解决的问题。

人们在生命历程中所涉及的发展范围很广，既有身体方面的成长，也有知识能力等方面的提高，还有情绪以及与人交往方面的发展等。据此，发展心理学主要考察的也是人们在生理、认知、社会性方面的发展特征。

生理的发展为心理的发展提供了物质基础，所以虽然发展心理学是研究人们心理的学科，也不能忽视对生理机制的重视。生理机能的重要性从很多方面都能看出，尤其是从那些有生理缺陷的个体身上，很多心理疾病的发生都与大脑结构的缺陷有关。对生理发展的研究还能帮助人们创造良好的环境，比如，遗传对人在各方面发展的重要影响是被公认的。

认知的发展包括很多内容，感觉、知觉、学习、注意、记忆、语言、思维、推理、创造性等都属于认知领域。人的心理变化对任务的完成有着重要作用，所以研究认知过程中的心理发展对提高人的认知能力和学习、工作效率有指导意义，比如，通过研究人可以发现哪些心理过程是有利于推动认知的，那么，在以后类似的任务中就能依据这些结果提高工作效率了。

生理和认知上的发展都侧重于个体，但人们在社会中生存，就必须和别人交流，这就需要社会性的发展。社会性领域的发展包括情绪、人格、社会关系的变化和稳定性。这个领域的发展对人的成长很重要，例如，对于婴幼儿来说，他们的社会性发展并不成熟，在与别人的交流中有很大的自我中心性，不管做什么都更多地考虑自己的感受。如果对这一特征不了解，就会认为这些孩子自私、冷漠等。事实上，这些都是这一阶段的儿童特有的，也是正常的现象。

发展心理学对人一生的发展有重要的作用，能帮助人们认识发展过程中在生理、认知、社会性等方面的特征，解释某些特定的心理现象；能通过与正常状态的对比，找出发展中存在的缺陷，并为努力矫正缺陷提供依据。这些不仅能促进个人的发展，还能帮助人们了解整个人类的发展规律。

一般来说，人的一生会经历胎儿期、婴儿期、学前期、儿童中期、青春期、成年早期、成年中期、成年晚期、生命结束几个阶段，每个阶段的心理发展特点是不同的，所以发展心理学考察的是在这些不同阶段中的心理变化。

人为啥不在妈妈的肚子里多发育一段时间

我们常常惊叹于人类生命的诞生，我们从一个小小的受精卵开始到逐渐成人形的胎儿，经历了漫长的十个月，终于带着清脆的哭声降临到这个世界。而人们在享受着这些可爱的精灵带来的欢笑时，内心也增加了许多不安，总是会担心小家伙太小无法适应周围的环境，担心他们会生病、会受伤。

与外面复杂的环境相比，妈妈的肚子里就显得更安全了，那为啥不让宝宝在妈妈的肚子里多发育一段时间，等到他们能从容地面对世界时再降临呢？也许很多人都会为妈妈们抱不平了，怀胎十月就已经让她们累得够呛，如果再多待一段时间真是太辛苦了！其实，从宝宝的安全上来看，也并不是在妈妈肚子里待的时间越长就越安全。

让我们先来看看小生命在妈妈肚子里成长的历程吧。每个人的生命从受精开始，依次经历胚芽期、胚胎期、胎儿期，在每一个时期生命发展的特征是不同的。

胚芽期：从受精到第二周为胚芽期，它是生命开始的最早阶段，也是最短的阶段。在这个时期，细胞以很快的速度分裂着，而且细胞的作用也开始分化。人们所熟悉的胎盘、脐带等的雏形都是在这一阶段形成的。

胚胎期：从第二周到第八周为胚胎期，主要器官和基本的解剖结构在这一阶段开始发展。虽然这时的生命体还很小，人们都无法从体形上分辨出那些怀孕的妈妈，但这时的生命体已经有了各种器官的雏形。

胎儿期：从第八周到出生为胎儿期，这时人们能很明显地感觉到孕妇肚子的变化了，胎儿在妈妈的肚子里以惊人的速度成长着。不仅如此，妈妈们还能清晰地感觉到胎儿会动了。在怀孕早期，妈妈只能从一些身体的不适中感觉到自己身体中的新生命，而此时，胎儿为了表现自己的存在，用各种方式吸引着妈妈的注意，他们会踢腿、翻身、握拳、眨眼、吸吮手指，甚至还会打嗝、哭泣。这个时期的胎儿与新生儿的差异逐渐缩小，为呱呱落地做着最后的准备。

从生命的开始到诞生这个过程中可以看出，每一个阶段都有不同的发展特征。不论是受精，还是胚芽、胚胎、胎儿期，所有的发展都是在为出生积攒着条件和力量，是不能逾越和缺少的。很显然，这些小生命不能还没等到在妈妈肚子里发展好就出生。那么，是不是待的时间越长对发展就越有利呢？

医学上将在母亲预产期两周后还没出生的婴儿叫作过度成熟儿，这些婴儿和早产儿一样面临着很多的风险。比如，我们在前面提到的胎盘，它是连接母亲和胎儿的桥梁，胎儿成长所需要的营养和氧气都是通过胎盘传送的。而如果胎儿在母亲的肚子里过度成熟，胎盘提供的血液供给就无法满足需要了，这对胎儿的成长是很不利的。此外，胎儿在妈妈肚子里的成长速度是很快的，过度成熟的胎儿自然比正常的胎儿要大，在出生时就会增加分娩的危险。

所以，并不是在妈妈的肚子里待的时间越长就越安全。人们也正是认识到了这一点，在怀孕期间会定期做检查，当发现自己的宝宝没有在正常的时间出生时，就会征求医生的建议，选择人工引产，最常见的就是剖宫产了。剖宫产是一种分娩方式，它是通过外科手术将婴儿从母亲的子宫中取出来，而不是通过产道自然分娩出来。剖宫产并不是只针对过度成熟儿，在一些危急的情况下通常都会进行剖宫产，比如胎位不正、不易于自然分娩或者孕妇在分娩过程中阴道流血等。而且，随着剖宫产技术的完善，为了减轻分娩过程中的痛苦，越来越多的人即使在有条件自然分娩时也选择进行剖宫产。

环境对人的成长与发展影响重大

　　孟母三迁在中国是个家喻户晓的故事：孟子幼年丧父，完全由母亲抚养和教育，起初时，他们住在墓地的附近，孟子和一群小孩子见到举行丧葬的人们就跟着学起了号哭，他的母亲见了，觉得这里不是适合孩子成长的地方，就将家搬到了集市的附近，而这里有一些杀猪卖肉的，孟子又对屠杀牲畜产生了兴趣，前去观察和学习，孟母又觉不妥，这次是搬到了学校的旁边，从此，孟子也就效仿读书人，开始学习礼仪和文化知识。

　　孟母之所以一再地搬家，就是为了给孩子营造一个良好的成长环境，从而令孟子走上一条正确的人生之途。同样，孟子日后的成就，也说明了环境对人的成长成才的重要作用。俗话说"近朱者赤，近墨者黑"，能够"出淤泥而不染，濯清涟而不妖"的人毕竟是少数，对于大多数的人来说，多会"入芝兰之室，久而不闻其香；居鲍鱼之肆，久而不闻其臭"。

　　在通常情况下，一定时代和一定地域的人们所接触到的环境就基本方面来讲是相似的，很多时候并没有质的差异，所以人们常常对自身所受到的来自环境的影响感触不深。可是在生存环境很悬殊的情况下，这种影响效果就显而易见了。

　　1920年，印度加尔各答附近一个山村的人们打死大狼后，在狼窝里发现了两个由狼抚育的女孩，其中大的有七八岁，被取名为卡玛拉；小的约2岁，被取名为阿玛拉。后来她们被送到一个孤儿院由人抚养。阿玛拉于第二年死去，而卡玛拉活到1929年。孤儿院的负责人辛格依据自己与狼孩接触的经历写出了《狼孩和野人》一书，其中详细记载了狼孩重新被教化为人的经过。狼孩刚被发现时，生活习性与狼一样，用四肢行走，白天睡觉，晚上出来活动，怕火、光和水，只知道饿了找吃的，吃饱了就睡；不吃素食而只吃肉，并且不用手拿，而是放在地上用牙齿撕开吃，更不会讲话，却每到午夜后都像狼似的引颈长嚎。卡玛拉经过七年的教育，才掌握45个词，勉强地能说几句简单的话，开始朝人的生活习性转变。她死时估计已有16岁，但其智力却只相当于三四岁的孩子。

狼孩经过狼的抚养，原本是人的身体却与正常的人类产生了如此巨大的差别，而变得与狼非常接近，这说明人的成长在极大的程度上依赖人类社会环境的熏陶。狼孩的情形可以看作是泡菜效应的一种极端表现，即生存环境的普通差异不至于令不同的人之间生成如此显著的差别，但人总是或多或少会受到周围环境的影响，并且对所处环境差异越大的人进行对比，就越会发现其影响力的明显，而由于人们大多情况下都是与生存环境相似的同伴共处，所以对环境的影响力也就习焉不察了。

同样的蔬菜浸泡在不同的水中，吃起来味道是有所不同的；同样的人受到不同环境的濡染，也会养成不同的习性。这说明，环境对人的成长与发展具有重大的影响。

儿童成长的心理障碍

大多数人总是会怀念自己的童年，在形容那段生活时，也总是会用一些诸如"纯真""无邪""幸福"等特别美好的词。可见，儿时的生活给人们留下了积极的印象。但并不是每个人的童年都是值得回味的，也并不是童年期的每一段往事都是美好的。人们在自己成长的过程中可能会碰到种种心理障碍，困扰着自己的健康成长。

儿童成长中的心理障碍是普遍存在的问题，大约有五分之一的儿童和青少年有心理上的缺陷。儿童成长过程中最常见的心理障碍有双相障碍、注意缺陷多动障碍等。

双相障碍，是一种常见的心理障碍，多见于儿童、青少年之中。双相障碍的明显特征就是有两个极端的心理状态：躁狂和抑郁。这两个状态反复交替出现，造成情绪、行为等的转换。有句话说"人类是最善变的动物"，从人类的发展过程来看，儿童又是善变中的典型。人们常常会用"一会儿哭，一会儿笑"来形容儿童的多变。虽然对儿童来说，情绪或行为上的变化是正常的现象，但如果这些转变异常频繁或极端，就可能是心理障碍的征兆了。为了帮助人们区分双相障碍和正常变化，我们列出了以下典型的症状：

躁狂症状：情绪变化剧烈，表现出极度的易被激怒或兴奋；过强的自尊心；过剩的精力，睡眠时间非常少却没有疲惫感；说话速度快且没有固定的主题，跳跃性大。

抑郁症状：长时间处于忧郁、低迷的状态；对平时自己喜欢的游戏或玩具丧失了兴趣；食欲不振；睡眠问题突出，或者入睡困难，或者睡眠过多；整天无精打采；注意力不集中。

上面列出的一些症状在正常的儿童身上也有体现，也正是如此，儿童青少年的双相障碍经常会被误认为是正常的，得不到家长及其他周围人的关注。为了儿童的健康成长，家长们就需要非常敏感地区分出正常和障碍了，否则，如果任由儿童发展，可能会带来严重的后果。当发现儿童患有双相障碍时，及时的治疗是十分重要的。一般来说，治疗包括药物治疗和非药物治疗。药物治疗主要是服用适当剂量的情绪稳定剂、非典型抗精神病药物和抗抑郁药物等。非药物处理主要是通过各种形式的引导、干预，帮助儿童解决问题。

小明是小学二年级的学生，见过他的人都说他很聪明。按理说老师应该感到高兴，可是恰恰相反，所有代课老师都拿他没办法。原来，小明无论是上课还是下课，总是会带来各种各样的麻烦，上课时弄出声音，叠纸飞机到处飞，拍前排同学的背，下课后这样的事情就更多了，经常会跟同学争吵、打架。总之，用老师的话说就是"从来没有消停过"。

可以看出，小明的最大特点就是注意力不集中，涣散，多动，同时伴有情绪不稳、学习困难和攻击行为的一组症状群。这些表现都是注意缺陷多动障碍的症状，该障碍较常见，患病率高达3%，通常情况下男孩比女孩更容易产生这种障碍。在平时的生活中，人们大多会认为儿童的多动、注意力不集中等表现都是正常的，甚至觉得不动才是不正常的，往往忽视了注意缺陷多动障碍在早期的症状。虽然对于儿童来说，偶尔的易被激怒、冲动、情绪化、涣散等都是正常的，但要把握度。当发现儿童有以下的表现时，大人们就该加以重视了。

注意障碍：注意力极其不集中，很容易受周围环境的影响而分心。上课不专心，很难将注意力集中在课堂上；不能很好地遵守课堂纪律，经常出现捣乱行为。

活动过多：不能保持安静，经常无缘无故地骚扰别人；容易冲动，发生打架等攻击行为。

情绪不稳：情绪波动大，经常因为一点小事就发脾气，并影响到行为。

需要注意的是，这类儿童的智力是正常的，甚至有的儿童智商很高，但由于他们注意力涣散，无法专心地听老师讲课，对老师布置的作业也无法用心地完成，所以学习成绩较差。此外，这类儿童容易被激怒、冲动，在与别人交往时经常会出现冲突，可能导致人际关系出现问题。

除了双相障碍和注意缺陷多动障碍外，儿童成长中的心理障碍还有很多，它们都影响了儿童的发展。虽然这一阶段的儿童在心理、行为上出现一些异常是十分常见的，可是一旦超过了一定的程度就会危及其成长。

青春期的"危险性"

不管是从身体特征还是心理特征上看，青春期都是一个发生巨大变化的时期。在这一阶段中伴随着成长的经历有喜有忧，有浪漫有失落。可以毫不夸张地说，青春期时人们所体验到的行为、情感等方面的变化是在一生之中最复杂的。这一阶段中发生的变化会带给人很多的惊喜，但也正是因为变化之多、之快，让青少年措手不及，由于无法自如地去应对，所以出现了种种问题。

吸食毒品的现象在青少年中并不少见，尤其是在比较开放的发达国家。对于青少年来说，他们渴望新奇、刺激的事物，对约定俗成的东西不屑一顾，总觉得自己长大了，有权利支配自己的任何行为了。毒品对他们而言就是一种具有刺激性的东西，很容易吸引他们的关注。大多数孩子吸食毒品就是为了获得一种快感，不仅包含毒品本身带来的暂时状态，还有叛逆的兴奋，认为自己做了一件大人们阻止的事情是很了不起的。在满足了自己一时的快感之后，由于毒品的成瘾性，青少年对毒品的需求就会形成习惯，并会越来越依赖，直至无法控制。滥用毒品不仅对青春期孩子的身体是种巨大的摧残，还可能引发一些未成年犯罪行为。比如，青少年在对毒品形成很强的依赖之后，由于自己没有能力购买充足的毒品来满足需要，就可能去抢劫、偷窃。

吸烟、酗酒带来的危害是青春期的孩子们都熟知的，但即便他们对这些行为的后果有充分的认识，也还是难以避免烟酒上瘾。青春期的孩子在生理和心理上都有了长足的进步，但他们的思想并没有达到成熟的水平，在很多行为上都具有盲目性。那些对酒精类产品和烟草产品等上瘾的青少年，对这些东西最初都是因模仿而接触。当他们看到成人或其他青少年使用烟、酒时，自己也会学着去模仿这种行为，但和毒品的成瘾性一样，香烟和酒精也容易上瘾。对于正在经历迅速变化的青少年来说，大量的香烟和酒精对他们身体的发展有很大的危害。而且，上瘾之后还会引发许多其他行为问题。

性病在青少年中也越来越常见，性病的传染大多是通过不理智的性行为实现的。由于身体上的变化，性对青少年的吸引力越来越大，但他们所掌握的知识和经验的有限性导致其无法对自己的行为进行分辨，常常会发生不理智的性行为。这些都是安全的隐患。对青少年来说，早期的性教育不仅不是难以启齿的，反而对他们的成长有利。

可见，青少年青春期的发展并不是一帆风顺的，而是充满了挑战和危险，稍有不慎就可能走上自我摧残和犯罪的道路。正是由于在这一时期中的诱惑和潜在的威胁很多，家长、教师及其他社会成员更应该关注青少年的生理和心理变化，为他们的健康成长保驾护航。

工作不只是为了谋生

对成年早期的人来说，工作和婚姻是他们生活的重点，有学者更将工作的确定视为成年早期发展的标志。

对于职业的选择，人们在进行规划时就会考虑很多的因素，正是这些错综复杂的因素导致了在择业、就业时时刻权衡得失。

一名应届毕业生毕业后有多份工作机会，而他必须在这些看上去都不错的差事中选择一种。有一份工作待遇很不错，在别人眼中是可遇不可求的美差，而且工作的性质与他所学的专业是对口的。于情于理，他都应该选择这份工作，并且有理由相信经过他的努力一定能取得很大的成就。但最后他却选择了另一份在各方面都逊色很多的工作。当人们都充满疑惑时，他说："我选择的工作是我从小一直都想要从事的，这么多年来，我感觉自己一直在为别人而活，而现在，我想选择自己真正喜欢、想要的生活，也算是圆自己的梦吧。"

一个和同学一起自主创业的小伙子在公司刚刚有起色时选择了离开，他准备去一家外资公司上班。自己创办、经营公司是小伙子一直坚定的理想，毕业之后他也做到了。凭着自己和同学的艰辛打拼，公司慢慢走向了正轨，未来的形势一片大好。由于公司刚刚起步，各方面都需要花销，打开市场也需要时间，所以自己能挣到的钱暂时并不是很多。但他并没有太在意眼前的得失，还是一心一意地想将公司办下去。也许真是"天将降大任于斯人也，必将苦其心志"，亲人的病变让本来不富裕的家庭雪上加霜，而他还有一个正在读书的妹妹。无奈之下，他选择离开公司，而选择一家外企，因为那里的工作虽然不是他最想要的，却能在最短时间内帮他渡过难关。

从这两个例子中，可以看出，在工作面前，他们都作出了不同的让步。前一个为了实现自己的理想，放弃了高薪；而后一个却为了生计，放弃了自己的理想。所以，人们工作的目的不只是为了谋生。一般来说，可以将人们为什么而工作的答案分成两种：内在动机和外在动机。

外在动机就是类似于人们观念中的"为谋生而工作"。当然，那些富裕的人为了获得更多的财富也会受外在动机的驱使选择工作。这些人的共同特点是在选择职业时为了直接的奖赏，包括高的工资、好的福利等。可以看出，他们所追求的基本上都是获得物质层面的满足。对他们来说，好的工作能带来高的收入，而高的收入又能使自己过上富足的生活，那些名贵的衣服、豪华的住所等都是让自己工作的直接动力。

与此相反，另一部分人宁愿过着清贫的生活，也不愿意从事待遇好、自己却不喜欢的工作。他们受内在动机的影响，认为工作不仅是一种生存的手段，更是一种实现自我、获得幸福的媒介。在工作中，他们有清晰的自我认识，对自己是谁、想要什么都十分明了。他们选择自己喜欢的工作去努力，就是为了得到心灵上的满足。所以，对这些人来说，他们更看重的是工作能不能带来精神层面上的满足。

对于选择两种动机中哪一种更明智并没有旗帜鲜明的答案，但从实际生活中来看，在进行职业规划和选择时将二者结合在一起无疑是有利的。如果人们只重视物质，而不顾自己内心真实的呐喊，可能在前进的路上会迷失方向。而如果人们对物质无欲无求，只在乎精神上的满足，似乎又有点不切实际。所以，对于成年早期的人来说，如何作出明智的选择并不是一件简单的事情。

人到中年压力多

一般来说，中年人处于 40～60 岁之间，这个年龄段的人是社会的顶梁柱，有着很重的负担。他们不仅对社会的正常运转起着关键的作用，也是家庭中的核心，上有老，下有小。这些角色让中年人面临着来自多个方面的压力。他们可能在身体素质上大不如从前，记忆能力等随着年龄的增长慢慢减退，家庭生活也出现了危机，工作上还可能面临失业或者其他的不顺利。总之，人到中年压力多。

对于步入中年的人来说，身体机能上的衰退是很明显的。他们在身高、体重上都会出现微小的变化，还有悄然变白的头发、越来越慢的反应等都在无情地向他们传达着自己正在衰老的信息。常常有人在进入中年期后就会感叹时间不饶人，以前很轻松就能完成的运动或工作，现在却非常吃力甚至无法坚持到最后。身体机能上的变弱对每一个人来说都是必经的阶段，它一方面使中年人意识到了自己的衰老，另一方面也让他们对这种变化备感压力，因为这种转变意味着自己可能无法再去做一些自己想要做的事情了。

很多中年人都会抱怨自己的记性变差了，记忆力的减退也是中年人所承受的压力之一。依照一些心理学家的观点，人的智力分为晶体智力和流体智力。所谓晶体智力是指那些通过掌握社会经验而习得的能力，它在人的一生中一直保持相对稳定的状态；

而流体智力是指那些不受教育文化等因素的影响，以生理为基础的认知能力。流体智力的发展在 30 岁之后随着年龄的增长而降低。记忆力属于流体智力，对于中年人来说，他们正处于记忆随年龄增长而降低的时期。很显然，在记忆、推理、运算速度等方面的慢慢衰退对肩负着重大责任的中年人来说是很大的损失。比如，在工作岗位上，势必会削弱自己与年轻一代之间的竞争力，进而带来种种压力。

虽然中年人的大部分时间花费在工作中，但家庭仍然是他们生活中的一个重心，甚至在某种程度上说，这时的中年人在家庭生活中的地位是最重要的。他们需要照顾自己的孩子，在物质和精神上为他们提供帮助，还需要赡养年迈的父母，尽到做子女的孝心。也正是他们在家庭中的地位非同寻常，任何一个家庭成员或家庭关系都能给他们的生活带来压力。对于夫妻双方来说，最大的压力可能就是由于性生活质量的下降而导致的对婚姻满意度的下降。在与子女的关系上，孩子们可能已经走向社会或者正准备走向社会，大多数的时间都不在家，这就减少了与孩子沟通的机会，在自己与子女之间的矛盾也就可能增加。年迈的父母也增添了中年人的许多压力，他们不得不在工作之余腾出时间去照顾父母，尤其是当老人生病时这种压力就更大了。

对于大多数人来说，中年期是在事业上收获最丰硕的时期，他们可能通过自己多年的努力取得了不错的成绩，对自己的工作也相当满意。他们有很多经验，受到年轻一代的崇拜和羡慕，但随着越来越多的年轻人进入到工作中，对中年人的冲击也渐渐变大，在一些工作上他们甚至无法像从前那样从容地应对了。紧随而来的就是对工作的不满意、自信心受到摧毁、失业等。而对于那些在职场上并不如意的中年人来说，这时他们更多的是把生活的重心转移到家庭和其他兴趣上，对工作形成一种倦怠。虽然他们看上去生活得很好，可内心总是会有一点遗憾。

也许在很多人看来，中年人是最幸福的，他们既有了完整的家庭，也有了稳定的工作；少了年轻人身上不确定的因素，又比老年人拥有更多的时间去享受生活。但是，他们所拥有的每一样东西都需要用心付出，在享受的同时承受着巨大的压力。所以，中年人的身心健康需要得到其家庭成员乃至整个社会的重视。

如何判定生命的结束

死亡，是每个人都必须经历的，也是生命征途中的最后一站。虽然对于一些信仰宗教的人来说，死亡并不代表着终结，而是另一轮回的开始，但不管怎样，它都是一个极其重大的事件。在面对死亡这个话题时，无论是即将逝世的人，还是即将丧亲的人，都会变得凝重，而大部分情况下，他们都是悲痛的心情。

造成死亡的原因有很多种，最常见，也是最容易被人们接受的就是自然死亡。随着衰老的推进，人们在生理上的各项机能都发生了退化，当这些维持生命的结构无法继续工作时，生命就结束了，这就是人们平常所说的"自然死亡"。除了这种死亡之外，还有很多造成死亡的原因则让本来就令人心痛的事情变得更加沉重。比如孩子在出生时由于种种原因死亡了，他们的亲人甚至还没来得及看清楚孩子的容貌就不得不跟孩子告别，让人难以接受。

另一个不可忽视的死亡原因就是事故了，包括犯罪行为造成的死亡、交通事故造成的死亡等。这些死亡来得很匆忙，对于事故中丧失生命的人来说，他们完全没有死亡的准备，仅仅是一瞬间就与世长辞；对于丧亲的家属来说，也是重大的打击。疾病对生命的威胁似乎从来就没有停止过，虽然现代医疗技术的进步为治愈疑难杂症提供了很好的条件，但它毕竟不是万能的。

造成死亡的原因有很多，在这个问题上很少有人持怀疑的态度。但是，在"个体是否是真的死亡了"这一问题上，人们却提出了越来越多的争议。

传统上人们一直认为呼吸停止和心脏停止跳动就是死亡了，这一幕也是在日常的生活和大量的影视作品中经常看到的。从医学上看，这种死亡被称为"功能性死亡"，因为在人们看来，正常的呼吸活动和心脏的跳动是生命最显著的迹象，一旦这些功能丧失了生命就无法维持了。

　　电视剧中经常出现的那一幕可能会唤起你对这种死亡的理解：某个人因为内在或外在的原因安静地躺着，另外一个人发现了异常，于是靠近躺着的那个人，先大声叫这个人的名字，如果没有反应，就将手伸向前，感受还有没有呼吸，或者直接将手放在心脏的位置感受心跳。如果没有了呼吸，心脏也不再跳动了，这个人就会给出结论——他已经死了。

　　虽然从呼吸和心跳上对死亡的判定有一定的根据，但并不是失去这两项功能的人就是死了，它们可能在一段时间后会自然恢复活动。这在影视作品中也有体现，比如在武侠片中，某一个派别为了帮助自己人逃过对手的追杀，可能会让其服用某种药物，让他暂时停止心跳和呼吸，而在一段时间后，药就会失去效用，人也就苏醒了。不仅虚构的作品中有这种"意外"发生，现实生活中类似的事情也有报道。所以，仅仅依靠功能的丧失就作出死亡的判断受到人们的质疑。随着医学设备的完善和发展，人们能够通过这些设备观察大脑活动时电波的变化，由此，有人提出，死亡的判定应该以脑死亡为依据，只有所有的脑电波活动都停止，脑功能无法恢复，才意味着个体的死亡。但这种观点也有其不足的地方。一方面大脑活动可能由于外在的原因受到不可逆转的损伤，但这时患者还是有一些进行最原始活动的能力，如果将这类人认定为死亡显然是不合理的；另一方面，检测脑电波活动并不是在任何情况下都能实现的，一般来说，只会在某些特殊的情况下才会进行这种检测。

　　此外，对于死亡，还有人从个人的存在对社会的意义上进行了区分，臧克家的那句话就说明了这一点，"有的人活着，他已经死了；有的人死了，他还活着"。当然，这在实际的判定中并不适用。

死亡是无法避免的，造成死亡的原因也是多方面的，我们应该以正确的态度去面对它。

什么决定了男女的职业选择

虽然现代社会一直在大力提倡男女平等，但从某种意义上讲，男人和女人是永远都不可能平等的。

在职业倾向选择上，男人和女人存在着明显的性别差异，某些行业从业者大多都是男性，而有些行业从业者则大多都是女性。有人曾认为这是性别歧视造成的，其实不然。事实上，是男人女人的主动选择决定了某些行业的这种性别特征。更多时候，是男人自己主动选择了那些倾向于招聘男性的工作，女人自己主动选择了那些倾向于招聘女性的工作。换言之，在某些领域表现出的性别倾向并不是因为这些领域选择了某种性别，而是某种性别选择了某些领域。

为什么男人和女人在职业选择上会存在明显的差异呢？剑桥大学的心理学家科汉提出了雄性脑和雌性脑的观念，用以解释男人和女人在职业选择上的不同倾向。科汉认为，人类的大脑主要分为两种类型，即雄性脑和雌性脑。一般来说，男人多是雄性脑，女人多是雌性脑。概括地说，雄性脑的主要功能为组织功能，雌性脑的主要功能为同理功能。雄性脑和雌性脑虽然是两种不同的大脑类型，但两者的功能却并不是互相排斥的。也就是说，雄性脑的人同样具有同理功能，雌性脑的人也会具有组织功能，只是雄性脑的人组织能力更强，雌性脑的人同理能力更强。

具有雄性脑特质的人擅长分析和理解事物，对事物做系统地了解，这将使他们更能胜任科学家、工程师等工作。科汉在对自闭症的研究中发现，自闭症患者在语言表达及人际交往方面存在明显的缺陷，但却具有超乎常人的组织能力。在自闭症患者的家庭成员中，有很多都是科学家或工程师。这就是因为人的脑型有很大的比例是可以遗传的，科学家和工程师都是典型的雄性脑，其后代也大多会遗传他们的雄性脑特征。当一个人的雄性脑特质异常强烈时，其雌性脑功能就可能存在缺陷。

具有雌性脑特质的人擅长体察他人的情绪，并能够对他人的情感作出适当的回应，从而与人产生情感上的连结或共鸣，有利于构筑良好的人际关系。在人际交往中，一个人只有感到自己被理解、被认同时，才会向人敞开心扉，真诚地对人交流，而同理能力就是打开他人心扉的一把钥匙。一个人的同理能力越强，就越容易认同他人的情感，理解他人的感受。较强的同理能力将使人更能胜任幼儿园教师、护士等工作。

如果用性别差异来描述，就可以说男人和女人都具备组织能力和同理能力，但男人的平均组织能力比女人强，而女人的平均同理能力则比男人强。这就决定了男人和女人会作出不同的职业选择。这也就解释了为什么大多数科学家和工程师都是男性，而大多数幼儿园教师和护士都是女性。

雄性脑和雌性脑的存在是男人和女人适应不同生活环境的结果。在进化的过程中，由于男人和女人扮演的社会角色不同，承担的社会责任也不同，因此他们的大脑为了更适应自己的角色，更好地完成自己的职责，就走上了两条不同的进化之路。雄性脑是男性的适应特征，雌性脑是女性的适应特征。在繁衍的过程中，大多数男孩都继承了父亲的雄性脑，而大多数女孩则继承了母亲的雌性脑，因为这样的传承方式更有利于他们的生存。

总而言之，大脑结构的不同使得男人和女人擅长的事物也有所差异，正因为男人和女人各有所长，所以男人女人才会选择不同的职业。但这种情况并不是绝对的，有些男人也可能是雌性脑，有些女人也可能是雄性脑，女人擅长男人的工作和男人擅长女人的工作都是很正常的。

美好的婚姻是否意味着长寿

对于大多数人来说，成年早期所要经历的事情是人生当中最重大的，这之中就包括了工作和婚姻。心理学中一般将成年期分成三个阶段，即成年早期、中期和晚期，20～40岁为成年早期。从这样的一个划分中可以看出，从这一时期开始，人们就要真正作为一个大人去开始自己的生活了。虽然从法律上看，年满18周岁就已经成人，但这个年龄的孩子大多还在学校读书，很少有机会去独立地面对生活。而20岁之后，人们就必须选择自己所要继续的路了，选择将要陪伴自己一生。通常人们将婚姻和工作看作是生活中的两个必不可少的部分，但每个人对它们的重视程度不同，可能有的人更在乎婚姻生活的美满，而有的人更重视事业上所取得的成就。无论如何，不可否认的是二者之间并不是孤立存在的，而是相互联系、相互影响的。婚姻生活的美满与否会直接影响到家庭成员的健康、家庭的和睦、社会的和谐等。

所谓美好的婚姻，也就是婚姻质量高。婚姻质量既是一种主观的概念，表示夫妻双方对婚姻的认知；同时，它也是一种客观的概念，表示夫妻双方在婚姻关系中的相处方式等。可见，高质量的婚姻关系对营造和谐的家庭环境、增加双方的幸福感等有重要作用。至于美好的婚姻和长寿之间的关系，虽然人的寿命受很多方面的影响，所以无法在二者之间建立因果关系，但从经验中可以预料到，美好的婚姻更能保持人的身心健康，从而延长寿命。

美好的婚姻对缓解人们的心理压力有重要作用。很多心理研究都表明，婚姻生活的质量与生活中的压力联系紧密。不美满的婚姻更容易让夫妻双方产生消极的情绪，双方经常会互相埋怨、指责等，长此以往，对婚姻本身也会失去信心。在婚姻生活中的压力还会转移、扩散到生活中的其他方面。由于家庭矛盾而引起的工作分心现象就十分常见。所以，失败的婚姻不仅会影响夫妻双方的婚姻生活，还会带来其他方面的压力。而美好的婚姻却能够很好地缓解各种压力。人们常说"家是爱的港湾"，"一个成功的男人背后总是有一个伟大的女人"……这些都说明了家庭在生活中的地位是不可取代的。当人们在工作或在其他场合中遇到麻烦时，回到家中，和谐的家庭氛围能让他们得到放松，从而减轻自己的压力。可以看出，婚姻质量的好坏与人们的心理健康是有密切联系的。而毫无疑问的是，心理健康对于人的长寿是十分关键的，那些高龄的人最大的共同点就是都能保持一个健康的心态。从这个层面上看，美好的婚姻的确是有利于长寿的。

婚姻质量除了通过影响心理健康间接影响到人的寿命，还能直接反映在生理指标上。在质量低的婚姻关系中，夫妻双方常常会变得敌对、愤怒，这些情绪的产生能改变某些生理指标，比如血液中的某些激素会增加，降低人的免疫能力，从而使人的身体更脆弱，更容易生病。

所以，拥有美好的婚姻并不等于有长的寿命，但不美好的婚姻一定是不利于长寿的。总的来说，不管人们是不是出于延长寿命的目的，大多数人对婚姻生活的质量还是十分重视的。他们努力培养共同的兴趣爱好，时常相互表达爱意，对生活中的角色合理分工等，使自己的婚姻生活保持一个良好的状态。但任何事情都不可能是一帆风顺的，婚姻生活中也不可避免地会出现误会、矛盾。在婚姻初期，人们视对方是完美的，但随着时间的推移，一些小的缺点会慢慢暴露在对方面前，这就可能产生不满的情绪了，从而影响婚姻质量。

总之，好的婚姻是需要双方共同用心去经营和呵护的，对身体健康和心理健康有重要影响，是维持人生完满的必备条件。

第二十四章

儿童心理学：小女孩为什么喜欢抱洋娃娃

小孩子的心理不简单

君君一个人在堆积木玩，由于他太小，还不能把握好平衡，积木堆得没多高就倒了，一旁照顾他的爷爷看见了赶忙跑过来帮着宝贝孙子重新把积木堆好。爷爷原本是担心君君看见倒了的积木大哭大闹才帮他堆好的，没想到爷爷的这一举动反而让君君大哭起来，怎么劝都劝不好，这让爷爷手足无措。君君边哭边把爷爷堆好的积木给推翻了，爷爷以为是自己堆得不够好，所以又重新堆了一遍，结果君君哭得更凶了，用脚把刚堆好的积木又踢翻了。爷爷也忍不住了，大声训斥君君，说他不懂礼貌、刁蛮、任性。家里的其他人知道事情经过后也都一个劲地责怪君君，觉得爷爷很是委屈。

妈妈刚给3岁的嘉嘉买了一辆粉红色的自行车，嘉嘉迫不及待地骑着小车到院子里去"展示"，结果碰到了自己的好朋友虎虎，虎虎也想玩，就对嘉嘉说："嘉嘉，能不能把你的车子借我骑骑？"嘉嘉想了想说："好吧，谁让咱们是最好的朋友呢！"虎虎可开心了，可是，才骑了一会儿嘉嘉就过来了："虎虎，我要回家了，妈妈说不能在外面玩很久，下次再给你玩吧！"嘉嘉很顺利地把车子要了回来。事实上，嘉嘉的妈妈根本就没有说过这样的话。

娜娜已经喝了很多冷饮了，可是还是一个劲地跟爸爸要，又哭又闹的，结果把爸爸惹怒了，甩手就进自己的书房了。娜娜还是第一次看见爸爸这么生气，要知道爸爸平时可是最疼自己的啊，她站在门外撒娇地叫着爸爸，可是爸爸还是不理她。娜娜想了想就去找奶奶，奶奶看着自己的宝贝眼睛都哭红了，心疼得不得了，不停地责怪娜娜的爸爸，结果娜娜对着书房很大声地说："奶奶，不能怪爸爸的，是我自己不乖，爸爸平时可好了，我最喜欢我的爸爸了！"这些话让刚刚还在生气的爸爸听得美滋滋的，自个儿坐在书房里乐。

这样的事情在生活中真的是数不胜数，一方面，孩子的举动让大人们诧异，最简单的小孩子有时却比大人还要复杂；另一方面，一些闹剧也常常会让家长们哭笑不得。当自己的孩子出现不好的行为时，家长们常常会担心是不是自己在教育孩子的过程中做得不够好，而使孩子产生了不良的倾向。比如，人们会认为例子中的君君太任性了，小小年纪脾气却很大；嘉嘉又太有心计，为了将自己的自行车要回来竟然用妈妈做挡箭牌骗自己的好朋友；娜娜从小就这么圆滑，使小诡计讨得爸爸的喜欢。这些在家长们看来都是恶习，很多家长面对孩子的这种行为时都特别不理解，照常理来说，孩子的性格和行为要么是遗传的，要么是受环境影响，可是自己家里没有一个人有这样的特点，加之孩子又小，也没有接触很多外面的人，怎么会变成这样呢？

其实，小孩子们的这些行为都是正常的，之所以会引起人们，尤其是家长的紧张，并不是孩子真的做错了什么，而是一直以来人们都认为孩子是极其单纯的，孩子们应该变成的模样与现实中真实的表现之间出现的落差让家长们难以接受。当然，相比于成人来说，小孩子还是简单的，即使他们的行为在家长看来很"世俗、圆滑、狡猾"等，他们的出发点也绝对不是家长所想的那样。

孩子的每一种行为都是可以解释的，比如，例子中的君君，他大哭大闹，不珍惜爷爷的劳动成果并不是在使小性子，而是渴望长大。他只是觉得自己能堆好积木，希望自己能独立地完成自己喜欢做的事情，当自己出现暂时的失败时，他们需要的是获得大人的鼓励和信任，而不是马上就把事情做完。嘉嘉和娜娜也并不是圆滑、有心计，他们的动机很单纯，不仅没有恶意，而且还能从中看出他们的小聪明。

小孩子的心理也确实很不简单，他们正处在开始形成自己的性格、培养各种习惯的时期。如果对孩子们的一些行为处理不当，不仅对孩子没有帮助，反而会挫伤他们的积极性，影响他们的健康成长。

何谓幼儿敏感期

意大利著名教育家蒙台梭利指出，幼儿在成长的过程中会在一段时间内只对某些事物感兴趣而拒绝接受其他事物，这个时期就是所谓的幼儿敏感期。如果家长在敏感期时给孩子提供有效的帮助，会收到最佳的效果。

幼儿阶段是众多能力发展的关键时期，会出现很多的敏感期，虽然发展是连续的，很难十分精确地找出具体的时间，但如果认真观察幼儿的行为，就会从细微之处看出端倪。

2岁的蒙蒙最近总是无缘无故地大发脾气，又是摔东西又是哭闹，爸爸妈妈可真是急坏了。平时又上班又要照顾孩子的父母本来就特别辛苦了，现在孩子又老不听话，真让这对年轻的爸爸妈妈不知如何是好了。为了能尽快解决问题，小两口决定将近来的生活梳理一下，看看究竟是什么导致了孩子的脾气大增。结果，他们发现生活中唯一的变化就是讲故事、洗澡和睡觉的顺序不同了。以前都是爸爸先帮蒙蒙洗完澡之后，妈妈一边陪她睡觉一边给她讲故事，但最近由于爸爸工作比较忙，所有的事情就由妈妈一个人做了，而且为了节约时间，妈妈都是在给蒙蒙洗澡时把故事给讲了，然后跟蒙蒙一起睡觉。会不会是这些生活习惯的改变让蒙蒙一下子无法接受呢？于是，爸爸特意抽出时间帮蒙蒙洗澡，然后像以前一样，妈妈陪她睡觉时给她讲故事。结果让他们两个既喜出望外又大吃一惊，蒙蒙竟然不闹了！他们从来没有想过这么小的孩子会对生活习惯如此在意。

故事中的蒙蒙可能正处于秩序的敏感期，当自己熟悉的生活节奏和顺序发生变化后，一时无法适应，从而会出现脾气大增的现象。如果这种变化持续的时间再长一点，可能蒙蒙就会慢慢适应新的生活，用新的秩序代替以前的秩序。

秩序敏感期一般出现在 2～4 岁，通常的表现与生活习惯有关。比如，芊芊在 1 岁多时还老是把自己的玩具到处乱扔，无论大人们怎么说都不听，可是到 2 岁多时，家人发现她很自觉地将玩具有秩序地放在玩具房里，而且如果别人不小心碰乱了还会特别生气。

除了秩序敏感期外，幼儿阶段还是很多能力发展的敏感时期。蒙台梭利认为，幼儿阶段有九种敏感期：

语言敏感期（0～6 岁）：从开始对话语产生反应，到注视大人说话时的嘴形，再到自己开始牙牙学语，幼儿对语言的敏感是毋庸置疑的，如果引导适当，孩子在几年之内就能掌握大部分的母语。

秩序敏感期（2～4 岁）：对顺序、生活习惯、自己的东西等敏感。

感官敏感期（0～6 岁）：孩子的各种感觉在妈妈肚子里就有所发展。在幼儿时期，这种发展就更加敏感了，一些教具的设计和开发就是专门针对孩子感官能力发展的。

对细微事物感兴趣的敏感期（1.5～4 岁）：大人和孩子看到的世界是不一样的，有时候小孩子的观察力比大人们的更加细致，从而能发现不易被发现的精彩之处。

动作敏感期（0～6 岁）：从一个小生命开始形成到出生到慢慢长大，他们的动作也慢慢变得精细、复杂，0～6 岁的孩子经历了躺、坐、站、滚、爬、走、握等一系列的发展变化，对动作相当敏感。

社会规范敏感期（2.5～6 岁）：这个阶段的孩子往往在家待

不住，他们总是吵着嚷着要出去玩，跟一大群小伙伴玩，这时家长就要开始慢慢给孩子灌输有关社会规范的知识了，培养孩子一些礼节，使他们能在与别人的交往中应对自如。

书写敏感期（3.5～4.5岁）：识字、写字常常被家长们看作是孩子有没有长大的一个标志，当家长们在一起聊天时，也常常会提到孩子的这些能力。

阅读敏感期（4.5～5.5岁）：随着人们对孩子重视的程度越来越高，商家们也抓住机会出版了很多幼儿的读物，比如绘本，这些读物可以陪着孩子一起度过阅读的敏感期。

文化敏感期（6～9岁）：通俗地说，就是对文化知识的敏感期，如果家长引导适当，可以激发孩子强烈的学习欲求，为以后的学习提供有力的动机。

敏感期是幼儿本色发展的反应，不仅对幼儿能力的发展有重要作用，还会影响到其性格、品质等的形成。在这个时期，家长的尊重、鼓励、支持、信任等对孩子的发展起着不可忽视的作用。

0～1岁婴儿期：建立基本信任的关键阶段

小宝的出生给全家带来了极大的惊喜，可是，随之而来的"麻烦"也愁坏了所有人。由于小宝的爸爸妈妈希望在自己的经济条件宽裕时再要孩子，所以生小宝时年纪都比较大，精力也不是很充沛。虽然他们早就已经考虑到了这一点，在孩子还没出生时就请了一个保姆，但妈妈还是尽量自己带孩子。原本以为自己付出这么多后，宝宝跟自己会慢慢有默契，谁知道孩子完全不领情。无论白天还是晚上，他总是会"无缘无故"地大哭，而且不管自己怎么劝怎么哄都没有用，奇怪的是，如果孩子跟保姆一起玩却很乖，即使哭了也能马上被保姆哄好。这让妈妈很伤心，每次看到自己的孩子在保姆怀中乐呵呵的样子心里就不是滋味。

为了弄懂宝宝的生活规律，妈妈决定向保姆"取经"，不过碍于情面，她选择在暗地里观察保姆与孩子之间的交流。当孩子哭时，妈妈想孩子一定是饿了，可是保姆却第一时间看了看尿裤，果然是尿尿了，于是马上给宝宝换上了干净的尿裤；不一会儿宝宝又哭了，一旁的妈妈猜测这回肯定是饿了吧，结果保姆只是轻轻摸了摸宝宝，跟他说了几句话，宝宝就不闹了；接下来，宝宝每哭一次，保姆都能很快地找到原因，然后喂奶、陪他玩、哄他睡觉……这让妈妈大为吃惊，在她看来孩子的哭声都是一样的，怎么就能区分出哪一次哭是饿了、哪一次哭是尿湿了，她再也忍不住了，亲自向保姆请教。原来保姆在多年照顾孩子的过程中积累了丰富的经验，对宝宝的每一次哭闹等都十分敏感，知道宝宝的微笑代表什么、大叫又代表什么，甚至不同的哭声也代表着不同的需求。宝宝在有新的需要时，发出的信号都能被保姆准确地捕捉到，而妈妈却做不到，这样一来，就不难想象为什么宝宝跟保姆之间的默契要多于跟妈妈了。

例子中的小宝虽然很小，但从他的表现中可以看出，他已经开始懂得信任了，在他看来，保姆就是值得信任的人。根据心理学家埃里克森的观点，0~1岁的婴儿正处于人格发展的第一阶段，即基本信任对基本不信任阶段。这个阶段的婴儿非常软弱，他们无法用语言与成人交流，表达出的愿望也得不到成人的理解。如果在这个过程中抚养者够爱抚婴儿，敏感地接收到婴儿发出的各种信号，及时地予以回应，婴儿在满足了自己的基本生理需要的基础上就会渐渐地形成一种信任感，反之，则会在混乱中对外界不信任，没有安全感。

宝宝在这一阶段有没有形成信任感不仅影响着与抚养者之间的关系，还对宝宝今后的性格、行为等有深远影响，比如，在婴儿期的信任危机如果得到积极的解决，成年后的性格就倾向于乐观、自信、开朗、信赖等；如果得不到积极解决，就多倾向于悲观、烦躁、抑郁、多疑、猜忌、嫉妒等。

所以，孩子的每一次看似无理取闹的行为都是有正当理由的，那些都是他们向外界发出的信号，是他们特有的语言。如果父母无法领会，不仅不及时地提供条件满足他们的需要，反而还斥责孩子，对孩子信任感的形成及以后性格的发展就会产生负面的作用。

3～12岁为何叫"水泥期"

有一定生活常识的人都知道水泥的特性，当往粉末状的水泥中加入水时，人们可以按照自己的需要去任意改变水泥的形状；当水泥渐渐凝固时，改变就不那么容易了；而当水泥凝固后，再想改变就很难了。心理学中将3～12岁这个阶段叫作"水泥期"，这与水泥本身的特点相符，而且还根据儿童发展的特点进一步将3～6岁称为"潮湿的水泥期"，7～12岁称为"正凝固的水泥期"。

有数据表明，孩子85%～95%的性格在3～6岁的阶段形成，由于此时孩子的性格处于起步阶段，可塑性非常强。在这一时期中，父母的引导和外界环境的影响对孩子性格的形成就显得十分关键了。

如果你有一个处于这一阶段的孩子，可能经常会为他们的行为发怒，他们动不动就大发脾气、哭闹、摔东西等，而你能做的要么是妥协，要么就是用家长的权威制止他们的任性，结果孩子可能由于你的纵容变得更加任性，或者在你的严厉制止下变得胆怯、内向。

此外，这一时期孩子们的害羞也是家长经常担忧的问题，不少家长都反映，自己的孩子在家里时还挺能说的，一直也就认为孩子是一个外向型的性格，没想到只要带他出门孩子就躲在自己的身后，别人跟他打招呼也十分腼腆。这种现象在3～6岁的孩子中十分常见，他们常常会觉得自己没有能力独立完成一些事情，在面对外人时，也无法应对自如，渐渐地就会形成"我做不到""我不行"等观点。如果这些观点根深蒂固，就会影响孩子今后的性格发展，他们害怕出错，害怕挑战，在面对挫折时可能会一蹶不振，倾向于变得内向、自卑、退缩。所以，家长要关注孩子性格的形成和发展，在平时的生活中要给孩子适当的鼓励，多与他们交流和沟通。比如，当孩子准备做一件之前从来没做过的事情时，家长要做的不是害怕孩子会失败而制止他，或者由自己代劳、帮助孩子完成任务，而是用言语鼓励孩子，相信孩子有能力跨出新的一步；当出现问题后，与孩子一起找出解决的办法，并在一旁给孩子打气；完成任务后，要不吝啬自己的夸奖，无论成果完不完美都要予以表扬，毕竟他们是在挑战自己，而且通过夸奖可以鼓励他们以后在类似的任务中再接再厉，做得更好。

随着进入小学阶段的学习，孩子到 7 ~ 12 岁时性格已经形成了大约 85%，各种生活和学习习惯也渐渐塑造起来。虽然孩子没有以前那么任性了，但随之而来的一些恶习却也在慢慢滋生，最常见的就是做作业拖拉。他们在写作业时总是不断地磨蹭，边写边玩，很多家长也因此会严厉地责怪孩子。不过，造成孩子不积极完成作业的原因不仅来自孩子本身，还与家长有密切的关系。一些家长可能在陪孩子做作业的过程中自己就没有耐心，或者一味地纵容孩子，助长他们的不良习惯。

不合群是这一阶段的孩子中又一经常出现的问题。进入学校后，孩子与社会中其他人之间的交集越来越多，如何处理与同学、老师等的关系变得十分紧迫。如果孩子没有学会良好的人际交往技巧，无法与人正常交流，不仅会引起负面的情绪，还会对学习造成消极的影响，更为严重的是会影响性格的发展，使他们变得自我封闭、敌对、具攻击性。

很多儿童学家都认为性格依赖于后天的培养，虽然在人一生的发展过程中性格都可能发生改变，但"水泥期"孩子性格的发展是最快的，也是最稳定的，而且通过此时他们的一些性格特点还能预测他们未来的发展。所以，无论是家长还是教师，都要密切关注孩子性格的形成和发展，为他们创造良好的环境，引导他们掌握必要的交际技巧和应对挫折的方法，以免在"水泥凝固"时留下遗憾。

孩子在童年需要经历哪些心理体验

提到童年，几乎每一个人都能回忆起几件让自己念念不忘的事情，而且这些回忆大部分都是美好的。

随着社会的发展和生活水平的提高，人们能够享用的资源越来越多，按理说现在的孩子所能体验到的快乐也比以前的人多，可是每当听到自己的爷爷奶奶或者爸爸妈妈讲起他们小时候的乐事时，后一代人总是会觉得自己在童年期的经历要逊色很多。在他们的生活中，"上课""补习""兴趣班""考试""过级"等字眼成为出现频率极高的词，优越的环境和资源并没有带给孩子真正的快乐，相反增加了他们很大的负担，让许多人的童年过得"苦不堪言"。很多家长都持有这样的观点："现在的竞争太激烈了，如果不从小就培养孩子各方面的能力，等他们长大了就会没有立足之地。只有从现在开始吃得苦中苦，才能在日后成为人上人。"殊不知，过度地压抑孩子天性的发展不仅不利于孩子的成长，还可能引起种种心理问题，起到适得其反的作用。

心理学家们发现，童年期的经验对于人一生的发展都具有极其重要的作用，它不仅是人们无法逾越的阶段，也是关键的阶段。人们的大部分性格特点、人生观、价值观、思维方式、兴趣、爱好、情感倾向等都在这一阶段形成，而这些能力和倾向的培养是受周围环境和生活经验影响的。所以，对于童年期的孩子来说，让他们获得各种心理体验，并从中获得成长是重中之重。

爱的体验是任何阶段都需要经历的，心中没有爱的人不仅是可悲的，也是可怕的。如果在这一时期孩子们能够感受到来自身边人的爱，在他们的影响下也会渐渐学会去爱别人，变得善良，有爱心，容易沟通，乐于助人。相反，如果孩子所体验到的只是冷漠、虚伪、无情等，即使他们本性十分善良也会慢慢变得不近人情，不仅不会爱别人，对任何人都充满敌意，甚至会自暴自弃，连自己都不爱。

快乐的体验也是必不可少的。对于儿童来说，最大的快乐莫过于开心地玩，所以游戏在童年期中占有十分重要的地位。似乎在大人眼里，小孩子到处跑、到处玩就是调皮捣蛋，但事实上，从儿童发展需要上看，游戏就是他们的工作。儿童在游戏的过程中能强健自己的身体，在与其他伙伴交流的过程中学会人际交往的技巧，一些开发智力的游戏还能增长儿童的见识，培养他们的想象力、创造力等。如果儿童全身心地投入到了游戏中且获得了快乐，这种积极的情绪体验对孩子保持健康的心态有重要的作用。所以，对于孩子的"贪玩"家长应该慎重对待，有些孩子可能真的是比较调皮，需要家长进行督促和引导，但有的孩子对玩的欲望是正常的，不仅不应该横加干涉，还要创造良好的条件使他们在游戏中获得最大的快乐。

随着孩子们慢慢长大，他们开始有能力独立地从事一些活动，所以独立性和责任感是儿童必须要经历的体验。最开始儿童可能对责任并不了解，当遇到困难或失败后，不会从自己身上找原因，而把责任全都推到其他人身上，这也是他们以自我为中心的体现。当他们在家里时，这种"耍赖"可能往往被家长们纵容，但当与自己同龄的孩子一起时，责任就无法顺利推卸了。在孩子犯下错误时教育他们勇于承担责任不仅不会挫伤他们的积极性，而且还能帮助他们认识到问题的所在，提高自己解决问题的能力。此外，责任感还是一种良好的品质，对于健康人际关系的建立和维持等有推动作用。有一幕场景相信大家都不会陌生：小孩子摔倒在地，家长赶紧上前扶起宝宝，一边狠狠地践踏刚刚摔倒的地方一边说："宝宝没事，都怪这块地，我已经帮你打过他了。"对于出生一两年的孩子来说，这样的做法可能有利于帮助他们平复情绪，但当孩子长大后依然事事都为孩子找一个替罪羊就有碍于他们的成长了。

除了爱的体验、快乐的体验和责任的体验之外，童年期的孩子需要经历的心理体验还有很多，比如成功、自信、宽容、信任，等等，而且，让孩子适当地体验一些消极的情感对他们的成长也是有帮助的。

总之，童年期的孩子既是发展迅速的，也是十分敏感和脆弱的，在教育和培养孩子的过程中要尊重他们发展的规律，让他们经历他们应该经历的事情，让他们从中获得新的体验和成长。

孩子的每个第一次都很重要

教育家约翰·洛克说："教育上的错误比别的错误更不可轻犯。教育上的错误和配错了的药一样，第一次弄错了，绝不能借第二次、第三次去补救，它们的影响是终身洗不掉的。"

从洛克的观点可以看出，孩子的第一次对他们一生的发展都有着不可磨灭的影响。我国教育家陈鹤琴也有类似的观点，他认为："无论什么事，第一次做得好，第二次就容易做得好；第一次做错，第二次就容易做错。儿童种种坏的习惯都是由于开始学时，他们的教师或父母没有留意去指导他们的缘故，以致后来一误再误，成为第二天性；所以要把小孩子教好，必定要在第一次时就教好。所以，对于第一次的动作，做父母和教师的要格外留意指导，以免错误。"不同国界的教育家提出的观点却是如出一辙，可见孩子的第一次的确值得人们重视。生活经验也告诉人们要慎对孩子的每一个第一次，否则可能酿成不可挽回的恶果。

沟通从第一次发声开始

从宝宝带着清脆的哭声呱呱落地开始，他们就在不停地摸索着与周围世界沟通的方式，在大人们看来，毫无意义的一个声音也许就是孩子们发出的信号，饿了、渴了、尿湿了、想活动了等等。渐渐地，他们开始能叫爸爸、妈妈了，这种变化无疑让家长万分欣喜。从发出第一声响到第一次叫爸爸、妈妈，孩子们在声音上的众多第一次还承载着更深层次的东西，这是他们努力尝试与大人们沟通的结果。所以，在这个沟通的过程中，如果家长对孩子们发出的信号不敏感，把孩子的咿呀学语仅仅当作他们的自言自语，那么久而久之孩子们就会不愿意再去尝试交流了，这对孩子语言的发展及和谐的亲子关系的形成是相当不利的。

认识世界从第一次好奇开始

对于刚出生的孩子来说，纷繁的世界是新鲜的，也许他们从未想过多年后自己会和这个陌生的世界融合在一起，而一个人究竟能与世界多亲近取决于他能否接受新的事物，在这个过程中好奇心就必不可少了。好奇心让人们对世界时刻保持新鲜感，推动自己不断地通过努力获取新的知识和信息，但并不是每一次好奇都会带来成长。比如，当孩子第一次对新鲜的事物萌生了一种探求心理时，这种好奇心表现出来后如果没有获得支持，那么他获取新信息的积极性就会大打折扣，甚至从此对外界漠不关心；相反，如果第一次好奇心得到了家长的支持和鼓励，并且通过探索了解了自己从来不知道的东西，这种成就感和满足感就会促使他们去了解更多的东西，取得更大的进步。当然，为了孩子的安全和健康，当孩子对一些具有危险性的东西感兴趣时，家长还是要用合适的方式加以劝导的。

爱的品质可能源于孩子第一次关心、第一次助人

身边人无微不至的关心可能会让孩子体验到爱，从而影响着他们自己的行为，但孩子第一次表现出自己的爱可能就是一次很不起眼的助人行为、一句简简单单的关心的话。2岁的帆帆一个劲地吵着妈妈睡觉，可妈妈还有很多工作没有完成，于是妈妈就哄着帆帆自己睡，一开始她还能很有耐心地说，但帆帆完全不听，妈妈忍无可忍对着帆帆大发脾气，弄得帆帆不停地哭。这时妈妈也意识到自己的行为有些过激，就停下手头的工作陪帆帆，当了解了儿子的本意后，妈妈懊恼万分。原来，帆帆是担心妈妈太累

了，"姥姥说不按时睡觉的孩子不是好孩子，而且还会生病，妈妈也要睡觉"。这个例子中的妈妈将孩子的爱当作一种无理取闹，给孩子带来了伤害，幸运的是妈妈最终还是发现了问题，将后果降到最低。

恶习来自于对第一次犯错的纵容

在教育孩子的过程中，家长对孩子第一次撒谎、第一次偷窃等不良行为的忽视和放纵可能使孩子走上犯罪的道路。很多青少年犯罪都是由于在犯错后得不到家长的引导，或者由于家人的溺爱滋长了自己的不良倾向导致的。"小时候偷针长大了偷金"，讲的就是如果在孩子小时对他们的"小偷"行为不以为然，等到孩子长大后成为"偷窃犯"再进行教育就来不及了。当孩子出现不良行为或有这种倾向时，家长置之不理或一味纵容是不负责任的表现，家长的暴力制止也是不理智的。对于涉世不深的孩子来说，他们对于外界的各种诱惑不能坚定地抵制，犯错是不可避免的，所以家长要有的放矢地对待孩子的错误，引导他们及时改正。

第一次微笑，第一次独自出门，第一次与别人一起游戏，第一次讲故事……对于宝宝来说，他们的每一天都是新的，有无数个第一次伴随着他们的成长。家长们只有用心去爱、去包容、去引导，才能让孩子们健康成长。

孩子有三个不快乐期

很多家长都纳闷，为什么自己努力为孩子创造好的生活条件却没有带给孩子快乐，甚至换来的是孩子们的不满和反抗。家长常对孩子唠叨："你看你们现在的条件多好啊，想当初我们因为穷连书都读不起。"没想到，孩子却很快地感叹："天啊，什么时候咱们家能再变穷啊！"可见，孩子们想要的生活跟家长们一直以来努力给予的生活是不相符的。对于家长来说，有机会好好学习就是莫大的幸福，但对于孩子来说，这种优越的条件不仅没有带来快乐，相反，还是烦恼的源头。

有儿童学家认为，孩子最可能在6岁、12岁、16岁三个年龄段感觉到不快乐。从这些数字中很容易发现一个规律，它们都与学校环境有关。

6岁是孩子准备从幼儿园进入小学的阶段，他们必须面临一个全新的环境。虽然6岁到7岁看似没有多大的变化，但幼儿园的教育与小学教育是有很大区别的，后者主要强调的是知识的传授，比前者有压力，所以在这一转变中，孩子的角色也会发生很多的变化。有些孩子对于这一时期的到来十分憧憬，而且迫不及待地希望自己也能像大哥哥大姐姐那样领着新书、坐在整齐的教室里学习。对于这些孩子来说，他们无疑是快乐的，环境的转变让他们体验到了快乐而不是压力。但并不是每一个孩子都能如此幸运，面对即将到来的新环境，有些孩子会感到前所未有的恐惧和压力——好不容易适应了幼儿园的生活，现在又不得不改变，而且，这时家长可能也会有意无意地施加很多压力，不停地告诫他们要好好学习，否则就会如何如何。这在无形之中增加了孩子的恐惧感，让他们变得更加不快乐。

12岁是即将从一个学习环境过渡到另一个环境的年龄，从熟悉到陌生的焦虑和恐惧无疑也是引起这个年龄段的孩子不快乐的原因之一，但更为重要的应该是学习上的压力。虽然义务教育已经在我国推行多年，但随着知识地位的日益提高，人们对教育的重视程度也在提高，由此带来的是激烈的教育资源的竞争。为了上好初中，家长们可谓费尽心思，创造一切可以创造的条件，这些让本来就处于高压之中的孩子更加紧张。此外，这一时期的孩子身心正在经历着急剧的变化，如果没有足够的准备可能让他们措手不及，甚至会出现很多心理隐患。

16岁也是让孩子很容易体验到不快乐的时期，严重的可能会走向犯罪的道路，这从大量的新闻报道中可以看出。但他们的一些违法犯罪行为并不能说明他们是邪恶的人，而只是因为处于这一特定年龄的人在面对困惑时作出了错误的选择，一时失足酿成了恶果。

快乐或不快乐并不是某一阶段所特有的现象，每一个时期都可能出现不快乐的情绪体验，甚至在同一时期既有快乐也有不快乐，只是对于儿童来说，在6岁、12岁、16岁三个时期更容易滋生这些负面的情绪。

孩子的不快乐自然会牵动家长的心，如何让他们快乐地度过这些情绪上的"危险期"是家长一直以来都在想方设法解决的，但有些家长往往只关注孩子的物质需要，忽视了对孩子精神上的安抚。其实，对于成长中的孩子来说，精神上的支持和鼓励更为重要。所以，当孩子表现出不快乐的迹象时，家长应该及时地与之沟通，和孩子一起顺利渡过难关。

淘气鬼背后的秘密

如果只能用一个词来形容小孩子，"淘气"应该是很多人都会不约而同选择的一个。并不是人们对小孩子存在偏见，而是他们的一举一动让人们不得不如此评价，比如，他们会在同学的背后贴上小纸条，把口香糖或者胶水放在同学的凳子上，用糖纸包着石头给同学吃，把床单裹在身上当大侠，穿着妈妈的高跟鞋煞有介事地走路，趁着爷爷睡着时给爷爷画大花脸……当孩子有模有样地实施着这些闹剧时，大人们在惊叹其丰富的想象力之余，往往又会哭笑不得。

对于大多数家长来说，如果家里有一个这样的小淘气，那可真是费神费力——不仅担心孩子磕着碰着，还得提防着这些"小坏蛋"是不是又有什么鬼主意。

不知道这样的场景会不会让你想到儿童小说中的马小跳。马小跳是杨红樱创造的儿童系列小说《淘气包马小跳》中的主人翁，以淘气闻名。马小跳非常爱玩，一生下来就会跳，他淘气、活跃、顽皮，是个不折不扣的"淘气鬼"。他还有一个十分有童心的爸爸，有时这对父子能想着法子比赛玩，淘气的马小跳竟然想出要和同样贪玩的爸爸互换角色。淘气包马小跳还有几个"玩味相投"的小伙伴，他们各怀绝技，但共同点都是非常淘气、爱玩。书中描写了很多孩子们淘气的行为，但目的并不是揭露他们的小把戏，帮助家长来对付这些淘气的孩子，相反，小说通过描述孩子们快乐的生活，呼唤张扬孩子爱玩的天性，倡导家长理解孩子，为孩子的发展提供良好的条件。

小孩子的淘气是很正常的行为，这与他们自身发展的特点有关，他们往往精力充沛，好奇心强，敢作敢拼，想象力独特，在他们看来，周围的很多东西都可以变成好玩的游戏。

小孩子旺盛的精力让大人们惊奇，他们可以不停地活动，不断地折腾，似乎永远都不会累。有的家长抱怨说，家里两个大人都看不住一个小小的孩子，可见孩子们的精力是多么旺盛。所以，小孩子的淘气很大程度上是精力过剩的一种表现。随着孩子慢慢长大，他们能做的事情越来越多，但在家长眼中他们依旧是那个什么都不会的小家伙，什么事情都大包大揽，这让孩子的精力无处消耗，于是，为了发泄自己的精力，孩子们积极寻找着可能的机会，只要有条件就会表现出来，比如，他们会无缘无故地大叫，或者在房子里跑来跑去。

受好奇心的驱使，小孩子对周围的世界充满着新鲜感，什么事情都想亲自去尝试，这也是导致小孩子淘气的原因之一。当看到周围的人做某一件事情时，他们也想自己去做，而大多数情况下，这种愿望得不到家长的允许，于是，趁家长不注意，他们就会自己找机会去做。小云前一天看见爸爸用电剃须刀剃胡子，觉得那个东西实在是太神奇了，虽然她一再要求爸爸给自己玩玩，但都没能如愿，后来，小云趁着家人不注意，也学着爸爸用剃须刀在脸上刮过去刮过来，结果弄得眉毛、头发一团糟。

有时候，小孩子的淘气只是他们吸引人注意的一种方式。每个孩子都不喜欢被人冷落，他们的自我中心倾向让他们觉得周围所有人都要时时刻刻关注自己，当他们发现自己没有获得这样的待遇时，就会制造出一些闹剧将大人的眼球吸引过来。乐乐已经会自己洗澡了，不过平时妈妈还是会在旁边看着。一天，妈妈有一个很重要的电话，就离开了一会儿，过了不大一会儿，乐乐就发脾气了，她把浴盆里的水撒得满地都是，妈妈回来后严厉地批评了乐乐，没想到乐乐却说："妈妈是你的错，你要跟我道歉，你为什么不陪着我一起洗澡呢？"

一直以来，人们都认为小孩子的心理很简单，也不会有什么事情会让他们情绪大起大落。殊不知，孩子虽小，可他们也有自己的思想，当遇到不开心的事情时，他们也要宣泄，跟大人一样，他们可能会大声吼叫，做一些刺激性的事情等。这是他们的一种情绪调节。

爱玩是孩子的天性，淘气对于孩子来说更多时候应该是一个褒义词。家长在面对孩子的淘气行为时，要能敏感地捕捉到他们淘气背后的秘密，尊重他们的天性发展。当然，对孩子的一些淘气行为家长还是应该加以诱导，以免孩子养成不良的习惯。

孩子为什么喜欢告状

最近，夏夏妈妈可是烦透了，按理说上了一天班没看见孩子肯定特别想和孩子亲近，但夏夏妈妈有时却极其矛盾，一方面的确是想孩子，另一方面却又受不了夏夏千奇百怪的告状。按照夏夏妈妈的说法，从晚上回到家到夏夏睡觉，几个小时的时间内她听到的全是"投诉"，"妈妈，今天小明把我的橡皮用坏了""妈妈，吃饭时新新没有等我就自己先走了""妈妈，文文睡午觉时没有脱鞋子，她不是一个好孩子""妈妈，爷爷今天抱疼我了"……刚开始夏夏妈妈还能耐心地听夏夏讲完，而且还能积极地配合夏夏，慢慢地，妈妈觉得夏夏太尖酸了，简直就是没事找事。关注告状吧，妈妈又担心会助长孩子的这种习惯，变得只会推卸责任，刻薄；不关注吧，又担心孩子在学校真的受了委屈。为此，夏夏妈妈很是纳闷："孩子喜欢什么不好，为什么偏偏就爱告状呢？"

其实，孩子"爱告状"是一种非常普遍的现象，尤其是在幼儿园或小学低年级中，过了这个时期，大部分的孩子就不会热衷于告状了。

孩子并非天生就会告状，既然爱告状是一个时期内特有的现象，那么就一定有其存在的原因。

从家长和老师的方面看，孩子的爱告状与他们的教导方式有很大的关系。比如，一些家长对孩子过分紧张，无论孩子做什么都不放心，当孩子与别人在一起时就更加担心孩子受到伤害。于是，为了避免出现不愿意看到的局面，家长在教育孩子时常常会嘱咐他们及时寻求帮助，并十分急切地想知道自己不在时发生了什么事情，如果孩子受到欺负，家长就会第一时间帮孩子出气。这些行为无疑强化了孩子告状的行为，让他们学会了借助于别人的力量解决问题而不是自己想办法解决。在学校里，老师有意无意的反应也会强化孩子的行为。小强无意间听说自己的同桌准备"欺负"班上的一个女生，在她的屉里放青蛙，于是他将这些告诉了老师。老师微笑着点了点头，还在上课时表扬了他，说他是一个正义的孩子。自此以后，小强的告状频率明显增加了。

除了家长的教养方式和老师的教学方式对孩子告状行为有影响外，孩子自身发展的特点也决定了他们爱告状的特点。

孩子爱告状的行为与他们的认知水平不无关系。我们都知道，幼儿期至童年早期的孩子认知水平很低，在看问题时常常显得比较表面、直接，面对困难时也比较茫然，不知道该如何去处理。所以，当他们发现别人身上存在问题或自己碰到问题时，很容易想到向成人打小报告。由此看来，小孩子的告状其实目的不在告状本身，而是在寻求解决问题的方法。

每个孩子都喜欢听别人表扬的话，这种"爱慕虚荣"也是培养他们自信心的必要手段。小孩子打的小报告往往是报告他人的错误，如果把这些告诉老师或者家长，就代表着自己没有犯错，当然就会受到表扬了。大人的这种反馈又反过来强化了孩子们的告状行为，从而使孩子们的告状行为"越演越烈"。

这些动机之下的告状都是十分正常的，家长和老师只需要稍加引导就能帮助孩子顺利度过这一时期，但有些告状却需要引起人们的足够重视，它们隐藏着很多隐患，处理不好，可能会影响孩子一生的发展。

小孩子的心理既简单又复杂，说它复杂是因为他们有各种各样的心理活动，有自己独特的想法和观点，说它简单是因为无论这些心理多么纷繁，相比成人来说，他们更加直接、明显，不会拐弯抹角。所以，当孩子们在告状时心计太重则需要警惕了，这不利于他们的成长。比如，有的小孩子告状并不是实事求是的，而是借助于告状报复自己不喜欢的人，当对方受到批评或惩罚时，自己就感到无比地高兴。很显然，这种告状不是孩子该有的。

无论如何，家长和老师要重视孩子的告状行为，用宽容的态度去对待，认真倾听，尊重孩子的表达，然后理性地去对待孩子提到的事情，弄清事实的真相再作决定。绝不可对孩子的告状置之不理，也不可尽信。

小女孩为什么喜欢抱洋娃娃

生活中，人们对下面的场景一定十分熟悉：小男孩拿着玩具手枪在屋子里跑来跑去，小女孩则抱着自己的洋娃娃安静地坐在沙发上，一边帮娃娃整理着衣服，一边跟它说话。如果有一天小女孩不爱洋娃娃反而喜欢男孩子的游戏了，估计大人们反倒会觉得奇怪。

小女孩对洋娃娃之类的玩具情有独钟与人们一直以来根深蒂

固的观念有关，受性别刻板印象的影响，人们认为男孩子就应该勇敢、坚强、敢于冒险，所以从小就应该培养他们的男子汉气概，引导和鼓励他们的游戏活动也比较具有挑战性。而对女孩来说，虽然现在人们颠覆了那种"女子无才便是德"的观点，但还是认为女孩子要贤惠、温柔、能顾家，而玩娃娃在一定程度上就是在扮演着照顾者的角色。大人们的这些观念对孩子会有潜移默化的影响，久而久之，不爱洋娃娃的小女孩也变得喜欢抱着它们了。

这样看来，小女孩喜欢抱洋娃娃是再正常不过的行为了，但如果她们过分专注于洋娃娃，家长则需要警惕了。如果孩子几乎每时每刻都需要有洋娃娃的陪伴，吃饭时要抱着，睡觉时要抱着，出门时要抱着，甚至洗澡都要和娃娃一起洗，当家长从她们怀里把娃娃拿走后她们会极度伤心、愤怒、闹个不停，这时，孩子对洋娃娃喜欢就已经有些危险了，她们可能有了恋物癖的倾向。

儿童的恋物癖是指当他们离开了某一件陪伴自己的东西时表现出异常忐忑不安的行为，常常是安全感匮乏的一种表现。儿童时期的恋物癖倾向会影响孩子的性格发展，这样的孩子更容易出现人格上的障碍。从表现形式上看，患有恋物癖的孩子类似患有孤独症，他们所依赖的只有自己喜欢的这件东西，比如女孩子的洋娃娃。在与别人的交往中，他们显得退缩、被动、冷漠。引起这种现象的原因大多为缺乏家庭的关爱，比如，以前对小孩子的教育更强调的是家庭教育，由爷爷奶奶、爸爸妈妈等人进行言传身教，这就增加了家人之间的互动，亲子关系也比较自由和融洽。而现在，人们对学校教育越来越重视，亲子互动的机会就被大量的幼儿园教育所替代了，加上现在由爸爸、妈妈和孩子组成的核心家庭越来越普遍，教育孩子的任务很多都是由全职的保姆代劳的，亲子之间的情感交流就更有限了。小孩子在最需要呵护时得不到亲人情感上的支持，很容易变得脆弱、恐慌，于是就借助洋娃娃之类的东西来消除自己内心的不安。时间一长，他们对洋娃娃的喜欢就转化成了一种不正常的依赖。

如果发现孩子有恋"娃娃"成癖的迹象，家长就得及时采取行动，消除他们的这种倾向了。

既然引起孩子出现恋物成癖的原因是没有安全感，缺乏爱，那么对这样的孩子来说，最主要的就是要给予他们关心了，让孩子感受到自己是受家人疼爱的，是安全的。在平时的生活中，家长要多拥抱孩子，把对孩子的爱用一些动作表现出来，比如，可以摸摸他们的头，亲亲他们的脸蛋等。尤其是在当孩子遇到令自己害怕的情景时，家长更应该陪在孩子身边，用行动告诉他们自己是爱他们的，比如，在闪电打雷的天气里家长最好陪着孩子一起入睡。在孩子面临挑战时，多给他们支持和鼓励，让他们感受到自己并不是一个人。

在孩子入睡前，家长抽出一定的时间陪孩子，可以给他们讲讲故事或者唱唱催眠曲，等孩子入睡后再离开，这样就能分散孩子对洋娃娃的依赖。毕竟她们爱上的并不是洋娃娃本身，而是洋娃娃带给她们的那种安全感，而如果这种安全感家长能够给予，孩子们自然就不会非要洋娃娃陪着不可了。

此外，家长在为孩子挑选玩具时，为了避免孩子过度专注于某一件东西，可以扩大玩具的种类。当然这种做法只能治标不治本，关键还是要让孩子能够从家长的关爱中获得安全感。

总之，小女孩喜欢抱洋娃娃是一种正常的现象，家长们也无须恐慌，只要在养育孩子的过程中多与孩子进行情感上的互动，让她们体验到家人的爱，感到自己是安全的，小女孩就不会出现恋物成癖的行为了。

孩子为什么要说谎

依依今年2岁半，这个年龄的孩子应该是最纯真的了，可妈妈最近却发现依依会撒谎，而且还乐在其中。依依一直都想要一个粉红色的洋娃娃，可是妈妈因为她已经有很多玩具了就一直没有买给她。最开始依依还经常跟妈妈嚷嚷，到后来就似乎淡忘了。这让妈妈很开心，以为依依长大懂事了。后来有一天，妈妈带着依依到院子里玩耍，看见一个小女孩抱着一个粉色的洋娃娃，妈妈还担心着这会不会又勾起依依的欲望，可是，没想到的是依依看到那女孩却很开心地说："我妈妈也给我买了一个粉色的娃娃，而且比你的漂亮，我可喜欢了。"说完就牵着妈妈到一边玩去了。事后妈妈问依依为什么要撒谎，依依却说："妈妈，你忘了吗，你不是给我买过一个粉色的洋娃娃吗？"

芳芳快6岁了，平时上幼儿园都是自己回家，因为家离幼儿园很近，家人也一直都很放心。不过，最近芳芳回家的时间比往常要晚很多，每当家人问起时，她都说放学后和小朋友一块玩了会儿，还说出了几个好朋友的名字。一天，爷爷从外面回来正好碰到了芳芳的伙伴，就问她们平时晚上都去哪玩了，结果没有一个孩子说她们跟芳芳放学后在一起过。这让爷爷很吃惊，决定找一个时间跟踪芳芳。第二天放学时，爷爷远远地跟在芳芳的身后，这才把事情搞明白。原来，芳芳每天都要去另外一个社区里给那里被人遗弃的一只小狗喂食。回到家后，爷爷问芳芳为什么不说实话，芳芳说她知道家里人都不准她养狗，说狗狗脏，但是她又不忍心看着小狗饿死，所以就只有骗人了。

从例子中也可以看出，不同阶段的孩子撒谎的原因和目的是不同的，对于依依来说，可能她意识中真的觉得妈妈已经给自己买过了，所以在大人眼中的撒谎行为并不是说谎；而对芳芳来说，这种谎言本质上是善意的。由此看来，虽然诚信很可贵，但并不是所有的说谎行为都是坏事，所以，家长在教育孩子的过程中分清孩子说谎的原因是极其必要的。

一般来说，说谎行为可以分为有意说谎和无意说谎，而3岁之前的孩子的谎言更可能是无意的。有专家认为幼儿一般要到3～4岁才能逐渐将现实和幻想区别开来，所以，当孩子出现说谎行为时，他们可能根本没有意识到这一点，而是将自己幻想中的事情和现实中存在的事情混为一谈了。

我们都知道，孩子具有丰富的想象力，有时他们的想法真可谓是异想天开，而且受一些童话故事的影响，他们的世界中经常会出现虚构的人物和事情，比如，有的孩子会告诉别人在圣诞节时真的见过白胡子的圣诞老人。此外，这个时期孩子的记忆能力是不成熟的，常常会因为记错了而被认为是在有意说谎，比如，爸爸明明是上个月带自己去迪士尼乐园的，可孩子却告诉别人自己上周刚去过。

所以，当家长发现这么小的孩子开始出现说谎行为时，不要被表面现象冲昏了头脑，责怪孩子不该这么小就这么虚伪，对孩子严厉地惩罚，唯恐不将这种苗头扼杀在摇篮里，等到孩子长大后带来隐患。其实，大人们没有必要恐慌，放低自己的心态，平和地和孩子谈谈，问问他们为什么会说谎，也许背后的原因不仅不会令你生气，而且还能看见孩子身上的许多闪光点。

随着孩子慢慢长大，他们说谎行为中有了越来越多的有意说谎，但也并不是所有的说谎都是恶意的，而且大多数孩子的谎言都与家长有着紧密的联系。

有的家长自己就爱说谎，对孩子起着言传身教的作用，久而久之，孩子也自然学会了说谎。有的家长对孩子的要求过于严厉，动不动就责怪、打骂孩子，为了避免受到家长的惩罚，孩子也容易说谎。而且，一旦这种谎言第一次没有被家长识破，那么孩子的说谎行为就会强化。

另一种有意说谎就比较危险了，他们往往为了达到自己的某种目的"大言不惭"，为了买玩具骗家人说学校要收资料费，为了逃课故意装病，为了报复同学向老师打假报告……如果这样的说谎行为没有被家长及时发现并加以引导，后果将不堪设想。

小孩子的谎言比大人的谎言要复杂得多，如果不区别对待，可能会扼杀孩子的想象力、创造力，损坏亲子之间的关系，也可能助长孩子说谎的倾向。

第二十五章
教育心理学：为什么某些"傻瓜"倒成了天才

什么样的水，养什么样的鱼

当教育孩子出现问题时，为了推卸责任，很多家长将教育的失败归咎于遗传。孩子性格怪僻，脾气暴躁，夫妻双方就会互相责怪，说是遗传了对方的性格，甚至还会牵扯出家里的祖祖辈辈；孩子成绩不好，也是由于遗传，家里就没有好好学习的基因；孩子不孝顺长辈，还是遗传……总之，所有的不好都是遗传导致的。但从古至今的很多例子都立场鲜明地指出了环境对孩子的影响是不能小觑的，孟母三迁就是一个典型的例子。

教育家蒙台梭利也指出，孩子一出生就能积极地从周围的环境中学习，爸爸妈妈的关爱让他们获得了信赖，与陌生人的交往中让他们感受到害羞，等等。生活中，人们也越来越认识到环境的重要性，很多家长将孩子送到好的学校学习，也多半是看重了好学校的环境。

丛丛的爸爸妈妈因为感情不和经常吵架，但他们从来不提离婚，两个人在这一点上倒还很有默契，都觉得丛丛太小，无法承受大人离婚带来的打击，所以，就算是苦了自己也不能委屈了孩子。虽然爸爸妈妈从来没有当着丛丛的面大吵过，但孩子还是能明显地感受到他们之间浓浓的火药味。一天，丛丛无意中听到了爸爸妈妈又在吵架，原来老师打电话反映丛丛最近上课老不听讲，作业也不按时完成，还经常跟同学发生矛盾。爸爸就一个劲地怪妈妈，说都是遗传了妈妈的坏毛病，妈妈则骂是爸爸遗传的，丛丛再也听不下去了，冲着房间大声说道："你们别吵了，既然你们都认为是对方的基因不好，当初为什么要生我啊。你们真是可笑，竟然以为这样就对我有好处，看见你们天天仇人一样生活在一间屋子里，倒不如离婚呢！我宁愿别的同学笑话我没有爸爸或者妈妈，也不愿意生活在一个冰冷的家里。"

很显然，丛丛在学校的异常表现与在家里感受不到爱有很大的关系。不良的家庭环境对父母来说可能只是一时的不顺，但对孩子来说，可能影响他们一生的发展。

在给孩子创造好的环境方面，家长们以为物质上的满足就够了，但其实，孩子更需要的是心灵上的慰藉和关爱。很多家庭贫穷的孩子由于从小得到来自家庭正确的教育和关爱，最终也取得了丰功伟绩，这样的例子数不胜数。

具体来说，有利于孩子成长的环境应该包括：

尽可能富足的物质环境。毫无疑问，在当今的经济时代，好的物质条件能给孩子创造更加良好的成长环境，比如，各种各样的玩具、游戏设施等，先进的教育环境等等。但要明白的是，物质条件的优越与否并不能决定孩子最终发展的水平，它只是一个外部条件，只要付出努力，没有条件享受物质幸福的孩子一样可以取得好的成绩，实现自己的梦想。

和谐的氛围。相对于大人来说，小孩子更在意的是父母的爱，所以，和谐、民主、自由、宽松的家庭氛围对孩子的成长意义更加重大。在这样的家庭氛围中，孩子能感受到快乐，获得自由的发展，家长的引导和教育也能让他们养成良好的习惯。相反，那些生活在争吵、专权中的孩子，他们所体验到的只有冷漠和失落，久而久之就很容易形成自卑、攻击、蛮横、无情等性格特点。

环境是最好的老师，自己的孩子最终能走多远、登多高，在于他们成长的环境中提供了什么样的条件。什么样的水，养什么样的鱼，孩子的成长也是如此，遗传只能决定鱼是鱼，而不是别的生物，只有水才能决定它们最终会长多大。

"心理肥胖儿"的溺爱综合征

乍一看题目，你可能会第一时间联想到自己身边肥胖的孩子，其实，这里我们要讲的不是生理上的肥胖，而是由溺爱引起的心理上的肥胖。

溺爱，简单地说，就是过多的爱，它的后果同溺水类似，水太多了就会危及人的生命，爱太多了也同样会引起难以想象的后果。这就让家长很为难了，对孩子不爱吧，孩子容易出现心理问题，甚至还可能影响到孩子的身高，所以，就将全部的爱都倾注在孩子身上，以为这样应该安全了，却又出现了另外的问题，例如"溺爱综合征"。

溺爱综合征，是指在孩子成长的过程中给予孩子的爱太多而引起的一系列问题。用心理肥胖来形容孩子的这种状态再贴切不过了。对于孩子来说，家人无微不至的关爱就像是精神营养，输送营养对孩子的成长当然是好事了，可是一旦营养过剩就会出现肥胖，从而导致很多问题。

心理肥胖引起的溺爱综合征主要体现在以下方面：

性格孤僻。也许很多家长对这一点很难理解，一般孩子只有在独自一人时间长了后才会出现性格孤僻的现象，而对于现在的独生子女来说，家里时时刻刻都有人陪着他，有爷爷奶奶陪，还有爸爸妈妈，平时说不定还有几个保姆轮班看着，这样的阵容下出现性格孤僻的确是有些让人难以置信。这种状况下，孩子的孤独来自于缺少和自己年龄相仿的玩伴，他们只有自己玩玩具，搭积木，看电视，这些远远不能满足他们的需要。很显然，无论在生活中他们对小孩有多细心，小孩也同样很难体会到快乐，因为他们缺乏心灵上真正的沟通。由于小孩子的很多观点与大人们不同，表达自己的方式也有差异，与这些没有共同语言的大人在一起时间久了，就容易感到内心孤单。

内心脆弱，经不起挫折。在家长眼中，孩子永远是孩子，所以，只要自己有能力就会尽可能地保护孩子，不让他们受一丁点的伤害。出于保护孩子的目的而出现的行为，却有可能成为阻碍孩子发展的绊脚石，由于这些孩子从小到大都没有碰到一点挫折，所有的不顺都被家长坚实的身躯挡住了，长大后，一点小小的挫折就可能在他们心里激起巨大波浪。不经历风雨，怎能见彩虹呢？

自私，不尊重人。孩子在家就是霸王，用唯己独尊来形容一点都不为过。这种纵容的氛围很容易滋生孩子的自私心理，而且，在家庭教育中家长的过分敏感也使得孩子根本没有机会去学习尊重别人、体谅别人。一位老师在上课时曾经讲过她对自己教育孩子的反思，她说现在的家长包括她自己，对孩子的一些需要过分敏感，表面上看这是亲子关系和谐的一种反应，实际上它断送了很多孩子成长的机会，比如，孩子在看电视时望了妈妈一眼，还没等孩子开口，妈妈就将水递过去了。这种默契在很多人看来是值得称赞的，但仔细想想就会发现其中存在的问题，小孩子会认为，自己无论有什么需要，妈妈都应该有这样的反应。等到孩子长大后，自然就会变得自私，目中无人。

自理能力差。溺爱孩子会造成孩子的自理能力差，这一点是毋庸置疑的。由于小时候什么事情都是家长包办的，长大后可能连很简单的事情都无法自己完成。由此看来，教育孩子绝不是一件简单的事情，而是一门艺术。

父母的关爱水平影响孩子的智商

以前住的楼下是一片很开阔的空地，旁边有一间小房子，是院子里的后勤工人做饭的地方，所以一到吃饭时间就很热闹。自己有事没事时就爱站在窗前看下面的风景，自然的、人文的，最让自己感动的还是其中一家三口的生活场景。父亲是一位维修院子里用水、供暖等设备的员工，母亲是楼道的清洁工，他们有一个刚刚2岁的孩子。每天母亲打扫完楼道后就会带着孩子在空地上走，或者让孩子坐在小板凳上讲故事给他听，偶尔也会和孩子玩玩游戏、吹泡泡、打玩具水枪，等等，在整个过程中看得出孩子很听话，也很安静。等父亲下班之后，母亲就去做饭了，孩子就跟父亲一起玩。他最享受的就是爸爸把自己抱起往天上抛的游戏，每次都笑得合不拢嘴。父亲还会跟他玩赛跑的游戏，即使有时候摔倒了，孩子也能很快地自己爬起来接着玩。虽然孩子家里的经济条件并不宽裕，没有精美的玩具，也没有昂贵的衣服，但看得出来他很开心，因为他拥有着世界上最伟大的两种爱：父爱和母爱。

一直以来，人们都觉得母爱对孩子的成长是最重要的。这也被科学所证明了。如果一个孩子在生命最初的几年里缺少母爱，他们的生理、心理等方面就会受到影响。而如果孩子和母亲之间建立了安全的依恋关系，孩子就会获得成长的动力，自然就会在发展的过程中走得更高、更远、更健康。

但是，孩子的成长过程中仅仅有母爱是不完整的。都说父爱如山，足见父爱对孩子的影响深远，即使是刚出生的宝宝也对父爱有很强的渴望。他们对父亲说话的声音、一举一动都十分留意，甚至还会去模仿父亲的动作。久而久之，父亲的坚强、勇敢、冒险等性格特点都会影响到孩子的行为习惯，从而影响孩子的智商发展。

试想一下，如果孩子只有母爱，或者只有父爱，那他们的生活又将如何？对于只有母爱的孩子来说，他们可能生活得很安逸，因为细心的母亲会给他们无微不至的关爱，这种爱足以让他们的身体健康成长。但这样的发展并不是健全的，与同时拥有父爱和母爱的孩子来说，他们更容易被挫折打败，在生活中不愿意冒险，独立意识薄弱，依赖性强。对于只有父爱的孩子来说，父亲的坚韧、负责、勇敢、冒险等男子汉的气质会让他们变得更加坚强和独立，但同时也缺乏母爱所带来的很多优良品质。

人的智商高低一部分取决于遗传，一部分取决于环境，而最终决定智商发展水平高低的还是环境因素。作为对孩子影响最早、最大的父亲和母亲，他们的关爱毫无疑问是环境因素中最重要的部分，两种关爱在孩子的健康成长中起着不同的作用，就像是孩子的左右脑，缺少任何一边都会影响其最终的发展。

为什么某些"傻瓜"倒成了天才

"傻瓜"与"天才"常常被认为是两种极端的人。对于傻瓜的界定，有比较统一的观点，即认为傻瓜就是指那些糊涂而不明事理的人；对于天才，则存在较大的分歧。特曼认为，天才指的是在智力测验中成绩突出的人，也就是说，天才就是智力水平高的人。高尔顿则认为，天才是具有杰出实际成就、有高度创造性的人。

每个家长都想自己的孩子成为天才，如果自己有一个被别人叫作傻瓜的孩子，多少也会表现得有些无奈。但事实上，有时候天才和傻瓜只有一步之隔。

天才和傻瓜都有着超乎常人的能力，他们的很多想法和行为都不被常人理解。天才和傻瓜之间的不同之处在于，天才会认真地思考事情的能动性、可能性以及结果，更重要的是会付诸行动，而傻瓜只会任凭自己在想象的空间里驰骋，而不会作任何努力。生活中，人们常常只看见了天才所取得的惊人成就，并不了解天才与傻瓜的相似性，所以，即使是天才，在他们没有成功之前都会被认为是傻瓜。这也是为什么有的傻瓜倒成了天才的一个原因。

当然，并不是所有的傻瓜都能变成天才，因为天才身上有着独特的特点。2010 年，美国一个公司对世界上 1000 个天才进行了总结，被调查的人囊括了科学、技术、文学、艺术等很多领域的顶级天才，最后发现，天才基本上都具有下面几个特征：

孤独感强烈。由于天才的思维常常不被常人理解，他们很少与普通人有思想和情感上的共鸣，感到孤独也是情理之中的事情了。中国有句古话"苦心孤诣"，对于天才来说，他们就更容易因为"孤诣"而感到孤独了。所谓"高处不胜寒"，越有成就的人就越可能形单影只。

性观念混乱。天才不仅在思维、想象力、创造性等方面常常出乎人的意料，在性观念和行为上也有着与常人不同的表现。很多天才是同性恋、双性恋，或者患有恋童癖、恋物癖等，很多天才一辈子没有结婚。

童年孤僻。天才所具有的超能力几乎都是与生俱来的，这让他们在童年时期表现得比普通孩子要好得多，超群的能力和表现让这些孩子要么自视清高、看不起别人，要么被人孤立、排挤，久而久之，就形成了怪僻的性格。

内心偏执。天才们除了超群的能力，还有超常的自信。一方面，自信让他们能在别人异常的眼光和态度中坚持自己的思想，最终取得成功；另一方面，过度的自信也让他们内心十分偏执。

虽然，天才多为遗传，但如果没有自由、宽松的生长环境，天才也会沦为傻瓜。很多家长在孩子小时对孩子过分压制，认为只有孩子循规蹈矩才是正途，对孩子的一些奇思妙想置之不理，甚至极力压制，最终，不仅扼杀了孩子的创意，还由此引起种种心理问题。

为什么要表扬孩子的努力而非能力

20世纪90年代，哥伦比亚大学的研究者曾经进行过一项大规模的研究，实验选取了400多名不同社会经济背景的孩子。首先让孩子们做一个智力测试，然后将孩子分成不同的组进行有差别的反馈。他们表扬第一组的孩子非常聪明，在测试中表现很好；表扬第二组的孩子在自己的努力下取得了很好的成绩，而对另外一组的孩子则保持沉默。

在实验的第二阶段中，研究者给被试者两种可供选择的任务，一项任务难度很大，几乎不太可能成功完成，但在任务进行的过程中可以学到很多东西；另一项任务难度较小，很容易取得成功。

按照常理，表扬能提高孩子的自信心，能为他们注入前进的动力。所以，研究者预期在任务的选择上，前两组受到表扬的孩子比没有受到表扬的第三组孩子会更多地选择难度大的任务。然而，实验结果大大超出了研究者的意料。第一组更多的孩子选择了难度较小的任务，第三组的较少的孩子选择了容易的任务，第二组的孩子选择高难度任务的人数最多。

实验结果证明，受表扬的第二组与没有受到表扬的第三组在选择上的差异与人们的推断一致，表扬提高了孩子的信心，其更愿意去挑战难度高的任务。但是，同样是受到了表扬，第一组的孩子却比第三组的孩子更不愿意去接受挑战，这就有点匪夷所思了。

其实，正是出人意料的结果揭示出了教育孩子时一个很重要的道理：要表扬孩子的努力而非孩子的能力。让我们先来看看两种不同的表扬方式对孩子心理产生的影响。

表扬孩子的能力，说他们聪明，这种表扬虽然能在短时间内提高孩子的信心，但也增加了他们对失败的恐惧。受到表扬的孩子会觉得自己的成功是不受外界因素影响的，那么，即使自己不努力、不拼搏，也能照样取得好的成绩；没有受到这种表扬的孩子就自然会认为自己不够聪明了，不能成功也是注定的，就算偶尔取得了好的成绩也是运气好，所以，努不努力对自己来说一点用处都没有。当孩子遇到挫折时，受到过表扬的孩子很容易怀疑自己的能力，所以为了避免被别人说自己不聪明，他们更倾向于选择那些难度低的任务；而没有受到过表扬的孩子则会抱着"破罐子破摔"的心理，反正自己不聪明，失败也是很正常的。

表扬孩子的努力，这种方式将孩子取得的成绩与他们可以控制的因素结合在一起，更容易调动孩子的信心和动力。不管孩子行为的结果是好还是坏，对其努力的表扬都会鼓励他们继续发奋。不过，这种方式的表扬带来的结果也不全是积极的。

群群是一名初中生，学习成绩很好，爸爸妈妈都引以为傲。但是，群群却很自卑，总觉得自己比别人笨，下课也不愿意和别的同学一起玩，学校的各种活动也不参与。在一次作文比赛中，群群将自己多年来压抑的情感表达了出来。群群的作文题目为《假如我是一个聪明的人》，在作文中她写道："从小到大，虽然我的成绩一直很优异，但又能说明什么呢？我终究还是一个笨蛋，就连老师都这么说。他总是告诉别的孩子他们很聪明，只要稍微努力一下就能取得好的成绩。但是，老师从来都不会说我聪明，就算我每次都考年级第一，老师还是会在班上说：'大家要像群群学习，相信如果你们有她一半的努力就能考出好的成绩了。'难道像我这样的人真的就只能靠勤奋才有好的成绩吗？我多羡慕那些可以天天不用用功的孩子啊，虽然他们的成绩没有我的好，但他们过得很开心，他们可以去打球、唱歌、跳舞、参加比赛，他们有时间去交朋友，他们可以做自己想做的事情，而我却只能坐在教室里和那些数学题做伴。可是我知道，笨蛋是不可以这样的，如果不付出比别人多的努力，就永远不会有成功……假如我也是一个聪明的人那该多好啊！"

群群并不是不聪明，只是老师希望大家向她学习，所以才会那样表扬她，但是，对努力而不是能力的表扬却让群群产生了严重的自卑。

留白，教学中的一种艺术

心理学上有一个空白效应，说的是人在感知事物时如果感知对象不完整，便会自然地运用联想，在头脑中对不完整的感知对象进行补充，并且人们在进行这种联想和补充的过程中会产生更强烈的心理效应，印象变得更为深刻。

"空白"原是艺术创作与欣赏中的一个概念，指的是创作者并不将心中的蕴意在作品中完全地呈现出来，而是留有一定的余地，令欣赏者自由地发挥自己的联想和想象，这会比全盘托出取得更佳的艺术效果。这在书法上叫飞白，在国画上叫留白。飞白也好，留白也罢，说白了就是要恰如其分地给人留下无限的遐想空间，达到"水到渠成"的效果。

留白之所以具有这样的效应，奥妙就在于留白在人们的感知中起到了一种变被动为主动的效果。对于感知者而言，如果感知对象将全部的信息都无所保留地表达了出来，那么感知者所需做的就是被动地接受感知对象所提供的信息；如果感知对象的表现是留有余地的，则感知者就会对这种空白进行自主地补充，在这一主动的联想过程中，感知者会调动起更加积极的情绪，给予更高程度的精神投入，从而也就加深了印象，取得了更好的知觉效果。

说书人常常在情节发展的紧要之处中断，留下一句"欲知后事如何，且听下回分解"，这就是对空白效应的运用，令听众带着一种强烈的好奇心对故事的发展进行种种猜测。在艺术创作中常说的"此时无声胜有声""言有尽而意无穷"等，体现的也都是空白效应在艺术表现之中的运用。

空白效应在课堂教学中有着极为重要的应用。在课堂教学过程中，如果教师包办太多，或者是"满堂灌"，留给学生自由思考和自由发展的空间过于狭窄，不仅会增加学生的负担，更会令学生感到单调和厌倦，从而对学习效果产生很大的负面影响。相反，如果教师在提出某一问题后不直接给出解答，而是让学生独立思考，也就是制造这样一个空白阶段，则能很好地调动起学生的积极性，锻炼学生分析问题、解决问题的能力。

换句话说就是，在课堂教学中，结合教学实践，教师如果能全方位、系统、科学地设计教学空白，从教学内容、教学时间、教学空间出发，多层次、多角度地给学生留出空白，课堂将成为学生思维的"发源地"，也很容易收到好的教学效果。

有一些教师在批评学生时话说得不留一点余地，其实这样恰恰容易引起学生的逆反心理，不利于其改正错误。可是，如果教师在进行批评时留有空白，只需让学生意识到自己所犯的错误，而无需作过多的斥责和教导，学生会自然地产生愧疚，并因此而改进。

总之，空白效应在教学中有百利而无一害。在讲解时留白，给学生思考分析的机会，让学生独立地思考、判断和面对，学生的分析能力就会逐渐提高。在实践方面留白，给学生一个锻炼的机会，提高学生的动手能力。在批评方面留白，让学生有自责和自我教育的时间。这样学生就不会有一种被"穷追不舍"之感，反抗心理就会锐减。

当然，空白效应的运用也要讲究度的问题，并且需要根据不同的具体情况灵活地对待。

第二十六章

学习心理学：突击复习后，考试前一定睡一觉

好奇心是学习的动力

好奇心是创意的来源，是学习的动力，是成为天才最重要的那份灵感。"一个总是能提出为什么的人，是一个活着的人；而一个不再提出为什么的人，是一个活着的死人。"这就是好奇心之于人的重要意义。这一点在许多杰出人物身上都得到了证明：牛顿对苹果落地好奇，发现万有引力；瓦特对烧水壶冒出的蒸汽好奇，发明了蒸汽机；伽利略对吊灯摇晃好奇，发现了单摆……

对于学习也是一样，好奇心是学习活动中的万能之力，它为我们的学习注入了无尽的活力。

就好奇心的本质而言，还有一个更贴切的解释适合它，那就是"好奇心是问题与答案的对话"——受好奇心驱使，人会带着问题去探究，找出答案。当"问题"与"答案"相联结，我们的知识会逐渐累积、增加。

这就是好奇心的求知动力。由于好奇，全部的知识领域突然变得有趣了。在好奇心的驱使下，人们会有所发现，这又会激发人们的积极性，从而为学习注入无尽的活力。同时，好奇心不仅是探索性学习的推动力，而且还是创造力及思想变通性的前提条件，它为我们打开了认识自我和理解世界之门。

一部电视剧中有这样一个情节：老师在黑板上画了一个圆，问这个圆像什么，幼儿园里的孩子讲出了几十种；小学学生讲出十几种；中学生讲出八九种；大学生讲出两三种；社会上的人一种也讲不出，因为不敢讲。

德国著名化学家李比希把氯气通入海水中提取碘之后，发现剩余的母液中沉积着一层红棕色的液体。他虽然感到奇怪，但并未放在心上，武断地认为这不过是碘的化合物，只在瓶上贴张标签了事。直到后来法国一位科学家证实那是新元素溴，李比希才恍然大悟。他因此称这个瓶子为"失误瓶"，以告诫自己。

千万别让好奇心成了孩子的专利，如果你真心希望自己的人生不断进步，就得有孩童般的好奇心；如果你不希望自己的人生乏味，那就多带些好奇心，那么你的人生将会有无尽的喜悦。

批判地看待"学习风格"

在教育心理学中，学习风格是指学习者一贯的、偏爱的学习方式，就像每个人都有不同的个性特征一样，每一位学习者同样也有不同的学习风格。学习风格受到先天和后天因素的共同影响。仔细观察你周围的同学，你就会发现，除了在遗传因素如智力上的差异之外，每个人的个性、兴趣、爱好、经历也各不相同，这些因素都会影响我们学习风格的形成。

根据不同的分类标准，学习风格也相应地有不同的种类。

从感知方式来说，学习风格主要有视觉型、听觉型和动觉型三种。视觉型学习者是指那些喜欢用眼睛学习的人。他们善于通过"看"来接受信息，通过看书本、黑板以及屏幕上的文字材料、图片、图表和录像就能获得良好的学习效果。与听老师单纯地讲授知识相比，老师的板书对这一类型学习者的帮助更大。在学习的过程中，他们更愿意记笔记，具备快速浏览学习材料的能力，对视觉类学习材料的吸收和消化更好，在书面测验中表现突出。听觉型学习者是指喜欢用耳朵学习的人。他们善于通过"听"来接受信息，比如听录音带、听报告、听对话等方式。在学习过程中，他们更愿意老师以口头授课的方式传授知识，他们擅长语音辨析，口头表达能力强，但是书写对他们来说通常有一定困难。在学习新材料时，他们喜欢通过大声朗读或在阅读过程中进行默读的方式来识记学习内容。这种类型的学习者喜欢在有背景声音的环境中学习，喜欢小组活动。他们往往在听力测试中表现突出。动觉型学习者指喜欢通过实践和直接经验来学习的人。在学习过程中，他们喜欢参与一定的活动，通过自己动手或亲身体验来获得知识，在实践中达到学习的目的。他们的特点是运动感强，平衡感好。他们在课堂活动、角色扮演、实习活动和做实验等实践性比较强的学习任务中表现突出，往往能够取得良好的学习效果。他们凡事都喜欢自己亲自动手尝试，愿意参与新的富有挑战性的活动。这一类型的学习者在操作性很强的学习任务中表现突出。

从认知方式来说，学习风格可分为场依存和场独立两种。场依存者在学习过程中，容易受到外界因素的干扰，往往依靠外部提供的有关信息，倾向于从整体认知事物，他们不善于独立分析问题；场独立者在学习的过程中，很少受到外界的干扰，能够根据自己的判断独立分析问题，能洞察出超越事物本身以外的事物间的相互关系，能够很容易地把重要细节从复杂的背景中区分出来。一般来说，场依存型的学习者有较强的社交能力，而场独立型的学习者则有很强的分析能力。场依存和场独立是一个连续体，在连续体的一端是场依存，另一端是场独立。单纯地属于场依存或场独立型学习风格的人很少，大多数的学习者都是介于两种类型之间的。

从学习者的个性特点来说，学习风格又可以分为外向型和内向型两种。外向型的学习者开朗、热情、喜欢与人交流、兴趣广泛，给别人以较好的印象，他们往往更多地关注外部世界，在学习的过程中，他们更愿意参与游戏、对话、小组讨论、角色扮演等交际性的活动。内向型的学习者喜欢独处，不善于交际，沉默寡言，不善于表达自己的思想，往往更关注自己的内心世界。在学习过程中，他们能够集中自己的注意力，喜欢独立思考，善于独立完成学习任务。

以上有关学习风格的分类，只是帮助我们对学习风格有一个大致的了解。事实上，学习风格总体上无好坏之分，每个人在学习风格上各有优势与局限性。我们要了解自己学习风格中的优势，并且善于在学习中加以利用。美国哈佛大学心理学教授加德纳提出了"多元智能理论"，认为每个人至少有八种智能——语言智能、数理逻辑智能、音乐智能、身体运动智能、空间智能、人际关系智能、自我认识智能和自然观察智能。对于每一个个体来说，这八种智能的组合方式都是不同的，而且发展也是不平衡的，有的强一些，有的稍弱一些。因此，每一个人都有自己的优势智能和弱势智能。因此，你可以根据自己的强势和弱势培养自己独特的学习风格。

当然，每个人的学习风格并不是绝对的，也并不是单纯地属于哪一种类型，一个人可能同时具有两种或多种学习风格。其实，在学习的过程中，只要创造适宜的学习条件，无论是哪种学习风格的人都能够取得成功。

矫正操作性行为的工具清单

前面，我们讲到行为是可以通过学习获得的，同时按照行为主义心理学的观点，已经习得的行为也是可以改变的。如果你试图去改变一个人的行为，可以参考行为主义心理学家的建议：正强化、负强化、惩罚和消退。

正强化。可以说，在对操作性行为进行矫正的过程中，正强化是最有效的方法之一。尤其是在对孩子的教育过程中，恰当地运用正强化效果会非常明显。比如，对于一个提到去幼儿园就哭闹的孩子，家长可以说："如果你听话去幼儿园，我周末陪你去公园玩旋转木马，或者去商场给你买那个你一直想要的布娃娃。"或者家长和老师进行沟通，如果哪天孩子去幼儿园时没有哭闹，老师可以奖励孩子一朵小红花。这样孩子就会慢慢地改掉自己哭闹的行为，甚至还会越来越喜欢去幼儿园。当然，强化物并不一定是具体的物质，对于年龄稍大一点儿的孩子，也可以是精神层面的社会性强化物，如拥抱、抚摸、亲吻、口头夸奖等形式。同时，在使用正强化对行为进行矫正时，不要忽略普雷马克原理。这一原理主要是用孩子喜欢的行为来强化他不喜欢的行为，比如，一个孩子不喜欢吃蔬菜，但是特别喜欢吃冰激凌，这样你就可以用冰激凌来让孩子吃蔬菜。

负强化。这一方法总是与令人不愉快的刺激相联系，其中的原理是撤销这种厌恶刺激之后，人们的某一行为或反应的频率会增加。在对孩子行为进行培养的过程中，家长经常会用到这种方法，但是结果往往不尽人意。比如，当孩子完不成作业时，家长就会一直唠叨甚至责骂，直到看到孩子完成作业为止。这就是一个负强化的过程，家长的唠叨或责骂对孩子来说是厌恶刺激，为了避免这一令人不快的刺激，孩子按时完成作业的行为会逐渐增加。再比如，在一家公司中，员工每次迟到老板就会不分青红皂白地大骂一通，不给员工解释的机会。因此，为了逃避老板的责骂，每一个员工都准时上下班，从来不敢迟到。这也是一个负强化的例子。

惩罚。古训有"闲着棒子，宠坏了孩子"。不可否认，惩罚在短时间内可能会起到一定的作用，但是同时也存在一定的风险。如果使用不当还会带来很多的负面影响，不仅起不到矫正行为的目的，反而会带来新的问题，比如体罚会让孩子产生恐惧的心理。因此，心理学家主张将惩罚和负强化配合使用，这样效果会更好。惩罚只能让被惩罚者认识到，自己的行为是不恰当的，但是却不知道何种行为是值得提倡的。而将惩罚法与负强化法结合，可以充分发挥两种方法的优点，既可以避免不良行为，还可以塑造新的行为，使教育更具有艺术性。

消退。可以说，这是一种比较安全的行为矫正的方法。它不像正强化那样，需要一定的强化物，也不像负强化和惩罚那样会带来负面的后果。这一方法主要是对行为者的不良行为采取不予理睬的态度。比如，孩子因为想要玩具而哭闹不已，家长对此可以不理不睬，让他继续哭闹，直到他没有力气继续哭闹为止。也许下次再遇到类似的情境，孩子就会明白，这种哭闹的方式是无效的。消退方法的实施需要一段时间，而且还要注意它的适用性，在有些情况下就不适宜使用这种方法，比如对于孩子的攻击性行为就不能采取不闻不问的态度。在消退的同时，也可以进行适当的正强化，效果会更加有效。对儿童无理哭闹的行为不予理睬，直到他停止哭闹、情绪稍微平静之后，再对他的行为进行鼓励，比如给几颗糖或是一个小玩具，让他对自己的两种行为有一种深刻的对比，从而明白哭闹是没有用的。

掌握以上四种行为矫正的方法，当需要改变他人的不良行为时，你可以尝试着使用。

特殊的事物更容易被记住

在学习中，你有没有过这样的体会，在学习世界地理时需要对每个国家的地理位置和形状进行记忆，这让我们觉得很头疼。但是，说来也奇怪，对于那些特征比较明显的国家你往往印象深刻，甚至过目不忘，比如，意大利的形状像一只高筒皮靴，法国近似六边形，而中国则像一只公鸡，等等。生活中也有类似的现象，在一场人数众多的大型宴会上，主人对来宾一一进行介绍，可是最后我只对那些在体形、相貌、穿着、地位等特征比较突出的人有深刻的印象。

苏联心理学家冯·莱斯托夫曾发现一个有趣的现象，在一场人数众多的宴会上，主人经介绍与来宾一一握手时，只能对相貌、年龄、地位等个人特征中最为突出者即时记下他们的姓名。通过总结，他发现生活中有很多类似的现象，于是，他大胆地推测人们总是容易记住那些特殊的事物。随后他又做了一系列实验，证实了他的这一推测，并于1933年正式提出了这一理论：相对于普通事物，独特的事物被记住的可能性更大，给人的印象也更深刻。这一规律也因此被命名为莱斯托夫效应。

莱斯托夫效应，实际上从一个侧面反映了学习材料的独特性对记忆和遗忘的影响，也就是说在一系列类似或具有同质性的学习材料中，只有那些最具有独特性的项目最容易被我们记住。

那么，为什么会出现莱斯托夫现象呢？心理学家对此进行了解释，事实上这和人们的记忆特点有关，我们对许多事物的记忆都是无意识记忆。无意识记忆是没有自觉识记目的，不需要任何识记方法，同样也不需要作出意志努力。无意识记忆带有很大的偶然性，我们对感知过的事物、体验过的情感、操作过的动作、阅读过的资料，并没有要刻意记住的意图，因此不会考虑用什么方法去识记，但是事后却能进行回忆和再认。但是，我们的无意识记忆具有选择性。虽然不是所有接触过的事物都能被记住，但是那些在生活中具有重大意义的事件，对我们有特殊意义的事物，或是能够引起人们浓厚兴趣并能激发人情感的事物，往往让我们印象深刻。一般来说，熟练的动作遗忘得最慢，像骑自行车、游泳这些动作技能，一旦学会了就很难忘记。研究发现，一项技能在一年后遗忘得很少，而且只要稍加练习就能获得恢复。同时，与无意义的、平淡无奇和缺乏形象性的学习材料相比，那些有意义的学习材料的遗忘速度要慢得多。

莱斯托夫效应对于我们学习和记忆的启示就是，如果想要更为深刻地记住某些知识，就应当令这部分知识体现出特殊性。比如在图书印刷中，一些重点的内容会用特别的字体或色彩突显出来，就是想要通过这种特殊性来引起读者的更多注意。而更主要的是，学习者应当对这一部分知识内容的特殊性给予足够的重视。有一种比较学习法，意义就在于通过比较而发现各自的特点，这无疑会起到加深记忆的效果。而在商业经营中，也应当充分挖掘自身产品与服务的独特性，这才会吸引更多的顾客。另外，当今时代对于个性与创新的强调，实际上也是莱斯托夫效应的体现。

用记忆术提高记忆力

在我们的生活中，记忆无时无刻都在发挥着作用，我们要记住家人的生日、自己的结婚纪念日、朋友的联系方式、自己第二天上班要处理的事情，等等。可以说，如果我们失去记忆的话，生活将陷入一片混乱，无法继续下去。我们的记忆系统强大到能记住几年甚至十几年前发生的事情以及生活中的琐碎小事，但是有时候又会忘记几天之前或甚至一个小时之前的事情。如果我们的记忆力好的话，就能够顺利应付生活中的各种事情；可是如果记忆力不好，则会影响到我们的工作、学习和生活。因此，对于我们来说，拥有良好的记忆能力非常重要。下面我们就为大家介绍几种能够提高记忆力的小技巧。

培哥记忆术——编码联想。在一些电视节目中，我们通常可以看到这样的表演。在舞台上立一块黑板，然后随意让观众说出一些词语、数字、英语单词等等，并按照顺序写在黑板上。但是在这一过程中表演者不能看黑板，并要按照观众的要求讲出其中任意一项内容，比如，①——帽子，②——眼镜，③——围巾，④——衣服，⑤——腰带，⑥——裤子，而你要记的词是①大象，②打气，③洗澡，④电风扇，⑤自行车，⑥水。这样在记忆的过程中，你就可以运用编码联想的方式进行记忆，比如你可以将大象与固定编码的第一号"帽子"联系起来，联想到大象的鼻子上戴了一顶帽子，在记忆第四个词"衣服"时，你可以进行这样的编码联想，即电风扇把淋湿的衣服吹干了。

这样，表演者不仅能够根据观众的要求说出其中的任意一项内容，甚至还能把全部的内容都记下来。很多人都会觉得这种表演很神奇，其实不然，只是因为表演者在这一过程中运用了培哥记忆术罢了。这是记忆者自己创立的一套记忆编码，然后通过联想与要记的材料相联系，这样要想记住这些词语就不是什么困难的事情了。

复述。要想让短时记忆中的内容进入长时记忆，复述是一种很重要的记忆方法。复述分为机械复述和精细复述。机械复述只是对短时记忆中的信息进行重复性的、简单的心理操作，使记忆痕迹得到加强，但不一定能进入长时记忆，而且使用这种方法记忆效果也不是很好，很容易忘记，比如，为了准备某一次考试，对考试内容进行机械复述，短时间内可能会有效果，但是考试一结束，这些内容就被你抛到九霄云外了。

精细复述也称创造性复述，使短时记忆中的信息得到进一步的加工和组织，使之与预存信息建立联系，从而有助于其向长时记忆转移。这种复述的加工水平比较高，具有主动性。比如，要想记住一个人的名字，可以将这个人的特征与其名字联系起来进行记忆，如"调皮的汤姆""经常考第一名的杰克"，等等，这样重复几遍就可以记住了。

组块记忆。心理学研究表明，短时记忆的容量为 7 ± 2 个组块，但是如果在记忆的过程运用一些技巧的话，则会大大提高我们记忆的容量。比如，对一组数字"1949100119190504"的记忆，刚开始我们会觉得这是一串毫无意义的数字，很难记忆。但是仔细一看，我们可以发现，这串数字中包含两个重大历史事件的时间，即 1949 年 10 月 1 日新中国成立的日子和 1919 年 5 月 4 日"五四"运动的时间，这样将这串数字与历史事件相联系，从而分成两个大的组块，就可以提高记忆的效率，而且不会轻易忘记。

数字化记忆法。可以说数字是表达事物的一种最简洁的方式，如果将生活或学习中的内容转化成数字进行记忆的话，则会大大减轻我们记忆的负担。比如，你和朋友约好周日下午三点在 105

号的街心公园见面，为了便于你记住时间和地点，你可以用阿拉伯数字进行记忆，那么上述约会的时间和地点就变成"715105"，这样你就不会因为忘记时间和地点而误事了。

在学习、工作和生活的过程中，有很多的东西都需要我们记忆，但是只要掌握一些记忆的小秘诀、小窍门，就可以使得枯燥的记忆内容变得妙趣横生了。

常见的学习心理问题

学习动机缺乏

学习动机是学生个体内部引起学习活动的动力机制，是学习活动得以完成的重要条件。一般而言，由于学习动机对学习行为积极性的直接制约，影响了学生对待学习的注意程度、情绪倾向和意志毅力，所以间接影响了学习效果。研究发现，中等强度的动机激发水平最有利于学习效果的提高，过高、过低都会降低学习效率。大学生都希望自己学有所成，但是他们的学习动机却各有不同，而且程度也有所不同。此外，由于学生都经过了高考，多数学生有了休息一下的想法，学习动机缺乏现象比较普遍。

一般来说，在小学到中学的阶段，学习的目标和方式比较明确，都是全国的教育专家研究出的学习路线，对目标、方法都有较细化的安排。不仅仅学生，连老师都只需要按部就班地去完成教育学习任务就行了。但到了大学完全不同了。学习的独立性体现得十分明显，贯穿于整个大学学习生涯，因此，许多大学生不知道上了大学后人生方向在哪里，他们认为不管怎样都能毕业，于是就不思进取。正如日本著名思想家池田大作说："对于人类来说，没有比为使命而活着更可贵的了，同时，也没有比不知道为何生存更空虚的了。"

学习策略不良

大一学生小王说："现在学习氛围比高中时宽松多了，学习压力也小了，我用高中的学习方法却应付不了现在的大学学习了。我其实想过许多办法，但成绩一直不理想。现在都失去信心了，有时都不想读下去了。其实，高中时我虽然没有被别人羡慕过，但也从来没有担心过自己的学习啊！可是当我满怀信心来到大学后，竟然遇到了学习上的问题——高中的学习方法在大学失灵了，为什么呢？"

这位同学的问题首先在于他的学习动机不良。高中时学习的优秀并不是大学成绩优秀的保证，因为客观环境变化了。他满怀信心地以为能轻松应对大学的学习，结果事与愿违，于是就加倍努力，试图重获高中时学习所得到的成就感，此时他的学习动机就出现问题了。他的问题在于没有面对现实，没从根本上调整学习方法，再努力也是枉然。

其次是他的学习方法不当。他严格地按照自己过去的学习习惯制订学习计划，并勤奋学习，而这样做恰恰是本末倒置的。这名学生的遭遇恰恰说明了，大量的投入不等于良好的效果，方法正确与否才是成功的关键。其实，大学的学习是以自学为主、老师指导为辅的，这是高中学习方法不适用的根本原因。

正如纽约市昆士区学院教育系教授肯尼·邓恩通过研究指出的一样："学习成功的秘诀在于能够找到最适合自己的学习方式。学习策略是在学习过程中逐渐形成和发展起来的。学习策略不好，不是一天两天的事，而有一个渐进的过程，不仅涉及学习方法，而且关乎学习习惯。学习策略不良主要是学习者个人的原因。"每一名大学新生都应该在学习过程中逐渐摸索适合自己的学习方式。

学习倦怠心理

大学生不管是新生还是老生，在学习等各个方面产生倦怠心理的现象是比较普遍的。这种现象背后的原因主要是没有及时改变中学时的依赖性学习心理。大学生如果没有及时转变学习方式和思维方式，没有培养出自觉性和主动性的学习方式，就会影响大学的学习生活。

自觉性和主动性是掌握知识的前提，如果一个人的自觉性和主动性比较强，仅仅缺乏某一方面的知识，并不会最终影响他的成就；而缺乏学习的自觉性和主动性，却对一个人未来有很大的影响。自觉性和主动性是在掌握知识的过程中培养和发展起来的，现代社会里如果没有一定的知识，就不容易找到发挥自己能力的机会，所以大学生应该把侧重学知识与自觉性和主动性的培养有机结合起来。

对此类现象，德国心理学家分析认为，大学的学习生活几乎全凭学生自觉，管理相对宽松，与此同时学生的课余时间就会大大增加，有很多的时间学生可以自由支配和利用。这些现象很容易使学生产生"大学学习太无聊"的错觉，放弃了对自己的严格要求和主动努力。

学习挫折心理

美国心理学家罗特在他的人格理论中将人们对影响自己成败的因素的看法称为"控制点"，这个控制点在个人行为中所起到的作用很大。每个人对际遇都有自己的看法，这就造成每个人的控制点的差异。受挫后，应该从动机、期待目标和行为结果来客观地分析原因。

美国著名心理学家詹姆斯曾指出，挫折，是对人们精神上的一种打击。个体在遭受挫折后，会引起生理上和心理上的反应，只是在同样的条件下，每个人对挫折反应的形式不同、强度不同、时间不同。然而，不论挫折反应的个体差异如何，所有对挫折的情绪和行为的反应都是为了摆脱挫折对自己带来的心理烦恼、减少内心的冲突与不安。挫折是一种主观感受，主要受个体承受力的制约。那些因学习遇到挫折而苦闷、烦恼的学生，只有振奋精神，正视自己的失败，找出问题的症结所在，才会有战胜挫折的力量。

考试焦虑心理

　　大四学生小雨说："这已经是我第三次参加大学英语四级考试了，考不过就没有学位证书，前两次都只差几分。我班上有的同学一次就通过英语四级统考，成绩还挺好的，还有不少人第二次也顺利通过了。而我的英语基础并不差，一贯的成绩也不错，就是因为太紧张，既影响了复习，又影响了考试，而且现在是最后的机会了！但我最近一段时间，一看见与英语有关的东西，心理就紧张，就直皱眉头，连舌头都僵硬了，还浑身出冷汗，我让英语考试弄得觉都睡不好，还动不动就跟周围的人发火。现在学习总是不能集中精神，觉得记忆力也越来越差。过去会背的单词、会做的题目，现在却经常出错，我很担心连这最后一次英语补考的机会都没有了，这样下去怎么办啊？"

　　这位学生的焦虑来自对考试通不过的担忧。之所以担忧，是因为这种考试太重要了。通不过大学英语四级考试，就不能取得学位证书。没有学位证书，毕业证书的含金量就会受到影响，以后找工作、进修深造都会有困难。这是造成考试焦虑的潜在原因。这位学生以往有过两次失败经历，再次考试容易唤起之前的生理和心理反应的记忆，而且每一次都像身临其境一样，心理压力更大，恐慌感更强烈。美国著名教育心理学家班杜拉认为，焦虑原则上分为状态与特质两种类型。多数大学生的考试焦虑是面对考试情境产生的，属于状态型焦虑，只有极少数人的考试焦虑属于特质型焦虑。过度的焦虑不仅妨碍学习、影响考试，也损害身体健康。无论是状态型考试焦虑还是特质型考试焦虑，都是由内外因素共同制约决定的，都是两者交互作用的结果。内在因素是由外在因素引起，外在因素要通过内在因素发生作用。

第二十七章
健康心理学：健康是身心健康的统一

心理因素影响人体健康

我们知道，人的心理状态是和人的全面心身状态紧密相连的，而且与人的健康状况也是密切相关的。

人的心理活动会影响神经系统（主要是脑），而神经调节是人体最重要的调节，因此，心理因素能够对生理产生作用。但是，一般性的心理活动不会给人的健康带来明显的影响，能让人察觉的影响人的身体健康的心理活动通常是强烈的、快速的或持久的。

美国生理学家坎农在20世纪初做过大量的实验研究，他发现人在焦虑忧郁的时候，会抑制肠胃的蠕动，抑制消化腺体的分泌，引起食欲减退；在发怒或突然受惊的时候，则会呼吸短促，心跳加快，血压升高，血糖增加，血液含氧量增加；突然惊恐时甚至会出现暂时性的呼吸中断，心电图会发生波形明显改变。

为了研究心理活动对人的生理的影响，美国医生加里·赖特还专门研究了巫术治病的问题，并写了《巫术的见证人》一书。经过长期观察研究，赖特认为，巫师不管年龄大小、种族或性别，都是一个精明的心理学家，而且是个政治家、演员。他正确地指出，巫师的主要威力不是在于使用特殊的药物，而是善于使用心理分析和心理疗法，巫师所使用的巫术的本质是心理学和心理疗法的基本原则。巫师最常使用的 2 种基本心理疗法的机制是暗示和自白。巫师能使病人消除恐慌，能动员病人自身的生理潜能，使病人处于生理和心理亢奋状态，增强其信心，而这是一种完全符合心理分析和心理疗法的原则。

苏联心理疗法专家 B. 莱维在为《巫术的见证人》苏联译本加的出版前言中叙述了著名的暗示死亡的案例：有个被判死刑的杀人犯被告知用切断静脉法处决。行刑者在刑场向他出示了刑具——解剖刀，并明确暗示他静脉切开后过一段时间他就将死去。于是有人蒙上了他的双眼，接着有人用刀背在他的手臂静脉处划了一刀，但没划破皮肤，再用一股细细的温水朝他裸露的手臂上流去，让放在地上的面盆不断发出"血"滴落的声音。过了几分钟，犯人开始垂死挣扎，接着就断了气。通过解剖发现，犯人的死亡是由心脏停搏所引起的。

这个实验可靠地证明了暗示死亡的可能性，同时也证明了暗示的巨大力量。临刑前的暗示和模仿迫害使犯人相信死亡即将来临，死亡的"模式"完全控制了犯人的大脑，最后导致了犯人的死亡。由此可见，既然暗示可以"杀"死一个人，那么，暗示也可以让一个人活下去。而巫术正是暗示人们活下去的一种精神疗法，它是通过病人的心理活动而产生的治疗效果。

在生活中，你可能碰到过这样的事例：某个人能正常地过家庭生活和社会生活，正常地工作、学习和娱乐。但在偶感不适后去看病，却被发现得了癌症。在治疗过程中，这个人的身体迅速垮掉了，以后则很快衰竭，不久就死去了。可以想见，这与病人的心理恐惧、过度忧郁和他人对癌症过分夸大其辞的宣传对人的心理的不良影响等心理因素有必然的联系。说得明确一点，就是病人心理上的自绝使其全身的生理发生了紊乱，从而降低了其对疾病的抵抗力，加速了病情的恶化。

在日常生活中，我们经常会遇到生病、失业、失恋等各种应激事件。面对应激事件，不同的人会有不同的表现。一般来说，应激事件会导致人精神紧张、焦虑不安。虽然应激状态能使人在特殊的环境中产生奇迹般的表现，但它同时也增加了心脏的负担，导致了人体生理系统的紊乱，并极有可能影响人体健康。

压力对身心健康的影响

生活中，遭遇压力是不可避免的。人们在压力下通常会有一些生理反应和表现，主要有：

（1）心跳开始加快；

（2）呼吸开始急促；

（3）肌肉紧张并准备行动；

（4）视觉变得敏锐起来；

（5）胃开始抽搐；

（6）开始出汗。

其实压力不一定带来的全是负面影响，压力可以是正面的，可以是有益处的，更可成为原动力，促使我们达到理想的生活目标。

若完全没有压力，人们就可能停滞不前，没有进步。而能否化压力为动力，取决于一个人的反应和处理方法。如果能适应转变、疏解压力，则压力反可激励斗志，开发人的才能和潜能，提高人的效率。

每一个人都经历过不同程度的紧张，如面临升学考试、第 1 次应聘、第 1 次在工作会议上发表个人意见、演讲或赴重要约会的途中遇上大塞车，等等。

无论导致紧张的原因是什么，当人处于紧张状态时，便会分泌受压激素，例如肾上腺素，并会有以下的类似反应：呼吸急促，透气困难；心跳加速，口渴；肌肉紧张，尤其是额头、后颈、肩膀等部位的肌肉；小便频繁；不自觉的反应，如胃酸分泌增加、血压升高、血液中化学物质的转变等。

这些身体征兆像红灯一样，提示着我们自己的身体已经进入紧张状态之中。

这些反应跟我们在洞穴居住的祖先一样,即在预备面对紧急事件时,作出了"作战或逃避"的反应。例如,当人在森林中遇上正觅食的老虎,他作出的反应可能是拔腿飞奔,或是留下与老虎搏斗,但无论是哪一个反应,"作战或逃避"的生理反应都能使他的身体有能力、快速和有效地实施计划。你可能也经历过赶工或赶功课的事情,并且事后也惊讶自己当时的高效率,但这其实是受压时的生理反应在帮助你。

当今社会,我们所遇到的压力大部分是心理或精神压力。当我们受压时,身体不一定能"作战"或"逃避"。例如,当我们在工作中感受到压力时,不能一走了之,更不能用拳头解决问题。

当感受到压力的时候,身体会本能地作出反应,但这些反应却没有引起人们的足够重视,而是被人们忽略了。而时间长了,这些压力渐渐累积在身体里,就会影响身体健康。长期性的压力,如果处理不当,就会导致身体上的不适,甚至是病痛(心身疲惫),还会使工作能力降低,人际关系受损。

身体和心理因素的关系不可分割,它们互相影响,心理健康受身体的健康状况所制约,而身体健康也受心理因素的影响。很多临床实践和研究显示,长期处于紧张状态的人患上心身病的机会比较多。除了长期性的压力,压力的程度与心身健康的关系也非常密切。

胃溃疡、高血压、心脏病、腰颈背痛、紧张性头痛、哮喘都是心身病的例子。有报告显示,压力引起的内分泌和免疫系统失调,身体的免疫能力下降,是类风湿性关节炎、癌症等疾病的诱因。

压力对身体之所以会产生影响,主要是由于人的紧张所带来的生理反应没有被充分认识到,从而未作出积极的反应,使身体持续停留在了一个亢奋的状态,并且就算压力消失,人体也不能恢复自然的松弛状态。

压力不仅影响人的生理,更影响人的心理。一定程度的压力有益于我们的心理成长,能增加生活情趣,激发我们奋进,有助于我们更敏捷地思考、更勤奋地工作，更能增强我们的自尊和自信。然而，如果压力超过最大限度，就会使我们心力衰竭、行为混乱。例如目标意义减少，并且毫无希望、难以实现，就会使我们感到自己是无用之人、毫无价值。如果反应持续太长，则就会造成危害，使人垮掉。

情绪与健康密切相关

情绪与健康有关吗？回答是肯定的。科学研究已经证实，情绪是诸多心理因素中对心身健康影响最大、作用最强的成分。愉悦而稳定的情绪能使人精力旺盛，提高学习和工作效率，促进人际交往，保持心身健康，促进事业成功。相反，如果受不良情绪的影响，则不仅会降低学习、工作效率，损害心身健康，而且还会致病，甚至致死。

从前，有一个人以为自己误吞了一根缝衣针，于是就觉得特别不舒服，甚至感到喉咙已经肿了。后来，他发现了那根遗失的针，才明白自己并没有吞针。顿时，他满腔的疑虑都解除了，所有不舒服的感觉也都消失了。

有个岛上生活着一个未开化的村落。有一天，村里发生了一桩杀人案。村里的人相信巫师，所以为了查清罪犯，他们就请来了一名巫师。巫师心里嘀咕：如果查不出凶手，谁还会相信自己的魔法呢？于是，他让所有的嫌疑分子都喝了"法液"———一种有一定毒性但并不致死的液体。并告诉他们，这种"法液"只对杀人凶手起作用，无辜的人不会有事。清白的人由于坚信"法液"不会伤害自己，所以大胆地喝了下去，结果他们果真都安然无恙。但真正的凶手却由于陷于绝望之中，心存恐惧，使"法液"对他的身体产生了很大的伤害，所以没过多久就死去了。

通过以上的事例可以看出，积极的情绪状态可以增强人体的抵抗力，消极的情绪状态则会对身体造成伤害。我国古代就有

"内伤七情"之说，认为当人的"喜、怒、忧、思、悲、恐、惊"七种情绪过度时，就会使人产生生理疾病。

凡是不能满足人们需要的事物，都可使人产生消极情绪体验，如愤怒、憎恨、悲愁、焦虑、恐惧、苦闷、不安、沮丧、忧伤、嫉妒、耻辱、痛苦、不满等。任何事物都有好、坏两个方面，消极情绪也不例外：一方面，它是机体为适应环境而作出的必要反应，能动员机体的潜在能力，努力使自己适应变化的环境；另一方面，消极情绪是人体心理的一种不良紧张状态，会引起高级神经活动的机能失调，过分地刺激人的器官、肌肉及内分泌腺，使人体失去心身平衡，从而对机体的健康产生十分不利的影响。

现代心理学、生理学和医学的研究表明，情绪对人的健康具有直接的作用，甚至可以说情绪主宰着健康。

良好的情绪能促进心身健康

欢乐、愉快、高兴、喜悦等都是积极良好的情绪体验。这些情绪的出现能提高大脑及整个神经系统的活力，使人体内各器官的活动协调一致，有助于充分发挥整个机体的潜能，有益于人们心身健康和提高学习、工作的效率。

我们看到报纸、电视上报道过很多抗癌明星的动人故事，他们大都以乐观向上的积极情绪创造了战胜死神的奇迹。

良好的情绪能增强机体活力，从而提高免疫力，并减少神经系统、消化系统等疾病。许多临床实践表明，积极开朗的情绪对治愈疾病大有好处。长寿者的共同特点之一就是心情愉快、乐观豁达、心平气和、笑口常开。心情愉快还会改变一个人的容貌，使人容光焕发、神采奕奕，正所谓"人逢喜事精神爽"。

不良情绪影响心身健康

不良情绪主要有两种，一是过度的情绪反应，一是持久性的消极情绪。

过度的情绪反应是指情绪反应过分强烈，超过了一定的限度，如狂喜、暴怒、悲痛欲绝、激动不已等。持久性的消极情绪是指在引起悲、忧、恐、惊、怒等消极情绪的因素消失后，仍数日、数周甚至数月沉浸在消极状态中不能自拔。

目前，大量的实验研究和临床观察都已证明，不良情绪会危害人的心身健康。一方面，这种情绪的出现可使人的整个心理活动失去平衡；另一方面会造成人的生理机制的紊乱，从而导致各种身体疾病。

在过度的情绪反应或持久性的消极情绪的作用下，神经系统的功能会受到影响。突然而强烈的紧张情绪的冲击会抑制大脑皮层的高级心智活动，打破大脑皮质的兴奋和抑制之间的平衡，使人的意识范围变得狭窄，正常判断力减弱，甚至有可能使人精神错乱、神志不清、行为失常。许多反应性精神病就是这样引发的。持久性的消极情绪，常常会使人的大脑机能严重失调，从而导致各种神经症和精神病。据调查，大学生中常见的焦虑症、抑郁症、强迫症、神经衰弱等心理问题和疾病大多与不良情绪有着密切的关系。

不良情绪不仅会对人的心理健康产生很大危害，而且会损害人的生理健康。当前，癌症与情绪的相关性已被临床上的大量事实所证明。癌症患者在发病前大都有长期不正常的心理状态，或有严重的精神创伤，或有过度紧张和忧郁的历史。国外学者曾研究了 405 个癌症患者，发现其中有 72％的人早年有过情绪危机。我国心理学工作者在 20 世纪 60 年代初期对 232 例高血压病人的研究表明，病人病前不良的个性、情绪特点在高血压的病因中占74.5％。许多研究表明，恐惧、愤怒等不良情绪的持续存在，会使作为高级神经系统的大脑皮质的机能降低，与此同时，也会使比较低级的神经中枢的机能反应亢进，从而造成胃和十二指肠功能的不正常，如胃酸分泌过多，酸度增加，从而引起胃黏膜糜烂；胃部肌肉紧张性增强，蠕动增加，供应胃和十二指肠血液的血管痉挛等，最后导致胃和十二指肠的溃疡；等等。除了胃溃疡外，不良的情绪还能导致其他心身疾病。

虽然并非所有的上述患者都是心理生理疾病患者，有些疾患是器质性原因造成，与心理因素并无明显关联，但是大部分上述疾病的患者，其发病及病程演变都与社会心理因素有关，他们在受到心理刺激后发病，且病情会因不良情绪的影响而恶化。由此可见，人的情绪特别是消极情绪，会给人的心身健康带来极大危害。

合理宣泄有利于健康

有一天晚上，张老师接到一个陌生妇女打来的电话，对方的第一句话就是："我恨透他了！""他是谁？"张老师感到莫名其妙。"他是我的丈夫！"对方答。张老师想：哦，打错电话了。于是他就礼貌地告诉她："对不起，您打错了。"可是，这个妇女好像没听见，如竹筒倒豆子一般说个不停："我一天到晚照顾两个小孩，他还以为我在家里享福！有时候我想出去散散心，他也不让，可他自己天天晚上出去，说是有应酬，谁知道他干吗去了！……"

尽管张老师一再打断她的话，告诉她他不认识她，但她还是坚持把话说完了。最后，她喘了一口气，对张老师说："当然，您不认识我，但是这些话在我心里憋了太长时间了，再不说出来我就要崩溃了。谢谢您能听我说这么多话。"原来张老师充当了一个听筒。但是他转念一想，如果能挽救一个濒临精神崩溃的人，也算是做了一件好事。

这个妇女是很令人同情的。她的举动看似错乱，实际很正常。它形象地说明了一个人总要有一个倾诉、宣泄情绪的地方，而且往往是蓄之愈久，发之愈烈。

人在一生中会产生数不清的意愿、情绪，但最终能实现、能满足的却不多。有人认为，对那些未能实现的意愿、未能满足的情绪，必须千方百计地压抑下去、克制下去，而不能让其发泄出来。但是他们却不知道，这样的情绪和意愿一旦被压制，就会转化成一种心理上的能量，而这种能量只有通过其他的途径才能被释放出去，却不会有丝毫的减少。虽然你在压抑、克制阶段往往意识不到它的存在，但这只说明它不在"显意识层"出现，而很可能成了隐藏在心底深处的"暗流"。

打个比方，这种暗流其实就像是蓄在水库里的水，只能是越涨越高，在心理上形成一股强大的压力。而要想让它不外流，人就必然要在心理上高筑堤坝，但这势必会使人在心理深处与外界日益隔绝，造成精神的忧郁、孤独、苦闷和窒息。或者，这股暗流就要冲破心理的堤坝，使人显现出一种变态的行为，甚至是精神失常。在这里，同样用得上那句众所周知的话：堵塞不如疏导。

但令人遗憾的是，目前不少人在谈论心理冲突时，往往自觉不自觉地对"克制"法大加推崇，而对宣泄法则颇不以为然。

情绪上的矛盾如果长期郁积心中，就会影响脑的功能或引起心身疾病。情绪上的问题只要说出来，心情就会感到舒畅，因此表达能起到一定的情绪安定作用。在我国古代，有许多人在遭到不幸时会有感赋诗，这实际上也是使情绪得到正常宣泄的一种方式。有人经过研究认为，在愤怒的情绪状态下，伴有血压升高，这是正常的生理反应。如果怒气能适当地宣泄，紧张情绪就可以获得松弛，升高的血压也会降下来；如果怒气受到压抑，长期得不到发泄，那么紧张的情绪就得不到舒缓，血压也就降不下来。而该状态持续过久，就有可能导致高血压。

在遇到重大感情创伤时，痛哭也是一种合理的宣泄方式。所谓痛哭，就是"流泪而放悲声"。英国诗人丁尼生在一首诗里记述：一位战士牺牲，有人将他的尸体带到他的妻子面前，妻子一见就呆了，不能哭泣。诗人说："她必须哭，否则她会死去。"但人们没有办法使她哭。后来幸亏有位聪明的奶娘，将死者的孩子带到她的面前。她一见到孩子就哭了，并说："我亲爱的孩子，我将为你而活着。"这时的恸哭就会使她一时惊呆了的机体得到解放，感到舒畅。我们有时在劝慰一个遭到很大不幸的人时也常劝说：
"哭吧，哭出来会好受些。"

在遇到情绪困扰时，找老师、同学、亲朋好友倾诉积郁的情绪，是进行情绪调节的好办法。这样，一方面可使不良情绪得到发泄，另一方面在倾诉烦恼的过程中，也可以得到更多的情感支持和理解，并能获得认识问题和解决问题的新启示，增加克服困难的勇气。

情绪应该宣泄，但宣泄应该合理。当有怒气的时候，一不要把怒气压在心里、生闷气；二不要把怒气发泄在别人身上、迁怒于人、找替罪羊；三不要把怒气发泄在自己身上，如自己打自己耳光、自己咒骂自己，甚至选择自杀的方法当作自我惩罚；四不要大叫、大闹、摔东西，以很强烈的方式把怒气发泄出去。因为上述所有做法都不但于事无补，反而会使问题进一步恶化，从而给自己带来更大的伤害。

除了上述的方法，你还可以选择以下方法来宣泄你的情绪：

如果你喜欢运动，可以在生气和郁闷的时候拼命跑步、使劲打球，或者打沙袋——把气你的人想象成沙袋。如果你喜欢音乐，心情不好时可以听听让人愉快的音乐，音乐会把你带入另一个时空。然后，你就会发现让你不快的事情可能已经没有那么严重了，因为人的情绪经常是一时钻牛角尖而已。你也可以到歌厅里去吼几嗓子，让你的不快情绪随着你的歌声冲上云霄。另外，拥抱大自然也可以使你心情舒畅，并唤醒你对生活的热爱。

你还可以学习林肯，把不满情绪尽情地写出来，想怎么说就怎么说，怎么解气怎么骂，可是写完后，要一把火烧掉。这时你会发现你的气愤也化作云烟了。

第三篇

心理障碍与心理治疗

第一章
了解心理咨询

什么是心理咨询

心理咨询是心理咨询师就来访者提出的问题和要求进行共同分析、研究和讨论，找出问题的所在，以克服情绪障碍，恢复与社会环境的协调适应能力，维护身心健康。一般认为，咨询心理学主要有以下几个特征：

（1）主要针对正常人。

（2）为人的一生提供有效的帮助。

（3）强调个人的力量与价值。

（4）强调认知因素，尤其是理性在选择和决定中的作用。

（5）研究个人在制定总目标、计划以及扮演社会角色方面的个性差异。

（6）充分考虑情景和环境的因素，强调人对于环境资源的利用以及必要时的改变。

1984年，在美国出版的国际心理学会编辑的《心理学百科全书》肯定了心理咨询的两种定义模式，即教育模式和发展模式。其中认为，咨询心理学始终遵循着教育的模式而不是以临床的、治疗的或医学的模式。咨询对象（不是患者）是在应对日常生活中的压力和任务方面需要帮助的正常人。咨询心理学家的任务就是教会他们模仿某些策略和新的行为，从而能够最大限度地发挥其已经存在的能力，或者形成更为适当的应变能力。咨询心理学强调发展的模式，它试图帮助咨询对象得到充分的发展，扫除其成长过程中的障碍。

心理咨询是通过语言、文字等媒介，给咨询对象以帮助、启发和教育的过程。通过心理咨询，可以使咨询对象在认识、情感和态度上有所变化，解决其在学习、工作、生活、疾病和康复等方面出现的心理问题，从而更好地适应环境，保持身心健康。

心理咨询对象

以下这些人需要求助心理咨询：

（1）生活中遇有重大选择时，犹豫不定者。

（2）工作压力大，无力承受但又不能自行调节者。

（3）初涉世事，对新环境适应困难者。

（4）经受挫折之后，精神一蹶不振者。

（5）过分自卑，经常感到心情压抑者。

（6）在社会交往方面，自感有障碍的人（如怯懦、自我封闭）。

（7）在经历了失恋、离婚、丧偶等情况之后，心灵创伤无法"自愈"者。

（8）婚姻及家庭关系不和睦，渴望通过指导改善者。

（9）下岗、退休后，心情苦闷、难以自我调整者。

（10）患有某种身体疾病，对此产生心理压力者。

（11）时常厌食或暴食者。

（12）睡眠状态发生改变的初始期。

（13）轻度性心理障碍者。

理想的心理咨询是人们健康成长的好伙伴。健康的生活风格将使你感觉更佳、生活更顺利。

心理咨询的意义

有的学者认为："心理咨询是一种帮助人们自我指导的高度艺

术，是一种有爱心、有技术的专业，在心理咨询工作者与咨询对象的合作过程中，促进咨询对象的身心健康发展。"

具体地讲，心理咨询的意义有以下几个方面：

（1）帮助人们正确认识自我和周围世界、拥有完善的认知体系，避免因为错误归因而导致种种失败。

（2）教会人们如何管理自己的情绪、拥有积极稳定的情绪，避免罹患各种情绪障碍，如抑郁症、躁狂症、歇斯底里症等。

（3）帮助人们完善人格，摆脱自卑、自恋、自闭等不良心态，从而更好地投入到学习、工作和生活中去。

（4）帮助人们恢复爱的能力，学会幸福地工作、生活和爱。

（5）帮助人们摆脱失业、失恋、离异等造成的痛苦，使人们学会应对生活挫折的方法。

（6）矫治各种人格和神经症。

（7）帮助人们度过人生各个发展阶段的种种危机。

没有心理问题的人是不存在的，只有轻重缓急之分。任何人在任何时候，都有可能遇到冲突、挫折，产生愤怒、焦虑，导致心理失衡，甚至酿成疾病。当人们产生了心理问题时，往往很难跳出自己的逻辑圈情绪基调，家人、朋友、同事等因与当事人关系密切且认识水平有限，难以给予有效调解。此时及时进行心理咨询，才是明智的选择和正确的途径。心理咨询的专业工作者，接受过专业训练，具有必要的心理学、医学知识和综合运用心理咨询理论与方法的能力，尊重、保护来访者的个人隐私，更不会歧视来访者。心理咨询就像精神按摩，是人们保持心理健康、促进心理发展的有效手段。

心理咨询需要注意的问题

心理咨询是心理医生与咨询者之间建立的一种双向互动过程，在此过程中，咨询者需要关注以下问题，才能获得预期的效果，实现心理健康的目标。

（1）咨询者要有求助的动机愿望。接受心理咨询的人，并不一定是心理障碍者。所以，当你来到心理医生面前时，不要放不下面子，觉得不好意思。要正视自己的问题，勇于与心理咨询师商讨，这才是一种自信、明智的选择。

（2）要勇于开口，主动述说。在心理咨询师面前，不要羞于开口，也不能含糊其辞，不要有顾虑，要主动交流。要相信咨询师，求得咨询师的帮助。如果能做到开门见山，直接讲述自己的问题最好。

（3）坚持耐心，不能浅尝辄止。心理问题是长期"积蓄"的结果，如同其他疾病一样，"病来如山倒，病去如抽丝"。解决是需要时间和过程的。那种急于求成的态度是不可取的。

（4）要在自己心情好的时候去找心理医生。在自己心情特别糟糕的时候见咨询师效果不会好。因为这个时候，情绪不稳定，缺乏对事物的客观判断性，也不太容易听进咨询师的建议和忠告。

（5）要学会倾诉。倾诉是心理咨询所必需的重要环节，但在讲述时不要特别纠缠枝节，因为心理咨询师关注的是你对问题的感受和看法，咨询师不会就你讲述的事给你下一个结论。倾诉不要超过20分钟。

（6）不要期望心理咨询人员给你什么"决策""主意"。因为心理咨询师不会对求询者提出具体的决定或办法，这一点求询者一定要明白。心理咨询师能做的只是帮助你澄清事实，分析利弊，开阔和转变思维，疏导不良情绪，进而使求询者发现自己的优势和潜能。

（7）在与咨询师交谈中，其能为你保密。对求询者的情况保密，是心理咨询师的道德要求。因此，在寻求心理咨询时，你完全可以放心，不用担心个人隐私会泄露。

心理咨询的形式

按照不同的标准，可以将心理咨询分为不同的形式。按照咨询的途径可以将心理咨询分为电话咨询、书信咨询、现场咨询、门诊咨询、宣传咨询；按照咨询者可以分为直接咨询与间接咨询、个体咨询与团体咨询等。

咨询的途径

（1）电话咨询。电话咨询是通过电话给咨询对象以帮助的一种形式。咨询对象喜欢电话咨询，有各种不同的原因。有的是因为路远，觉得到心理咨询专家那里去一趟很不容易；有的是因为与心理咨询专家面对面地交谈感到难堪；有的是为了更好地保密。

电话咨询对于防止自杀等恶性事件的发生是有显著作用的。但是，有时候，使用电话咨询就有困难。例如，有的咨询对象想在夜里12点以后咨询，咨询对象感到这个时间对他合适，而咨询专家就不方便。另一方面，咨询对象与咨询专家谁也看不见谁，只凭听觉来控制咨询过程，咨询的效率就会受到影响。

（2）书信咨询。书信咨询是通过写信的方式来进行的一种咨询。这种咨询在有些时候、有些情况下还是比较有用的。例如，有一位刚参加工作不久的中学教师，一旦有其他老师或学校领导来听课，就很紧张，板书、讲话、演示实验都经常出错，自己十分苦恼。通过书信咨询，问题逐渐得到了改善。

书信咨询的优点在于不受居住条件限制，有疑难者可随时通过信件诉说自己的苦恼或愿望；咨询机构在选择专家答疑解难时也有较大的回旋余地。对于那些不善口头表达或较为拘谨的咨询者来说，书信咨询的优点更是显而易见的。

不过，书信咨询也有一些不足之处。一方面，咨询效果易受咨询者的书面表达能力、理解能力和个性特点的影响。假如咨询者书面表达能力较差，问题的叙述过于简单、含糊或前后矛盾，医生便无法根据来信内容做出正确判断；如果咨询者做事草率粗心，信件书写潦草，字迹难辨，名、址不详或错漏，也将给咨询工作带来极大麻烦。另一方面，还有往返周期长、咨询双方的非言语交流受到限制、咨询帮助流于表面和不够灵活等缺点。

（3）现场咨询。现场咨询是咨询机构的专职人员深入到基层或咨询者家庭，为广大咨询者提供多方面服务的一种咨询形式。在国外，这种咨询形式已引起越来越多的人的关注。有些国家还把现场咨询和巡回咨询有机结合起来，收到了较好的效果。例如，芬兰、冰岛等国的一些心理咨询机构，利用巡回咨询、现场咨询着力解决人们的适应问题，受到了广大民众的热烈欢迎。比利时、澳大利亚、日本等国的专职医生，注意在现场咨询中解决特殊人群的心理评估和指导，效果也很好。我国由于缺乏专职心理医生，目前还很少有人到基层进行专门的巡回咨询或现场咨询，当然，这并不等于说无人从事过这方面的工作。例如，北京师范大学心理测试与咨询服务中心的人员，曾就初中学生的升学指导问题深入到北京市东城区的职业高中开展现场咨询。一般来说，在一个国家的心理咨询服务尚未构成合理的组织体系时，由专职机构的医生适当开展巡回咨询、现场咨询，对于满足基层的现实需求有着重要作用。在我国目前的情况下，现场咨询有着很大的倡导价值。

（4）门诊咨询。门诊咨询是通过医生和咨询者的会谈活动，弄清咨询者的心理问题症结或心理疾病本质，做出准确的病情判断，并施以相应的心理治疗。门诊咨询对医生有较高的要求，医生不仅应具有一般的临床知识和经验，而且还需要具备比较全面的心理学知识和心理咨询、心理治疗的专门技能。目前，已开办的心理咨询门诊中，不少医生缺少心理学方面的系统学习和培训，这种情况应当通过有计划的培训逐步加以解决。

门诊咨询是用得最多的一种咨询形式。这种咨询，有时候在咨询门诊部进行，有时候在咨询专家的家里进行。咨询专家可以利用最直接的信息，消除来访者的顾虑，打破心理屏障，及时、准确地调整咨询过程，使咨询深入发展。有的大学生由于心理障碍严重，甚至想退学，在心理专家的帮助下，逐渐克服了自己的心理障碍，不仅顺利地完成了学业，而且还考上了研究生。

但门诊咨询也是有缺点的，主要是时间有限，当要求咨询的人很多时，就不能一一满足心理咨询者的要求。

（5）宣传咨询。宣传咨询是通过报纸、刊物、广播、电视等大众媒介，对读者、听众或观众提出的典型心理问题进行解答的一种咨询形式。这种宣传性质的咨询目前比较普及，许多报刊、电台都设置了专栏、专题节目，对读者或听众提出的各种问题进行解答。宣传咨询的优点是面广量大，具有治疗与预防并重的功能，好的专栏或节目会引起众多人的关注，是普及心理健康知识的较好方法，这是其他形式的心理咨询所不及的。

咨询者

（1）个别咨询与团体咨询。个别咨询是心理咨询最常用的形式。所谓个别咨询，是指咨询者与心理医生一对一的咨询活动。这种咨询活动既可以采用面谈的方式，也可以通过电话、信函等其他途径进行。个别咨询具有保密、易于交流、触及问题深刻、便于个案积累和因人制宜等优点，但这种咨询形式也有费时和社会影响较小等不足。

团体咨询是较个别咨询相对而言的。当具有同类问题的咨询者被医生分成若干小组或较大的团体，进行共同商讨、指导或矫治时，这种咨询形式便称为团体咨询。

团体咨询较之个别咨询，在节省咨询的人力和时间、扩大社会影响、集中解决一些共同的和较迫切的心理问题方面极具优越性。团体心理咨询对于帮助那些有害羞、孤独等人际交往障碍的学生，更有其特殊功效。因为将此类咨询者编为小组，进行多向交流和模仿，可形成浓厚的团体感染气氛和支持效应，从而有助于咨询者问题的解决或障碍的排除。当然，团体心理咨询也有其固有的局限，主要是个人的深层心理问题不便暴露，个体的心理问题差异也难予照顾。因此，在团体咨询中注意适当地进行个别指导，将团体咨询与个别咨询有机结合起来，是心理咨询中应当注意的一个问题。

（2）直接咨询与间接咨询。直接咨询是指由心理医生对具有心理疑难需要帮助、存有心理困扰需要排解或患有轻微心理疾病需要治疗的咨询者直接进行的咨询。直接咨询的特点是通过心理医生与咨询者的直接交往和相互作用，使咨询者的疑难问题得到解决，心理困扰或轻微心理疾患逐渐得到排解或减轻。

间接咨询是指由心理医生对来访的咨询者亲属及其他人员所反映的当事人的心理问题进行的咨询。间接咨询的特点是在咨询者与心理医生之间增加了一道中转媒介，咨询者的心理问题靠中转人向心理医生介绍，心理医生对咨询者的处理意见也要由中转人付诸实施。因此，在间接咨询中，如何正确处理好心理医生与中转人的关系，使心理医生的意见易为中转人所接受并合理实施，是关系到咨询效果的一个至关重要的问题。

心理咨询常用的方法

心理咨询的成败，在很大程度上取决于心理咨询人员灵活运用心理咨询方法的能力，这些方法是在正规心理咨询训练中获得，重要的是在咨询实践中反复总结提高的结果。

会谈法

会谈法是由心理咨询人员同咨询者为特定目的进行面对面交谈的一种方法。

结构式会谈

通常事先准备好谈话提纲或问卷，交谈时严格依照固定模式进行。这种会谈有助于收集信息和对比分析，省时省力，规范标准。也称为标准化会谈。缺点是方式刻板，了解问题难以深入，求询者的主动性、积极性难以发挥。

自由式会谈

这是事先无须预定问卷或谈话程序，交谈双方可自由交流，主要优点是轻松、灵活，双方易于表现真实情感。而缺点是费时，谈话难以控制，在实践中究竟哪种形式好，要视具体情况来定。

会谈法能否成功，关键在于咨询人员的会谈技巧和表达艺术，其中包括提问的技巧、倾听的艺术、沉默的使用等。

测验法

测验法是凭借标准化工具对求询者的心理和行为进行比较客观的测定的一种方法。心理测验的种类很多，就国内而言，有多种经过修订的国外测验量表可供心理咨询人员选用。例如，林传鼎、张厚粲主持修订的韦氏儿童智力量表，龚耀先主持修订的韦氏成人智力量表，可以用来对儿童和青年学生的智力进行测定和诊断；宋维真主持修订的明尼苏达多相人格量表，陈仲庚修订的艾森克人格问卷，可以用来对求询者的个性特点进行测量；吴文源引进修订的临床症状自评量表，可用来对求询者的自觉心理症状进行评估。此外，我国的一些心理学工作者还自行编制了一些测验量表，用于心理学研究和实际应用。

个案法

个案法是通过收集与某人有关的个案资料，从而全面、深入系统地了解一个人的心理特征的方法。个案法所收集的个案资料来源不仅为求询者本身所提供，也可以由其家属、同学、邻居、朋友、教师等提供。只要与求询者所提出的问题有关的材料，都要全面收集，尽可能不遗漏。

对于个案资料中的重要内容，要调查核实，不可道听途说。个案资料的主要内容包括：咨询对象的姓名、年龄、性别、职业等身份特征，目前的主要心理障碍，过去的各方面资料如发育、教育、学习等各方面的情况、家庭背景、人格特征等。在掌握了充分资料后，一般要求写出传记体个案记录。

提问法

提问是心理咨询的基本方法。要注重提问技巧，在提问时要灵活运用，千万不可固定于格式，如果不能灵活掌握提问技巧，往往会严重影响咨询工作的顺利进行，甚至会使咨询工作中断，也可能带来消极的影响。

在提问时咨询师要掌握好两种技巧：

（1）要掌握好不可提问过多，过多提问常常是心理咨询的通病，要知道咨询师的责任是为来访者创造一个良好的自我探索环境，使来访者主动充分暴露自己的内心世界，并能进行自我探索。而咨询师频繁地提问，就破坏了这种咨询关系，使来询者失去自我实现的机会，还可能产生责任转移。解决心理问题的关键在于来访者自己，而不是心理咨询师，提问过多解决问题的责任就转移到心理咨询师身上，而来访者就产生了依赖性，甚至可能产生防卫心理，使心理咨询不能进行下去。

（2）要采用开放式提问法，在提问中除了要掌握提问的数量、频率外，还要注意提问的方法。开放式提问就是要求咨询师事先没有固定的假设，不要直接进入主题，给来访者一个较广阔的空间，自由发挥。这样就便于咨询师从较多的信息中获取有价值的资料。对一些敏感问题，如婚外性生活、同性恋、吸毒、手淫等，可以适当诱导，用多重答案的方法提出。

心理咨询的原则

心理咨询的原则，即心理咨询工作人员在工作中必须遵守的基本要求，它是咨询工作者长期咨询实践中不断认识并逐步积累的经验。心理咨询的原则很多，在工作中能注意到这些原则，将有助于提高心理咨询工作水平。现介绍如下：

信赖性原则

在咨询过程中，咨询人员要从尊重和信任的立场出发，努力和来访者建立朋友式的友好信赖关系，以确保咨询工作的顺利进行，取得圆满的咨询结果。

朋友式的友好信赖关系的建立在咨询过程中是相互的、双方的。就来访者而言，一般来访者有两种矛盾交叉的心理。一方面，对咨询人员怀有特殊的期望，相信通过他们的帮助可以增进心理健康，改变不良的心理品质，消除心理紧张；另一方面，又担心不能碰到一位热情有耐心、学识渊博的咨询人员。因此初来咨询时，总是比较拘谨，带着观望的态度。就咨询人员来讲，来访者是千差万别的，有的温文尔雅，彬彬有礼；有的则衣冠不整，语粗情急；有的谈吐自若，微带傲气；有的词不达意，畏缩自卑。咨询人员无法选择或改变来访者的个性特征，在咨询之前也无法改变他们因心理障碍而引起的异常心理和行为表现。因此，咨询过程中的朋友关系，咨询人员始终应成为主动的一方，无论对什么样的来访者，都应满怀交友的热望，以诚相待，一视同仁。此外，由于来访者语言表达的疏忽、遗忘与误记的影响或其他一些主客观因素，致使有些来访者提供的信息含有矛盾或不实之处，对此，咨询人员不应大惊小怪，表露出不信任的情绪或态度，而应委婉地提醒来访者注意自己的言语表达和回忆中的疏漏。总之，咨询人员应当主动热情地接待来访者，使来访者的紧张心情松弛下来，为顺利完成咨询工作创造一种和谐的交往气氛。

整体性原则

咨询人员在咨询过程中，要运用系统的观点指导工作，对来访者的心理问题做全面考察，系统分析，抓住主要矛盾，使咨询工作能够迅速、准确、有效。

根据系统整体观点，人的心理活动是一个有机的整体，知、情、意、行是密切联系在一起的，心理因素与生理因素相互作用，心理过程、心理状态和个体心理特征交互影响，密不可分。例如，一位女生汗毛很浓，平时总怕被人发现，不合群，较为孤僻。这种心理障碍严重影响了她的恋爱，对此，在咨询过程中，除了要对来访者进行外部观察，还应结合个体的认识过程、意志过程、个性特征、心理因素和应激环境进行综合考察分析，特别是对家庭、单位、学校和社会交往中诱发心理障碍的主要应激源，要深入了解，这样，才能从个体身心因素与外部环境的制约性、协调性中找出心理问题形成的原因，制定咨询的对策和措施。

坚持性原则

在咨询过程中，咨询人员要引导来访者充分认识解决心理问题的艰巨性、复杂性，特别要对心理障碍的矫治问题树立坚持不懈、不怕反复的信念，这样才有利于咨询或治疗效果的巩固与提高。

咨询过程中，怎样才能使来访者对咨询过程的艰巨性、复杂性有深刻认识，进而转化为与咨询人员的积极合作、坚持不懈呢？

心理问题或心理障碍的形成非一日之始，它的形成和加剧有一个发展的过程，因而其化解或排除也同样需要一段时间、一个过程。

人们对事物的认识不是直线的，其间有反复，有周折，这是正常现象。咨询人员对来访者心理问题的认识，也同样如此。

人的心理活动是作为一个整体起作用的，当个体心理活动的某一方面出现问题或障碍时，心理活动其他方面的品质对问题的解决亦有影响。例如，解决情绪失调问题，就必须同时考虑意志品质的提高和性格特性的磨炼问题，这无形中就给咨询工作增加了难度，使得咨询和治疗的周期相应延长。

人们所处的环境是在不断地发生变化的，环境中的各种因素也在不断地作用于咨询者，其中既可能有积极因素的影响，也可能有消极因素的干扰。一旦消极因素的干扰作用对个体处于支配地位，便会抵消咨询工作的成效，造成咨询者心理问题的再生和反复。

　　只要咨询人员真正把上述道理讲清楚了，来访者是会对其工作表示谅解和支持的。不过，这需要耐心地做工作，不断地提醒、引导、鼓励和规劝，否则来访者仍有可能发生中途动摇现象。当然，咨询人员在说服来访者持之以恒、不怕反复时，自己更应注意克服急躁和厌烦情绪，更应注意处处体现自信、坚毅、沉着、恒定的优良品质和作风，这对于稳定来访者的情绪，提高来访者的坚持力有重要作用。

异同性原则

　　所谓异同性，是指在咨询过程中，咨询人员既要注意来访者的共同表现和一般规律，又不能忽视其年龄差异、性别差异和个体表现差异，要善于在同中求异、异中寻同、努力做到二者的有机结合和统一。

　　异同性是事物存在的一般法则。就心理咨询而言，来访者的期待心理、求快心理、图方便心理是一些共同的特质，对同类或相似问题的诊断、指导与矫正也体现了咨询过程中的某些共同性，有些来访者在咨询过程中所表现出来的羞怯、紧张、疑虑与防卫心理亦具有一定的普遍意义，这些即所谓共同性的问题。而来访者的年龄差异、性别差异、身心状态区别、问题成因的不同和现实表现千差万别，则构成了咨询过程中差异性的基础。对来访者的共同特点与个别差异，咨询人员必须心中有数，因人制宜，区别对待。例如，初来咨询的人一般都有些紧张，因此咨询一开始，咨询人员通常要设法缓和一下紧张的气氛，这是咨询过程中的一个带有普遍性的问题，但这个问题是存在着很大的个体差异的，不同年龄来访者的紧张、拘谨带有不同的表现，男女来访者的紧张反应也各具特点，至于前来咨询的来访者亲属及其他人员的紧张情绪也与来访者本人有着质的区别。针对上述情况，咨询人员应当因人而异，根据各类咨询者的不同特点分别采取相应的措施。

保密性原则

这一原则是指，心理咨询人员有责任对来访者的谈话内容予以保密，求询者的名誉和隐私权应受到道义上的维护和法律上的保证。

保密既是咨询双方建立和维系信赖关系的基础，也是维护心理咨询工作的名声信誉的大问题。试想，一位心理咨询人员对来访者的隐私或缺陷不予尊重，随意泄露以为笑谈，这样，还有哪位来访者敢再前来向咨询人员倾吐心声请求帮助呢？在心理咨询的实践中，常常遇到一些来访者叮嘱千万不要把他们的事情宣扬出去，更不要披露他们的真实姓名。有的来访者在来信中也要求："如果你们是我们的知心朋友和尊敬的师长，请不要把我们的痛苦见诸报端，谢谢你们了！"从这些来访者的担心中，足以看出替来访者保守秘密在心理咨询中所占的重要地位。当然，替来访者保守秘密并不是说咨询过程中一切都不能公开。如果因为教学、科研和其他工作的需要而不得不引用某些案例加以说明时，这种情况也是允许的，不过在这样做的时候，最好能事先征得案例主人的同意，或者对案例内容做技术性处理，略去案主的真实姓名以及其他可能暴露案主身份的内容。

从道德上讲，来访者反映的隐私或缺陷既涉及个人今后在单位和社会中的名誉和前途，还可能牵扯到来访者与家庭成员和其他人的矛盾和冲突。如果来访者这些深层自我揭露得不到应有的保护和尊重，就很可能激化矛盾，引起事端，甚至有可能造成来访者的绝望和轻生。对此，咨询人员是切不可掉以轻心的。雷诺兹指出，即使在间接咨询中，咨询人员也有责任为前来求询的人保守秘密。如果遇到来访者的领导试图干预咨询双方交往活动的现象，咨询人员应坚持原则，不得随意将咨询内容向外泄露。从严格执行保密性原则这一立场来看，雷诺兹的这一主张是不无道理的。从法律上来看，维护公民的合法权益，保障公民的言论自由和通信自由，是我国宪法明文规定了的。

作为心理咨询的专业人员，应牢记个人的法律责任和义务，坚持为求询者保守秘密，尊重来访者的个人隐私或缺陷，保护来访者的合法权益，这是心理咨询工作者的一项义不容辞的任务。

发展性原则

这一原则是指在心理咨询过程中，咨询人员要以发展变化的观点来看待来访者的问题，不仅要在问题的分析和本质的把握中善于用发展的眼光做动态考察，而且在对问题的解决和咨询结果的预测上也要具有发展的观点。

运动、发展、变化是自然界与社会的普遍规律，人的心理问题也不例外。就心理咨询工作来说，来访者所反映的心理问题总有一个发生、发展的过程。弗洛伊德在对精神病患者的心理治疗中，十分重视早期创伤经验在个体人格发展中的作用。虽然弗洛伊德的发展观在对发展动力的解释上存在缺陷，但他关于深层心理动态考察的主张却在心理学界获得了高度评价，这一基本思路对于心理咨询也是适用的。

在各种内容的心理咨询中，遵循发展性原则都极为必要。发展性咨询的目的不仅在于了解个体已有的发展历程及其结果，更重要的还在于提示个体今后发展的可能性及方向，这就要求咨询人员必须具有较高的洞察能力和预见能力。一方面，要对来访者的内在潜能和发展条件有准确估计；另一方面，要对他们今后生活的发展目标和发展道路有恰如其分的提示和把握，这样才能达到发展性咨询的目的。

预防性原则

这一原则是指咨询人员在明确来访者心理障碍的同时，应注意来访者的整个心理特点，对可能发展的趋势或可能出现的心理障碍，给予必要的提醒和预防。

预防重于治疗是心理咨询的主导思想。只治不防，就像医生给已患病的病人治疗，获益的仅仅是患者；相反，防重于治，不仅可以使具有心理障碍的人得到应有的治疗，而且可以使更多的人懂得心理卫生的意义，掌握自我心理保健的方法，这对于提高广大社会成员的心理健康水平，积极预防各种心理障碍和心理疾病，具有不可低估的作用。

　　心理障碍和疾病都要以预防为主。咨询人员对常见的心理障碍进行分析、研究，努力掌握各种常见心理障碍发生、发展的一般规律，这不仅对矫治来访者的心理障碍有积极意义，更重要的是可以依据这种规律性的认识，促进常见心理障碍的早发现、早防治。

第二章
认识心理治疗

什么是心理治疗

　　心理治疗在一般人的印象中，大致都是这样一个场景：一位患者躺在椅子上，右后方坐着一位手里拿着笔和记事簿的心理治疗人员。似乎心理治疗是一件很神秘的事情。那么心理治疗到底是什么呢？

　　心理治疗又称精神治疗，是指应用心理学的理论与方法治疗病人心理疾病的过程。心理治疗与精神刺激是相对立的。精神刺激是用语言、表情、动作给人造成精神上的打击、精神上的创伤和不良的情绪反应；心理治疗则相反，是用语言、表情、动作和行为向对方施加心理上的影响，解决心理上的矛盾，达到治疗疾病的目的。因此，从广义上讲，心理治疗就是通过各种方法，运用语言和非语言的交流方式，影响对方的心理状态，通过解释、说明、支持、同情、相互理解来改变对方的认知、信念、情感、态度、行为等，达到排忧解难、降低心理痛苦的目的。从这个意义上说，人类所具有的一切亲密关系都能起到"心理治疗的作用"。理解、同情、支持等心理反应就是生活中最值得提倡的心理"药师"。

　　由此可见，广义的心理治疗泛指一切影响人的心理状态、改变理解行为的方式和方法。父母与子女之间、夫妻之间、同学同事之间、邻里之间、亲朋好友间的解释、说明、指导等真挚的交往与沟通，都具有一定的心理影响和心理治疗作用。而狭义的心理治疗，则是在确立了良好的心理治疗关系的基础上，由经过专门训练的施治者运用心理治疗的有关理论和技术，对求治者进行帮助，消除或缓解求治者的心理问题或人格障碍，以促进其人格向健康、协调方向发展的过程。

华佗时代，某地有一太守，因忧思郁结患病，久治无效，后请名医华佗诊治。华佗闻得太守的病情后，开了一个奇妙的治疗"处方"：他故意收取了太守的许多珍宝后不辞而别，仅留下一封讽刺讥诮太守的信札。太守闻讯勃然大怒，命人追杀华佗，但华佗早已远去。于是，太守愈加愤怒，竟气得吐出许多黑血。不料黑血一吐，多年的顽疾竟随之痊愈。

华佗运用心理治疗，以"怒胜忧思"之术，治好了太守的"心病"与"身病"。可见，心理治疗在中国古代就已得到了绝妙的应用。

我们知道，心理治疗的方法是极为多样的，但目的都在于解决患者所面对的心理困难与心理障碍，减少、减轻其焦虑、忧郁、恐慌等精神症状，改善病人的非适应性行为，包括对人事的看法，从而促进其人格成熟，使被施治者能以较适当的方式来处理心理问题，以适应生活。因为心理治疗的过程主要是依靠心理学的方法来进行的，是与主要针对生理治疗的药物治疗或其他物理疗法不同的治疗方法，所以称之为心理治疗。

英国心理学家艾森克归纳了心理治疗的几个主要特征，它们是：

（1）心理治疗是一种两人或多人之间的持续的人际关系。

（2）参与心理治疗的其中一方具有特殊经验并接受过专业训练。

（3）心理治疗的其中一个或多个参与者是因为对他们的情绪或人际适应、感觉不满意而加入这种关系的。

（4）在心理治疗过程中应用的主要方法实际上是心理学的原理，即包括沟通、暗示以及说明等机制。

（5）心理治疗的程序是根据心理障碍的一般理论和求治者的障碍的特殊起因而建立起来的。

（6）心理治疗过程的目的就是改善求治者的心理困难，而后者是因为自己存在心理困难才来寻求施治者予以帮助的。

心理治疗的历史比较悠久，可以说自有人类社会以来就有了心理治疗。最近几十年，心理治疗得到了较快的发展。在近半个多世纪以来，心理治疗已经被人们普遍公认为是行之有效的医治疾病的方法，它甚至可以解决医学上很多老大难的顽症痼疾，具有常规医疗措施所不能比拟的效果。心理治疗通过影响患者的心理活动，可以有效地矫正一些异常行为，比如，精神失常、犯罪行为、不守纪律、不肯学习，甚至说谎、口吃、遗尿、吮指等怪癖恶习。所以，心理治疗在各国盛行起来，被广泛加以应用，并且逐渐摸索出了多种多样的心理治疗的具体形式，比如，音乐治疗、催眠暗示、生物反馈、行为矫正，等等。

当我们进行心理治疗时，应该注意的是："心理"并不是单一式的、对症下药式的"对症治疗"，而是各种因素、方面配合起来的综合治疗。因为心理治疗的总目标，是改变一个人的病态心理的人格。

很多患有心理疾病的人，往往是由于从幼小的时候起，在人格发展上有缺陷，不能很好地适应周围环境，于是就引起各种精神上的症状和反常行为。而这些症状和行为又都不是生理上的病变，而是人格缺陷所造成的。心理治疗的任务，就是想方设法弥补他们的人格缺陷，使他们的人格不断地充实、丰富和完善化。

当然，心理治疗绝不是万能的。心理治疗曾一度被人们误解为唯心的，甚至被歪曲为"挂着科学招牌的迷信"，其中一个重要的原因，就是把心理治疗的作用、疗效，说得过了头，弄得神乎其神、不切实际。

在运用心理疗法进行自我治疗时应当注意下面几个问题：

（1）要对心理治疗充满信心。你可以先不去考虑它的疗效究竟如何，但是确信试试看总会有益无害，这样的自我暗示作用本身就是心理治疗。

（2）坚持"治疗"下去，持之以恒，不要因为很快就收到疗效而停止，也不要因为还看不出成效就中断。坚持本身可以使你磨炼意志。它本身也是心理治疗。

（3）如果某一方法收效不大，或看不出什么显著的效果，那就不妨改用另一种方法。也可以几种方法交替使用，或者同时使用。

如果你扮演"医生"的角色，对你的朋友、伙伴、亲人进行心理治疗时，你就要让对方对你产生信任感、亲切感和安全感，你首先应该设法使他们增强治愈的信心和决心，对他们多加体贴和鼓励，在相互思想沟通交流的气氛中进行。俗话说："心病还需心药医。"对于心理疾病患者，除了适当用药之外，还要有针对性地做好他们的思想工作，帮助他们用自己的意志和理智去战胜疾病。无论是谈话，或者帮助他们采用一些具体的心理治疗时，从语言到表情，都要避免种种不良的暗示。既不能急躁，急于求成，也不要厌烦、灰心丧气，只有这样，才能收到理想的治疗效果。

心理治疗的原则

不论进行何种形式的心理治疗，都必须遵循以下原则：

接受性原则

医生对所有求治的病人，不论心理疾患的轻重、年龄的大小、地位的高低、初诊再诊都应诚心接待，耐心倾听，热心疏导，全心诊治。在完成患者的病史收集、必要的体格检查和心理测定，并明确论断后，即可对其进行心理治疗。施治者应持理解、关心态度，认真听取病人的叙述，以了解病情经过，听取病人的意见、想法和自我心理感受。如果施治者不认真倾听，表现得不耐烦，武断地打断病人的谈话，轻率地解释或持怀疑态度，就会造成求治者的不信任，这样必然导致治疗失败。

另一方面，施治者并非机械地、无任何反应地被动听取求治者的叙述，必须深入了解他们的内心世界，注意其言谈和态度所表达的心理症结是什么。因而该原则又称为"倾诉"或"顺听"原则，认真倾听求治者的叙述，其本身就具有治疗作用。某些求治者在对施治者产生信任感后会全部倾诉出自己压抑已久的内心感受，甚至会痛哭流涕地发泄自己的悲痛心情，结果其情绪安定舒畅，心理障碍也会明显改进，故接受性原则具有"宣泄疗法"的治疗效果。

信任原则

这是心理治疗的一个重要条件。患者对医生要有信任感。在此基础上，患者才能不断接受医生提供的各种信息，逐步建立治疗动机，并能无保留地吐露个人的心理问题的细节，为医生的准确诊断及设计和修正治疗方案提供可靠的依据，同时医生向患者提出的各种治疗要求也能得到遵守和认真执行。另一方面，也要求医生从始至终对患者保持尊重、同情、关心、支持的态度，与患者保持密切的联系，积极主动地与其建立相互信赖的人际关系。在心理治疗过程中，建立良好的医患关系，其主要责任在医生方面，这是检验一个心理医生是否称职的重要条件。

保密原则

心理治疗往往涉及病人的各种隐私，为保证材料的真实，保证病人得到正确及时的指导，同时也为了维护心理治疗本身的声誉及权威性，必须在心理治疗工作中坚持保密的原则。医生不得将病人的具体材料公布于众。即使在学术交流中不得不详细介绍病人的材料时，也应隐去其真实姓名。

计划原则

实施心理治疗之前，应根据收集到的有关病人的详细、具体的资料，事先设计治疗程序，包括手段、时间、作业、疗程、目标等，并预测治疗中可能出现的变化及准备采取的对策。在治疗过程中，应详细记录各种变化，形成完整的病案资料。

针对性原则

虽然许多心理治疗的方法适用范围不像某些药物和手术疗法那么严格，但各种心理疗法仍各有一定的适应证，特别是行为疗法。因此在决定是否采用心理治疗及采用何种方法时，应根据患者存在的具体问题以及医生本人的熟练程度、设备条件等，有针对性地选择一种或几种方法。针对性是取得疗效的必要保证。

综合原则

人类疾病是诸种生物、心理与社会因素相互作用的结果，因而在决定对某一疾病采用某一治疗方法的同时，不能不综合考虑利用其他各种可利用的方法和手段。例如，对高血压、癌症等疾病进行心理或行为治疗，应不排除一定的药物或理疗。此外，各种心理治疗方法的折中（综合）使用，也有利于取得良好的疗效。

支持性原则

在充分了解求治者心理疾患的来龙去脉和对其心理病因进行科学分析之后，施治者通过言语与非言语的信息交流，予以求治者精神上的支持和鼓励，使其建立起治愈的信心。一般在掌握了求治者的第一手资料之后，即可进行心理治疗了。对求治者所患的心理疾病或心理障碍，从医学科学的角度给予解释，说明和指出正确的解决方式，在心理上给求治者鼓励和支持。要反复强调求治者所患疾病的可逆性（功能性质）和可治性（一定会治愈）。这对悲观消极、久治未愈的病人尤为重要。反复地支持和鼓励，可防止求治者发生消极言行，大大调动求治者的心理防卫机能和主观能动性。对强烈焦虑不安者，可使其情绪变得平稳安定，以加速病患的康复。在使用支持治疗时应注意：支持必须有科学依据，不能信口胡言。支持时的语调要坚定慎重、亲切可信、充满信心，充分发挥语言的情感交流和情绪感染作用，使求治者感受到一种强大的心理支持。

保证性原则

通过有的放矢、对症下"药"，精心医治，以解释求治者的心理症结及痛苦，促进其人格健康发展并日臻成熟。在心理治疗的全过程中，应逐步对求治者的心理缺陷的病理机制加以说明、解释和保证，同时辅以药物等其他身心综合防治措施，促使疾病向良性转化。在实施保证性原则的过程中，仍应经常听取病人的意见、感受和治疗后的反应，充分运用心理治疗的人际沟通和心理相容原理，在心理上予以保证，逐步解决求治者的具体心理问题，正确引导和处理其心理矛盾，以进一步提高治疗效果。

灵活原则

从某种现象上说，心理现象较之生物现象更具复杂性。病人的心理活动受多种内、外因素的影响，不但不同病人之间心理活动存在很大的差异，同一病人在不同阶段的心理变化规律也往往难以预测。故在心理治疗过程中，医生应密切注意病人的心身变化过程，不放过任何一点新的线索，随时准备根据新的需要变更治疗程序。此外，也要注意各种社会文化和自然环境因素对治疗过程的影响，包括文化传统、风俗习惯、道德观念、文化程度、经济地位等。

"中立"原则

心理治疗的目的是帮助病人自我成长，心理治疗师不是救世主，因此在心理治疗过程中，不能替病人作任何选择，而应保持某种程度的"中立"。特别是在遇到来访者来询问："我该与谁结婚？""我应该离婚吗？"类似的问题，要让来访者自己做出决定。

回避原则

心理治疗中交谈是十分深入的，往往要涉及个人的隐私。因此不易在熟人之间做此项工作。亲人与熟人均应在治疗中回避。

行为疗法

行为疗法是在行为主义心理学的理论基础上发展起来的一个心理治疗派别，是当代心理疗法中影响较大的派别之一。与心理分析等其他疗法不同，它不是由一位研究者有系统地创立的一个体系，而是由许多人依据一种共同的心理学理论分别开发出的若干种治疗方法集合而成的。

行为疗法又称行为治疗，是基于现代行为科学的一种非常通用的新型心理治疗方法，是根据学习心理学的理论和心理学实验方法确立的原则，对个体反复训练，达到矫正适应不良行为的一类心理治疗。

行为疗法是根据学习理论或条件反射理论、技术等，来矫正和消除患者建立的异常的条件反射行为，或通过对个体进行反复的训练，建立新的条件反射行为，以改变、矫正不良行为的一类心理治疗方法。行为疗法是行为主义在心理治疗领域的具体体现。行为理论认为"没有病人，只有症状"，治疗的目标就是改变人的行为，即消灭我们认为是症状的不良行为，塑造良好的、健康的行为。同时认为症状性行为是学习得来的，是习得的不良习惯，通过学习也能把它们消灭掉。

行为疗法的代表人物沃尔普将其定义为：使用通过实验而确立的有关学习的原理和方法，克服不适应的行为习惯的过程。

行为治疗家认为适应不良性行为是通过学习或条件反射形成的不良习惯，因此可按相反的过程进行治疗。

　　所谓适应不良性行为是不健康的、异常的行为，有些是神经系统病理变化或生理代谢紊乱而引起的症状，有些则是由于错误的学习所形成。

　　行为疗法是运用心理学派根据实验得出的学习原理，是一种治疗心理疾患和障碍的技术，行为疗法把治疗的着眼点放在可观察的外在行为或可以具体描述的心理状态上。

　　行为疗法有以下特点：

　　（1）治疗只能针对当前来访者有关的问题而进行。

　　（2）治疗以特殊的行为为目标，这种行为可以是外显的，也可以是内在的。

　　（3）治疗的技术通常都是以实验为基础的。

　　（4）对于每个患者，心理医生根据其问题和本人的有关情况，采用适当的行为治疗技术。

　　行为疗法实施步骤：

　　（1）了解患者异常行为产生的原因，确定治疗的目标。

　　（2）向患者说明行为治疗的目的、方法和意义，帮助患者树立治愈的信心，从而使其主动地配合治疗。

　　（3）采取专门的治疗技术，并辅以药物或器械治疗。

　　（4）根据患者行为改变的情况，分别给予阳性强化（如表扬、鼓励和物质奖赏）和阴性强化（如批评、疼痛刺激和撤销奖赏）。

　　（5）根据病情的转变情况，调整治疗方法，巩固疗效。

　　行为疗法主要适用于那些异常行为表现比较局限，又可能加以测量的对象，如恐惧症、强迫症、性功能障碍、社交困难、口吃、局限性痉挛、儿童行为障碍等。

常用的行为疗法

系统脱敏疗法

这是一种利用对抗性条件反射原理，循序渐进地消除异常行为的一种方法。通过渐进性暴露于恐惧刺激的方式，使已经建立起的条件反射消失，以治疗心理障碍或行为障碍称为系统脱敏疗法。如众所周知的儿童对带毛、白色动物的恐惧症，从产生到经过系统脱敏消除症状，就是一个实例。

这一疗法是 1958 年由南非心理精神病学家沃尔夫综合前人经验发展起来的。他认为相反的行为或情绪能相互抑制而不能同时存在，他用一只猫做了如下实验：

将一只饿猫放入笼中，每当食物出现猫有取食反应时突然强烈电击（非条件刺激），反复多次后，猫产生了强烈的恐惧，拒绝进食，实验室环境、猫笼、进食条件多次与电击相结合而强化成为条件性刺激，猫见到实验室环境、猫笼、进食条件便产生恐惧，即产生了实验室神经症。后他将猫放在没有实验室环境、没有猫笼的地方进食，同时不给电击，多次训练后猫的恐惧症消失，从而产生正常的食物性条件反射。这时再把猫放回到原来的实验环境，进入猫笼中，但不给电击，猫仍能正常进食，恐怖反应消失。

临床上我们可以教会病人用自我松弛的方法，如深呼吸、全身肌肉放松、转移注意力、闭目静坐等以抑制引起焦虑和恐怖反应的刺激，即用松弛活动的中枢兴奋来抑制焦虑或恐怖反应的中枢兴奋。经过多次脱敏训练，最终可把焦虑和恐怖反应完全消除。

系统脱敏疗法主要用于治疗焦虑症和恐惧症。精神病学家沃帕提出了以下的治疗程序：

（1）了解引起焦虑和恐惧的具体刺激情景。

（2）将各种焦虑和恐惧的反应症状由弱到强排成"焦虑等级"。

（3）帮助患者学习一种与焦虑和恐惧反应相对立的松弛反应。

（4）把松弛反应逐步地、有系统地伴随着由弱到强的焦虑刺激，使两种互不相容的反应发生对抗，从而抑制焦虑反应。

厌恶疗法

厌恶疗法是在经典条件反射原理基础上提出来的，也就是对其行为反应给予负性强化使之逐渐减弱，直至消除其不良行为。也可以认为厌恶疗法是用惩罚性强烈刺激，去消除已经建立的不良的条件反射的方法。

厌恶疗法采用一套技术，这些技术中包括工具或武器，以引起患者生理、心理痛苦或厌恶的刺激，如电击、致吐药物、难闻的气味等。其方法是当出现不良反应时，立即给予这些厌恶性刺激，直到症状消失。

因此，厌恶疗法是经典性条件反射（用作厌恶性反射）和操作性条件反射（痛苦及厌恶刺激即惩罚）的直接运用。

由于作为负性刺激的物品或方法的不同，因而可将厌恶疗法分为如下几种：

（1）化学性厌恶疗法。用化学药物，如能引起恶心、呕吐的药物阿扑吗啡、戒酒硫等或有强烈恶臭的氨水等。

（2）电击厌恶疗法。以一定强度的感应电作为疼痛刺激，或以轻度电休克作为负性刺激。

（3）橡皮圈厌恶疗法。拉弹预先套在手腕上的橡皮圈，并引起疼痛作为负性刺激。

（4）羞耻厌恶疗法。即命令患者在大庭广众、众目睽睽之下，做出变态性行为，从而使患者自己感到羞耻，用此作为负性刺激促使患者改正变态行为。

化学性和电击厌恶疗法，都较痛苦，故施用几次后，应该训练患者自己应用"想象厌恶法"，一旦遇到烟、酒或性兴奋对象时，立刻想象到痛苦的惩罚感受，从而产生厌恶反应。想象厌恶法也可一开始即应用于某些性变态者，如异装癖、露阴癖等，即使患者想象自己在做异常性行为时被人发现，当场抓获，受到严厉处罚等，从而用想象中的负性刺激来克制异常性行为。这种方法有人也称为"隐闭性敏感法"。

厌恶疗法操作简便，适用性广，主要用于强迫症和种种行为障碍的患者，如日常生活中想戒烟、戒酒、控制饮食等也可采用此方法。但因为厌恶疗法实施时会给患者带来极不愉快的体验，因此，一般要征得患者的同意后才使用此法。

病例：

患者张某，男性，34岁，从20多岁起就是一个酒瘾者。

为了消除患者嗜酒如命的恶癖，采用厌恶疗法。医生在治疗中，找来10个杯子。在其中6个杯子里装入烈性酒，另外4个杯子里装入自来水。10个杯子随机摆放。医生让患者任意拿起一个杯子闻一闻。当他闻到杯子里装有酒时，医生便给他一次电击（电击仅能使人感到有疼痛，不可太强）。经过几次治疗后，医生改用间断性惩罚程序，即患者每闻5个装有酒的杯子，其中就有三次电击。在上述治疗的同时，医生让患者看一些卡片，每张卡片上都有字，有的是某种酒的名称，有的是其他无关的字，把卡片字朝下放在桌上，让患者随机翻起卡片。如果翻起的卡片上面写的是酒的名称，患者就被电击一下。如此反复进行。这样，每次连做三遍，一般连续三个星期就会将酒戒掉。

满灌疗法

满灌疗法与系统脱敏疗法相反，不需要叫病人经过任何放松训练，一开始就让病人进入使他恐惧的情境中，一般是采用想象的方式，医生鼓励病人想象最使他恐惧的场面，或者治疗医生在旁反复地，甚至不厌其烦地讲述他最害怕的情景中的细节，或放映现代影视画面最使病人恐惧的镜头，以加深病人的焦虑程度。同时不允许病人做出闭眼、堵耳朵、哭喊等逃避措施。即使病人由于过分紧张害怕，甚至出现昏厥的征兆，仍要鼓励病人继续想象或聆听治疗医生的描述。同时要告诉病人，这里备有一切急救设备和手段，生命安全是有保障的，因此病人可以大胆想象，病人在反复的恐惧刺激下，可能因焦虑和紧张而出现心跳加快、呼吸困难、面色苍白、四肢冰冷等自主神经系统反应。但病人最担心的可怕的灾难并没有发生，焦虑反应也就相应地减退了。

实行满灌疗法要慎重，应该视患者的病症程度、心理状态而定。虽然满灌疗法比系统脱敏法所花费的时间要少得多，但是一旦刺激程度超出了患者的心理承受能力，就极易引发精神分裂症。

行为塑造疗法

行为塑造是要形成和建立一个新的行为习惯。在确定这个大目标后，把其分成几个小目标，制订治疗计划，然后由低向高逐步实现，达到一步立即给予奖励强化，直到最后实现最高目标。即"大目标，小步子"，用不断强化的原则来建立新的行为习惯。

行为塑造疗法适应证有：精神病人的行为学习、哑童说话、残疾人的肢体功能训练、低能儿教育、大小便失禁控制训练等。对于正常人来说，行为塑造也是学习建立新行为习惯和完成事业目标的有效方法。

奖励与惩罚相结合的行为疗法

此法是目前在美国流行的一种行为疗法。其实是一种综合疗法，它是建立在操作式条件反射的理论基础上的。行为学家肯塔基大学医学院安麦克介绍为以下5个步骤：

（1）增强健康信念，增强改变不良行为的动机，写出改变不良行为和不良个性的理由，告诉病人使其理解为什么要改变和不改变的后果；告诉与病人有关的人，只要坚持一定会成功；写出具体的改变不良行为的日期、时间，以增强成功信念。

（2）保持记录，记录不良行为程度，目前如何改变、现在心境、环境如何，每周都要记录。

（3）明确具体目标，心理治疗医生应监督病人，令其主动地改变不良行为，采取行动时要注意，主动回避一些与不良行为有关的环境；寻找新的行为或建立新的条件反射与旧的不良行为斗争；打断旧行为环节中的一个环节；改变不良行为要奖励，发生不良行为时要惩罚；将改变的大目标分成数个小目标一步步完成；调动主观能动性，取得别人的帮助。

（4）采取行动，即监督患者或令其主动地改变不良行为。为此，要回避引起不良行为的扳机点，寻找新行为或建立新的条件反射与不良行为斗争，并有计划地通过主观努力，以及他人的帮助，来改变不良行为。

（5）维持新的行为，新行为建立后，要设法使其巩固下去。

认知疗法

认知疗法是20世纪70年代发展起来的一种心理治疗技术。它是根据认知过程影响情绪和行为的理论假设，通过认知和行为技术来改变病人不良认知的一类心理治疗方法的总称。

认知疗法的理论基础是心理学家贝克提出的情绪障碍认知理论。他认为，心理问题不一定都是由神秘的、不可抗拒的力量所产生，相反，它可以从平常的事件中产生。

认知疗法的基本观点是：

认知过程是行为和情感的中介，适应不良性行为及情感与适应不良性认知有关。医生的任务是找出这些不良的认知，并提出"学习"或训练方法以矫正这些认知，并进行有效的调节，在重建合理认知的基础上，不良情绪和不适应行为就能得到调整和改善，从而使心理障碍得到克服。

认知疗法是新近发展起来的一种心理治疗方法，它的主要着眼点，放在患者非功能性的认知问题上，意图通过改变患者对己、对人或对事的看法与态度来改变并改善所呈现的心理问题。

认知疗法不同于传统的行为疗法，因为它不仅重视适应不良性行为的矫正，而且更重视改变病人的认知方式和认知、情感、行为三者的和谐。同时，认知疗法也不同于传统的内省疗法或精神分析，因为它重视目前病人的认知对其身心的影响，即重视意识中的事件而不是无意识。内省疗法则重视既往经历特别是童年经历对目前问题的影响，重视无意识而忽略意识中的事件。

认知疗法是以合理的认知方式和观念取代不合理的认知方式和观念的过程，这是个看似简单，实则复杂的过程。首先治疗者会帮助患者反省目前生活中造成他情绪困扰的是哪些不合理认知，并帮助他辨别什么是合理认知、什么是不合理认知。然后帮助患者明确目前的情绪问题是由现在持有的不合理认知导致的，自己应对自己的情绪和行为负责。通过一些必要、合适的认知调节技术（如与不合理认知进行辩论等），治疗者会帮助患者认清不合理认知的不合理性或荒谬性，进而使他逐步放弃这些信念。这是认知调节过程中最重要的一步。最后帮助患者学习合理认知方式和观念，并使之内化，以避免成为不合理认知的牺牲品。

认知疗法可以有效地治疗焦虑障碍、社交恐怖、偏头痛、慢性疼痛等许多心理疾病。其中疗效最好的是用于治疗抑郁症、厌食症、性功能障碍和酒精中毒等。它也用于正常人以建立更合理的思维方式，提高情绪合理度，开发人的潜能和促进个人的心灵发展等。

认知疗法的过程

认知疗法一般分为4个治疗过程：

（1）建立求助的动机。此过程中，要认识适应不良的认知－情感－行为类型。病人和心理医生对其问题达成认知解释上意见的统一。对不良表现给予解释并且估计矫正所能达到的预期结果。比如，可让病人自我监测思维、情感和行为，治疗医师给予指导、说明和认知、示范等。

（2）适应不良性认知的矫正。此过程中，要使病人发展新的认知和行为来替代适应不良的认知和行为。比如，治疗医师指导病人广泛应用新的认知和行为。

（3）在处理日常生活问题的过程中培养观念的竞争。用新的认知对抗原有的认知。于此过程中，要让病人练习将新的认知模式用到社会情境之中，取代原有的认知模式。比如，可使病人先用想象方式来练习处理问题或模拟一定的情境或在一定条件下让病人以实际经历进行训练。

（4）改变有关自我的认知。此过程中，作为新认知和训练的结果，要求病人重新评价自我效能以及自我在处理认识和情境中的作用。比如，在练习过程中，让病人自我监察行为和认知。

常见的认知疗法

虽然认知疗法的发展历史较短，但发展速度很快，目前常见的认知疗法包括以下几种：

理性情绪疗法

理性情绪疗法（RET）是认知疗法中的一个分支，是由艾利斯于20世纪70年代提出的。由于病理性构念或歪曲的认知，造成了不良的情绪反应，艾利斯把经常造成人们痛苦的非逻辑思维总结为以下10点：

（1）一个人要有价值就必须有能力，并且在可能的条件下有成就。

（2）某某人绝对是很坏的，所以必须受到严厉惩罚。

（3）逃避生活中的困难和推卸自己的责任，可能要比正视它们容易。

（4）任何事情的发展都应当和自己的期待一样，任何问题都应得到合理解决。

（5）人的不幸绝对是外界造成的，人无法控制自己的悲伤、忧虑和不安。

（6）一个人过去的历史对现在的行为起决定的作用，一件事情过去曾影响自己，所以现在也必然影响自己的行为。

（7）自己是无能的，必须找一个比自己强的靠山才能生活。自己是不能掌握感情的，必须有别人安慰自己。

（8）其他人的不安和动荡也必然引起自己的不安。

（9）和自己接触的人都必须喜欢和赞成自己。

（10）生活中大量的事件对自己不利，必须终日花大量时间考虑对策。

如果一个人以这样的信条与标准认识事情，他怎么能不惶惶不可终日呢？

艾利斯根据 RET 提出 ABC 人格理论及治疗程序如下：A 指周围存在的某种现实，作用于个体的外界刺激事件，称激活事件；C 是个体在 A 的作用下产生的行为表现或情绪反应，称为结果 C。然而 C 并不是 A 的直接结果，其中有中介因素 B，即个体的认知信念过程。不同的 B（信念）导致不同的 C（情绪反应）。这样也就改变了 B。这里的 B 可分为两种，即合理信念和不合理信念。合理信念指真实反映了客观情景及事件的信念及认知，它导致个体产生比较自然但不是过分的情绪反应，同时能帮助个体正常体验 A 引起的情绪反应，进而采取合理化的行为，达到目标。而不合理的认知直接引导产生消极的、灾难性的、病态的情绪体验，并且阻碍病人采取积极有效的行动去实现自己的目的和满足自己的需要。

RET 治疗中还要注意通过治疗者的权威性反问和质疑，使人领悟，消灭不合理的信念，这就是本疗法的第四步质疑 D。

在由不合理的信念向合理化的信念转换过程中，应有相应的行为和情绪改变的支持，即让病人在合理的信念基础之上，进行新的情绪体验，同时进行合理的行为，以促使 B 的改变。信念、情绪和行为的改变中无先后之分，三者是一个互动的系统，任何一方改变都会影响其他两方面和整个系统。经过 D 步后，病人达到 E，即见效阶段，也就是纠正了不合理认知，产生了合理性的认知、情绪和行为，并且在将来遇到类似事件的刺激时，也有了免疫力而不会再产生自我损害情绪和行为。

RET 疗法在实施中要注意以下步骤：

（1）使病人了解自己有哪些不合理信念，通过认知逐步放弃。

（2）让病人自己认识到，自己对自己的情绪、行为负有责任，为此要积极参与心理治疗中来。

（3）要帮助病人改变一些顽固性的非理性观念。

自我指导训练

这是 20 世纪 70 年代由迈肯包姆提出的。方法是教授病人进行自我说服或现场示范指导，主要用于儿童多动症、冲动儿童和精神分裂症病人等。

应对技巧训练

这是戈弗雷特在 20 世纪 70 年代提出的，主要是让病人通过在想象过程中不断递增恐怖事件，以学会调节焦虑和处置焦虑。其中保持心身的放松基本同系统脱敏类似。但不同之处是它有积极应对想象的成分。主要用于焦虑障碍的病人治疗。

隐匿示范

这是由考铁拉在 20 世纪 70 年代提出的，基本原理是想象演练靶行为，让病人预先了解事件和结果，训练其情感反应，以产生对应激情境的适应能力。对恐惧症患者有效。

解决问题技术

这是由德苏内拉等人倡导的。基本设想是有情绪异常的人往往缺乏解决问题的能力，较难选择对情境的行为反应。因此，他们常常适应不良，不能准确地预测自己行为的后果。基本方法是学习如何确定问题，然后将一个生活问题分解为若干能够处理的小问题，思考可能的解决答案，并选出最佳的解决办法。主要用于治疗情绪障碍儿童、有破坏行为的儿童及精神病人。

贝克认知转变法

这是在 20 世纪 70 年代创立的，主要是用来改变病人的态度和信念，从而改变适应不良认知的方法。

精神分析疗法

精神分析疗法又称心理分析，是奥地利著名心理学家西格蒙德·弗洛伊德所创造的一种心理治疗技术。由于当时科学心理学刚诞生不久，因此精神分析疗法可以说是开现代心理治疗之先河，它对此后发展起来的许多心理治疗的方法都有一定的影响。弗洛伊德对心理学的主要贡献为潜意识、释梦、本能、防御反应机制、人格层次等理论的确立。精神分析疗法也是弗洛伊德的学术理论在临床上的主要贡献。

精神分析理论认为，很多疾病，特别是神经症、心身疾病都与患者经历中的矛盾冲突、情感、挫折在潜意识里的反映有关，或由其转化而来。病人的症状是无意识层次传递出来的信息，精神分析法是要把压抑在潜意识里的矛盾症结，用内省的方法挖掘出来，带回到意识领域来，用现实主义原则予以彻底解决，并帮助病人对症状和被压抑的冲突之间的关系产生领悟，故称"顿悟疗法"。

在治疗过程中，医生的工作就是要向患者阐释他所叙述的心理问题的潜意识含义。帮助患者克服抗拒，使被压抑的心理问题不断暴露出来。阐释应该逐步深入，根据每次会谈的内容，以既往资料为依据，用患者能理解的言语告诉其心理症结的所在。通过阐释帮助患者重新认识自己，认识自己与他人的关系，从而达到解除患者心理障碍的目的。

精神分析治疗不是单一的治疗方法，而是一组治疗方法的统称。其中包括：催眠疗法、精神发泄疗法、自由联想疗法、释梦疗法、日常生活分析疗法等，都属于精神分析治疗范畴。这一组疗法体系的共同性是，每一具体疗法都把治疗目标对准调整人的潜意识、性欲、动机和人格等心理动力方面，也就是注重心理动机的调整，重建自己的人格，达到治疗目的。

精神分析学说的心理治疗方法主要有以下几个方面：

自由联想

自由联想是精神分析疗法的主体。在治疗中放弃了对病人进行定向引导的做法，对病人不限定回忆范围，告诉病人畅所欲言，自由表达，想到什么就说什么，完全是病人意识的自然流动和涌出。

具体做法是：在了解病人的基本情况后，让病人躺在舒适的沙发上，医生坐在病人后边，对病人保持中立状态，不发表自己的意见，不去教导病人，启发病人无拘无束尽情倾诉想说的话。如遇停顿，医生可鼓励病人，目的是让其逐渐泄露压抑在内心深处的隐私和情绪。病人在放松的回忆表达中，潜意识的大门开始松动并逐渐打开。有时病人说到带有情绪色彩的事件时，可能停止不语或转移话题，设法避开对这个问题的联想，这种"阻抗"正表明病人的症结所在。医生此时要抓住关键所在，引导病人进入潜意识的"结"中，耐心解释，使其释放其中的情绪负荷，达到一定的领悟。医生的解释要合情，能使病人本人心悦诚服，产生茅塞顿开之感。至于别人如何评价这种解释或这种解释究竟是否是那么回事，则是无关紧要的。

释梦

释梦即对梦中的情境做出具有象征意义的解释，它是精神分析疗法中挖掘患者心理症结的重要手段。弗洛伊德在《梦的解析》一书中写道："梦乃是做梦者潜意识冲突或欲望的象征；做梦的人为了避免被人觉察，所以用象征性的方式以避免焦虑的产生。""分析者对患者梦的内容加以分析，以期发现追求象征的真谛。"精神分析学说认为，梦并非无目的、无意义的行为，而是潜意识中冲突或欲望的象征。实际上是代表个人的愿望及所追求愿望的不满足，这种欲望在觉醒状态下受到人们自我的压抑。通过对梦的分析可以有助于捕捉到压抑情绪的症结。通常在患者叙述梦的内容后，要鼓励患者就梦的情境加以自由联想，医生根据梦的内容所产生的联想进行分析，直到弄清这场梦的欲望和冲突的真意。由于梦境仅是潜意识冲突与自我监察力量对抗的一种妥协形式，并不直接反映现实情况，这就需要根据经验对梦境做出解释，以便发掘梦的真正含义。

移情

移情是一种根据经验或以往类似情境知觉和理解当前情境的现象。精神分析理论认为，患者在早期家庭生活中有些和父母之间的情感事件，可能在早期出现过"恋母情结""恋父情结"。移情作用是指患者把他童年期与父母的情绪依恋转移到治疗者身上，治疗者在患者心目中成为其父母的代替者。现在因为分析者与患者接触时间较久，所以患者对医生渐渐产生一定的情感反应，有的还把以往对别人的感情转移到分析者身上，此种现象称为转移作用或移情作用。移情分正移情和负移情。在正移情中，患者将友爱、亲热、依恋、温存等转移到治疗医生身上，希望从他身上得到爱和情感满足；在负移情中，患者把讨厌、仇恨、愤怒和排斥转移到治疗者身上，并对治疗医生控诉他自己早期所遭受到不公正待遇。在精神分析实践中，让患者重新体验早年时期与父母等人的情绪关系，可以消除过去留下的心理矛盾冲突，通过移情解释，可以使患者认识到他与治疗者的关系实际上是他先前早年的情绪障碍的反应，从而达到治疗的目的。

由于潜意识的影响无所不在，治疗者也可能对患者产生情感依赖、依恋甚至朦胧的情爱和性爱的念头，治疗者自己往往意识不到这些反应，因它们很可能通过合理化等防御机制的伪装后而被治疗者的意识所接受。

用移情法进行心理治疗时有一个具体的技术手段，就是治疗者如何移入和移出的问题。移入过程是利用患者的某种情愫难以抒发的契机，把这份感情拉向治疗者自身的过程。而移出则是把自己身上的患者的这份感情重新推开的过程。治疗医生要正确对待自己，如果只能"移入"而不能移出，不仅会给自己造成许多麻烦，也会使患者多蒙上一层感情的阴影。

精神分析疗法的方法多种多样，是需要经过专门训练的心理医生来实施的。我国钟友彬在精神分析的基础上创设的领悟性心理治疗方法，有助于治疗各种神经症及性变态等心理障碍。

阻抗

阻抗是指求诊者有意识或无意识地回避某些敏感话题，有意无意地使治疗重心偏移，阻止那些使自我过分痛苦或引起焦虑的愿望、情绪和记忆进入意识的力量。治疗者需经过长期的努力，通过对阻抗产生原因的分析，帮助求诊者真正认清和承认阻抗，这样治疗便向前迈了一大步。

解释

解释的目的是让患者正视他所回避的东西或尚未意识到的东西，使无意识中的内容变成意识的。解释要在患者有接受的思想准备时进行。对患者的自由联想和梦所暴露出来的心理症结加以分析之后，要以患者所说的话为依据，使用患者能理解的语言给予解释。解释的程度应随医患间会谈的进展和对患者心理的不断了解逐步加深。使患者通过治疗，在意识中逐渐培养起为人处世的正确态度和成熟的心理反映。

第三章
常见的心理问题及应对策略

贪婪心理

贪婪是一种常见的心理问题。"贪"的本义指爱财，"婪"的本义指爱食，"贪婪"指贪得无厌，意即对与自己的力量不相称的某一目标过分地欲求。与正常的欲望相比，贪婪没有满足的时候，反而是愈满足，胃口就越大。古人用"贪冒""贪鄙""贪墨"来形容那些贪图钱财、欲望过分的行为，认为是"不洁""不干净""不知足"的。贪婪并非遗传所致，是个人在后天社会环境中受病态文化的影响，形成自私、攫取、不满足的价值观而出现的不正常的行为表现。这一点，在那些腐败的官员身上体现得较为典型。一般而言，贪婪心理的形成主要有以下几个方面：

错误的价值观念

认为社会是为自己而存在，天下之物应皆为自己拥有。这种人存在极端的个人主义思想，是永远不会满足的。他们会得陇望蜀，有了票子，想房子；有了房子，想车子，永不休止。

行为的强化作用

有贪婪之心的人，初次伸出黑手时，多有惧怕心理，一怕引起公愤，二怕被捉。一旦得手，便喜上心头，屡屡尝到甜头后，胆子就越来越大。每一次侥幸过关都是一种条件刺激，会不断强化他的贪婪心理。

攀比心理

有些人原本也是清白之人，但是看到原来与自己境况差不多的同事、同学、战友、邻居、朋友、亲戚、下属、小辈，甚至原来那些比自己条件差得远的人都发了财，心理就不平衡了，觉得自己活得太冤枉，由此也学着伸出了贪婪的双手。

补偿心理

有些人原来家境贫寒，或者生活中有一段坎坷的经历，便觉得社会对自己不公平。一旦其地位、身份上升，就会利用手中的权力索取不义之财，以补偿以往的损失。

功利心理

一些人把市场经济看成金钱社会，拜金成为他们的信条；一些人有失落感，认为"今天这个样，明天变个样，不知将来怎么样"；一些人滋长了占有欲，把市场等价交换原则引入现实生活中，"有权不用，过期作废"，从而引发以权谋私、权钱交易等。

虚荣心理

一些人曾经表现较好，可一旦地位变了，权力大了，就开始飘飘然起来。他们失足犯罪，往往不是为金钱所惑，而是被胜利冲昏头脑，自我膨胀，放弃原则，经受不住诱惑。

侥幸心理

有不少贪官明知贪污受贿国法不容，但又认为自己作案并非明火执仗，吃得下，擦得干净，即使被发现也不容易被抓到把柄。贪污能"天衣无缝"，受贿只有"你知，我知"，只要满足行贿人的要求，他不举报就不会出事，就是出了事也未必抓住直接证据，未必定得了罪。这种心态导致犯罪分子自我欺骗，我行我素，随着作案次数的增多，胆子越来越大，因而越陷越深。

盲从心理

贪婪之心并非生来就有的，是后天形成的，因此它是可以矫治的。异化的环境与文化可以改变一个人的心理，那么正常的环境与文化同样可以矫治一个人的心理。矫治贪婪，可以用以下几种方法：

二十问法

这是一种自我反思的方法，即自己在纸上写出20个"我喜欢……"。全部写下后，再逐一分析哪些是合理的欲望、哪些是超出能力的过分的欲望，这样就可明确贪婪的对象与范围。最后对造成贪婪心理的原因与危害作较深层的分析。

警戒法

古往今来，仁人贤士对贪婪之人是非常鄙视的，他们撰文作诗，鞭挞或讽刺那些索取不义之财的行为。想消除贪婪心理的人，应牢记那些诗文和名言格言，朝夕自警。经常想一想那些因为贪婪而成为阶下囚的贪官污吏，以此为戒，改正贪婪心理。

知足常乐法

在生活中不能对自己的期望过高，自己的需求和欲望要和自己的能力及社会条件相适应，不要贪图虚荣、讲攀比，要学会知足常乐。你应该明白，即使你拥有整个世界，但你一天也只能吃三餐。这是人生思悟后的一种清醒，谁懂得了它的含义，谁就能活得轻松，过得自在。

虚荣心理

莫泊桑小说《项链》中的玛蒂尔德，在虚荣中耗尽自己的青春岁月。关于虚荣心，《辞海》有云：表面上的荣耀、虚假的荣誉。此最早见于柳宗元诗："为农信可乐，居宠真虚荣。"心理学上认为，虚荣心是自尊心过分的表现，是为了取得荣誉和引起普遍注意而表现出来的一种不正常的社会情感。虚荣心是一种常见的心态，因为虚荣与自尊有关。人人都有自尊心，当自尊心受到伤害或威胁时，或过分自尊时，就可能产生虚荣心，如珠光宝气招摇过市、哗众取宠，等等。

虚荣心与赶时髦有关系。时髦是一种社会风尚，是短时间内到处可见的社会生活方式，制造者多为社会名流。虚荣心强的人为了追赶偶像、显示自己，也模仿名流的生活方式。

虚荣的心理与戏剧化人格倾向有关。爱虚荣的人多半为外向型、冲动型，反复善变、做作，具有浓厚、强烈的情感反应，装腔作势、缺乏真实的情感，待人处世突出自我、浮躁不安。虚荣心的背后掩盖着的是自卑与心虚等深层心理缺陷。具有虚荣心理的人，多存在自卑与心虚等深层心理的缺陷。

几十年前，林语堂在《吾国吾民》中说，统治中国的三女神是"面子、命运和恩典"。"讲面子"是中国社会普遍存在的一种心理，面子观念的驱动，反映了中国人尊重与自尊的情感和需要，丢面子就意味着否定自己的才能，这是万万不能接受的，于是有些人为了不丢面子，通过"打肿脸充胖子"的方式来显示自我。

林语堂的"打肿脸充胖子"与培根的哲学有很大的相似之处，培根说："虚荣的人被智者所轻视，愚者所倾服，阿谀者所崇拜，而为自己的虚荣所奴役。"德国哲学家叔本华说："虚荣心使人多嘴多舌；自尊心使人沉默。"虚荣心强的人，在思想上会不自觉地渗入自私、虚伪、欺诈等因素，这与谦虚谨慎、光明磊落、不图虚名等美德是格格不入的。虚荣的人为了表扬才去做好事，对表扬和成功沾沾自喜，甚至不惜弄虚作假。他们对自己的不足想方设法遮掩，不喜欢也不善于取长补短。虚荣的人外强中干，不敢袒露自己的心扉，给自己带来沉重的心理负担。虚荣在现实中只能满足一时，长期的虚荣会导致非健康情感因素的滋生。

虚荣心理的表现是多方面的：对自己的能力、水平过高估计；处处炫耀自己的特长和成绩，喜欢听表扬，对批评恨之入骨；常在外人面前夸耀自己有点权势的亲友；对上级竭力拍马奉承；不懂装懂，打肿脸充胖子，喜欢班门弄斧；家境贫寒却大手大脚，摆阔气赶时髦；处处争强好胜，觉得处处比人强，自命不凡；把生活中的失误归咎于他人，从不找自身的原因；有了缺点，也寻找各种借口极力掩饰；对别人的才能妒火中烧，说长道短，搬弄是非，等等。

虚荣心男女都有，但总的说来，女性的虚荣心比男性强。因此，虚荣心带给女性的痛苦比男性大得多。虚荣的人表面上表现为强烈的虚荣，其深层心理就是心虚。表面上追求面子，打肿脸充胖子，内心却很空虚。表面的虚荣与内心深处的心虚总是不断地在斗争着：一方面在没有达到目的之前，为自己不尽如人意的现状所折磨；另一方面即使达到目的之后，也唯恐自己的真相败露而恐惧。要克服虚荣心理，需做到以下几点：

树立正确的荣辱观

即对荣誉、地位、得失、面子要持一种正确的认识态度。人生在世界上要有一定的荣誉与地位，这是心理的需要，每个人都应十分珍惜和爱护自己及他人的荣誉与地位，但是这种追求必须与个人的社会角色及才能一致。面子不可没有，也不能强求，如果"打肿脸充胖子"，过分地追求荣誉，显示自己，就会使自己的人格受到歪曲。同时也应该正确看待失败与挫折，"失败乃成功之母"，必须从失败中总结经验，从挫折中悟出真谛，才能建立自信、自爱、自立、自强，从而消除虚荣心。

在社会生活中把握好比较的尺度

比较是人们常有的社会心理，但在社会生活中要把握好攀比的尺度、方向、范围与程度。从方向上讲，要多立足于社会价值而不是个人价值的比较，如比一比个人在学校和班上的地位、作用与贡献，而不是只看到个人工资收入、待遇的高低。从范围上讲，要立足于健康的而不是病态的比较，如比实绩、比干劲、比投入，而不是贪图虚名，嫉妒他人表现自己。从程度上讲，要从个人的实力上把握好比较的分寸，能力一般的就不能与能力强的相比。

学习良好的社会榜样

从名人传记、名人名言中，从现实生活中，以那些脚踏实地、不图虚名、努力进取的革命领袖、英雄人物、社会名流、学术专家为榜样，努力完善人格，做一个实事求是、不自以为是的人。

如果你已经出现了自夸、说谎、嫉妒等行为，可以采用心理训练的方法进行自我纠偏。即当病态行为即将或已出现时，个体给自己施以一定的自我惩罚，如用套在手腕上的皮筋反弹自己，以求警示与干预作用。久而久之，虚荣行为就会逐渐消退，但这种方法需要本人超人的毅力与坚定的信念才能收效。

要想从根本上解决虚荣心理，关键不在于如何消除它，而在于如何改善它，诱导它走向有用的方面去。虚荣只有用到有利于人类的事业上去，它才有利而无害。

嫉妒心理

嫉妒是痛苦的制造者，在各种心理问题中对人的伤害最严重，可称得上是心灵上的恶性肿瘤。弗朗西斯·培根说过："犹如毁掉麦子一样，嫉妒这恶魔总是暗地里，悄悄地毁掉人间美好的东西！"

何谓嫉妒呢？心理学家认为，嫉妒是由于别人胜过自己而引起的一种情绪的负性体验，是心胸狭窄的共同心理。嫉妒不是天生的，而是后天获得的，嫉妒有三个心理活动阶段：嫉羡——嫉优——嫉恨。这三个阶段都有嫉妒的成分，而且是从少到多，嫉羡中羡慕为主，嫉妒为辅。嫉优中嫉妒的成分增多，已经到了怕别人威胁自己的地步了。嫉恨则把嫉妒之火已熊熊燃烧到了难以消除的地步。这把嫉恨之火，没有燃向别人，而是炙烤着自己的心，使自己没有片刻宁静，于是便绞尽脑汁想方设法去诋毁别人。嫉妒实质上是用别人的成绩进行自我折磨，别人并不因此有何逊色，自己却因此痛苦不堪，有的甚至采用极端行为走向犯罪的深渊。

一般说来，嫉妒心理有以下几个基本特点：

嫉妒的产生是基于相对主体的差别

这个相对主体即嫉妒主体指向的对象，既可以是具体的某个人，也可以是人和某一现象，亦可以是某一集体或群体，例如单位与单位、家庭与家庭之间的嫉妒。那种相对主体的差别既可以是现实的客观差距，比如财富和相貌的差距；也可以是非物质性的差距，比如才能、地位的差别；亦可以是不真实的幻想出来的差距，例如总感觉室友之间特别亲热；还可以是对将来可能会遇到的威胁和伤害的假设，例如上级对于下级才能的妒忌。

嫉妒具有明显的对抗性，由此可能引发巨大的消极性

嫉妒心理是一种憎恨心理，具有明显的与人对抗的特征。嫉妒心理的对抗性来源于比较过程中的不满和愤怒情绪。而且，这种对抗性常常对社会产生巨大危害。1991年原北京大学物理系高才生卢刚在美国大学枪杀四名导师和一名同学后自杀身亡，其原因即在于此。

嫉妒心理具有普遍性

嫉妒是一种完全自然产生的情感，古今中外，没有哪个社会和国家的居民完全没有嫉妒心。在社会现实生活中，一旦看到别人比自己幸运，心里就"别有一番滋味"。这"滋味"是什么呢？就是嫉妒心理的情绪体验。我们每个人都会这种经历。

嫉妒心理具有不断发展的发泄性，且无法轻易摆脱

发泄性是指嫉妒者向被嫉妒者发泄内心的抱怨、憎恨。一般来说，除了轻微的嫉妒仅表现为内心的怨恨而不付诸行为外，绝大多数的嫉妒心理都伴随着发泄行为，并且这种发泄的欲望具有无法轻易摆脱的顽固性。培根曾经幽默地引用古人的话说："嫉妒心是不知休息的。"嫉妒是与私心相伴而生，相伴而亡的，只要私心存在一天，嫉妒心理也就要存在一天。

此外，嫉妒心理另外几点值得注意之处是：嫉妒是从比较中产生的，必涉及第三者的态度；地位相等、年龄相仿、程度相同的人之间最可能发生嫉妒；是否出现嫉妒心理还与思想品质、道德情操修养有关，等等。

虽然嫉妒是人普遍存在的也可以说是天生的缺点，但我们绝不能忽视它的危害性。有关嫉妒的危害，我国的传统医学早就有过论述。《黄帝内经·素问》明确指出："妒火中烧，可令人神不守舍，精力耗损，神气涣失，肾气闭塞，郁滞凝结，外邪入侵，精血不足，肾衰阳失，疾病滋生。"心理学家弗洛伊德曾经说过："一切不利影响中，最能使人短命夭亡的，是不好的情绪和恶劣的心境，如忧虑和嫉妒。"嫉妒心理会危害人们的身心健康。美国有些专家通过调查研究发现，嫉妒程度低的人在 25 年中仅有 2%～3% 的人患有心脏病，死亡率只占 2.2%。而嫉妒心强的人，同一时期内竟有 9% 以上的人患有心脏病，死亡率也高达 13.4%。由于嫉妒情绪能使人体大脑皮质及下丘脑垂体促肾上腺皮质激素分泌增加，造成大脑功能紊乱，免疫机能失调，从而使自身免疫性疾病以及

心血管、周期性偏头痛的发病率增加。医学家们还观察到，嫉妒心强的人常会出现一些诸如食欲不振、胃痛恶心、头痛背痛、心悸郁闷、神经性呕吐、过敏性结肠炎、痛经、早衰等现象。

嫉妒破坏友谊、损害团结，给他人带来损失和痛苦，既伤害自己的心灵，又损害自己的身体健康。因此，必须坚决、彻底地与嫉妒心理告别。

上面的情况在我们的身边不止一次地发生，然而我们却常常只当故事来听、来看。其实，嫉妒的杀伤力远远超过我们的想象，每当心中怀着一股嫉妒之火时，受伤害最大的就是自己。

要想使自己的生活充满阳光，我们必须走出嫉妒的泥淖，学会超越自我，克服嫉妒心理。

开阔胸怀，宽厚待人

19 世纪初，肖邦从波兰流亡到巴黎。当时匈牙利钢琴家李斯特已蜚声乐坛，而肖邦还是一个默默无闻的小人物。然而李斯特对肖邦的才华却深为赞赏。怎样才能使肖邦在观众面前赢得声誉呢？李斯特想了个妙法：那时候在演奏钢琴时，往往要把剧场的灯熄灭，一片黑暗，以便使观众能够聚精会神地听演奏。李斯特坐在钢琴面前，当灯一灭，就悄悄地让肖邦过来代替自己演奏。观众被美妙的钢琴演奏征服了。演奏完毕，灯亮了。人们既为出现了一位钢琴演奏的新星而高兴，又对李斯特推荐新秀的胸怀深表钦佩。

自我认知，客观地评价自己和他人

当嫉妒心理萌发时，或是有一定表现时，应该积极主动地调整自己的意识和行动，从而控制自己的动机和感情。这就需要冷静地分析自己的想法和行为，同时客观地评价一下自己，从而找出一定的差距和问题。当认清了自己后，再评价别人，自然也就能够有所觉悟了。

自我宣泄

嫉妒心理也是一种痛苦的心理，当还没有发展到严重的程度时，用各种感情的宣泄来舒缓一下是相当必要的。

在这种发泄还仅仅是处于出气解恨阶段时，最好能找一个较知心的朋友或亲友，痛痛快快地说个够，暂求心理的平衡，然后由亲友适时地进行一番开导。虽不能从根本上克服嫉妒心理，但却能阻止这种发泄性朝着更深的程度发展。如有一定的爱好，则可借助各种业余爱好来宣泄和疏导，如唱歌、跳舞、书画、下棋、旅游，等等。

快乐可以治疗嫉妒

快乐之药可以治疗嫉妒，即是说要善于从生活中寻找快乐，正像嫉妒者随时随处为自己寻找痛苦一样。如果一个人总是想：比起别人可能得到的欢乐来，我的那一点快乐算得了什么呢？那么他就会永远陷于痛苦之中，陷于嫉妒之中。快乐是一种情绪心理，嫉妒也是一种情绪心理。何种情绪心理占据主导地位，主要靠人来调整。

少一份虚荣就少一份嫉妒

虚荣心是一种扭曲了的自尊心。自尊心追求的是真实的荣誉，而虚荣心追求的是虚假的荣誉。对于嫉妒心理来说，它更要面子，不愿意别人超过自己，以贬低别人来抬高自己，正是一种虚荣，是一种空虚心理的需要。单纯的虚荣心与嫉妒心理相比，还是比较好克服的。而两者又紧密相连，所以，克服一份虚荣心就少一份嫉妒。

猜疑心理

猜疑心理是一种狭隘的、片面的、缺乏根据的盲目想象。猜疑是基于一种对他人不信任的、不符合事实的主观想象，是人际交往过程中的拦路虎。具有猜疑心理的人与别人交往时，往往抓住一些不能反映本质的现象，发挥自己的主观想象进行猜疑，而产生对别人的误解；或者在交往之前对某人有某种印象，在交往之中就处处用这种成见效应与对方接触，对方一有举动，就对原有成见加以印证。虽然猜疑心理有种种表现，但我们可以发现其共同的特征，即没有事实根据，单凭自己主观的想象；抓住"毛皮"，忽略本质，片面推测；不怀疑自己的判断，只是相信自己，怀疑他人，挑剔他人。具有猜疑心理的人把自己置于一种苦恼的心态中，对别人采取不信任的态度，严重的甚至对自己的感觉也产生怀疑。

猜疑心理往往导致心理偏执。这种人常常敏感固执、谨小慎微，事事要求十全十美。这样不仅危害自己，也危害他人。

在平时的生活工作当中，有时遇到一些自己不了解的事情，一般人都会进行一些猜测与怀疑，这是人之常情，没什么大不了的。但是，如果对任何事都持怀疑态度，并常常无端怀疑，不去辨别真假，只相信自己的想法、自己的猜测，这就成了多疑。这种现象在我们生活中并不少见。

一般的猜疑，大多是在判断错误的基础上产生，一旦搞清真相后，也能自己纠正，这些都是正常的状态。但也有的人的猜疑是一种心理偏异。易于产生猜疑的人大致有以下几种：

性格敏感多疑的人

这种人总是疑神疑鬼，见别人在说悄悄话，或别人无意朝他多看了几眼，就以为他们在讲自己的坏话；看到别人的脸色冷漠，就疑心他人对自己有什么不满；领导安排工作，自己不在其中，就会认定是领导对自己有成见……这种人整天耿耿于怀、胡思乱想，使自己的人际关系十分紧张，使周围的人们对他们敬而远之。

在特殊境遇下的人

这类人"一朝被蛇咬，十年怕井绳"。如有的人被骗上当以后会变得疑虑多端，会因怕再上当受骗而不相信任何人；有的人因自身的人生道路比较坎坷，看到过多的社会黑暗面而形成多疑的心态，错误地认为人间没有真情在。这种人在与人交往中，通常表现为比较冷漠、孤僻、怪异，如不及时改变自己的心态，会形成心理偏差和障碍。

思想修养和道德水平不高的人

这种人有的是私心较重者。有人说，猜疑心与人的私欲成正比例，私欲越大，猜疑心就越强。如权欲重的人，总怀疑有人要赶他下台、夺他的权；金钱欲大的人，总怀疑别人要抢他生意、分他的钱财。他们十分警惕，非常敏感，"疑人者，人未必皆诈，己则先诈矣"。他们有的是心术不正者。他们总是以恶意去判断他人的行为，即使是他人一个善意的行动，也被认为是出于卑劣的动机，正是"以小人之心，度君子之腹"。不加强自我意识修养的人，为人处世一切以个人为中心，遇事斤斤计较、患得患失，与人交往心胸狭窄、固执己见，经常会疑心生暗鬼。

不善与人交往的人

不善与人交往的人，很少与别人交流思想、沟通感情，往往不愿把自己心里的疑惑说出来，而是藏在内心，冥思苦想，越想越疑，越疑越想，有如"作茧自缚"，在猜疑的泥沼里愈陷愈深，无法解脱心中的疑团而自我烦恼。

遇事不愿做调查与了解的人

英国哲学家培根说："猜疑的根源产生于对事物的缺乏认识，所以多了解情况是解除疑心病的有效办法。"容易猜疑的人常常是固执己见的人，他们根据自己的一点印象就下结论，并常常会感情用事，不去作调查了解，也不理智地作判断，只是相信自己的猜想与判断。

轻信与道听途说的人

《三国演义》中的长坂坡一战，刘备所部被曹军打得七零八落。正在慌乱之中，糜芳又报告说："赵子龙反投曹操去了！"张飞一听，便猜疑赵云背信弃义，立即大怒，要立即过去杀掉赵云。尽管刘备告诫他："休错疑人……子龙此去，必有事故。吾料子龙必不弃我也。"张飞仍是不信，径自带领二十铁骑，到长坂坡寻杀赵云。其实，赵云是为了救甘糜二夫人和刘备的儿子阿斗，才匹马单枪，杀回乱军之中。幸亏简雍亲眼目睹，并报信给张飞，这才避免了一场误会。

猜疑的人通常过于敏感。敏感并不一定是缺点，对事物敏感的人往往很有灵气，有创造力。但如果过于敏感，特别是与人交往时过于敏感，就需要想办法加以控制了。具体可采用以下几种方法：

培养自信心

每个人都应当看到自己的长处，培养起自信心，相信自己会与周围人处理好关系，会给别人留下良好的印象。这样，当我们充满信心地进行工作和生活时，就不用担心自己的行为，也不会随便怀疑别人是否会挑剔、为难自己了。

学会自我安慰

一个人在生活中，遭到别人的非议，与他人产生误会，没有什么值得大惊小怪的。在一些生活细节上不必斤斤计较，可以糊涂些，这样就可以避免一些烦恼。如果觉得别人怀疑自己，应当安慰自己不必在乎别人的闲言碎语，不要在意别人的议论，这样不仅解脱了自己，而且还取得了一次小小的精神胜利，产生的怀疑自然就烟消云散了。

用理智力量克制冲动情绪的发生

当发现自己开始怀疑别人时，应当立即寻找产生怀疑的原因，在没有形成思维之前，引进正反两个方面的信息。现实生活中许多猜疑，戳穿了是很可笑的，但在戳穿之前，由于猜疑者的头脑被封闭性思路所主宰，却会觉得他的猜疑顺理成章。此时，冷静思考显然是十分必要的。

及时沟通，解除疑惑

世界上不被误会的人是没有的，关键是我们要有消除误会的能力与办法。如果误会得不到尽快地解除，就会发展为猜疑；猜疑不能及时解除，就可能导致不幸。所以如果可能的话，最好同你"怀疑"的对象开诚布公地谈一谈，以便弄清真相，解除误会。猜疑者生疑之后，冷静地思索是很重要的，但冷静思索后如果疑惑依然存在，那就该通过适当的方式，同被疑者进行推心置腹的交谈。若是误会，可以及时消除；若是看法不同，通过谈心，了解对方的想法，也很有好处；若真的证实了猜疑并非无端，那么，心平气和地讨论，也就阻止了冲突的发生。

羞怯心理

羞怯、羞涩是人们常说的对人对事难为情的心理活动的表露。在美国有 40% 的成年人有羞怯表情，在日本 60% 的人为自己害羞。心理学家认为，羞怯心理并不都是消极的，适度的羞怯心理是维护人们自尊、自重的重要条件。调查表明，羞怯的人能体谅人，比较可靠，容易成为知心朋友，他们对爱情比较忠诚。女性适度地羞怯，可以使之更显得温柔和富有魅力。一个害羞的女大学生对潇洒的男子来说其吸引力可超过一个漂亮的交际花。当然，这里讲的是"适度"，如过于羞怯，那就成了心理障碍。

羞怯心理是非常多见的，发展到严重的程度，会表现为手足失措，被称为社会交往恐惧感或社会交往紧张感。这样的人很多，各种年龄、各种职业中都有。但是，在不同的人身上羞怯的表现各有不同，比如回避生人，比如在公众场所说话就紧张，还有诸如考试紧张感、体育活动紧张感、约会紧张感、公厕紧张感，等等。当然羞怯心理对青少年来说更为普遍。

羞怯心理重的人常有以下表现：站在陌生人面前，总感到有一种无形的压力，似乎自己正在被人审视，不敢迎视对方的目光，感到难为情。与人交谈时，面红耳赤，虚汗直冒，心里发慌。即使硬着头皮与人说上几句，也是前言不搭后语，结结巴巴的。不善于结交朋友，于是常感到孤独，常因不能与人融洽相处或充分发挥自己的才干而烦恼；不善于在各种不同场合对事物坦率地发表个人意见或评论，因此不能有效地与他人交换意见，给人拘谨、呆板的感觉。常感到自卑，在学习和生活中往往不是考虑取得成功，而更多的是考虑不要失败。

从心理学的角度来看，导致羞怯的原因有很多，其中先天因素是最大的原因。有些人生来性格内向，气质属于黏液质、抑郁质类型，他们说话低声细语的，见到生人就脸红，常怀有胆怯的心理，举手投足。其他原因大约有以下几点：

过于自卑

自卑就是一个人对自己的能力和品质做出偏低的评价，即自己看不起自己。这些人过分注意自己，缺乏自信，总觉得自己在容貌、身材、知识、能力、口才甚至衣着等方面都不如别人，低人一等，深感羞愧。如果是自己在生理上有缺陷，就更会引起心理负担过重，丧失信心，形成强烈的自卑心理，羞于与人交往。

过于敏感

过于敏感的人对自己言行的后果，对别人给予自己的评价特别在意，对他人的态度和评价特别敏感。平日里，总觉得自己时时处处都受到众人注目。因此，又对别人的一言一行、眼神、表情过于警觉，异常敏感，以致胡乱猜疑，毫无根据地主观认为别人是在议论、讥笑自己。从表面上看，这种人似乎很在乎别人的看法。其实说到底，他们更注重的还是自己，因为他们太在乎别人对自己的看法了。

极易接受消极暗示

有些人很容易受他人思想、言行、情绪等的消极暗示而产生羞怯感。比如：上课老师提问时，看到同桌好友不举手回答，再加上自己头脑中冒出"若回答错了，大家要笑话我的"思想，在这两种消极暗示的作用下，自己也就羞于举手发言，或者发言时面红耳赤，十分紧张。

挫折的经历

据统计，约有 1/4 害羞的成人在儿童时期并不害羞，但是在长大后却变得害羞了。这可能与遭受过挫折有关。这种人以前开朗大方，交往积极主动，但由于复杂的主客观原因，屡屡受挫而变得胆怯畏缩、消极被动。

那么，如何克服羞怯心理呢？

培养自信心

不必为自己的某些短处而自惭形秽，要看到并发挥自己的长处，克服缺点，摆脱与人交往的自卑阴影。遇事多采取主动态度。勇敢地说出第一句话，勇敢地迈出第一步，你可能感到羞怯，但羞怯不等于失败，胜利者比失败往往多的是一份勇气。

努力用知识充实自己

知识可以丰富人的底蕴、增加人的风度、提高人的气质，也是克服羞怯心理的良药。俗话说："艺高人胆大"，知识储备丰富自然会增加人际吸引力，使人交往自如。所以，我们要勤奋学习，努力拓宽知识面，掌握一些社交知识和技巧。

做个有心人

做个有心人，记下你感到不安的事情，你会觉得这些害怕和担心不可思议，而且完全没有必要，从而预先做好克服它们的准备。比如去面试，也许你担心交谈当中会缺乏应变能力，那么你不妨在交谈前先猜想对方将怎样提问，把要回答的话想好，甚至自言自语地进行不懈的练习。这样就能临场不惧，应付自如。

加强交往能力的锻炼

要充分利用一切机会积极锻炼自己，学会同各种各样的人打交道，关键时刻表现自己。遇到聚会、联谊时，要善于寻找时机与周围的人攀谈。松弛是克服羞怯心理的关键。羞怯的人常常过于关心他人对自己的看法，而常处于紧张状态，此时应尽量用玩笑或幽默来自我解脱。如果你能把注意力集中到你所应注意的人或事上时，你就会渐渐忘记自己的不自在。

学会微笑

人际交往的身体语言中，最具魅力的是微笑。微笑是友善的表示、自信的象征。微笑可以使你摆脱窘境，可以缩短你与他人距离，可以化解朋友间的误会，同时微笑可以减少你羞怯的感觉。

学会克制自己的忧虑情绪

凡事尽可能往好的方面想，多看积极的一面。平时注意培养自己的良好情绪和情感，相信大多数人是以信任和诚恳的态度来对待自己的，不要把自己置于不信任和不真诚的假定环境中，那样，对别人就总怀有某种戒备心理，自己偶有闪失，或者并无闪失，也生怕别人看破似的，这样自己就会惶惶然，更加重羞怯心理。我们可以通过意志的力量来改变自己的性格，克服诸如优柔寡断、神经过敏、胆怯等不良心理。一些知名演员、演说家、教师，在青年时代曾是胆怯害羞的人，但是后来他们却能在大庭广众之下口若悬河，就是他们意识到非克服害羞心理不可。事先做好准备，答题时就会应对自如；熟记演讲内容，演讲时便会口若悬河；发言开口时声音洪亮，结束时也会掷地有声。除了这些"策略"与"技巧"之外，更重要的是，要培养自己各方面能力。因为有能力才会有自信，才能克服自卑、羞怯的心理。

偏执心理

偏执，生活中并不少见。所谓偏执，是指人的意见、主张等过火。多存在于青少年中。性格和情绪上的偏激，是为人处世的一个不可小觑的缺陷，是一种心理疾病。偏执的人往往是极度的感觉过敏，对侮辱和伤害耿耿于怀；思想行为固执死板、敏感多疑、心胸狭隘；爱嫉妒，对别人获得的成就或荣誉感到紧张不安，妒火中烧，不是寻衅争吵，就是在背后说风凉话，或公开抱怨和指责别人；自以为是，自命不凡，对自己的能力估计过高，惯于把失败和责任归咎于他人，在工作和学习上往往言过其实；同时又很自卑，总是过多过高地要求别人，但从来不信任别人，认为别人居心不良；不能正确、客观地分析形势，有问题易从个人感情出发，主观片面性大；如果建立家庭，常怀疑自己的配偶不忠，等等。具这种人格的人在家不能和睦，在外不能与朋友、同事相处融洽，别人只好对他敬而远之。

偏执在情绪上的表现是按照个人的好恶和一时的心血来潮去论人论事，缺乏理性的态度和客观的标准，易受他人的暗示和引诱。如果对某人产生了好感，就认为他一切都好，明明知道是错误、是缺点，也不愿意承认。偏执的人在行动上往往莽撞从事，不顾后果。例如那些自认为"讲义气"的青年，当他们的朋友受了别人"欺侮"时，他们往往二话不说，马上就站出来帮朋友打架，把蛮干、鲁莽当英雄行为。

广大青少年由于知识经验不足，辩证思维的发展尚不成熟，不善于一分为二地看问题，往往抓住一点就无限地夸大或缩小，自以为看到了事物的全部，极易出现以偏概全的失真判断，导致错误的结论。尤其是中学生正值青春期，内分泌功能迅速发展，大脑皮质及皮质下中枢的兴奋度常迅速地增强或减弱，从而形成情绪的波动不安，出现偏激认识和冲动行为。

偏执的人，不能正确地对待别人，也不能正确地对待自己。见到别人做出成绩，出了名，就认为那有什么了不起，甚至千方百计诋毁贬损别人；见到别人不如自己，又冷嘲热讽，借压低别人来抬高自己。处处要求别人尊重自己，而自己却不尊重别人。在处理重大问题上，意气用事，我行我素，主观武断。这样的人，在社会上很难与别人和睦相处。

偏执的人喜欢走极端，因为其头脑中有着非理性的观念，因此，要改变偏执行为，首先必须分析自己的非理性观念。如：

"我不能容忍别人一丝一毫的不忠。"

"世上没有好人，我只相信自己。"

"对别人的进攻，我必须立马予以强烈反击，要让他知道我比他更强。"

"我不能表现出温柔，这会给人一种不强健的感觉。"

现在对这些观念加以改造，以除去其中极端偏激的成分。

"我不是说一不二的君王，别人偶尔的不忠应该原谅。"

"世上好人和坏人都存在，我应该相信那些好人。"

"对别人的进攻，马上反击未必是上策，而且我必须首先辨清是否真的受到了攻击。"

"我不敢表示真实的情感，这本身就是虚弱的表现。"

每当故态复萌时，就应该把改造过的合理化观念默念一遍，以此来阻止自己的偏激行为，有时自己不知不觉表现出了偏激行为、事后应重新分析当时的想法，找出当时的非理性观念，然后加以改造，以防下次再犯。

除了在思想上调整自己，我们还有必要从认识上提高自己。

从书籍中获得抚慰

法国数学家、哲学家笛卡尔说过："读一些好书，就是和许多高尚的人谈话。"实验表明，经常阅读伟大人物的传记，更能使那些固执的人得到心灵上的慰藉。丰富的知识使人聪慧，使人思想开阔，使人不至于拘泥于教条的陈规陋习。但是应该注意的是，越有知识越要谦虚，这是做人的美德。为人处世要尊敬和信任他人，多培养宽容的态度。要和勤奋好学、谦虚谨慎、品德优良的人多交往，养成虚心向别人求教的习惯。

克服虚荣心，培养高尚的情趣

人无完人，谁都会有缺点和错误，这用不着掩饰。我们要以真诚的态度来对待生活，要树立远大的目标，追求美好、崇高的东西。不要整天把心思放在修饰打扮和赶时髦上，更不要夸夸其谈，不懂装懂。

加强自我调控

要善于克制自己的抵触情绪，以及无礼的言语和行为。对自己的错误要主动承认，不要顽固地坚持自己的观点。如果意识到了平日里自己的行为有些偏执，那么，提醒自己不要陷于"敌对心理"的旋涡中。事先自我提醒和警告，处世待人时注意纠正，这样会明显减轻敌对心理和强烈的情绪反应。要懂得只有尊重别人，才能得到别人尊重的基本道理。要学会感谢那些帮助过你的人，要学会微笑。可能开始时你很不习惯，做得不自然，但必须这样做，而且要努力去做好。生活在复杂的大千世界中，冲突、纠纷和摩擦是难免的，必须懂得忍让和克制，不能让仇恨的怒火烧得自己晕头转向，肝火旺盛。

善于接受新事物

固执常和思维狭隘、不喜欢接受新东西，对未曾经历过的东西感到担心有关。为此我们要养成渴求新知识，乐于接触新人新事，并学习其新颖和精华之处的习惯。

大千世界，茫茫人海，冲突和不顺在所难免，戒除偏执和克制不可改变的事实是成功者的箴言。

第四章
常见的人格障碍

依赖型人格障碍

有一对夫妇晚年得子，十分高兴。他们把儿子视为至宝，捧在手上怕摔了，含在口里怕化了，什么事都不让他干，儿子长大以后连基本的生活也不能自理。一天，夫妇要出远门，怕儿子饿死，于是想了一个办法，烙了一张大饼，套在儿子的颈上，告诉他饿了就咬一口。但是等他们回到家里时，发现儿子已经死了，他是饿死的。原来他只知道吃颈前面的饼，不知道把后面的饼转过来吃。

依赖型人格障碍是日常生活中较为常见的人格障碍，依赖型人格对亲近与归属有过分的渴求。这种渴求是强迫的、盲目的、非理性的，与真实的情感无关。依赖型人格的人宁愿放弃自己的个人兴趣、人生观，只要他能找到一个靠山，时刻得到别人对他的温情就心满意足了。依赖型人格的这种处世方式使得他越来越懒惰、脆弱，缺乏自主性和创造性。由于处处委曲求全，依赖型人格障碍患者会产生越来越多的压抑感，这种压抑感会使他渐渐放弃自己的追求和爱好。

依赖型人格障碍的表现特征

（1）在没有从他人那里得到大量的建议和保证之前，对日常事务不能做出决策。

（2）无助感。让别人为自己做很多重要决定，如在何处生活、该选择什么职业等。

（3）被遗弃感。明知他人错了，也随声附和，因为害怕被别人遗弃。

（4）无独立性，很难单独展开计划或做事。

（5）过度容忍，为讨好他人甘愿做低下的或自己不愿做的事。

（6）独处时有不适和无助感，或竭尽全力以逃避孤独。

（7）当亲密的关系中止时感到无助或崩溃。

（8）经常被遭人遗弃的念头所折磨。

（9）很容易因未得到赞许或遭到批评而受到伤害。

具有上述特征中的五项，即可确定为依赖型人格。

心理学家霍妮在分析依赖型人格障碍时，指出这种类型的人深感自己软弱无助，有一种"我真可怜"的感觉。当要他自己拿主意时，便感到一筹莫展，像一只迷失了方向的小船，又像失去了父母的小孩。他们理所当然地认为别人比自己优秀，比自己有吸引力，比自己能干，无意识地倾向于以别人的看法来评价自己。

依赖型人格障碍的成因

依赖型人格源于个人发展的早期。幼年时期儿童离开父母就不能生存，在儿童的印象中保护他、养育他、满足他一切需要的父母是万能的。他必须依赖他们，总怕失去了这个保护神。这时如果父母过分溺爱，鼓励子女依赖父母，不让他们有长大和自立的机会，久而久之，在子女的心目中就会逐渐产生对父母或权威的依赖心理，成年以后依然不能自主。缺乏自信心，总是依靠他人来做决定，终身不能负担起承担各项任务、工作的责任，形成依赖型人格。

自恋型人格障碍

自恋型人格在许多方面与戏剧型人格的表现相似，如情感戏剧化，二者的不同之处在于，戏剧型人格的人外向、热情，而自恋型人格的人却内向、冷漠。自恋型的人过分看重自己，对权力与理想式的爱情有非分的幻想。他们渴望引人注目，对批评极为敏感。在人际交往中，这种人很难表现出同情心。

自恋型人格障碍的表现特征

（1）对批评的反应是愤怒、羞愧或感到耻辱（尽管不一定当即表露出来）。

（2）喜欢指使他人，要他人为自己服务。

（3）自高自大，对自己的才能夸大其词，希望受人关注。

（4）坚信他关注的问题是世上独有的，不能被某些特殊的人物了解。

（5）对无限的成功、权力、荣誉、美丽或理想爱情有过分的幻想。

（6）认为自己应享有他人没有的特权。

（7）渴望持久的关注与赞美。

（8）缺乏同情心。

（9）有很强的嫉妒心。

只要出现其中的5项，即可算作自恋型人格。

自恋型人格的特点大多表现为自我重视、夸大、缺乏同情心、对别人的评价过分敏感等。他们一听到别人的赞美之辞，就沾沾自喜，反之，则会暴跳如雷。他们对别人的才智十分嫉妒，有一种"我不好，也不让你好"的心理。在和别人相处时，很少能设身处地理解别人的情感和需要。由于缺乏同情心，所以人际关系很糟，容易产生孤独抑郁的心情，加之他们有不切实际的高目标，容易在各方面遭受失败。

自恋型人格障碍的成因

自恋型人格障碍患者通常在童年时期受到过多的关注和无原则的赞赏，同时又很少承担责任，很少受到批评与挫折。自恋型人格障碍的最根本的动机是得到他人的赞赏与爱，然而，因为他们对他人的冷漠和藐视，而常常被他人所拒绝。这恰好是他们害怕恐惧的后果。

自恋型人格障碍的治疗方法

解除自我中心观。

自恋型人格的最主要特征是以自我为中心，而人生中最为自我的阶段是婴儿时期。由此可见，自恋型人格障碍患者的行为实际上退化到了婴儿期。朱迪斯·维尔斯特在他的《必要的丧失》一书中说道："一个迷恋于摇篮的人不愿丧失童年，也就不能适应成人的世界。"因此，要治疗自恋型人格，必须了解那些婴儿化的行为。你可把自己认为讨人嫌的人格特征和别人对你的批评罗列出来，看看有多少婴儿期的成分。

还可以请一位和你亲近的人作为你的监督者，一旦你出现以自我为中心的行为，便给予警告和提示，督促你及时改正。

学会爱别人。

对于自恋型的人来说，光抛弃自我的观念还不够，还必须学会去爱别人，唯有如此才能真正体会到放弃自我中心观是一种明智的选择，因为你要获得爱首先必须付出爱。

弗洛姆在他的《爱的艺术》一书中阐述了这样的观点：幼儿的爱遵循"我爱因为我被爱"的原则；成人的爱遵循"我被爱因为我爱"的原则；不成熟的爱认为"我爱你因为我需要你"；成熟的爱认为"我需要你因为我爱你"。维尔斯特认为，通过爱，我们可以超越人生。自恋型的爱就像是幼儿的爱、不成熟的爱，因此，要努力加以改正。

生活中最简单的爱的行为便是关心别人，尤其是当别人需要你帮助的时候。只要你在生活中多一些爱心，你的自恋症便会自然减轻。

强迫型人格障碍

在日常生活中，我们会发现一些儿童或成人会不由自主地去数钟声、台阶，甚至天上的星星；全神贯注地思考某个名词、韵律或典故；一遍遍认真推敲写就的文稿；废寝忘食地探索某个公式、假说或定理；一丝不苟地按顺序起床、进食、上班和入睡；反复洗手等这些现象就叫强迫现象。这些人难以容忍些微的过错和失误，不允许丝毫的杂乱和污秽。他们讲究整洁和秩序，一切都要仔细检查，反复核实。这实际上成了他们的优点：做事认真可靠，遵时守信，井井有条，只不过灵活性有些差而已。这些固定刻板的行为对他们而言已经习以为常，不会给他本人带来任何痛苦，并且可以通过注意力的转移或外界的影响而中断，也不会伴有焦虑。

其实，在我们每个人身上，都会多多少少地出现一定程度的强迫现象，这些属于正常的心理现象。当强迫思考或行为总是纠缠着你，操纵着你，使你欲罢不能，无从逃避，就有可能演变成为强迫性人格障碍，甚至强迫性神经症。强迫型人格障碍是一种性格障碍，多见于男性，男女比例约为2∶1，主要特征是苛求完美。

强迫型人格障碍的表现特征

强迫型人格障碍者的特征如下：

（1）做任何事情都要求完美无缺、按部就班、有条不紊，因而有时会影响工作的效率。

（2）不合理地要求别人也严格地按照他的方式做事，否则心里很不痛快，对别人做事很不放心。

（3）犹豫不决，常推迟或避免做出决定。

（4）常有不安全感，穷思竭虑，反复考虑计划是否得当，反复核对检查，唯恐疏忽和差错。

（5）拘泥细节，甚至生活小节也要"程序化"，不遵照一定的规矩就感到不安或要重做。

（6）完成一件工作之后常缺乏愉快和满足的体验，相反容易悔恨和内疚。

（7）对自己要求严格，过分沉溺于职责义务与道德规范，无业余爱好，拘谨吝啬，缺少友谊。

个人状况至少符合上述项目中的3项，方可确定为强迫型人格障碍。

强迫型人格的最主要特征就是苛求严格和完美，容易把冲突理智化，具有强烈的自制心理和自控行为。这类人在平时缺乏安全感，对自己过分克制，过分注意自己的行为是否正确、举止是否适当，因此表现得特别死板、缺乏灵活性。责任感特别强，往往用十全十美的高标准来要求自己，追求完美，同时又墨守成规。在处事方面，过于谨小慎微，常常由于过分认真而重视细节、忽视全局。怕犯错误，遇事优柔寡断，难以做出决定。他们焦虑、紧张、悔恨时多，轻松、愉快、满意时少。不能平易近人，难于热情待人，缺乏幽默感。由于对人对己都感到不满而易招怨恨。

强迫型人格具体行为表现有3个方面：

（1）心里总笼罩着一种不安全感，常处于莫名其妙的紧张和焦虑状态。如门锁上后还要反复检查，担心门是否锁好，写完信后反复检查邮票是否已贴好、地址是否写对了，等等。

（2）思虑过多，对自己做的事总没把握，总以为没达到要求，别人一怀疑，自己就感到不安。

（3）行为循规蹈矩，不知变通。自己爱好不多，清规戒律倒不少。做事有条理，整洁，守时，但对节奏明快、突然发生的事情显得不知所措，很难适应，对新事物接受慢。

强迫型人格障碍的成因

强迫型人格障碍一般形成于幼年时期，与家庭教育和生活经历直接相关。父母管教过分苛刻，要求子女严格遵守规范，绝不准许其自行其是，造成孩子生怕做错事而遭到父母的惩罚的心理，从而做任何事都思虑甚多，优柔寡断，过分拘谨和小心翼翼，逐渐形成经常性紧张、焦虑的情绪反应。一些家庭成员的生活习惯，也可能对孩子产生影响，如医生家庭，由于过分爱清洁，对孩子的卫生特别注意，容易使孩子形成"洁癖"，产生强迫性洗手等行为。另外，幼年时期受到较强的挫折和刺激，也可能产生强迫型人格。有研究表明，强迫型人格与遗传也有关系，家庭成员中有患强迫型人格障碍的，其亲属患强迫型人格障碍的概率比普通正常家庭要高。

强迫型人格障碍的治疗

顺其自然法

强迫型人格的主要表现是把冲突理智化，过分压抑和控制自己，因此强迫型人格障碍的纠正主要是减轻和放松精神压力，最有效的方法是顺其自然，不要对做过的事进行评价。比如担心门没有关好，就让它没关好；桌上的东西没有收拾干净，就让它不干净；字写得别扭，也由它去。开始时可能会由此产生焦虑的情绪，但由于患者的强迫行为还远没有达到强迫症的无法自控的程度，所以经过一段时间的训练和自己意志的努力，症状是会消除的。

当头棒喝法

"棒喝"是借用禅宗中的"德山棒，临济喝"的说法。德山常以大棒惊吓学生，使执迷不悟的学生顿然开悟，而临济则以模棱两可的问题问学生，学生犹豫不能作答时，临济则大喝一声以示警醒。当一个人过分执着于经典与规矩时，就会对多变的现实感到无所适从。强迫型人格障碍患者已经习惯于按教条办事，在某种程度上像个机器人。而要改变这种状况，就要发现生活中的独特事件，用新的观念和解决问题的新思路、新方法，来改变墨守成规、循规蹈矩的习惯。

分裂样人格障碍

有一位著名的数学家，曾在科研领域做出过卓越的贡献，并以他的名字命名了一个数学定理。尽管他在科研事业上出类拔萃，然而他却是一个人格障碍患者。他性格孤僻内向，成天关在小房间里看书学习，演算公式，攻克难题，几乎谈不上社会交往和人际交往。他为人沉默寡言，兴趣索然，生活随便，给人一种"古怪"的印象。40岁左右才在家人催促下结了婚。结婚时不知如何置办家具，婚后不知道上街购买生活用品。由于过分内向离群，对外界反应不灵敏，社会适应性很差，多次发生车祸，造成严重的后遗症。他所表现出的这些人格特征，心理学上称为分裂样人格障碍。

分裂样人格障碍一般表示为：内向、孤僻、胆小、懦弱、自卑、害羞、沉默寡言、不爱交往、不关心别人对他的评价、缺乏朋友、行为怪癖（但尚能使人理解）。他们尽管没有丧失对现实的认知能力，但社会活动能力差，又缺乏进取心，常静坐沉思，沉溺于幻想之中。自我中心倾向明显，对人态度冷淡，怕见生人，不主动与人打招呼，也不愿意介入别人的事，尤其回避那些竞争性情境。几乎没有自信心，害怕在别人面前讲话做事，往往话到嘴边就犹豫起来，吞吞吐吐，浑身紧张，手足无措；做作业、写文章或干别的事都不愿意让人看见，害怕被人耻笑。

分裂样人格障碍的表现特征

（1）有奇异的信念，或与文化背景不相称的行为，如相信透视力、心灵感应、特异功能和第六感等。

（2）奇怪的、反常的或特殊的行为或外貌，如服饰奇特、不修边幅、行为不合时宜、习惯或目的不明确。

（3）言语怪异，如离题、用词不当、繁简失当、表达意见不清，并非文化程度或智能障碍等因素所引起。

（4）不寻常的知觉体验，如一惯性的错觉、幻觉、看见不存在的人。

（5）对人冷淡，对亲属也不例外，缺少温暖。

（6）表情淡漠，缺乏深刻或生动的情感体验。

（7）多单独活动，主动与人交往仅限于生活或工作中必需的接触，除亲属外无亲密友人。

符合上述项目中的3项的人，可确定为分裂样人格障碍。

从以上的表现特征我们可以看出，分裂样人格障碍患者主要表现为缺乏温情，难以与别人建立深切的情感联系，于是，他们的人际关系一般很差。因而，大多数分裂样人格障碍患者独身。患者对别人的意见漠不关心，对别人的赞扬、批评，均无动于衷，过着一种孤独寂寞的生活。其中有些人，也有一些爱好，但多是阅读、欣赏音乐、思考之类安静、被动的活动，部分人还可能一生沉醉于某种专业，做出较高的成就。但从总体来说，这类人生活平淡、刻板，缺乏创造性和独立性，难以适应多变的现代社会生活。

这类人的性欲淡漠也颇为突出，内心世界却极其广阔，常常想入非非，但常常缺乏相应的情感内容，缺乏进取心。他们总是以冷漠无情来应付环境，以"眼不见为净"的方式逃避现实，但他们这种与世无争的外在表现不能压抑内心的焦虑和痛苦。

分裂样人格障碍的成因

分裂样人格障碍的形成与人的早期心理发展有很大的关系。婴儿出生后，有很长一段时间不能独立，需要父母亲的照顾，在这个过程中，儿童与父母的关系占重要地位，儿童就是在与父母的关系中建立自己的早期人格的。在成长过程中，尽管每个儿童不免要受到一些指责，但只要他感觉到周围有人爱他，就不会产生心理上的偏差。但如果终日不断被骂、被批评，得不到父母的爱，儿童就会觉得自己毫无价值。更进一步，如果父母对子女不公正，就会使儿童是非观念不稳定，产生心理上的焦虑和敌对情绪，有些儿童因此而逃避与父母身体和情感的接触，进而逃避与其他人和事物的接触，这样就极易形成分裂样人格。

导致分裂样人格的主要原因是个体不能适应环境。有分裂样人格的人在青少年时期一般都有较强的自尊心和进取心，但由于各种原因使他们经常遭受挫折、失败、屈辱，尊重长期得不到满足，因而自卑、怯懦、胆小等特点逐渐发展、强化和巩固，成为他身上稳定的人格特征。他们好高骛远，能力不足，或缺乏合作经验，因而遭受挫折；缺乏机会，与他人合作不好，人际关系不融洽，因而很少获得成功；经常受到家长过分的苛责和打骂、教师或上级过分严厉的批评指责；受环境压抑或社会观念影响（如遗传决定论、宿命论等），承认自己天资不如人；以时运不济来解释自己的处境，聊以自慰。其结果必然助长自卑心理。性格内向，不好交往，使他们不了解周围的人，别人也不了解他们。他们难以得到他人的同情、谅解和帮助，于是自卑、怯懦、胆小和内向等人格特征更加强化巩固。

分裂样人格障碍的治疗

兴趣培养法。兴趣是指积极探究某种事物而给予优先注意的认识倾向，并具有向往的良好情感。因此兴趣培养有助于克服兴趣索然、情感淡漠的人格。具体做法如下：

（1）提高认知。要求本人有意识地分析自己，确定积极人生的理想和追求目标。应使其懂得这样一个道理：人生是一个乐趣无穷的愉快旅程，每一个人都应该像一位情趣盎然的旅行家，像欣赏宇宙万物那样，每时每刻都在奇趣欢乐的道路上旅行，这样人生才能充满乐趣和前进的动力。

（2）社会实践。创造条件，有意识地接触社会实际生活，扩大接受社会信息量，促使兴趣多样化。

（3）参加兴趣小组。这是培养兴趣的较好形式，内容有绘画、书法、音乐、舞蹈、艺术、体育锻炼、科技活动等。

自我调适法。分裂样人格常从童年期形成起就存在于人的一生，很少改变，而且各种表现比较稳定，不易发生衰退。迄今无特殊药物治疗这种病态人格。不过有分裂型人格的人智力尚属良好，有的人还能获得杰出成就，中外一些艺术家、哲学家和自然科学家也有患分裂样人格障碍的。因此，有这种人格症状的人不要自卑，要勇于承认自己的人格缺陷，注意多与他人接触，不要总是担心会被人耻笑或误解；要尽量轻松愉快地与人谈话、交往，在与人交往中跟他人相互了解，争取得到他人的理解和帮助，用友谊来取代孤独。此外，必须摒弃遗传决定论、女不如男和宿命论等消极的观点，努力实践奋斗，以勤补拙。要相信"世上无难事，只怕有心人"这句至理名言，只要选准适合自己特长和条件的奋斗方向，经过自己努力，一定能够有所成就。

另外，还可以通过饲养自己感兴趣的小动物来激发生活的情趣，实现自我满足和改善自己冷漠的心态。

第五章
常见的异常行为及调适

暴饮暴食

生活中，你会看到有一些人会无法控制地、定期地（约每周两次）暴饮暴食，感觉好像没有办法停止"吃"的动作，一直吃到自己受不了为止。这些人通常体态适中，但很强烈地担心自己的体重上升，而且对于自我的评价相当受其身材所影响，因此往往在大量进食之后，会有羞愧、罪恶的感觉，并且会以催吐、灌肠、使用泻药或绝食等方式来避免体重上升。

暴饮暴食行为多发生在二十几岁，主要是起源于心理困扰，然后再演变为过度重视食物的摄取和身材的比例。在越来越多女性追求苗条身材、承受较大压力的情形下，其发生率显著上升。

暴饮暴食的心理成因

病例：

婷婷，女，17岁，高中生。患有严重的暴饮暴食症。

她已有一年病史，每隔半个月左右就会发作一次，每次发作时，她一接触食物便会将它全塞入嘴里，不停地吃啊吃，一直吃到撑得实在吃不下了，感觉肚子都快撑破了，就把吃下去的再全部吐出来。但下次见到食物还是控制不住想吃。吃完后再用手抠喉咙，刺激咽喉，把吃下去的东西再吐出来。有时竟能吐出血来。

但每次病发，就忘了以前的一切痛苦经历，还是大吃特吃。有时候吐完了哭着说："难受得恨不得去死。"她自己也曾努力控制自己，却控制不了，对生活失去了信心。一个漂亮的小姑娘被折磨得不成样。

经心理医生询问后，才发现暴饮暴食其实只是表面上的症状，真的问题是她自身心理上的。

婷婷从小就特别爱干净，爱漂亮。再加上她从小就长得十分漂亮，邻居都夸她，爸爸妈妈也老向其他人夸他们的女儿有多可爱、多美丽。婷婷在大家的夸奖声中长大。到上中学后，更是发育得亭亭玉立，成了班里公认的"班花"。可是上个学年，班里转来一个女孩。这个女孩一来就抢走了她一半的拥护者。于是，两个女孩开始明争暗斗。比谁的衣服更漂亮，谁的气质更好，当然还有身材。为这，那个女孩和婷婷都拼命节食。可每天只吃苹果却不能吃那些美味的食品的日子实在太难熬了。终于有一天，婷婷发现了一个可以吃到美食又不会发胖的办法：吃完后再用手抠喉咙，刺激咽喉，让吃下去的东西吐出来。开始时很困难，吐不出来。但时间长了以后，婷婷做这项工作已很熟练了。现在她每隔一定时间就要来这么一次，而且由于可以不变胖，她吃的东西越来越多，根本就无法停止。

患有暴饮暴食症的患者，在心理上其实有许多相同的特质，例如具有完美主义的倾向，以"过度理想"的身材为追求的目标。持续的困扰，会严重地影响身体健康，导致贫血、脱水、月经停止、肠胃功能障碍、心脏血管病变等问题，一旦有暴饮暴食症，应及时寻求专业人士的协助。

暴饮暴食的心理调适

首先要建立以健康为美的信念。外表和身材的完美并不能代表一个人的一切。要抛弃那种病态的审美观，只有心理和身体健康的人才是美丽的。患者要不断充实自己，不要盲目攀比。把时间和精力浪费在肤浅的比较中并不明智，人活着应该寻求高尚的竞争目的，如对知识和智慧的追求等。只要不断地学习，适当地运动，人生就会充实起来。要树立正确的人生观和价值观。一个有远大理想和正确人生观的人是不会陷入这种盲目的竞争中的。

学会选择朋友是非常重要的。如果身边只是那些重视外表的朋友，那这样的友谊是不会长久的。多结交几个有思想的朋友，他们会给你带来意想不到的快乐，并能在你把握不住自己的时候提出忠告。

饮食是人们赖以生存的基本需求。每个人每天都必须摄入一定的食物用来维持身体的需要。所以，要把吃饭当成是一种很正常的事情。千万不可以为了保持身材而不吃东西。不要过高要求自己的身材。事实上，暴饮暴食的人往往身材偏瘦，只是他们自己给自己定的标准太高。在别人看来，他们已经很瘦了，根本用不着减肥，从健康的角度讲，反而需要适当增肥。

吸烟成瘾

吸烟的习俗是哥伦布发现新大陆之后开始的，其历史不过几百年，但在世界各地，吸烟的人数和数量却在以令人难以置信的速度增加。吸烟是一种后天形成的不良嗜好，它对自己、他人和环境都有较大危害。全世界每年因吸烟导致死亡的人数达250万之多，可以说，烟是人类的第一杀手。

烟草的烟雾中至少含有三种有毒的化学物质：焦油、尼古丁和一氧化碳。焦油由好几种物质混合而成，在肺中会浓缩成一种黏性物质；尼古丁是一种会使人成瘾的药物，由肺部吸收，主要是对神经系统发生作用；一氧化碳会降低红细胞，并将氧输送到全身。

有资料表明，一个每天吸15～20支香烟的人，其患肺癌、口腔癌或喉癌致死的概率要比不吸烟的人高 14 倍；其患食道癌致死的概率比不吸烟的人高 4 倍；死于膀胱癌和心脏病的概率要比不吸烟的人高 2 倍。吸烟是导致慢性支气管炎和肺气肿的主要原因，而慢性肺部疾病也增加了得肺炎及心脏病的危险。同时，吸烟也增加了患高血压病的危险。

被动吸烟又称"强迫吸烟"或"间接吸烟"，是指不愿吸烟的人被迫吸入别人吐出来的、夹有大量卷烟毒性物质的空气 15 分钟以上。被动吸烟者可能招致与吸烟者同样的病症。

吸烟不但给本人带来危害，而且还殃及子女，有学者对 5200 个孕妇进行调查分析，结果发现其丈夫每天吸烟的数量与胎儿产前的死亡率和先天畸形儿的出生率成正比。父亲不吸烟的，子女先天畸形的比率为 0.8%；父亲每天吸烟 1 ~ 10 支的其比率为 1.4%；每天吸烟 10 支以上的比率为 2.1%。孕妇本人吸烟数量的多少，也直接影响到婴儿出生前后的死亡率。例如，每天吸烟不足一包的，婴儿死亡危险率为 20%；每天吸烟一包以上的，婴儿死亡危险率为 35%。

烟瘾形成的原因

吸烟习惯的形成主要是外界环境的影响：

（1）好奇。对于大多数吸烟的青少年来说，开始只是出于好奇，常听人说："饭后一根烟，赛过活神仙。"于是便想亲自去体验其中的滋味。

（2）模仿。香烟具有多种象征作用，历史上许多伟人都爱抽烟，例如丘吉尔、斯大林等，这些伟人与香烟的联系如此紧密，无形中便成了一种力量和自信的象征，吸引着许多青少年去模仿。此外，成人或同伴的影响，吸烟者那种潇洒自如、悠然自得的神态对青少年具有很大的诱惑力，吸引着青少年去模仿。

（3）交际的需要。吸烟已成为一种交际手段。敬烟往往是社交的序曲，能缩短人与人之间的心理距离。互相敬烟能沟通感情，产生心理上的接近，有利于问题的解决。许多人开始纯粹是因为社交上的应酬，办事前，首先要给对方敬上一支烟，随后再为自己点上一支；别人给你敬烟，不接受又显得不礼貌。随着这种"礼尚往来"的增多，慢慢地由抽一支烟半天不舒服到半天不抽烟就不舒服，最终加入到吸烟者的行列。

（4）消愁。有不少人在工作、学习、生活中受到挫折以后，便借抽烟来缓解自己的紧张焦虑情绪，消除烦恼。

（5）提神。吸烟上瘾之后，人们发现烟具有一定的兴奋作用，而生理上的烟瘾使得抽烟成为一种习惯和享受，许多吸烟成瘾的人不吸烟就无精神，而一抽烟，就精神焕发，思路大开。

（6）显示自己的成熟。在许多青少年眼里，抽烟是一种男子汉的标志，是成熟的标志。为了证明自己不再是小孩，而选择了吸烟这种方式。

嗜烟者有下列特点：

（1）吸烟数量由一天几支到一包、两包，甚至两包以上，更有甚者会坐在那里抽烟，可以不熄火，一支接一支不间断地抽。

（2）吸烟成瘾后，一旦长时间不吸烟就会出现一些消极的不良反应，如打瞌睡、打呵欠、流眼泪、心情郁闷、坐立不安等。

（3）嗜烟者具有好交往、合群、喜欢冒险、行事轻率、冲动、易发脾气、情绪控制能力差等个性特征。

有调查显示，嗜烟者中有71%的人同时还有其他嗜好，如饮浓茶、喝酒、喝咖啡等。

戒除烟瘾的方法

由于吸烟对个体的身心健康及环境的影响极大，应该引起人们的重视，下面介绍一些戒烟的方法：

首先要加强戒烟意识：刚开始戒烟，人感觉总是不太舒服，但是要有这种意识，即戒烟几天后味觉和嗅觉就会好起来。

寻找替代办法：戒烟后的主要任务之一是在受到引诱的情况

下找到不吸烟的替代办法：做一些技巧游戏，使两只手不闲着，通过刷牙使口腔里产生一种不想吸烟的味道，或者通过令人兴奋的谈话转移注意力。如果你喜欢每天早晨喝完咖啡后抽一支烟，那么你把每天早晨喝咖啡换成喝茶。

打赌：一些过去曾吸烟的人有过戒烟打赌的好经验，其效果之一是公开戒烟，能得到朋友和同事们的支持和监督。

少参加聚会：刚开始戒烟时要避免受到吸烟的引诱。如果有朋友邀请你参加聚会，而参加聚会的人大多吸烟，那么至少在戒烟初期应婉言拒绝参加此类聚会，直到自己觉得没有烟瘾为止。

消除紧张情绪：如果紧张的工作和生活是你吸烟的主要起因，那么拿走你周围所有的吸烟用具，改变工作环境和工作程序。在工作、生活场所放一些无糖口香糖、水果、果汁和矿泉水，多做几次短时间的休息，到室外运动一下，几分钟就行。

体重问题：戒烟后体重往往会明显增加，一般增加2～8公斤。爱烟的人戒烟后会降低人体新陈代谢的基本速度，并且会吃更多的食物来替代吸烟，但可以通过增加身体的运动量来避免体重增加，因为增加运动量可以加速新陈代谢。另外，多喝水，使胃里不空着。

游泳、踢球和洗蒸汽浴：经常运动会提高情绪，冲淡烟瘾，体育运动会使紧张不安的神经镇静下来，并且会消耗热量。

扔掉吸烟用具：烟灰缸、打火机和香烟都会对戒烟者产生刺激，应该让它们从戒烟者的视野中消失。

转移注意力：尤其是在戒烟初期，多花点钱从事一些会带来乐趣的活动，以转移自己的注意力，晚上不要像通常那样在电视机前度过，可以去按摩、听唱片、上网与家人散步等。

经受得住重新吸烟的考验：戒烟后又吸烟等于戒烟失败，但要仔细分析重新吸烟的原因，避免以后再犯。

嗜酒如命

据考证，我国早在古代夏禹时期就开始酿酒，在人类三大嗜好—烟、酒、茶中，别看酒既不能充饥，又不能解渴，特别是白酒也没有什么值得特别宣扬的营养价值，但古今中外世界各国在喜庆的欢宴中都少不了酒，所谓无酒不成席、无酒不足庆。

在现代社会生活中，美酒加咖啡更是一种时尚，特别是人逢喜庆更少不了三杯美酒敬亲人。作为礼仪交流的一种方式，酒文化的含义早已超越了它原本的内涵，但是这只能是在"适当"饮酒中才能展示其高雅和喜庆的风范。当然，适当少量饮酒还能健身。《本草备要》载，"少饮则和血运气，壮神御寒，遣兴消愁，避邪逐秽，暖五脏，行药势"，有一定好处，但是一旦陷入嗜酒如命的酗酒成瘾状态则完全变了性质。

古代有个叫刘伶的人，崇尚老庄，放情肆志，嗜酒如命，著有《酒德颂》，流传后世。

刘伶不爱说话，也很少和人交往。出门的时候，总是随身携带一壶酒，叫个人扛着一把铁锹跟在身后，说："我要是喝死了，你就挖个坑把我埋掉。"他常常在外面喝得东倒西歪，像一摊烂泥，有时会跟不认识的人吵起来。他个子又矮，相貌又丑，酒醉后嘴里还不干不净，自然有人捋起袖子要揍他。他看人家要来真的，便又给人赔笑，说："你看我瘦成这样，哪能经得起先生您那样大的拳头呀？"搞得人家只好笑笑作罢。

刘伶的老婆看丈夫成天酒态，气得把家中的酒器摔的摔、砸的砸，哭着说："你喝酒我不反对，但你喝得太厉害！这样下去日子怎么过？我求求你，戒掉它好吗？"刘伶说："好，好，可我自己控制不住，只有祈求鬼神帮忙。让我向鬼神发个誓，你给我搞点酒肉来供奉鬼神。"老婆听了很高兴，便拿来酒肉，供奉到鬼神牌位前。

刘伶向鬼神牌位拜了几拜，然后跪下说："老天爷生下我刘伶，把酒看作生命。一喝就是一斛，喝过五斗神志才清。我老婆所讲的话，您千万不能听！"于是抓起供奉鬼神的肉，拿起供奉鬼神的酒，一边啃咬，一边咕咕地直往肚子里灌，不到一会儿，便像烂泥一样醉得不省人事。

像刘伶那样，对酒简直到了如痴如狂的程度，这在没有酒瘾的人看来是匪夷所思的。那么酒瘾是怎样形成的呢？

酒进入人体后，由于酒中的酒精（乙醇），有90%以上在人体的肝脏内分解成乙醛，乙醛再分解为水和二氧化碳排出体外。乙醇有促进氧化磷酸酶的作用，这种酶与细胞能量代谢有重要关系，但细胞膜对乙醛的通透性极小，只有通过乙醇的帮助，乙醛才能发挥作用。当人大量饮酒时，体内的乙醇和乙醛的浓度都会增加，便加速了氧化能量的代谢过程，使大脑兴奋度和器官功能暂时有一定增强，人的精神就感到格外愉快、活跃和兴奋。时间一长，人的机体内的这种反应逐渐会变成常规，并且在大脑中形成程序，从而固定下来，这样，便产生了一种较强烈的不断补充乙醇和乙醛的需要，从而形成了酒瘾。

饮酒成瘾的危害

长期大量饮酒可导致慢性酒精中毒，对人体造成多方面的损害。

（1）对躯体的影响。大量饮酒易引起胃炎、胃及十二指肠溃疡、胃出血、酒精中毒性肝炎、脂肪肝和肝硬化等，还会增加咽喉、食管、口腔、肝、胰腺等部位癌症的发病率。在西方国家，20%~25%的肝硬化都是由饮酒直接引起的。

（2）对神经系统的影响。大量饮酒易引起小脑变性，发生共济失调，表现为步态蹒跚，走直线困难；震颤，轻者双手颤抖，重者颜面的表情肌、舌肌也发生震颤；还可出现周缘神经疾病、脑梗死和癫痫等。

（3）产生精神障碍。情绪方面：易产生焦虑、抑郁情绪，特别是成瘾后，在身体状况不佳、家庭不和、经济水平下降时尤为突出，严重者还可能产生自杀念头。据报道，住院的患者中，产生自杀念头的占6%～20%。幻觉症：多发生在长期饮酒或突然停止饮酒后数日或1～2周内。在神志清醒的状态下产生言语幻听，内容多是威胁性言语，通常以数人交谈或评论他人的方式出现，如骂某人贪杯好色、是酒鬼，或揭露其隐私等；出现短时幻视，如看见躲在门窗后的人影或闪烁的亮光、地板的条纹变成怪物等。病情可持续数周、数月，甚至长达数年。柯萨可夫综合征（又称遗忘综合征）：表现为识记能力发生障碍，近记忆缺损，对刚发生的事不能回忆，对多年以前的事却能正确回忆等。震颤谵妄：多是在慢性中毒的基础上骤然减少酒量或突然戒酒后忽然出现的精神状态的改变。可出现全身颤抖、大量出汗、不安和易怒等症状。

（4）人格改变。嗜酒成癖后，随着酒精中毒加深，部分患者的人格也将发生显著变化，如有的变得玩世不恭或多愁善感，有的变得待人冷漠，或不可理喻等。

（5）对家庭的影响。长期嗜酒的男性，可引起性功能障碍，以性欲低下甚至阳痿较多见。在性功能障碍的基础上，常产生嫉妒妄想，怀疑妻子不忠，而无故谩骂、殴打、侮辱、虐待，威胁要将其置于死地，导致一场野蛮的家庭闹剧。次日清醒后，又会不断地请求妻子宽恕。但猜疑不去，且与日俱增，最后即使在饮酒时也不会消失。因此导致家庭破裂者不在少数。

（6）对后代的影响。经常酗酒还会损伤生殖功能。医学研究证实，大量的酒精对精子和胎儿都有致命的"打击"和损伤，酒鬼的后代出现弱智子女和畸形悲剧就是明证。

戒酒与嗜酒的心理调适

由于酗酒对个体和社会的危害极大，因此对酒精滥用者和酒精依赖者必须进行治疗和戒酒指导。首先通过影视、电台、图片、实物、讨论等多种方式，让嗜酒者端正对酒的态度，认识到适量饮酒有益，超量饮酒有害，逐步控制饮酒量。

酗酒者常有许多坏习惯，如有人喜欢空腹饮酒，有人喜欢一饮而尽，有人喜欢敬酒、罚酒、赌酒、灌酒，这些不良习惯都应革除。饮酒前要多吃菜，慢慢饮，社交喝酒时，要随人意。

厌恶疗法是医生通常使用的治愈酒瘾的方法。对嗜酒成瘾的患者的饮酒行为附加一个恶性刺激，使之对酒精产生厌恶反应，以消除其饮酒欲望。

酗酒往往给家庭带来不幸，但对其进行监督制约的最好环境也是家庭。因此，家庭成员应帮助患者，让其了解酒精中毒的危害，树立起戒酒的决心和信心，并与患者达成协议，定时限量给予酒喝，循序渐进地戒除酒瘾。同时创造良好的家庭气氛，用亲情、温情去解除患者的心理症结，使之感受到家庭的温暖。患者也可成立各种戒酒者协会，进行自我教育及互相约束与帮助，达到戒酒的目的。国外有各种各样的嗜酒者互诚协会，日本有民间的断酒会。这些组织每周聚会 1 ~ 2 次，讨论戒酒方法，介绍戒酒经验，互相勉励。

迷恋网络

2004 年 3 月，某晚报一个大大的标题令人触目惊心："妈妈，我让网吧给害了！"该报道讲述了浙江省某市一位 16 岁少年因迷恋上网无法自拔，无奈之下 3 次自杀，母亲悲痛欲绝却又无可奈何……

一位名叫王力的高一学生，因为迷恋上网，因而学习成绩下降，继而旷课、逃学，最终患上了精神分裂症，被送进精神病医院治疗。经过 20 多天的治疗，王力的病情才有所好转。

据校方介绍，王力于 2002 年上高一后，成绩一般，并经常旷课、逃学。后来学校了解到，王力学习成绩下降、旷课的原因是沉迷于上网打游戏。2003年，由于学习成绩差，王力不得不留级。但留级后，王力依然热衷于上网，并经常旷课逃学。学校为此多次对王力本人进行教育，并多次通知家长进行配合教育，王力也多次写下保证书，但结果还是一切照旧。2004年初开学后，王力到学校上了几节课后又不上了，2004年3月中旬，王力的父亲来到学校，要退注册费和寄宿费，学校才知道王力在精神上出了问题。

负责治疗王力的张医生指出，王力患的是精神分裂症，主要原因是上网成瘾，导致学习成绩下降，并形成巨大的精神压力所致。

随着家用电脑的普及，网民数量的增多，一种新的疾病——网络性心理障碍引起了全世界医学界和心理学界的关注。心理学专家对众多网民心态进行了分析，对技术的迷信和对速度的崇拜，膨胀着上网的欲望，这是一类网民上网的动力；将上网当成一种时髦、流行如同身着名牌；看破红尘，远离江湖，隐居网络，成了许多人逃避现实生活的一种手段。

一组统计数字为人们敲响了警钟。目前全球2亿多网民中，约有1140万人患有某种形式的网络心理障碍，约占网民人数的6%。这部分人在网上其乐无穷的冲浪体验中逐渐形成了一种对网络的依赖心理，随着每次上网时间的不断延长，这种依赖越来越强烈，容易患上"互联网成瘾综合征"。患者因为缺乏社会沟通和人际交流，将网络世界当作现实生活，脱离社会生活，与他人没有共同语言，而出现孤独不安、情绪低落、思维迟钝、自我评价降低等症状，严重者甚至有自杀意向和行为，如前面讲到的那位少年。据统计，目前我国有1500万左右的未成年人网民，在上网的人群中，患"互联网成瘾综合征"的比例约为6%，在青少年中，比例高达14%。

当网络依赖失控，对人产生负面影响的时候，我们就应把它当作心理上的一种障碍来看待。有关研究表明，我国有5%～10%的互联网使用者存在网络依赖倾向，其中青少年中存在网络依赖倾向的约占 7%。与很多国家相比，我国中学生中使用互联网的人数比例较高、时间较长，平均每周使用时间为 8.98 小时，假期高达 21.34 小时。

网络世界形形色色，把生活需要转移至寄托于网络虚拟空间的事件确实存在，所以，就有了很多现代化的新词：染网瘾、网恋、网络同居、网婚等，最为严重的就是网络犯罪。

上网成瘾的影响因素

（1）社会因素。当今社会，网吧密布大街小巷，成为青少年娱乐的主要场所，有时中小学生邀约集体上网玩游戏、冲浪等；在虚拟世界的信息刺激下，玩者会体验到现实世界体会不到的快感，随着乐趣不断增强，就会欲罢不能，久而久之成瘾。即使那些没有心理问题，但自制力差的孩子同样会患上网瘾。有些成瘾者由于网上谈话自由或互动游戏而引起精神依赖。

（2）家庭因素。家庭因素也是影响形成网瘾的一个主要原因。

问题型家庭。家庭出现问题，孩子往往会首当其冲成为受害者，而这些问题中，最突出的就是父母离异，孩子得不到正常的父爱和母爱，上网就成了他们唯一的精神寄托。

暴力型家庭。打骂孩子是父母教育中最恶劣的一种方法。有些父母认为，孩子是自己的，打一下骂一下是天经地义的事情。打孩子最常见的后果就是孩子仇视父母，这样只能使亲子之间的隔阂越来越深。于是，网吧就成了他们的避风港。

不健康的家庭教育。由于不健康的家庭教育，使孩子失去了正确的人生方向，更谈不上什么人生理想，其向上的潜能往往被严重地挫伤或扭曲。这些孩子普遍感到学习的压力大，有着强烈的厌学情绪，一旦在现实生活中遭遇挫折，为摆脱"弱者"地位，特别是当无法解决在学习和生活中遇到的问题时，就会开始逃避，寻找能够满足成就的替代品。网络游戏恰恰能给他们作为强者的愉悦感。

（3）心理因素。好奇，大多数青少年网络成瘾者当初都是由于好奇心理，听经常上网的"网虫"同学或朋友说网络游戏如何好玩，于是心里痒痒就跃跃欲试到网吧一展身手，一次，二次……逐渐就对网络游戏产生了精神依赖。

（4）人格因素。"T型人格"是一种爱寻求刺激的、爱冒险的人格特征，它分为T+型和T-型。T+型从事的冒险活动是被社会所认可的；T-型所从事的冒险则是不被社会所认可的，这种刺激可能对人的成长是负面的，对这种孩子就要特别注意，一定要正确引导，让他接触到健康的活动。

还有就是延迟满足能力差。比如一个孩子产生某种需求时立刻就要满足，否则就要闹，而不考虑满足这种需求的时间和条件。一般来讲，延迟满足能力比较差的孩子很容易上瘾。网络成瘾的男孩子大多性格内向、对事情特别专注因而易成瘾。

上网成瘾的危害

美国和欧洲的社会学家及心理学家一致认为，上网成瘾是一种危害不亚于酗酒和赌博成性的心理疾病。

目前，"因特网中毒"已成为日益严重的社会问题。上网成瘾者常因担心电子邮件是否已送达而睡不着觉，一上网就废寝忘食严重影响了身体健康，打乱了正常的生活秩序。有人发展到每天起床便莫名其妙地情绪低落、思维迟缓、头昏眼花、双手颤抖和食欲不振。更有甚者，一旦停止上网，就会出现急性戒断综合征，甚至采取自残或自杀手段，危害个人和社会安全。有研究显示，长时间上网会使大脑中的一种叫多巴胺的化学物质水平升高，这种类似于肾上腺素的物质短时间内会令人高度兴奋，但其后则令人更加颓废、消沉。据统计，网络心理障碍者的年龄介于15～45岁，男性患者占总发病人数的98.5%。20～30岁的单身男性为易患人群。有关专家还认为，上网成瘾也是婚姻破裂、对子女疏于管教、人际关系紧张等社会问题的诱因之一。

网络成瘾还会影响公司职员的工作效率。一项对全美前 1000 家大公司的调查显示，超过 55% 的管理人员认为，很多雇员把上班时间用在与工作无关的网络活动上。纽约一家公司暗中统计了本公司职员上班时间的网络活动，发现其中仅有 23% 是真正与工作相关的。由于上班时间在网上漫游而被辞退的雇员更是不断增加。

网络成瘾还可能会导致家庭破裂。匹兹堡大学心理学教授金波利·杨在过去三年中亲自访谈了数百名网络成瘾患者，她发现一个患有网络成瘾的丈夫，每天和他心爱的计算机在一起的时间，远比和他亲爱的妻子在一起的时间要长。更糟糕的是，他已爱上了他的"网上情人"，正准备带上他的电脑与妻子离婚。

上网成瘾的心理调适

对于孩子的上网成瘾，可采取以下的方法进行治疗：

首先，要改变患者对网络活动的不良认知。作为新时代的父母，首先自己要了解网络，全面提升自己在孩子成长教育方面的概念、方法和知识。青少年自控能力差，迷恋网络容易成瘾，家长应该引导和帮助，而不是呵斥、封闭和阻挠，甚至动不动就关电源、拔网线、拆电脑配件、把孩子锁禁闭，等等。

其次，多与孩子交流。孩子迷上上网，做父母的非常操心，防、管、骂、打，甚至赶出家门，各种方法都试过，但收效甚微。一位父亲无意中看到孩子的日记："我真不该惹妈妈生气，家里没电脑我就去网吧，其实我很少玩游戏，主要是看些学习资料，后来妈妈越管越严，我才赌气玩游戏的。"父亲恍然大悟，把孩子找回来，改变过去简单粗暴的教育方法，与孩子亲密聊天，谈网络上的一些东西，从谈话中他发现孩子的网络知识懂得特别多，于是父亲就给孩子买了两本计算机方面的书，还花钱买了一台二手电脑，有空就陪孩子一起玩电脑，孩子还成了父亲学计算机的老师，父子俩其乐融融。此外，父母可以陪孩子一起上网，帮助孩子从中辨伪识真，汲取精华，去其糟粕。

再次，培养孩子多方面的兴趣。孩子业余活动内容贫乏，上网聊天、玩游戏就成了孩子的主要生活内容。上网时间一长就会成瘾，不能自拔，甚至影响学习和健康。比如，有个父亲怕孩子陷得太深，就刻意培养他的其他兴趣爱好。比如给他买了钢琴，要求他每年参加考级，假期就送他参加一些球类、绘画、英语等爱好方面的培训，同时又与国外同龄学生结对交友，有时候还全家一起去郊外度假。课余生活丰富了，兴趣广泛了，也就没有更多时间去上网，又能获得广博的知识。

最后，对孩子的上网进行限制。最好事先与其达成协议，约法三章。例如，关键是注意方法，最好与孩子达成协议，对上网约法三章。一是限制网友。一般不加陌生人，添加新好友时，必须经父母同意。二是限制时间。每天晚饭后 1 小时，周六、周日两小时。三是限制内容。不准上色情网站，不准玩大型游戏，不准告诉其他人自己的家庭和个人信息，不准约见网友。四是限制地点。控制资金，严禁到网吧上网。这些规定中，违反一次，扣 1 小时上网时间，零花钱减半，严重违反，"禁网"一周。在具体实施过程中，经常提醒孩子言而有信，学会自制。孩子开始有投机心理，发现被处罚后，现在能自觉遵守了。这个方法很简单，用不同的 QQ 号码试探几次，就能知道孩子有没有违规。

第六章
儿童期的主要心理问题及调适

儿童孤独症

儿童孤独症，是发生在婴幼儿期的广泛发育障碍，是一种比较严重的儿童精神障碍，这种病涉及感知、语言、情感、智能等多种功能的损害。

孤独症的病因至今未明，可能与家庭环境、遗传、脑部疾病、母亲孕期生病吃药的影响有关。西方学者早期报告，孤独症患儿的父母多数是知识水平较高的专业技术人员，成天忙于工作、科研，很少照顾孩子，亲子关系较冷淡。但这一观点缺乏支持性的证据。

儿童孤独症又被人们称为儿童自闭症，是一类以严重孤独，缺乏情感反应，语言发育障碍，刻板重复动作和对环境奇特的反应为特征的精神疾病。通常发生于3岁之前，一般在3岁以前就会表现出来，从婴儿期开始出现，一直延续到终身，是一种严重情绪错乱的疾病。

孤独症无种族、社会、宗教之分，与家庭收入、生活方式、教育程度无关。约每一万名儿童中有2～4例，孤独症多见于男孩，男女比例为4.5∶1。目前，在我国孤独症患儿约有50万。儿童孤独症无论在成因、发展方式还是治疗手段上，和成年人的孤独症都有很大区别，它是一种严重的婴幼儿发育障碍。

据介绍，自闭不是孤独症儿童的唯一表现。孤独症是一位美国医生于1943年首次提出的，在东南亚等一些地区，孤独症被译为自闭症。这种翻译方法往往给人一种误导，使人误以为儿童的自我封闭才导致这一病症，一旦儿童不自闭，这一病症就不存在了。其实事实并非如此，孤独症是一种广泛性发育障碍。

儿童孤独症的表现

（1）社会交往障碍。孤独症患儿在婴儿期就可能表现出避免与他人的对视，缺乏面部表情；对人态度冷淡，对别人的呼唤不理不睬；要走到某一目标时不顾及路中可能遇到的障碍；当自己想要某一物品或食品则会拉着父母的手前往放物品的地方，一旦拿到后则不再理人；孩子害怕时，也不会寻求保护。

（2）语言发育障碍。一部分孤独症患儿从来不说话，终生默默不语；一部分患儿开始讲话比别人晚，而且所讲内容比别人少，说话如鹦鹉学舌，不能主动与人交谈，不会使用手势、点头、摇头、面部表情等肢体语言来表达自己的需要和喜怒哀乐。

（3）兴趣范围狭窄，行为刻板。患儿要求环境固定不变、拒绝变化；坚持每次都以同一方式去做某件事情，要一种类型的玩具，看固定时间的电视节目。

（4）独特的兴趣对象。患儿对一般儿童所喜欢的玩具、游戏、衣物不感兴趣，而对一般儿童不喜欢的玩具或物品非常感兴趣。一些孤独症患儿还会表现出刻板、古怪的行为，或是对物体的某些特性感兴趣，反复触摸某些"光滑"物体的表面，如光亮的家具、雪白的墙壁、光滑的书刊封面、质地滑软的衣料、柔软的皮毛制品等，有时喜欢闻某一物体，如一位患儿总是喜欢闻他父母的手提包，每当父母回到家后，这位患儿的第一件事便是接过父母的包反复闻。

儿童孤独症的起因尚不太清楚，病因尚无定论。调查认为，孤独症与脑部生理结构或神经病学有关，是几种原因的结果。与遗传因素、器质性因素以及环境因素有关。

儿童孤独症的治疗

对儿童孤独症的治疗目前尚无特效药，但如果及早发现并进行特殊教育、行为矫正、药物治疗，是可以取得良好效果的。多数专家主张解铃还须系铃人，用心理调适治疗心理障碍孤独症通常十分有效。比如，带孩子回访老家，或看望以前的小朋友；多让他参加集体活动，同时带他去逛逛公园、看看小动物，游览祖国的大好河山。这样就会使他渐渐从孤独症中解脱出来。国外也有专家发现，温柔而有趣的动物对治疗孤独症非常有效。例如，墨西哥已开设的高智能动物海豚治疗儿童孤独症的康复中心等。

儿童恐惧症

儿童恐惧症是指儿童对日常生活一般客观事物和情境产生过分的恐惧、焦虑，达到异常程度。

恐惧是正常儿童心理发展过程中普遍存在的一种情绪体验，是儿童对周围客观事物一种正常的心理反应，也是儿童期最常见的一种心理现象。曾有人对一组儿童进行纵向追踪调查到14岁，发现90％的儿童在其发育的某一阶段都发生过恐惧的反应。儿童期的恐惧是十分短暂的，有研究表明，儿童恐惧在一周内消失的占6％，在3个月内消失的达54％，在一年内可全部消失。当然也有消失的时间要长一些的。许多恐惧不经任何处理，随着年龄增长均会自行消失。另外，惧怕的内容反映了儿童所处的环境特点及年龄发展阶段的特点。如9个月前的婴儿怕大声和陌生人；1～3岁的儿童怕动物、昆虫、陌生的环境和生人、黑暗、孤独等；4～5岁的儿童怕妖怪、鬼神，怕某些动物或昆虫，怕闪电雷击等；小学生则怕身体损伤（如摔伤、动手术等），怕离开父母、亲人死亡，怕考试、犯错误和受批评等；青年期则产生对社会环境、社会交往的恐惧。一般来说，惧怕与儿童的身体大小和应付能力有关，也反映了儿童的智力发展水平。惧怕的内容常常具有不稳定性，而恐怖障碍则不然，恐怖障碍患儿恐怖的内容各不相同，且较稳定，不会泛化，如怕猫的不会变为怕狗，怕闪电打雷的不会泛化为怕黑。恐惧症患儿由于对某一事物现象的恐惧，进而产生回避或退缩行为，如由于怕考试成绩不好被老师父母批评，发展到怕上学、见老师和同学，产生学校恐惧症。恐怖障碍持续的时间较长，不易随环境年龄的变化而消失，而且任何劝慰、说服、解释也无济于事，严重影响了儿童的正常生活和学习。

儿童恐惧症产生的原因

儿童恐惧症主要是环境、教育造成的，而其中又以父母的行为方式、教育方法的不当为主：父母对孩子溺爱，过于保护，限制儿童的许多行动；父母用吓唬威胁的方法对待孩子的不听话、不顺从；有的父母当着孩子的面毫无顾忌绘声绘色地讲述自己所见所闻或经历过的一些可怕的事情；有的父母对某一事物或现象存在恐惧，在孩子面前毫不掩饰地表现出来，使孩子也深受其害；有的父母对孩子过严过高要求；家庭成员关系不和睦或对孩子缺乏一致性、一贯性的教育等。

儿童恐惧症的表现及治疗

儿童恐惧症的表现形式是多种多样的，按其内容可分为以下几种：

（1）动物恐惧。如怕猫、狗、蛇等，有的甚至害怕到精神失常的程度。

（2）社交恐惧。怕与父母分离、怕生人、怕当众讲话、怕拥挤、怕上幼儿园和学校、怕考试。目前发现怕考试、怕见老师、怕上学的儿童有增多趋势。

（3）自身损伤恐惧。怕出血、怕鬼怪、怕流氓、怕传染病、怕生病、怕死等。

（4）对自然事物和现象的恐惧。怕黑、怕闪电雷击、怕独自关闭室内、怕登高等。

对儿童恐惧症的治疗，应主要采用"心理分析疗法"等心理治疗和教育治疗，以及系统脱敏疗法等疗法，并且要从学校和家庭两方面着手。

上学恐惧症产生的原因及治疗

下面重点谈一下上学恐惧症：每到开学，就有家长领着刚上学的孩子尤其是低年级的孩子到医院，反映孩子情绪不稳定，心烦，无缘无故发脾气，对学习无兴趣，甚至上了学就肚子疼。经心理医生诊断，孩子患了"上学恐惧症"。

其实所谓的"上学恐惧症"并非专业的医学术语，只是对儿童和青少年某些心理问题的描述。它的主要症状为：情绪低落、心慌意乱、注意力降低、疲劳、失眠，有时伴随头痛、胃痛、肚子痛等身体上的不适。这种"上学恐惧症"不仅常发生在学习成绩不好的孩子身上，有很多聪明的孩子也有"恐惧"情绪。

一般来说，"上学恐惧症"是不分年龄段的，但性格内向、心理承受能力差的孩子更易产生这种心理障碍。据中小学生心理教育咨询中心的老师说，通常由如下原因引起了"上学恐惧症"：

（1）母子分离焦虑。这类儿童从小过分依赖母亲，在陌生环境下感觉不适应。他希望以"得病"等方式满足和母亲在一起的需要。而不懂孩子心理的母亲往往请假陪伴孩子，正好强化了孩子的这种需要，使之变本加厉获得新的机会。这样的"上学恐惧症"通常发生在年龄较小的儿童身上，尤其是刚入园不久的幼儿和入学不久的小学生。

（2）孩子不适应老师。通常是因为惧怕，这类儿童对老师有过高的期望，通常他们会在学习上努力，行为上克制、忍让，老师一般很少批评他们，在他们心中，老师是爱的使者和保护神。

但当老师偶尔因某件事严厉批评他们时，这类儿童会一下陷入焦虑和无助的境地，这类儿童往往缺少伙伴，没有可以诉说或解脱的对象、场所，所以不愿意上学。

（3）存在学习障碍。更多的孩子对上学产生恐惧是因为学习成绩不好，经常受到老师、家长的批评，存在一定学习障碍的孩子，特别是经过一个假期的放松，更不愿重返有各种约束的校园了。

北京儿童医院主任医师、神经内科主任邹教授在接受记者采访时说，目前因为学习困难来就诊的有 50% ~ 60%，其中在神经内科就诊的大约占了 1/4 ~ 1/3。很多家长都忽视了这样问题的存在，可实际上因此而患上"上学恐惧症"的不在少数。避免孩子患这类心理疾病的前提是，在日常生活中父母不要只一味关注孩子的衣食住行，也要有意识地给他们补充心理营养。

对于已经患上这类心理疾病的孩子，要对症下"药"，采取有效手段进行治疗。首先，父母要与校方沟通，采取正确积极的教育方式，尽量维护孩子的自尊心，因为有这类心理疾病的孩子内心是非常抑郁和脆弱的，如果用不良的方式疏导孩子的心理，就会适得其反，对孩子的心灵造成更大的伤害。其次，父母要学会让孩子"收心"，培养孩子的学习兴趣，不要给孩子太大的压力。再次，可请专业心理医生进行心理治疗，如心理疏导、暗示疗法，急性发作时，可配合使用小剂量的抗焦虑药物。只要相关各方密切配合，就会减轻孩子的紧张心理，就会有效地预防和治疗恐学症。

儿童多动症

多动症是一种儿童行为障碍疾病，又称"脑功能轻微失调"，主要表现为注意力难以集中，在学习或游戏中缺乏一定的精神努力和持续力，容易受外界刺激的干扰，有多动或冲动行为；严重的有健忘、攻击、破坏等行为障碍，是一种儿童常见病、多发病，而且此病的发病率呈现逐年上升的趋势。儿童多动症的患病率，占学龄儿童的 5% 左右，发病年龄多在 5 岁左右，男孩较多，一般 8 岁时症状显著，10 岁后渐有好转。儿童多动症的病因很复杂，涉及生物、心理、家庭和社会多方面，但家庭环境所起的作用较大，如有的母亲对孩子过于溺爱，而父亲又过于严肃和粗暴，有的家长性情急躁，教育方法生硬或过分苛求，稍不听话就拳脚相加，致使孩子心情过度紧张，造成疾病。此外，该病与孩子功课负担过重和缺少文体活动等，也有一定关系。那么，是不是孩子一出现多动、顽皮、不服管教就是儿童多动症呢？当然不是，孩子的天性就是顽皮，并非所有顽皮的孩子都患有多动症。

作为家长，要掌握孩子顽皮和多动症的区别，以便及时识别，正确对待。

（1）多动症儿童很难控制注意力，或不受干扰地专心于做某一件事情，即使是他最感兴趣的事也不行，但顽皮儿童却可以对其感兴趣的事情专心致志。

（2）顽皮儿童在新环境中能够暂时约束自己，多动症儿童却做不到。

（3）顽皮儿童好动，有一定的原因和目的；但多动症儿童的好动却缺乏明确目的，与当时环境不协调。

（4）顽皮儿童做双手快速翻转轮换动作时，表现得灵活自如，而多动症儿童却多显得笨拙。

（5）顽皮儿童服用中枢神经兴奋药后，越发兴奋，多动症的儿童却能较快地表现出安静，多动减少，注意力能相对集中，但当多动症儿童服用镇静剂后，反而表现出兴奋、多动现象。

儿童多动症的临床表现

（1）注意力不集中。患有多动症的儿童无论干什么注意力都难以集中，干什么都丢三落四，做事情总是半途而废，常常是一件事还没有干完又急于去干另一件事。外界环境中任何视听刺激都可分散他们的注意。告诉他们的事马上就会忘记，似乎从来都没有用心听。上学后，他们在课堂上症状表现更加明显，坐在教室里总是东张西望，心不在焉。做作业时只能安坐片刻，经常玩弄文具或站起来到处走动。

（2）活动过度。多动症儿童最主要的特征就是活动过多或过分。在婴儿期他们就表现为好动、不安宁、喂食困难、爱哭、难以入睡、易醒、早醒等，而有的则是睡得过熟，很难唤醒。随着出生后身体机能的发展更显得不安分。学会了走路就不喜欢坐，学会了爬楼梯后就上下不停地爬，老爱翻弄东西，毁坏玩具。

进了幼儿园后，他们也不能按正常要求的时间坐在小凳子上。上学后大部分儿童因受学校纪律制约而增加了对自身活动的限制，而多动症患儿的多动行为反而更加突出。上课时他们小动作不断，无法专注于某一项活动，甚至会站起来在教室里擅自走动，一下课便像箭一般冲出教室。他们的这种行为与正常儿童的好动不一样。

多动症儿童的活动往往是杂乱无章，缺乏组织性和目的性，最明显的特点是无法控制自己的活动。另外，多动症儿童中的部分人会出现动作不协调，不能做穿针线、系鞋带等精细动作，还有一些有感知觉障碍，如经常穿反鞋子等。

（3）学习困难。虽然多动症儿童智力大多正常，但学习成绩普遍很差。因为上课、做作业时无法集中注意力，活动过多、情绪不稳定等缺陷严重地影响了他们的学习效果。在感知觉方面，多动症儿童中的部分个体还因出现诸如空间知觉、视听转换等心理障碍而影响他们书写、阅读、计算、技能操作、绘画等学习活动。

（4）情绪不稳、冲动任性。患有多动症的儿童性格倔强、固执，情绪很不稳定，易于受外界事物的刺激而变化，他们自我控制能力弱，极易冲动，高兴时情绪激昂亢奋，一旦受到挫折或不如意时则脾气暴躁，要赖、哭闹、乱扔东西，经常在学校干扰其他儿童的活动，与他人争吵、打架，行为冲动时还会不计后果地伤人毁物，甚至导致一些严重的灾难性结果。因此他们与其他同伴难以和睦相处，在集体中常常是被孤立、排斥、厌恶甚至敌视的对象。

多动症的矫治须多管齐下方能奏效，家长和教师对多动症儿童应给予更多的关爱，要多发掘他们身上的长处，如愿意为老师做事等。宜采用热情鼓励为主、有效的批评惩戒为辅的教育策略，坚持对他们进行耐心、细致地教育引导。

儿童多动症的治疗

在治疗方面可采用心理和药物治疗。其中，首选方法是心理治疗，主要有支持性心理治疗、行为治疗（如代币券疗法、松弛疗法、自控训练等）。药物治疗虽然是当前治疗多动症立竿见影的有效治疗方法，但在选择时必须谨慎，以免造成对儿童，尤其是学龄前儿童大脑神经细胞、组织不可逆的损害。当前临床上常用的药物是中枢神经兴奋剂，如利太灵（哌甲酯）、匹莫林（苯异妥因）等。患儿应在有丰富临床经验的精神科医师的科学指导下合理服用。

千万不要把好动的孩子都视为"多动症"患者。有的孩子学习成绩不好，也调皮，也闯祸。如上课老是开小差，问的问题更是千奇百怪，常常弄得老师下不了台，有的喜欢拆家里的电器或钟表。这些行为其实是儿童好动和好奇心理的表现，不能简单地视之为"多动症"。最好的办法是请专门的医生诊断一下，这样才能对症下药。

儿童攻击性行为

儿童攻击性行为是指儿童受到挫折时，由愤怒情绪表现出来的用言语或身体向一定对象攻击的行为。儿童的攻击性行为可分为两类。其一是直接攻击。即对构成儿童挫折的人或事用言语、表情、手势等方式立即做出反应，直接攻击。其二是转向攻击。

转向攻击一般在两种情况下发生：一是慑于对方的权势而不敢直接攻击，或碍于自己的身体不便进行直接攻击；二是挫折的来源不明，如莫名的烦恼或内分泌失调等因素引起的情绪冲动，将怒气发泄在他人或其他事物上。在儿童成长发育的过程中产生攻击性行为是一个普遍现象，不足为奇，但儿童攻击性行为的持续不断，次数增多，强度增大，既会影响儿童当前的生活和学习，更会影响儿童一生的发展。

儿童产生攻击性行为的原因

（1）多动症。患有多动症的儿童，他们的注意力维持时间很短，也很难控制自己的行为。他们常常挑衅同伴，无故对同伴动手动脚，或突如其来地推撞、咬伤、抓伤同伴。

（2）自卑、嫉妒与骄横。有的儿童由于长期得不到成人的赞扬或关心，或认为自己很笨、很丑，缺乏自信心，产生自卑感，同时又嫉妒同伴，于是，常常产生攻击性行为，如推倒同伴刚搭好的积木，或踩坏同伴的手工作品，等等。有的孩子从小"唯我独尊"，不愿意与别人分享，于是常发生争玩具、抢座位等现象。有一种儿童，因父母离异等原因而长期得不到家庭的温暖。他们不知道怎么去爱人，也不知道如何正确地与同伴交往，因此常常为维护自己的"自尊心"去攻击同伴。

（3）模仿。儿童好模仿，如果他们周围常有攻击性行为发生，或者他们看了电影、电视里的暴力镜头等，他们就会去模仿类似的攻击性行为，并将同伴作为目标。

（4）错误引导。有的家长教孩子"别人打你，你就打他"，使孩子从"以牙还牙"发展到欺侮弱小。有的家长要求孩子"出人头地"，对孩子的任性、粗暴表现视而不见，不加以约束，以致出现了教育上的误导。

无论是哪种原因造成的儿童攻击性行为，其危害都是极大的，都会影响儿童道德行为的发展。因此，对儿童的攻击性行为，应针对不同的类型，及时采取相应的教育方法，使有攻击性行为的儿童有所改变。

儿童攻击性行为的表现

（1）言语较多，喜欢与人争执，好胜心强。往往是非争不可，并时常讲粗话、骂人。

（2）情绪不稳定，脾气暴躁。任性执拗，喜欢生气，时常乱发脾气，稍不如意就可能出现强烈的情绪反应，如哭闹、叫喊，扔东西或以头撞墙等；有的还可能表现出一种屏气发作，即大声号哭之后，呼吸短暂停止，严重时可伴有发绀和痉挛现象。

（3）易冲动，自控能力差。经常向同伴发起身体攻击，惹是生非，戏弄、恐吓、欺负同龄儿童或比他小的儿童，强占、抢夺别的儿童的玩具和物品。

儿童攻击性行为的矫治

儿童的攻击性行为不仅影响了其他儿童的生活和学习，而且还会影响自己一生的发展，延续到青年期以后，会出现人际关系紧张、社交困难等问题；做人父母后，会影响其子女的发展；同时，还会引起一系列的社会问题，如影响社会治安等。有资料显示，70%的暴力少年犯在儿童期就被认定有攻击性行为，因此，对儿童攻击性行为必须予以彻底矫治。其方法有：

（1）减少环境中易产生攻击性行为的刺激是很必要的。例如，给儿童提供较为宽敞的游戏空间而不是提供繁杂、拥挤的活动空间，提供各种娱乐玩具、书、丰富的营养食品等供儿童选择，而尽量避免有攻击倾向的玩具（如玩具枪、刀等）和含糖量高的食品。使他们得到情感的满足，减少冲突，从而减少攻击性行为的产生。

（2）启发儿童对攻击性的理解和思考，以便从动机上反思其攻击性倾向。例如，可设法让他明确打人、推人、抢夺等攻击性行为是不对的，小朋友、老师和家长都不喜欢。儿童一般不能对自己的行为进行反省。为此，我们可以通过故事教育、角色扮演等途径，让儿童认识到他人对其攻击性行为的不满，从而使其对自己的攻击性行为产生否定情绪，更为重要的是一定要进一步与其共同设想受人欢迎的儿童形象，增强孩子向榜样学习的愿望，从而减少攻击性行为。

（3）给予榜样示范，向儿童提供谦让、互动、享受、合作的榜样。既然儿童能通过模仿去学习攻击性行为，那么同样可以通过模仿学会谦让、互助、合作等良好的心理品质，教育者应当提供合作互助的榜样，通过模仿加以学习，通过强化而形成固定的适应社会的正确行为模式。特别是教育者本人及父母家人更应该起榜样作用，言行一致、以身作则，做儿童的表率。

（4）对儿童的攻击性行为表现出"不一致反应"，即对其攻击性行为不予强化，不予注意，而对被攻击对象却给予充分的关注。儿童有可能以攻击性行为来引起他人的注意，因此，成人可以不予理睬其攻击性行为和言语的方法，使其达不到目的，同时用温柔亲切的态度安抚被攻击对象。成人这种一冷一热的不同态度，实际上也为有攻击性行为的儿童提供了非攻击性行为的榜样。对比较冲动的儿童必要时可采取"冷处理"，让其单独待会儿或暂时剥夺其参加某项活动的权利，但必须因人而异，适可而止，注意安全。

综合起来看，对有攻击性行为的儿童，我们应更多地强调用爱打动其心和平静温和的教育，特别是注意在平时培养他们的爱心和善良的品格，彻底铲除孩子攻击性行为产生的土壤。另外，我们还要多注重其非攻击性表现，及时加以表扬和奖励，这样才能使他们成为具有健康心理的、能适应未来社会需要和挑战的新一代。

睡眠障碍

无论何种原因引起的睡眠数量减少、质量下降，或时序的紊乱等问题，都称为睡眠障碍。儿童期可能发生多种形式的睡眠障碍，最常见的有入睡困难和睡眠不安、夜惊、梦魇、梦游等。

引起儿童睡眠障碍的原因

（1）生理因素。睡眠障碍与儿童大脑中枢神经系统发育不完整及功能的失调、抑制和兴奋的调节不平衡有关。患儿家族中也常有类似发作史的亲属。

（2）心理因素。过度惊吓、过度兴奋，都能引起儿童精神高度紧张、焦虑、恐惧而产生睡眠障碍。

（3）躯体因素。身体有病、疼痛或不舒服等都会影响儿童的睡眠。

（4）教育方式不当。有的家长或老师在儿童做了错事之后采用恐吓、威胁等不良的教育方式责罚儿童，使儿童产生了恐惧和焦虑，容易发生睡眠障碍。

（5）睡眠习惯不好。如睡眠时间无规律，睡姿不正确，俯卧、手臂压住胸口，睡前喜欢进行过度兴奋的活动等都会导致睡眠障碍。

（6）睡眠环境不好。如居住周围环境不好，住在闹市区、火车站、工厂等地方，人来人往，机器轰鸣，过于吵闹，或者居室内条件不好，空气污浊，闷热等都会影响儿童的睡眠。

儿童睡眠障碍的表现

（1）入睡困难和睡眠不安。此现象在儿童各年龄阶段都会产生，以婴幼儿期较多见。入睡困难的儿童表现为临睡时不愿上床，上床后又不能很快入睡。有的在床上要玩2～3小时；有的要缠着大人不停地讲故事，以致大人都昏昏欲睡了，他还没睡意；有的要父母抱着走动或摇动哄睡，且浅睡易惊醒。睡眠不安的儿童表现为睡眠时经常翻动，手脚或全身跳动，睡中哭喊，讲梦话，磨牙或摇头等。由于患儿夜间睡眠不足，因此早上不肯起床，易发脾气，白天无精打采，食欲不振或烦躁不安。

（2）夜惊。据调查，1～14岁的儿童中大约有3%的儿童发生过夜惊，以 2 ~ 5 岁的儿童较多见，男孩多于女孩。儿童夜惊多发生在刚入睡不久，大约是 15 ~ 30 分钟内，此时处于非动眼睡眠阶段，即不是做梦阶段。其表现为：睡眠中突然无故惊醒、瞪目坐起、喘气、叫喊、哭闹、惊慌失措。发作时心跳加快，呼吸急促，手足乱动，大汗淋漓，有的患儿眼睛瞳孔放大、直视，有的则紧闭双眼，面部显得焦虑痛苦，有时会起床在室内行走、奔跑，抓住人或物喊叫求助，摆出防御姿态，怎么哄也不能安静下来，偶尔有些重复的动作。夜惊一般持续 10 分钟左右，发作过后仍能平静入睡，醒后对发作经过基本不能回忆，如有片断记忆也很模糊。发作时不识周围的人、物，误把亲人认为是梦中人物，因此对大人的问话、劝慰没有反应。夜惊可连续几夜发生，但极少在一夜中重复出现。

（3）梦魇。梦魇多见于 8 ~ 10 岁的儿童。它发生于快速动眼阶段，即做梦阶段，实际上是由于极度焦虑、恐怖、压得透不过气来或得不到帮助而发生的一种令人惊恐的梦，通常梦见一些可怕的人、动物或景象。儿童梦魇时表情恐怖，面色苍白，出汗，心跳加快，呼吸急促，有防御性身体运动、大声哭叫。梦魇醒后能回忆起一连串可怕的梦境，能表达他恐惧、焦虑的体验，能认识周围的人或物，无幻觉，但由于过度惊恐，醒后往往难以入睡。梦魇持续时间不长，一般为 2 ~ 3 分钟。梦魇儿童不会有行走之类的动作，一般不会产生严重后果，大多会自行消失，或在消除引起它的原因后即消失，无须特殊治疗。

（4）梦游。儿童期发生率较高，一般到青春期就消失了。其发病率男孩多于女孩，与夜惊可能同时发生。因其发生在非动眼睡眠阶段，因此梦游并非做梦。儿童梦游大部分发生在入睡后 1 ~ 3 个小时内，其表现为：睡眠中突然眼睛凝视坐起，但不看东西，然后下床在意识蒙眬的情况下进行某些活动。梦游时不会回答别人的话，但可能服从别人的命令回到床上。发作时，儿童虽不完全清醒，但动作似乎有目的性，一般不会出现危险情况，但有时也可能做出危害自身或他人的行为。发作时间为几分钟至半小时不等，发作后又自动上床入睡，有时也会被绊倒在物体旁而立即入睡，醒后对发作经过完全遗忘。

　　睡眠障碍对儿童的身心影响很大，因此当发现儿童有此症状时，应及早进行治疗，一般在医生的指导下采取必要的心理治疗与药物治疗相结合的方法进行治疗，会取得较好的疗效。

第七章
青少年期的主要心理问题及调适

恋爱心理

青少年时期由于各器官组织的发育日趋成熟，由性生理成熟引发的性意识也逐渐觉醒，因而会产生恋爱行为，这是任何人也无法阻止的。而当恋爱行为受到家庭、社会、道德以及个体自身因素的制约而适应不良时，就会产生恋爱心理问题。

单恋

单恋是指一方对另一方的以一厢情愿的倾慕与热爱为特点的爱情。单恋在很多时候是一场情感误会，是青少年"爱情错觉"的产物。"爱情错觉"是指因受对方言谈举止的迷惑，或自身的各种主观体验的影响而错误地主动涉入爱河，或因自以为某个异性对自己有意而产生的爱意绵绵的主观感受。

单恋有两种情况：一种是毫无理由的，对方毫无表示，甚至对方还不认识自己，而自己执着地爱对方，追求对方，这种恋爱，是纯粹的单恋。另一种是自认为有"理由"的单恋，错认为对方对自己有情。

青少年心理尚未完全成熟，所以以单恋现象比较常见，而且较多地出现在性格内向、敏感、富于幻想、自卑感强的人身上。首先是自己爱上了对方，于是也希望得到对方的爱，在这种具有弥散作用的心理支配下，就会把对方的亲切和蔼、热情大方当作是爱的表示，并坚信不已，从而陷入单恋的深渊不能自拔。

解决单恋的痛苦关键是要防患于未然。首先是要避免"恋爱错觉"，能够准确地观察和分析对方表情，用心明辨；要视其反复性，某种信息的反复出现可能意义很深，而仅仅一两次就不足为凭了；最后就是要把被认为是重要的信息与其他所有相关的信息结合起来分析，用联系的观点看待问题。

陷入单恋的人，需要拿出十足的勇气，克服羞怯心理和自我安慰心理的折磨，勇敢地用心灵去撞击。如果对方有意，心灵闪现出共同撞击的火花，爱的快乐就会取代爱的痛苦。如果是"落花有意，流水无情"，则应该面对现实，勇敢地抛弃幻想，用理智主宰感情进行转移，通过思想感情的转换和升华来获取心理平衡。

失恋

爱情是美妙的，但当一场爱情走到了尽头，曾经相爱的双方如何化解矛盾、和平分手，失恋后如何调节自己的心态，周围的人如何帮助恋爱双方摆脱困境，这些既是感情上的问题，又是知识性、技术性的问题。

失恋后的心理与行为特征

失恋者由于失去了对方的爱情，其他感情又不能替代，会产生极度的绝望感、孤独感和虚无感。在此危险时刻，失恋者往往有以下不良的心理和行为特征：

（1）自杀。失恋者的自卑、悲观、厌世、空虚、羞辱、悔恨等各种负性情绪极端强烈，想摆脱心理负荷，就会导致自杀。

（2）报复。这是一种较常见的发泄手段，是极度的占有欲受到挫折而唤起的报复心理。

（3）抑郁。其主要表现为焦虑、冷漠、痛苦、颓废等，严重者导致精神分裂症。

失恋后的心理调适

失恋的痛苦深沉而剧烈，为了使自己尽快从失恋的痛苦中挣脱出来，恢复心理平衡，保持心理健康，失恋后应注意以下几点：

（1）克服"爱情至上"的观点。爱情是重要的，但它不是生命的全部，人生还有事业、亲情和友情。

（2）进行环境的转移。失恋后即刻换个环境，暂时与能触动恋爱痛苦回忆的情景、物、人隔离，不失为聪明之举。

（3）进行情感转移。站在对方的角度想一想：如果我遇到这样的情人，犯了这样的过错，我能不能容忍？从自责、自恨到发誓改正缺点，以崭新的姿态去寻求新的爱情。

如对方因见异思迁、喜新厌旧、水性杨花或其他消极情绪与你决裂，你不妨这样想一想：既然恋爱时就对我这样，结婚后更不知会是什么样了。抱着"天涯何处无芳草"的信念，以诚心寻觅你真正的爱人。

（4）多为对方着想。既然对方觉得这样更幸福，就让他或她离开你吧。不然，这样的生活既不幸福，也不稳定。

早恋

恋爱是人正常的心理反应和行为，在少年男女之间出现过早恋情的现象，就是所谓早恋。在青春期阶段，早恋是最令家长和老师感到困扰和担忧的问题。而且，更令家庭和老师感到困扰和担忧的是，近年来学生早恋现象开始出现低龄化的趋势，不仅高中生早恋的比率居高不下，初中生早恋的比率也大幅度增加，甚至有些小学生也开始谈"恋爱"了。

恋爱本身是无害的，但是在心理不成熟，缺乏教育和引导的情况下过早地"恋爱"是有害的，至少对青少年的成长会弊大于利。尽管陷入早恋状态的中学生会认为自己对爱情是认真的、严肃的，不是"闹着玩儿的"，但是他们对什么叫真正的爱情以及爱情所包含的社会责任和义务却知之甚少。加之青春期的少年道德观念还不完善，不大懂得在异性交往中如何自制及尊重对方，不大清楚自己的异性交往活动会导致什么严重后果，以致情感一冲动就忘乎所以，造成许许多多的社会问题。而且，由于早恋具有朦胧性、冲动性和不稳定性的特点，一旦失恋，会导致严重的失落感和不正常心态，对早恋者的心理产生旷日持久的消极影响，甚至会给早恋者成年后的爱情生活造成某种驱不散、抹不去的阴影。

对于被"爱情"冲昏头脑的少男少女来说，要懂得"没有看到问题，并不等于问题不存在"。对待与异性伙伴之间的情感一定要理智、冷静。有了苦恼和困惑，不要拒绝向家长、老师请教。更重要的是，不要让冲动的感情支配冲动的行为，要明白对任何人而言，只有真正的尊重、爱护对方，才能收获美好的"爱情"。

对于青少年的早恋，家长和老师可以从以下方面着手进行干预：

（1）晓之以理．在遇到孩子早恋的事情时，无论情况多么糟糕，也不要大喊大叫，训斥打骂，而应该克制自己，保持沉着、冷静，以机智诚恳的态度向孩子讲明学业的重要性、早恋的后果及危害、改进的方法等。只要父母、老师坚持摆事实讲道理，以理服人，孩子是能够接受教育和劝告的。但是中学生的意志较为薄弱，自觉性和自我控制能力还较差，只讲清道理是不够的，还必须约之以规，对孩子采取行动上的约束，使孩子感到父母、老师对早恋坚定、明朗的不支持态度，对其心理上起到警示和威慑作用，以致最后中断早恋双方的联系、来往。

（2）转移注意力．青少年活泼好动，精力充沛，如果没有丰富多彩的课余生活，他们旺盛的精力难以发泄，无聊之余，难免想入非非，让各种低级庸俗的东西乘虚而入，陷入早恋。因此，父母、老师要鼓励孩子多参加班上的文体活动、科技活动，发展广泛的兴趣爱好，把剩余的精力和时间放在追求高尚的精神生活、丰富文化知识、发展智力、强壮体魄上来。这样能够转移孩子对恋情的注意力，帮助孩子克服精神上的空虚，减少青春期的生理变化给孩子带来的较大波动和冲动。

此外，还应鼓励孩子与德高望重的成年人结成"忘年交"，介绍他认识品学兼优的同龄伙伴，既可以减少两人单独相处的机会，分散对"恋人"的注意力，又可扩大孩子的交际圈子，让孩子在交往中，不知不觉地拓宽眼界和胸襟，激发上进心，让孩子感到局限于个人小圈子、卿卿我我真是相形见绌。

总之，对孩子的早恋行为，切忌态度粗暴，处理方式简单化。父母、老师既要表明自己坚决反对的态度，又要和风细雨，尊重孩子的人格和自尊，寻找早恋发生的主客观原因，对症下药，耐心疏导。

逆反心理

近几年来，常见报端出现以中小学生为主角的家庭悲剧：有中小学生砍杀父母、爷爷奶奶的；也有中小学生自杀、自残的；也有与学校老师发生矛盾的……一宗宗骇人听闻的报道，让读者触目惊心，让家长、教师、教育者大感寒心。青少年学生可是祖国未来的希望啊，他们究竟怎么了？

青少年学生出现上述不可理喻的行为，源于青少年学生的逆反心理得不到及时合理的调适，进而发展成与家长、教师、教育者之间的矛盾，当矛盾得不到化解时，它会逐步上升，最终酿成悲剧。

逆反心理是指人们彼此之间为了维护自尊，面对对方的要求采取相反的态度和言行的一种心理状态。逆反心理在人的成长过程的不同阶段都可能发生，且有多种表现。如对正面宣传作不认同、不信任的反向思考；对先进人物、榜样无端怀疑，甚至根本否定；对不良倾向持认同情感，大喝其彩；对思想教育及守则消极抑制、蔑视对抗，等等。

由于青少年学生正处在身心发育成长的不稳定时期，大脑发育成熟并趋于健全，脑机能越来越发达，思维的判断、分析作用越来越明显，思维范围越来越广泛和丰富。特别是思维方式、思维视角已超出童年期简单和单一化的正向思维，向着逆向思维、多向思维和发散思维等方面发展。尤其是在接触社会文化和教育过程中青少年渐渐学会并掌握了逆向思维等方法。正是青少年思维的发展和逆向思维的形成、掌握，为逆反心理的产生提供了心理基础和可能。因此，逆反心理在成年前呈上升状态。

青少年学生正处在接受家庭、学校教育阶段，由于阅历和经验的不足，在认知事物和看问题时常出现认识上的片面和较大偏差，因而易与家长、教师、教育者的意向不同。当人们的意向不一致时，彼此之间为了维护自尊，就会对对方的要求采取相反的态度和言行。

青少年逆反心理产生的原因

（1）好奇心的驱使。青少年学生的好奇心强，由于阅历和经验的不足，他们不迷信、不盲从，具有较强的求知欲、探索精神和实践意识。但家长或教师在教育孩子时，为了让孩子不走弯路，常用自己的经验阻止孩子的好奇心。孩子受好奇心的驱使，听不进大人们的忠告，对于越是得不到的东西，越想得到；越是不能接触的东西，越想接触。这样，孩子不听劝告的逆反行为就形成了。

（2）独自意识的增强。孩子的逆反心理从小学进入中学是一个飞跃。他们有较强的行为能力和自理能力，认为自己已经长大了，不是小孩子，独立活动的愿望变得越来越强烈，他们想摆脱父母，自立自强。但俗话说："在父母面前，你永远都是孩子。"父母却无法相信孩子已经长大，仍然要主宰孩子的大部分行动。因而孩子会渐渐地疏远父母、教师，对师长的要求会置之不理，我行我素。

（3）教育方法不当。在当今，各行各业竞争激烈，家长为了让孩子打好基础，教师为让学生出成绩，多方加压，恨铁不成钢，教育方法失当。这样青少年学生的成长压力很大，成长历程被压变了形，失去了自由、失去了欢乐、失去了童趣。当压力超过青少年学生的承受能力时，就会产生出逆反行为，甚至敌视父母、教师。

（4）自尊心受损。当青少年学生的自尊心受到伤害时，往往会对对方加以反驳，以维护自己的尊严。如老师在教室里或当着全班同学的面批评某个学生；家长在朋友家或在孩子的朋友面前数落孩子的缺点，这些不当的教育方法也是引发孩子逆反心理的主要原因。

如何克服和防治逆反心理

逆反心理作为一种反常心理，虽然不同于变态心理，但已具备了变态心理的某些特征，其后果是严重的，它会导致青少年形成对人对事多疑、偏执、冷漠、不合群的病态性格，致使信念动摇、理想泯灭、意志衰退、工作消极、学习被动、生活萎靡等。

逆反心理的深一步发展还可能向犯罪心理或病态心理转化，所以必须采取有效的对策来克服和防治其发生。

（1）要重视复杂的社会因素对青少年心理的影响。青少年的心理活动，会受到社会经济制度变革，文化、道德、法律等意识形态发展，善恶、美丑、是非、荣辱等观念更新等方面影响。所以要克服逆反心理，不能把青少年仅局限在学校这个小天地里，而要让他们置身社会，把对他们的思想情操等各方面的培养同社会政治生活、经济文化活动以及社会道德风尚联系起来，以提高他们心理上的适应能力，使他们更好地适应社会，不致迷失方向。

（2）青少年要学会正确认识自己，努力升华自我。这里提倡自我教育，就是要求青少年要学会把自己作为教育对象，经常思考自己、主动设计自己，并自觉能动地以实际行为努力完善或造就自己。

（3）要改善教育机制。教育工作者要懂得心理学和教育学，要掌握好青少年心理发展不平衡性这个规律；不失时机地帮助青少年克服消极心理，使其心理健康发展。教育工作者要努力与青少年建立充分信任的关系，要与他们交朋友，以诚相待、以身作则。要爱护和尊重青少年的自尊心，选择合适的教育方式和场合，注意正面教育和引导，杜绝以简单、压制和粗暴的形式对待青少年。

（4）作为学生、子女应理解父母。作为学生、子女要学着从积极的意义上去理解大人，父母及老师的批评都是善意的，老师、父母也是人，也有正常人的喜怒哀乐，也会犯错误，也会误解人，我们只要抱着宽容的态度去理解他们，也就不会逆反了。要经常提醒自己虚心接受老师父母的教育，遇事要尽力克制自己，要知道，退一步海阔天空。另外，还要主动与他们接触，向他们请教，这样，多了一份沟通，也就多了一份理解。青少年要提高心理上的适应能力，如多参加课外活动，在活动中发展兴趣，展现自我价值，这样，逆反心理也就克服了。

青春期焦虑症

焦虑症是一种常见的神经症，患者以焦虑情绪反应为主要症状，同时伴有明显的植物性神经系统功能的紊乱。

焦虑在正常人身上也会发生，这是人们对于可能造成心理冲突或挫折的某种特殊事物或情境进行反应时的一种状态，同时带有某种不愉快的情绪体验。这些事物或情境包括一些即将来临的可能造成危险或灾难，或需付出特殊努力加以应付的东西。如果对此无法预计其结果，不能采取有效措施加以防止或予以解决，这时心理的紧张和期待就会促发焦虑反应。过度而经常的焦虑就成了神经症性的焦虑症。

青春期是焦虑症的易发期，这个时期个体的发育加快，身心变化处于一个转折点。随着第二性征的出现，个体对自己在体态、生理和心理等方面的变化，会产生一种神秘感，甚至不知所措。

诸如，女孩由于乳房发育而不敢挺胸、月经初潮而紧张不安；男孩出现性冲动、遗精、手淫后的追悔自责等。这些都将对青少年的心理、情绪及行为带来很大影响。往往由于好奇和不理解会出现恐惧、紧张、羞涩、孤独、自卑和烦恼，还可能伴发头晕头痛、失眠多梦、眩晕乏力、口干厌食、心慌气促、神经过敏、情绪不稳、体重下降和焦虑不安等症状。患者经常因此而长期辗转于内科、神经科求诊，经反复检查又没有发现器质性病变，这类病症在心理门诊会被诊断为青春期焦虑症。

产生焦虑的原因

（1）青少年怕黑暗，怕陌生人，怕孤独而引起焦虑。

（2）有些青少年有产生焦虑的心理素质，如胆小怕事、自卑、自信不足等。

（3）家庭因素，如父母感情危机带来的家庭破裂、教育方法不当，也容易使孩子产生焦虑。另外有些疾病，如肥胖症、神经衰弱等也常伴有焦虑。

焦虑症的分类

（1）精神性焦虑，其表现有心神不宁、坐立不安、恐慌、精神紧张。

（2）躯体性焦虑，其表现有查不出原因的各种身体不适感、心慌、手抖、多汗、口干、胸闷、尿频等多种植物神经失调的症状。

青春期焦虑症的心理调适

青春期焦虑症危害青少年的身心健康。长期处于焦虑状态，还会诱发神经衰弱症。因此必须及时予以合理治疗。

一般是以心理治疗为主，配合药物治疗。

对焦虑症患者的治疗主要采用"森田疗法"或"心理分析法"的心理疗法，要有耐心，先设法避免和消除各种刺激因素，还要取得患者的充分信任，培养他们坚强的意志，自始至终地给他们以支持，并教给他们一定的卫生知识，鼓励他们战胜焦虑。有严重焦虑表现的患者可服些镇静剂。

自信是治愈青春期焦虑症的必要前提。焦虑症患者应暗示自己树立自信，正确认识自己，相信自己有处理突发事件和完成各种工作的能力，坚信通过治疗可以完全消除焦虑疾患。通过暗示，患者每多一点自信，焦虑程度就会降低一些，同时又反过来使自己变得更自信，这个良性循环将帮助你摆脱焦虑症的纠缠。

如果患者能够学会自我深度松弛，就会出现与焦虑中所见相反的反应，这时其身体是放松的而不是为某些朦胧意识所控制。自我深度松弛对焦虑症有显著疗效。患者在深度松弛的情况下去想象紧张情境，首先出现最弱的情境，重复进行，患者慢慢便会在想象出的任何紧张情境或整个事件过程中，都不再体验到焦虑。

有些焦虑是由于患者将经历过的情绪体验和欲望压抑到潜意识中去的结果。因为这些被压抑的情绪体验并未在头脑中消失，仍潜伏在无意识中导致病症。患者成天忧心忡忡，惶惶犹如大难将至，痛苦焦虑，不知其所以然。此时，患者应分析产生焦虑的原因，或通过心理医生的协助，把深藏于潜意识中的"病根"挖掘出来，必要时可进行发泄，这样，症状一般可消失。

焦虑症患者发病时脑中总是胡思乱想，坐立不安，痛苦不堪，此时患者可采用自我刺激，转移注意力。如在胡思乱想时，找一本有趣的能吸引人的书读，或参加一些自己喜爱的娱乐活动，或进行紧张的体力劳动和体育运动，以忘却其苦。

大多数患者有睡眠障碍，难以入睡或梦中惊醒，此时病人可进行自我催眠。如闭上双眼，进行催眠："我现在躺在床上，非常舒服……我似乎很难入睡……不过没有问题……我现在开始做腹式呼吸……呼吸很轻松……我的杂念开始消失了……我的心情平静了……眼皮已不能睁开了……手臂也很重，不想抬起来了……我要睡觉了……"在一系列的心理暗示下，患者不久就能入睡了。

神经衰弱症

著名作家孙犁在 1986 年 6 月发表的《红十字医院》一文的开头写道："1956 年秋天，我的病显得很重，就像一个突然撒了气的皮球一样，人一点精神也没有了，天地的颜色，在我的眼里也变暗了，感到自己就要死亡，悲观得很。其实这是长期失眠、神经衰弱到了极点的表现。"这一段描述可以说是神经衰弱者的"自白""主诉"，它寥寥几笔，使得神经衰弱病人的一部分思想跃然纸上。

"神经衰弱"作为一种心理疾病的名称，首先是由美国的比尔德在 1868 年提出来的。他认为神经衰弱主要由于心身过度疲劳，引起了中枢神经系统刺激性衰弱，表现为十分敏感，容易疲乏。

通常讲来，下列 4 种人容易患神经衰弱：

（1）缺乏自信的人。这类人干什么事情都没有信心，依赖性大。曾经有位大学二年级的女学生，她穿什么衣服、吃什么东西，都要"请示"她的妈妈。她无主见，缺乏独立意识和自主行动。她神经衰弱，经常失眠睡不好觉。

（2）强迫性性格的人。这类人过分求全，总觉得事情不是十全十美。曾有一位中年医生，他学习刻苦，医术很好，在病人当中享有威信。可是他有一个总是改不了的"毛病"，那就是他没完没了地要用肥皂洗手，唯恐手上不干净，有病菌。他也是神经衰弱，经常失眠。

（3）忧郁的人。这类人总是动不动就闷闷不乐。

（4）歇斯底里（俗称"癔症"）性格的人。这类人以自我为中心，追求虚荣，不能克制自己的欲望。

神经衰弱是由于大脑长期过度紧张而造成大脑的兴奋与抑制机能的失调。负性情绪，如恐惧、悲伤、抑郁等，是本症常见的原因。

不少青少年由于对学习负担过重、亲人死亡、生活挫折、人事矛盾等不能正确对待、认识，长期的心理冲突、压抑得不到解决，从而导致神经系统功能失调，引起神经衰弱。

神经衰弱是一种常见的心理疾病，多发生在青少年求学与就业时期，特别是青少年学生和青年知识分子发病率远比其他人群高。患者常常情绪不稳、失眠、乏力、抑郁寡欢，有时发现知觉错乱现象，对极重要的事物会茫然无所知觉，对声音极度敏感，即使轻微的声音也会使其惊恐地心跳、冒汗。这类患者往往忧虑过多，学业、职业、前途、名誉、地位、婚恋等问题总盘旋于他们的脑际。尤其容易背上"病"的包袱，总爱陈述自己的病痛之苦。当医生劝其摆脱精神压力时，他觉得别人不理解他，不同情他，内心很委屈，进而责怪医生不负责任，医术太差。患者极易疲劳，因此感到一天到晚精力疲乏，学习与工作效率很低，注意力难以集中，头昏脑涨，记忆力下降，容易激怒，常为一些微不足道的小事而发生强烈情绪反应。

神经衰弱的症状表现

（1）衰弱症状。这是神经衰弱症常有的基本症状。患者经常感到精力不足、萎靡不振，不能用脑，或脑力迟钝，肢体无力，困倦思睡，特别是工作稍久，即感注意力不能集中，思考困难，工作效率显著减退，即使充分休息也不足以消除其疲劳感。很多患者做事丢三落四，说话常常说错，记不起刚经历过的事。

（2）情绪症状。主要表现为容易烦恼和容易激动。烦恼的内容往往涉及现实生活中的各种矛盾，感到困难重重，无法解决。另一方面则自制力减弱，遇事容易激动或烦躁易怒，对家里的人发脾气，事后又感到后悔，或易于伤感、落泪。有的患者存在焦虑情绪，对所患疾病产生疑虑、担心和紧张不安。例如，患者可能会因心悸、脉快而怀疑自己患了心脏病，或因腹胀、厌食而担心患了胃癌，或因治疗效果不佳而认为自己患的是不治之症。这种疑病心理，会加重患者的焦虑和紧张情绪，形成恶性循环。另有部分患者在病程中出现短暂的、轻度忧郁，会自责，但一般都没有自杀意念或企图。

（3）兴奋症状。患者在阅读书报或收看电视等时精神容易兴奋，不由自主的回忆和联想增多；患者对指向性思维感到吃力，而缺乏指向的思维却很活跃，控制不住。这种现象在入睡前尤其明显，使患者深感苦恼。有的患者还对声光敏感。

（4）紧张性疼痛。紧张性疼痛常由紧张情绪引起，以紧张性头痛最常见。患者感到头晕、头胀、头部紧压感，或颈项僵硬，有的则腰酸背痛或四肢肌肉疼痛。

（5）睡眠障碍。睡眠障碍最常见的是入睡困难、辗转难眠，以致心情烦躁，更难入睡。其次是多梦、易惊醒，或感到睡眠很浅，似乎整夜都未曾入睡。还有一些患者感到睡醒后疲乏不解，仍然困倦；或感到白天思睡，上床睡觉又觉脑子兴奋，难以成眠，表现为睡眠节律的紊乱。这类患者为失眠而担心、苦恼，往往超过了睡眠障碍本身带来的痛苦，反映了患者的焦虑心境。

（6）其他心理生理障碍。较常见的症状有头昏、眼花、耳鸣、心悸、心慌、气短、胸闷、消化不良、尿频、多汗、阳痿、早泄或月经紊乱等。这类症状虽缺乏特异性，也常见于焦虑症、忧郁症或躯体化障碍，但可成为本病患者求治的主诉，使神经衰弱的基本症状被掩盖起来。

神经衰弱的治疗

对神经衰弱的治疗，除了使用必要的药物外，主要是进行心理治疗。常用的有放松疗法和催眠暗示法。

（1）药物治疗。主要是使用抗焦虑剂和协调兴奋与抑制之间平衡的药物。

（2）心理治疗。常用的心理治疗法有放松训练和催眠暗示法。

深度呼吸练习。患者常感到疲乏、头痛、头晕，实际上是由于紧张而导致的。有意识地进行深度呼吸练习可有效地解除上述症状，令人神清气爽、精神焕发。练习的方法很多，最简单的方法是尽可能深吸一口气，气沉腹底，然后屏气，感到有点憋闷时再缓缓呼出，呼气要尽可能彻底些。如此循环 20 次左右，一般就可起到平缓紧张情绪的作用。

肌肉放松训练。情绪状态与肌肉活动之间，通过神经系统的作用存在着互为因果的关系，情绪紧张的同时伴随着肌肉的绷紧，而绷紧的肌肉会通过神经作用导致情绪的紧张。如能主动地放松肌肉，便会使紧张情绪得到缓解。此训练要求患者在安静的状态下想象一幅记忆清晰的令人松弛和愉快的自然风景，同时自我暗示，依次放松全身每一块肌肉。训练要领是先收紧某一部位的肌肉（如紧握拳头），并体会紧张的感觉。持续 10 秒钟左右，然后放松，并体会放松时的感觉。如果做了一遍还达不到平静情绪的效果，可再做一遍。经过一段时间的练习，便能够在很短的时间内进入全身放松状态，达到自我调节的目的。

催眠暗示疗法。此法须在心理医生的指导下进行。它是利用催眠术使患者处于类似睡眠的状态，然后进行言语暗示或精神分析，以达到了解病因和消除症状的治疗目的。进行催眠暗示治疗时，医生首先让患者集中注意力，凝视一个物体，同时用简单的语言，使患者进入类似睡眠的状态，然后针对患者的病状，用坚定有说服力的言语暗示，改变患者的紧张、焦虑情绪，最终治愈疾病。

第八章
中年期的主要心理问题及调适

心理疲劳

一般来说，疲劳有两种：一种是生理疲劳，另一种是心理疲劳。心理疲劳的大部分症状是通过生理疲劳表现出来的，因而往往被人忽视。中年人正处于社会、家庭、工作、生活的多重压力之下，因此，心理疲劳在中年人身上表现得尤为突出。心理疲劳的一般表现是：当你长时间连续不断地从事力不从心的脑力劳动后，你感到精力不支，而且劳动效率显著下降。

下列9项症状说明一个人的心理已经是很疲劳了。这9项症状是心理疾病的先兆，而这些心理疾病的先兆，都是由于心理疲劳引起的。

（1）早晨起床后，感到全身发懒，四肢沉重，心情不好。

（2）工作不起劲，什么都懒得去做，甚至不愿意和别人交谈。

（3）工作中差错多，工作效率低。

（4）容易神经过敏，芝麻大点儿的事，也会大动肝火。

（5）因为眩晕、头痛、头晕、背酸、恶心等，感到很不舒服。

（6）眼睛容易疲劳，视力下降。

（7）犯困，可是躺到床上又睡不着。

（8）便秘或者腹泻。

（9）没食欲、挑食、口味变化快。

心理疲劳对人的影响是巨大的。心理疲劳往往通过一些身体疲劳的症状表现出来，当心理疲劳持续发展时，将导致心血管和呼吸系统功能紊乱、消化不良、失眠、内分泌失调等，最终会导致心身疾患。

心理疲劳是指人体虽然肌肉工作强度不大，但因神经系统紧张程度过高或长时间从事单调、厌烦的工作而引起的疲劳。心理疲劳是在工作、生活过程中过度使用心理能力，使其功能降低的现象，或长期单调重复作业而产生的单调厌倦感。通俗地说，心理疲劳指长时期的思考、焦虑、恐惧或者在和别人激烈争吵之后，使心理陷入"衰竭"的一种状态。

生理疲劳指人由于长期持续活动使得人体生理功能失调而引起的疲劳。从工作方面来说，生理疲劳是为工作所倦，不能再干；而心理疲劳则是倦于工作，不想再干。心理疲劳也会减弱生理活动，如厌烦、忧虑等都会损害身体的健康，使器官的活动效率降低。

心理疲劳产生的原因

人心理疲劳的产生，不仅与当时所处的环境因素有关，而且与自身的情绪状态密切相关，它受到诸多因素的影响：

（1）工作负荷过高或过低。过高的工作负荷造成高度的心理应激，使人体的紧张程度过高，心理能力使用过度，从而造成心理疲劳。心理负荷过低的单调工作也会引起心理疲劳。单调、乏味、长时间从事一件事情会引起操作者极度厌烦，加速操作者心理疲劳的产生。单调的工作往往与不变的情绪联系在一起。在单调的情绪中，人容易产生不愉快，缺乏兴趣，以及觉得工作永无止境等消极情绪，从而产生心理疲劳。

（2）缺乏工作热情。工作热情高、有积极工作动机的人会忽视外界负荷的影响而持续工作，身体上可能感到疲劳，但情绪很好。工作热情低、毫无持续工作动机的人对外界负荷极为敏感，往往夸大不利的效应，虽然工作并不紧张，消耗的能量也不多，但仍觉得"累"。美国心理学家迈尔提出的疲劳动机理论认为，一个人在从事某项活动中体验到疲劳的程度，依赖于个体对完成这次任务的需要和动机的水平。

（3）希望渺茫。在期望即将实现时，人的精神状态是最好的，如果一个人老看不到希望，心理就易出现疲劳感。许多研究者探索了8小时工作效率的变化规律，结果发现，随着工作时间的延续，工作效率逐渐下降；休息后继续工作，则工作效率有一定的回升。更为令人感兴趣的现象是，每当工作日快结束时，人们的工作效率又会出现较明显的回升。毫无疑问，在这里，意识到结束时间快到，结束工作的期望很快就要实现，使人的劳动积极性大大提高。这里可看出，由于期望的即将实现，虽然生理上可能很疲劳，但心理的疲劳或者说是疲劳体验却减轻了。

（4）消极的情绪。心理疲劳易受情绪因素的影响。消极的情绪使人们体验到更多的疲劳效应，积极的情绪往往让人们将工作中积累的疲劳感冲得一干二净。当一场重大比赛结束之后，胜利的一方往往由于取得了胜利而兴奋、喜悦忘了比赛中的疲劳，而失败的一方由于失败而悲伤、消沉，比赛之后就愈感劳累。

（5）精神压力过大。精神压力过重也是心理疲劳的一个重要原因，尤其是中年人。中年人处于社会、家庭、工作、生活的多重压力之中，长期背负着各种压力，在工作、事业开创、人际关系处理、家庭角色的扮演，以及对家庭和事业的不断权衡方面，总是处于一种思考、焦虑、烦闷、恐惧、抑郁的压力之中，心理很容易陷入"衰竭"的状态。

除了上述因素之外，心理疲劳还受人的身体素质、性格特征、工作环境条件、睡眠状况及心理暗示等的影响。

远离心理疲劳

心理疲劳表现突出的中年人，似乎总在忍受一种精神痛苦的折磨，心中积压着许多痛苦、悲伤、委屈、苦闷、烦恼、不平等，总感到自己生活得很累，期盼着能够解脱一点。要解决这些问题，应从以下方面着手：

（1）要了解和认识中年人将面临哪些变化，这些变化会引起什么心理反应，对人体会产生什么影响，以便心中有数，早做准备。

（2）平静地接受生理的变化，关注自己的身体健康，增加体育锻炼的时间，有意识地调整身体状况，改善饮食，培养良好的生活方式。

（3）缓解工作压力。中年人一般工作压力都比较大，常常超时间工作，天长日久难免会透支体力，难以应对。工作中应尽量抽出一定的时间伸个懒腰，活动一下筋骨，如果目标明确，还可以分阶段工作，起码自己的精神上有一定的轻松感，尽量想办法缓解压力。

（4）处理好家庭关系。要想消除心理疲劳，最重要的是要处理好婚姻关系，珍惜夫妻间的感情，与妻子或丈夫互相体谅与沟通，尽量满足彼此的需要，分担彼此的重担，多花时间相互交谈与相互陪伴，享受人生的乐趣，增进婚姻的满足感。成功的婚姻永远是事业成功和生活幸福的基本保障。

（5）培养业余爱好。人到中年以后，应该有意识地培养一两个业余爱好，做自己喜欢做的事情。中年以后，事业、家庭趋于稳定，生活变得平淡，有时会产生倦怠感，缺乏新意，多一些时间反省自己，调整生活，拿得起，放得下，做自己喜欢的事情，大胆进行新的尝试，心态上永远保持年轻。

这里还有一些立竿见影的消除心理疲劳的方法：开怀大笑，以发泄自己的负性情绪；沉着冷静地处理各种问题，有助于舒缓压力；做错了事，要想到谁都有可能犯错误，不要耿耿于怀；不要害怕承认自己的能力有限，学会在适当的时候说"不"；夜深人静时，悄悄地讲一些只给自己听的话，然后酣然入梦；遇到困难时，坚信"车到山前必有路"。

此外，可通过按压劳宫穴来解除心理疲劳。劳宫穴在手掌正中的凹陷处，感到疲劳时，可用对侧的拇指按压劳宫穴。

更年期神经症

更年期的疾病，多有明显的精神因素，如长期精神紧张或精神创伤。临床表现除失眠、头昏、头痛、注意力不集中、记忆力下降等神经衰弱症状外，还突出表现在情绪不稳、易怒、烦躁、焦虑，同时伴有心悸、潮热、多汗等自主神经症状。有些症候的中年人时时处处总表现出紧迫感，对个人和家人的安危、健康格外关切，注意自己身体的微小变化，担心会得什么严重疾病，常因身体不适而四处求医。尽管如此，这些症状对日常生活或工作并无明显影响，即使持续多年自知力仍然良好。

病例：

吴某，女，50岁，农民，近两个月来自觉头昏，失眠，记忆力衰退，总是担心外出打工的子女身体状况不好，怕他们人生地不熟会遇到什么麻烦，要求念高中的小女儿隔三岔五地给他们写信，小女儿对此感到很烦，她就勃然大怒，骂小女儿不孝。一次她和邻居吵了一架，害怕其报复家人，对丈夫和小女儿总是千叮咛万嘱咐，甚至半夜三更突然从床上跳起来，要丈夫赶快躲藏起来，说邻居的儿子拿着刀要来杀他。一天早晨，她起床发现自己的脸色不好，又觉得喉咙很不舒服，以为自己得了什么可怕的病，因而十分担心，立刻去医院检查，医生告诉她只是上火引起扁桃体发炎，给她开了点药让她在家休息。但两天以后，炎症仍没消失，她就怀疑医生没有告诉她实情，还跑到医院将医生大骂了一顿。家里人都觉得她不可思议，她自己也怀疑自己可能得了什么神经病。

吴某显然患有更年期神经症。对吴某最好采取疏导法、认知领悟疗法，并教其掌握放松技巧。首先要让她了解该年龄阶段的生理、心理特点，尤其是更年期可能遇到的各种心理疾病。有了一定的心理准备，才有较好的状态去迎接生活的新挑战。其次是培养豁达开朗的性格，对什么事都要往好的方面想，而不是总想其阴暗、狭窄的一面，毕竟世上美好的人事比丑的人事要多得多。再就是让她协调好人际关系，争取朋友、同事、邻居的帮助和支持，最重要的是依靠亲友情感系统的支持。

吴某在心理医生的帮助下，对更年期的生理、心理特点都有了较深入的认识和了解，而不再害怕自己是得了什么可怕的神经病。同时，通过心理治疗，她变得乐观、开朗，能保持平静的心情，对待事情也能一分为二。半年以后，其精神面貌和第一次见面时，简直判若两人，她已经走出了更年期神经症的阴影。

女性更年期的调适

（1）增加更年期保健知识。更年期不是病，只是每个女人生命中必经的一个时期。正确认识更年期的到来，因为它是人类老化过程中的必然阶段，可以找医生咨询，不必焦虑紧张，树立信心，以顺利通过更年期。

（2）增加体育锻炼及社会交往，充实生活。女性患更年期综合征，主要是由于下岗、退休或子女成家后赋闲在家无事可做，又缺少感情交流造成的。自己应找些事做，别总待在家里。当你陷入深深的苦闷和焦虑之中不能自拔的时候，要时常到空气清新的室外从事一些合适的体育活动或体力劳动，其会唤起你的满意感和愉快感。

有趣的工作也会"中和"不良情绪产生的恶果，并会大大提高乐观情绪的储备量。当遇到不顺心的事或陷于痛苦时，"储备量"会发生作用，不致使你过度郁闷。

还可以到大自然中去陶冶。在生活不顺的时候，投身到大自然，可从中找到慰藉。大自然中花草散发的浓郁芬芳、树叶沙沙作响、鸟儿婉转啼鸣、溪流潺潺声和海浪拍击声都会对身体产生良好的作用。烦闷时与家人或密友去郊外散步是很有益的。

（3）进行自我心理调适。易怒、发脾气是更年期到来的前兆，它们一冒出来，就该提醒自己要注意。若有什么怨气，应该提醒自己这是更年期的表现，不要随着自己的性子，乱发脾气。

（4）倾诉和发泄。要彻底倾诉心里的郁结。倾诉是治愈忧郁悲伤的良方。当你遇到烦恼和不顺心的事时，切不可忧郁压抑，把心事深埋心底，而应将这些烦恼向你信赖、头脑冷静的人倾诉。如没有合适的对象，还可以自言自语地进行自我倾诉。

英国心理学家柯切利尔极力推崇一种自我倾诉内心苦闷和忧郁的方法——大声地自我倾诉。他指出，这种心理上的应激反应是防治内科各种疾病，尤其是心血管病和癌症的良药。他认为积存的烦闷忧郁就像是一种势能，若不释放出来，就会像感情上的定时炸弹，埋伏心间，一旦触发即可酿成大难。但若能及时地用倾诉或自我倾诉的办法，取得内心感情和外界刺激的平衡，则可祛灾免病。

有眼泪要让它流出来。生活中遇到痛苦和折磨，流泪也可以解除苦闷。因为情绪激动时，人体血液会产生某种化学变化，眼泪的流出将使这种物质得以排泄。

（5）家人和朋友要给予理解和支持。家人的不理解会加重她们的症状。所以，如果家有处在更年期的女性，千万要多关心她们。眼下，"更年期"变成了打趣甚至嘲弄人的词。男人碰上看不顺眼的事，如果当事人是中年女性，就不由分说给她们贴个"更年期"的标签，年轻人也会用怪眼光看年纪大的人。作为家人，不要动不动就说"你是不是更年期到了"之类的话。她们生气时，要冷静、宽容地对待。

（6）适当补充雌激素。更年期症状明显时，可以在妇科医生的指导下，补充体内的雌激素水平，但切忌盲目用药。可适当吃一些能增加雌激素的食物，如乌鸡、花粉、蜂蜜、维生素 E 等。

（7）中医药治疗。根据中医理论，更年之期，肾气渐衰，天癸渐竭，导致五脏功能失调、阴阳失衡而为病。因肾虚不能涵养肝木，则肝气郁结，可见情绪低落、胸闷胁胀、不思饮食；肾虚不能滋养心神，可见精神恍惚、无故悲哭；肾虚无以温养脾土，可见头晕耳鸣、腹胀腹泻、疲乏无力等。因此治疗时在补肾的基础上，佐以疏肝理气、滋养心神、健脾化痰，可缓解病情且患者易于接受。

（8）合理的性生活。合理的性生活可以防止因生理和心理、社会等复杂因素而引起性淡漠和性衰老。千万不要认为年纪大了，就没有过性生活的必要了。

婚姻适应不良

人进入中年之后，似乎身上的担子更重了，各种各样的压力纷至沓来。除去工作、人际交往方面的压力，中年人在家庭、婚姻中也面临着矛盾和压力。中年人在家庭生活中既要扮演丈夫或妻子的角色，又要扮演父亲或母亲的角色。有的人由于对婚姻的准备不够充分，对婚后生活感到不够理想，甚至感到失望，以致矛盾迭出。即使婚前双方对家庭生活各方面都有所了解，并有充分的计划，但现实生活中往往会有未能预料的事情发生，使原定计划不能如愿进行。这都急需适应能力和面对现实的勇气。

我国中年夫妇的离婚率虽很低，但确有 16% 的夫妇婚姻不睦。有的夫妇事无巨细见面就争吵；有的恰好相反，无论什么事都不争吵，彼此客客气气，实际上貌合神离，同床异梦；有的夫妇婚姻关系只存有一纸结婚证，分居两处，互不往来，十分冷淡。这些不协调的夫妻关系的共同特点就是，缺乏真正的爱情和相同的志趣，思想格格不入，互不交流情感，认识上也存在差距，很少有灵肉交融的性生活，有的则干脆分居，至少有 50% 的夫妻离婚是从分居开始的。

中年人婚姻适应不良，有的要追溯到年轻时双方或一方的恋爱动机。源于功利主义者必然导致夫妻关系冷漠，以性魅力或肉欲为目标的婚姻在早年就植入了中年夫妻失和的祸根，当然也有由于性生活不和谐以致相互吸引力降低，从而导致夫妻不睦。

中年夫妻婚姻适应不良的危害性是显著的，首先，夫妻之间由于长期对立、纷争，会给身心健康造成像 X 光一样肉眼看不见却长期持续的损害。更严重的是，家庭内部无休止的争吵与冲突会使孩子幼小的心灵受到伤害。对孩子的性情及整个精神生活都是一种灾难。

离婚是夫妻婚姻适应不良的不幸结局，但离婚后的现实生活也不一定都是自由和欢乐的。因离婚而蒙受精神创伤的人，可能出现反应性抑郁，不少人借酒浇愁，醉生梦死，因此而自杀者也不乏其人。

39 岁的周女士在某出版社工作。她就诊时自述道：

"我与丈夫结婚已经 12 年，有个 7 岁的儿子。丈夫是个无可非议的好丈夫，除了努力工作，还很体贴、关怀和爱护我，家务事几乎全由他料理，我只管孩子。按说，这样的丈夫真是非常难得了，可我觉得我对他并没有像对我父亲和儿子那样有强烈的感情。一有空闲，我就陪父亲或儿子逛公园，说说笑笑，可我却没兴趣陪他去遛遛弯，逛逛商店。有时我自己也不明白：我是不是真爱我丈夫？"

根据周女士所述情况，可基本认定属于婚姻适应不良。医生采用认知领悟疗法治疗她的婚姻适应不良问题。在一个月里，心理医生与周女士进行了 4 次交谈，着重向她作了如下分析、开导：

在人的情感生活中，往往有些令人难测或非意识所能理会到的情况，说出去别人不理解，自己也闹不明白，这就只能从你的潜意识里去探索了。现在在你面前的男性，有你的父亲、你的丈夫、你的儿子。女性第一个接触的异性毫无疑问是自己的父亲。他伴随着女儿整个童年和少年，在女儿的人格形成和人际交往模式上占有非常重要的地位。可以说人成年后的行为都要受早年行为模式的影响。根据你的介绍，看来你存在着"恋父"情结。这种爱的潜能本该随着年龄增长而自然过渡到异性身上，但你过渡得不太理想，保留了一些原始感情因素，这使你情不自禁地在心理上回到童年情境里，去享受父女之爱。你应当清楚，"丈夫"不是"父亲"的缩影或"拷贝"。从意识上来说，你爱父亲、爱儿子是出于天伦和母性，因为天伦在维护你的恋父情结上最有说服力、最合理。而母性更不用赘言。其实，对像你这样的女性来说，儿子往往是丈夫的化身，因此，就把对丈夫的爱转移到儿子身上。此时的丈夫虽能感到妻子不如以前那样爱他了，但孩子毕竟是自己的，所以尚能心安理得地接受这一变化。还得补充说一句，似乎有这样一种规律：有"恋父"情结的女性多恋子，因为与父亲和儿子不存在那种性的情感。但对丈夫则不然，从某种意义上说，丈夫是性伴侣，夫妇关系是建立在性基础上的关系。假如把对父亲的感情直接转移到丈夫身上，把他当作父亲，岂不乱伦？因此，在无形中会产生一种爱的压抑感。这也许就是你对丈夫爱不起来的原因吧。

心理医生在周女士对自己的心理问题有一定认识之后，进一步开导她："恋父"情结并未统治你的全部心理过程，所以你对丈夫仍能履行做妻子的义务，只是与父、与子的关系相比较显得逊色一些而已。虽然让你一下子改变这种心理模式较难，但你应该意识到这种心理的存在，你必须有意识地去改造这种爱的偏向。起初也许觉得是"违心"的，但对心理规律和自己的深层心理有了进一步认识后，你会渐渐扭转过来的。

周女士经过心理医生的启发和开导，意识到她的心理是不正常的。在心理医生与家人的帮助下，她注意培养自己对丈夫的性爱感情，使自己处理好与家庭成员的不同关系。最后，她逐渐正常地担当起女儿、妻子、母亲这三重角色。

中年人如何进行婚姻维护？通过调查发现，目前我国大多数中年人的婚姻顺利，所组成的家庭也是美满的，且绝大多数人在二三十岁时就已完成了这一使命。中年的婚姻关系经历了新婚燕尔的狂热期，情感生活的持续调适期，养儿育女的移情期，终于进入夫妻相互眷恋而亲昵的深沉期。大多数夫妇的婚姻关系和睦而稳定，这对中年夫妇的健康和长寿起到了积极的作用。

那么，怎样才能维持美满的婚姻和理想的家庭呢？

（1）必须认真对待婚姻中的爱情问题。婚姻中最重要的是爱情，爱情是不能附加任何条件的，尊重和友谊是爱情的基础，只有这样才能相敬如宾。

（2）要保持婚姻生活的新鲜与活力。保持婚姻生活的新鲜和活力，才能防止产生"爱情厌倦"心理。要树立配偶第一的原则。处理日常生活中的任何事情，都应优先考虑配偶的正当感情要求，只有重视夫妻情感，生活中的各方面关系才会平衡。尽量使家庭生活丰富多彩。可经常举办一些诸如结婚纪念、生日纪念之类的活动，可通过家宴、野餐、外出旅游等形式，回忆往事，加深了解，及时进行爱的滋润，这会燃起夫妻对爱情、对生活的新的追求。

（3）要将赞美挂在嘴边。不要认为配偶的长处是应该具有的，而缺点是不可容忍的。而应使对方感到在生活中占有重要地位，双方都是对方的精神支柱，都是对方获得幸福的源泉，因此又何必各啬你的赞美呢。

提高各自的修养。努力提高各自在各方面的修养是保持吸引力的重要手段。夫妻既是一个共同生活的整体，又是两个独立的个体，只有双方共同提高，才能使婚姻稳固和谐。

此外，培养子女健康成长也是使家庭幸福、婚姻美满的条件。孩子的健康成长往往是父母双方共同努力的结果，会让父母对孩子、对家庭、对自己都产生成就感，从而维系美满的婚姻。

职业适应问题

在市场经济化的今天，只有从事一定的职业才能获得酬劳，从而维持个人或家庭的生活，同时，从事工作也可以使人感到自我价值的实现，满足人的精神需要。现代社会，想取得某些事业的成功是件很艰难的事，而失败却随时等候在每一个人的身边。固然事业的成功会给人们带来喜悦，促进人们的心理健康，但失败却容易使人失望沮丧，因此有不少人"干一行怨一行"。

心理学家经过研究发现，有三大因素有助于人的敬业乐业精神：

（1）客观的工作环境（包括社会环境和物质环境），包括领导者的才能、同事间的合作、对工作成绩赏罚标准的公平合理等社会环境，工作场所的舒适、必要的设备工具、个人生活条件的方便等。如果个人满意自己的工作环境，则能产生对工作的安全感，提高工作效率。

（2）主观的自我实现。工作有深度，对个人能力是一种挑战，个人可全力以赴，施展才能，达到自我实现而获得成就感。

（3）职业的未来展望。由工作中获得的经验、成就随工作表现而提高，责任随成就而加重，所得物质报酬及社会地位也随之升迁。这样才能使人觉得有希望、有前途，才能兢兢业业地工作。

虽然大部分中年人都有就业机会，但是完全适合自己的职业是不容易找到的。办公自动化的出现使人的体力负担有所减轻，但是工作变得呆板，个人不过是整体工作过程中的一个环节。由于工作缺乏艺术性，使得从业者缺乏兴趣与成就感，这是物质文明进步所产生的负面影响，它使人们对工作的内在动力有所减弱。"大锅饭"阻碍了个人奋勇进取的事业心，职业选择也难以做到学以致用、扬长避短，以及无法完全考虑到个人的性格、气质、志趣、能力和体质的差别，因此，中年人会出现对职业、职位的心理上的不适应。工作中复杂的人际关系，如上下级的隔阂、同事的摩擦，以及来自工作上的压力，均会使中年人的心理稳定性受损。

中年人在工作场所感受到的压力和挫折，有些源于自身的性格弱点，有些源于年轻一代的对立，有些源于客观工作环境或组织功能的压力，这些常使中年人表现出沮丧与焦虑。长年累月的疲劳，中年人常常出现身体、生理状态的失调，易产生焦虑、抑郁和早期衰老等疾病。

病例：

雷女士，37岁，在公交公司当售票员。两年前离婚，半年前与另一离异男士结合后，丈夫觉得她每天早出晚归很辛苦，就请人帮忙将她调到一家企业做后勤，工作近3个月，仍感到不适应，老是觉得还是原来的工作好。她常抱怨："现在就收收信，发发报纸，实在无聊，回家后吃饭也不香，觉也睡不好！"几次向丈夫提出要求调回原单位，丈夫认为她精神出了毛病，放着轻松的差事不干，却专捡重活累活干。因雷女士始终闹着要回原单位，其丈夫与她发生了多次争吵。

一位略懂心理学的同事建议雷女士到心理诊所去咨询，于是其丈夫陪同她一起去了心理诊所，想让心理医生帮助她，开导她，让她继续留在那家企业。

雷女士属于职业适应不良，是一种心理问题。可采用疏导疗法，使患者矫正心理偏差。心理医生与雷女士进行了四次交谈，着重向她作了如下分析、开导：

一个人从出生到老，会遇到许多适应问题，例如，胎儿刚离开温暖的母体，光、冷的刺激，他不适应就啼哭了；刚进幼儿园孩子不适应又要哭；直到老年，从工作岗位上退下来，也有许多人适应不良。所以适应不良，比比皆是，不足为怪，仅凭这点，不能说是精神病，只是心理问题。

一个人能否适应新的环境，有的因客观困难，有的因主观问题，更多的是主客观方面都有原因。而其能否适应，多与家庭教育、社会环境有关。

你在公交集团工作多年，已适应了售票员这一职业，而且对这一职业有了很深的感情，当你离开原来的工作岗位，突然到一个没什么事可干的工作岗位，你当然感到不能适应。

在雷女士对自己的心理问题有了一定认识之后，心理医生进一步启发她：不同的工作岗位都需要人，并不仅限你原先所在的单位。你走了，也为其他一些工人提供了就业的机会。另一方面，现单位有了你做好后勤工作，单位上的人也可全心全意干好分内的事，对大家都有益处。

雷女士经过为期三周、每周两次的开导，慢慢地适应了现在的工作环境。

存有职业适应困难的中年人，一般经过疏导疗法，提高其认识之后，能够很快在短期内适应工作。

第九章
老年期的主要心理问题及调适

老年焦虑症

中国已经开始逐步进入老龄化社会，老年人的心理问题也开始得到社会的关注。由于特殊的社会伦理和社会心理，老年焦虑症已经成为困扰老年人的重要心理疾病之一。在国人的印象中，西方社会的老年人大多安详沉稳，心境开阔，喜好旅游，还有非常丰富的兴趣爱好和业余活动。而在国内，尤其是城市中，经常看到有些老年人心烦意乱，坐卧不安，有的为一点小事而提心吊胆，紧张恐惧。这种现象在心理学上叫作焦虑，严重者称为焦虑症。

焦虑是个体由于达不到目标或不能克服障碍的威胁，致使自尊心或自信心受挫，或使失败感、内疚感增加，所形成的一种紧张不安带有恐惧性的情绪状态。一般而言，焦虑可分为三大类：

（1）现实性或客观性焦虑。如爷爷渴望心爱的孙子考上重点大学，孙子目前正在加紧复习功课，在考试前爷爷显得非常焦急和烦躁。

（2）神经过敏性焦虑。即不仅对特殊的事物或情境发生焦虑性反应，而且对任何情况都可能发生焦虑反应。它是由心理、社会因素诱发的忧心忡忡、挫折感、失败感和自尊心的严重损伤而引起的。

（3）道德性焦虑。即由于违背社会道德标准，在社会要求和自我表现发生冲突时，引起的内疚感所产生的情绪反应。有的老年人因为自己的行为不符合自我理想的标准而受到良心的谴责。如自己本来是一位受人尊敬的老人，但在大街上看到歹徒行凶时因为自己年老体衰，势单力薄，害怕受到伤害而没有上前制止，回来后，感到自己做了不光彩的事，对此深感内疚，继而不断自责。

焦虑心理如果达到较严重的程度，就成了焦虑症，又称焦虑性神经官能症。焦虑症是以焦虑为中心症状，呈急性发作形式或慢性持续状态，并伴有自主神经功能紊乱为特征的一种神经官能症。

老年焦虑症的类型

老年焦虑症有一般焦虑症所没有的特点，而且人们往往忽略这种心理疾病，而把原因归结到一些器质性疾病中。

一般来讲，老年焦虑症可分为急性焦虑和慢性焦虑两大类：

急性焦虑主要表现为急性惊恐发作。患者常突然感到内心焦灼、紧张、惊恐、激动或有一种不舒适的感觉，由此而产生牵连观念、妄想和幻觉，有时有轻度意识迷惘。急性焦虑发作一般可以持续几分钟或几小时。时间一般不长，经过一段时间后会逐渐趋于缓解。

慢性焦虑症的焦虑情绪可以持续较长时间，其焦虑程度也时有波动。老年慢性焦虑症一般表现为平时比较敏感、易激怒，生活中稍有不如意的事就心烦意乱，注意力不集中，有时会生闷气、发脾气等。

老年焦虑症的防治

（1）要有一个良好的心态。首先要乐天知命，知足常乐。古人云："事能知足心常惬。"老年人对自己的一生所走过的道路要有满足感，对退休后的生活要有适应感，不要老是追悔过去，埋怨自己当初这也不该、那也不该。理智的老年人是不会注意过去留下的脚印，而注重开拓现实的道路。

其次是要保持心理稳定，不可大喜大悲。"笑一笑，十年少；愁一愁，白了头"，要心宽，凡事想得开，要使自己的主观思想不断适应客观发展的现实。不要企图让客观事物纳入自己的主观思维轨道，那不但是不可能的，而且极易诱发焦虑、抑郁、怨恨、悲伤、愤怒等消极情绪。

最后，要学会"制怒"，不要轻易发脾气。

（2）自我放松。当你感到焦虑不安时，可以运用自我意识放松的方法来进行调节，具体来说，就是有意识地在行为上表现得快活、轻松和自信。比如说，可以端坐不动，闭上双眼，然后开始向自己下达指令："头部放松，颈部放松……"直至四肢、手指、脚趾放松。运用意识的力量使自己全身放松，处在一个放松和平静的状态中，随着全身的放松，焦虑心理可以慢慢得到平复。另外还可以运用视觉放松法来消除焦虑，如闭上双眼，在脑海中创造一个优美恬静的环境，想象在大海岸边，波涛阵阵，鱼儿不断跃出水面，海鸥在天空飞翔，你光着脚丫，走在凉丝丝的海滩上，海风轻轻地拂着你的面颊……

（3）自我疏导。轻微焦虑的消除，主要是依靠个人，当出现焦虑时，首先要意识到这是焦虑心理，要正视它，不要用自认为合理的其他理由来掩饰它的存在。其次要树立起消除焦虑心理的信心，充分调动主观能动性，运用注意力转移的方法，及时消除焦虑。当你的注意力转移到新的事物上去时，心理上产生的新的体验有可能驱逐和取代焦虑心理，这是人们常用的一种方法。

（4）药物治疗。如果焦虑过于严重时，还可以遵照医嘱，服一些抗焦虑的药物，如氯氮卓、多虑平等，但最主要的还是要靠心理调节。也可以通过心理咨询来寻求他人的开导，以尽快恢复。如果患了比较严重的焦虑症，则应向心理学专家或有关医生进行咨询，弄清病因、病理机制，然后通过心理治疗，逐渐消除引起焦虑的内心矛盾和可能有关的因素，解除对焦虑发作所产生的恐惧心理和精神负担。

离退休综合征

老颜是某重点中学校长，在自己的岗位上工作了几十年，既紧张忙碌，又有一定的生活规律，并形成了固定的生活模式和心理定式。退休后，周围的生活环境发生了变化，原有的生活节律被打乱，一时又无事可做，对于这些变化难以适应，于是就出现了情绪上的消沉和偏离常态的行为，甚至因此而引发其他疾病，严重影响到自身健康。我们把这种现象称作老年人"离退休综合征"。

所谓离退休综合征是指老年人由于离退休后不能适应新的社会角色、生活环境和生活方式的变化而出现的焦虑、抑郁、悲哀、恐惧等消极情绪，或因此产生偏离常态的行为的一种适应性的心理障碍，这种心理障碍往往还会引发其他生理疾病，影响身体健康。

据统计，1/4 的离退休人员会出现不同程度的离退休综合征。老年人的离退休综合征是一种复杂的心理异常反应，主要表现在情绪和行为方面。患者一般会出现以下症状：性情变化明显，要么闷闷不乐、郁郁寡欢、不言不语，要么急躁易怒、坐立不安、唠唠叨叨；行为反复，或无所适从；注意力不能集中，做事经常出错；对现实不满，容易怀旧，并产生偏见。总之，其行为举止明显不同于以往，给人的印象是退休前后判若两人。这种性情和行为方面的改变往往可以引起一些疾病的发生，原来身体健康的人会萌生某些疾病，原来有慢性病的则会加重病情。有心理学者曾对某市 20 位同一年从处级岗位上退下来的干部进行追踪调查，结果发现，这些退休时身体并无大碍的老年人，两年内竟有五位去世，还有六位重病缠身。可见，离退休真是一道"事故多发"的坎。

离退休综合征的原因

导致离退休综合征的原因是多方面的。

（1）退休后，生活模式的改变引起心理上的不适应。退休以后由于职业生活和个人兴趣发生了很大变化，从长期紧张而规律的职业生活，突然转到无规律、懈怠的退休生活，难以适应而产生焦虑、无所适从，有一种失落感，有的认为自己精力充沛、壮志未酬，完全能胜任原工作，现在退下来就会产生失落感，还可能有轻度抑郁，认为自己被遗弃，无精打采，悲观，失眠。特别是沉湎于辉煌的过去，为消逝的美好时光而遗憾，即产生抑郁。

（2）缺乏思想准备，不能妥善地安排空闲时间，或体力下降、疾病缠身、行动不便等加重障碍。

（3）退休后体力和脑力活动减少，社交活动减少，生活单调，易产生心理老化的感受，这加速了生理衰老进程，容易使人产生忧郁、焦虑、死亡来临的惊恐、疑病心理等。

（4）由于退休以后原来的生活节奏被打乱，活动减少，就会出现失眠、头痛、头晕、疲乏、无力及心慌等神经症综合征。

离退休综合征的表现

患有离退休综合征者，主要表现为坐卧不安、行为重复、犹豫不决，不知干什么好，甚至出现强迫性定向行为；注意力不能集中，做事经常出错；性情变化明显，易急躁和发脾气，对任何事情都不满意，总是怀旧；易猜疑和产生偏见；情绪忧郁、失眠、多梦、心悸、阵发性全身燥热等。

一般说来，事业心强、好胜而善争辩、严谨而偏激、固执己见的人发病率较高；无心理准备而突然退下来的人发病率高且症状偏重；平时活动范围大而爱好广泛的人很少患病。女性较男性适应快，较少出现离退休综合征。

离退休综合征的防治

离退休是人生的一个重要转折，是老年期开始的一个标志。从前面的分析我们可以看出，离退休障碍是一种心理方面的适应障碍，它表现为老年人生活习惯的不适应、人际关系的不适应、认知和情感的不适应等，这些适应障碍究其实质，就在于离退休导致了老年人社会角色的转变，他们从职业角色过渡为闲暇角色，从主体角色退化为配角，从交往范围广、活动频率高的动态型角色转变为交往圈子狭窄、活动趋于减少的相对静态型角色，对于部分曾是领导干部的老年人来说，还从权威型的社会角色变成了"无足轻重"的小人物，如果老年人不能很好地适应这些角色的转变，也就是说新旧角色间出现了矛盾和冲突，那么，老年人的离退休综合征就由此产生。

因此，要预防和治疗离退休综合征，老年人就应该努力适应离退休所带来的各种变化，即实现离退休社会角色的转换。通常有以下几种方法：

（1）心理上要及早做好退休前的准备工作，计划好退休后的生活安排，充实退休内容等。一般在退休前一至两年就要着手进行准备。

（2）有条件者尽量发挥余热，参加一些适合自己体力和专业的社会活动，要做到"退而不休"，感到自己仍能为社会做出贡献。

（3）培养一至两种兴趣爱好，使生活丰富多彩，富有生气和活力。

（4）克服心理老化感和不爱活动习惯，"一身动才能一身轻"。

（5）有明显心理病症，应及时接受必要的心理咨询与药物治疗。

（6）老年人在可能的条件下也应为儿孙分忧解愁，使双方关系更亲密、融洽。

当然，社会对离退休老年人应给予更多的关注，家人要关心和尊重离退休的老年人的生活，切不可把老人当成保姆或雇工使唤，更不能在生活上虐待老人。要让他们感到精神愉快，心情舒畅。

记忆障碍

生活中我们常常看到这样的现象：一位老人将他的老花镜摘下来放在书柜边去上厕所，等他从厕所回来，他却四处找眼镜。他已经忘记了刚才把眼镜放在哪里了。这在老年人中是常见的。老年记忆障碍通常是自然衰老的现象。老人对陈年往事能记忆犹新，而对新近接触的事物或学习的知识却忘得快，尤其人名、地名、数字等没有特殊含义或难以引起联想的东西。生活中，老年人记忆障碍往往带来诸多不便，如烧开水后忘了关火；刚介绍过的客人的名字转眼就叫不出；把门关上才想起没带钥匙；老视镜架在额头上还到处找等。这些总令老人感到苦恼不安。

据统计，70 岁健康老人的脑细胞数量要比 20 岁健康年轻人减少 15%，脑的重量也减轻 8% ~ 9%；周围神经传导速度减慢10%，视力下降，视力超过 0.6 的只有 51.4%。这些都会在一定程度上影响记忆力。这些自然衰退，使老年人一方面要为回忆某人、某事、某日期比过去耗费更多的注意力和时间，另一方面使他们要记住重要事情的能力大大下降，所以老年人总是表现得那么"健忘"。

老年人记忆的特点

（1）从记忆的过程来看。瞬时记忆（即保持 1 ~ 2 秒的记忆）随年老而减退，短时记忆变化较小，老年人的记忆衰退主要是长时记忆。研究发现，老人对年轻时发生的事往往记忆犹新，对中年之事的回忆能力也较好，而仅对进入老年后发生的事遗忘较快，经常记忆事实混乱，情节支离破碎，甚至张冠李戴。

（2）从记忆的内容来看。老年人的意义识记（即在理解基础上的记忆）保持较好，而机械识记（即靠死记硬背的记忆）减退较快。例如，老人对于地名、人名、数字等属于机械识记的内容的记忆效果就不佳。

（3）从再认活动来看。老年人的再认活动（即当所记对象再次出现时能够认出来的记忆）保持较好，而再现活动（即让所记对象在头脑中呈现出来的记忆）则明显减退。

由此可见，老年人的记忆衰退并不是全面的，而是部分衰退，主要是长时记忆、机械记忆和再现记忆衰退得较快。

以美国前总统里根为例，他在晚年时患有严重的老年痴呆症，记忆力急剧下降。当他的养子去探望他时，里根常想不起养子的名字，只有当他知道养子是谁时，才紧紧地拥抱养子。里根对他的护士说，他觉得前来探望他的前国务卿舒尔茨好像是一个大名鼎鼎的人物，但又记不起他叫什么名字。里根的这一系列表现说明，老年人记忆力的减退主要是信息提取过程和再现能力的减弱，而识记的信息事实上仍然可以很好地保持或储存在大脑中。根据以上生理规律，如果能够经常提醒老人回忆往事，是有助于减缓记忆力的衰退速度的。

老年人记忆的改善

为改善记忆力，老年人一方面要多用脑，勤用脑，使大脑处于一种积极功能状态。此外，大量研究证明，通过食物疗法可增强记忆。

（1）补充卵磷脂。卵磷脂是大脑中的重要组成部分，被誉为"智慧之花"。吸收后可释放胆碱，胆碱在血液中转换成乙酰胆碱，能增强人的感觉和记忆功能；它还能控制脑细胞死亡和促使大脑"返老还童"及降低血脂。卵磷脂多含在蛋黄、豆制品、动物肝脏中，但由于胆固醇含量也多，故不宜进食过多。鸡蛋、鱼、肉等可以提供乙酰胆碱的食物也较好，老人每天吃 1 ~ 2 个鸡蛋，可改善记忆力。

（2）多吃碱性食物。豆腐等豆类食品及芹菜、莲藕、茄子、黄瓜、牛奶等能使血液呈弱碱性，菠菜、白菜、卷心菜、萝卜类、香蕉、葡萄、苹果等也能使血液呈碱性。多吃这些食品，使身体经常自律地调节成弱碱性，对大脑的发育和智力的开发都是有益的。

（3）多吃含镁的食物。核糖核酸是维护大脑记忆的重要角色，而镁这种微量元素能使核糖核酸注入脑内。含镁丰富的食物有麦芽、全麦制品、荞麦、豆类及坚果等。

此外，蛋白质对健康也很重要，多吃鸡、黄豆、沙丁鱼等有好处。

睡眠障碍

老年人睡眠的质和量均较年轻时有了很大下降。他们睡眠减少，睡眠浅，易惊醒，有的还入睡困难、早醒；睡眠模式不稳定，极易受外界环境变化的影响，如某些心理因素（亲人亡故带来的悲伤等），环境噪声的干扰；也易受体内环境的影响，某些躯体疾病如感冒、气管炎、关节炎、慢性疼痛、肾功能不全所致的夜尿增多，或精神障碍如抑郁症，生物钟紊乱，对催眠药物的依赖等。

有学者研究发现，老人在睡眠过程中的自然醒转情况要比年轻人多，且男性超过女性。许多老人常感到睡后不解乏，精神不振，整日昏昏欲睡。老人还有睡眠过多或睡眠倒错现象，晚上不能入睡，到处乱走或做些无目的的事，甚至吵闹不安，但白天则嗜睡，精神萎靡。这些都是脑功能自然衰退的标志。

老年睡眠障碍的类型

老年人的睡眠障碍主要包括三种类型。

第一种为非病态睡眠障碍，例如，个体进入老年期后，睡眠随年龄增长而逐渐减少；或者旅行时由于时差而使睡眠时间减少；或者因更换睡眠环境而产生的境遇性睡眠障碍等，这些仅引起较少和短暂的主观不适。

第二种是病态假性睡眠障碍，指个体持续一周以上有睡眠时间明显减少的主观体验，而实际睡眠时间并无减少，因而又称为缺乏睡眠障碍。

第三种为病态真性睡眠障碍，包括入睡困难、易醒和早醒等表现。入睡困难指入睡所需的时间比平时多一个小时以上，易醒是指在睡眠过程中比平时觉醒次数多，且不能很快再入睡，早醒指比平时提前醒来一个小时以上。这种睡眠障碍对老年人的身心影响最大。

老年睡眠障碍的病因

生理、心理因素及环境的变化等都会引起睡眠障碍。

（1）生理因素。老年人因患某些慢性病而出现疼痛、搔痒、咳嗽、气喘、尿频、吐泻等症状会引致睡眠障碍；服用兴奋剂，或长时间服用安眠药停药后也会影响睡眠质量。

（2）心理因素。老年人由于心理承受能力越来越弱，遇事不能调整好心态就会产生消极情绪，比如老年抑郁症、疑病症等精神疾病都伴有不同程度的睡眠障碍。

（3）生活或客观环境的变化。例如，睡前吸饮过多烟酒、喝过浓的茶或咖啡，睡前过饱、饥饿或口渴，外出旅游、时差反应、噪音、气温变化等，加上老年人生理功能日衰，对外界适应能力趋弱，因而容易出现睡眠障碍。

老年睡眠障碍的防治

（1）养成良好的生活习惯。老年人晚上睡觉前可以用温热水洗澡或洗脚，促进血液循环，消除疲劳，改善睡眠；晚餐不宜过饱，也不宜空腹；睡前不宜饮用浓茶、咖啡和酒等刺激性饮品。生活要有规律，早睡早起，养成午睡的习惯。

（2）创设适宜的睡眠环境。尽量做到室温适宜、室内无光、空气流畅、无异常气味，环境寂静，被褥干净、舒适，总之，睡眠环境应该安静、整洁、舒适和安全。同时，保持良好的睡姿，宜右侧卧，不应仰卧或俯卧，不要蒙头掩面或张口而睡。

（3）睡前保持良好的情绪状态。睡前精神放松，情绪安宁，避免过于兴奋、激动或过于悲伤、抑郁。正如《睡诀》中所说："觉侧而屈，觉正而伸，早晚以时，先睡心，后睡眼。"保持宁静的心境是轻松入睡的诀窍。老年人一旦出现睡眠障碍，应该平静、客观地面对现实，正确认识睡眠状态，积极配合治疗，否则容易形成恶性循环，变成顽固性睡眠障碍。

（4）适当用药物辅助治疗。患者可以服用安眠药辅助睡眠，原则是剂量宜小不宜大，时间宜短不宜长，宜多种药物交替使用。